Teubner Studienbücher

Physik/Chemie

Becher/Böhm/Joos: **Eichtheorien der starken und elektroschwachen Wechselwirkung**
2. Aufl. DM 39,80

Bopp: **Kerne, Hadronen und Elementarteilchen.** DM 34,–

Bourne/Kendall: **Vektoranalysis.** 2. Aufl. DM 28,80

Carlsson/Pipes: **Hochleistungsfaserverbundwerkstoffe.** DM 28,80

Daniel: **Beschleuniger.** DM 28,80

Elschenbroich/Salzer: **Organometallchemie.** 2. Aufl. DM 46,–

Engelke: **Aufbau der Moleküle.** DM 38,–

Fischer/Kaul: **Mathematik für Physiker**
Band 1: Grundkurs. DM 48,–

Goetzberger/Wittwer: **Sonnenenergie.** 2. Aufl. DM 29,80

Gross/Runge: **Vielteilchentheorie.** DM 39,80

Großer: **Einführung in die Teilchenoptik.** DM 26,80

Großmann: **Mathematischer Einführungskurs für die Physik.** 5. Aufl. DM 36,–

Heil/Kitzka: **Grundkurs Theoretische Mechanik.** DM 39,–

Heinloth: **Energie.** DM 42,–

Hennig/Rehorek: **Photochemische und photokatalytische Reaktionen von Koordinatenverbindungen.** DM 24,80

Kamke/Krämer: **Physikalische Grundlagen der Maßeinheiten.** DM 26,80

Kleinknecht: **Detektoren für Teilchenstrahlung.** 2. Aufl. DM 29,80

Kneubühl: **Repetitorium der Physik.** 3. Aufl. DM 48,–

Kneubühl/Sigrist: **Laser.** 2. Aufl. DM 42,–

Kopitzki: **Einführung in die Festkörperphysik.** 2. Aufl. DM 44,–

Kröger/Unbehauen: **Technische Elektrodynamik.** DM 42,–

Kunze: **Physikalische Meßmethoden.** DM 28,80

Lautz: **Elektromagnetische Felder.** 3. Aufl. DM 32,–

Lindner: **Drehimpulse in der Quantenmechanik.** DM 28,80

Lohrmann: **Einführung in die Elementarteilchenphysik.** DM 24,80

Lohrmann: **Hochenergiephysik.** 3. Aufl. DM 34,–

Mayer-Kuckuk: **Atomphysik.** 3. Aufl. DM 34,–

Mayer-Kuckuk: **Kernphysik.** 4. Aufl. DM 39,80

Mommsen: **Archäometrie.** DM 38,–

Neuert: **Atomare Stoßprozesse.** DM 28,80

Nolting: **Quantentheorie des Magnetismus**
Teil 1: Grundlagen. DM 38,–
Teil 2: Modelle. DM 38,–

Primas/Müller-Herold: **Elementare Quantenchemie.** DM 39,–

Raeder u. a.: **Kontrollierte Kernfusion.** DM 42,–

Fortsetzung auf der 3. Umschlagseite

Einführung in die Festkörperphysik

Von Dr. rer. nat. Konrad Kopitzki
Professor an der Universität Bonn

2., überarbeitete und erweiterte Auflage
Mit 275 Figuren

 B. G. Teubner Stuttgart 1989

Prof. Dr. rer. nat. Konrad Kopitzki

Geboren 1926 in Sterkrade. Studium an der Universität Bonn,
Diplom und Promotion bei W. Riezler. Von 1952 bis 1958 Tätig-
keit in einer Metallhütte. 1965 Habilitation an der Universität
Bonn. Von 1965 bis 1969 Dozent an der Universität Kabul.
Seit 1970 Professor am Institut für Strahlen- und Kernphysik
der Universität Bonn.

CIP-Titelaufnahme der Deutschen Bibliothek

Kopitzki, Konrad:
Einführung in die Festkörperphysik / von Konrad Kopitzki. —
2., überarb. u. erw. Aufl. — Stuttgart : Teubner, 1989
   (Teubner-Studienbücher : Physik)
   ISBN 978-3-519-13083-3   ISBN 978-3-322-94007-0 (eBook)
   DOI 10.1007/978-3-322-94007-0

Satz: Elsner & Behrens GmbH, Oftersheim

Umschlaggestaltung: M. Koch, Reutlingen

Vorwort

Eine Vorlesung über Festkörperphysik gehört heute an allen Universitäten und Technischen Hochschulen zu den Pflichtveranstaltungen für Physikstudenten nach Abschluß des Vordiploms. Der Umfang des Stoffangebots ist hierbei allerdings sehr unterschiedlich und hängt im allgemeinen von den Forschungsschwerpunkten an der jeweiligen Hochschule ab. Dieses Buch ist insbesondere für solche Studenten vorgesehen, die eine Beschäftigung mit der Festkörperphysik zwar nicht zum Schwerpunkt ihrer physikalischen Ausbildung machen wollen, jedoch mit den grundlegenden Gesetzmäßigkeiten und Betrachtungsweisen in der Festkörperphysik vertraut werden möchten. Die behandelten Themen werden in einer straffen und möglichst exakten Darstellungsweise angeboten.

Zum Verständnis des Buches werden neben einem physikalischen Grundwissen, wie es von einem Physikstudenten bis zum Vordiplom erworben wird, elementare Kenntnisse in der Atomphysik und der Quantenmechanik benötigt. Ergebnisse aus der Thermodynamik und Statistik, die in diesem Buch benutzt werden, werden kurz im Anhang erläutert. In allen Gleichungen wird grundsätzlich das internationale Maßsystem (SI) verwendet. Bei Längenangaben im atomaren Bereich mochte der Verfasser allerdings auf die praktische Einheit Ångström nicht verzichten.

Für die kritische Durchsicht des Manuskripts und für viele wertvolle Hinweise danke ich recht herzlich meinen Institutskollegen Prof. Dr. P. Herzog und Dr. G. Mertler. Frau E. Becsky fertigte den größten Teil der Zeichnungen an, und Frau Chr. Weiss schrieb das Manuskript. Auch ihnen gilt mein Dank. Schließlich danke ich dem B. G. Teubner Verlag für die gute Zusammenarbeit.

Bonn, im Juli 1986 K. Kopitzki

Vorwort zur zweiten Auflage

Bei der vorliegenden zweiten Auflage des Buches wurde der Text der fünf Kapitel der ersten Auflage an mehreren Stellen ergänzt und erweitert. Dabei wurde dem Kapitel über die magnetischen Eigenschaften der Festkörper ein Abschnitt über Spingläser hinzugefügt. Außerdem wurden den einzelnen Kapiteln jeweils einige einfache Übungsaufgaben zugeordnet. Neu hinzugekommen sind Kapitel 6 über die Supraleitung und Kapitel 7 über Legierungen. Bei der Behandlung der mikroskopischen Theorie der Supraleitung wird ausführlich auf die Wechselwirkung zweier Leitungselektronen eingegangen. Die dort vorgenommenen Überlegungen ergänzen die Ausführungen in Kapitel 4 zur dielektrischen Funktion eines Festkörpers, indem hier auch die Wellenzahlabhängigkeit dieser Funktion erörtert wird. Im Abschnitt 7.3 über metastabile Legierungen wird u. a. die Struktur metallischer Gläser diskutiert.

Recht herzlich danke ich wiederum meinen Kollegen Prof. Dr. P. Herzog und Dr. G. Mertler für die kritische Durchsicht des Manuskripts. Dem B. G. Teubner Verlag danke ich, daß er bei der Neuauflage bereitwillig sämtliche Änderungswünsche berücksichtigte.

Bonn, im August 1989   K. Kopitzki

Inhalt

Verzeichnis häufig verwendeter Symbole

a, b, c	Gitterkonstanten	g	Landé-Faktor; molare freie Enthalpie
$\vec{a}_1, \vec{a}_2, \vec{a}_3$	Primitive Translation des Kristallgitters	$\vec{g}$	Vektor des reziproken Gitters $(\vec{g} = h\,\vec{b}_1 + k\,\vec{b}_2 + \ell\,\vec{b}_2)$
A	Austauschkonstante	G	Freie Enthalpie
$\vec{A}$	Vektorpotential der magnetischen Kraftflußdichte	$\vec{G}$	Translations-Vektor des reziproken Gitters $(\vec{G} = h_1\,\vec{b}_1 + h_2\,\vec{b}_2 + h_3\,\vec{b}_3)$
$\vec{b}$	Burgers-Vektor		
$\vec{b}_1, \vec{b}_2, \vec{b}_3$	Primitive Translationen des reziproken Gitters	$\hbar$	Plancksches Wirkungsquantum $(1{,}05459 \cdot 10^{-34}\ \mathrm{Js})$
$\vec{B}$	Magnetische Kraftflußdichte $(\vec{B} = \mu_0\mu\,\vec{H})$	$\vec{H}$	Magnetische Feldstärke
c	Lichtgeschwindigkeit $(2{,}997925 \cdot 10^8\ \mathrm{ms}^{-1})$; Spezifische Wärme	j	Diffusionsstromdichte; Elektrische Stromdichte; Wärmestromdichte
C	Curie-Konstante; Molwärme	J	Gesamtdrehimpuls-Quantenzahl; Radiale Verteilungsfunktion
$d_{hk\ell}$	Abstand zweier Netzebenen mit den Millerschen Indizes (hkℓ)	$k; \vec{k}$	Wellenzahl; Wellenzahlvektor
D	Diffusionskoeffizient	k_B	Boltzmann-Konstante $(1{,}380662 \cdot 10^{-23}\ \mathrm{JK}^{-1})$
$D_{hk\ell}$	Debye-Waller-Faktor	K	Absorptionskonstante; Anisotropie-Konstante
$\vec{D}$	Elektrische Flußdichte $(\vec{D} = \epsilon_0\epsilon\,\vec{E})$	L	Avogadrosche Zahl $(6{,}022045 \cdot 10^{23}\ \mathrm{mol}^{-1})$; Bahndrehimpuls-Quantenzahl
e	Elementarladung $(1{,}60219 \cdot 10^{-19}\ \mathrm{C})$		
E	Teilchenenergie	m	Ruhemasse des Elektrons $(9{,}109534 \cdot 10^{-31}\ \mathrm{kg})$
E_a, E_d	Ionisationsenergie der Akzeptoren bzw. Donatoren	m_e^*, m_p^*	Effektive Masse eines Kristallelektrons bzw. Lochs
E_g	Energielücke zwischen Leitungs- und Valenzband	m_c	Zyklotronmasse eines Kristallelektrons
E_F	Fermi-Energie	M	Masse eines Gitteratoms; Masse eines Festkörpers
E_s	Energieparameter eines Zweistoffsystems		
$\vec{E}$	Elektrische Feldstärke	$\vec{M}$	Magnetisierung $(\vec{B} = \mu_0(\vec{H} + \vec{M}))$
f	Atomarer Streufaktor	n	Elektronenzahldichte; Brechungsindex; Ordnung eines gebeugten Strahls; Hauptquantenzahl; Stoffmenge
f_0	Fermi-Funktion		
F	Freie Energie		
$F_{hk\ell}$	Strukturfaktor		

n_e	Elektronenzahl- bzw. Ionenzahldichte
N	Gesamtteilchenzahl
N_V	Teilchenzahldichte
p	Druck; Lochzahldichte; Effektive Magnetonenzahl; Teilchenimpuls
$\vec{p}$	Elektrisches Dipolmoment
$\vec{P}$	Elektrische Polarisation ($\vec{D} = \epsilon_0 \vec{E} + \vec{P}$)
$\vec{q}$	Wellenzahlvektor von Phononen
$\vec{r}$	Ortsvektor
R	Reflexionsvermögen
R_H	Hall-Konstante
$\vec{R}$	Translations-Vektor des Kristallgitters ($\vec{R} = n_1 \vec{a}_1 + n_2 \vec{a}_2 + n_3 \vec{a}_3$)
$\vec{s}_0, \vec{s}$	Einheitsvektor in Richtung eines einfallenden bzw. gestreuten Strahls
S	Entropie; Spinquantenzahl
$\vec{S}$	Spinvektor
t	Zeit
T	Absolute Temperatur
T_C	Ferromagnetische Curie-Temperatur
T_f	Spinglastemperatur
T_F	Fermi-Temperatur
T_N	Antiferromagnetische Néel-Temperatur
$\vec{u}$	Auslenkung eines Gitteratoms aus der Gleichgewichtslage
U	Innere Energie eines Systems; Potentielle Energie eines Kristallelektrons
V	Kristallvolumen; Wechselwirkungspotential
W	Am System geleistete Arbeit
x_A, x_B	Stoffmengengehalt der A- bzw. B-Komponente in einem Zweistoffsystem
Z	Zustandsdichte; Ordnungszahl
α	Feinstruktur-Konstante ($7{,}29735 \cdot 10^{-3}$); Madelung-Konstante; Polarisierbarkeit
γ	Molekularfeld-Konstante
δ	Phasengrenzenergie-Parameter
2Δ	Energielücke zwischen Grundzustand und angeregten Zuständen eines Supraleiters
ϵ	Dielektrizitätskonstante ($\epsilon = 1 + \chi$)
ϵ_0	Elektrische Feldkonstante ($8{,}85419 \cdot 10^{-12}$ AsV^{-1}m^{-1})
ϑ	Glanzwinkel bei der Braggschen Reflexion
Θ	Paramagnetische Curie-Temperatur; Paramagnetische Néel-Temperatur
Θ_D	Debye-Temperatur
κ	Absorptionskoeffizient; Ginzburg-Landau-Parameter
λ	Londonsche Eindringtiefe; Wärmeleitfähigkeit; Wellenlänge
Λ	Freie Weglänge
μ	Chemisches Potential; Permeabilität ($\mu = 1 + \chi$)
μ_B	Bohrsches Magneton ($9{,}2741 \cdot 10^{-24}$ Am^2)
μ_0	Magnetische Feldkonstante ($1{,}256637 \cdot 10^{-6}$ VsA^{-1}m^{-1})
ν	Frequenz
ξ	Ginzburg-Landau-Kohärenzlänge
ρ	Spezifischer elektrischer Widerstand
σ	Elektrische Leitfähigkeit
τ	Relaxationszeit
Φ	Magnetischer Kraftfluß
Φ_0	Magnetisches Flußquant ($2{,}0678 \cdot 10^{15}$ Tesla m^2)
χ	Elektrische Suszeptibilität, Magnetische Suszeptibilität
ψ	Eigenfunktion der Schrödinger-Gleichung
ω	Kreisfrequenz
ω_c	Zyklotronfrequenz
ω_D	Debyesche Grenzfrequenz

1 Der kristalline Zustand

In der Festkörperphysik untersucht man die physikalischen Phänomene, die mit dem festen Aggregatzustand verknüpft sind und versucht sie atomistisch zu erklären. Hierbei unterscheidet man zwischen kristallinem und amorphem Zustand. Eine kristalline Substanz ist dadurch gekennzeichnet, daß ihre Bausteine räumlich periodisch angeordnet sind. Eine amorphe Substanz weist im Nahbereich zwar auch eine gewisse Ordnung auf, es fehlt bei ihr aber die räumliche Periodizität über viele Atomabstände. Zu den amorphen Substanzen gehören zum Beispiel Gläser, Keramiken und verschiedene Kunststoffe. In jüngster Zeit haben die sog. metallischen Gläser besondere Beachtung gefunden. Man erhält sie durch eine rasche Abkühlung der entsprechenden metallischen Schmelze. Metallische Gläser haben oft bemerkenswerte physikalische Eigenschaften, die auch für technische Anwendungen ausgenützt werden können. Zu diesen Eigenschaften gehören zum Beispiel eine große Dehnbarkeit und Bruchfestigkeit, eine von der Temperatur unabhängige elektrische Leitfähigkeit, eine hohe magnetische Permeabilität, eine kleine Koerzitivkraft und eine ungewöhnlich große Korrosionsfestigkeit. In dieser einführenden Darstellung der Festkörperphysik werden wir allerdings auf den amorphen Zustand nur kurz in Abschn. 7.3 eingehen und uns im übrigen auf den kristallinen Zustand beschränken. Hierbei werden wir unsere Überlegungen gewöhnlich auf Einkristalle beziehen, obwohl viele Festkörper, vor allem die Metalle, normalerweise in polykristallinem Zustand vorliegen. Ein Polykristall setzt sich aus einer großen Anzahl kleiner Einkristalle, den sog. Kristalliten zusammen, die unterschiedlich orientiert aneinander stoßen. Verschiedene technisch bedeutsame Materialeigenschaften werden gerade durch diese Mikrostruktur, die man in der Metallkunde als Gefüge bezeichnet, beeinflußt. In der Festkörperphysik interessiert man sich aber mehr für die durch die Kristallstruktur bedingten Eigenschaften. Diese lassen sich besser an Einkristallen untersuchen.

In Abschn. 1.1 werden die grundlegenden Begriffe, die wir zur Beschreibung einer Kristallstruktur benötigen, zusammengestellt. Außerdem werden einige wichtige Kristallstrukturen besprochen. Mit der Beugung von Röntgenstrahlen, Elektronen und Neutronen am Kristallgitter befassen wir uns in Abschn. 1.2. In Abschn. 1.3 werden die einzelnen Bindungsarten der Atome oder Moleküle im Kristall diskutiert. In Abschn. 1.4 betrachten wir die verschiedenen Fehlordnungen in einem Kristall. Ein Kristall ohne Fehlordnungen stellt immer eine mehr oder weniger starke Idealisierung eines Festkörpers dar. In Wirklichkeit enthält jeder Kristall eine große Anzahl Defekte. Schließlich werden in Abschn. 1.5 die wichtigsten experimentellen Methoden zur Untersuchung von Kristallstrukturen mit Hilfe von Röntgenstrahlen behandelt.

1.1   Struktur idealer Kristalle

Kristalle sind dreidimensional periodische Anordnungen von einzelnen Atomen oder Atomgruppen. Das einzelne Atom bzw. die Atomgruppe bezeichnet man als *Basis* des Kristalls. Die Atome der Basis können gleich oder verschieden sein; aber alle Atomgruppen müssen die gleiche Zusammensetzung haben, und die Atome müssen innerhalb jeder Gruppe in gleicher Weise angeordnet sein. Ordnet man jeder einzelnen Atomgruppe einen Gitterpunkt zu, so entsteht ein *Raumgitter*. Ein Kristall ist somit durch die Struktur seines Raumgitters und durch seine Basis festgelegt.

Raumgitter

Bei einem Raumgitter lassen sich stets drei Vektoren $\vec{a}_1$, $\vec{a}_2$ und $\vec{a}_3$ angeben, so daß von jedem Punkt des Raumgitters die anderen Gitterpunkte durch eine Translation

$$\vec{R} = n_1\vec{a}_1 + n_2\vec{a}_2 + n_3\vec{a}_3 \tag{1.1}$$

mit ganzzahligen Werten für n_1, n_2 und n_3 erreicht werden können. Die Vektoren $\vec{a}_1$, $\vec{a}_2$ und $\vec{a}_3$ bezeichnet man als *primitive Translationen*. Ihre Wahl ist nicht eindeutig, wie es Fig. 1.1 für ein zweidimensionales Gitter zeigt. Alle drei dort eingezeichneten Vektorpaare sind primitive Translationen. Wir wollen im folgenden voraussetzen, daß $\vec{a}_1$, $\vec{a}_2$ und $\vec{a}_3$ ein Rechtssystem bilden.

Fig. 1.1
Drei Beispiele für primitive Translationen in einem zweidimensionalen Gitter

Zerlegt man die Vektoren $\vec{a}_1$, $\vec{a}_2$ und $\vec{a}_3$ in ihre kartesischen Komponenten a_{1x}, a_{1y}, a_{1z} usw., so kann man eine Matrix

$$A = \begin{pmatrix} a_{1x} & a_{2x} & a_{3x} \\ a_{1y} & a_{2y} & a_{3y} \\ a_{1z} & a_{2z} & a_{3z} \end{pmatrix} \tag{1.2}$$

aufstellen. Sie liefert durch Multiplikation mit dem Vektor $\begin{pmatrix} n_1 \\ n_2 \\ n_3 \end{pmatrix}$ die kartesischen Komponenten der Translation, die durch Gl. (1.1) beschrieben wird.

Durch die primitiven Translationen wird ein Parallelepiped, die sogenannte *Elementarzelle*, aufgespannt. Ihr Volumen V_z ist gleich dem Spatprodukt der primitiven Translationen.

Verwendet man die Matrix aus Gl. (1.2), so gilt

$$V_z = \det A. \tag{1.3}$$

Reiht man die Elementarzellen aneinander, so wird der gesamte Raum ausgefüllt.

Außer der Translationssymmetrie, die charakteristisch für ein Raumgitter ist, kann das Gitter noch Dreh- und Spiegelsymmetrien aufweisen. Durch Betrachtung solcher Symmetrien läßt sich zeigen, daß im Dreidimensionalen nicht mehr als 14 verschiedene Raumgitter möglich sind. Nach A. Bravais[1]), der im Jahre 1848 diese Raumgitter erstmals beschrieb, bezeichnet man sie allgemein als *Bravais-Gitter*. Die 14 Bravais-Gitter können 7 verschiedenen *Kristallsystemen* zugeordnet werden, die sich durch ihre Symmetrieeigenschaften voneinander unterscheiden. Um diese Symmetrieeigenschaften besonders deutlich zu kennzeichnen, benutzt man für jedes Kristallsystem ein ganz bestimmtes Bezugssystem, welches durch drei *Kristallachsen* mit den Längeneinheiten a, b, c und den Achsenwinkeln α, β, γ gegeben ist (s. Fig. 1.2). Bei den Größen a, b und c kommt es nur auf ihr Längenverhältnis zueinander an. Das durch die Vektoren $\vec{a}$, $\vec{b}$ und $\vec{c}$ aufgespannte Parallelepiped ist die sog. *Einheitszelle*. Die Achsenabschnitte a, b und c bezeichnet man als *Gitterkonstanten*. Ihr Wert liegt bei einigen Å.

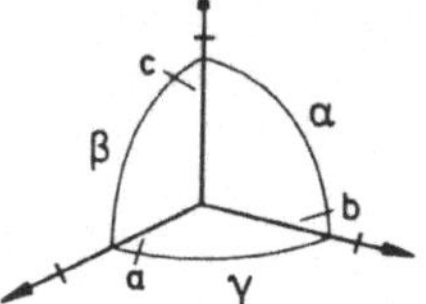

Fig. 1.2
Die drei Kristallachsen eines Bravais-Gitters mit den Gitterkonstanten a, b, c und den Achsenwinkeln α, β, γ

Im folgenden werden die einzelnen Kristallsysteme und die ihnen zugeordneten Bravais-Gitter kurz an Hand von Fig. 1.3 besprochen.

1. Triklines Kristallsystem

Hier gilt: $a \neq b \neq c$ und $\alpha \neq \beta \neq \gamma$

Es gibt nur ein triklines Raumgitter, das triklin primitive Gitter.

2. Monoklines Kristallsystem

Hier gilt: $a \neq b \neq c$ und $\alpha = \gamma = 90° \neq \beta$

Es gibt zwei monokline Bravais-Gitter, das monoklin primitive Gitter und das monoklin basiszentrierte Gitter. Die Einheitszellen des basiszentrierten Gitters besitzen Gitterpunkte in den Mittelpunkten der von den Vektoren $\vec{a}$ und $\vec{b}$ aufgespannten Flächen.

3. Rhombisches Kristallsystem

Hier gilt: $a \neq b \neq c$ und $\alpha = \beta = \gamma = 90°$

Dieses System umfaßt vier Gitterarten: Das rhombisch primitive, das rhombisch basiszentrierte, das rhombisch raumzentrierte und das rhombisch flächenzentrierte Gitter.

---

[1]) Auguste Bravais, * 1811 Annonay (Ardèche), † 1863 Versailles

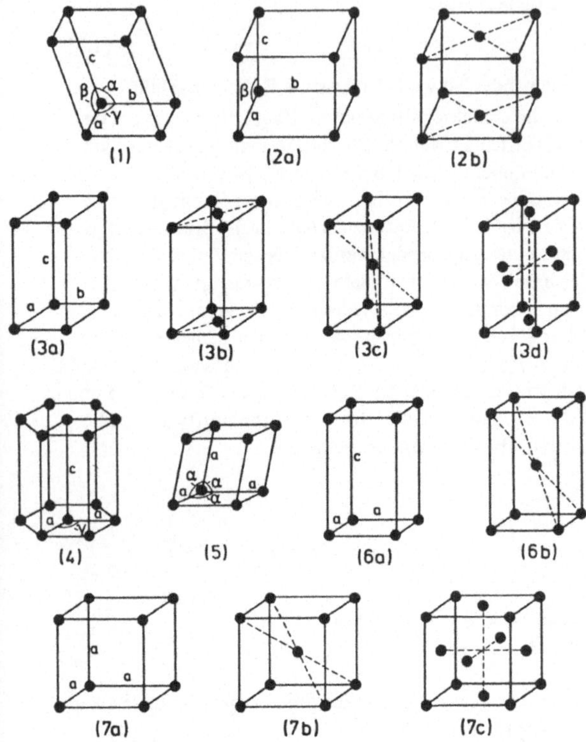

Fig. 1.3 Die 14 Bravais-Gitter. (1) triklin primitives Gitter, (2a) monoklin primitives Gitter,
(2b) monoklin basiszentriertes Gitter, (3a) rhombisch primitives Gitter, (3b) rhombisch
basiszentriertes Gitter, (3c) rhombisch raumzentriertes Gitter, (3d) rhombisch flächenzentriertes Gitter, (4) hexagonal primitives Gitter, (5) rhomboedrisch primitives Gitter,
(6a) tetragonal primitives Gitter, (6b) tetragonal raumzentriertes Gitter, (7a) kubisch primitives Gitter, (7b) kubisch raumzentriertes Gitter, (7c) kubisch flächenzentriertes Gitter

4. Hexagonales Kristallsystem

Hier gilt: $a = b \neq c$ und $\alpha = \beta = 90°$, $\gamma = 120°$

Die einzige Gitterart dieses Systems, das hexagonal primitive Gitter, hat als Einheitszelle
ein rechtwinkliges Prisma mit einer Raute als Grundfläche.

5. Rhomboedrisches Kristallsystem

Hier gilt: $a = b = c$ und $\alpha = \beta = \gamma \neq 90°$

Es gibt nur ein rhomboedrisches Raumgitter, das rhomboedrisch primitive Gitter.

6. Tetragonales Kristallsystem

Hier gilt: $a = b \neq c$ und $\alpha = \beta = \gamma = 90°$

Es gibt ein tetragonal primitives und ein tetragonal raumzentriertes Gitter.

7. Kubisches Kristallsystem

Hier gilt: $a = b = c$ und $\alpha = \beta = \gamma = 90°$

Dieses Kristallsystem hat die höchste Symmetrie. Zu ihm gehören drei Bravais-Gitter: Das kubisch primitive, das kubisch raumzentrierte und das kubisch flächenzentrierte Gitter.

Man wird vielleicht zunächst überrascht sein, daß nicht mehr verschiedene Bravaisgitter existieren. Warum gibt es zum Beispiel kein tetragonal basiszentriertes Gitter? Man kann sich leicht an Hand von Fig. 1.4 überzeugen, daß bei einer anderen Wahl der Kristallachsen ein tetragonal basiszentriertes Gitter in ein tetragonal primitives Gitter übergeht. Ähnliche Betrachtungen lassen sich auch bei den anderen Gittertypen anstellen.

Das Volumen der Einheitszelle ist bei allen nichtprimitiven Raumgittern größer als das der Elementarzelle.

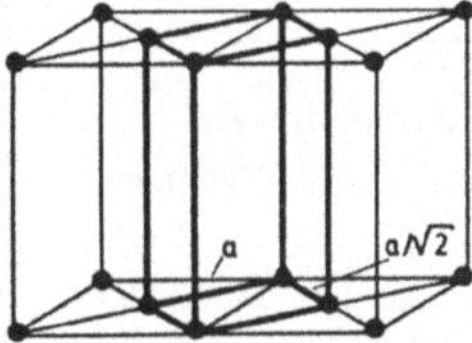

Fig. 1.4 Einheitszelle eines tetragonal primitiven Gitters eingezeichnet in zwei Einheitszellen eines tetragonal basiszentrierten Gitters

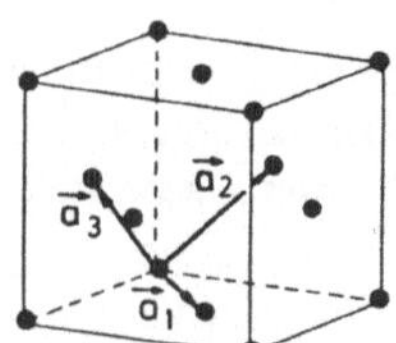

Fig. 1.5 Primitive Translationen $\vec{a}_1$, $\vec{a}_2$ und $\vec{a}_3$ eines kubisch flächenzentrierten Gitters eingezeichnet in die zugehörige Einheitszelle

In Fig. 1.5 sind in die Einheitszelle des kubisch flächenzentrierten Gitters mit der Gitter-Konstanten a die primitiven Translationen $\vec{a}_1$, $\vec{a}_2$ und $\vec{a}_3$ eingezeichnet. Sie spannen ein Rhomboeder auf. Für die Matrix A aus Gl. (1.2) erhält man hier

$$A = \frac{a}{2} \begin{pmatrix} 1 & 0 & 1 \\ 1 & 1 & 0 \\ 0 & 1 & 1 \end{pmatrix}. \tag{1.4}$$

Das Volumen der Elementarzelle hat den Wert

$$V_z = \det A = \frac{a^3}{4}.$$

Es beträgt also nur ein Viertel des Volumens der Einheitszelle. Der Winkel, der von zwei primitiven Translationen aufgespannt wird, ist 60°.

Bei einem kubisch raumzentrierten Gitter wählt man gewöhnlich die Vektoren vom Koordinatenursprung zu den Gitterpunkten in den Würfelmitten dreier benachbarter Einheitszellen als primitive Translationen (s. Fig. 1.6). Die Matrix A lautet also

$$A = \frac{a}{2} \begin{pmatrix} 1 & -1 & 1 \\ 1 & 1 & -1 \\ -1 & 1 & 1 \end{pmatrix}, \tag{1.5}$$

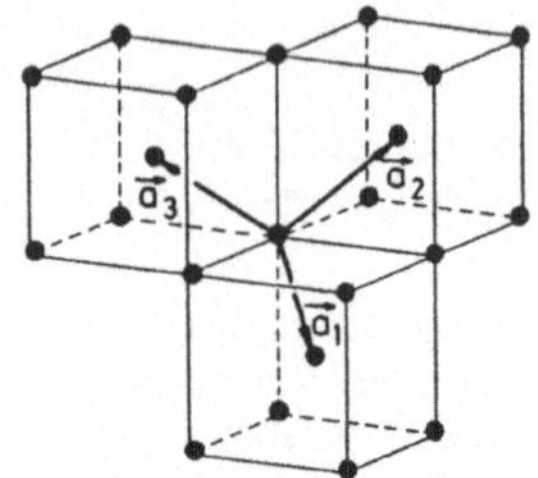

Fig. 1.6
Primitive Translationen $\vec{a}_1$, $\vec{a}_2$ und $\vec{a}_3$ eines kubisch raumzentrierten Gitters eingezeichnet in drei benachbarte Einheitszellen

und für das Volumen der Elementarzelle gilt

$$V_z = \det A = \frac{a^3}{2}.$$

Der Winkel zwischen zwei primitiven Translationen beträgt hier $109°28'$.

Es sei noch erwähnt, daß ein Kristall unter Umständen eine geringere Symmetrie aufweist als das zugehörige Raumgitter. Dieses ist dann durch eine weniger hohe Symmetrie der Basis bedingt.

Kristallstrukturen

Nach der Diskussion der Raumgitter beschäftigen wir uns nun mit verschiedenen einfachen Kristallstrukturen. Um die Lage der Atome innerhalb einer Basis zu beschreiben, legt man zweckmäßig den Bezugspunkt in den Mittelpunkt eines bestimmten Basisatoms. Die Positionen der anderen Basisatome werden dann in den Koordinaten der Einheitszelle angegeben und zwar in Bruchteilen der Gitterkonstanten a, b und c. Die Gesamtheit der Bezugspunkte bildet das Raumgitter der betreffenden Kristallstruktur.

Alle Edelmetalle, aber auch die Edelgase im festen Zustand, haben ein kubisch flächenzentriertes Raumgitter mit einer Basis aus einem Atom. Die Alkalien und verschiedene andere Metalle wie z. B. Wolfram, Molybdän und Tantal besitzen ein kubisch raumzentriertes Gitter ebenfalls mit einer einatomigen Basis.

Andere Elemente wie Kohlenstoff als Diamant und die Halbleiter Silicium und Germanium haben ein kubisch flächenzentriertes Raumgitter aber mit einer Basis aus zwei

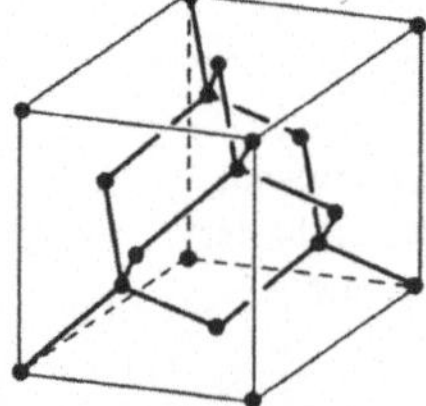

Fig. 1.7 Diamantstruktur

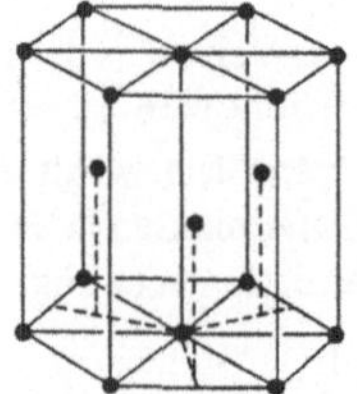

Fig. 1.8 Hexagonal dichteste Kugelpackung

Atomen. Das zweite Atom ist gegenüber dem ersten Atom in Richtung der Raumdiagonalen der Einheitszelle um ein Viertel der Länge dieser Diagonalen verschoben. Es hat also die Koordinaten (1/4, 1/4, 1/4). Bei dieser sog. *Diamantstruktur* sitzt, wie Fig. 1.7 zeigt, jedes Gitteratom im Mittelpunkt eines regelmäßigen Tetraeders, das von seinen vier nächsten Nachbarn gebildet wird.

Eine andere Kristallstruktur mit einer Basis aus zwei Atomen ist die *hexagonal dichteste Kugelpackung*. Das Raumgitter ist hexagonal, das zweite Atom der Basis hat die Koordinaten (2/3, 1/3, 1/2) (s. Fig. 1.8).

Die Bezeichnung „dichteste Kugelpackung" rührt daher, daß bei einer Anordnung von Kugeln gemäß dieser Struktur der unausgefüllte Zwischenraum minimal ist. Eine andere Struktur mit der gleichen Eigenschaft ist die kubisch flächenzentrierte Struktur. Den Unterschied zwischen diesen beiden Strukturen ersieht man aus Fig. 1.9. Bei der hexagonal dichtesten Kugelpackung hat man die Schichtfolge ABAB.... und bei der kubisch flächenzentrierten Struktur die Schichtfolge ABCABC.... .

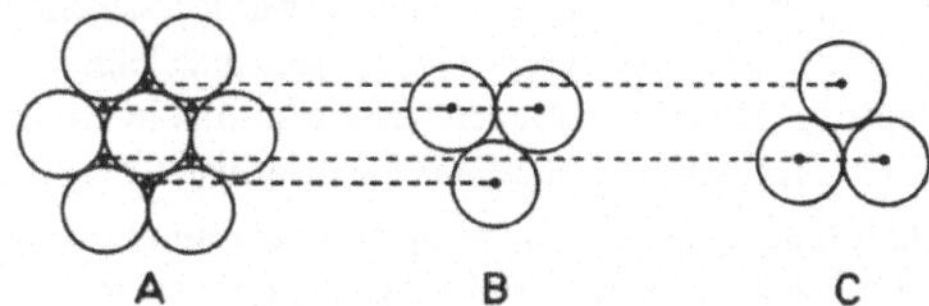

Fig. 1.9
Zur Unterscheidung der hexagonal dichtesten Kugelpackung von der kubisch flächenzentrierten Struktur (s. Text)

Wie eine einfache geometrische Betrachtung zeigt, sollte bei einer idealen hexagonal dichtesten Kugelpackung das c/a-Verhältnis $2\sqrt{2/3} = 1{,}633$ betragen. Man spricht aber auch dann von einer dichtesten Kugelpackung, wenn mehr oder weniger große Abweichungen von dem idealen c/a-Verhältnis auftreten. So hat z. B. beim Magnesium dieses Verhältnis den Wert 1,623, beim Titan 1,586 und beim Zink 1,861.

Verschiedene Alkalihalogenide, aber auch Bleisulfid und Manganoxid haben die sog. *Natriumchloridstruktur*. Das Raumgitter ist kubisch flächenzentriert. Die Basis besteht aus zwei verschiedenen Atomen, deren Abstand voneinander gleich der halben Länge der Raumdiagonalen der Einheitszelle ist (s. Fig. 1.10). Andere Alkalihalogenide haben die sog. *Cäsiumchloridstruktur*. Hier ist das Raumgitter kubisch primitiv. Der Abstand der beiden verschiedenen Basisatome ist wiederum gleich der halben Länge der Raumdiagonalen (Fig. 1.11). Die sog. *Zinkblendestruktur* schließlich entspricht der Diamantstruktur, nur enthält hier die Basis zwei verschiedenartige Atome.

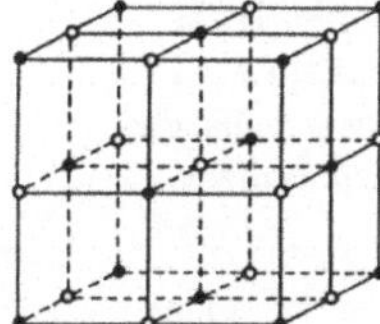

Fig. 1.10 Natriumchloridstruktur

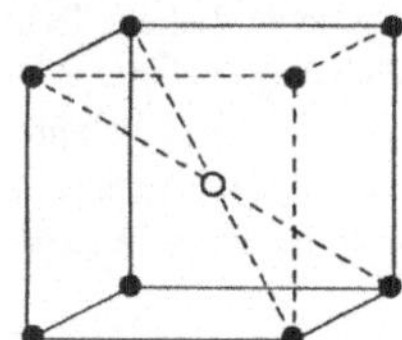

Fig. 1.11 Cäsiumchloridstruktur

Millersche Indizes

Eine Ebene im Kristall, die mit Gitterpunkten besetzt ist, bezeichnet man als *Netzebene*. Die Orientierung einer Netzebene im Kristall ist durch die Schnittpunkte der Ebene mit den Kristallachsen festgelegt, wobei man die Achsenabschnitte in Einheiten der Gitterkonstanten ausdrücken kann. In der Kristallographie ist es aber üblich, eine Kennzeichnung der Netzebenen durch die sog. *Millerschen Indizes* (hkℓ) vorzunehmen. Man erhält diese Indizes aus den Maßzahlen der Achsenabschnitte, indem man die Kehrwerte dieser Zahlen bildet und dann die drei kleinsten ganzen Zahlen sucht, die zueinander im gleichen Verhältnis stehen wie die drei Kehrwerte. Für eine Ebene mit den Schnittkoordinaten 6, 2 und 3 lauten also die Millerschen Indizes (132). Liegt der Schnittpunkt der Ebene mit der Kristallachse im Unendlichen, so hat der zugehörige Index den Wert Null. Liegt der Schnittpunkt der Ebene im negativen Bereich der Kristallachse, so wird dieses durch ein Minuszeichen über dem betreffenden Index angezeigt, also z. B. durch ($1\bar{3}2$). Erscheinen die Millerschen Indizes in geschweiften Klammern, dann beziehen sie sich auf alle äquivalenten Ebenen des Kristalls. So werden sämtliche Würfeloberflächen eines kubischen Kristalls durch das Symbol {100} gekennzeichnet, obwohl die Millerschen Indizes der einzelnen Flächen verschieden aussehen. Man beachte, daß sich die Millerschen Indizes auf die Kristallachsen und nicht auf die primitiven Translationen beziehen.

Es läßt sich zeigen, daß bei einem primitiven Raumgitter von den durch die Millerschen Indizes (hkℓ) gekennzeichneten Netzebenen diejenige den kleinsten Abstand vom Koordinatenursprung hat, bei der die Maßzahlen der Achsenabschnitte 1/h, 1/k und 1/ℓ betragen. Da durch den Koordinatenursprung natürlich auch eine Netzebene mit den gleichen Indizes verläuft, liefert die Distanz jener speziellen Netzebene vom Ursprung unmittelbar den Abstand $d_{hk\ell}$ zweier Netzebenen mit den Millerschen Indizes (hkℓ). Nichtprimitive Raumgitter lassen sich auf primitive Gitter zurückführen, indem man ihre Basis erweitert. In diesem Fall wird z. B. aus einem kubisch flächenzentrierten Gitter mit einatomiger Basis ein kubisch primitives Gitter mit einer Basis aus vier Atomen. Ein Ausdruck für die Berechnung von $d_{hk\ell}$ wird auf Seite 26 hergeleitet.

Auch die Richtungen im Kristall werden durch Indizes gekennzeichnet. Als Symbol für eine bestimmte Richtung benutzt man die drei kleinsten ganzen Zahlen, die zueinander das gleiche Verhältnis haben wie die Komponenten eines Vektors in dieser Richtung bezogen auf die Kristallachsen. Diese Zahlen setzt man in eckige Klammern, z. B. gibt [111] die Richtung einer Raumdiagonalen in der Einheitszelle an.

Für Kristalle des hexagonalen Kristallsystems liefern die Millerschen Indizes, wenn man sie nach dem oben angegebenen Verfahren berechnet, für gleichwertige Netzebenen unter Umständen Ausdrücke von unterschiedlichem Typ. So sind zum Beispiel (s. Fig. 1.12) die Ebenen (100) und ($1\bar{1}0$) völlig äquivalente Prismenflächen. Man geht deshalb bei solchen Kristallen zur Beschreibung der Kristallebenen gewöhnlich von vier Achsen aus, das sind die in Fig. 1.12 durch a_1, a_2, a_3 und c gekennzeichneten Richtungen. Die Indizes (hkiℓ) erhält man dann in gewohnter Weise. Es gilt

$$i = -(h + k). \tag{1.6}$$

Bei der Kennzeichnung der Richtungen im Kristall verfährt man entsprechend, hat aber

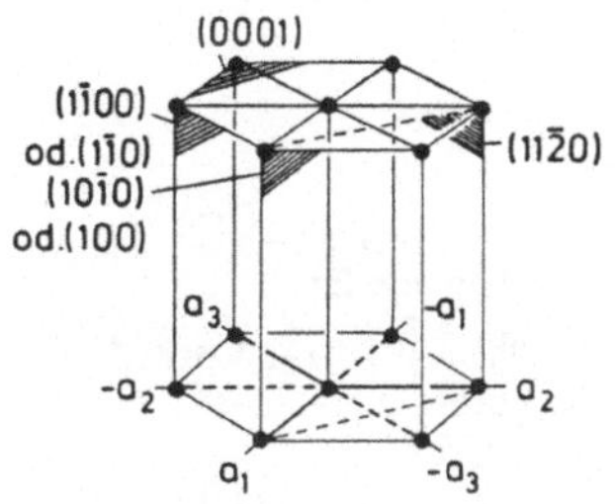

Fig. 1.12 Indizierung der Netzebenen eines
hexagonalen Kristalls

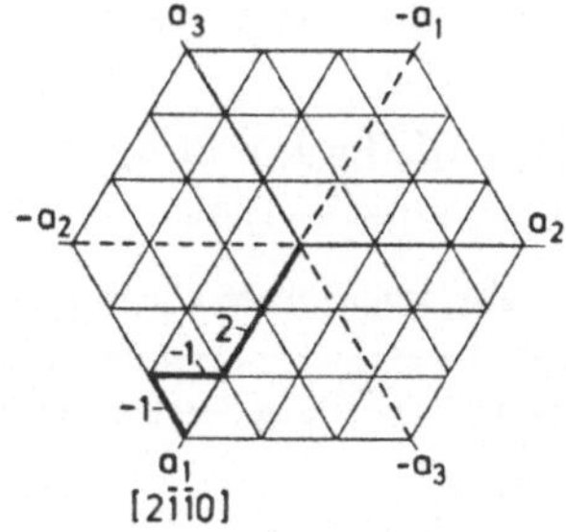

Fig. 1.13 Indizierung der Richtungen in einem
hexagonalen Kristall

bei der Wahl der Indizes darauf zu achten, daß auch hier Gl. (1.6) erfüllt ist. Die Richtung der a_1-Achse darf deshalb nicht etwa durch [1000] beschrieben werden, sondern durch [2ī10]. Einen Vektor in Richtung der a_1-Achse kann man nämlich, wie es in Fig. 1.13 dargestellt ist, auch in Komponenten in Richtung der vier Achsen mit den Beträgen +2, −1, −1, 0 zerlegen. Bei dieser Darstellung ist Gl. (1.6) erfüllt.

Reziprokes Gitter

Für viele Untersuchungen in der Festkörperphysik ist es zweckmäßig, an Stelle des eigentlichen Kristallgitters das zugehörige *reziproke Gitter* zu benutzen. Die primitiven Translationen $\vec{b}_1$, $\vec{b}_2$ und $\vec{b}_3$ des reziproken Gitters stehen durch folgende Definitionen mit den primitiven Translationen $\vec{a}_1$, $\vec{a}_2$ und $\vec{a}_3$ des Kristallgitters in Beziehung:

$$\vec{b}_1 = 2\pi \frac{\vec{a}_2 \times \vec{a}_3}{\vec{a}_1 \cdot \vec{a}_2 \times \vec{a}_3}, \qquad \vec{b}_2 = 2\pi \frac{\vec{a}_3 \times \vec{a}_1}{\vec{a}_1 \cdot \vec{a}_2 \times \vec{a}_3}, \qquad \vec{b}_3 = 2\pi \frac{\vec{a}_1 \times \vec{a}_2}{\vec{a}_1 \cdot \vec{a}_2 \times \vec{a}_3}. \qquad (1.7)$$

Die primitive Translation $\vec{b}_1$ zum Beispiel steht senkrecht auf der Ebene, die durch die Vektoren $\vec{a}_2$ und $\vec{a}_3$ aufgespannt wird. Dieses ist nur bei einem orthogonalen Gitter die Richtung von $\vec{a}_1$.

Mit Gl. (1.7) gleichwertig ist die Definition

$$\vec{a}_i \cdot \vec{b}_k = 2\pi\delta_{ik}. \qquad (1.8)$$

Von jedem Punkt des reziproken Gitters lassen sich die anderen Gitterpunkte durch eine Translation

$$\vec{G} = h_1\vec{b}_1 + h_2\vec{b}_2 + h_3\vec{b}_3 \qquad (1.9)$$

mit ganzzahligen Werten für h_1, h_2 und h_3 erreichen. Während die Vektoren des Kristallgitters die Dimension einer Länge haben, haben die Vektoren des reziproken Gitters die Dimension einer reziproken Länge.

Für das Skalarprodukt aus einem Vektor des Kristallgitters und eines Vektors des reziproken Gitters gilt:

$$\vec{R} \cdot \vec{G} = (n_1\vec{a}_1 + n_2\vec{a}_2 + n_3\vec{a}_3) \cdot (h_1\vec{b}_1 + h_2\vec{b}_2 + h_3\vec{b}_3)$$

$$= 2\pi(n_1 h_1 + n_2 h_2 + n_3 h_3). \tag{1.10}$$

Das Skalarprodukt ist also immer gleich einem ganzzahligen Vielfachen von 2π.

Für eine Funktion $f(\vec{r})$, die gegenüber einer Translation mit dem Vektor $\vec{R} = n_1\vec{a}_1 + n_2\vec{a}_2 + n_3\vec{a}_3$ invariant ist, hat die Darstellung durch eine Fourierreihe die Form

$$f(\vec{r}) = \sum_{\vec{G}} f_{\vec{G}}\, e^{i\vec{G}\cdot\vec{r}}, \tag{1.11}$$

wobei $\vec{G}$ sämtliche Vektoren des zugeordneten reziproken Gitters durchläuft. Ersetzt man nämlich in Gl. (1.11) $\vec{r}$ durch $\vec{r} + \vec{R}$, so erhält man bei Beachtung von Gl. (1.10)

$$f(\vec{r} + \vec{R}) = \sum_{\vec{G}} f_{\vec{G}}\, e^{i(\vec{G}\cdot\vec{r} + \vec{G}\cdot\vec{R})} = \sum_{\vec{G}} f_{\vec{G}}\, e^{i\vec{G}\cdot\vec{r}} = f(\vec{r}).$$

Bei einer Darstellung von $f(\vec{r})$ durch Gl. (1.11) ist demnach die Translationsinvarianz gewahrt.

Den Vektoren $\vec{b}_1, \vec{b}_2$ und $\vec{b}_3$ des reziproken Gitters kann man eine Matrix

$$B = \begin{pmatrix} b_{1x} & b_{2x} & b_{3x} \\ b_{1y} & b_{2y} & b_{3y} \\ b_{1z} & b_{2z} & b_{3z} \end{pmatrix} \tag{1.12}$$

zuordnen, die die kartesischen Komponenten der Vektoren enthält. Zwischen der Matrix B und der Matrix A aus Gl. (1.2) besteht der Zusammenhang

$$\tilde{A}\, B = 2\pi \quad \text{oder} \quad B = 2\pi\, \tilde{A}^{-1} \tag{1.13}$$

Hierbei ist $\tilde{A}$ die transponierte Matrix von A.

Für die Matrix B des kubisch flächenzentrierten Gitters ergibt sich nach Gl. (1.4) unter Berücksichtigung von Gl. (1.13)

$$B = \frac{2\pi}{a} \begin{pmatrix} 1 & -1 & 1 \\ 1 & 1 & -1 \\ -1 & 1 & 1 \end{pmatrix}. \tag{1.14}$$

Vergleicht man diesen Ausdruck mit Gl. (1.5), so sieht man, daß das reziproke Gitter der kubisch flächenzentrierten Struktur dem kubisch raumzentrierten Kristallgitter entspricht.

Auf gleiche Weise folgt aus Gl. (1.5) für die Matrix B des kubisch raumzentrierten Gitters

$$B = \frac{2\pi}{a} \begin{pmatrix} 1 & 0 & 1 \\ 1 & 1 & 0 \\ 0 & 1 & 1 \end{pmatrix}. \tag{1.15}$$

Erste Brillouin-Zone

Als Elementarzelle des reziproken Gitters wählt man in der Festkörperphysik gewöhnlich nicht das durch die primitiven Translationen $\vec{b}_1$, $\vec{b}_2$ und $\vec{b}_3$ aufgespannte Parallelepiped sondern die sog. *erste Brillouin[1])-Zone.*

Man erhält die erste Brillouin-Zone, indem man von einem Punkt des reziproken Gitters Vektoren zu allen Nachbarpunkten zieht und durch die Mittelpunkte der Verbindungslinien senkrecht zu ihnen Ebenen legt. Das Polyeder um den Ursprung mit dem kleinsten Volumen ist die erste Brillouin-Zone. Die Konstruktion der ersten Brillouin-Zone für ein zweidimensionales Gitter gibt Fig. 1.14 wieder. Es läßt sich zeigen, daß die erste Brillouin-Zone das gleiche Volumen hat wie das durch die Vektoren $\vec{b}_1$, $\vec{b}_2$ und $\vec{b}_3$ aufgespannte Parallelepiped. Auch hier läßt sich durch ein Aneinanderreihen der Zonen der gesamte Raum des reziproken Gitters ausfüllen. Die Bedeutung der ersten Brillouin-Zone für die Festkörperphysik werden wir in den nächsten Kapiteln kennenlernen.

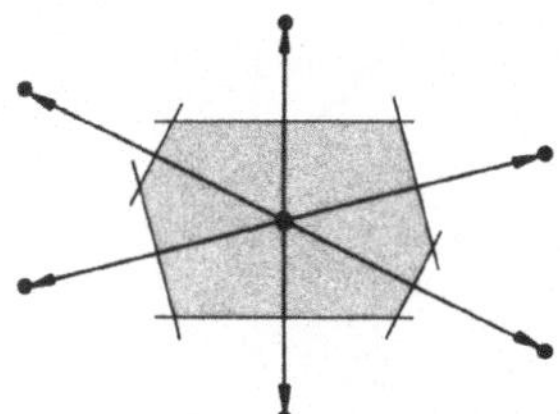

Fig. 1.14
Konstruktion der ersten Brillouin-Zone eines zweidimensionalen Gitters

Im folgenden bestimmen wir die erste Brillouin-Zone des kubisch flächenzentrierten und kubisch raumzentrierten Gitters.

Durch Multiplikation der Matrix B aus Gl. (1.12) mit dem Vektor $\begin{pmatrix} h_1 \\ h_2 \\ h_3 \end{pmatrix}$ erhält man die kartesischen Komponenten einer Translation $\vec{G}$ im reziproken Gitter. Diese betragen für ein kubisch flächenzentriertes Gitter nach Gl. (1.14)

$$\frac{2\pi}{a}(h_1 - h_2 + h_3), \qquad \frac{2\pi}{a}(h_1 + h_2 - h_3), \qquad \frac{2\pi}{a}(-h_1 + h_2 + h_3).$$

Die acht Kombinationen

$$h_1 = \pm 1, \qquad h_2 = h_3 = 0$$
$$h_2 = \pm 1, \qquad h_1 = h_3 = 0$$
$$h_3 = \pm 1, \qquad h_1 = h_2 = 0$$
$$h_1 = h_2 = h_3 = \pm 1$$

---

[1]) Léon Brillouin, * 1889 Sèvres, † 1969 New York

liefern die kürzesten reziproken Gittervektoren vom Ursprung aus. Sie führen vom Mittelpunkt eines Würfels zu seinen Eckpunkten. Die Ebenen senkrecht zu diesen Vektoren durch ihre Mitten bilden ein Oktaeder. Dieses ist aber noch nicht die erste Brillouin-Zone; denn die Würfelebenen, die durch die sechs Vektoren mit den Kombinationen

$$h_1 = h_3 = \pm 1, \qquad h_2 = 0$$
$$h_1 = h_2 = \pm 1, \qquad h_3 = 0$$
$$h_2 = h_3 = \pm 1, \qquad h_1 = 0$$

bestimmt sind, schneiden die Ecken des Oktaeders ab. Wir erhalten infolgedessen für die erste Brillouin-Zone des kubisch flächenzentrierten Gitters ein Polyeder wie in Fig. 1.15. Der Abstand der Oktaederflächen vom Mittelpunkt der ersten Brillouin-Zone beträgt $\frac{1}{2}\frac{2\pi}{a}\sqrt{3}$, der der Würfelflächen von diesem Mittelpunkt $2\pi/a$.

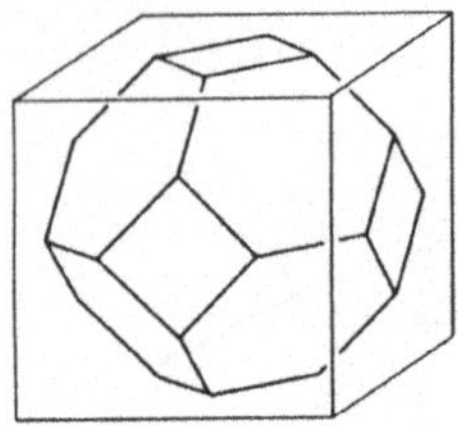

Fig. 1.15 Erste Brillouin-Zone des kubisch flächenzentrierten Gitters

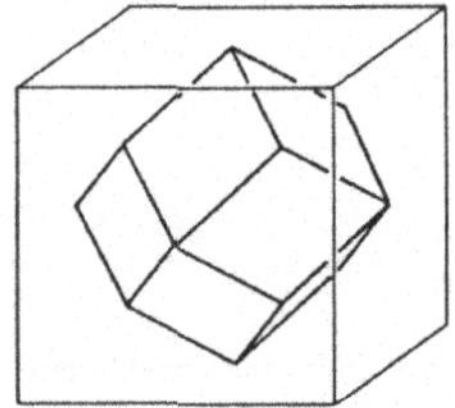

Fig. 1.16 Erste Brillouin-Zone des kubisch raumzentrierten Gitters

Für ein kubisch raumzentriertes Gitter ergeben sich die kartesischen Komponenten der reziproken Gittervektoren aus Gl. (1.15) zu

$$\frac{2\pi}{a}(h_1 + h_3), \qquad \frac{2\pi}{a}(h_1 + h_2), \qquad \frac{2\pi}{a}(h_2 + h_3).$$

Hier führen die zwölf Kombinationen

$$h_1 = \pm 1, \qquad h_2 = h_3 = 0$$
$$h_2 = \pm 1, \qquad h_1 = h_3 = 0$$
$$h_3 = \pm 1, \qquad h_1 = h_2 = 0$$
$$h_2 = -h_3 = \pm 1, \qquad h_1 = 0$$
$$h_1 = -h_3 = \pm 1, \qquad h_2 = 0$$
$$h_1 = -h_2 = \pm 1, \qquad h_3 = 0$$

auf die erste Brillouin-Zone. Sie hat die Gestalt eines Rhombendodekaeders (s. Fig. 1.16). Es sei noch erwähnt, daß gelegentlich auch beim normalen Kristallgitter eine Elementarzelle gewählt wird, die man in gleicher Weise wie die erste Brillouin-Zone konstruiert.

Diese sog. *Wigner*[1]*-Seitz*[2]*-Zelle* zeichnet sich dadurch aus, daß sie jeweils die vollständige nächste Umgebung eines einzelnen Gitterpunktes umfaßt.

1.2 Kristalle als natürliche Beugungsgitter

Elektromagnetische Wellen und Materiewellen, die mit den Kristallbausteinen in Wechselwirkung treten, werden an einem Kristallgitter gebeugt, wenn ihre Wellenlänge von der gleichen Größenordnung wie die Gitterkonstanten der Kristalle ist. Bei den elektromagnetischen Wellen hat die Röntgen[3]-Strahlung eine geeignete Wellenlänge. Ihre Wechselwirkung mit dem Kristallgitter besteht darin, daß die Röntgenstrahlen an den Hüllenelektronen der Gitteratome gestreut werden. Im klassischen Bild werden die Elektronen von der einfallenden elektromagnetischen Welle zu erzwungenen Schwingungen angeregt, wodurch dann wiederum Sekundärwellen ausgesandt werden. Diese interferieren miteinander und liefern die typischen Beugungserscheinungen. Wir werden zunächst die Beugung von Röntgenstrahlen untersuchen. Die hier gewonnenen Gesetzmäßigkeiten lassen sich unmittelbar auch auf die Beugung von Materiewellen übertragen. Historisch spielt die Entdeckung der Röntgenstrahlbeugung an Kristallen durch M. von Laue[4] und seine Mitarbeiter W. Friedrich und P. Knipping im Jahre 1912 eine besondere Rolle. Mit ihr begann die Entwicklung der eigentlichen Festkörperphysik. Es wurde hier erstmals experimentell nachgewiesen, daß ein Kristall aus einer periodischen Anordnung von Gitterbausteinen besteht.

Lauesche Gleichungen

Wir beschäftigen uns zunächst in einem ersten Schritt mit den Beugungserscheinungen an einer dreidimensionalen periodischen Anordnung von punktförmigen Streuzentren. In einem zweiten Schritt werden wir dann berücksichtigen, daß die Streuung von Röntgenstrahlen nicht an einzelnen Gitterpunkten erfolgt, sondern an den Elektronen der Gitteratome. Da die Ausdehnung der Atome aber von der gleichen Größenordnung ist wie die Wellenlänge der Röntgenstrahlung, weisen die von den einzelnen Elektronen eines Atoms ausgesandten sekundären Röntgenstrahlen am Beobachtungsort im allgemeinen einen Gangunterschied auf. Außerdem müssen wir berücksichtigen, daß unter Umständen den einzelnen Gitterpunkten eine mehratomige Basis zuzuordnen ist.

Um die Gesetzmäßigkeiten für die Beugung von monochromatischen Röntgenstrahlen an einem Kristallgitter zu ermitteln, gehen wir davon aus, daß am Beobachtungsort ein Intensitätsmaximum auftritt, wenn hier alle Gangunterschiede der an den einzelnen Gitterpunkten gestreuten Röntgenstrahlen ganzzahlige Vielfache der Wellenlänge λ sind.

---

[1] Eugene Paul Wigner, * 1902 Budapest, Nobelpreis 1963
[2] Frederic Seitz, * 1911 San Francisco
[3] Wilhelm Conrad Röntgen, * 1845 Lennep (Remscheid), † 1923 München, Nobelpreis 1901
[4] Max von Laue, * 1879 Pfaffendorf (Koblenz), † 1960 Berlin, Nobelpreis 1914

Da die Anzahl der von der Röntgenstrahlung getroffenen Streuzentren ungeheuer groß
ist, können wir sehr scharf ausgeprägte Intensitätsmaxima erwarten.

Wir wollen im folgenden voraussetzen, daß die Quelle der Röntgenstrahlung und der
Beobachtungsort so weit vom Kristall entfernt sind, daß wir es stets mit Parallelstrahl-
bündeln zu tun haben (s. Fig. 1.17a). Dann tritt bei der Überlagerung der Streustrahlung
von zwei einzelnen Gitterpunkten, deren gegenseitige Lage durch die primitive Translation $\vec{a}_1$ beschrieben wird, eine maximale Verstärkung auf, wenn

$$\vec{a}_1 \cdot (\vec{s} - \vec{s}_0) = h_1 \lambda \tag{1.16a}$$

ist. Hierbei sind $\vec{s}_0$ und $\vec{s}$ Einheitsvektoren in Richtung des einfallenden und gestreuten
Strahls und h_1 eine beliebige ganze Zahl.

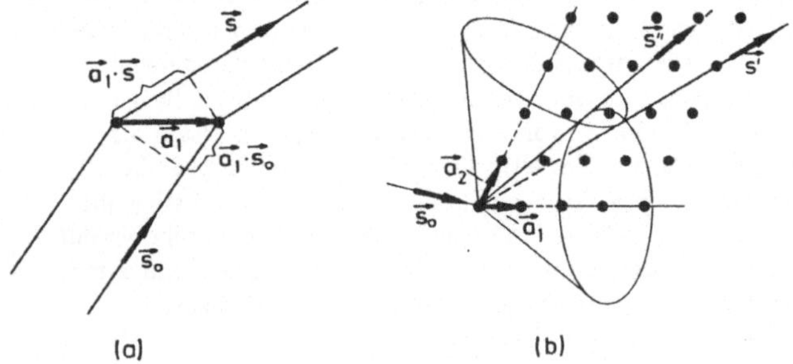

Fig. 1.17 Zur Herleitung der Laueschen Gleichungen (s. Text)

Bei zwei Gitterpunkten, deren gegenseitige Lage durch eine Translation $\vec{a}_2$ beschrieben
wird, gilt entsprechend für eine maximale Verstärkung

$$\vec{a}_2 \cdot (\vec{s} - \vec{s}_0) = h_2 \lambda \tag{1.16b}$$

und bei einer durch eine Translation $\vec{a}_3$ gekennzeichneten Lage gilt schließlich

$$\vec{a}_3 \cdot (\vec{s} - \vec{s}_0) = h_3 \lambda. \tag{1.16c}$$

Diese als *Lauesche Gleichungen* bekannten drei Beziehungen sind notwendige aber auch
hinreichende Bedingungen dafür, daß am Beobachtungsort ein Intensitätsmaximum auftritt; denn wenn die Laueschen Gleichungen erfüllt sind, ist bei zwei beliebigen Gitterpunkten, deren gegenseitige Lage bei einem Einkristall nach Gl. (1.1) stets durch eine
Translation $n_1\vec{a}_1 + n_2\vec{a}_2 + n_3\vec{a}_3$ beschrieben werden kann, der Gangunterschied
$(n_1\vec{a}_1 + n_2\vec{a}_2 + n_3\vec{a}_3) \cdot (\vec{s} - \vec{s}_0)$ der an diesen Gitterpunkten gestreuten Röntgenstrahlen
ein ganzzahliges Vielfaches der Wellenlänge λ.

Die Laueschen Gleichungen lassen sich bei vorgegebener Wellenlänge λ durchaus nicht
für jede beliebige Einfallsrichtung $\vec{s}_0$ erfüllen. Dieses wird anschaulich folgendermaßen
verständlich: In Fig. 1.17a ist nur eine spezielle Richtung $\vec{s}$ des gestreuten Strahls dargestellt. Ganz allgemein sagt Gl. (1.16a) aber aus, daß die Richtungen der Streustrahlung

mit einem Intensitätsmaximum auf Kegelmänteln liegen, deren Achse in Richtung von $\vec{a}_1$ verläuft und deren Öffnungswinkel von h_1 abhängt. Nehmen wir nun die Richtungskegel, die durch die zweite Gleichung bestimmt werden, hinzu, so erhält man als mögliche Streurichtungen für ein Intensitätsmaximum die Schnittgeraden zweier Kegelmäntel aus der ersten und zweiten Gruppe (Fig. 1.17b). Diese Schnittgeraden werden im allgemeinen aber nicht gerade auf einem der Richtungskegel liegen, die durch die dritte Gleichung beschrieben werden. Doch nur wenn dieses zutrifft, sind alle drei Laueschen Gleichungen erfüllt.

Die Laueschen Gleichungen können wir zu der Beziehung

$$\vec{s} - \vec{s}_0 = \frac{\lambda}{2\pi}\,\vec{G} \tag{1.17}$$

zusammenfassen. Hierbei ist $\vec{G} = h_1\vec{b}_1 + h_2\vec{b}_2 + h_3\vec{b}_3$ ein beliebiger Translationsvektor im reziproken Gitter. Zum Beweis multiplizieren wir beide Seiten von Gl. (1.17) skalar mit $\vec{a}_1$, $\vec{a}_2$ und $\vec{a}_3$. Mit Hilfe von Gl. (1.8) erhalten wir dann die Laueschen Gleichungen zurück.

Gl. (1.17) formen wir nun noch weiter um, indem wir die Wellenzahlvektoren

$$\vec{k}_0 = \frac{2\pi}{\lambda}\,\vec{s}_0 \quad \text{und} \quad \vec{k}_1 = \frac{2\pi}{\lambda}\,\vec{s} \tag{1.18}$$

des einfallenden und gestreuten Röntgenstrahls einführen. Wir bekommen dann an Stelle von Gl. (1.17) den Ausdruck

$$\vec{k} - \vec{k}_0 = \vec{G}. \tag{1.19}$$

Im Teilchenbild ist $\hbar\vec{k}$ der Impuls eines Photons, wenn $\hbar$ das Plancksche Wirkungsquantum geteilt durch 2π ist. Da bei der Beugung von Röntgenstrahlen sich der Impulsbetrag der Photonen nicht ändert, können wir diesen Prozeß auch als eine elastische Streuung von Photonen am Kristallgitter auffassen. Gl. (1.19) ist dann als Auswahlregel für die Änderung der Wellenzahlvektoren im reziproken Raum des Kristallgitters anzusehen. Graphisch läßt sich dieser Sachverhalt folgendermaßen darstellen (s. Fig. 1.18): Von einem beliebigen Gitterpunkt des reziproken Gitters als Koordinatenursprung des rezi-

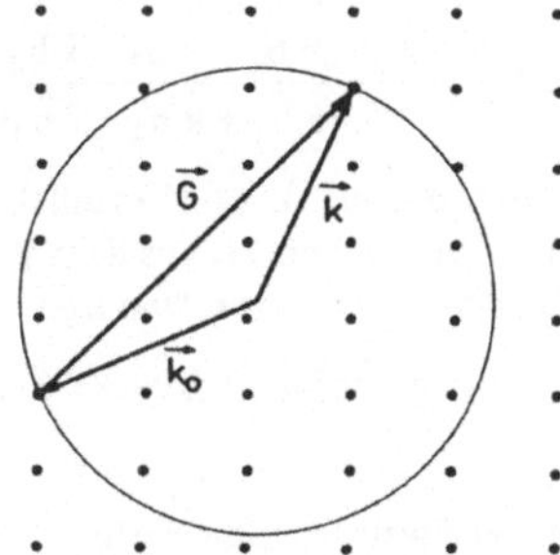

Fig. 1.18
Darstellung der elastischen Photonen-Streuung im Raum eines zweidimensionalen reziproken Gitters nach Gl. (1.19) mit Hilfe der Ewald-Kugel. $\vec{k}_0$ ist der Wellenzahlvektor des einfallenden Photons und $\vec{k}$ der des elastisch gestreuten Photons. $\vec{G}$ ist ein Vektor des reziproken Gitters

proken Raumes trägt man den Vektor $-\vec{k}_0$ ab. Den Endpunkt dieses Vektors wählt man als Mittelpunkt einer Kugel, deren Radius $k = 2\pi/\lambda$ beträgt. Dieses ist die sog. *Ewald*[1])-*Kugel*. Ein Beugungsreflex tritt immer dann auf, wenn auf der Ewaldschen Kugel ein Gitterpunkt des reziproken Gitters zu liegen kommt. Der gebeugte Röntgenstrahl weist in diesem Fall in die Richtung von $\vec{k} = \vec{k}_0 + \vec{G}$. Durch eine geeignete Abänderung des Betrages von $\vec{k}_0$ oder seiner Richtung läßt sich ein solches Ereignis immer herbeiführen.

Braggsche Reflexionsbedingung

Wir wollen jetzt Gl. (1.17) auf eine andere Weise interpretieren. Hierzu beweisen wir zunächst zwei Sätze.

1. Der Vektor $\vec{g} = h\,\vec{b}_1 + k\,\vec{b}_2 + \ell\,\vec{b}_3$ des reziproken Gitters steht senkrecht auf den Netzebenen des Kristallgitters mit den Millerschen Indizes (hkℓ).

B e w e i s. Zu den Netzebenen mit den Indizes (hkℓ) gehört auch die Netzebene, die die Endpunkte der drei Vektoren $\vec{a}_1/h$, $\vec{a}_2/k$ und $\vec{a}_3/\ell$ enthält. In dieser Ebene liegen die Vektoren $\left(\dfrac{\vec{a}_1}{h} - \dfrac{\vec{a}_2}{k}\right)$ und $\left(\dfrac{\vec{a}_2}{k} - \dfrac{\vec{a}_3}{\ell}\right)$. $\vec{g}$ steht senkrecht auf diesen beiden Vektoren, da das Skalarprodukt von $\vec{g}$ mit jedem der beiden Vektoren Null ist. Da durch die beiden Vektoren jene Netzebene bestimmt ist, steht $\vec{g}$ senkrecht auf dieser Ebene.

2. Für den Abstand $d_{hk\ell}$ zweier Netzebenen eines Kristallgitters mit den Millerschen Indizes (hkℓ) gilt:

$$d_{hk\ell} = \frac{2\pi}{|h\,\vec{b}_1 + k\,\vec{b}_2 + \ell\,\vec{b}_3|}. \tag{1.20}$$

B e w e i s. Nach den Bemerkungen auf Seite 18 beträgt der Abstand der in Satz 1 definierten Netzebene vom Koordinatenursprung gerade $d_{hk\ell}$. Ist deshalb $\vec{r}$ ein beliebiger Vektor vom Ursprung zu jener Ebene, so bekommen wir bei Berücksichtigung von Satz 1

$$d_{hk\ell} = \vec{r} \cdot \frac{\vec{g}}{|\vec{g}|}.$$

Für $\vec{r}$ können wir z. B. den speziellen Wert $\vec{a}_1/h$ wählen. Wir erhalten dann

$$d_{hk\ell} = \frac{\vec{a}_1}{h} \cdot \frac{h\,\vec{b}_1 + k\,\vec{b}_2 + \ell\,\vec{b}_3}{|h\,\vec{b}_1 + k\,\vec{b}_2 + \ell\,\vec{b}_3|} = \frac{2\pi}{|h\,\vec{b}_1 + k\,\vec{b}_2 + \ell\,\vec{b}_3|}.$$

Wir kommen nun auf Gl. (1.17) zurück. In diese Gleichung führen wir den oben definierten Vektor $\vec{g}$ ein, indem wir aus dem Vektor $\vec{G}$ den größten gemeinsamen ganzzahligen Teiler n herausziehen. Wir setzen also

$$\vec{G} = n\,\vec{g} = n(h\,\vec{b}_1 + k\,\vec{b}_2 + \ell\,\vec{b}_3). \tag{1.21}$$

---

[1]) Paul Peter Ewald, * 1888 Berlin, † 1985 Ithaca (New York)

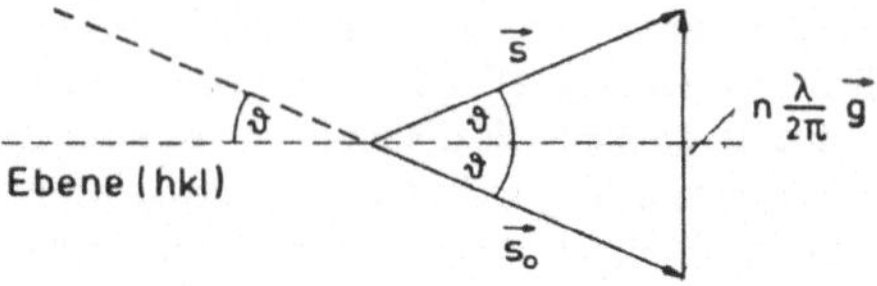

Fig. 1.19
Zur Herleitung der Braggschen Reflexionsbedingung aus den Laueschen Gleichungen (s. Text)

Gl. (1.17) lautet dann

$$\vec{s} - \vec{s}_0 = n \frac{\lambda}{2\pi} \vec{g}. \tag{1.22}$$

Die Vektoren $\vec{s}_0$, $\vec{s}$ und $n \frac{\lambda}{2\pi} \vec{g}$ bilden ein gleichschenkliges Dreieck, wobei der Vektor $\vec{g}$ nach Satz 1 auf der Netzebene (hkℓ) senkrecht steht (s. Fig. 1.19). Der Winkel ϑ, den der einfallende Röntgenstrahl mit der Netzebene (hkℓ) bildet, ist gleich dem Winkel zwischen dem gebeugten Strahl und der Netzebene. Außerdem liegen der einfallende Strahl, der gebeugte Strahl und die Flächennormale in einer Ebene. Die Beugung kann also formal durch eine Reflexion des Röntgenstrahls an einer Netzebene beschrieben werden. Allerdings kommt eine solche Reflexion nur zustande, wenn für den Winkel ϑ, der allgemein als Glanzwinkel bezeichnet wird, die Bedingung

$$\sin \vartheta = \frac{1}{2} n \frac{\lambda}{2\pi} |\vec{g}| \tag{1.23}$$

erfüllt ist. Aus Gl. (1.20) folgt, daß $|\vec{g}| = 2\pi/d_{hk\ell}$ ist. Setzen wir dieses in Gl. (1.23) ein, so erhalten wir die *Braggsche Reflexionsbedingung*

$$2d_{hk\ell} \sin \vartheta = n \lambda. \tag{1.24}$$

Diese Beziehung wurde hier aus den Laueschen Gleichungen hergeleitet. W. L. Bragg[1]) gewann Gl. (1.24) auf direktem Wege, indem er den Gangunterschied zwischen den an zwei aufeinanderfolgenden parallelen Netzebenen reflektierten Röntgenstrahlen betrachtete. Für diesen Gangunterschied findet man an Hand von Fig. 1.20 den Wert $2d_{hk\ell} \sin \vartheta$. Nur wenn er ein ganzzahliges Vielfaches der Wellenlänge λ ist, ergibt sich durch konstruktive Interferenz ein Röntgenreflex. Das ist aber gerade die Aussage von Gl. (1.24). n ist in diesem Fall die Ordnung des gebeugten Röntgenstrahls. Eine solche Betrachtungsweise

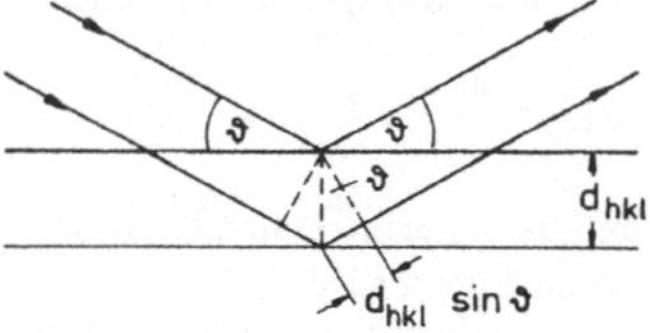

Fig. 1.20
Braggsche Reflexion an einer Netzebenenschar (s. Text)

---

[1]) William Lawrence Bragg, * 1890 Adelaide (Südaustralien), † 1971 Ipswich (Suffolk), Nobelpreis 1915

ist natürlich nur dann erlaubt, wenn an jeder Netzebene nur ein ganz kleiner Bruchteil
der einfallenden Strahlung reflektiert wird. Dieses trifft tatsächlich zu. Aus Gl. (1.24)
folgt, daß eine Braggsche-Reflexion nur dann beobachtet werden kann, wenn die Wellenlänge der Röntgenstrahlung nicht größer als $2d_{hk\ell}$ ist. Im übrigen ist die Ordnung des
Röntgenreflexes, der einer bestimmten Netzebenenschar zuzuordnen ist, umso höher,
je größer der Glanzwinkel ist.

Strukturfaktor

Durch Gl. (1.17) bzw. Gl. (1.24) werden lediglich die Richtungen beschrieben, in welche
die an einem räumlich periodischen Gitter gebeugten Röntgenstrahlen gegebenenfalls
ausgesandt werden. Die relative Intensität der verschiedenen Reflexe hängt hingegen von
dem Aufbau der Basis, vom Streuvermögen der Basisatome sowie von der Temperatur des
betreffenden Kristalls ab. Sie wird also wesentlich durch die Verteilung der Elektronen
im Volumen V_z der den Kristall kennzeichnenden Elementarzelle bestimmt; denn wie
bereits auf Seite 23 erwähnt wurde, werden die Röntgenstrahlen an den Elektronen der
Gitteratome gestreut. Wir lassen zunächst den Einfluß der Kristalltemperatur auf die
Intensität der Röntgenreflexe unberücksichtigt, d. h. wir setzen ein starres Gitter voraus.

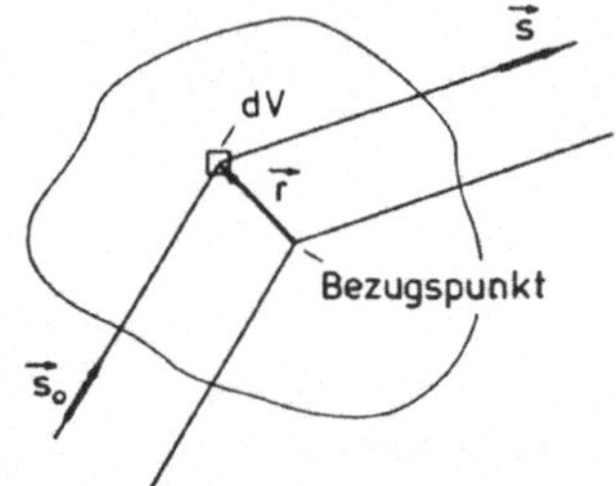

Fig. 1.21
Zur Ermittlung des Strukturfaktors (s. Text)

Aus Fig. 1.21 ergibt sich für den Gangunterschied zwischen der im Volumenelement dV
der Elementarzelle und der im Bezugspunkt gestreuten Strahlung der Wert $\vec{r} \cdot (\vec{s} - \vec{s}_0)$,
wenn $\vec{r}$ der Ortsvektor vom Bezugspunkt zum Volumenelement dV ist. Die Einheitsvektoren $\vec{s}_0$ und $\vec{s}$ kennzeichnen die Richtung des einfallenden und die des zum Beobachtungsort hin gestreuten Röntgenstrahls. Der Phasenunterschied beträgt dann

$$\varphi(\vec{r}) = \frac{2\pi}{\lambda}\,\vec{r} \cdot (\vec{s} - \vec{s}_0).$$

Die Amplitude der elektrischen Feldstärke des am Kristall gebeugten Röntgenstrahls
ist proportional der Größe

$$F_{hk\ell} = \int\limits_{V_z} n(\vec{r})e^{i\varphi(\vec{r})}dV = \int\limits_{V_z} n(\vec{r})e^{\frac{2\pi i}{\lambda}\,\vec{r} \cdot (\vec{s} - \vec{s}_0)}dV, \tag{1.25}$$

wenn $n(\vec{r})$ die Elektronenzahldichte im Kristall ist.

Beugungsreflexe können nur in den durch Gl. (1.17) vorgegebenen Richtungen beobachtet werden. Hiermit wird aus Gl. (1.25)

$$F_{hk\ell} = \int\limits_{V_z} n(\vec{r})e^{i\vec{G}\cdot\vec{r}}dV. \tag{1.26}$$

Die Größe $F_{hk\ell}$ bezeichnet man gewöhnlich als *Strukturfaktor*. Seine Indizierung kennzeichnet seine Abhängigkeit von den Millerschen Indizes h, k und ℓ, die über die Gl. (1.21) mit dem Vektor $\vec{G}$ aus Gl. (1.26) verknüpft sind.

Zur näheren Untersuchung des Strukturfaktors wählen wir als Bezugspunkt in Fig. 1.21 das Zentrum eines bestimmten Basisatoms. Außerdem zerlegen wir den Ortsvektor $\vec{r}$ in die beiden Vektoren $\vec{r}_i$ und $\vec{\tilde{R}}$. Hierbei ist $\vec{r}_i$ der Ortsvektor vom Bezugspunkt zu einem der Zentren der übrigen Basisatome und $\vec{\tilde{R}}$ der Ortsvektor von einem solchen Zentrum zu einem Volumenelement der Elektronenhülle des betreffenden Atoms. Wir setzen also

$$\vec{r} = \vec{r}_i + \vec{\tilde{R}}$$

und erhalten an Stelle von Gl. (1.26)

$$F_{hk\ell} = \sum_i \int n_i(\vec{\tilde{R}})e^{i\vec{G}\cdot(\vec{r}_i + \vec{\tilde{R}})}dV = \sum_i e^{i\vec{G}\cdot\vec{r}_i}\int n_i(\vec{\tilde{R}})e^{i\vec{G}\cdot\vec{\tilde{R}}}dV. \tag{1.27}$$

$n_i(\vec{\tilde{R}})$ gibt die Verteilung der Elektronenzahldichte des i-ten Basisatoms um sein Zentrum wieder. Die Summierung ist über sämtliche Atome der Basis zu erstrecken, wobei natürlich auch das Basisatom mit seinem Zentrum im Bezugspunkt zu berücksichtigen ist. Das Integral

$$f_i = \int n_i(\vec{\tilde{R}})e^{i\vec{G}\cdot\vec{\tilde{R}}}dV \tag{1.28}$$

ist der *atomare Streufaktor* des i-ten Atoms. Mit dieser Größe wird aus Gl. (1.28)

$$F_{hk\ell} = \sum_i f_i e^{i\vec{G}\cdot\vec{r}_i}. \tag{1.29}$$

Wenn sämtliche Elektronen des i-ten Atoms am Ort $\tilde{R} = 0$ säßen, wäre der atomare Streufaktor gerade gleich der Ordnungszahl Z des betreffenden Atoms. Die räumliche Ausdehnung der Gitteratome bewirkt eine Herabsetzung des atomaren Streufaktors. Anschaulich läßt sich der atomare Streufaktor definieren als das Verhältnis der Amplitude der an einem Atom gestreuten Welle zu der Amplitude einer Welle, die an einem freien Elektron gestreut wird.

Zur Berechnung von f_i legen wir eine kugelsymmetrische Verteilung der Elektronen um den Atomkern zugrunde. Bei Verwendung von sphärischen Polarkoordinaten wird dann aus Gl. (1.28)

$$f_i = \int\limits_{\tilde{R}=0}^{\infty} \int\limits_{\cos\Theta=-1}^{+1} \int\limits_{\Phi=0}^{2\pi} n_i(\tilde{R})e^{i|\vec{G}|\tilde{R}\cos\Theta}\tilde{R}^2 d\tilde{R}\,d(\cos\Theta)\,d\Phi. \tag{1.30}$$

Θ ist hierbei der Winkel zwischen $\vec{\tilde{R}}$ und $\vec{G}$.

Eine Integration über Φ und Θ liefert

$$f_i = 2\pi \int\limits_{\tilde{R}=0}^{\infty} n_i(\tilde{R}) \frac{e^{i|\vec{G}|\tilde{R}} - e^{-i|\vec{G}|\tilde{R}}}{i|\vec{G}|\tilde{R}} \tilde{R}^2 d\tilde{R}$$

$$= 4\pi \int\limits_{\tilde{R}=0}^{\infty} n_i(\tilde{R})\tilde{R}^2 \frac{\sin(|\vec{G}|\tilde{R})}{|\vec{G}|\tilde{R}} d\tilde{R}. \tag{1.31}$$

Nach Fig. 1.19 besteht zwischen $|\vec{G}|$ und dem Glanzwinkel ϑ der Zusammenhang

$$|\vec{G}| = \frac{4\pi}{\lambda} \sin\vartheta. \tag{1.32}$$

Führen wir diese Beziehung in Gl. (1.31) ein, so erhalten wir schließlich

$$f_i = 4\pi \int\limits_{\tilde{R}=0}^{\infty} n_i(\tilde{R})\tilde{R}^2 \frac{\sin\left(4\pi\tilde{R}\,\dfrac{\sin\vartheta}{\lambda}\right)}{4\pi\tilde{R}\,\dfrac{\sin\vartheta}{\lambda}} d\tilde{R}. \tag{1.33}$$

Um das Integral weiter auszuwerten, müssen wir wissen, wie die Elektronenzahldichte von $\tilde{R}$ abhängt. Man benutzt gewöhnlich die Elektronenverteilung in völlig freien Atomen, die man nach dem aus der Atomphysik bekannten Hartree-Fock-Verfahren berechnet. Eine Umverteilung der Elektronen bedingt durch den Einbau der freien Atome in ein Kristallgitter wird also nicht berücksichtigt.

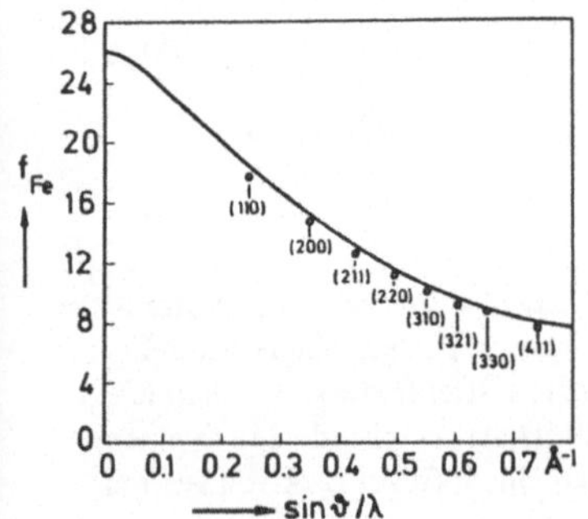

Fig. 1.22
Experimentell ermittelte atomare Streufaktoren von metallischem Eisen für die Braggsche Reflexion von Röntgenstrahlen einer Wellenlänge λ von 0,709 Å (MoK$_\alpha$) an verschiedenen durch ihre Millerschen Indizes gekennzeichneten Netzebenen. Den berechneten Werten der eingezeichneten Kurve liegt eine nach dem Hartree-Fock-Verfahren ermittelte Elektronenverteilung zugrunde (nach Batterman, B. W.; Chipman, D. R.; De Marco, J. J.: Phys. Rev. 122 (1961) 68)

In Fig. 1.22 werden die auf diese Weise für Eisen gewonnenen atomaren Streufaktoren mit den aus der Intensität der Röntgenreflexe experimentell ermittelten Daten verglichen. f_{Fe} ist hier in Abhängigkeit von $\sin\vartheta/\lambda$ aufgetragen. Man beobachtet eine relativ gute Übereinstimmung zwischen den berechneten und experimentell gefundenen Werten. Aus Gl. (1.33) folgt, daß f_i für $\vartheta = 0$ den Wert Z annimmt.

Wir können nun den Strukturfaktor nach Gl. (1.29) berechnen. Hierbei ist es zweckmäßig, stets primitive Raumgitter zu benutzen, da in diesem Fall die Elementarzelle mit der Einheitszelle identisch ist. Nichtprimitive Raumgitter kann man dadurch erfassen, daß man dem zugehörigen primitiven Gitter eine mehratomige Basis zuordnet.

Sind ρ_i, σ_i und τ_i die Koordinaten der Basisatome in einem Bezugssystem, welches durch die primitiven Translationen $\vec{a}_1$, $\vec{a}_2$ und $\vec{a}_3$ bestimmt ist, so gilt für den Ortsvektor $\vec{r}_i$ vom Bezugspunkt zu einem Basisatom

$$\vec{r}_i = \rho_i\vec{a}_1 + \sigma_i\vec{a}_2 + \tau_i\vec{a}_3. \tag{1.34}$$

Verwenden wir diese Beziehung für $\vec{r}_i$ in Gl. (1.29) und ersetzen $\vec{G}$ durch den Ausdruck in Gl. (1.21), so erhalten wir bei Beachtung von Gl. (1.8)

$$F_{hk\ell} = \sum_i f_i e^{2\pi i n(h\rho_i + k\sigma_i + \ell\tau_i)}. \tag{1.35}$$

Für die Intensität $I_{hk\ell}$ eines gebeugten Röntgenstrahls gilt:

$$I_{hk\ell} \sim |F_{hk\ell}|^2. \tag{1.36}$$

In einem Beispiel berechnen wir den Strukturfaktor für einen Kristall mit einer Cäsium-chloridstruktur (vgl. Fig. 1.11 auf Seite 17). Hier ist $\rho_1 = \sigma_1 = \tau_1 = 0$ und $\rho_2 = \sigma_2 = \tau_2 = 1/2$. Setzen wir diese Werte in Gl. (1.35) ein, so bekommen wir

$$F_{hk\ell} = f_1 + f_2 e^{\pi n i(h + k + \ell)}. \tag{1.37}$$

Ist die Summe der Millerschen Indizes einer Netzebene, an der eine Braggsche Reflexion erfolgt, eine gerade Zahl, so ist für n = 1, also für gebeugte Röntgenstrahlen erster Ordnung $F_{hk\ell} = f_1 + f_2$. Die Intensität des gebeugten Röntgenstrahls ist dann nach Gl. (1.36) besonders hoch. Ist hingegen (h + k + ℓ) eine ungerade Zahl, so ist, wenn wiederum n = 1 ist, $F_{hk\ell} = f_1 - f_2$. In diesem Fall ist die Intensität des gebeugten Röntgenstrahls minimal. Es erfolgt sogar eine völlige Auslöschung, wenn die beiden Basisatome den gleichen atomaren Streufaktor haben. Dieses trifft bei einer kubisch raumzentrierten Kristallstruktur zu.

Anschaulich wird das Verschwinden von Röntgenreflexen beim Übergang von einem primitiven Gitter zu einem raumzentrierten Gitter an Hand von Fig. 1.23 verständlich. Die Hinzunahme von raumzentriert angeordneten Gitteratomen zu den Atomen eines primitiven Gitters bedeutet, daß zusätzliche Netzebenen mitten zwischen die Ebenen (001) eines primitiven Gitters eingeschoben werden. Ist die Braggsche Reflexionsbedingung für eine Reflexion an den (001)-Ebenen für n = 1 erfüllt, so ist der Gangunterschied zwischen Strahl 1 und Strahl 3 in Fig. 1.23 gerade gleich der Wellenlänge λ. Zwischen Strahl 1 und Strahl 2 beträgt er dann nur $\lambda/2$. Dieses hat aber zur Folge, daß eine völlige Auslöschung durch destruktive Interferenz zustande kommt.

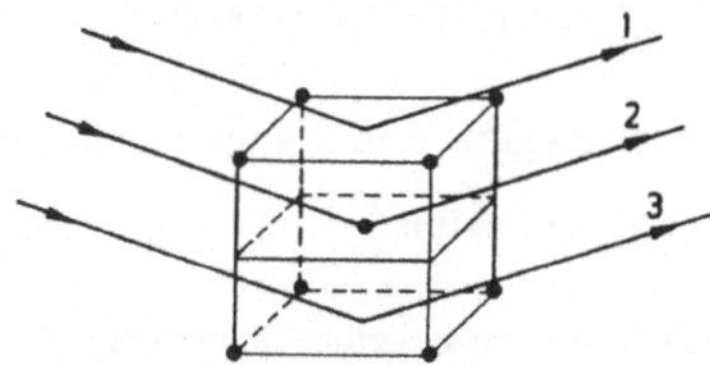

Fig. 1.23
Zum Strukturfaktor eines kubisch raumzentrierten
Gitters (s. Text)

Debye-Waller-Faktor

Wir untersuchen nun den Einfluß der Kristalltemperatur auf die Intensität der Röntgen-reflexe, wenn die Basis des Kristalls sich nur aus gleichartigen Atomen zusammensetzt. Ist $\vec{u}(t)$ die momentane Auslenkung eines Gitteratoms aus seiner Gleichgewichtslage auf Grund seiner thermischen Bewegung, so erhalten wir für den zeitlichen Mittelwert des Strukturfaktors (vgl. Gl. (1.29))

$$\overline{F_{hk\ell}} = \sum_i f_i \overline{e^{i\vec{G} \cdot (\vec{r}_i + \vec{u})}} = (\sum_i f_i e^{i\vec{G} \cdot \vec{r}_i}) \overline{e^{i\vec{G} \cdot \vec{u}}}. \tag{1.38}$$

Die Größe $\vec{G} \cdot \vec{u}$ ist im allgemeinen klein gegenüber 1. Wir können uns deshalb bei einer Reihenentwicklung der Funktion $e^{i\vec{G} \cdot \vec{u}}$ auf die drei ersten Glieder der Reihe beschränken. Wir erhalten dann

$$\overline{e^{i\vec{G} \cdot \vec{u}}} = 1 + \overline{i(\vec{G} \cdot \vec{u})} - \frac{1}{2} \overline{(\vec{G} \cdot \vec{u})^2}. \tag{1.39}$$

Setzen wir voraus, daß die einzelnen Gitteratome völlig unabhängig voneinander um die Ruhelage schwingen, so ist

$$\overline{(\vec{G} \cdot \vec{u})} = 0, \qquad \overline{(\vec{G} \cdot \vec{u})^2} = |\vec{G}|^2 \overline{u^2} \ \overline{\cos^2 \Theta},$$

wenn Θ der Winkel zwischen $\vec{G}$ und $\vec{u}$ ist. $\cos^2 \Theta$ haben wir über eine Kugel zu mitteln und erhalten

$$\overline{\cos^2 \Theta} = \frac{1}{4\pi} \int\limits_{\Theta=0}^{\pi} \int\limits_{\Phi=0}^{2\pi} \cos^2 \Theta \sin \Theta \, d\Theta \, d\Phi = \frac{1}{3}.$$

Hiermit wird aus Gl. (1.39)

$$\overline{e^{i\vec{G} \cdot \vec{u}}} = 1 - \frac{1}{6} |\vec{G}|^2 \overline{u^2}. \tag{1.40}$$

Den Ausdruck auf der rechten Seite von Gl. (1.40) erhalten wir aber auch, wenn wir die Funktion $e^{-1/6 |\vec{G}|^2 \overline{u^2}}$ in eine Reihe entwickeln und die Reihe nach dem zweiten Glied abbrechen. In guter Näherung ist deshalb

$$\overline{e^{i\vec{G} \cdot \vec{u}}} = e^{-1/6 |\vec{G}|^2 \overline{u^2}}. \tag{1.41}$$

Verwenden wir dieses Ergebnis in Gl. (1.38), so bekommen wir

$$\overline{F_{hk\ell}} = (\sum_i f_i e^{i\vec{G} \cdot \vec{r}_i}) e^{-1/6 |\vec{G}|^2 \overline{u^2}}. \tag{1.42}$$

Die Intensität des gebeugten Röntgenstrahls beträgt somit nach Gl. (1.36)

$$I = I_0 e^{-1/3 |\vec{G}|^2 \overline{u^2}}, \tag{1.43}$$

wenn I_0 die Intensität bei einer Beugung an dem entsprechenden starren Gitter ist.

Die von der Kristalltemperatur T abhängige Größe

$$D_{hk\ell}(T) = e^{-1/3\,|\vec{G}|^2\overline{u^2}} \tag{1.44}$$

bezeichnet man als *Debye-Waller-Faktor*. $D_{hk\ell}$ nimmt mit steigender Temperatur ab, weil dann das mittlere Auslenkungsquadrat $\overline{u^2}$ der Gitteratome zunimmt. Außerdem ersieht man aus Gl. (1.44), wenn man den Zusammenhang zwischen $\vec{G}$ und den Miller-schen Indizes nach Gl. (1.21) berücksichtigt, daß der Debye-Waller-Faktor um so kleiner ist, je größer n ist und je höher die Indizierung der Netzebenen ist, an denen die Bragg-sche Reflexion erfolgt.

Zusammenfassend stellen wir fest, daß durch die thermischen Schwingungen der Gitter-atome nicht etwa die Röntgenreflexe verbreitert werden. Es wird lediglich ihre Intensi-tät herabgesetzt. Die hier verlorengegangene Energie erscheint zwischen den Reflexen als diffuser Untergrund.

Beugung von Materiewellen

Die de-Broglie[1])-Wellenlänge, die man Teilchen mit einem Impuls p zuordnen kann, beträgt

$$\lambda = \frac{h}{p}. \tag{1.45}$$

Hierbei ist h das Plancksche[2]) Wirkungsquantum. Für nichtrelativistische Teilchenge-schwindigkeiten besteht zwischen der kinetischen Energie E und dem Impuls eines Teil-chens mit der Masse m der Zusammenhang

$$p = \sqrt{2mE}. \tag{1.46}$$

Setzen wir diesen Ausdruck in Gl. (1.45) ein, so erhalten wir für die Wellenlänge einer Materiewelle

$$\lambda = \frac{h}{\sqrt{2mE}}. \tag{1.47}$$

Die Masse eines Elektrons beträgt $9{,}11 \cdot 10^{-31}$ kg. Mit dem Wert $6{,}63 \cdot 10^{-34}$ Js für das Plancksche Wirkungsquantum folgt aus Gl. (1.47) für die de-Broglie-Wellenlänge von Elektronenstrahlen

$$\lambda \approx \frac{1,2}{\sqrt{E}}\,(eV)^{1/2}\,nm \tag{1.48}$$

Elektronen mit einer de-Broglie-Wellenlänge in der Größenordnung der Gitterkonstan-ten von 0,1 nm haben demnach ein Potentialgefälle von 150 V durchlaufen. Die Reich-weite solcher niederenergetischen Elektronenstrahlen ist in fester Materie nur sehr gering.

---

[1]) Louis Victor de Broglie, * 1892 Dieppe, † 1987 Paris, Nobelpreis 1929
[2]) Max Planck, * 1858 Kiel, † 1947 Göttingen, Nobelpreis 1918

Deshalb ist die Elektronenbeugung besonders wichtig für die Untersuchung von Kristalloberflächen. Mit ihr können z. B. sehr dünne Oxidschichten auf Metallen untersucht werden. Sie lassen sich mit Röntgenstrahlen nicht erfassen.

Bei einem Elektronenmikroskop mit einer Beschleunigungsspannung von 100 kV beträgt die de-Broglie-Wellenlänge der Elektronen nur 0,0037 nm. In diesem Fall läßt sich die Braggsche Reflexionsbedingung nur dann erfüllen, wenn der Glanzwinkel ϑ nicht größer als etwa 2° ist.

Die in einen Kristall eingeschossenen Elektronen werden an den Gitterbausteinen durch Coulomb-Wechselwirkung gestreut. Im Unterschied zu Röntgenstrahlen treten die Elektronen sowohl mit den Hüllenelektronen als auch mit dem Kern der Gitteratome in Wechselwirkung. Dieses ist bei der Berechnung des atomaren Streufaktors zu berücksichtigen.

Da die Masse eines Neutrons 1836 mal größer als die Masse eines Elektrons ist, muß nach Gl. (1.47) die Energie von Neutronen um den Faktor 1836 kleiner sein als die von Elektronen, wenn beide Teilchensorten die gleiche de-Broglie-Wellenlänge haben sollen. Zu einer Wellenlänge von 0,1 nm gehört deshalb eine Neutronenenergie von etwa 0,08 eV. Solche langsamen Neutronen liefert ein Kernreaktor in genügend großer Intensität.

Die Streuung von Neutronen erfolgt in einem Kristall durch eine Wechselwirkung mit den Kernen der Gitteratome und bei magnetischen Substanzen zusätzlich durch eine Wechselwirkung des magnetischen Moments der Neutronen mit dem der Gitteratome. Die magnetische Wechselwirkung ist für die Untersuchung der magnetischen Struktur von Festkörpern von sehr großer Bedeutung. Hierauf kommen wir in Abschn. 5.4 zurück.

Das Streuvermögen der Atomkerne gegenüber Neutronen hängt nicht wie das der Gitteratome gegenüber Röntgenstrahlen in systematischer Weise von der Ordnungszahl der betreffenden Atome ab. Während der atomare Streufaktor von Gitteratomen für Röntgenstrahlung der Ordnungszahl proportional ist, kann er für die Kernstreuung von Neutronen für zwei benachbarte Elemente des periodischen Systems sehr unterschiedliche Werte annehmen. Auch sehr leichte Elemente haben hier unter Umständen ein relativ großes Streuvermögen. Man benutzt die Neutronenbeugung deshalb mit Vorliebe für die Lokalisierung von Wasserstoffatomen in Kristallgittern.

1.3   Bindungsarten im Kristall

Die Kräfte, die die Atome in einem Festkörper zusammenhalten, sind elektrischer Natur. Hierbei hängt die spezielle Art der Bindung davon ab, wie sich die äußersten Hüllenelektronen, die die freien Atome oder Moleküle bei ihrem Einbau in ein Kristallgitter mitbringen, im Kristall verteilen. Ein Maß für die Stärke der Bindung ist die sog. *Bindungsenergie*. Das ist die Arbeit, die benötigt wird, um einen Kristall in seine Bestandteile zu zerlegen. Je nach der Bindungsart sind das freie Atome, Moleküle oder Ionen. Da die Bindungsenergie eines Kristalls der Anzahl seiner Atome oder Moleküle proportional ist, gibt man diese Größe entweder in Elektronvolt je Atom bzw. Molekül oder in Kilojoule je Mol an. Es gilt

$$1 \text{ eV/Atom} \approx 96 \text{ kJ/mol.} \tag{1.49}$$

Die Bindungsenergien der Elemente reichen von etwa 0,1 eV bei den Edelgasen bis zu 8,9 eV bei Wolfram. Im folgenden werden die verschiedenen Bindungsarten kurz besprochen.

Ionenbindung

Die Ionenbindung kommt durch eine elektrostatische Wechselwirkung zwischen entgegengesetzt geladenen Ionen zustande. Ein typisches Beispiel für einen Ionenkristall ist Natriumchlorid. Freie Natriumatome haben die Elektronenkonfiguration $1s^2$, $2s^2$, $2p^6$, 3s, während Chloratome im freien Zustand die Elektronenkonfiguration $1s^2$, $2s^2$, $2p^6$, $3s^2$, $3p^5$ haben. Indem das 3s-Elektron eines Natriumatoms zu einem Chloratom hinüberwechselt, entstehen zwei Ionen mit abgeschlossenen Elektronenschalen, nämlich das Na^+-Ion mit der Elektronenkonfiguration $1s^2$, $2s^2$, $2p^6$ und das Cl^--Ion mit der Konfiguration $1s^2$, $2s^2$, $2p^6$, $3s^2$, $3p^6$.

Ionen mit abgeschlossenen Elektronenschalen haben in einem Kristall angenähert eine kugelsymmetrische Ladungsverteilung. Dieses bedeutet, daß bei einem Ionenkristall wie Natriumchlorid die Coulomb-Energie des i-ten Ions im elektrischen Feld aller anderen durch den laufenden Index j gekennzeichneten Ionen des Kristalls

$$U_i^{(C)} = \sum_j \frac{\pm e^2}{4\pi\epsilon_0 r_{ij}} \qquad (1.50)$$

beträgt. e ist hierbei die elektrische Elementarladung und r_{ij} der Abstand zu den betreffenden Ionen. Das positive Vorzeichen bezieht sich in diesem Ausdruck auf Ionen gleicher Ladung und das negative Vorzeichen auf Ionen entgegengesetzter Ladung. Vernachlässigt man den Einfluß der Kristalloberfläche, so ist diese Energie für alle Ionen des Kristalls gleich groß.

Ist N die Anzahl der Ionenpaare im Kristall, so erhalten wir für die gesamte Coulomb-Energie des Kristalls

$$U^{(C)} = N \sum_j \frac{\pm e^2}{4\pi\epsilon_0 r_{ij}} \, . \qquad (1.51)$$

In diesem Ausdruck erscheint N und nicht etwa die Gesamtzahl 2 N der Ionen, da jede Wechselwirkung zwischen zwei Ionen nur einmal erfaßt werden darf. Gewöhnlich bezieht man die Abstände r_{ij} in Gl. (1.51) mit Hilfe der Gleichung

$$r_{ij} = p_{ij} r_0 \qquad (1.52)$$

auf den Abstand r_0 der nächsten Nachbarn. Aus Gl. (1.51) wird dann

$$U^{(C)} = -N \qquad (1.53)$$

Die dimensionslose für eine spezielle Kristallstruktur charakteristische stets positive Größe

$$\alpha = -\sum_j \pm \frac{1}{p_{ij}} \qquad (1.54)$$

bezeichnet man als *Madelung*[1]*-Konstante*. Mit ihr lautet Gl. (1.53)

$$U^{(C)} = -N \, \frac{e^2}{4\pi\epsilon_0 r_0} \, \alpha.$$

(1.55)

Bei einem Natriumchlorid-Kristall ist ein Na^+-Ion im Abstand r_0 von 6 Cl^--Ionen umgeben. Es folgen 12 Na^+-Ionen im Abstand $\sqrt{2}\, r_0$, 8 Cl^--Ionen im Abstand $\sqrt{3}\, r_0$, 6 Na^+-Ionen im Abstand $\sqrt{4}\, r_0$ usw. Wir erhalten also in diesem Fall

$$\alpha = 6 - \frac{12}{\sqrt{2}} + \frac{8}{\sqrt{3}} - \frac{6}{\sqrt{4}} + \ldots = 6{,}0000 - 8{,}485 + 4{,}620 - 3{,}000 + \ldots .$$

In dieser Darstellung konvergiert die Reihe sehr langsam. Man kann die Konvergenz durch eine geeignete Anordnung der Summenglieder wesentlich verbessern.

Für Kristalle mit Natriumchloridstruktur findet man $\alpha = 1{,}747565$. Bei Kristallen mit Cäsiumchloridstruktur findet man $\alpha = 1{,}762675$ und bei solchen mit Zinkblendestruktur $\alpha = 1{,}63806$.

Zu der langreichweitigen Coulomb-Wechselwirkung, die den Zusammenhalt der Ionen im Kristall bewirkt, tritt eine abstoßende Wechselwirkung kurzer Reichweite, sobald die Ionen so nahe zusammengerückt sind, daß sich die Elektronenverteilungen benachbarter Ionen überlappen. Eine solche Überlappung ist bei Atomen mit abgeschlossenen Elektronenschalen nur dann möglich, wenn gleichzeitig Elektronen auf höhere noch unbesetzte Energieniveaus der Atome angehoben werden, weil das Pauli[2]-Prinzip die Mehrfachbesetzung eines Elektronenzustands ausschließt. Eine Mehrfachbesetzung läge vor, wenn bei einer Überlappung Elektronen des einen Gitteratoms Elektronenzustände des anderen Atoms einnehmen würden, die im Grundzustand bei abgeschlossenen Schalen ja vollständig besetzt sind. Eine Anregung auf höhere Energieniveaus entspricht aber einer Erhöhung der Gesamtenergie des Systems und ergibt abstoßende Kräfte.

Als Potential der abstoßenden Kräfte zwischen zwei Ionen benutzt man für den Fall, daß sich die Elektronenverteilungen der Ionen nur wenig überlappen, gewöhnlich das sog. *Born-Mayer-Potential*

$$U_{ij}^{(B)} = B\, e^{-r_{ij}/\rho}.$$

(1.56)

Die beiden Konstanten B und ρ, die bei den verschiedenen Ionenkristallen unterschiedliche Werte haben, lassen sich aus der Gitterkonstanten und den elastischen Daten der betreffenden Kristalle berechnen. Während B ein Maß für die Stärke der Wechselwirkung ist, kennzeichnet ρ die Reichweite der abstoßenden Kräfte.

Da die Abstoßungskräfte eine sehr kleine Reichweite haben, brauchen wir hier nur die Wechselwirkung mit den nächsten Nachbarn eines jeden Ions zu berücksichtigen. Die Abstoßungskräfte liefern also insgesamt den Energiebeitrag

$$U^{(B)} = N\, z\, B\, e^{-r_0/\rho}.$$

(1.57)

---

[1] Erwin Madelung, * 1881 Bonn, † 1972 Frankfurt
[2] Wolfgang Pauli, * 1900 Wien, † 1958 Zürich, Nobelpreis 1945

z ist hierbei die Anzahl der nächsten Nachbarn. Man bezeichnet sie gewöhnlich als *Koordinationszahl*.

Das gesamte Wechselwirkungspotential U eines Ionenkristalls erhalten wir, indem wir zum Coulomb-Anteil aus Gl. (1.55) den Energiebetrag aus Gl. (1.57) hinzuaddieren. Es gilt

$$U = -N \left(\frac{e^2}{4\pi\epsilon_0 r_0} \alpha - z\, B\, e^{-r_0/\rho} \right) . \tag{1.58}$$

Im Gleichgewichtszustand müssen sich Anziehungs- und Abstoßungskräfte gerade kompensieren. Ersetzen wir in Gl. (1.58) r_0 durch die Abstandsvariable r, so gilt also

$$\left(\frac{dU}{dr} \right)_{r\,=\,r_0} = 0. \tag{1.59}$$

Dieser Zusammenhang ist in Fig. 1.24 schematisch dargestellt.

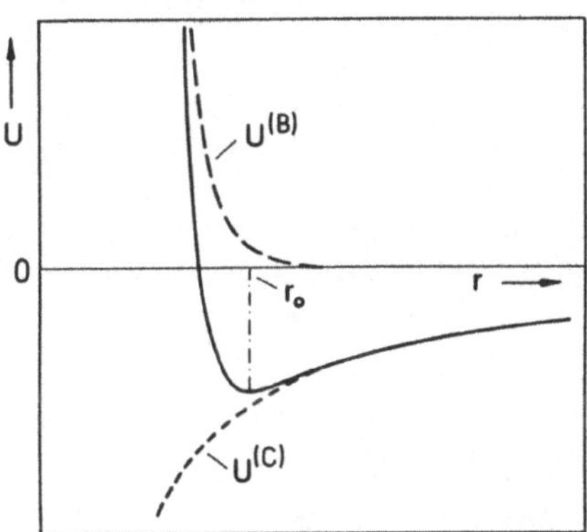

Fig. 1.24
Wechselwirkungspotential U eines Ionenkristalls in Abhängigkeit vom Ionenabstand r. $U^{(C)}$ ist die Coulomb-Energie; $U^{(B)}$ erfaßt die abstoßende Wirkung des Born-Mayer-Potentials. r_0 ist der Gleichgewichtsabstand zwischen einem Ion und seinen nächsten Nachbarn

Wir wollen nun mit Hilfe des Abstands r_0 der nächsten Nachbarn im Kristallgitter und der Kompressibilität κ des betreffenden Kristalls die Konstanten B und ρ des Born-Mayer-Potentials berechnen.

Aus Gl. (1.59) ergibt sich als erste Gleichung zur Bestimmung von B und ρ

$$z\, B\, e^{-r_0/\rho} = \frac{\rho}{r_0}\, \frac{e^2}{4\pi\epsilon_0 r_0}\, \alpha. \tag{1.60}$$

Eine zweite Bestimmungsgleichung finden wir folgendermaßen:

Bei der Kompression eines Kristalls unter dem äußeren Druck p erhöht sich das Wechselwirkungspotential U um den Wert

$$dU = -p\,dV, \tag{1.61}$$

wenn dV die Änderung des Kristallvolumens V ist. Hieraus folgt

$$-\frac{dp}{dV} = \frac{d^2U}{dV^2}.$$

(1.62)

Die Kompressibilität eines Kristalls ist definiert durch die Beziehung

$$\kappa = -\frac{1}{V}\frac{dV}{dp}.$$

(1.63)

Für $1/\kappa$ gilt dann bei Berücksichtigung von Gl. (1.62)

$$\frac{1}{\kappa} = -V\frac{dp}{dV} = V\frac{d^2U}{dV^2}.$$

(1.64)

Nun ist

$$\frac{d^2U}{dV^2} = \frac{d}{dV}\left(\frac{dU}{dr}\frac{dr}{dV}\right) = \frac{d^2U}{dr^2}\left(\frac{dr}{dV}\right)^2 + \frac{dU}{dr}\frac{d^2r}{dV^2}.$$

(1.65)

Aus Gl. (1.58) folgt

$$\left(\frac{d^2U}{dr^2}\right)_{r = r_0} = N\left(\frac{z\,B}{\rho^2}e^{-r_0/\rho} - \frac{e^2}{2\pi\epsilon_0 r_0^3}\alpha\right).$$

(1.66)

Der Zusammenhang zwischen V und r hängt von der Kristallstruktur ab. Aus Fig. 1.10 ist ersichtlich, daß für Kristalle mit Natriumchloridstruktur

$$V = 2Nr_0^3$$

(1.67)

ist. Hieraus ergibt sich, wenn wir wieder r_0 durch die Abstandsvariable r ersetzen

$$\left(\frac{dr}{dV}\right)^2_{r = r_0} = \left(\frac{1}{dV/dr}\right)^2_{r = r_0} = \frac{1}{36N^2 r_0^4}.$$

(1.68)

Setzen wir die Werte für $(d^2U/dr^2)_{r = r_0}$ und $(dr/dV)^2_{r = r_0}$ in Gl. (1.65) ein und beachten außerdem, daß $(dU/dr)_{r = r_0} = 0$ ist, so erhalten wir

$$\left(\frac{d^2U}{dV^2}\right)_{r = r_0} = \frac{1}{36Nr_0^4}\left(\frac{z\,B}{\rho^2}e^{-r_0/\rho} - \frac{e^2}{2\pi\epsilon_0 r_0^3}\alpha\right).$$

(1.69)

Multiplizieren wir diesen Ausdruck mit $2Nr_0^3$ und setzen für die Koordinationszahl z den Wert 6 für eine Natriumchloridstruktur ein, so bekommen wir schließlich

$$\frac{1}{\kappa} = \frac{1}{18r_0}\left(\frac{6B}{\rho^2}e^{-r_0/\rho} - \frac{e^2}{2\pi\epsilon_0 r_0^3}\alpha\right).$$

(1.70)

In Tab. 1.1 sind für verschiedene Ionenkristalle mit Natriumchloridstruktur die Werte von r_0 und κ angegeben. Mit Hilfe von Gl. (1.60) und Gl. (1.70) wurden hieraus die beiden Konstanten B und ρ des Born-Mayer-Potentials berechnet.

Tab. 1.1

	r_0 [Å]	κ [10^{-11} m^2/N]	ρ [Å]	B [eV]	$E_{Bind.}$ [eV]	
					Theoretisch	Experimentell
LiF	2,014	1,49	0,291	306	10,70	10,92
LiCl	2,570	3,36	0,330	509	8,55	8,93
NaCl	2,820	4,17	0,322	1090	7,92	8,23
NaBr	2,989	5,03	0,329	1360	7,50	7,82
NaJ	3,237	6,62	0,345	1655	6,96	7,35
KCl	3,147	5,75	0,327	2068	7,17	7,47
KJ	3,533	8,55	0,349	2936	6,43	6,75
RbF	2,815	3,82	0,301	1810	7,99	8,17

Für die auf ein freies Ionenpaar bezogene Bindungsenergie $E_{Bind.}$ gilt

$$E_{Bind.} = -\frac{1}{N}\,U. \tag{1.71}$$

Setzen wir den Ausdruck für U aus Gl. (1.58) in Gl. (1.71) ein und berücksichtigen Gl. (1.60), so erhalten wir

$$E_{Bind.} = \frac{e^2}{4\pi\epsilon_0 r_0}\,\alpha\left(1 - \frac{\rho}{r_0}\right). \tag{1.72}$$

Wie man aus Tab. 1.1 entnehmen kann, hat ρ Werte um 0,3 Å. r_0 ist etwa 10 mal so groß. Dieses bedeutet nach Gl. (1.72), daß die Coulomb-Energie der dominante Anteil von $E_{Bind.}$ ist.

In Spalte 6 von Tab. 1.1 sind die nach Gl. (1.72) berechneten Bindungsenergien aufgeführt. Sie betragen mehrere eV je Ionenpaar. In Spalte 7 sind experimentell ermittelte Werte von $E_{Bind.}$ eingetragen. Sie stimmen mit den berechneten Werten verhältnismäßig gut überein.

Die Bindungsenergie eines Ionenkristalls kann experimentell nicht unmittelbar bestimmt werden, da sie sich auf freie Ionenpaare bezieht, und es nicht möglich ist, einen Kristall in Ionen zu zerlegen. Beim Natriumchlorid mißt man zum Beispiel die Wärmetönung bei der Reaktion von festem Natrium mit gasförmigem Chlor. Die Bindungsenergie erhält man dann, indem man weitere thermochemische Größen berücksichtigt. Dieses geschieht zweckmäßig mit Hilfe des sog. *Born[1])-Haberschen[2])-Kreisprozesses*. Er ist in Fig. 1.25 für Natriumchlorid schematisch dargestellt. Energie, die dem System zugeführt wird, wird hierbei als negativ gewertet, während nach außen abgegebene Energie als positiv berücksichtigt wird.

---

[1]) Max Born, * 1882 in Breslau, † 1970 in Göttingen, Nobelpreis 1954
[2]) Fritz Haber, * 1868 Breslau, † 1934 Basel, Nobelpreis 1918

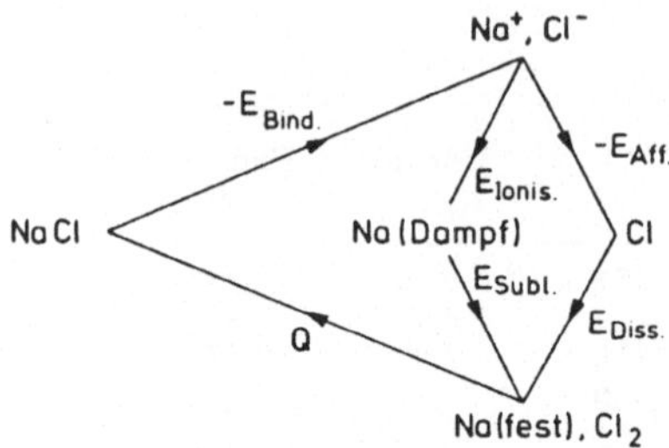

Fig. 1.25
Born-Haberscher Kreisprozeß

Zur Zerlegung des Kristalls in Na^+- und Cl^--Ionen wird die Bindungsenergie $E_{Bind.}$ benötigt. Bei der Umwandlung der Na^+-Ionen in neutrale Natriumatome wird die Ionisierungsenergie $E_{Ionis.}$ frei, wohingegen bei der Umwandlung der Cl^--Ionen in neutrale Chloratome Energie aufgewendet werden muß. Dieses ist die sog. Elektronenaffinität $E_{Aff.}$. Beim Übergang des Natriums aus der Dampfphase in den festen Zustand wird die Sublimationsenergie $E_{Subl.}$ frei, und bei der Bildung von Chlormolekülen aus Chloratomen wird die Dissoziationsenergie $E_{Diss.}$ nach außen abgegeben. Durch die Reaktion des festen Natriums mit dem gasförmigen Chlor wird der Kreisprozeß beendet. Hierbei wird die Reaktionswärme Q frei.

Die Energiebilanzgleichung lautet jetzt

$$- E_{Bind.} + E_{Ionis.} - E_{Aff.} + E_{Subl.} + E_{Diss.} + Q = 0. \tag{1.74}$$

Hieraus folgt für die Bindungsenergie

$$E_{Bind.} = Q + E_{Ionis.} + E_{Subl.} + E_{Diss.} - E_{Aff.}. \tag{1.75}$$

Es bleibt noch die Frage zu klären, weshalb Ionenkristalle mit der Zusammensetzung A^+B^- einmal eine Natriumchloridstruktur, ein anderes Mal eine Cäsiumchloridstruktur und wieder ein anderes Mal eine Zinkblendestruktur haben. Wir erhalten einen Einblick in dieses Problem, wenn wir das Verhältnis der Radien der an der betreffenden Verbindung beteiligten Ionen berücksichtigen. Der Begriff *Ionenradius* ist hier in dem Sinne zu verstehen, daß der Abstand r_0 zweier benachbarter entgegengesetzt geladener Ionen durch die Summe ihrer Radien r_A und r_B festgelegt ist. Der Ionenradius eines bestimmten Elements hat, wenn dieses Element in verschiedenen Ionenbindungen vorkommt, nahezu immer den gleichen Wert.

Da bei Ionenkristallen, anders als bei den auf Seite 41 behandelten Valenzkristallen, keine Richtungsabhängigkeit der Bindungskräfte vorhanden ist, wird man bei ihnen eine

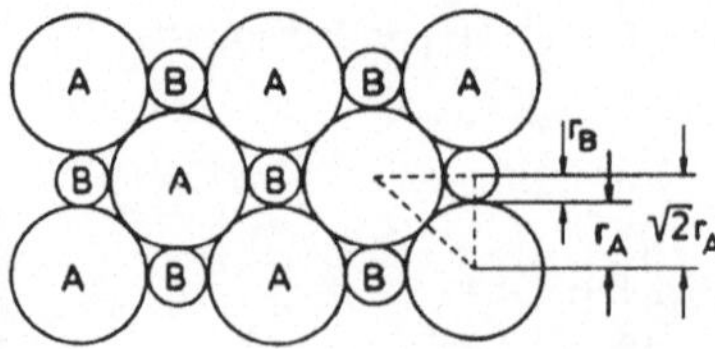

Fig. 1.26
Zur Berechnung des kritischen Verhältnisses der Ionenradien bei einem Ionenkristall mit zweiatomiger Basis für den Übergang von der Natriumchloridstruktur zur Zinkblendestruktur

möglichst dicht gepackte Kristallstruktur erwarten. Allerdings muß sichergestellt sein, daß sich bei einer solchen Struktur Ionen mit entgegengesetzter Ladung „berühren" können. Anderenfalls würde die Bindungsenergie wesentlich herabgesetzt. Eine geometrische Betrachtung ergibt sofort, daß zum Beispiel bei einer Natriumchloridstruktur bei einem genügend großen Verhältnis zwischen r_A und r_B sich zwei entgegengesetzt geladene Ionen nicht mehr berühren können. In Fig. 1.26 ist eine (100)-Netzebene eines Kristalls mit Natriumchloridstruktur dargestellt und zwar für den kritischen Fall, daß sich sämtliche benachbarten Ionen gerade berühren. Läßt man nun r_A bei konstant gehaltenem Wert r_B anwachsen, so verlieren die A-Atome ihren unmittelbaren Kontakt mit den B-Atomen, und die Bindungsenergie nimmt ab. Für das kritische Radienverhältnis findet man an Hand von Fig. 1.26

$$\frac{r_A}{r_B} = \frac{1}{\sqrt{2}-1} = 2{,}44. \tag{1.76}$$

Ist $r_A/r_B > 2{,}44$, so können sich in der Natriumchloridstruktur die entgegengesetzt geladenen Ionen nicht mehr berühren. Dieses ist dann aber bei der weniger dicht gepackten Zinkblendestruktur möglich. Entsprechend läßt sich zeigen, daß für $r_A/r_B < 1/(\sqrt{3}-1)$ = 1,37 eine Cäsiumchloridstruktur gegenüber einer Natriumchloridstruktur begünstigt ist.

Überlegungen dieser Art geben allerdings nur einen groben Anhaltspunkt dafür, welche Kristallstruktur bei einer bestimmten Ionenverbindung auftritt. Gültig ist aber im allgemeinen, daß eine Cäsiumchloridstruktur bei solchen Verbindungen vorliegt, bei denen die Ionenradien nahezu gleich sind. Ist hingegen das Verhältnis der Radien größer als zwei, so beobachtet man eine Zinkblendestruktur.

Kovalente Bindung

Während bei Gitteratomen mit abgeschlossenen Elektronenschalen eine Überlappung ihrer Elektronenhüllen starke abstoßende Kräfte hervorruft, kann eine solche Überlappung bei Gitteratomen mit nicht abgeschlossenen Schalen eine Anziehung der Gitteratome bewirken. Diese sog. *kovalente Bindung* beruht auf der Austauschwechselwirkung zweier Elektronen benachbarter Gitteratome, wobei die Spins der beiden Elektronen antiparallel ausgerichtet sind. Die Austauschwechselwirkung ist ein rein quantenmechanischer Effekt, sie läßt sich also im Rahmen der klassischen Physik nicht erklären.

Die Bindungsenergie ist bei Valenzkristallen verhältnismäßig hoch. Sie stimmt größenordnungsmäßig mit der Bindungsenergie der Ionenkristalle überein, liegt demnach bei mehreren eV. Aber während bei Ionenkristallen im allgemeinen dicht gepackte Kristallstrukturen auftreten, beobachtet man bei Valenzkristallen häufig Strukturen mit nur geringer Raumausfüllung. Dieses beruht auf der starken Richtungsabhängigkeit der kovalenten Bindung. So kann z. B. ein Kohlenstoffatom lediglich mit vier Nachbaratomen eine kovalente Bindung eingehen. Das führt dann gerade auf das in Fig. 1.7 dargestellte Diamantgitter, eine relativ locker gepackte Kristallstruktur.

Wie ist es nun zu erklären, daß ein Kohlenstoffatom vier kovalente Bindungen eingehen kann, wo atomarer Kohlenstoff im Grundzustand doch die Elektronen-Konfiguration

$1s^2$, $2s^2$, $2p^2$ hat? Hiernach sind nur die beiden 2p-Orbitale mit je einem Elektron besetzt, und es ständen also nur zwei Valenzelektronen je Gitteratom für kovalente Bindungen zur Verfügung. Aber Kohlenstoff tritt in Verbindungen in einem angeregten Zustand mit der Elektronenkonfiguration $1s^2$, $2s^1$, $2p^3$ auf und besitzt deshalb auch in Kristallen vier Valenzelektronen, nämlich ein 2s-Elektron und drei 2p-Elektronen. Die zur Anregung der Kohlenstoffatome benötigte Energie wird durch die kovalenten Bindungen bei weitem überkompensiert.

Entsprechendes gilt für zwei weitere Elemente der vierten Gruppe des periodischen Systems, nämlich für Silicium und Germanium. Ihre Kristalle haben ebenfalls eine Diamantstruktur. Bei den Elementen Phosphor, Arsen und Antimon der fünften Gruppe besitzen die Atome nur drei Valenzelektronen. So haben zum Beispiel Phosphoratome die Elektronenkonfiguration $1s^2$, $2s^2$, $2p^6$, $3s^2$, $3p^3$. Hier sind einzig die drei 3p-Orbitale mit nur einem Elektron besetzt. Diese Elemente bilden in festem Zustand Schichtstrukturen. Die Elemente Tellur und Selen der sechsten Gruppe haben nur zwei Valenzelektronen und bilden dementsprechend Kettenstrukturen.

Natürlich können kovalente Bindungen auch zwischen Atomen verschiedener Elemente bestehen. Meistens hat man es hier aber mit einer Mischung aus Ionenbindung und kovalenter Bindung zu tun.

Metallische Bindung

Bei Ionenkristallen läßt sich jedes Kristallelektron einem bestimmten Gitterion zuordnen. Man spricht deshalb hier von *quasigebundenen Elektronen*. Bei Valenzkristallen sind diejenigen Elektronen, die die Kristallbindung bewirken, jeweils zwei benachbarten Atomen gemeinsam zugehörig. Bei Metallen schließlich sind diejenigen Elektronen, die sich vor dem Einbau der Atome in ein Kristallgitter in den äußersten Elektronenschalen befanden, dem Kristall als Ganzem zuzuordnen. Man bezeichnet diese Elektronen als *quasifreie Elektronen*. Anschaulich bilden sie einen See aus negativer elektrischer Ladung, in welche die Atomrümpfe als positive Ionen eingebettet sind. Die metallische Bindung wird durch die quasifreien Elektronen hervorgerufen. Außerdem sind sie für die hohe elektrische Leitfähigkeit der Metalle verantwortlich. Man bezeichnet sie deshalb allgemein als *Leitungselektronen*. Hierauf kommen wir in Kapitel 3 zurück.

Die metallische Bindung ist nicht so stark wie die ionische und die kovalente Bindung. Bei Kristallen, bei denen der Zusammenhalt der Atomrümpfe einzig durch eine metallische Bindung bewirkt wird, liegt die Bindungsenergie in der Größenordnung von 1 eV. Eine rein metallische Bindung liegt zum Beispiel bei den Alkalimetallen vor. Bei den Übergangsmetallen, welche unaufgefüllte d-Schalen besitzen, treten hingegen noch zusätzliche Bindungskräfte durch kovalente Wechselwirkungen zwischen den Elektronen der nicht abgeschlossenen Schalen auf. Auf diese Weise erreicht zum Beispiel Wolfram seine extrem hohe Bindungsenergie von 8,9 eV.

Van-der-Waals-Bindung

Zwischen Atomen und Molekülen mit abgeschlossenen Elektronenschalen sind keine
kovalenten Bindungen möglich. Es stellt sich deshalb die Frage, weshalb es zum Beispiel
bei den Edelgasen überhaupt zu einer Kristallbindung kommt, da deren Atome im Zeitmittel doch eine kugelsymmetrische Ladungsverteilung mit der Gesamtladung Null
haben. Bei Verwendung eines klassischen Modells läßt sich die Anziehung zwischen den
Atomen folgendermaßen erklären: Durch die Bewegung der Elektronen um den Atomkern wird die Kugelsymmetrie ständig gestört, und es entstehen fluktuierende elektrische
Dipole. Wie Fig. 1.27 zeigt, kann nun zum Beispiel das elektrische Feld des Dipols p_A
des Atoms A im Atom B ein elektrisches Dipolmoment p_B induzieren. Die Wechselwirkung zwischen den beiden Dipolen bewirkt aber gerade eine Anziehung von Atom A und
Atom B. Die Kräfte, die hier auftreten, bezeichnet man als *van-der-Waals*[1]*)-Kräfte.* Bei
der quantenmechanischen Störungsrechnung treten sie erst in der zweiten Näherung auf.
Das van-der-Waals-Potential hat die Form

$$U(r) = - \text{const}/r^6, \tag{1.77}$$

wenn r der Abstand der Gitteratome ist.

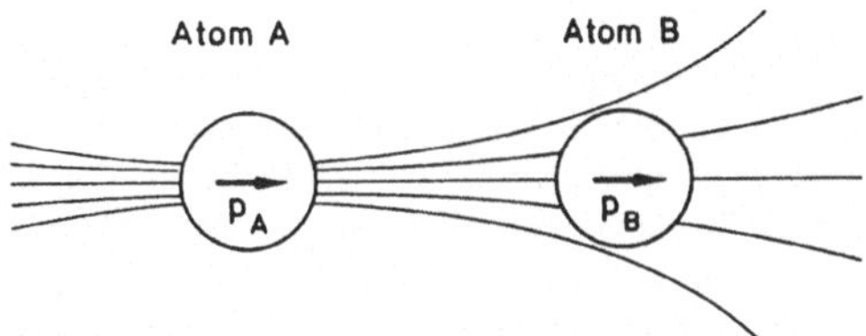

Fig. 1.27
Klassisches Modell zur Erklärung
der van-der-Waals-Kräfte (s. Text)
(nach Kittel, C.: Einführung in die
Festkörperphysik. 3. Aufl. Oldenbourg 1973)

Die Kristallbindung durch van-der-Waals-Kräfte ist sehr schwach. Die Bindungsenergie
liegt bei 0,1 eV. Dementsprechend haben Molekülkristalle niedrige Schmelz- und Siede-
punkte.
Eine van-der-Waals-Wechselwirkung ist grundsätzlich bei allen Kristallen vorhanden.
Treten aber gleichzeitig andere Bindungsarten auf, so spielt sie nur eine untergeordnete
Rolle.

Bindung über Wasserstoffbrücken

Atome stark elektronegativer Elemente wie Fluor oder Sauerstoff können in einem
Kristall eine Bindung über sog. *Wasserstoffbrücken* eingehen. Hierbei geben Wasserstoff-
atome ihre Elektronen an die elektronegativen Atome ab, und es bleiben nackte Protonen zurück. Da ein Proton im Vergleich zu einem Atom eine verschwindend kleine Ausdehnung hat, ist bei einem Proton ein enger räumlicher Kontakt lediglich mit zwei nega-

---

[1]) Johannes Diderik van der Waals, * 1837 Leiden, † 1923 Amsterdam, Nobelpreis 1910

tiven Nachbarionen möglich (siehe Fig. 1.28). Über eine Wasserstoffbrücke werden also immer nur zwei Ionen miteinander verbunden. Der bekannteste anorganische Festkörper mit einer Wasserstoffbrückenbindung ist Wasser in Form von Eis. Beim Eis ist jedes Sauerstoffion über Wasserstoffbrücken mit vier weiteren Sauerstoffionen in tetraedrischer Anordnung verbunden.

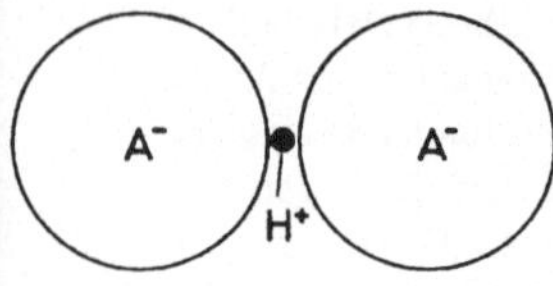

Fig. 1.28
Bindung zweier Atome über eine Wasserstoffbrücke

Die Bindungsenergie zweier Gitteratome über eine Wasserstoffbrücke liegt in der Größenordnung von 0,1 eV. Im übrigen läßt sich diese Bindungsart nicht sehr scharf gegenüber den anderen Bindungsarten abgrenzen.

1.4   Fehlordnungen im Kristall

Unter einer Fehlordnung versteht man jede Abweichung von einer streng periodischen Anordnung der Gitterbausteine im Kristall. Hierbei unterscheidet man zwischen *atomaren Fehlordnungen* und *makroskopischen Defekten*. Von atomaren Fehlordnungen spricht man, wenn die Störbereiche von atomarer Größenordnung sind. Hierunter fallen unbesetzte Plätze im Kristallgitter, Atome auf Zwischengitterplätzen und die Farbzentren der Ionenkristalle. Aber auch Fremdatome im Kristall sind natürlich als Gitterstörungen zu betrachten.

Bei den makroskopischen Defekten interessieren vor allem die sog. *Versetzungen*. Das sind Gitterstörungen, die korreliert längs einer Linie auftreten, und die man deshalb auch als eindimensionale Fehlordnungen bezeichnet. Im Gegensatz dazu kennzeichnet man eine atomare Fehlstelle häufig als eine nulldimensionale Fehlordnung oder als eine Fehlstelle nullter Ordnung. Unter die zweidimensionalen Fehlordnungen fallen schließlich alle Grenzflächen eines Kristalls. Es kann sich hierbei um Korngrenzen zwischen den verschieden orientierten Kristalliten (Körnern) eines Kristalls und um Phasengrenzen, aber auch ganz allgemein um die freien Oberflächen des Kristalls handeln.

Fehlordnungen können verschiedene Eigenschaften eines Festkörpers wesentlich beeinflussen. Zu diesen Eigenschaften gehört zum Beispiel die mechanische Verformbarkeit eines Kristalls. Häufig wird auch die Farbe eines Kristalls durch Kristallfehler festgelegt. Ganz entscheidend bestimmen Fehlordnungen die elektrische Leitfähigkeit von Halbleitern und Isolatoren.

Leerstellen und Zwischengitteratome

Wenn Gitteratome aus dem Innern des Kristalls zur Kristalloberfläche wandern, bleiben im Kristallgitter unbesetzte Plätze zurück. Solche *Leerstellen* bezeichnet man als *Schottky*[1]*-Defekte*. Sie sind in einem Kristall bei Temperaturen oberhalb des absoluten Nullpunkts stets vorhanden. Ihre Konzentration im Festkörper läßt sich berechnen, wenn man davon ausgeht, daß im thermodynamischen Gleichgewicht bei vorgegebener Kristalltemperatur T und vorgegebenem Kristallvolumen V die freie Energie $F = U - TS$ des Systems einen Minimalwert annimmt (s. Anhang A). Die innere Energie U des Systems nimmt zwar zu, wenn Gitteratome von ihren Plätzen entfernt werden, gleichzeitig wächst aber infolge Erhöhung der Unordnung die Entropie S. Da aber die Entropie in dem Term $-TS$ in den Ausdruck für die freie Energie eingeht, stellt sich das Minimum von F gerade bei einer bestimmten endlichen Anzahl von Leerstellen ein. Meistens sind allerdings nicht die Temperatur und das Volumen eines Kristalls vorgegeben, sondern seine Temperatur und der äußere Druck p. Streng genommen hätte man in diesem Fall die Leerstellenkonzentration aus der Bedingung für das Auftreten eines Minimums in der freien Enthalpie $G = U + pV - TS$ zu berechnen. Aber solange p genügend klein ist, ist bei einer Änderung der Leerstellenkonzentration die Größe pdV in dem Differential $dG = dU + pdV - TdS$ vernachlässigbar klein gegenüber dU und TdS, und dF ist gleich dG.

Wir ermitteln zunächst die freie Energie eines Kristalls in Abhängigkeit von der Anzahl seiner Leerstellen. Hierbei wollen wir voraussetzen, daß die Leerstellenkonzentration so klein ist, daß sich die Leerstellen gegenseitig nicht beeinflussen. Sie sollen im Kristall also nicht unmittelbar benachbart sein.

Bezeichnen wir mit ϵ_V die Energie, die aufgebracht werden muß, um ein Gitteratom von seinem Gitterplatz innerhalb des Kristalls an einen Gitterplatz an der Kristalloberfläche zu bringen, so ist bei n Leerstellen die innere Energie des Kristalls um den Betrag

$$\Delta U = n\,\epsilon_V \tag{1.78}$$

größer als die eines idealen Kristalls.

Bei der Berechnung der Entropie S müssen wir beachten, daß bei einem Kristall mit Leerstellen zur thermischen Entropie S_{Th} noch die sog. Konfigurationsentropie S_{Kf} hinzukommt. Es ist

$$S = S_{Th} + S_{Kf}. \tag{1.79}$$

Zur Bestimmung der thermischen Entropie muß ermittelt werden, auf wie vielfältige Weise die thermische Energie des Kristalls auf mögliche Schwingungszustände des Kristallgitters verteilt werden kann. Es läßt sich zeigen, daß beim Vorhandensein von Leerstellen die Zahl W_{Th} der Verteilungsmöglichkeiten erhöht wird. Dieses bedeutet gemäß der

---

[1]) Walter Schottky, * 1886 Zürich, † 1976 Pretzfeld (Bayern)

Boltzmann[1])-Beziehung

$$S_{Th} = k_B \ln W_{Th} \tag{1.80}$$

auch einen Zuwachs der thermischen Entropie. Die Größe k_B in Gl. (1.80) ist die Boltzmann-Konstante.

Ist σ_{Th} die Erhöhung der thermischen Entropie je erzeugter Leerstelle, so beträgt die Gesamterhöhung der thermischen Entropie des Systems bei n Leerstellen

$$\Delta S_{Th} = n \, \sigma_{Th} \tag{1.81}$$

Zur Berechnung der Konfigurationsentropie müssen wir die Zahl W_{Kf} der Möglichkeiten ermitteln, einen Makrozustand mit n Leerstellen durch verschiedenartige Anordnungen der Leerstellen im Kristall zu realisieren. Bei N zur Verfügung stehenden Gitterplätzen gilt für diese Zahl

$$W_{Kf} = \frac{N!}{(N-n)!\,n!}. \tag{1.82}$$

Hierbei ist berücksichtigt worden, daß eine Vertauschung der Gitteratome miteinander und der Leerstellen miteinander keine neuen Konfigurationen ergibt.

Für die Konfigurationsentropie folgt aus Gl. (1.82)

$$S_{Kf} = k_B \ln \frac{N!}{(N-n)!\,n!}. \tag{1.83}$$

Ist F(T) die freie Energie des idealen Kristalls, so erhalten wir jetzt für die freie Energie des Kristalls mit n Leerstellen unter Berücksichtigung der Gln. (1.78), (1.81) und (1.83)

$$F(n, T) = F(T) + \Delta U - T(\Delta S_{Th} + S_{Kf})$$

$$= F(T) + n(\epsilon_V - T\sigma_{Th}) - Tk_B \ln \frac{N!}{(N-n)!\,n!}. \tag{1.84}$$

Für das thermodynamische Gleichgewicht gilt

$$\left(\frac{\partial F}{\partial n}\right)_{T \,=\, const} = 0. \tag{1.85}$$

Bei Benutzung der Stirlingschen Näherungsformel

$$\ln x! = x \ln x - x \quad \text{für } x \gg 1 \tag{1.86}$$

finden wir dann mit Gl. (1.84)

$$n = (N-n)e^{\sigma_{Th}/k_B} \, e^{-\epsilon_V/k_B T} \tag{1.87}$$

---

[1]) Ludwig Boltzmann, * 1844 Wien, † 1906 Duino (Görz)

Für n $\ll$ N folgt hieraus für die Leerstellenkonzentration

$$\frac{n}{N} = e^{\sigma_{Th}/k_B}\, e^{-\epsilon_V/k_B T} \tag{1.88}$$

Die Größe ϵ_V hat nicht etwa den gleichen Betrag wie die Bindungsenergie $E_{Bind.}$ eines Atoms in dem betreffenden Kristall. Dieses wäre nur dann der Fall, wenn die Positionen und die Ladungsverteilung der Gitteratome in der Nachbarschaft einer Leerstelle gegenüber dem ungestörten Zustand unverändert blieben. Dann wäre nämlich die Energie ϵ_V, die benötigt wird, um ein Gitteratom aus dem Kristallinnern an die Oberfläche zu bringen, gerade gleich der Energie, die erforderlich ist, um ein Gitteratom von der Kristalloberfläche abzulösen. Dieses ist aber die Sublimationsenergie des Festkörpers, die bei Valenzkristallen und Metallen gleich der Bindungsenergie $E_{Bind.}$ ist. In Wirklichkeit wird aber durch die Verrückung der Gitteratome in der Nachbarschaft einer Leerstelle Energie frei, die von $E_{Bind.}$ abzuziehen ist, um ϵ_V zu erhalten.

Bei Valenzkristallen hat ϵ_V einen Wert von einigen Elektronvolt. Bei Edelmetallen beträgt ϵ_V etwa 1 eV. Der Entropiefaktor e^{σ_{Th}/k_B} liegt in der Größenordnung von 10. Hieraus ergibt sich für Edelmetalle bei einer Temperatur von 1000 K nach Gl. (1.88) eine Leerstellenkonzentration von ungefähr 10^{-4}.

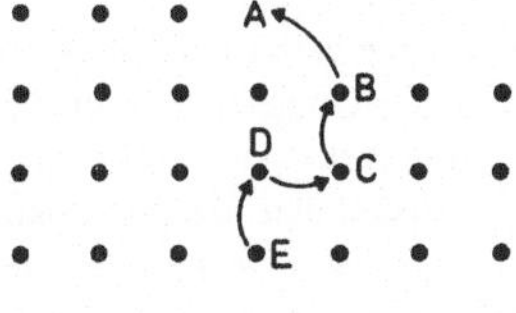

Fig. 1.29
Beispiel für die Entstehung eines Schottky-Defekts (s. Text)

Fig. 1.29 zeigt, wie man sich die Entstehung von Schottky-Defekten in einem Kristall vorzustellen hat. Da die thermische Energie des Kristalls statistisch über die Gitteratome verteilt ist, kann ein Gitteratom z. B. auf dem Gitterplatz B momentan eine so hohe Energie besitzen, daß es seinen Platz verläßt und an die Oberfläche des Kristalls auf den Platz A springt. Die Leerstelle am Gitterplatz B kann dann von einem Gitteratom, das ursprünglich auf Platz C saß, besetzt werden. Weitere Sprünge können folgen, und eine Leerstelle wandert auf diese Weise von der Oberfläche des Kristalls in den Kristall hinein. Die aufzuwendende Energie ist hierbei bei dem Sprung eines Gitteratoms von B nach A am größten. Sie nimmt ab, je weiter die Leerstelle in den Kristall hineinwandert, erreicht aber praktisch bereits nach einigen Sprüngen einen konstanten Wert. Obwohl jetzt die innere Energie des gesamten Kristalls vor und nach einem Sprung die gleiche ist, muß doch stets eine bestimmte *Aktivierungsenergie* ϵ_V^A aufgebracht werden, damit das Gitteratom die Potentialschwelle zwischen zwei benachbarten Gitterplätzen überwinden kann. Aus diesem Grunde dauert es bei tiefen Temperaturen auch gewöhnlich eine längere Zeit, bis sich bei einer Temperaturänderung eine Leerstellenkonzentration eingestellt hat, die Gl. (1.88) entspricht. So kann man z. B. die relativ große Leerstellen-Konzentration, die bei einer hohen Kristalltemperatur vorliegt, durch rasches Abkühlen des Kristalls „einfrieren".

In Tab. 1.2 sind die Energien $E_{Bind.}$, ϵ_V und ϵ_V^A für einige Metalle aufgeführt.

Auf ähnliche Weise kommt es auch in Ionenkristallen zur Ausbildung von Schottky-Defekten. Es werden hier im allgemeinen nahezu gleichviele Kation- wie Anionlücken entstehen, sogar dann, wenn die Energie ϵ_V^+ zur Bildung einer Kationlücke sich von der Energie ϵ_V^- zur Bildung einer Anionlücke stark unterscheidet. Ist z. B. $\epsilon_V^+ < \epsilon_V^-$, so werden die zunächst in verstärktem Maße an die Oberfläche gelangenden positiven Ionen zu einer positiven Aufladung der Kristalloberfläche führen, während sich im Inneren des Kristalls eine negative Raumladung aufbaut. Das auf diese Weise entstehende elektrische Feld wirkt aber gerade der Ausbildung von Kationlücken entgegen und begünstigt das Entstehen von Anionlücken.

Tab. 1.2

	Al	Cu	Zn	Mo	W	Pt	Au
$E_{Bind.}$ [eV]	3,39	3,49	1,35	6,82	8,90	5,84	3,81
ϵ_V [eV]	0,67	1,28	0,42	3,2	3,7	1,5	0,97
ϵ_V^A [eV]	0,62	0,71	0,40	1,3	1,8	1,4	0,74

Eine Kationlücke verhält sich elektrostatisch in bezug auf ihre Umgebung wie eine negative Ladung; das Umgekehrte gilt für eine Anionlücke. Hieraus folgt, daß sich eine Kation- und eine Anionlücke gegenseitig anziehen und zu einem räumlich unmittelbar benachbarten Paar zusammentreten können. Bei einer vorgegebenen Kristalltemperatur wird ein bestimmtes Verhältnis zwischen der Zahl der räumlich voneinander getrennten Leerstellen und der zu einem Paar zusammengeschlossenen Leerstellen bestehen. Dieses Verhältnis hängt von der Energie ab, die erforderlich ist, um ein Leerstellenpaar räumlich zu trennen.

Andere Eigenfehlstellen im Kristall sind die sog. *Frenkel*[1]*-Defekte*. Es sind Fehlordnungen, die dadurch entstehen, daß Gitteratome die ihre Plätze verlassen haben, auf Zwischengitterplätze wandern. Auf diese Weise treten im Kristall neben Leerstellen gleichzeitig *Zwischengitteratome* in Erscheinung. In Kristallen mit relativ offener Struktur können sich natürlich leichter Gitteratome auf Zwischengitterplätzen ansiedeln als in solchen mit dicht gepackter Struktur, wie z. B. in Metallen. Bei letzteren ist dementsprechend auch die Energie, die zur Bildung eines Frenkel-Defekts benötigt wird, relativ groß. Sie liegt bei einigen Elektronvolt und ist durch die starken Gitterverzerrungen, die sich in der Umgebung eines Zwischengitteratoms ausbilden, bedingt. In Metallen lassen sich deshalb durch Erwärmung praktisch keine Frenkel-Defekte erzeugen. Anders ist es hingegen bei Ionenkristallen. Hier liegen die Energiewerte für die Bildung von Schottky- und Frenkel-Defekten nahe beieinander, so daß sich bei einer Erwärmung der Kristalle beide Defektarten ausbilden. Bei Alkalihalogeniden überwiegen Schottky-Defekte, bei Silberhalogeniden Frenkel-Defekte.

---

[1]) Jakow Iljitsch Frenkel, * 1894 Rostow, † 1952 Leningrad

In großer Zahl entstehen auch in Metallen Frenkel-Defekte, wenn man die Metalle mit schnellen Teilchen beschießt. Hierbei hat man zwischen der Bestrahlung mit schnellen Elektronen und dem Beschuß mit schweren Teilchen zu unterscheiden.

Ein mit der kinetischen Energie E in einen Kristall eingeschossenes Teilchen mit der Masse M_1 kann in einem Stoßprozeß auf ein Gitteratom mit der Masse M_2 maximal die Energie

$$T_{max} = \frac{4M_1M_2}{(M_1 + M_2)^2} E \qquad (1.89)$$

übertragen. Da die Masse eines Elektrons viel kleiner ist als die Masse eines Gitteratoms, beträgt bei einem Beschuß eines Festkörpers mit Elektronen die auf ein Gitteratom übertragene Energie nur einen winzigen Bruchteil der Energie eines einfallenden Elektrons. Um in einem Metall ein Gitteratom von seinem Platz zu entfernen, ist je nach dem Material eine Energie E_d zwischen etwa 10 und 40 eV erforderlich. Damit ein Elektron eine solche Energie übertragen kann, muß es selbst eine kinetische Energie von mehr als 1 MeV haben. Meistens wird je einfallendem Elektron nur ein einziges Gitteratom von seinem Platz entfernt; denn bevor es zu einem zweiten Stoß mit einem Gitteratom kommt, ist das Elektron durch Anregung von Kristallelektronen bereits soweit abgebremst worden, daß die an ein Gitteratom übertragene Energie nicht mehr ausreicht, um dieses von seinem Platz zu stoßen.

Das primär angestoßene Gitteratom landet meistens nicht unmittelbar auf einem Zwischengitterplatz, sondern löst in einem Metall gewöhnlich eine sog. *Ersetzungsstoßfolge* aus.

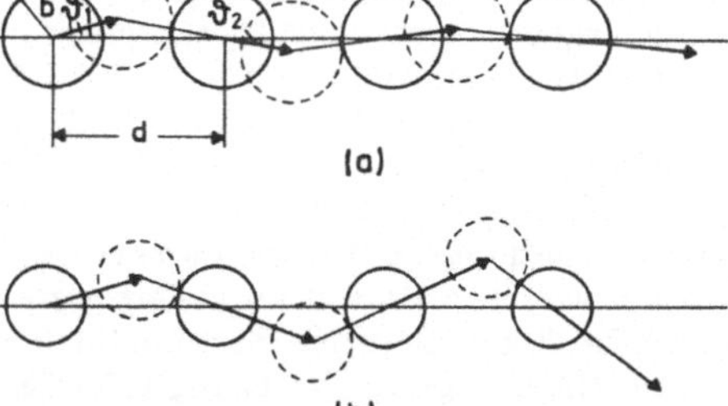

Fig. 1.30
Fokussierende (a) und defokussierende (b) Stoßfolge im Harten-Kugel-Modell

Zur Beschreibung der Ersetzungsstoßfolgen geht man zweckmäßig von einem Harten-Kugel-Modell aus. In Fig. 1.30 sind zwei Stoßfolgen zwischen Kugeln dargestellt, die äquidistant in einer Reihe angeordnet sind. In beiden Folgen startet die erste Kugel unter dem gleichen Winkel gegenüber der Verbindungsgeraden der Kugelzentren, lediglich der Kugelradius ist in den beiden Reihen verschieden groß. Dieser Unterschied bewirkt aber gerade, daß in der ersten Stoßfolge der Stoßwinkel von Stoß zu Stoß monoton abnimmt und schließlich eine Folge von Zentralstößen entsteht, während in der zweiten Folge der Stoßwinkel ständig größer wird, bis schließlich die Stoßfolge unterbrochen wird. Im ersten Fall spricht man von einer fokussierenden Stoßfolge. Bei kleinen Stoßwinkeln ϑ findet man für das Verhältnis zweier aufeinanderfolgender Stoßwinkel angenähert

$$\Lambda = \frac{\vartheta_2}{\vartheta_1} = \frac{d - 2b}{2b} = \frac{d}{2b} - 1. \tag{1.90}$$

Eine fokussierende Stoßfolge liegt also vor, wenn $\Lambda < 1$ ist. Nach Gl. (1.90) hängt Λ nur von dem Verhältnis des Abstandes d der Kugelzentren zum Kugeldurchmesser 2b ab.

Diese Gesetzmäßigkeiten lassen sich auf Stoßfolgen längs einer Gitterkette in einem Kristall übertragen. Steigt nämlich das Abstoßungspotential bei gegenseitiger Annäherung zweier Gitteratome sehr stark an, so kann man die Gitteratome in guter Näherung als harte Kugeln ansehen, deren Radius halb so groß ist wie der Minimalabstand, auf den sich die beiden Gitteratome bei zentralem Stoß nähern. Dieser Abstand und damit auch der effektive Kugelradius ist natürlich um so größer, je niedriger die Energie der Gitteratome ist. Das bedeutet, daß sich eine fokussierende Stoßfolge nur ausbilden kann, wenn die kinetische Energie eines Gitteratoms einen bestimmten Wert unterschreitet. Außerdem läßt sich die Bedingung für das Auftreten einer fokussierenden Stoßfolge um so leichter erfüllen, je kleiner der Abstand d der Gitteratome in einer Gitterkette ist. Fokussierende Stoßfolgen bilden sich deshalb bevorzugt in dicht gepackten Kristallrichtungen aus, das sind in einem kubisch flächenzentrierten Gitter die $\langle 110\rangle$- und $\langle 100\rangle$-Richtungen und in einem kubisch raumzentrierten Gitter die $\langle 111\rangle$- und $\langle 100\rangle$-Richtungen.

In der Harten-Kugel-Näherung ist in einer fokussierenden Stoßfolge lediglich ein Energietransport und kein Massentransport möglich. Das Auftreten einer Ersetzungsstoßfolge, in der jedes Gitteratom seinen Nachbarn von seinem Platz stößt und dessen Position einnimmt, setzt voraus, daß das betreffende Gitteratom die Distanz d/2 (s. Fig. 1.30) überschreitet. Hierzu müßte $b < d/4$ sein, was aber nach Gl. (1.90) die Ausbildung einer fokussierenden Stoßfolge ausschließt. In Wirklichkeit treten in grober Abschätzung für $E_d < E < 2\,E_d$ Ersetzungsstoßfolgen auf, die, sobald $E < E_d$ geworden ist, in solche fokussierende Stoßfolgen übergehen, bei denen nur noch ein Energietransport erfolgt. Am Anfang einer Ersetzungsstoßfolge bildet sich also eine Leerstelle aus und am Ende der Folge ist ein Gitteratom im Überschuß vorhanden. Dieses tritt als Zwischengitteratom in Erscheinung. In den meisten Metallen teilen sich das überschüssige Atom und ein reguläres Gitteratom in Form einer Hantel einen Gitterplatz. In Fig. 1.31 ist eine solche *Hantel-Konfiguration* für ein kubisch flächenzentriertes Gitter und in Fig. 1.32 für ein kubisch raumzentriertes Gitter dargestellt. Als Endergebnis erhält man also bei einem Beschuß

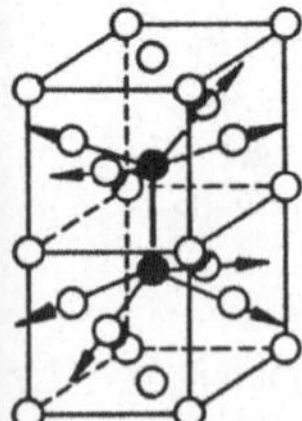

Fig. 1.31 Hantel-Konfiguration für ein kubisch flächenzentriertes Gitter

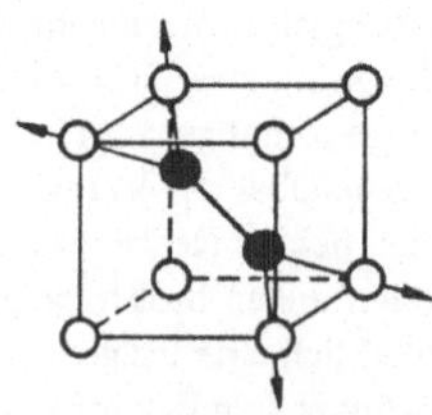

Fig. 1.32 Hantel-Konfiguration für ein kubisch raumzentriertes Gitter

eines Metalls mit schnellen Elektronen räumlich mehr oder weniger weit voneinander getrennte Frenkel-Defekte (s. Fig. 1.33).

Ganz anders ist es hingegen, wenn ein Metall mit schweren Teilchen zum Beispiel mit schnellen Neutronen oder Ionen beschossen wird, In diesem Fall kann von einem eingeschossenen Teilchen soviel Energie auf ein Gitteratom übertragen werden, daß dieses in der Lage ist, selbst andere Gitteratome von ihren Plätzen zu stoßen. Auch diese können dann unter Umständen noch weitere Gitteratome fortbewegen. Man spricht von einer *Verlagerungskaskade*. Die räumliche Ausdehnung einer solchen Kaskade ist proportional zu $T_{kin}^{2/3}$, wenn T_{kin} die im Primärstoß an ein Gitteratom übertragene kinetische Energie ist. Für $T_{kin} = 80$ keV liegt die Ausdehnung der Kaskade bei etwa 100 Å.

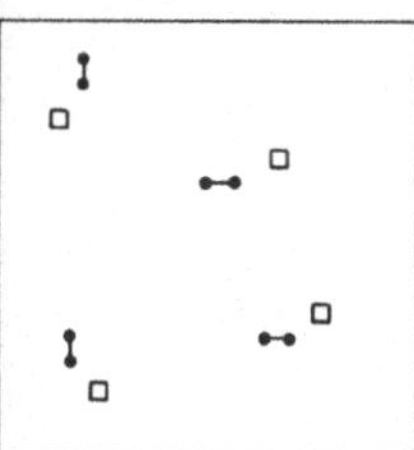

Fig. 1.33 Anordnung der Frenkel-Defekte beim Beschuß eines Metalls mit schnellen Elektronen. □ Leerstelle, ●–● Zwischengitteratom in Hantel-Konfiguration

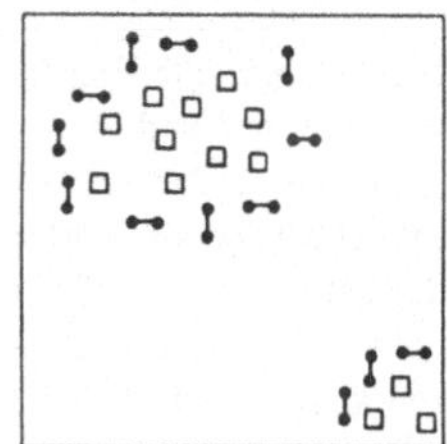

Fig. 1.34 Schematische Darstellung der Strahlenschäden in einem Metall nach einem Beschuß mit schnellen Neutronen oder Ionen. □ Leerstelle, ●–● Zwischengitteratom in Hantel-Konfiguration

Im Kaskadenbereich erfolgt kurzzeitig eine so hohe Aufheizung des Kristalls, daß die Gitteratome hier wie Gasmoleküle frei beweglich sind. Am Rande der Verlagerungskaskade ist aber die auf die Gitteratome übertragene Energie soweit abgefallen, daß von hier aus Ersetzungsstoßfolgen starten können. An deren Ende treten wiederum Zwischengitteratome in Hantel-Konfiguration auf. Im Kaskadenbereich fehlt dann natürlich die entsprechende Anzahl Gitteratome, so daß hier, sobald sich die Gitteratome wieder zu einem Kristallverband geordnet haben, Leerstellen in Erscheinung treten. Als Endergebnis erhält man in diesem Fall an Leerstellen reiche Kerngebiete, welche von Zwischengitteratomen in Hantel-Konfiguration umgeben sind (Fig. 1.34).

Im allgemeinen heilen die hier beschriebenen *Strahlenschäden* zu einem großen Teil schon bei Temperaturen von einigen zehn Kelvin, in der sog. *Erholungsstufe* I aus. Das liegt daran, daß bereits bei relativ niedrigen Temperaturen die Hantelzwischengitteratome eine hohe Beweglichkeit haben und mit Leerstellen, die selbst erst in der Erholungsstufe III zu wandern beginnen, rekombinieren.

Fig. 1.35 zeigt, wie die Wanderung einer Hantel in einem kubisch flächenzentrierten Gitter erfolgen kann. Die rücktreibende Kraft, die bei der Auslenkung eines Hantelatoms aus seiner Gleichgewichtslage von den benachbarten Gitteratomen auf das Hantelatom ausgeübt wird, wird teilweise durch die abstoßende Kraft zwischen den beiden Hantelatomen kompensiert. Deshalb hat die thermische Bewegung eines Hantelatoms schon bei

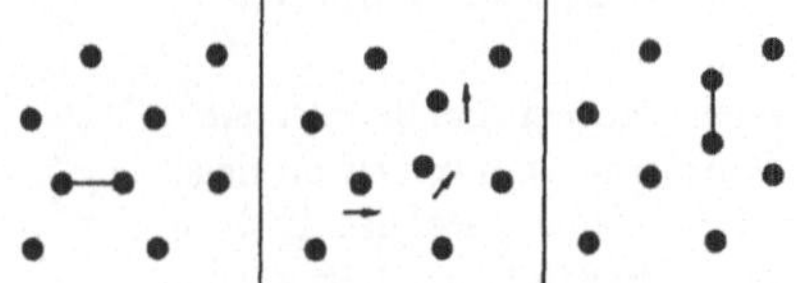

Fig. 1.35
Wanderung eines Zwischengitteratoms in
Hantel-Konfiguration in einem kubisch
flächenzentrierten Gitter

tiefen Temperaturen eine relativ große Schwingungsamplitude, die den Sprung eines
Hantelatoms in eine neue Gleichgewichtslage ermöglicht. Die Aktivierungsenergie für
die Wanderung von Zwischengitteratomen liegt bei etwa 0,1 eV. Sie ist also, wie aus
Tab. 1.2 ersichtlich, wesentlich kleiner als die Aktivierungsenergie ϵ_V^A für die Wanderung
von Leerstellen.

Daß in der Erholungsstufe I nicht sogar alle Frenkel-Defekte ausheilen, beruht darauf,
daß die Zwischengitteratome bei ihrer Wanderung im Kristall nicht nur mit Leerstellen
rekombinieren, sondern sich aneinander lagern. In der sich bei höheren Temperaturen
anschließenden Erholungsstufe II erfolgt ein weiteres Anwachsen der Zwischengitter-
atom-Agglomerate. Erst in der Erholungsstufe III, etwa bei Zimmertemperatur, erfolgt
wieder in verstärktem Maße ein Abbau von Strahlenschäden. Die Leerstellen, die ja jetzt
beweglich sind, rekombinieren an den Zwischengitteratom-Agglomeraten. Gleichzeitig
bilden sich aber auch Leerstellen-Agglomerate aus. In der Erholungsstufe IV wachsen
die Leerstellen-Agglomerate weiter an. In der Erholungsstufe V schließlich erfolgt die
vollständige Ausheilung der Strahlenschäden, indem die Leerstellen-Agglomerate dissoziieren und die einzelnen Leerstellen an den Zwischengitteratom-Agglomeraten rekombinieren.

Fremdatome in Kristallen

Fremdatome können in einem Kristall sowohl Zwischengitterplätze als auch Gitterplätze
des Wirtsgitters einnehmen. Im ersten Fall spricht man von *interstitionellen*, im zweiten
Fall von *substitutionellen Fremdatomen*. Auf Zwischengitterplätzen findet man Fremdatome vor allem dann, wenn ihr Radius wesentlich kleiner ist als der der Atome des Wirtsgitters. Dieses gilt im allgemeinen für Wasserstoff-, Bor-, Kohlenstoff-, Stickstoff- und
Sauerstoffatome. In allen anderen Fällen bilden sich gewöhnlich Substitutionsstörstellen
aus.

In Fig. 1.36 sind für eine kubisch flächenzentrierte Gitterstruktur typische Zwischengitterplätze angegeben, die von Fremdatomen mit kleinem Atomradius besetzt werden.

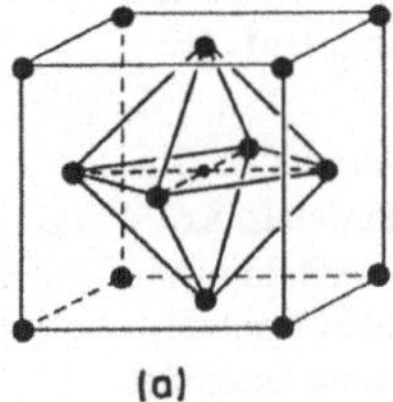

(a)

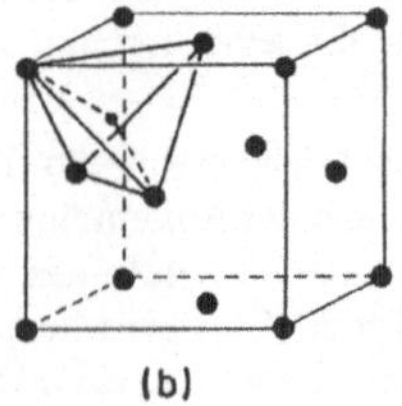

(b)

Fig. 1.36
Fremdatom auf Oktaederplatz (a)
und Tetraederplatz (b) in einem
kubisch flächenzentrierten Gitter

Zwischengitteratome auf sog. *Oktaederplätzen* haben die Koordinaten (1/2, 1/2, 1/2), auf sog. *Tetraederplätzen* die Koordinaten (1/4, 1/4, 1/4).

In Fig. 1.37 sind die entsprechenden Zwischengitterplätze für eine kubisch raumzentrierte Gitterstruktur eingezeichnet. Sie haben hier die Koordinaten (1/2, 1/2, 0) bzw. (1/2, 1/4, 0).

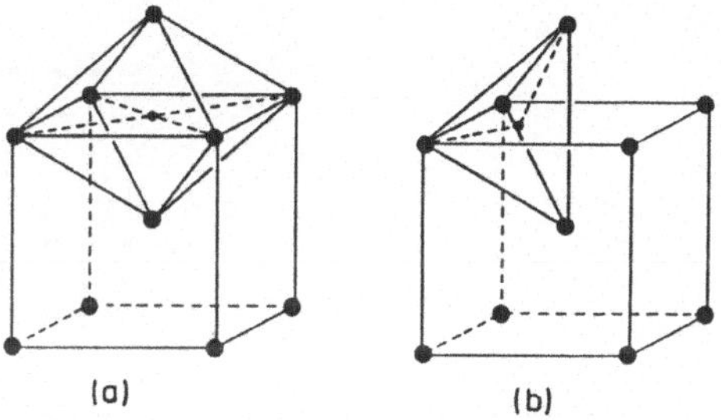

Fig. 1.37
Fremdatom auf Oktaederplatz (a)
und Tetraederplatz (b) in einem
kubisch raumzentrierten Gitter

(a)   (b)

Häufig besteht eine starke Wechselwirkung der Fremdatome mit den Eigenfehlstellen des Kristalls. So sind zum Beispiel in einem Metall Fremdatome mit relativ großem Radius häufig von mehreren Leerstellen umgeben. Auf diese Weise werden die elastischen Spannungen in der Umgebung des Fremdatoms reduziert. Ist andererseits in einem Metall der Radius der Fremdatome kleiner als der der Wirtsgitteratome, so können nach der Bestrahlung des Metalls mit schnellen Teilchen Fremdatome mit Wirtsgitteratomen sog. *gemischte Hanteln* bilden. Zwar entstehen bei einer kleinen Dotierung des Metalls mit Fremdatomen zunächst in überwiegender Mehrheit Hanteln aus Wirtsgitteratomen, aber wenn eine solche Hantel bei der Diffusion durch den Kristall auf ein Fremdatom stößt, so kann das eine Atom dieser Handel von dem Fremdatom eingefangen werden und mit ihm eine gemischte Hantel bilden, während das überschüssige Wirtsgitteratom den freigewordenen regulären Gitterplatz einnimmt. Solche gemischten Hanteln sind meist wesentlich stabiler als die Hanteln aus Wirtsgitteratomen und rekombinieren mit Leerstellen häufig erst in der Erholungsstufe III.

Farbzentren

In Ionenkristallen, insbesondere in Alkalihalogeniden, kennt man noch eine weitere Art von Fehlstellen, die sog. *Farbzentren*. Ihr Name rührt daher, daß Kristalle mit derartigen Fehlstellen eine charakteristische Absorption elektromagnetischer Strahlung im Bereich des sichtbaren Lichts aufweisen.

Die am besten untersuchten Farbzentren sind die sog. *F-Zentren*. Hier ist in einer Halogenlücke ein einzelnes Elektron eingefangen. Das Elektron sitzt dabei aber nicht im Mittelpunkt der Lücke, sondern seine Aufenthaltswahrscheinlichkeit ist besonders groß in der Nähe der die Lücke umgebenden positiven Metallionen (s. Fig. 1.38). F-Zentren lassen sich in einem Natriumchlorid-Kristall zum Beispiel dadurch erzeugen, daß man den Kristall in Natrium- oder Kaliumdampf erhitzt und anschließend schnell auf Raumtemperatur abkühlt. Die Alkaliatome werden an der Oberfläche des Kristalls adsorbiert und geben dort ihre Valenzelektronen an den Kristall ab. Gleichzeitig diffundieren von der Kristalloberfläche Halogenlücken in den Kristall hinein, da an der Oberfläche zum Aufbau einer neuen Kristallschicht Halogenionen benötigt werden. Trifft ein im Kristall diffundierendes Elektron auf eine solche Halogenlücke, so entsteht ein neues F-Zentrum.

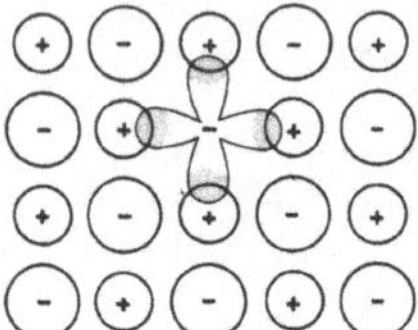

Fig. 1.38 Struktur eines
          F-Zentrums
          (s. Text)

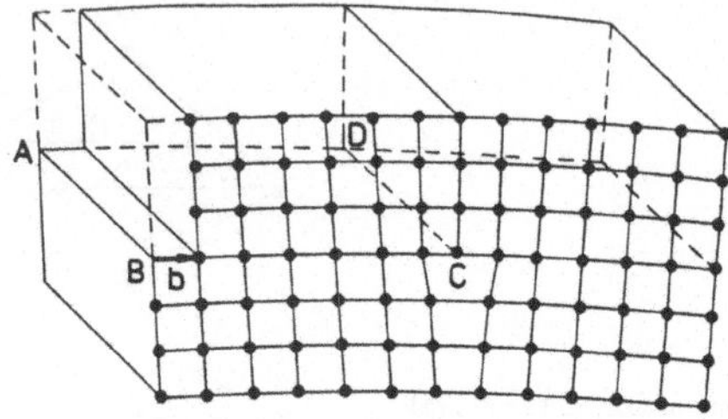

Fig. 1.39 Stufenversetzung. Der Burgers-Vektor $\vec{b}$
steht senkrecht auf der Versetzungslinie CD

Versetzungen

Bei den Versetzungen unterscheidet man zwei Grundtypen, die Stufenversetzung und die Schraubenversetzung. Diese beiden Versetzungsformen kommen allerdings selten in reiner Form vor, sondern sie überlagern sich gewöhnlich und bilden dann eine allgemeinere Versetzungsform.

Fig. 1.39 zeigt schematisch eine *Stufenversetzung* in einem kubisch primitiven Gitter. Ihre Entstehung kann man sich folgendermaßen vorstellen:

Das Kristallgitter wird längs der Ebene ABCD aufgeschnitten. Die obere Hälfte des Kristalls wird dann von links um die Strecke b nach rechts verschoben, während die rechte Seite des Kristalls keine Verrückung erfährt. Anschließend werden die beiden Hälften wieder zusammengefügt und ein Spannungsausgleich herbeigeführt. Durch diesen Prozeß wird die obere Hälfte des Kristalls komprimiert, während sich in der unteren Hälfte eine Zugspannung ausbildet. Im Endergebnis sieht es so aus, als hätte man die Halbebene, die sich ursprünglich mit ihren Gitteratomen oberhalb AB befand, über der Linie CD in den Kristall hineingezwängt. Die Linie CD bezeichnet man als *Versetzungslinie*, den Vektor $\vec{b}$ als *Burgers-Vektor*. Bei einer Stufenversetzung steht der Burgers-Vektor senkrecht auf der Versetzungslinie.

Läßt man auf die Oberseite des Kristalls in Fig. 1.39 eine Schubkraft in Richtung des Burgers-Vektors einwirken, so wandert die Versetzungslinie im Kristallgitter nach rechts und erreicht schließlich die rechte Seite des Kristalls. Dann ist die obere Hälfte des Kristalls auf der unteren Hälfte um die Strecke b abgeglitten (s. Fig. 1.40). Dieser Mechanismus spielt bei der plastischen Verformung von Kristallen eine ausschlaggebende Rolle. Es läßt sich nämlich zeigen, daß die Schubspannung, die benötigt wird, um einen derartigen Gleitmechanismus einzuleiten, unter Umständen um weit mehr als hundertmal kleiner als diejenige Schubspannung ist, die erforderlich wäre, um in einem idealen Kristall zwei Netzebenen gleichmäßig gegeneinander um die Gitterkonstante zu verschieben. Wir kommen hierauf später zurück.

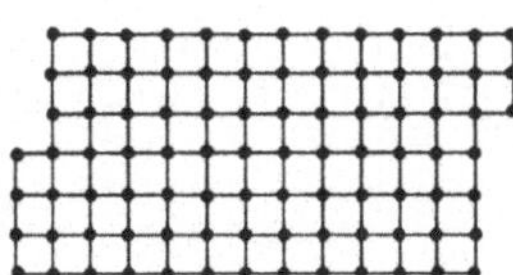

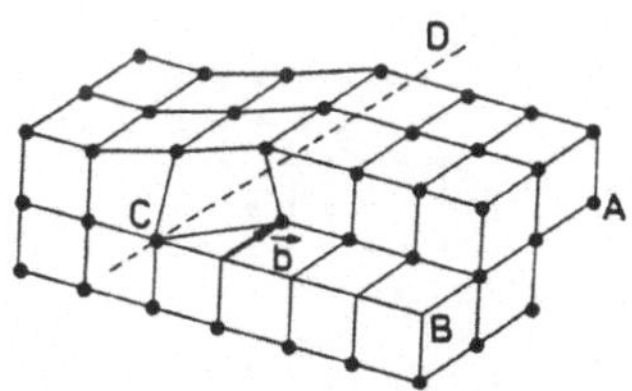

Fig. 1.40 Zur Wanderung von Versetzungslinien (s. Text)

Fig. 1.41 Schraubenversetzung. Der Burgers-Vektor $\vec{b}$ verläuft parallel zur Versetzungslinie CD

In Fig. 1.41 ist eine *Schraubenversetzung* schematisch dargestellt. Um sie zu erhalten, wird wie bei der Diskussion der Stufenversetzung der Kristall längs einer Ebene ABCD aufgeschnitten. Die Schnittkante CD ist auch hier die Versetzungslinie. Nur wird in diesem Fall die Kristallhälfte oberhalb des Einschnitts nicht senkrecht zur Versetzungslinie wie bei der Stufenversetzung, sondern in Richtung der Versetzungslinie um den Burgers-Vektor $\vec{b}$ verschoben, in unserer Darstellung nach hinten. Bei der Schraubenversetzung verläuft der Burgers-Vektor also parallel zur Versetzungslinie. Umfährt man die Versetzungslinie auf einer Netzebene, die zu dieser Linie senkrecht steht, so bewegt man sich in Richtung der Versetzungslinie in das Kristallgitter hinein und zwar bei jeder Umrundung der Versetzungslinie gerade um die Strecke b. Hierher rührt der Name für diese Versetzungsform.

Unter dem Einfluß einer Schubspannung auf die Oberseite des Kristalls in Richtung des Burgers-Vektors wird in unserer Darstellung die Versetzungslinie nach links verrückt. Wenn sie hierbei die linke Seite des Kristalls erreicht hat, ist die obere Hälfte des Kristalls auf der unteren Hälfte um die Strecke b nach hinten abgeglitten. Bei einer Schraubenversetzung entsteht die Stufe an der Oberfläche, die die Versetzungslinie durchstößt, bei einer Stufenversetzung an der Oberfläche, zu der die Versetzungslinie wandert.

Zu einer allgemeineren Versetzungsform gelangt man durch folgendes fiktive Verfahren: In eine vorgegebene Ebene innerhalb des Kristalls legt man eine Kurve als Versetzungslinie und schneidet den Kristall innerhalb des von der Kurve eingeschlossenen Bereichs auf (s. Fig. 1.42a). Das Material auf der einen Seite der Schnittfläche wird gegenüber dem Material auf der anderen Seite um den Burgers-Vektor $\vec{b}$ verschoben. Er verläuft in Fig. 1.42 parallel zur Schnittfläche. Anschließend wird der Kristall wieder zusammengesetzt, wobei die Verrückungen beibehalten, die inneren Spannungen soweit wie möglich ausgeglichen werden. Längs der Versetzungslinie liegt nur dort eine reine Stufenversetzung vor, wo ein Längenelement der Versetzungslinie senkrecht zum Burgers-Vektor $\vec{b}$ verläuft. Genau so gibt es nur dort eine reine Schraubenversetzung, wo ein Längenelement der Versetzungslinie parallel zum Burgers-Vektor gerichtet ist. In allen anderen Fällen hat man es mit einer kombinierten Stufen- und Schraubenversetzung zu tun. Fig. 1.42b zeigt die Atomanordnung in einem Schnittbild, welches die reinen Stufenversetzungen an der Vorder- und Rückseite der Versetzungsschleife erfaßt.

Unter dem Einfluß einer Schubspannung dehnt sich die Versetzungsschleife in Fig. 1.42a immer weiter aus, bis sie schließlich die Kristalloberfläche erreicht und eliminiert wird.

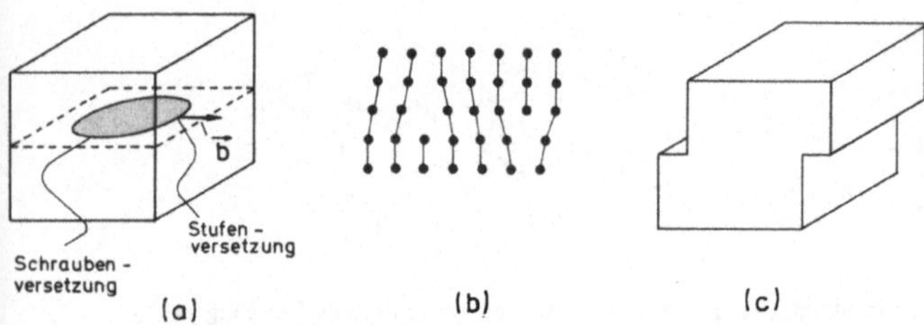

Fig. 1.42 Allgemeine Versetzungsform mit einem Burgers-Vektor $\vec{b}$ in der Ebene der Versetzungsschleife (s. Text)

Zurück bleiben Stufen der Breite b an den Seiten des Kristalls, auf welche die senkrecht
zum Burgers-Vektor gerichteten Längenelemente der Versetzungslinie treffen (s. Fig. 1.42c).
Das gleiche Ergebnis hätte man erhalten, wenn eine reine Stufenversetzung von links nach
rechts durch den Kristall gewandert wäre, oder sich eine reine Schraubenversetzung von
vorne nach hinten durch den Kristall bewegt hätte.

Wird der Radius R der Kreisschleife in Fig. 1.42a lediglich auf den Wert R + b vergrößert,
so erfolgt im Mittel eine Verrückung der oberen und unteren Kristallhälfte gegeneinander
um den Betrag $(2\pi Rb/A)b$, wenn A die Größe der gesamten Gleitebene des Kristalls
kennzeichnet. Von der von außen einwirkenden Schubspannung σ wird hierbei die Arbeit

$$W = A\sigma \, \frac{2\pi Rb}{A} \, b = 2\pi \sigma Rb^2 \tag{1.91}$$

geleistet. Diesen Ausdruck werden wir später dazu benutzen, die Schubspannung zu
ermitteln, die zur Vergrößerung des Radius einer Versetzungsschleife erforderlich ist.

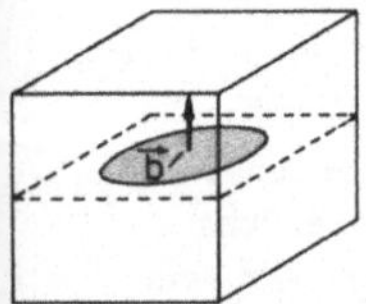

Fig. 1.43
Stufenversetzung mit kreisförmiger Versetzungslinie

Das oben beschriebene fiktive Verfahren zur Erzeugung einer Versetzung ändern wir
jetzt dahingehend ab, daß wir den Burgers-Vektor senkrecht zur Schnittfläche wählen
(s. Fig. 1.43). Bei einer Verschiebung der Schnittflächen gegeneinander in Richtung des
Burgers-Vektors wird nun entweder eine Lücke im Kristall entstehen oder eine Material-
überlappung erfolgen. Im ersten Fall wird Material hinzugefügt, im zweiten Fall wird
das Material entfernt. Fig. 1.44 zeigt im Schnittbild das jeweilige Ergebnis nach erfolgtem
Spannungsausgleich. Da der Burgers-Vektor überall auf der Versetzungslinie senkrecht
steht, haben wir es hier mit reinen Stufenversetzungen zu tun. Die Versetzungslinie
einer reinen Stufenversetzung braucht also durchaus keinen geradlinigen Verlauf zu
haben. Die Versetzungslinie einer reinen Schraubenversetzung ist hingegen immer eine
Gerade.

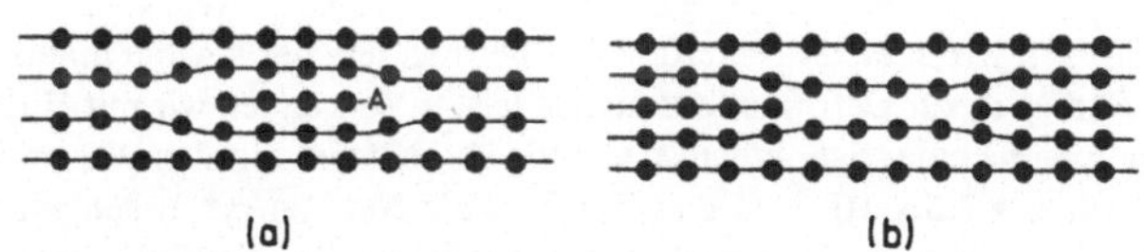

Fig. 1.44 Schnittbilder von Stufenversetzungen bei einer Versetzungslinie wie in Fig. 1.43 (nach Weertman, J.; Weertman, J. R.: Elementary Dislocation Theory. Macmillan 1964)

Stufenversetzungen wie in Fig. 1.44 sind von besonderer Bedeutung als Quellen und Senken für Leerstellen und Zwischengitteratome. Diffundiert zum Beispiel ein Gitteratom vom Platz A in Fig. 1.44a in den Kristall hinein, so entsteht ein Zwischengitteratom. Es kann auf diese Weise aber auch eine Leerstelle verschwinden. Lagert sich umgekehrt ein Gitteratom an die Stufenversetzung an, so kann dieses entweder die Entstehung einer Leerstelle oder das Verschwinden eines Zwischengitteratoms bedeuten.

Jede Versetzung verursacht in der Nachbarschaft ihrer Versetzungslinie eine Deformation des Kristalls. Es muß demnach zur Ausbildung einer Versetzung Energie aufgebracht werden. Für eine Schraubenversetzung läßt sich diese Energie leicht abschätzen.

In einem zylindrischen Kristall mit einem Radius R und einer Länge L verlaufe die Versetzungslinie einer Schraubenversetzung entlang der Zylinderachse. In einer Schale des Zylinders mit dem Radius r und der Dicke dr liegt dann eine Scherung um den Winkel $\gamma = b/2\pi r$ vor (s. Fig. 1.45). Ihr entspricht eine elastische Energiedichte $G\gamma^2/2 = (Gb^2)/(8\pi^2 r^2)$, wenn G der Schubmodul des betreffenden Festkörpers ist. Im Zylindermantel ist also eine Deformationsenergie

$$dU = \frac{Gb^2 L}{4\pi} \frac{dr}{r} \tag{1.92}$$

gespeichert. Gl. (1.92) gilt allerdings nicht in unmittelbarer Nähe der Versetzungslinie, da hier die lineare Kontinuumstheorie nicht benutzt werden darf. Die untere Grenze r_0 für die Gültigkeit von Gl. (1.92) liegt im Bereich der Gitterkonstanten. Integrieren wir Gl. (1.92) über r von r_0 bis R, so erhalten wir

$$U = \frac{Gb^2 L}{4\pi} \ln \frac{R}{r_0} . \tag{1.93}$$

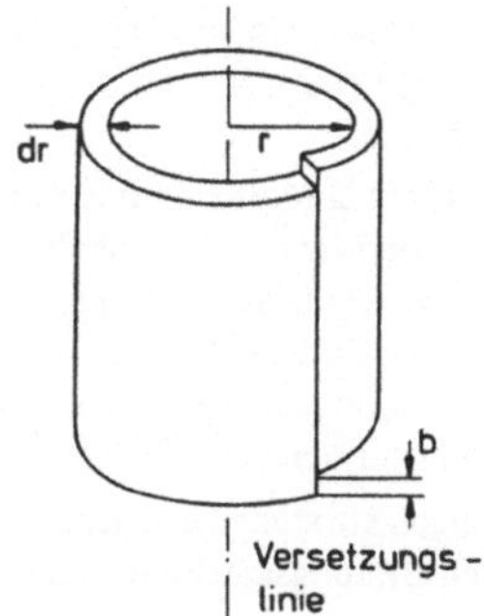

Fig. 1.45
Zur Berechnung der inneren Energie einer Schraubenversetzung (s. Text)

Vernachlässigen wir in erster Näherung den Beitrag, den der Kristall innerhalb des Bereichs mit dem Radius r_0 zur Deformationsenergie leistet, so können wir mit Hilfe von Gl. (1.93) die innere Energie einer Schraubenversetzung abschätzen. Mit den Werten R = 1 cm, $r_0 = 10^{-7}$ cm, b = 2,5 x 10^{-8} cm und G = 5 x 10^{12} Newton/m^2 finden wir einen Energiebeitrag von 4,6 x 10^{11} Joule je cm Länge des zylindrischen Kristalls. Das entspricht einer Energie von etwa 7 eV je Atom längs der Versetzungslinie. Verglichen mit der inneren Energie einer atomaren Fehlstelle ist dieses ein hoher Wert. Die elastische Energie einer Stufenversetzung liegt in der gleichen Größenordnung.

Nach Gl. (1.93) ist die innere Energie einer Versetzung dem Quadrat ihres Burgers-Vektors proportional. Dieses macht verständlich, weshalb der Burgers-Vektor einer Versetzung im allgemeinen einer primitiven Translation des Gitters oder einer sehr einfachen Kombination der primitiven Translationen entspricht; denn eine Versetzung mit einem längeren Burgers-Vektor $\vec{b}$ kann immer in zwei Versetzungen mit den Burgers-Vektoren $\vec{b}_1$ und $\vec{b}_2$ dissoziieren, wobei $b_1^2 + b_2^2 < b^2$ ist.

Grundsätzlich kann der Burgers-Vektor auch kleiner als eine primitive Translation des Gitters sein. Da aber in diesem Fall nicht nur in der unmittelbaren Umgebung der Versetzungslinie Verrückungen der Netzebenen gegeneinander auftreten, sondern innerhalb des gesamten von der Versetzungslinie umschlossenen Bereichs (s. Fig. 1.46), hat eine solche Versetzung im allgemeinen eine sehr große innere Energie und ist deshalb instabil. Es gibt allerdings Ausnahmen, die wir später bei der Behandlung der sog. Stapelfehler kennenlernen werden.

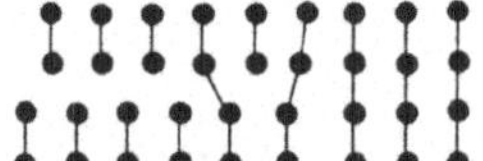

Fig. 1.46
Unvollständige Versetzung. Der Burgers-Vektor ist kleiner als eine primitive Translation

Die Konfigurationsentropie von Versetzungen ist sehr klein. Jede Versetzungslinie kann man als eine Folge von punktförmigen Fehlordnungen auffassen. Im Gegensatz zu den am Anfang dieses Kapitels besprochenen atomaren Fehlordnungen, die sich statistisch über den Kristall verteilen, hat man in einer Versetzung eine starke Korrelation zwischen den Punktdefekten. Sie müssen in einer Linie aufeinander folgen. Hierdurch wird die Zahl der Realisierungsmöglichkeiten einer bestimmten Konfiguration sehr stark herabgesetzt, und wir können den Beitrag der Entropie zur freien Energie von Versetzungen praktisch vernachlässigen. Die freie Energie erreicht somit ein Minimum, wenn auch die innere Energie einen Minimalwert annimmt, d. h., wenn im Kristall keine Versetzungen vorhanden sind.

In Wirklichkeit sind in einem Kristall aber stets Versetzungen vorhanden. Und zwar liegt die *Versetzungsdichte*, d. i. die Zahl der Versetzungslinien, die eine Einheitsfläche im Innern des Kristalls durchsetzen, zwischen 10^2 Versetzungen je cm^2 in sehr guten Siliziumkristallen und 10^{12} Versetzungen je cm^2 in stark deformierten Metallen. Die letzte Angabe bedeutet, daß in diesem Fall der mittlere Abstand der Versetzungslinien nur etwa 100 Å beträgt.

Versetzungen entstehen zunächst immer in großer Anzahl beim Erstarren einer Schmelze. Über ihren Bildungsmechanismus gibt es unter anderem folgende Vorstellung: Die Gleichgewichtskonzentration der Leerstellen ist an der relativ heißen Grenzfläche zur Schmelze wesentlich größer als in den bereits stärker abgekühlten Bereichen des neu gebildeten Kristalls. Da der Kristall ständig wächst, verschiebt sich diese Grenzfläche stetig. Die im Innern des Kristalls jetzt im Überschuß vorhandenen Leerstellen können in der kurzen zur Verfügung stehenden Zeit im allgemeinen nicht aus dem Kristall hinausdiffundieren. Sie agglomerieren vielmehr zu scheibenförmigen Gebilden. Von einem bestimmten Durchmesser an wird ein solches Agglomerat aber instabil und wandelt sich in eine Stufenversetzung mit einem Burgers-Vektor senkrecht zur Scheibenebene um (s. Fig. 1.44b). Durch anschließendes Tempern des Kristalls kann man die Versetzungsdichte zwar stark herabsetzen, aber keineswegs auf Null reduzieren. Dieses liegt daran, daß die Versetzungen sich bei ihrer Wanderung durch den Kristall gegenseitig stören und dadurch z. B. verhindert wird, daß eine Versetzung die Kristalloberfläche erreicht und dort verschwindet. Da jede Versetzung von einem elastischen Spannungsfeld umgeben ist, treten nämlich Wechselwirkungskräfte zwischen den einzelnen Versetzungen auf, die eine relativ große Reichweite haben. Je nach Art und Lage der Versetzungen und der Richtung ihrer Burgers-Vektoren können anziehende oder abstoßende Kräfte auftreten, wodurch die Auslöschung einer Versetzung begünstigt oder auch gerade verhindert wird. Es kann sich auf diese Weise eine Versetzungskonfiguration ausbilden, die zwar im thermodynamischen Sinne instabil, aber mechanisch recht stabil ist.

Auf Seite 54 wurde auf die große Bedeutung der Versetzungen für die plastische Verformung von Kristallen hingewiesen. Bei der Wanderung einer einzelnen Versetzung durch einen Kristall wird die eine Hälfte des Kristalls gegenüber der anderen Hälfte nur um den Burgers-Vektor, also nur um einige Å verschoben. In Wirklichkeit sind die Verrückungen um mehrere Zehnerpotenzen größer. Solche großen Verrückungen werden dadurch ermöglicht, daß während der Verformung ständig neue Versetzungen erzeugt werden. Dieses kann durch einen von F. C. Frank und W. T. Read beschriebenen Mechanismus geschehen. Bei der Diskussion der sog. *Frank-Read-Quelle* geht man zweckmäßig von dem Stück einer Versetzungslinie aus, das mit seinen beiden Enden im Abstand L voneinander im Kristall verankert ist (s. Fig. 1.47a). Eine solche „Verankerung" kann z. B. der Schnittpunkt

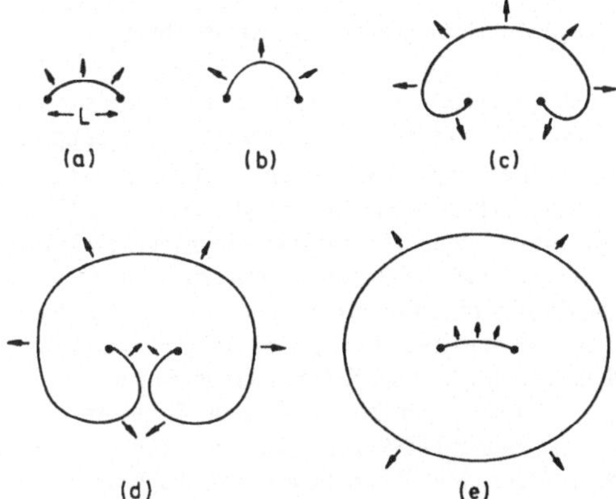

Fig. 1.47
Frank-Read-Quelle (s. Text)

dreier Versetzungslinien sein. Eine äußere Schubspannung dehnt die Versetzungslinie aus, wobei ihr Krümmungsradius zunächst kleiner wird und bei halbkreisförmiger Ausbuchtung den minimalen Wert R = L/2 erreicht (Fig. 1.47b). Anschließend wird der Krümmungsradius der Versetzungslinie wieder größer. Die Schubspannung, die für eine solche Ausdehnung der Versetzungslinie erforderlich ist, läßt sich folgendermaßen berechnen:

Bei der Vergrößerung des Radius R einer kreisförmigen Versetzungslinie durch eine von außen einwirkende Schubspannung σ um den Betrag b liegt der Zuwachs der elastischen Energie nach Gl. (1.93) bei $Gb^2 \cdot 2\pi b = 2\pi Gb^3$. Dieser Energiebetrag muß durch die Arbeit der Schubspannung gedeckt werden, die man aus Gl. (1.91) erhält. Es muß also gelten:

$$2\pi\sigma Rb^2 \geqslant 2\pi Gb^3 \quad \text{oder} \quad \sigma \geqslant \frac{Gb}{R} \tag{1.94}$$

Je kleiner R ist, um so größer muß die Schubspannung sein, die ein weiteres Anwachsen des Radius der kreisförmigen Versetzungslinie bewirken kann. Bei einer Frank-Read-Quelle wird also die größte Schubspannung dann benötigt, wenn die Versetzungslinie die Form eines Halbkreises angenommen hat. Sie beträgt nach Gl. (1.94)

$$\sigma = \frac{2Gb}{L} \tag{1.95}$$

Um eine weitere Ausdehnung der Versetzungslinie zu bewirken, braucht die Schubspannung nicht anzuwachsen; denn jetzt wird der Krümmungsradius der Versetzungslinie ja wieder größer. Es werden so nacheinander die Stadien c und d in Fig. 1.47 durchlaufen. Schließlich treffen Teilstücke der Versetzungslinie aufeinander. Diese können sich gegenseitig auslöschen, und es wird auf diese Weise die ursprüngliche Ausgangslage wieder hergestellt. Gleichzeitig hat sich aber eine geschlossene kreisförmige Versetzungslinie gebildet, die sich weiter ausdehnt (Fig. 1.47e). Der gesamte Prozeß kann sich anschließend in der gleichen Weise fortlaufend wiederholen.

Kleinwinkelkorngrenzen und Stapelfehler

Im folgenden behandeln wir zwei typische zweidimensionale Fehlordnungen, die auch in guten Einkristallen mehr oder weniger stark ausgeprägt in Erscheinung treten.

Es wurde bereits erwähnt, daß in einem Kristall stets sehr viele Versetzungen vorhanden sind. Sie ordnen sich immer in einer möglichst stabilen Konfiguration an. Eine sehr stabile Konfiguration bilden zum Beispiel Stufenversetzungen, die, wie es in Fig. 1.48 dargestellt ist, mit parallel verlaufenden Versetzungslinien übereinanderliegen. Man kann eine solche Konfiguration insgesamt als eine zweidimensionale Fehlordnung auffassen, die senkrecht auf der Ebene in Fig. 1.48 steht. Man bezeichnet sie als *Kleinwinkelkorngrenze*; denn der eine Teil des Kristalls hat gegenüber dem anderen Teil eine kleine Drehung um den Winkel $\Theta = b/D$ erfahren, wenn D der Abstand der Versetzungslinien voneinander ist. Je kleiner der Winkel Θ ist, um so höher ist die Güte des Einkristalls. Bei guten einkristallinen Metallen beträgt der Winkel Θ etwa 10'.

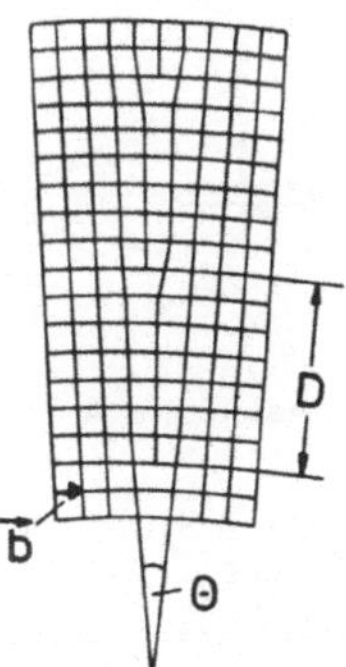

Fig. 1.48
Kleinwinkelkorngrenze

Auf Seite 58 wurde darauf hingewiesen, daß sich unter Umständen auch stabile Versetzungen ausbilden können, deren Burgers-Vektor kleiner als eine primitive Translation des betreffenden Kristallgitters ist. Durch solch eine *unvollständige Versetzung* kann bei einer kubisch flächenzentrierten Kristallstruktur die Reihenfolge ABCABC... der dichtest gepackten Netzebenen (s. Fig. 1.9) in die Reihenfolge ACABCA... überführt werden. Im Bereich ACA entspricht die Struktur jetzt der hexagonal dichtesten Kugelpackung. Solche zweidimensionalen Fehlordnungen heißen *Stapelfehler*.

1.5   Experimentelle Methoden zur Untersuchung von Kristallstrukturen mit Hilfe von Röntgenstrahlen

Sämtliche Verfahren zur Strukturanalyse von Kristallen mit Hilfe von Röntgenstrahlen sind durch die Braggsche Reflexionsbedingung (s. Gl. (1.24)) vorgezeichnet. Je nachdem, ob man einkristalline oder polykristalline Proben benutzt, monochromatische Röntgenstrahlung oder Strahlung mit einem kontinuierlichen Spektrum verwendet, gelangt man zu unterschiedlichen Meßanordnungen.

Laue-Verfahren

Beim *Laue-Verfahren* läßt man einen kollimierten Röntgenstrahl mit einem breiten Wellenlängenspektrum auf einen Einkristall fallen und bestimmt mit Hilfe einer photographischen Platte oder eines Röntgenbildverstärkers die Richtungen, in welche die am Kristall gebeugten Röntgenstrahlen ausgesandt werden (s. Fig. 1.49).

Zu jeder Netzebenenschar mit den Millerschen Indizes (hkℓ) gibt es im kontinuierlichen Röntgenspektrum eine Strahlung geeigneter Wellenlänge, die gemäß Gl. (1.24) an dieser Netzebenenschar reflektiert wird. Man erhält also gleichzeitig von jeder Netzebenenschar einen Röntgenreflex; auf einer photographischen Platte erscheint ein Beugungsbild in Form eines Punktmusters. Dieses sog. *Laue-Diagramm* hängt natürlich von der Orientierung des Einkristalls gegenüber der einfallenden Strahlung ab. Fällt die Strahlung längs

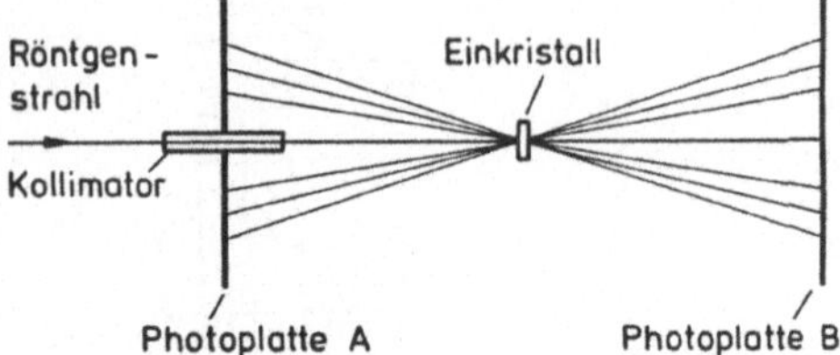

Fig. 1.49
Schema einer Vorrichtung zur Aufnahme eines Laue-Diagramms. Bei Beobachtung der rückwärts reflektierten Röntgenstrahlen wird die Photoplatte bei A, bei Durchstrahlungsexperimenten bei B angeordnet

einer n-zähligen Symmetrieachse in den Kristall ein, so weist auch das Laue-Diagramm eine n-zählige Symmetrie auf (s. Fig. 1.50). Das Laue-Verfahren kann also dazu benutzt werden, Einkristalle für geplante Experimente in der Festkörperphysik nach vorgegebenen Kristallrichtungen zu orientieren. Dieses ist auch das eigentliche Anwendungsgebiet des

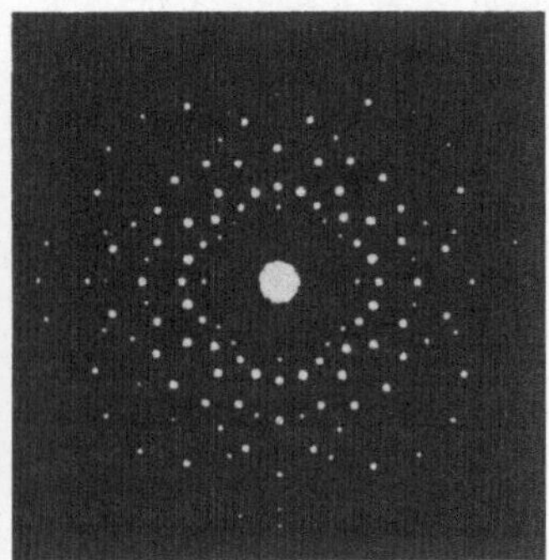

Fig. 1.50
Laue-Diagramm eines Bariumtitanat-Kristalls bei einem Strahlungseinfall in einer [100]-Richtung

Laue-Verfahrens; denn zur Ermittlung von Kristallstrukturen und zur Bestimmung von Gitterkonstanten ist es nicht geeignet. Hierzu verwendet man zwei andere Verfahren, die im folgenden kurz erläutert werden.

Drehkristallverfahren

Beim *Drehkristallverfahren* wird monochromatische Röntgenstrahlung auf einen Einkristall gerichtet, der um eine feste Achse gedreht werden kann (s. Fig. 1.51). Um die gleiche Achse wird auf einem Kreisbogen ein Szintillationszähler oder ein Proportionalzählrohr bewegt, mit dem die Intensität der Beugungsreflexe gemessen werden kann. Wird der Glanzwinkel ϑ, den der einfallende Röntgenstrahl mit einer vorgegebenen Netzebenenschar bildet, gerade so gewählt, daß die Braggsche Reflexionsbedingung erfüllt ist, so erscheint ein gebeugter Röntgenstrahl unter dem Winkel 2ϑ in bezug auf die Richtung des Primärstrahls. In diese Winkelstellung ist also auch der Detektor zu bringen. Wird nun der Glanzwinkel vergrößert und gleichzeitig der Detektor um den doppelten Winkelbetrag mitgeführt, so lassen sich nacheinander Intensitätsmaxima registrieren, die jeweils zu

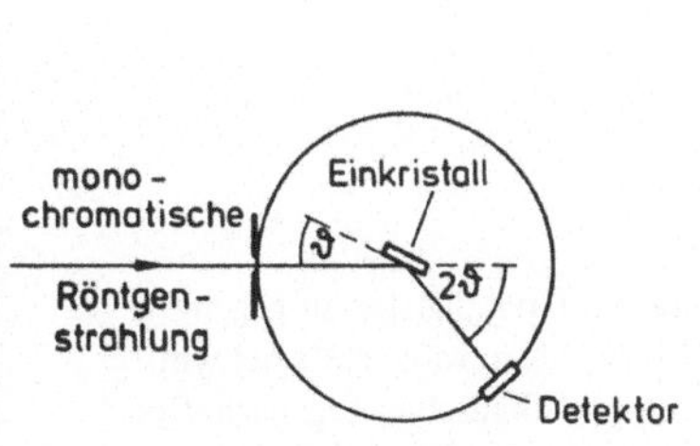

Fig. 1.51 Schema einer Vorrichtung zur Aufnahme eines Röntgenspektrums nach
dem Drehkristallverfahren

Fig. 1.52 Röntgenspektrum nach dem Drehkristallverfahren (s. Text)

einer unterschiedlichen Beugungsordnung n gehören (s. Fig. 1.52). Auf diese Weise lassen
sich Kristallstrukturen bestimmen und bei bekannter Röntgenwellenlänge λ auch die Gitterkonstanten des betreffenden Kristalls.

Debey-Scherrer-Verfahren

Beim *Debye*[1]*-Scherrer*[2]*-Verfahren* benutzt man wie beim Drehkristallverfahren monochromatische Röntgenstrahlung, aber an Stelle eines Einkristalls verwendet man hier fein-
körniges Kristallpulver, welches sich in einem dünnwandigen Glasröhrchen befindet. Die
einzelnen Kristallite weisen alle möglichen Orientierungen auf, so daß die Braggsche
Reflexionsbedingung für Netzebenen mit beliebigen Millerschen Indizes für jede vorgegebene Röntgenwellenlänge erfüllt ist. Röntgenstrahlen, die an Netzebenen mit den gleichen
Indizes reflektiert werden, liegen auf einem Kegelmantel um den einfallenden Strahl und
bilden mit ihm den Winkel 2ϑ (s. Fig. 1.53). Diese Kegel durchdringen einen konzentrisch
um die Probe angeordneten zylindrischen Film in kreisähnlichen Bogenstücken (s. Fig.
1.54).

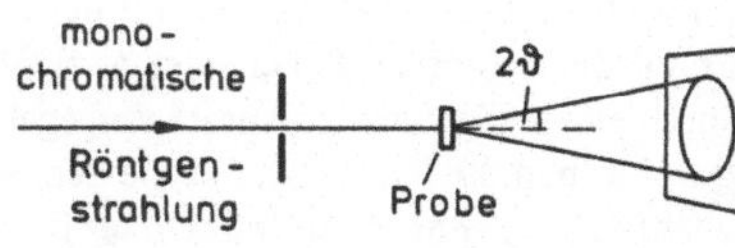

Fig. 1.53
Schema einer Debye-Scherrer-Anordnung

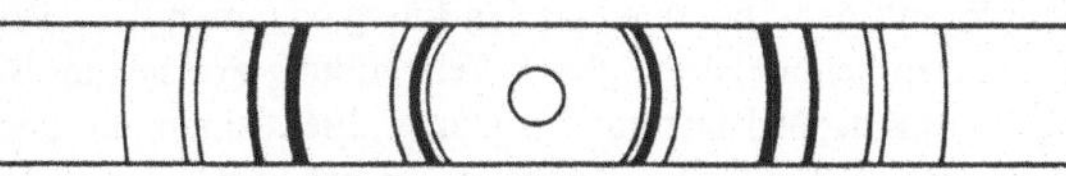

Fig. 1.54
Debye-Scherrer-Aufnahme

---

[1] Peter Debye, * 1884 Maastricht, † 1966 Ithaca (New York), Nobelpreis 1936
[2] Paul Scherrer, * 1890 in St. Gallen, † 1969 in Zürich

2   Dynamik des Kristallgitters

Bisher waren wir bei unseren Überlegungen von einem starren Kristallgitter ausgegangen
und hatten nur gelegentlich berücksichtigt, daß zum Beispiel Gitteratome stets Schwingungen um ihre Gleichgewichtslage ausführen. Die meisten physikalischen Eigenschaften
eines Festkörpers werden aber gerade durch die Bewegungen der Kristallbausteine
bestimmt. Bei Metallen ist es zweckmäßig, die Atomrümpfe — darunter versteht man die
Atomkerne mit ihren quasigebundenen Elektronen — und die quasifreien Elektronen
getrennt zu behandeln; denn verschiedene Festkörpereigenschaften hängen nur vom Verhalten der Atomrümpfe und andere nur von dem der Leitungselektronen ab. Die Berech-
tigung für eine derartige Unterteilung ist in der recht unterschiedlichen Trägheit der Atomrümpfe und der Elektronen zu suchen. Die Atomrümpfe reagieren sehr langsam auf eine
Änderung der Elektronen-Konfiguration, während die Elektronen einer Positionsänderung
der Atomrümpfe unmittelbar folgen. Für das Potentialfeld, in dem sich die Atomrümpfe
bewegen, ist deshalb neben ihrer gegenseitigen Wechselwirkung nur die mittlere Verteilung der quasifreien Elektronen maßgebend, während die Bewegung der Elektronen
durch die momentanen Positionen der Atomrümpfe beeinflußt wird. Bei dieser Betrachtungsweise hängt die Hamilton-Funktion für die Atomrümpfe einzig von den Koordinaten der Atomrümpfe ab, während die Hamilton-Funktion für die quasifreien Elektronen
neben den Elektronenkoordinaten auch noch die Koordinaten der Atomrümpfe enthält.
Gewöhnlich legt man für eine Untersuchung der Elektronenbewegung die Gleichgewichtskonfiguration der Atomrümpfe zugrunde und berücksichtigt den Einfluß der Auslenkungen der Atomrümpfe aus ihrer Gleichgewichtslage auf die Elektronen durch ein Störungsglied. Dieses erfaßt die sog. dynamische Wechselwirkung zwischen Elektronen und Atomrümpfen und ist bei der Behandlung von Transportproblemen im Festkörper von ausschlaggebender Bedeutung.

In diesem Kapitel befassen wir uns nur mit der Bewegung der Atomrümpfe, wobei die
Kräfte, die auf die Atomrümpfe bei einer Auslenkung aus ihrer Gleichgewichtslage ein-
wirken, durch einen allgemeinen Ansatz vorgegeben werden. In der sog. harmonischen
Näherung wählt man die Kräfte so, daß sie den Auslenkungen der Gitteratome aus ihrer
Gleichgewichtslage proportional sind. Dieses führt auf eine Bewegung der Gitteratome in
Form von Gitterschwingungen. Hiermit beschäftigen wir uns in Abschn. 2.1. Außerdem
werden wir hier mit den Phononen als den Energiequanten der Gitterschwingungen erstmals Quasiteilchen kennenlernen, deren Verwendung sich bei der Beschreibung von Wechselwirkungen des Kristallgitters mit Neutronen, Elektronen und Photonen als sehr nützlich erweisen wird. Aufbauend auf Abschn. 2.1 behandeln wir in Abschn. 2.2 die Theorie
der spezifischen Wärme eines Festkörpers. Hier werden wir auch den Begriff der Zustandsdichte diskutieren, der in der Festkörperphysik von grundlegender Bedeutung ist. Zur
Beschreibung mancher thermischer Eigenschaften der Kristalle reicht die harmonische
Näherung nicht aus. Solche sog. anharmonische Effekte sind die thermische Ausdehnung

eines Festkörpers und die Wärmeleitfähigkeit von Isolatoren. Hiermit beschäftigen wir uns in Abschn. 2.3. In Abschn. 2.4 schließlich befassen wir uns mit der Phononenspektroskopie.

2.1   Gitterschwingungen

Die Gesamtheit der Gitteratome in einem Kristall läßt sich auffassen als ein System miteinander gekoppelter Oszillatoren, das zu Eigenschwingungen angeregt werden kann. Mit diesen Schwingungen wollen wir uns im folgenden beschäftigen, uns hierbei aber zunächst auf Kristallstrukturen mit einer einatomigen Basis beschränken.

Eigenschwingungen von Kristallgittern mit einatomiger Basis

Wir untersuchen als erstes den einfachen Fall, daß sich die einzelnen Netzebenen eines Kristalls in Richtung ihrer Normalen gegeneinander verschieben (s. Fig. 2.1). Die Auslenkung der durch den Index s gekennzeichneten Netzebene aus der Gleichgewichtslage läßt sich dann durch eine einzige Koordinate u_s beschreiben.

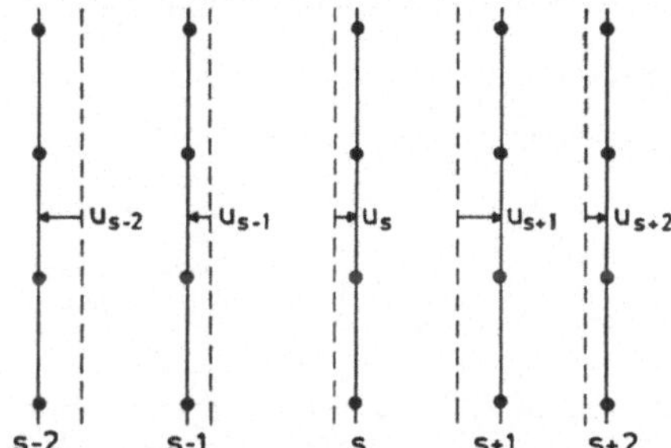

Fig. 2.1
Schematische Darstellung der Auslenkung der Netzebenen in einer longitudinalen Gitterschwingung. Die gestrichelten Linien kennzeichnen die Gleichgewichtslage der Netzebenen

Für kleine Auslenkungen ist die Kraft, die die Gitteratome der Ebene mit dem Index (s + n) auf ein Gitteratom der Ebene s ausüben, proportional zu $(u_{s+n} - u_s)$. Die Kraft, die insgesamt auf ein Gitteratom der Ebene s einwirkt, beträgt dann

$$F_s = \sum_n f_n(u_{s+n} - u_s), \tag{2.1}$$

wenn f_n die Kopplungskonstante der Netzebene (s + n) mit einem Gitteratom der Ebene s ist. n durchläuft hierbei alle positiven und negativen ganzen Zahlen.
Die Bewegungsgleichung eines Gitteratoms der Netzebene s lautet jetzt

$$M \frac{d^2 u_s}{dt^2} = \sum_n f_n(u_{s+n} - u_s), \tag{2.2}$$

wenn M die Masse des Gitteratoms ist.

Als Lösungsansatz wählen wir

$$u_{s+n} = A\, e^{i(qna - \omega t)}, \tag{2.3}$$

wobei q die Wellenzahl und ω die Kreisfrequenz einer fortschreitenden Welle und a der gegenseitige Abstand der Netzebenen im Gleichgewicht ist. Zwischen der Wellenzahl q und der Wellenlänge λ besteht der Zusammenhang $q = 2\pi/\lambda$.

Mit Gl. (2.3) erhalten wir aus Gl. (2.2)

$$-\omega^2 M = \sum_n f_n(e^{iqna} - 1). \tag{2.4}$$

Da aus Symmetriegründen $f_{-n} = f_n$ ist, können wir Gl. (2.4) umformen zu

$$-\omega^2 M = \sum_{n=1}^{\infty} f_n(e^{iqna} + e^{-iqna} - 2) = 2 \sum_{n=1}^{\infty} f_n(\cos qna - 1)$$

und bekommen schließlich

$$\omega^2 = \frac{2}{M} \sum_{n=1}^{\infty} f_n(1 - \cos qna). \tag{2.5}$$

Gl. (2.5), die den Zusammenhang zwischen der Wellenzahl q und der Kreisfrequenz ω der fortschreitenden Welle liefert, bezeichnet man als *Dispersionsrelation* der Welle.

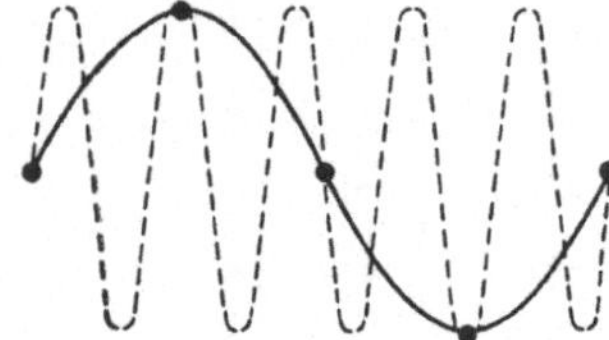

Fig. 2.2
Auslenkung der Gitteratome in einer transversalen Welle mit der kleinstmöglichen Wellenzahl (durchgezogener Wellenzug) und in einer solchen mit einer größeren Wellenzahl (gestrichelter Wellenzug)

Ersetzen wir in Gl. (2.3) q durch $\left(q + \dfrac{2\pi m}{a}\right)$, wobei m eine positive oder negative ganze Zahl ist, so bleiben die Auslenkungen u_s unverändert. Ein Schwingungszustand mit der Wellenzahl $\left(q + \dfrac{2\pi m}{a}\right)$ ist also der gleiche wie der mit der Wellenzahl q. In Fig. 2.2 ist dieser Sachverhalt der besseren Übersicht wegen für eine transversale Welle dargestellt. Der gestrichelte Wellenzug, zu dem eine höhere Wellenzahl gehört, liefert über den Schwingungszustand der Gitteratome keine andere Information als der durchgezogene Wellenzug; denn physikalisch ist es ohne Bedeutung, wie der Wellenverlauf zwischen den Gitteratomen aussieht, es interessieren lediglich die Auslenkungen der Gitteratome.

Um eine eindeutige Zuordnung zwischen dem Schwingungszustand des Gitters und der Wellenzahl zu erhalten, muß man die Wellenzahl auf einen Bereich $2\pi/a$ beschränken. Man wählt gewöhnlich den Bereich

$$-\frac{\pi}{a} < q \leqslant +\frac{\pi}{a}, \tag{2.6}$$

wobei die positiven Werte von q eine Wellenausbreitung in der einen und die negativen
Werte von q eine Ausbreitung in der entgegengesetzten Richtung bedeuten. Der durch
Gl. (2.6) definierte q-Bereich entspricht der ersten Brillouinzone eines eindimensionalen
Gitters (s. Seite 21).

Berücksichtigen wir nur die Wechselwirkung der Gitteratome unmittelbar benachbarter
Netzebenen, so erhalten wir aus Gl. (2.5)

$$\omega^2 = \frac{2f_1}{M}(1 - \cos qa) = \frac{4f_1}{M}\sin^2\frac{qa}{2}\,, \tag{2.7}$$

weil dann die Kopplungskonstante f_n einzig für $n = 1$ einen von Null verschiedenen Wert
hat. Hieraus folgt

$$\omega = \sqrt{\frac{4f_1}{M}}\left|\sin\frac{qa}{2}\right|. \tag{2.8}$$

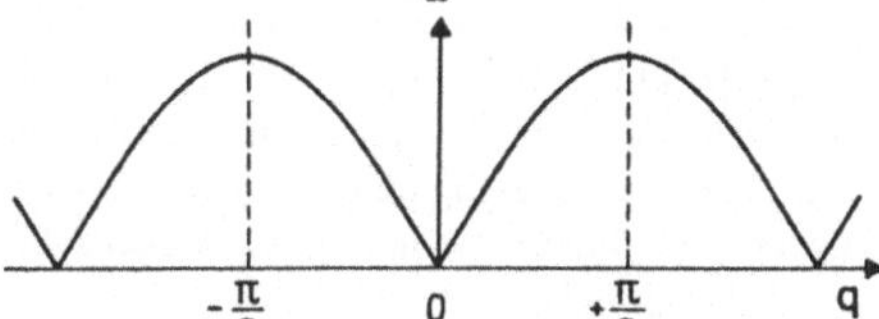

Fig. 2.3
Dispersionskurve für ein Kristallgitter mit
einer einatomigen Basis nach Gl. (2.8)

In Fig. 2.3 ist die Abhängigkeit der Kreisfrequenz ω von der Wellenzahl q nach Gl. (2.8)
dargestellt. Für $qa \ll 1$ oder $q \ll 1/a$ wird aus Gl. (2.8)

$$\omega = \sqrt{\frac{f_1 a^2}{M}}\, q \tag{2.9}$$

Die Kreisfrequenz ω ist also für kleine Werte von q dieser Größe direkt proportional. Die
Bedingung $q \ll 1/a$ ist gleichbedeutend mit der Forderung, daß die Wellenlänge λ viel
größer als der Netzebenenabstand a sein soll. In diesem Fall darf man das Kristallgitter
bezüglich der Wellenausbreitung als ein Kontinuum ansehen, und der Ausdruck

$$v_s = \frac{d\omega}{dq} = \sqrt{\frac{f_1 a^2}{M}} \tag{2.10}$$

liefert die Ausbreitungsgeschwindigkeit einer longitudinalen Schallwelle in dem betreffenden Festkörper für eine vorgegebene Kristallrichtung. Sie ist von der Wellenzahl unabhängig.

Einen linearen Zusammenhang zwischen ω und q erhält man für $qa \ll 1$ auch unmittelbar
aus Gl. (2.5). Zwar hat die Proportionalitätskonstante dann einen anderen Wert als in
Gl. (2.9), aber daß ω proportional zu q ist, ist unabhängig davon, ob man nur die Wechselwirkung unmittelbar benachbarter Netzebenen zu berücksichtigen braucht oder auch
die Wechselwirkung von Netzebenen erfassen muß, die sich in größerem Abstand voneinander befinden.

Wie aus Fig. 2.3 ersichtlich ist, erreicht die Kreisfrequenz an den Rändern der ersten
Brillouinzone ihren Maximalwert. Für eine Abschätzung dieses Maximalwertes legen wir
für die Schallgeschwindigkeit v_s im Festkörper einen Wert von $4 \cdot 10^3$ m/s und für den
Netzebenenabstand a einen Wert von $2 \cdot 10^{-10}$ m zugrunde. Es gilt dann angenähert

$$\omega_{max} \approx v_s q_{max} = v_s \frac{\pi}{a} = 2\pi \cdot 10^{13}\ s^{-1}$$

oder $\quad \nu_{max} = \dfrac{\omega_{max}}{2\pi} \approx 10^{13}$ Hz. $\hfill (2.11)$

Unsere Untersuchungen bezogen sich bis jetzt auf rein longitudinal polarisierte Wellen.
Entsprechende Ergebnisse erhält man auch für transversal polarisierte Wellen. In der Dispersionsrelation (Gl. 2.5) haben dann natürlich die Kopplungskonstanten f_n andere Werte.
Die Ausbildung einer rein longitudinal oder rein transversal polarisierten Welle ist allerdings nur bei einer Ausbreitung der Welle in Richtung einer Symmetrieachse des Kristalls
möglich, bei einem kubischen Kristall zum Beispiel bei einer Wellenfortpflanzung in einer
[100]-, [110]- oder [111]-Richtung. Im allgemeinen Fall bewegen sich die Gitteratome
in der ebenen Welle weder parallel noch senkrecht zur Ausbreitungsrichtung, sondern ihre
Auslenkungen haben gleichzeitig longitudinale und transversale Komponenten. Eine solche
Auslenkung läßt sich für eine Welle mit dem Wellenzahlvektor $\vec{q}$ durch den Ausdruck

$$\vec{u}_{\vec{R}} = \vec{A}\ e^{i(\vec{q} \cdot \vec{R} - \omega t)} \hfill (2.12)$$

darstellen, wobei $\vec{R}$ der Translationsvektor (s. Gl. (1.1)) des betreffenden Gitteratoms in
bezug auf ein Gitteratom im Koordinatenursprung ist. Hierbei gibt es zu jedem Wellenzahlvektor $\vec{q}$ drei Wellen, von denen jede i. allg. eine andere Kreisfrequenz hat. Der Wellenzahlvektor ist im reziproken Raum des Kristallgitters auf die erste Brillouinzone
beschränkt, kann aber bei einem unendlich ausgedehnten Kristall jeden Wert innerhalb
dieses Bereichs annehmen. Wir wollen nun untersuchen, welche Konsequenzen sich
daraus ergeben, daß in Wirklichkeit jeder Kristall nur eine endliche Ausdehnung hat.

Der Kristall sei ein Parallelepiped mit den Seiten $m\,\vec{a}_1$, $m\,\vec{a}_2$ und $m\,\vec{a}_3$, wobei $\vec{a}_1$, $\vec{a}_2$ und
$\vec{a}_3$ die primitiven Translationen des betreffenden Kristallgitters sind und m eine große
positive ganze Zahl ist. Diesen Kristall denken wir uns periodisch bis ins Unendliche fortgesetzt, indem wir dreidimensional an den ursprünglichen Kristall gleichartige Kristalle
anlagern. Hiermit haben wir erreicht, daß die Translationssymmetrie gesichert ist, und
infolgedessen Ausdrücke wie in Gl. (2.12), die fortschreitenden ebenen Wellen entsprechen, Lösungen des Schwingungsproblems sind. Der Lösungsansatz in Gl. (2.12) unter-
liegt jetzt den periodischen Randbedingungen

$$\vec{u}_{\vec{R}} + p_1 m\vec{a}_1 + p_2 m\vec{a}_2 + p_3 m\vec{a}_3 = \vec{u}_{\vec{R}}$$

mit beliebigen ganzzahligen Werten für p_1, p_2 und p_3. Dieses bedeutet, wenn wir zum
Beispiel $p_1 = 1$ und $p_2 = p_3 = 0$ setzen, daß $\vec{q} \cdot m\,\vec{a}_1$ ein ganzzahliges Vielfaches von 2π
sein muß. Entsprechendes gilt für $\vec{q} \cdot m\,\vec{a}_2$ und $\vec{q} \cdot m\,\vec{a}_3$. Wir erhalten also

$$m\,\vec{q} \cdot \vec{a}_1 = 2\pi\,h_1, \qquad m\,\vec{q} \cdot \vec{a}_2 = 2\pi\,h_2, \qquad m\,\vec{q} \cdot \vec{a}_3 = 2\pi\,h_3,$$

wobei h_1, h_2 und h_3 jeweils ganze Zahlen sind. Diese Beziehungen lassen sich nach Gl. (1.8) erfüllen, wenn $m\vec{q}$ gleich dem Vektor $(h_1\vec{b}_1 + h_2\vec{b}_2 + h_3\vec{b}_3)$ des reziproken Gitters ist oder wenn

$$\vec{q} = \frac{1}{m}(h_1\vec{b}_1 + h_2\vec{b}_2 + h_3\vec{b}_3) \qquad (2.13)$$

ist. Nun hatten wir gesehen, daß die $\vec{q}$-Werte auf die erste Brillouinzone beschränkt sind. Wir können sie aber genau so gut auf das Parallelepiped beschränken, welches im Raum des reziproken Gitters von den primitiven Translationen $\vec{b}_1$, $\vec{b}_2$ und $\vec{b}_3$ aufgespannt wird. Das letztere bedeutet nach Gl. (2.13), daß sowohl h_1/m als auch h_2/m und h_3/m größer oder gleich Null und kleiner als eins sein müssen. Es gilt dann also

$$0 \leqslant h_1 < m, \qquad 0 \leqslant h_2 < m, \qquad 0 \leqslant h_3 < m.$$

Hiernach kann jede der Zahlen h_1, h_2 und h_3 nur m verschiedene Werte annehmen. Die Gesamtzahl der möglichen $\vec{q}$-Werte ist somit m^3 (s. Gl. (2.13)). Das ist aber gerade gleich der Anzahl N der Elementarzellen im ursprünglichen Kristall.

Bei einem endlichen Kristall kann also der Wellenzahlvektor $\vec{q}$ nur diskrete Werte annehmen. Je größer N ist, d.h., je größer der Kristall ist, um so näher rücken die möglichen $\vec{q}$-Werte zusammen. Da jedem Wellenzahlvektor drei Kreisfrequenzen zugeordnet werden können, besteht das Frequenzspektrum aus 3N diskreten Werten. Bei einem makroskopischen Kristall liegen allerdings wegen des großen Betrages von N die Frequenzwerte so dicht beisammen, daß man von einem quasikontinuierlichen Spektrum spricht.

Phononen

Bei der mathematischen Behandlung der Schwingungen eines Systems miteinander gekoppelter Oszillatoren führt man gewöhnlich durch eine lineare Transformation sog. Normalkoordinaten ein, da diese in der harmonischen Näherung die Aufstellung von Bewegungsgleichungen völlig entkoppelter Oszillatoren ermöglichen. Das Frequenzspektrum der Normalschwingungen der ungekoppelten harmonischen Oszillatoren entspricht hierbei dem der Eigenschwingungen des Systems der miteinander gekoppelten Oszillatoren, also in unserem Fall dem der Gitterschwingungen. Die Normalkoordinaten können natürlich nicht mehr wie die Auslenkungen $\vec{u}_R$ den einzelnen Gitteratomen zugeordnet werden. Für die Energie eines einzelnen harmonischen Oszillators mit der Kreisfrequenz ω_ρ liefert die Quantenmechanik die Eigenwerte

$$E_n = \left(n + \frac{1}{2}\right)\hbar\omega_\rho, \qquad (2.14)$$

wobei die Quantenzahl n die Werte 0, 1, 2, 3 . . . annehmen kann. $\hbar\omega_\rho/2$ ist die Nullpunktsenergie des Oszillators. Kennt man das Frequenzspektrum der Gitterschwingungen eines Kristalls, so kann man die Besetzung der Energieniveaus der verschiedenen Normalschwingungen für eine vorgegebene Kristalltemperatur berechnen. Hiermit wollen wir uns im folgenden beschäftigen.

Die verschiedenen Normalschwingungen sind durch ihre Kreisfrequenzen gekennzeichnet und bilden somit ein Ensemble unterscheidbarer Elemente. Dieses bedeutet, daß wir für die Lösung unserer Aufgabe die Boltzmann-Statistik benutzen müssen. Hiernach beträgt die Wahrscheinlichkeit, daß ein Schwingungszustand mit der Kreisfrequenz ω_ρ und der Quantenzahl n_ρ angeregt ist und zwar unabhängig von der Anregung von Schwingungen anderer Frequenzen

$$P(n_\rho) = \frac{e^{-(n_\rho + 1/2)\hbar\omega_\rho/k_BT}}{\sum\limits_{n_\rho = 0}^{\infty} e^{-(n_\rho + 1/2)\hbar\omega_\rho/k_BT}} = \frac{e^{-n_\rho\hbar\omega_\rho/k_BT}}{\sum\limits_{n_\rho = 0}^{\infty} e^{-n_\rho\hbar\omega_\rho/k_BT}} . \tag{2.15}$$

Für den Mittelwert von n_ρ erhalten wir dann

$$\bar{n}_\rho = \frac{\sum\limits_{n_\rho = 0}^{\infty} n_\rho e^{-n_\rho\hbar\omega_\rho/k_BT}}{\sum\limits_{n_\rho = 0}^{\infty} e^{-n_\rho\hbar\omega_\rho/k_BT}} . \tag{2.16}$$

Mit $\hbar\omega_\rho/k_BT = x$ wird hieraus

$$\bar{n}_\rho = \frac{\sum\limits_{n_\rho = 0}^{\infty} n_\rho e^{-n_\rho x}}{\sum\limits_{n_\rho = 0}^{\infty} e^{-n_\rho x}} = -\frac{d}{dx} \ln \sum\limits_{n_\rho = 0}^{\infty} e^{-n_\rho x}$$

$$= -\frac{d}{dx} \ln \frac{1}{1 - e^{-x}} = \frac{d}{dx} \ln (1 - e^{-x}) = \frac{e^{-x}}{1 - e^{-x}} = \frac{1}{e^x - 1}$$

oder, wenn wir wieder x durch $\hbar\omega_\rho/k_BT$ ersetzen

$$\bar{n}_\rho = \frac{1}{e^{\hbar\omega_\rho/k_BT} - 1} . \tag{2.17}$$

Der Ausdruck in Gl. (2.17) ist aber gerade die Bosesche Verteilungsfunktion für Teilchen einer Energie $\hbar\omega_\rho$ für den Fall, daß die Erhaltung der Gesamtteilchenzahl nicht gefordert wird (s. Gl. (B.14)). Hiernach läßt sich also der Schwingungszustand eines Kristallgitters statt durch Gitterschwingungen auch durch Teilchen beschreiben, die der Bose[1])-Statistik gehorchen. Diese Teilchen nennt man *Phononen*. Die Phononen lassen sich den Gitterschwingungen des Kristallgitters in ganz analoger Weise zuordnen, wie die Photonen den elektromagnetischen Wellen.

Außer einer Energie kann man einem Phonon auch einen Impuls zuschreiben. Es läßt sich zeigen, daß ein Phonon mit anderen Teilchen in Wechselwirkung tritt, als hätte es einen Impuls $\hbar\vec{q}$, wenn $\vec{q}$ der Wellenzahlvektor der zugeordneten Gitterschwingung ist. Man

---

[1]) Satyendra Nath Bose, * 1894, † 1974 Kalkutta

kann dann einen Impulserhaltungssatz aufstellen, der zusammen mit einem Erhaltungssatz für die Energie die Beschreibung von Streuprozessen in Kristallen sehr vereinfacht. Wir kommen hierauf in Abschn. 2.3 und 2.4 zurück.

Da der Wellenzahlvektor $\vec{q}$ einer Gitterschwingung auf die erste Brillouinzone beschränkt ist, kann der Impuls eines Phonons nicht wie der eines Photons beliebig groß werden. In Wirklichkeit ist $\hbar\vec{q}$ auch gar kein echter Impuls, da mit einer Gitterschwingung, von derjenigen mit $\vec{q} = 0$ einmal abgesehen, keine Bewegung des Massenschwerpunktes des Kristalls verbunden ist. Man bezeichnet deshalb die Größe $\hbar\vec{q}$ im allgemeinen als Quasiimpuls und ein Phonon selbst als Quasiteilchen.

Eigenschwingungen von Kristallgittern mit zweiatomiger Basis

Wir untersuchen jetzt die Gitterschwingungen eines Kristalls mit einer Basis aus zwei verschiedenen Atomen, wobei wir zunächst wiederum annehmen, daß sich die einzelnen Netzebenen des Kristalls in Richtung ihrer Normalen gegeneinander bewegen. Die zur Schwingungsrichtung senkrechten Ebenen des Kristalls sollen jeweils nur eine Atomart enthalten (s. Fig. 2.4). Dieses träfe zum Beispiel bei einem Natriumchloridkristall für eine Schwingung in einer [111]-Richtung zu. Die Ebenen mit Atomen der Masse M_1 sollen durch ungerade Indizes und die Ebenen mit Atomen der Masse M_2 sollen durch gerade Indizes gekennzeichnet werden. Der gegenseitige Abstand der Ebenen im Gleichgewicht betrage $a/2$. Der Abstand zweier Ebenen mit Atomen gleicher Masse ist also a. Wir wollen weiter annehmen, daß wir nur eine Wechselwirkung unmittelbar benachbarter Ebenen zu berücksichtigen haben, und außerdem die Auslenkungen so klein sind, daß ein in den Verrückungen linearer Kraftansatz mit der Kopplungskonstanten f erlaubt ist. Die Bewegungsgleichung eines Gitteratoms der Ebene $2s + 1$ mit der Masse M_1 lautet dann

$$M_1 \frac{d^2 u_{2s+1}}{dt^2} = f(u_{2s} + u_{2s+2} - 2u_{2s+1}). \tag{2.18}$$

Entsprechend erhalten wir für ein Gitteratom der Ebene $2s$ mit der Masse M_2

$$M_2 \frac{d^2 u_{2s}}{dt^2} = f(u_{2s-1} + u_{2s+1} - 2u_{2s}). \tag{2.19}$$

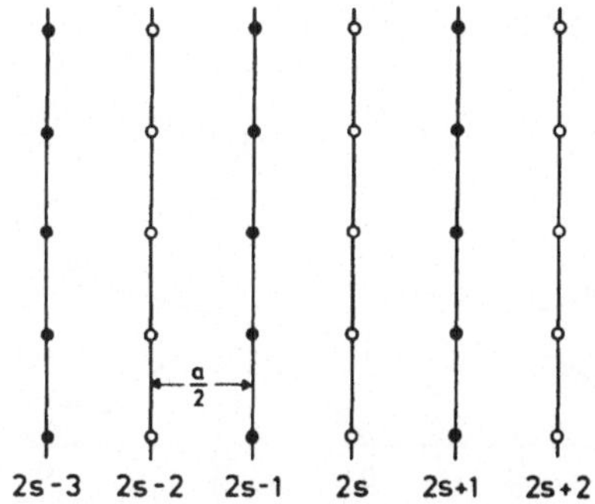

Fig. 2.4
Schematische Darstellung der Netzebenen eines
Kristallgitters mit einer Basis aus zwei verschiedenartigen Atomen

Als Lösungsansatz für Gl. (2.18) und Gl. (2.19) wählen wir

$$u_{2s+1} = A\, e^{\,i\left(q\,\frac{(2s+1)a}{2} - \omega t\right)} \tag{2.20}$$

und $\qquad u_{2s} = B\, e^{i(qsa - \omega t)}.$ $\hspace{4cm}$ (2.21)

Setzen wir dieses in Gl. (2.18) und Gl. (2.19) ein, so erhalten wir

$$(\omega^2 M_1 - 2f)A + \left(2f \cos\frac{qa}{2}\right)B = 0$$

$$\left(2f \cos\frac{qa}{2}\right)A + (\omega^2 M_2 - 2f)B = 0. \tag{2.22}$$

Dieses lineare Gleichungssystem hat nur dann nichtverschwindende Lösungen für die Amplituden A und B, wenn die Koeffizientendeterminante von A und B gleich Null ist, wenn also

$$\begin{vmatrix} \omega^2 M_1 - 2f & 2f \cos\dfrac{qa}{2} \\[2ex] 2f \cos\dfrac{qa}{2} & \omega^2 M_2 - 2f \end{vmatrix} = 0.$$

Hieraus folgt für die Kreisfrequenz ω

$$\omega^2 = f\left(\frac{1}{M_1} + \frac{1}{M_2}\right) \pm f\sqrt{\left(\frac{1}{M_1} + \frac{1}{M_2}\right)^2 - \frac{4}{M_1 M_2}\sin^2\frac{qa}{2}}\;. \tag{2.23}$$

Zu jeder Wellenzahl q gehören also zwei positive Werte von ω, die wir mit ω_+ und ω_- bezeichnen. In Fig. 2.5 ist ω_+ und ω_- in Abhängigkeit von q dargestellt.

Die erste Brillouin-Zone ist durch die Beziehung

$$-\frac{\pi}{a} < q \leqslant +\frac{\pi}{a} \tag{2.24}$$

definiert.

Für q = 0 folgt aus Gl. (2.23)

$$\omega_+(0) = \sqrt{2f\left(\frac{1}{M_1} + \frac{1}{M_2}\right)} \quad \text{und} \quad \omega_-(0) = 0. \tag{2.25}$$

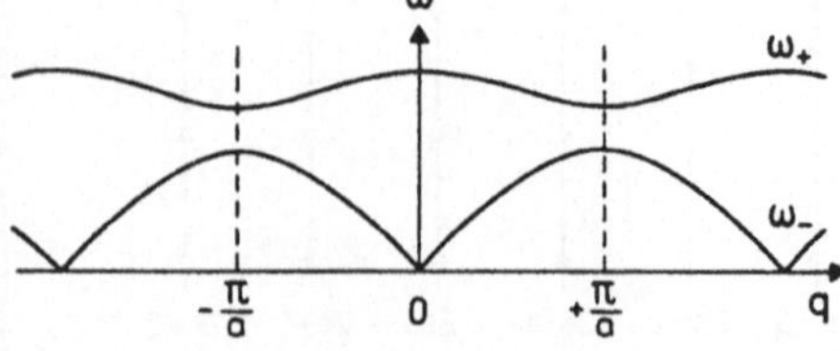

Fig. 2.5
Dispersionskurve für ein Kristallgitter mit einer zweiatomigen Basis nach Gl. (2.23)

Für q = ± π/a ergibt sich, wenn $M_1 > M_2$ ist,

$$\omega_+\left(\frac{\pi}{a}\right) = \sqrt{\frac{2f}{M_2}} \quad \text{und} \quad \omega_-\left(\frac{\pi}{a}\right) = \sqrt{\frac{2f}{M_1}} \ . \tag{2.26}$$

Zwischen den Frequenzwerten $\omega_+(\pi/a)$ und $\omega_-(\pi/a)$ ist eine Frequenzlücke, die um so größer ist, je größer das Verhältnis M_1/M_2 ist. Das Verhältnis M_1/M_2 bestimmt auch die Breite des Frequenzbandes ω_+. Je größer M_1/M_2 ist, um so schmaler wird das Frequenzband ω_+. Für das Verhältnis der Schwingungsamplituden A und B aus Gl. (2.20) und Gl. (2.21) erhalten wir ein besonders übersichtliches Ergebnis, wenn wir q = 0 setzen. Wir finden dann aus Gl. (2.22) unter Berücksichtigung von Gl. (2.25)

$$\frac{A}{B} = -\frac{M_2}{M_1} \quad \text{für } \omega_+ \quad \text{und} \quad \frac{A}{B} = 1 \quad \text{für } \omega_- . \tag{2.27}$$

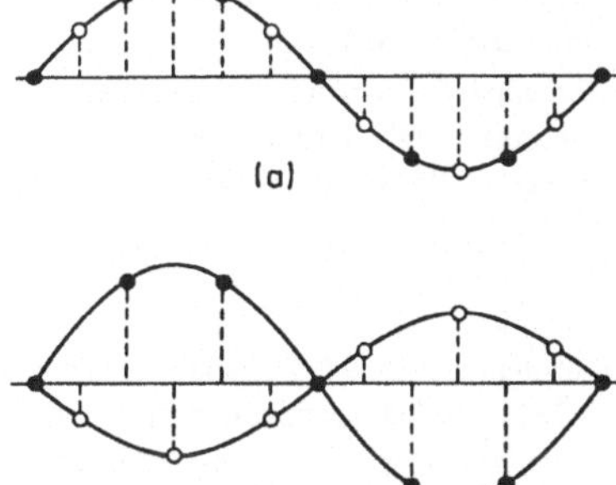

Fig. 2.6
Darstellung einer akustischen (a) und einer
optischen Gitterschwingung (b)

Im Frequenzband ω_- schwingen die benachbarten Massen M_1 und M_2 in gleicher Richtung, genauso wie es bei akustischen Wellen der Fall ist. Das Frequenzband ω_- bezeichnet man deshalb als *akustischen Zweig* des Frequenzspektrums. Im Frequenzband ω_+ schwingen hingegen die benachbarten Gitteratome gegeneinander. Diese beiden Schwingungsmöglichkeiten sind in Fig. 2.6 für eine transversale Welle dargestellt. Wenn die Gitteratome wie bei den Ionenkristallen eine entgegengesetzte Ladung haben, so treten bei Schwingungen im Frequenzband ω_+ starke elektrische Dipolmomente auf, die sich im optischen Verhalten des Kristalls bemerkbar machen. Diesen Frequenzbereich bezeichnet man deshalb als *optischen Zweig* des Frequenzspektrums. Auf die optischen Schwingungen kommen wir in Kapitel 4 bei der Untersuchung der dielektrischen Eigenschaften eines Festkörpers zurück.

Geht man auch hier wieder zur Wellenausbreitung im Dreidimensionalen über, so erhält man bei Kristallen mit einer zweiatomigen Basis im Frequenzspektrum zu jeder Ausbreitungsrichtung 3 akustische und 3 optische Zweige. Enthält die Basis p Atome, so sind im Phononenspektrum 3 p Zweige vorhanden und zwar 3 akustische und $3(p-1)$ optische.

2.2   Spezifische Wärme von Kristallen

Die spezifische Wärme eines Festkörpers ist definiert durch die Beziehung

$$c = \frac{1}{M}\frac{dU}{dT}, \tag{2.28}$$

wobei U die innere Energie und M die Masse des Festkörpers ist. In diesem Abschnitt
behandeln wir den Beitrag der Gitteratome zur spezifischen Wärme eines Festkörpers.
Bei Metallen kommt noch ein Beitrag der quasifreien Elektronen hinzu. Hiermit werden
wir uns allerdings erst in Abschn. 3.1 beschäftigen.

Streng genommen hat man zwischen einer spezifischen Wärme bei konstantem Volumen
und bei konstantem Druck zu unterscheiden. Solange man sich aber bei der Untersuchung
der Gitterbewegungen auf die harmonische Näherung beschränkt, ist eine solche Unterscheidung sinnlos, da in dieser Näherung die thermische Ausdehnung des Kristalls nicht
in Erscheinung tritt (s. Seite 83).

Im folgenden verstehen wir unter U die thermische Energie des Kristallgitters. Sie ist
gleich der Gesamtenergie der Phononen, die den Schwingungszustand des Kristalls
beschreiben. Ist n_ρ die Anzahl der Phononen mit der Energie $\hbar\omega_\rho$, so erhalten wir für U

$$U = \sum_\rho n_\rho \hbar\omega_\rho. \tag{2.29}$$

Die Summierung hat hierbei über alle Werte von ω_ρ zu erfolgen. Ihre Anzahl beträgt 3 pN,
wenn N die Zahl der Elementarzellen im Kristall und p die Zahl der Basisatome in der
Elementarzelle bedeuten. Die Nullpunktsenergien der harmonischen Oszillatoren sind in
Gl. (2.29) nicht enthalten, da sie in der Phononendarstellung nicht erscheinen. Sie sind
für alles Weitere aber auch ohne Bedeutung, da ihr Beitrag zu U nicht von der Temperatur
abhängt.

Benutzen wir für n_ρ die Bosesche Verteilungsfunktion nach Gl. (2.17), so wird aus
Gl. (2.29)

$$U = \sum_\rho \frac{\hbar\omega_\rho}{e^{\hbar\omega_\rho/k_BT} - 1}. \tag{2.30}$$

Wir hatten auf Seite 69 gesehen, daß die Kreisfrequenzen ω_ρ der Gitterschwingungen
sehr dicht beisammen liegen. Zur Auswertung der Summe in Gl. (2.30) gehen wir deshalb
zweckmäßig zu einer Integration über, wobei die einzelnen Zweige des Frequenzspektrums getrennt behandelt werden.

Ist $Z_i(\omega)d\omega$ die Anzahl der Kreisfrequenzen im Frequenzintervall zwischen ω und
$\omega + d\omega$ für einen einzelnen durch den Index i gekennzeichneten Zweig des Frequenzspektrums, so erhalten wir an Stelle von Gl. (2.30) für jeden der 3p Zweige

$$U_i = \int_\omega \frac{\hbar\omega}{e^{\hbar\omega/k_BT} - 1} Z_i(\omega)d\omega. \tag{2.31}$$

Die Funktion $Z_i(\omega)$ bezeichnet man als *Zustandsdichte* im i-ten Zweig des Frequenzspektrums. Mit ihr wollen wir uns zunächst befassen. Da es sich hierbei immer um einen einzelnen Zweig handeln soll, lassen wir den Index i fort.

Zustandsdichte im Phononenspektrum

Als erstes ermitteln wir die Anzahl der Wellenzahlvektoren in der Volumeneinheit des $\vec{q}$-Raums. Nach Gl. (2.13) bilden die $\vec{q}$-Werte im Raum des reziproken Gitters ein dreidimensionales Punktgitter, wobei jedem $\vec{q}$-Wert ein Volumen

$$V_{\vec{q}} = \frac{1}{m^3}(\vec{b}_1 \cdot \vec{b}_2 \times \vec{b}_3) \tag{2.32}$$

zuzuordnen ist. $\vec{b}_1$, $\vec{b}_2$ und $\vec{b}_3$ sind hierbei die primitiven Translationen des reziproken Gitters, und m^3 ist gleich der Anzahl N der Elementarzellen im Kristall. Ersetzen wir $\vec{b}_1$, $\vec{b}_2$ und $\vec{b}_3$ nach Gl. (1.7) durch die primitiven Translationen $\vec{a}_1$, $\vec{a}_2$ und $\vec{a}_3$ des Kristallgitters, so wird aus Gl. (2.32)

$$V_{\vec{q}} = \frac{1}{N}\frac{8\pi^3}{\vec{a}_1 \cdot \vec{a}_2 \times \vec{a}_3} = \frac{1}{N}\frac{8\pi^3}{V_z}. \tag{2.33}$$

V_z ist das Volumen der Elementarzelle. Nun ist NV_z gerade gleich dem Gesamtvolumen V des Kristalls, und wir bekommen

$$V_{\vec{q}} = \frac{8\pi^3}{V}. \tag{2.34}$$

Die Wellenzahldichte im $\vec{q}$-Raum beträgt demnach

$$\rho_{\vec{q}} = \frac{V}{8\pi^3}. \tag{2.35}$$

Die Anzahl der Phononenzustände im Frequenzintervall zwischen ω und $\omega + d\omega$ eines einzelnen Zweiges erhalten wir jetzt, indem wir über das Volumen des $\vec{q}$-Raums integrieren, welches von den beiden Flächen $\omega(\vec{q}) = $ const und $\omega(\vec{q}) + d\omega(\vec{q}) = $ const begrenzt wird, und das Ergebnis mit der Wellenzahldichte $\rho_{\vec{q}}$ multiplizieren. Es ist also

$$Z(\omega)d\omega = \frac{V}{8\pi^3}\int_{\omega(\vec{q})}^{\omega(\vec{q}) + d\omega(\vec{q})} d^3q. \tag{2.36}$$

Zur Ausführung der Integration setzen wir

$$d^3q = d\sigma dq_\perp, \tag{2.37}$$

wobei $d\sigma$ ein Flächenelement der Fläche $\omega(\vec{q}) = $ const und $dq_\perp$ der jeweilige Abstand der Fläche $\omega(\vec{q}) + d\omega(\vec{q}) = $ const von der Fläche $\omega(\vec{q}) = $ const ist (s. Fig. 2.7). Es gilt

$$d\omega = |\text{grad}_{\vec{q}}\,\omega(\vec{q})|dq_\perp. \tag{2.38}$$

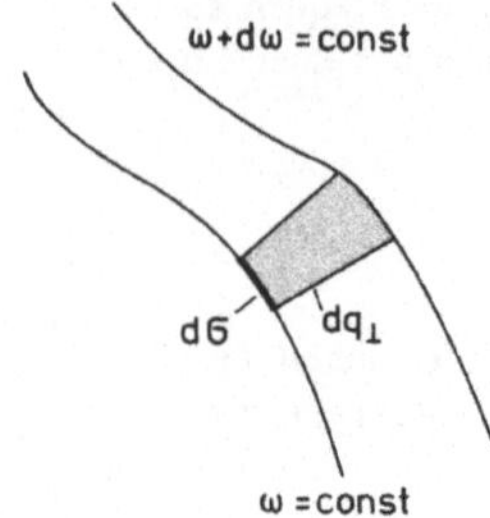

Fig. 2.7
Zur Herleitung der Zustandsdichte in einem Zweig des Phononenspektrums für ein Frequenzintervall zwischen ω und $\omega + d\omega$
(s. Text)

Somit ist

$$d^3q = \frac{d\sigma}{|\mathrm{grad}_{\vec{q}}\,\omega(\vec{q})|}\,d\omega. \tag{2.39}$$

Setzen wir diesen Ausdruck in Gl. (2.36) ein, so erhalten wir für die Zustandsdichte in
einem einzelnen Zweig des Phononenspektrums

$$Z(\omega) = \frac{V}{8\pi^3} \int\limits_{\omega\,=\,\mathrm{const}} \frac{d\sigma}{|\mathrm{grad}_{\vec{q}}\,\omega(\vec{q})|}. \tag{2.40}$$

Die Integration erstreckt sich hierbei im $\vec{q}$-Raum über die Fläche $\omega(\vec{q}) = \mathrm{const}$.

Die Zustandsdichte $Z(\omega)$ läßt sich berechnen, wenn die Dispersionsrelation $\omega(\vec{q})$ bekannt
ist. Sie ist für diejenigen Frequenzwerte besonders hoch, für welche die Gruppengeschwin-
digkeit $\mathrm{grad}_{\vec{q}}\,\omega(\vec{q})$ klein ist. Für $\mathrm{grad}_{\vec{q}}\,\omega(\vec{q}) = 0$ tritt im Integrand von Gl. (2.40) eine
Singularität auf. Man bezeichnet sie als *van-Hove-Singularität*.

Debyesches Näherungsverfahren

Die Berechnung der Zustandsdichte nach Gl. (2.40) ist recht mühsam und läßt sich nur
numerisch durchführen. Man benötigt aber die Zustandsdichte, um die thermische Energie und die spezifische Wärme eines Festkörpers theoretisch zu ermitteln. Wir behandeln
deshalb im folgenden ein Näherungsverfahren, mit dem man den Verlauf der spezifischen
Wärme eines Kristalls in Abhängigkeit von seiner Temperatur bestimmen kann. Es liefert
trotz grundsätzlicher Mängel verhältnismäßig gute Resultate, ist allerdings auf Kristalle
mit einer einatomigen Basis beschränkt.

In der sog. *Debyeschen Näherung* betrachtet man den Kristall als isotropes Kontinuum.
Die Gitterstruktur wird nur dadurch berücksichtigt, daß man die Anzahl der Kreisfrequenzen auf 3N beschränkt. In einem echten Kontinuum ist die Anzahl der Kreisfrequenzen nicht begrenzt.

Die Annäherung an ein Kontinuum bedeutet, daß innerhalb der einzelnen Zweige des
Frequenzspektrums die Ausbreitungsgeschwindigkeit der Wellen konstant wird
(s. Seite 67). Die zusätzliche Annahme der Isotropie besagt darüber hinaus, daß auch
keine Richtungsabhängigkeit der Ausbreitungsgeschwindigkeit vorhanden ist. Wir können

also eine einheitliche longitudinale Schallgeschwindigkeit v_L und eine einheitliche transversale Schallgeschwindigkeit v_T für den gesamten Frequenzbereich und jede Ausbreitungsrichtung verwenden. Die Flächen konstanter Kreisfrequenz im $\vec{q}$-Raum sind in dieser Näherung Kugeloberflächen. Für die Größe $|\mathrm{grad}_{\vec{q}}\,\omega(\vec{q})|$ in Gl. (2.40) erhalten wir jetzt für den longitudinalen Zweig des Frequenzspektrums den Wert v_L und für die beiden transversalen Zweige den Wert v_T. Hiermit ergibt sich für die Zustandsdichte im longitudinalen Zweig

$$Z_L(\omega) = \frac{V}{8\pi^3} \int\limits_{\omega\,=\,\mathrm{const}} \frac{d\sigma}{v_L} = \frac{V}{8\pi^3 v_L}\,4\pi q^2 = \frac{V}{2\pi^2 v_L^3}\,\omega^2. \tag{2.41}$$

Entsprechend bekommen wir für die Zustandsdichte in jedem der beiden transversalen Zweige

$$Z_T(\omega) = \frac{V}{2\pi^2 v_T^3}\,\omega^2. \tag{2.42}$$

Die gesamte Zustandsdichte beträgt dann

$$Z(\omega) = \frac{V}{2\pi^2}\left(\frac{1}{v_L^3} + \frac{2}{v_T^3}\right)\omega^2. \tag{2.43}$$

Hiernach steigt die Zustandsdichte quadratisch mit der Frequenz an. Die maximale Frequenz, die sog. *Debyesche Grenzfrequenz* ω_D ergibt sich aus der Forderung

$$\int\limits_0^{\omega_D} Z(\omega)\,d\omega = 3N. \tag{2.44}$$

Benutzen wir in Gl. (2.44) für $Z(\omega)$ den Ausdruck aus Gl. (2.43), so erhalten wir

$$\omega_D = v_s \sqrt[3]{\frac{6\pi^2 N}{V}}\,. \tag{2.45}$$

Hierbei ist die mittlere Schallgeschwindigkeit v_s durch die Beziehung

$$\frac{1}{v_s^3} = \frac{1}{3}\left(\frac{1}{v_L^3} + \frac{2}{v_T^3}\right) \tag{2.46}$$

definiert. An sich müßte man für den longitudinalen Zweig und die transversalen Zweige die Grenzfrequenz getrennt ermitteln. Es hat sich aber gezeigt, daß man eine bessere Übereinstimmung der berechneten und der experimentell bestimmten Werte für die spezifische Wärme erhält, wenn man eine gemeinsame Grenzfrequenz verwendet.
Führen wir mit Hilfe von Gl. (2.45) unter Berücksichtigung von Gl. (2.46) die Grenzfrequenz ω_D in Gl. (2.43) ein, so bekommen wir

$$Z(\omega) = \frac{9N}{\omega_D^3}\,\omega^2. \tag{2.47}$$

In Fig. 2.8 ist zum Vergleich die Zustandsdichte im Phononenspektrum nach der Gittertheorie und in der Debyeschen Näherung für Wolfram dargestellt.

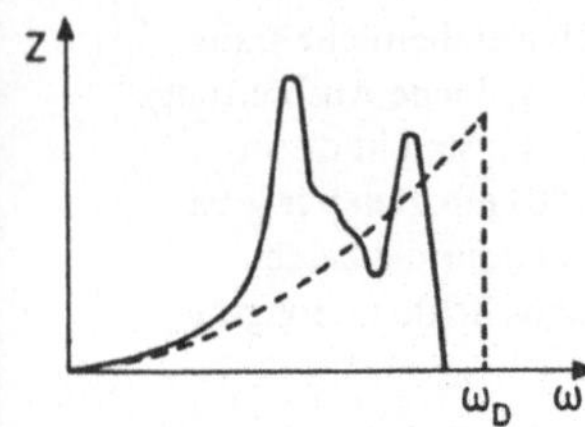

Fig. 2.8
Zustandsdichte $Z(\omega)$ im Phononenspektrum für Wolfram
nach der Gittertheorie (durchgezogene Kurve) und in der
Debyeschen Näherung (gestrichelte Kurve)

Wir kommen jetzt wieder auf Gl. (2.31) zurück und setzen dort für die Zustandsdichte
den Ausdruck aus Gl. (2.47) ein. Wir erhalten dann für die thermische Energie

$$U = \frac{9N}{\omega_D^3} \int_0^{\omega_D} \frac{\hbar\omega}{e^{\hbar\omega/k_BT} - 1} \omega^2 d\omega \tag{2.48}$$

und für die spezifische Wärme

$$c = \frac{1}{M} \frac{9Nk_B}{\omega_D^3} \int_0^{\omega_D} \frac{\left(\frac{\hbar\omega}{k_BT}\right)^2 e^{\hbar\omega/k_BT}}{(e^{\hbar\omega/k_BT} - 1)^2} \omega^2 d\omega. \tag{2.49}$$

Das Integral läßt sich nur dann in einfacher Weise auswerten, wenn die Temperatur T sehr
groß oder sehr klein gegenüber der sog. *Debye-Temperatur* Θ_D ist. Sie ist definiert durch
die Beziehung

$$\hbar\omega_D = k_B\Theta_D. \tag{2.50}$$

Wenn $T \gg \Theta_D$ ist, ist

$$\frac{\hbar\omega_D}{k_BT} \ll 1.$$

Da aber für alle unter dem Integral in Gl. (2.49) vorkommenden Frequenzen $\omega \leqslant \omega_D$ ist,
gilt auch

$$\frac{\hbar\omega}{k_BT} \ll 1.$$

Entwickeln wir die Exponentialfunktionen in Gl. (2.49) in eine Reihe und berücksichtigen im Zähler und im Nenner nur das Glied niedrigster Ordnung in $\hbar\omega/k_BT$, so erhalten wir

$$c = \frac{1}{M} \frac{9Nk_B}{\omega_D^3} \int_0^{\omega_D} \omega^2 d\omega = \frac{1}{M} 3Nk_B. \tag{2.51}$$

Die Wärmekapazität Mc beträgt dann $3Nk_B$ oder $3\nu Lk_B$, wenn L die Avogadrosche
Zahl und ν die Molzahl ist. Für die Molwärme bekommen wir schließlich, wenn wir für
Lk_B die Gaskonstante R einführen

$$C = 3R \approx 25 \ \text{J/(mol} \cdot \text{K)}. \tag{2.52}$$

Diese Gleichung ist als *Dulong*[1]*)-Petitsches*[2]*) Gesetz* bekannt. Das Gesetz besagt, daß bei
Temperaturen, die hoch gegenüber der Debye-Temperatur sind, die Molwärmen für alle
Festkörper mit einatomiger Basis gleich groß sind.

Wenn $T \ll \Theta_D$ ist, ist

$$\frac{\hbar\omega_D}{k_B T} \gg 1.$$

Dieses bedeutet nach Gl. (2.17), daß für $\omega \geq \omega_D$ praktisch keine Phononen existieren.
Wir können also in diesem Fall in Gl. (2.49) den Integrationsbereich über ω_D hinaus
bis in Unendliche erweitern, ohne den Gesamtwert des Integrals wesentlich zu beeinflussen. Setzen wir in Gl. (2.49) $\hbar\omega/k_B T = x$ und führen mittels Gl. (2.50) die Debyesche-
Temperatur Θ_D ein, so erhalten wir

$$c = \frac{1}{M} 9 N k_B \left(\frac{T}{\Theta_D}\right)^3 \int_0^\infty \frac{x^4 e^x}{(e^x - 1)^2}\, dx. \tag{2.53}$$

Das Integral hat den Wert $4\pi^4/15$. Für die Molwärme gilt dann

$$C = \frac{12\pi^4}{5} R \left(\frac{T}{\Theta_D}\right)^3 \approx 234 R \left(\frac{T}{\Theta_D}\right)^3. \tag{2.54}$$

Diese Beziehung bezeichnet man als das *Debyesche T^3-Gesetz*.

Für mittlere Temperaturen läßt sich Gl. (2.49) nur numerisch auswerten. Fig. 2.9 zeigt
in der Debyeschen Näherung den gesamten Verlauf der Molwärme in Abhängigkeit von
der Temperatur.

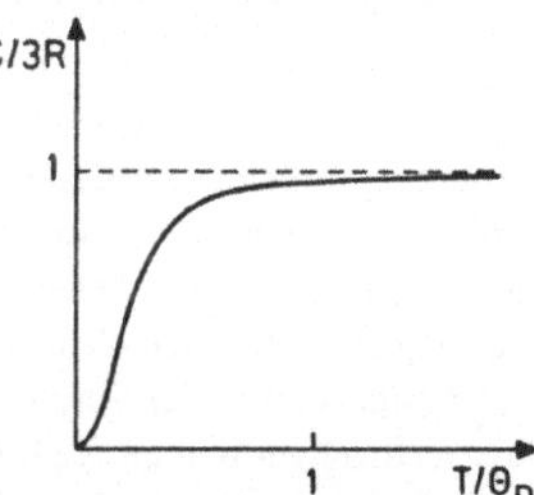

Fig. 2.9
Molwärme C eines Festkörpers in Abhängigkeit von der Kristall-
temperatur T in der Debyeschen Näherung. Θ_D ist die Debye-
Temperatur (s. Gl. (2.50)) und R ist die Gaskonstante

Trotz der in ihr enthaltenen Vereinfachungen gibt die Debyesche Theorie die Temperaturabhängigkeit der spezifischen Wärme eines Festkörpers im Prinzip richtig wieder. Um eine
quantitative Übereinstimmung zu erzielen, hat man jedoch an Stelle der nach Gl. (2.50)
und Gl. (2.45) berechneten Debye-Temperatur einen kleineren Temperaturwert zu benutzen. Im Anhang C (Faltblatt) ist die Debye-Temperatur für die verschiedenen Elemente
aufgeführt, wie sie sich aus den experimentell ermittelten Werten der Molwärme für tiefe
Temperaturen ergibt.

---

[1]) Pierre Louis Dulong, * 1785 Rouen, † 1838 Paris
[2]) Alexis Thérèse Petit, * 1791 Vesoul, † 1820 Paris

Bei Kristallen mit mehratomiger Basis treten zu den akustischen Gitterschwingungen noch die optischen Gitterschwingungen hinzu. Für die beiden Grenzfälle $T \gg \Theta_D$ und $T \ll \Theta_D$ erhält man die gleichen Ergebnisse wie in der Debyeschen Theorie; denn für $T \gg \Theta_D$ ist die Molwärme von der Frequenzverteilung unabhängig, und für $T \ll \Theta_D$ sind sowieso nur die niedrigen Frequenzen in den akustischen Zweigen von Bedeutung. Für mittlere Temperaturen hingegen hat man das Debyesche Modell zu erweitern. Dieses kann dadurch geschehen, daß man die optischen Frequenzbereiche durch einzelne feste Frequenzen approximiert. Besonders bei stark unterschiedlichen Teilchenmassen ist dieses eine gute Näherung, da in diesem Fall die optischen Frequenzbereiche sehr schmal sind.

2.3   Anharmonische Effekte

Zur Berechnung der spezifischen Wärme eines Festkörpers benutzten wir eine Verteilungsfunktion, die angibt, wieviele Phononen mit einer bestimmten Energie bei einer vorgegebenen Kristalltemperatur im thermodynamischen Gleichgewicht vorhanden sind. Damit sich ein solcher Gleichgewichtszustand einstellen kann, muß eine Wechselwirkung zwischen den Phononen existieren. Diese wird bei einer Behandlung der Gitterschwingungen in der harmonischen Näherung nicht erfaßt. Die Eigenschwingungen des Systems, denen die Phononen zugeordnet werden, sind völlig entkoppelt. Erst wenn man die Abweichung von einem linearen Kraftgesetz zwischen den Gitteratomen berücksichtigt, erhält man eine Wechselwirkung zwischen den Phononen. Ohne diese Wechselwirkung würde eine in einem Kristall angeregte Gitterschwingung für alle Zeiten fortbestehen, oder, anders ausgedrückt, die freie Weglänge eines Phonons wäre unendlich groß.

Bei der Wechselwirkung zwischen Phononen interessieren vor allem die sog. *Dreiphononen-Prozesse*. Hierbei werden entweder zwei Phononen in ein einzelnes neues Phonon umgewandelt, oder ein einzelnes Phonon zerfällt in zwei Phononen. Es läßt sich zeigen, daß Dreiphononen-Prozesse durch den ersten anharmonischen Term im Kraftansatz für die Wechselwirkung zwischen den Gitteratomen beschrieben werden. Die Berücksichtigung noch höherer anharmonischer Terme führt dann zu Vierphononen-Prozessen usw. Allerdings ist die Wahrscheinlichkeit für Prozesse, an denen mehr als drei Phononen beteiligt sind, sehr gering, da der Betrag der anharmonischen Terme mit steigender Ordnung schnell abnimmt.

Für Dreiphononen-Prozesse gilt der Energieerhaltungssatz

$$\hbar\omega_1 + \hbar\omega_2 = \hbar\omega_3 \tag{2.55}$$

und der Erhaltungssatz

$$\vec{q}_1 + \vec{q}_2 = \vec{q}_3 + \vec{G} \tag{2.56}$$

für die Wellenzahlvektoren. Hierbei ist in Gl. (2.56) der Vektor $\vec{G}$ des reziproken Gitters stets so zu wählen, daß sämtliche vorkommenden $\vec{q}$-Werte in der ersten Brillouin-Zone liegen. Nach R. E. Peierls[1]) bezeichnet man einen Dreiphononen-Prozeß, bei dem $\vec{G}$ gleich Null ist, als einen *Normalprozeß* und einen solchen, bei dem $\vec{G}$ ungleich Null ist, als einen *Umklapp-Prozeß*. Gl. (2.56) läßt sich auch als ein Impulserhaltungssatz auffassen, da $\hbar\vec{q}$ der Quasiimpuls eines Phonons ist.

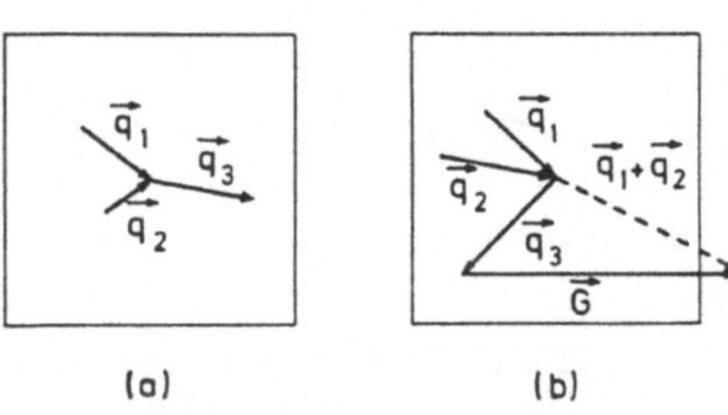

Fig. 2.10
Dreiphononen-Prozesse in einem zweidimensionalen quadratischen Gitter. Die Quadrate stellen die erste Brillouin-Zone dar. (a) Normal-Prozeß, (b) Umklapp-Prozeß

In Fig. 2.10 sind ein Normal-Prozeß und ein Umklapp-Prozeß in einem zweidimensionalen quadratischen Gitter dargestellt. Bei einem Normal-Prozeß liegt der Summenvektor $\vec{q}_3$ der beiden Wellenzahlvektoren $\vec{q}_1$ und $\vec{q}_2$ innerhalb der ersten Brillouin-Zone; der Quasiimpuls der Phononen bleibt also erhalten. Bei einem Umklapp-Prozeß reicht hingegen der Vektor $\vec{q}_1 + \vec{q}_2$ über die erste Brillouin-Zone hinaus. Erst durch die Wahl eines geeigneten Vektors $\vec{G}$ wird erreicht, daß $\vec{q}_3$ wiederum in der ersten Brillouin-Zone erscheint. Durch das Hinzufügen des Vektors $\vec{G}$ wird aber bewirkt, daß der Wellenzahlvektor $\vec{q}_3$ den Vektoren $\vec{q}_1$ und $\vec{q}_2$ mehr oder weniger entgegengesetzt gerichtet ist. Hierher rührt der Name für diesen Prozeß. Bei der Diskussion der Wärmeleitung in Isolatoren auf Seite 83 wird gezeigt, daß die Größe des Wärmewiderstandes wesentlich durch die Häufigkeit der Umklapp-Prozesse bestimmt wird.

Andere physikalische Eigenschaften eines Festkörpers, die auch nur durch eine Nichtlinearität der Gitterkräfte erklärt werden können, sind die thermische Ausdehnung und die Temperaturabhängigkeit der elastischen Konstanten. Bei der Behandlung der spezifischen Wärme eines Festkörpers reichte hingegen ein linearer Kraftansatz aus, um Ergebnisse zu finden, die relativ gut mit der Erfahrung übereinstimmen. Einzig die bei hohen Temperaturen zu beobachtende geringfügige Zunahme der spezifischen Wärme mit ansteigender Temperatur ist als ein anharmonischer Effekt aufzufassen.

Thermische Ausdehnung

In Fig. 2.11 ist das Wechselwirkungspotential zwischen zwei benachbarten Gitteratomen in Abhängigkeit von ihrem gegenseitigen Abstand aufgetragen. Der Gleichgewichtsabstand betrage r_0. Für das Potential machen wir nun den Ansatz

$$U(\rho) = a\rho^2 - b\rho^3, \tag{2.57}$$

wobei $\rho = r - r_0$ die Auslenkung aus der Gleichgewichtslage ist. Für b = 0 liefert der Potentialverlauf ein lineares Kraftgesetz für die Wechselwirkung zwischen den Gitter-

---

[1]) Rudolf Ernst Peierls, * 1907 Berlin

atomen. Dieses entspricht der harmonischen Näherung. Der Term $-b\rho^3$ bewirkt die Asymmetrie der Potentialkurve. Durch das negative Vorzeichen wird berücksichtigt, daß die Abstoßungskräfte bei der Annäherung zweier Gitterteilchen aus der Gleichgewichtslage stärker anwachsen als die Anziehungskräfte bei der Auseinanderbewegung der Teilchen.

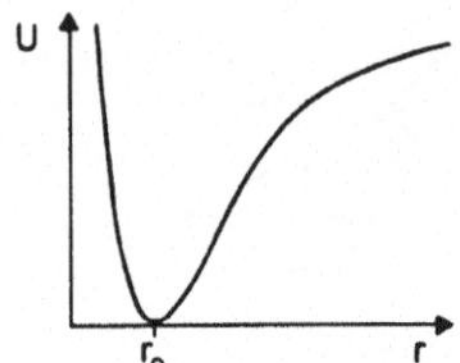

Fig. 2.11
Wechselwirkungspotential U zwischen zwei benachbarten Gitteratomen als Funktion ihres gegenseitigen Abstands

Bei einer klassischen Behandlung des Schwingungsproblems erhalten wir für die mittlere Auslenkung aus der Gleichgewichtslage

$$\bar{\rho} = \frac{\int\limits_{-\infty}^{+\infty} \rho \, e^{-U(\rho)/k_BT} d\rho}{\int\limits_{-\infty}^{+\infty} e^{-U(\rho)/k_BT} d\rho} \, . \tag{2.58}$$

Sind die Auslenkungen so gering, daß $b\rho^3$ klein gegen k_BT ist, so können wir die Integranden durch Reihenentwicklungen annähern, und wir bekommen

$$\int\limits_{-\infty}^{+\infty} \rho \, e^{-U(\rho)/k_BT} d\rho = \int\limits_{-\infty}^{+\infty} e^{-a\rho^2/k_BT}\left(\rho + \frac{b\rho^4}{k_BT}\right) d\rho$$

$$= \frac{b(k_BT)^{3/2}}{a^{5/2}} \int\limits_{-\infty}^{+\infty} e^{-x^2} x^4 dx = \frac{b(k_BT)^{3/2}}{a^{5/2}} \frac{3}{4}\sqrt{\pi}$$

und $\quad \int\limits_{-\infty}^{+\infty} e^{-U(\rho)/k_BT} d\rho = \int\limits_{-\infty}^{+\infty} e^{-a\rho^2/k_BT}\left(1 + \frac{b\rho^3}{k_BT}\right) d\rho$

$$= \frac{(k_BT)^{1/2}}{a^{1/2}} \int\limits_{-\infty}^{+\infty} e^{-x^2} dx = \frac{(k_BT)^{1/2}}{a^{1/2}}\sqrt{\pi}$$

oder $\quad \bar{\rho} = \dfrac{3bk_B}{4a^2} T.$ $\hfill (2.59)$

Für die relative Längenänderung des Kristalls erhalten wir dann

$$\frac{\bar{\rho}}{r_0} = \frac{3bk_B}{4a^2 r_0} T \tag{2.60}$$

und für den linearen Ausdehnungskoeffizienten

$$\alpha = \frac{d}{dT}\frac{\bar{\rho}}{r_0} = \frac{3bk_B}{4a^2 r_0}.$$

(2.61)

Für b = 0, also in der harmonischen Näherung verschwindet α. Die thermische Ausdehnung beruht also auf der Nichtlinearität der Gitterkräfte.

Wärmeleitung in Isolatoren

Es wurde bereits auf Seite 81 erwähnt, daß für die Wärmeleitung in Isolatoren die bei einer Phonenwechselwirkung auftretenden Umklapp-Prozesse von ausschlaggebender Bedeutung sind. Durch Normal-Prozesse wird der Wärmewiderstand eines Festkörpers nicht beeinflußt, da bei solchen Prozessen der Gesamtimpuls der Phononen erhalten bleibt, und infolgedessen der Wärmetransport durch den Kristall nicht gestört wird. Umklapp-Prozesse bewirken hingegen, daß die Ausbreitungsrichtung der Phononen ständig umgekehrt wird. Auf diese Weise kann sich zum Beispiel längs eines Stabes, dessen Enden auf unterschiedlichen Temperaturen gehalten werden, ein Phononen-Konzentrationsgefälle ausbilden. Erst in diesem Fall ist es überhaupt sinnvoll, von einem Temperaturgradienten längs des Stabes und von einem endlichen Wärmewiderstand zu sprechen.

Die Wärmestromdichte $\vec{j}$, d. h. die Wärmemenge, die je Zeiteinheit durch eine Flächeneinheit strömt, ist mit dem Gradienten der Temperatur T durch die Beziehung

$$\vec{j} = -\lambda \, \text{grad} \, T$$

(2.62)

verknüpft, wobei λ der Koeffizient der Wärmeleitfähigkeit ist. Für λ können wir den aus der kinetischen Gastheorie bekannten Ausdruck für die Wärmeleitfähigkeit von Gasen übernehmen. Es gilt

$$\lambda = \frac{1}{3}\rho c v_s \Lambda.$$

(2.63)

Hierbei ist in unserem Fall ρ die Dichte des Festkörpers, c seine spezifische Wärme, v_s die Schallgeschwindigkeit in dem betreffenden Festkörper und Λ die mittlere freie Weglänge der Phononen für Umklapp-Prozesse. Indem wir für alle Phononen eine einheitliche Geschwindigkeit v_s benutzen, vernachlässigen wir die Dispersion der Gitterschwingungen.

Bei Temperaturen unterhalb von etwa 10 K sind praktisch nur niederenergetische Phononen angeregt. Sie können keine Umklapp-Prozesse bewirken. Die Wärmeleitfähigkeit eines Isolators wird in diesem Fall durch eine Streuung der Phononen an Gitterfehlern und an der Oberfläche des betreffenden Körpers begrenzt. Die Temperaturabhängigkeit von λ wird für tiefe Temperaturen durch die Temperaturabhängigkeit von c bestimmt. Für tiefe Temperaturen ist c nach Gl. (2.54) proportional zu T^3. Die gleiche Temperaturabhängigkeit gilt nach Gl. (2.63) dann auch für die Größe λ, da die Dichte ρ und die Schallgeschwindigkeit v_s nur geringfügig von der Temperatur abhängen.

Damit Umklapp-Prozesse stattfinden können, muß, wie aus Fig. 2.10 ersichtlich ist, der Betrag des Wellenzahlvektors der wechselwirkenden Phononen mindestens gleich einem Viertel des Durchmessers der ersten Brillouin-Zone sein. In der Debyeschen Näherung entspricht dieses einer Phononenenergie von etwa $\kappa\Theta_D/2$, wenn Θ_D die Debye-Temperatur des betreffenden Kristalls ist. Nun ist die mittlere freie Weglänge Λ für die Wechselwirkung solcher Phononen umgekehrt proportional ihrer Konzentration. Hieraus folgt bei Beachtung von Gl. (2.17)

$$\Lambda \sim e^{\Theta_D/2T} - 1. \tag{2.64}$$

Für $T \ll \Theta_D$ ergibt sich aus Gl. (2.64)

$$\Lambda \sim e^{\Theta_D/2T}. \tag{2.65}$$

Ist hingegen $T \gg \Theta_D$, so erhält man

$$\Lambda \sim \frac{1}{T}. \tag{2.66}$$

Wenn Umklapp-Prozesse möglich sind, ist bei der Ermittlung der Temperaturabhängigkeit der Wärmeleitfähigkeit λ sowohl der Temperaturverlauf der spezifischen Wärme c (s. Fig. 2.9) als auch der der freien Weglänge Λ zu berücksichtigen. In Fig. 2.12 ist als typisches Beispiel der Temperaturverlauf von λ für synthetischen Korund (Al_2O_3) für den gesamten Temperaturbereich dargestellt.

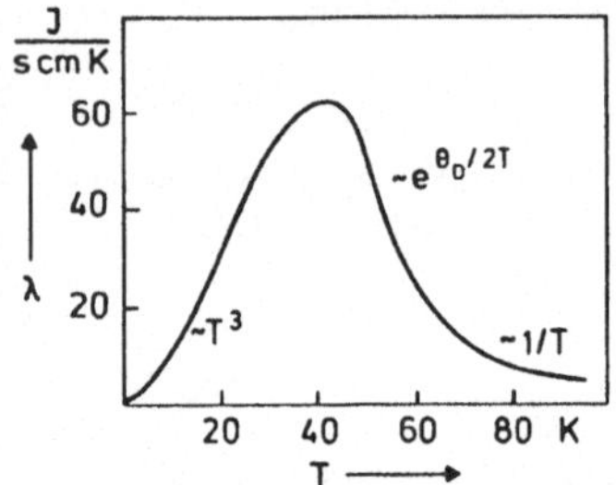

Fig. 2.12
Wärmeleitfähigkeit λ von synthetischem Korund in Abhängigkeit von der Kristalltemperatur

Der hier besprochene Wärmetransport durch Phononen existiert natürlich auch bei Metallen, nur kommt hier noch die Wärmeleitung durch Leitungselektronen hinzu. Sie ist bei reinen Metallen für alle Temperaturen größer als die Wärmeleitung durch Phononen und kann diese bei Zimmertemperatur sogar um zwei Zehnerpotenzen überragen. Das besagt nun aber nicht, daß die Wärmeleitfähigkeit von Isolatoren bei tiefen Temperaturen immer kleiner ist als die von Metallen. So ist zum Beispiel bei Temperaturen um 30 K die Wärmeleitfähigkeit von Korund größer als diejenige von Kupfer. Mit der Wärmeleitung durch Leitungselektronen beschäftigen wir uns in Abschn. 3.1.

2.4   Phononenspektroskopie

In diesem Abschnitt befassen wir uns mit experimentellen Methoden zur Bestimmung der Dispersionsrelation für Phononen. Aus dem funktionalen Zusammenhang zwischen der Frequenz ω und dem Wellenzahlvektor $\vec{q}$ von Gitterschwingungen lassen sich sehr genau Rückschlüsse auf die Wechselwirkungskräfte zwischen den Gitteratomen eines Kristalls ziehen. Bei dem einfachen auf Seite 65 dargestellten Problem können wir zum Beispiel aus der experimentell ermittelten Dispersionsrelation $\omega(q)$ die Kopplungskonstanten f_n in dem Kraftansatz in Gl. (2.1) berechnen. Um eine Beziehung zwischen f_n und $\omega(q)$ zu erhalten, multiplizieren wir die Dispersionsrelation aus Gl. (2.5) auf beiden Seiten mit cos qpa, wobei p eine ganze Zahl ist, und integrieren über q von $-\pi/a$ bis $+\pi/a$. Wir bekommen auf diese Weise

$$\int_{-\pi/a}^{+\pi/a} dq\, \omega^2(q) \cos qpa = \frac{2}{M} \sum_{n=1}^{\infty} f_n \int_{-\pi/a}^{+\pi/a} dq(1 - \cos qna) \cos qpa. \qquad (2.67)$$

Das Integral auf der rechten Seite von Gl. (2.67) ist nur dann von Null verschieden, wenn p = n ist. Es hat in diesem Fall den Wert $-\pi/a$. Hiermit ergibt sich für die Kopplungskonstanten

$$f_n = -\frac{Ma}{2\pi} \int_{-\pi/a}^{+\pi/a} dq\, \omega^2(q) \cos qna. \qquad (2.68)$$

Unelastische Neutronenstreuung

Zur experimentellen Bestimmung der Dispersionsrelation von Phononen wird besonders gerne die unelastische Streuung thermischer Neutronen am Kristallgitter benutzt. Bei einem solchen Streuprozeß wird entweder ein Phonon erzeugt oder vernichtet. Es läßt sich hier genau so wie bei dem auf Seite 80 besprochenen Dreiphononen-Prozeß ein Energieerhaltungsgesetz und ein Erhaltungssatz für die Wellenzahlvektoren aufstellen. Ist $\vec{k}_{0,\,\text{Neutron}}$ der Wellenzahlvektor des einfallenden Neutrons und $\vec{k}_{\text{Neutron}}$ der des gestreuten Neutrons, so lautet der Energieerhaltungssatz

$$\frac{(\hbar k_{0,\,\text{Neutron}})^2}{2M_{\text{Neutron}}} = \frac{(\hbar k_{\text{Neutron}})^2}{2M_{\text{Neutron}}} \pm \hbar\omega. \qquad (2.69)$$

$\hbar\omega$ ist hierbei die Energie des am Streuprozeß beteiligten Phonons. Das positive Vorzeichen bezieht sich auf eine Phononenerzeugung und das negative Vorzeichen auf eine Phononenvernichtung.

Für den Erhaltungssatz für die Wellenzahlvektoren erhält man in diesem Fall

$$\vec{k}_{0,\,\text{Neutron}} + \vec{G} = \vec{k}_{\text{Neutron}} \pm \vec{q}, \qquad (2.70)$$

wenn $\vec{q}$ der Wellenzahlvektor des Phonons und $\vec{G}$ ein Vektor des reziproken Gitters ist. Mit $\vec{q} = 0$ und $\hbar\omega = 0$ gehen Gl. (2.69) und Gl. (2.70) in die entsprechenden Beziehungen für eine elastische Streuung über (s. Gl. (1.19) auf Seite 25).

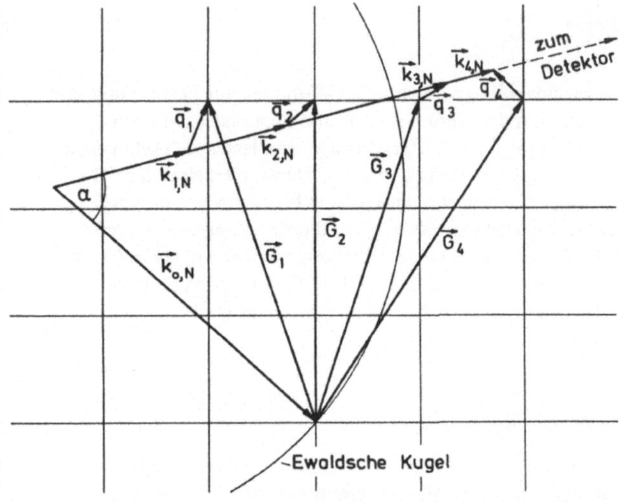

Fig. 2.13 Darstellung der unelastischen Neutronenstreuung im Raum eines zweidimensionalen reziproken Gitters nach Gl. (2.70). $\vec{k}_{0,N}$ ist der Wellenzahlvektor eines einfallenden Neutrons.
$\vec{k}_{1,N}$, $\vec{k}_{2,N}$, $\vec{k}_{3,N}$ und $\vec{k}_{4,N}$ sind die Wellenzahlvektoren unelastisch gestreuter Neutronen.
$\vec{q}_1$ und $\vec{q}_2$ sind die Wellenzahlvektoren von zwei bei den Streuprozessen erzeugten und
$\vec{q}_3$ und $\vec{q}_4$ von zwei bei den Streuprozessen vernichteten Phononen. $\vec{G}_1$, $\vec{G}_2$, $\vec{G}_3$ und $\vec{G}_4$
sind Vektoren des reziproken Gitters

In Fig. 2.13 ist der Zusammenhang zwischen den Vektoren aus Gl. (2.70) im Raum des
reziproken Gitters dargestellt. Von einem beliebigen Gitterpunkt aus ist der Wellenzahlvektor $-\vec{k}_{0,\text{Neutron}}$ der auf den Kristall auftreffenden monoenergetischen Neutronen
abgetragen. Der Endpunkt dieses Vektors ist der Mittelpunkt der Ewaldschen Kugel
(s. Fig. 1.18 auf Seite 25). Aber während bei einer elastischen Streuung der Wellenzahlvektor der gestreuten Teilchen auf der Ewaldschen Kugel liegt, ist dieses bei einer unelastischen Streuung nicht der Fall. Er befindet sich innerhalb der Kugel bei einer Phononenerzeugung und außerhalb der Kugel bei einer Phononenvernichtung. In Fig. 2.13 sind die
bei einem vorgegebenen Streuwinkel α im Experiment zu beobachtenden Wellenzahlvek-
toren $\vec{k}_{1,\text{Neutron}}$, $\vec{k}_{2,\text{Neutron}}$ usw. der gestreuten Neutronen aufgetragen. Die Verbindungslinien von den Enden dieser Vektoren zu den nächstbenachbarten Gitterpunkten
des reziproken Gitters liefern die Wellenzahlvektoren $\vec{q}_1$, $\vec{q}_2$, $\vec{q}_3$ usw. der bei den Streuprozessen erzeugten oder vernichteten Phononen. Die den Wellenzahlvektoren der Pho-
nonen zuzuordnenden Kreisfrequenzen ω erhält man dann aus Gl. (2.69).

Thermische Neutronen sind für derartige Experimente deshalb besonders gut geeignet,
weil ihre Impuls- und Energiewerte in der gleichen Größenordnung wie diejenigen der
Phononen liegen, und somit bei der Erzeugung bzw. Vernichtung eines Phonons in
einem unelastischen Streuprozeß eine für eine Messung ausreichend große Abänderung
des Neutronenimpulses und der Neutronenenergie erfolgt. Wir haben auf Seite 34
gesehen, daß die de-Broglie-Wellenlänge thermischer Neutronen die Größenordnung der

Gitterkonstanten a eines Kristalls hat. Ihre Wellenzahl liegt also bei $2\pi/a$. Dieses ist aber gerade die Ausdehnung der ersten Brillouinzone, die die möglichen Wellenzahlvektoren der Phononen enthält. Die Energie von Neutronen, die der wahrscheinlichsten Geschwindigkeit bei 20 °C entspricht, beträgt 0,025 eV. Die Energie von Phononen, die zu einer maximalen Phononenfrequenz von 10^{14} Hz gehört, ist ungefähr 0,07 eV.

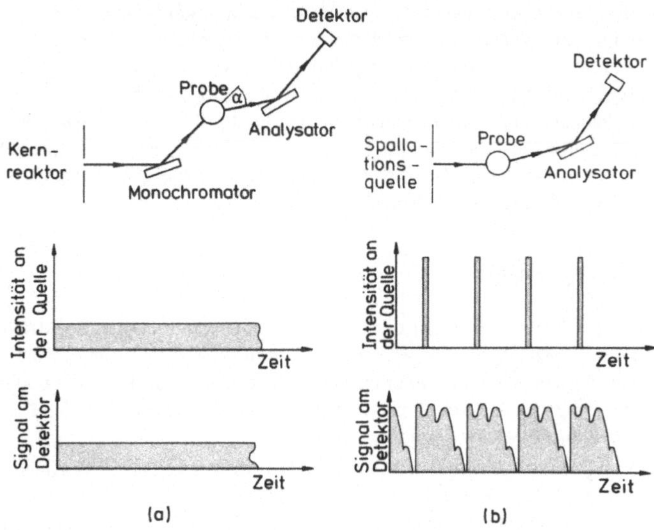

Fig. 2.14 Schematische Darstellung von Anordnungen zur Untersuchung der Neutronenstreuung an Einkristallen für Neutronen aus einem Kernreaktor (a) und einer Spallationsquelle (b)

Die Durchführung eines Streuexperiments erfolgt gewöhnlich in der Weise, daß man sich aus den von einem Kernreaktor gelieferten thermischen Neutronen durch Braggsche Reflexion an einem Einkristall einen monochromatischen Neutronenstrahl mit dem Wellenzahlvektor $\vec{k}_{0,\text{Neutron}}$ verschafft, und diesen auf die zu untersuchende einkristalline Probe richtet. Die an der Probe unter dem Winkel α gestreuten Neutronen mit dem Wellenzahlvektor $\vec{k}_{\text{Neutron}}$ werden mit Hilfe der Braggschen Reflexion an einem zweiten Einkristall analysiert. Mit dieser Methode, die in Fig. 2.14a schematisch dargestellt ist, kann jeweils nur ein kleiner Bruchteil des Spektrums der einfallenden Neutronen für das Streuexperiment herangezogen werden. Wesentlich günstiger ist es, mit einer gepulsten Neutronenquelle zu arbeiten, da hier bei gleichzeitiger Anwendung der Flugzeit-Technik fast das gesamte Neutronenspektrum bei einer einzelnen Messung ausgenutzt werden kann (s. Fig. 2.14b). Die Energie der einfallenden Neutronen berechnet sich in diesem Fall aus ihrer Flugzeit im Spektrometer und ihrer mit Hilfe des Analysatorkristalls ermittelten Energie nach der Streuung in der Probe. In den letzten Jahren sind leistungsfähige Spallationsquellen gebaut worden, die in Zeitintervallen von mehreren Millisekunden während einer Zeitspanne in der Größenordnung von einer Mikrosekunde thermische Neutronen liefern. Die Neutronen werden in diesen Quellen freigesetzt, indem ein Target aus schweren Atomen mit Protonen einer Energie bis zu etwa 800 MeV beschossen wird.

Erhaltungssätze, wie die auf Seite 85 angeführten, gelten natürlich auch für die unelastische Streuung von Röntgenquanten und Elektronen am Kristallgitter. Für die Aufnahme von Phononenspektren sind derartige Streuprozesse allerdings nicht gut geeignet. Zwar liegt zum Beispiel die Wellenlänge von Röntgenstrahlen in der Größenordnung der Gitterkonstanten und ihre Wellenzahl folglich bei der der Gitterschwingungen, aber da in einem Festkörper die Lichtgeschwindigkeit ungefähr 10^5mal so groß wie die Schallgeschwindigkeit ist, unterscheiden sich die Kreisfrequenzen von Röntgenstrahlen und Gitterschwingungen bei gleicher Wellenzahl auch etwa um den Faktor 10^5. Die relative Frequenzänderung von Röntgenstrahlen bei einer Streuung am Kristallgitter ist deshalb nur sehr gering. Entsprechendes gilt auch für Elektronen, die bei einer de-Broglie-Wellenlänge von 0,1 nm nach Gl. (1.48) auf Seite 33 eine Energie von 150 eV haben.

Raman-Streuung

Die unelastische Streuung von Licht des sichtbaren und ultravioletten Spektralbereichs an Kristallgittern bezeichnet man als *Raman*[1]*-Streuung*. Häufig spricht man allerdings nur dann von Raman-Streuung, wenn durch den Streuprozeß optische Phononen erzeugt oder vernichtet werden, während man die entsprechende Wechselwirkung mit akustischen Phononen *Brillouin-Streuung* nennt.

Die Kreisfrequenz des Lichts des sichtbaren und ultravioletten Spektralbereichs liegt zwischen 10^{15} und 10^{16} Hz. Dieses bedeutet, daß selbst bei einer Erzeugung oder Vernichtung von optischen Phononen, die eine verhältnismäßig hohe Kreisfrequenz von 10^{14} Hz haben, lediglich eine relative Frequenzverschiebung von 1 bis 10% erfolgt. Um den gleichen Prozentsatz ändert sich auch der Wellenzahlvektor des gestreuten Lichts, dessen Länge für den sichtbaren Spektralbereich nur etwa 1/1000 der Ausdehnung der ersten Brillouinzone beträgt. Folglich liegt sowohl der Wellenzahlvektor $\vec{k}_{0,\,\text{Photon}}$ des einfallenden Lichtstrahls als auch der Wellenzahlvektor $\vec{k}_{\text{Photon}}$ des gestreuten Lichts in der ersten Brillouinzone, und im Erhaltungssatz für die Wellenzahlvektoren kommt ein Vektor $\vec{G}$ des reziproken Gitters nicht vor. Für die unelastische Streuung von Licht des sichtbaren und ultravioletten Spektralbereichs gelten demnach die beiden Erhaltungssätze

$$\omega_{0,\,\text{Photon}} = \omega_{\text{Photon}} \pm \omega \tag{2.71}$$

und
$$\vec{k}_{0,\,\text{Photon}} = \vec{k}_{\text{Photon}} \pm \vec{q}. \tag{2.72}$$

Hierbei sind ω und $\vec{q}$ die Kreisfrequenz und der Wellenzahlvektor des erzeugten bzw. vernichteten Phonons.

---

[1]) Chandrasekhara Raman, * 1888 Trichinopoli (Indien), † 1970 Bangalore, Nobelpreis 1930

Nach Gl. (2.72) ist jede Lichtstreuung, bei der der Streuwinkel von Null verschieden ist, mit der Erzeugung oder Vernichtung eines Phonons verknüpft und bewirkt somit nach Gl. (2.71) eine Abänderung der Lichtfrequenz. Das beim Streuprozeß abgelenkte Licht sollte hiernach nur die Frequenzen $\omega_{0,\,Photon} - \omega$ und $\omega_{0,\,Photon} + \omega$ nicht aber die Frequenz $\omega_{0,\,Photon}$ aufweisen. In Wirklichkeit beobachtet man im abgelenkten Strahl aber auch Licht mit der Frequenz $\omega_{0,\,Photon}$. Diese Strahlung rührt von der elastischen Lichtstreuung an Fehlordnungen im Kristall her. Man bezeichnet sie als *Rayleigh*[1]*-Streuung*. Ein typisches Streuspektrum ist in Fig. 2.15 wiedergegeben. Die Spektrallinie mit der Frequenz $\omega_{0,\,Photon} - \omega$ bezeichnet man gewöhnlich als *Stokes*[2]*-Linie*, die mit der Frequenz $\omega_{0,\,Photon} + \omega$ als *Anti-Stokes-Linie*. Das Intensitätsverhältnis dieser beiden Linien hängt stark von der Kristalltemperatur ab; denn damit eine Anti-Stokes-Linie beobachtet werden kann, müssen bereits Gitterschwingungen im Kristall angeregt sein. Die Intensität einer Anti-Stokes-Linie nimmt also bei einer Erniedrigung der Kristalltemperatur ab.

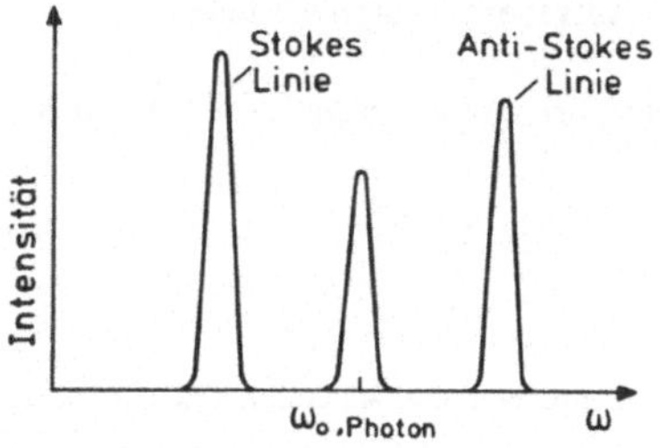

Fig. 2.15
Typisches Spektrum bei der Lichtstreuung an
einem Einkristall (Raman-Streuung)

In Fig. 2.16 ist der Zusammenhang zwischen den Wellenzahlvektoren aus Gl. (2.72) in einem Vektordiagramm dargestellt und zwar sowohl für eine Phononenanregung als auch für eine Phononenvernichtung. Ist α der Winkel, um den das einfallende Licht gestreut wird, so gilt

$$q^2 = k_{0,\,Photon}^2 + k_{Photon}^2 - 2k_{0,\,Photon}k_{Photon}\cos\alpha \qquad (2.73)$$

Die Wellenzahlen $k_{0,\,Photon}$ und k_{Photon} stehen hierbei über die Beziehungen

$$\omega_{0,\,Photon} = \frac{c}{n_0}k_{0,\,Photon} \quad \text{und} \quad \omega_{Photon} = \frac{c}{n}k_{Photon} \qquad (2.74)$$

Fig. 2.16
Vektordiagramm zur Phononenanregung und Phononenvernichtung bei
der Raman-Streuung. $\vec{k}_{S,\,Ph}$ ist der
Wellenzahlvektor einer Stokes-Linie
und $\vec{k}_{AS,\,Ph}$ derjenige einer Anti-
Stokes-Linie

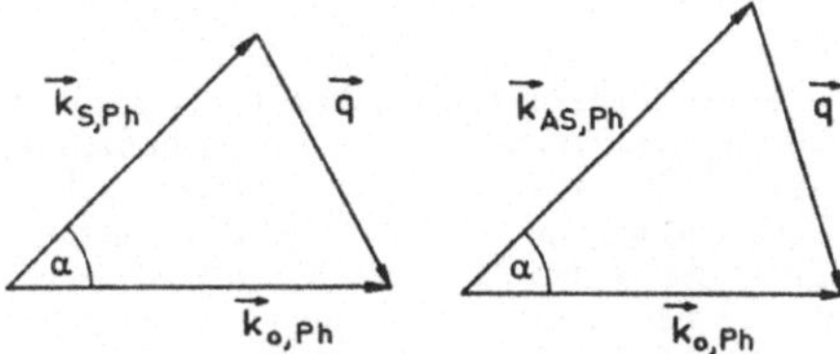

---

[1] John William Rayleigh, * 1842 Langford (Essex), † 1919 Terling Place (Essex), Nobelpreis 1904
[2] George Gabriel Stokes, * 1819 Skreen (Irland), † 1903 London

mit den Lichtfrequenzen $\omega_{0,\,\text{Photon}}$ und ω_{Photon} aus Gl. (2.71) in Verbindung, wobei n_0 und n die Brechungsindizes des Lichts für die Frequenzen $\omega_{0,\,\text{Photon}}$ und ω_{Photon} sind, und c die Lichtgeschwindigkeit im Vakuum ist. Gl. (2.71) liefert dann die Kreisfrequenz ω, die zu der Wellenzahl q aus Gl. (2.73) gehört. Der Wert von ω hängt natürlich auch vom Phononenzweig und der Richtung des Vektors $\vec{q}$ im Kristall ab.

Mit $\vec{k}_{0,\,\text{Photon}}$ und $\vec{k}_{\text{Photon}}$ ist auch $\vec{q}$ sehr viel kleiner als die Ausdehnung der ersten Brillouinzone. Es läßt sich deshalb mit Hilfe der Raman- und der Brillouin-Streuung die Dispersionsrelation der Phononen nur für $\vec{q}$-Werte aus dem Zentrum der ersten Brillouin-Zone bestimmen. Für die Anregung bzw. Absorption von akustischen Phononen hat dann auch ω sehr kleine Werte, so daß bei der Messung der Frequenzverschiebung extrem monochromatisches Licht benutzt werden muß. Es werden hier heute mit großem Erfolg Hochleistungslaser eingesetzt.

Aufgaben zu Kapitel 1 und 2

1.1. Zeigen Sie, daß den primitiven Translationen eines hexagonal primitiven Gitters die Matrix

$$A = \begin{pmatrix} a & -a/2 & 0 \\ 0 & \sqrt{3}\,a/2 & 0 \\ 0 & 0 & c \end{pmatrix}$$

und den primitiven Translationen des zugehörigen reziproken Gitters die Matrix

$$B = 2\pi \begin{pmatrix} 1/a & 0 & 0 \\ 1/\sqrt{3}\,a & 2/\sqrt{3}\,a & 0 \\ 0 & 0 & 1/c \end{pmatrix}$$

zuzuordnen ist.

1.2. Weisen Sie mit Hilfe von Gl. (1.20) nach, daß bei einem kubisch primitiven Kristallgitter mit der Gitterkonstanten a der Abstand $d_{hk\ell}$ zweier Netzebenen $a/\sqrt{h^2 + k^2 + \ell^2}$ beträgt.

1.3. Ein kubisch flächenzentriertes Gitter mit einatomiger Basis läßt sich auf ein kubisch primitives Gitter zurückführen, indem man seine Basis auf vier Atome erweitert. Zeigen Sie anhand von Gl. (1.35), daß für n = 1 keine Braggsche Reflexion an solchen Netzebenen des Kristalls erfolgt, deren Millersche Indizes teilweise gerade und teilweise ungerade sind.

2.1. Wie auf Seite 65 gezeigt wurde, führt Gl. (2.2), die als eine Bewegungsgleichung für Gitteratome aufgefaßt werden kann, auf fortschreitende Wellen im Kristallgitter. Falls die Wellenlänge λ einer solchen Welle viel größer als die Gitterkonstante a ist, geht Gl. (2.2) in die Wellengleichung $\partial^2 u/\partial x^2 = (1/v^2)\,\partial^2 u/\partial t^2$ für ein elastischen Kontinuum über. Beweisen Sie dieses für den Fall, daß für ein einzelnes Gitteratom lediglich eine Wechselwirkung mit Atomen unmittelbar benachbarter Netzebenen berücksichtigt zu werden braucht. Beachten Sie dabei, daß für $\lambda \gg a$ der Differenzenquotient $[u(x + a) - u(x)]/a$ durch den Differentialquotient $\partial u(x)/\partial x$ ersetzt werden kann.

3 Elektronen im Festkörper

Verschiedene wichtige Eigenschaften eines Metalls werden durch das Verhalten seiner quasifreien Elektronen bestimmt. Diese Elektronen treten in einem Kristall sowohl mit den Atomrümpfen als auch miteinander in Wechselwirkung. Bei der Untersuchung der Elektronenbewegung geht man im allgemeinen zunächst von einem starren Kristallgitter aus, das der Gleichgewichtskonfiguration der Atomrümpfe entspricht. Die positiv geladenen Atomrümpfe liefern in diesem Fall ein streng periodisches Potential. Die Wechselwirkung der quasifreien Elektronen untereinander berücksichtigt man in einer ersten Näherung durch ein gemitteltes Potential. Es beeinflußt die Periodizität des Potentialfeldes der Atomrümpfe nicht. Bei einer solchen Betrachtungsweise bewegt sich jedes quasifreie Elektron in dem gleichen Potentialfeld, und das eigentlich vorhandene Viel-Elektronen-Problem wird auf ein Ein-Elektron-Problem reduziert. In dieser sog. *Einelektron-Näherung* sucht man also nach Lösungen der Schrödinger-Gleichung für ein einzelnes Elektron in einem gitterperiodischen Potentialfeld und ermittelt seine Energieniveaus. Mit Hilfe der Statistik erhält man dann die Verteilung der Elektronengesamtheit auf die verschiedenen Energieniveaus.

Betrachtet man in grober Näherung das Potential innerhalb des Kristalls als konstant, so gelangt man zum Modell des freien Elektronengases. In Abschn. 3.1 wird dieses Modell dazu benutzt, den Beitrag der quasifreien oder Leitungs-Elektronen zur spezifischen Wärme und zur Wärmeleitfähigkeit eines Metalls zu ermitteln. Außerdem wird an Hand dieses Modells die Glühemission von Elektronen aus Metallen und die metallische Bindung untersucht. Es kann dabei natürlich nicht die Frage geklärt werden, weshalb in gewissen Festkörpern Leitungselektronen vorhanden sind und in anderen nicht. Eine Antwort auf diese Frage erfolgt in Abschn. 3.2. Ein räumlich periodischer Ansatz für das Potentialfeld im Kristall führt hier zur sog. *Bändertheorie* der Festkörper. Diese bildet eine wesentliche Grundlage der gesamten Festkörperphysik. Ihre Anwendbarkeit ist nicht auf quasifreie Elektronen beschränkt, sondern sie gilt genau so gut für quasigebundene Elektronen. In Abschn. 3.3 wird der Einfluß äußerer Kraftfelder auf die Kristallelektronen untersucht. Hier erweist sich der Begriff der effektiven Masse eines Elektrons und der des Defektelektrons oder Lochs als sehr nützlich. Bei der Behandlung der elektrischen Leitfähigkeit eines Metalls muß neben der beschleunigenden Wirkung eines äußeren elektrischen Feldes auf die Leitungselektronen die Kopplung der Elektronenbewegung mit den Gitterschwingungen berücksichtigt werden. Diese Kopplung führt zu der als Elektron-Phonon-Streuung bekannten Wechselwirkung. Sie wird hier in einer linearisierten Boltzmann-Gleichung in der sog. Relaxationszeitnäherung erfaßt. Schließlich wird in diesem Abschnitt noch die elektrische Leitung in gekreuzten elektrischen und magnetischen Feldern behandelt und die als Hall-Effekt bekannte Erscheinung diskutiert. In Abschn. 3.4 wird für Halbleiter die Ladungsträgerkonzentration und die Lage des Fermi-Niveaus bei Eigenleitung und Störstellenleitung untersucht. Außerdem wird hier der Ladungstransport durch die Grenzschicht zwischen einem p- und n-Halbleiter besprochen. In Abschn. 3.5 wird gezeigt, wie der Hall-Effekt und die Erscheinung der Zyklotron-Resonanz dazu benutzt werden können, die charakteristischen Eigenschaften eines Halbleiters experimentell zu ermitteln. In Abschn. 3.6 schließlich wird der Quanten-Hall-Effekt behandelt.

3.1   Modell des freien Elektronengases

Nach dem Sommerfeld[1])-Modell des freien Elektronengases befinden sich die Leitungselektronen eines Metalls in einem Potentialtopf, in welchem sie sich wie die in einem Behälter eingeschlossenen Gasatome völlig frei bewegen und aus dem sie bei Zimmertemperatur nicht entweichen können. Als Teilchen mit halbzahligem Spin gehorchen sie der Fermi[2])-Statistik. Hierbei stellt sich zunächst die Frage, ob zur Beschreibung des Verhaltens der Leitungselektronen die Fermische Verteilungsfunktion in Strenge benutzt werden muß oder ob die Boltzmannsche Verteilungsfunktion als Näherung herangezogen werden darf. Wie in Anhang B gezeigt wird, hängt dieses vom Verhältnis der Temperatur des Elektronengases zu seiner Fermi-Temperatur T_F ab. T_F ist definiert durch die Beziehung

$$k_B T_F = E_F(0), \tag{3.1}$$

wobei k_B die Boltzmann-Konstante und $E_F(0)$ die Fermi-Energie des Elektronengases am absoluten Nullpunkt der Temperatur ist. Für $E_F(0)$ gilt (s. Gl. (B.27))

$$E_F(0) = \frac{\hbar^2}{2m} \left(\frac{3\pi^2 N_e}{V} \right)^{2/3}. \tag{3.2}$$

Tab. 3.1

	Wertig-keit	Elektronenzahl-dichte [cm^{-3}]	Fermi-Energie [eV]	Fermi-Temperatur [K]
Li	1	$4{,}70 \cdot 10^{22}$	4,72	54800
Rb	1	$1{,}15 \cdot 10^{22}$	1,85	21500
Cu	1	$8{,}45 \cdot 10^{22}$	7,00	81200
Au	1	$5{,}90 \cdot 10^{22}$	5,51	63900
Be	2	$24{,}20 \cdot 10^{22}$	14,14	164100
Zn	2	$13{,}10 \cdot 10^{22}$	9,39	109000
Al	3	$18{,}06 \cdot 10^{22}$	11,63	134900
Pb	4	$13{,}20 \cdot 10^{22}$	9,37	108700

[1]) Arnold Sommerfeld, * 1868 Königsberg, † 1951 München
[2]) Enrico Fermi, * 1901 Rom, † 1954 Chicago, Nobelpreis 1938

Hierbei ist $\hbar$ das Plancksche Wirkungsquantum geteilt durch 2π, m die Masse des Elektrons, N_e die Anzahl der Leitungselektronen im Kristall und V das Kristallvolumen. Bei einwertigen Metallen ist N_e gleich der Anzahl der Gitteratome im Kristall. Tab. 3.1 gibt für freie Elektronen in verschiedenen Metallen die Elektronenzahldichte N_e/V, die Fermi-Energie $E_F(0)$ und die Fermi-Temperatur T_F an.

Wie Tab. 3.1 zeigt, wird die Temperatur T des Elektronengases in einem Metall immer kleiner als die Fermi-Temperatur T_F sein. Es muß also zur statistischen Behandlung des Elektronengases stets die Fermische Verteilungsfunktion benutzt werden. Weil T viel kleiner als T_F ist, liegt hier sogar der Fermische Grenzfall vor. Dieses bedeutet unter anderem, daß die Fermi-Energie $E_F(T)$ für eine Kristalltemperatur T nicht wesentlich von der nach Gl. (3.2) berechneten Fermi-Energie $E_F(0)$ abweicht. Wir brauchen deshalb in diesem Fall zwischen $E_F(T)$ und $E_F(0)$ nicht zu unterscheiden und werden die Fermi-Energie im folgenden abgekürzt durch E_F kennzeichnen.

Wir benutzen das Modell des freien Elektronengases zunächst dazu, den Beitrag der Leitungselektronen zur spezifischen Wärme eines Metalls zu berechnen. Der Beitrag der Gitterschwingungen zu dieser Größe wurde bereits in Abschn. 2.2 behandelt.

Spezifische Wärme von Metallen

Für die innere Energie des Elektronengases in einem Festkörper gilt

$$U = \int_0^\infty E\, f_0(E, T) Z(E)\, dE. \tag{3.3}$$

Hierbei gibt die Fermi-Funktion

$$f_0(E, T) = \frac{1}{e^{(E - E_F)/k_B T} + 1} \tag{3.4}$$

die Besetzungswahrscheinlichkeit eines Zustandes mit der Elektronenenergie E an (s. Gl. (B.25)). Die Funktion

$$Z(E) = \frac{V}{2\pi^2} \left(\frac{2m}{\hbar^2}\right)^{3/2} \sqrt{E} \tag{3.5}$$

ist die Zustandsdichte freier Elektronen (s. Gl. (B.21)).
Wir formen Gl. (3.3) folgendermaßen um

$$U = \int_0^\infty E\, f_0(E, T) Z(E)\, dE$$

$$= \int_0^\infty (E - E_F) f_0(E, T) Z(E)\, dE + E_F \int_0^\infty f_0(E, T) Z(E)\, dE$$

$$= \int_0^\infty (E - E_F) f_0(E, T) Z(E)\, dE + N_e E_F.$$

N_e ist hierbei die Gesamtzahl der Leitungselektronen. Für den Beitrag des Elektronengases zur spezifischen Wärme eines Metalls ergibt sich dann

$$c = \frac{1}{M}\frac{dU}{dT}$$

$$= \frac{1}{M}\int_0^\infty (E - E_F)Z(E)\frac{d}{dT}(f_0(E, T))dE. \tag{3.6}$$

M ist die Masse des Festkörpers.

Für den Fermischen Grenzfall ist die Ableitung der Fermi-Funktion $f_0(E, T)$ nach der Temperatur nur für Werte von E in der Nähe von E_F merklich von Null verschieden. Wir dürfen deshalb in Gl. (3.6) in guter Näherung die Zustandsdichte $Z(E)$ durch ihren konstanten Wert für $E = E_F$ ersetzen. Aus dem gleichen Grunde dürfen wir auch die untere Integrationsgrenze bis nach $-\infty$ verrücken, ohne den Wert des Integrals zu verändern. Dieses vereinfacht die spätere Integration. Nach Ausführung der Differentiation erhalten wir jetzt aus Gl. (3.6)

$$c = \frac{1}{M}Z(E_F)\int_{-\infty}^{+\infty}\frac{(E - E_F)^2}{k_B T^2}\frac{e^{(E - E_F)/k_B T}}{(e^{(E - E_F)/k_B T} + 1)^2}dE. \tag{3.7}$$

Setzen wir $(E - E_F)/k_B T = x$, so folgt aus Gl. (3.7)

$$c = \frac{1}{M}Z(E_F)k_B^2 T\int_{-\infty}^{+\infty} x^2\frac{e^x}{(e^x + 1)^2}dx.$$

Das bestimmte Integral hat den Wert $\pi^2/3$, und wir bekommen

$$c = \frac{1}{M}\frac{\pi^2}{3}Z(E_F)k_B^2 T. \tag{3.8}$$

Benutzen wir in Gl. (3.8) für die Zustandsdichte den Ausdruck in Gl. (3.5) mit $E = E_F$ und berücksichtigen Gl. (3.2) und Gl. (3.1), so erhalten wir

$$c = \frac{1}{M}\frac{\pi^2}{2}N_e k_B\frac{T}{T_F}. \tag{3.9}$$

Für den Beitrag der Leitungselektronen zur Molwärme eines Metalls ergibt sich hieraus (vgl. Seite 78)

$$C = \frac{\pi^2}{2}\frac{N_e}{N}R\frac{T}{T_F}. \tag{3.10}$$

R ist hierbei die Gaskonstante und N die Gesamtzahl der Gitteratome.

Der Beitrag der Gitterschwingungen zur Molwärme eines Metalls beträgt nach Gl. (2.52) für Temperaturen oberhalb der Debye-Temperatur 3R. In diesem Temperaturbereich ist der Beitrag der Leitungselektronen zur Molwärme viel kleiner als der der Phononen; denn für Temperaturen oberhalb der Debye-Temperatur liegt der Faktor T/T_F in Gl. (3.10) in

der Größenordnung 0,01. Dieses Ergebnis wird verständlich, wenn man beachtet, daß
nur solche Elektronen, deren Energie in der Nähe der Fermi-Energie in einem Energiebereich von der Größenordnung $4k_B T$ liegt, thermisch angeregt werden können (s. Fig.
B.2). Die Anzahl dieser Elektronen ist aber verglichen mit der Gesamtzahl der Leitungselektronen relativ klein. Bei sehr tiefen Temperaturen hingegen, wo für den Beitrag der
Phononen zur Molwärme das Debyesche T^3-Gesetz gilt, ist der Beitrag der Leitungselektronen mit dem der Phononen vergleichbar und läßt sich deshalb experimentell bestimmen. Bei tiefen Temperaturen beträgt die Molwärme eines Metalls nach Gl. (2.54) und
Gl. (3.10) insgesamt

$$C_{ges.} = \frac{\pi^2}{2} \frac{N_e}{N} R \frac{T}{T_F} + \frac{12\pi^4}{5} R \left(\frac{T}{\Theta_D}\right)^3 = \gamma T + BT^3.$$

Hieraus folgt

$$\frac{C_{ges.}}{T} = \gamma + BT^2.$$

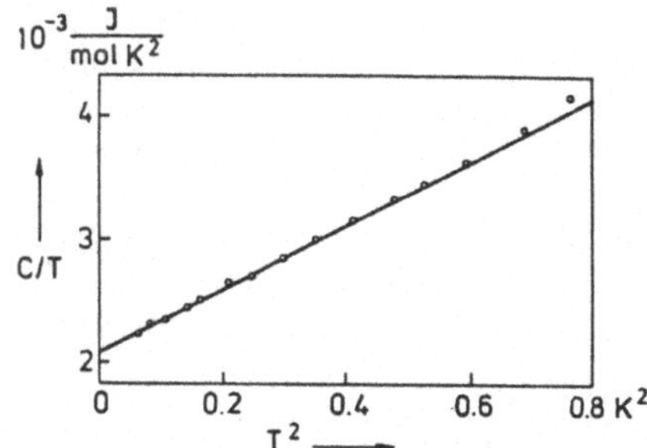

Fig. 3.1
Experimentell ermittelte Werte für die Molwärme C von Kalium für tiefe Kristalltemperaturen T. Aufgetragen ist die Größe C/T
in Abhängigkeit von T^2 (nach Lien, W. H.;
Phillips, N. E.: Phys. Rev. 133A, (1964)
1370)

Trägt man die experimentell ermittelten Werte von $C_{ges.}/T$ in Abhängigkeit von T^2 auf
(s. Fig. 3.1), so liegen zwar in Übereinstimmung mit der Theorie die Meßpunkte auf
einer Geraden, aber die Ordinatenabschnitte γ weichen mehr oder weniger stark von den
theoretischen Werten $\pi^2 N_e R/(2N\,T_F)$ ab. Die Abweichungen sind darauf zurückzuführen,
daß die Leitungselektronen in Wirklichkeit doch nicht als völlig frei angesehen werden
dürfen, und dementsprechend der Wert der Zustandsdichte für $E = E_F$, der in Gl. (3.8)
eingeht, nicht den für freie Elektronen berechneten Wert hat. Man kann formal eine
Übereinstimmung zwischen Theorie und Experiment erreichen, wenn man in Gl. (3.10)
in den Ausdruck für die Fermi-Temperatur

$$T_F = \frac{E_F(0)}{k_B} = \frac{\hbar^2}{2mk_B} \left(\frac{3\pi^2 N_e}{V}\right)^{3/2}$$

die Masse m des Elektrons durch seine sog. *effektive thermische Masse* m_{th} ersetzt. m_{th}
hat z. B. bei Kalium den Wert 1,25 m und bei Gold den Wert 0,72 m.

Wärmeleitung in Metallen

Es wurde bereits auf Seite 84 erwähnt, daß der Wärmetransport in Metallen sowohl
durch Phononen als auch durch Leitungselektronen erfolgt, und daß bei reinen Metallen
die Wärmeleitung durch das Elektronengas stets größer als die Wärmeleitung durch Pho-

nonen ist. Genau so wie bei der Behandlung des Wärmetransports durch Phononen auf Seite 83 können wir bei der Untersuchung des Wärmetransports durch das Elektronengas für den Koeffizienten λ der Wärmeleitfähigkeit den aus der kinetischen Gastheorie bekannten Ausdruck

$$\lambda = \frac{1}{3}\,\rho\,c\,v_F\Lambda \tag{3.11}$$

benutzen. Hierbei ist ρ die Dichte des Metalls und c der Beitrag des Elektronengases zu seiner spezifischen Wärme. Da nur Elektronen an der Fermigrenze zum Wärmetransport beitragen können, ist auch nur deren Geschwindigkeit v_F in Gl. (3.11) berücksichtigt. Λ ist dementsprechend die mittlere freie Weglänge der Elektronen mit der Geschwindigkeit v_F.

Setzen wir in Gl. (3.11) $\rho = M/V$, wobei M die Masse und V das Volumen des betreffenden Metalls ist, und verwenden wir für c den Ausdruck aus Gl. (3.9), so ergibt sich

$$\lambda = \frac{1}{6}\,\pi^2\,\frac{N_e}{V}\,k_B\,\frac{T}{T_F}\,v_F\Lambda.$$

Führen wir für die Elektronenzahldichte N_e/V die Größe n ein, benutzen wir für die Fermitemperatur T_F die Gl. (3.1) und ersetzen in dieser Gleichung $E_F(0)$ durch $mv_F^2/2$, wobei m die Masse eines Elektrons ist, so bekommen wir

$$\lambda = \frac{\pi^2}{3}\,\frac{nk_B^2 T}{m}\,\frac{\Lambda}{v_F}\,.$$

Die Größe Λ/v_F ist die mittlere freie Flugzeit τ der Leitungselektronen mit der Geschwindigkeit v_F. Hiermit erhalten wir schließlich für die Wärmeleitfähigkeit eines Metalls auf Grund des Wärmetransports durch Leitungselektronen

$$\lambda = \frac{\pi^2}{3}\,\frac{nk_B^2 T\tau}{m}\,. \tag{3.12}$$

Auf diese Gleichung kommen wir in Abschn. 3.3 zurück.

Glühemission von Elektronen aus Metallen

In einem weiteren Beispiel wollen wir das Modell des freien Elektronengases dazu benutzen, die Elektronenemission bei der Erhitzung eines Metalls zu berechnen.

Damit ein Leitungselektron aus einem Metall austreten kann, muß seine kinetische Energie größer sein als U_0, wenn U_0 die Tiefe des Potentialtopfes ist, in welchem sich die Leitungselektronen befinden (s. Fig. 3.2). Am absoluten Nullpunkt der Temperatur beträgt die maximale kinetische Energie der Elektronen E_F. Die Größe

$$\Phi = U_0 - E_F \tag{3.13}$$

bezeichnet man als *Austrittsarbeit* der Elektronen.

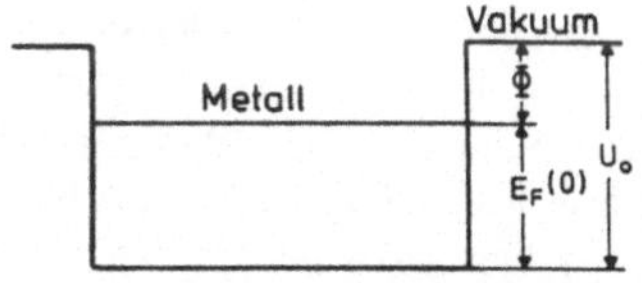

Fig. 3.2
Potentialtopf-Modell für die Leitungselektronen eines
Metalls. U_0 Tiefe des Potentialtopfes, $E_F(0)$ Fermi-
Energie der Leitungselektronen, Φ Austrittsarbeit der
Leitungselektronen

Wir nehmen nun an, daß der Kristall bezüglich des gewählten Koordinatensystems so ausgerichtet ist, daß eine seiner Oberflächen senkrecht zur x-Achse verläuft. Ein Elektron
kann den Kristall durch diese Oberfläche verlassen, wenn für die x-Komponente p_x seines
Impulses gilt

$$p_x \geqslant p_{x_0},$$

wobei $\dfrac{p_{x_0}^2}{2m} = U_0.$ \hfill (3.14)

Ist $n(p_x)\,dp_x$ die Anzahl der Leitungselektronen je Volumeneinheit mit einer x-Komponente des Impulses zwischen p_x und $p_x + dp_x$, so treffen

$$\frac{p_x}{m}\, n(p_x)\,dp_x$$

derartige Elektronen je Zeiteinheit auf die Flächeneinheit der Oberfläche. Die elektrische
Stromdichte der austretenden Elektronen beträgt also

$$j = \frac{e}{m} \int\limits_{p_{x_0}}^{\infty} p_x n(p_x)\,dp_x. \hfill (3.15)$$

Wir müssen zunächst die Funktion $n(p_x)$ ermitteln.

Die Wellenzahldichte der Leitungselektronen im $\vec{k}$-Raum hat nach Gl. (B.19) den Wert
$V/8\pi^3$. Die Anzahl der Elektronenzustände im Volumenelement $dk_x dk_y dk_z$ des $\vec{k}$-Raums
beträgt somit

$$2\,\frac{V}{8\pi^3}\, dk_x dk_y dk_z.$$

Hierbei wird durch den Faktor 2 die durch den Elektronenspin bedingte Entartung eines
Quantenzustandes mit vorgegebenem $\vec{k}$-Wert berücksichtigt. Für die Anzahl der Elektronen mit Impulskomponenten zwischen p_x und $p_x + dp_x$, p_y und $p_y + dp_y$, p_z und $p_z + dp_z$
gilt dann, wenn wir noch beachten, daß $\vec{p} = \hbar \vec{k}$ ist,

$$N(p_x, p_y, p_z)\,dp_x dp_y dp_z = \frac{V}{4\pi^3 \hbar^3}\, \frac{1}{e^{(E - E_F)/k_B T} + 1}\, dp_x dp_y dp_z. \hfill (3.16)$$

$n(p_x)$ bekommen wir jetzt, indem wir den Ausdruck in Gl. (3.16) auf die Volumeneinheit beziehen und über p_y und p_z integrieren. Wir erhalten

$$n(p_x)\,dp_x = \frac{1}{4\pi^3 \hbar^3}\, dp_x \int\limits_{-\infty}^{+\infty} \int\limits_{-\infty}^{+\infty} \frac{dp_y dp_z}{e^{(E - E_F)/k_B T} + 1}. \hfill (3.17)$$

Wir interessieren uns nur für solche Elektronen, für die $E \geqslant U_0$ ist. Dieses bedeutet nach Gl. (3.13), daß $(E - E_F) \geqslant \Phi$ sein soll. Da die Austrittsarbeit Φ bei allen Metallen für Temperaturen unterhalb des Schmelzpunktes viel größer als $k_B T$ ist, ist für die betreffenden Elektronen auch $(E - E_F) \gg k_B T$. Wir können deshalb im Nenner des Integranden in Gl. (3.17) die 1 gegenüber der Exponentialfunktion vernachlässigen und bekommen

$$n(p_x)dp_x = \frac{1}{4\pi^3\hbar^3}\, e^{E_F/k_B T} e^{-p_x^2/2mk_B T} dp_x$$

$$\cdot \int_{-\infty}^{+\infty} e^{-p_y^2/2mk_B T} dp_y \int_{-\infty}^{+\infty} e^{-p_z^2/2mk_B T} dp_z$$

$$= \frac{mk_B T}{2\pi^3\hbar^3}\, e^{E_F/k_B T} e^{-p_x^2/2mk_B T} dp_x \int_{-\infty}^{+\infty} e^{-y^2} dy \int_{-\infty}^{+\infty} e^{-z^2} dz$$

$$= \frac{mk_B T}{2\pi^2\hbar^3}\, e^{E_F/k_B T} e^{-p_x^2/2mk_B T} dp_x \tag{3.18}$$

Setzen wir diesen Ausdruck in Gl. (3.15) ein, so erhalten wir für die thermische Emissionsstromdichte

$$j = \frac{e k_B T}{2\pi^2\hbar^3}\, e^{E_F/k_B T} \int_{p_{x0}}^{\infty} p_x e^{-p_x^2/2mk_B T} dp_x$$

$$= \frac{e m k_B^2}{2\pi^2\hbar^3}\, T^2 e^{E_F/k_B T} e^{-p_{x0}^2/2mk_B T}$$

$$= \frac{e m k_B^2}{2\pi^2\hbar^3}\, T^2 e^{-\Phi/k_B T}$$

oder $\quad j = AT^2 e^{-\Phi/k_B T},$ $\hspace{4cm}$ (3.19)

wobei $\quad A = \dfrac{e m k_B^2}{2\pi^2\hbar^3} = 120\ \text{A/K}^2\,\text{cm}^2.$ $\hspace{3cm}$ (3.20)

Gl. (3.19) ist als *Richardson*[1]*-Dushman-Beziehung* bekannt. Sie kann dazu benutzt werden, die Austrittsarbeit Φ experimentell zu bestimmen. Hierzu mißt man die Sättigungsstromdichte j_s einer Glühkathode in Abhängigkeit von der Kathodentemperatur und trägt $\ln(j_s/T^2)$ in Abhängigkeit von $1/T$ auf. Man erhält eine Gerade, aus deren Neigung die Größe Φ ermittelt werden kann. Dabei ist zu beachten, daß die Austrittsarbeit vom äußeren elektrischen Feld abhängt. Ein äußeres Feld wird aber benötigt, um die Elektronen von der Kathode abzuziehen. Es ist deshalb der bei einem endlichen äußeren Feld gemessene Strom jeweils auf seinen Wert bei der Feldstärke Null zu extrapolieren.

---

[1] Owen Williams Richardson, * 1879 Dewsburg (Yorkshire), † 1959 Alton (Hampshire), Nobelpreis 1928

Die Austrittsarbeit von reinem polykristallinem Wolfram beträgt 4,51 eV, die von
Caesium 1,87 eV. Die Austrittsarbeit kann durch Verunreinigungen stark abgeändert
werden. Bei Einkristallen hängt sie außerdem von der kristallographischen Orientierung
der emittierenden Oberfläche ab.

Metallische Bindung

Zur Untersuchung der metallischen Bindung gehen wir von folgendem stark vereinfachen-
dem Modell aus: Die Gitterionen eines einwertigen Metalls sind als positive Punktladun-
gen in einem See aus negativer elektrischer Ladung eingebettet, wobei die Ladung eines
einzelnen Leitungselektrons gleichmäßig über eine Kugel mit dem Radius r_A verteilt ist
(s. Fig. 3.3). An Hand dieses Modells ermitteln wir die Gesamtenergie der Anordnung als
Funktion von r_A und bestimmen denjenigen Wert von r_A, für den die Energiefunktion
einen Minimalwert annimmt.

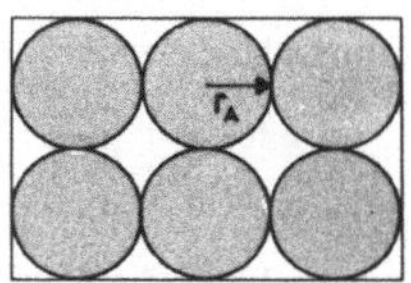

Fig. 3.3
Stark vereinfachendes Modell zur Untersuchung der metallischen
Bindung (s. Text)

Die Gesamtenergie der Anordnung ist gleich der Summe der kinetischen Energie der Leitungselektronen und der potentiellen Energie der einzelnen Leitungselektronen im Feld
der positiven Ionen. Wir bezeichnen die auf ein einzelnes Gitteratom bezogenen Energien
mit E_{kin} und E_{pot}.
Die mittlere kinetische Energie eines freien Elektrons beträgt am absoluten Nullpunkt
der Temperatur nach Gl. (B.28) $3/5\ E_F(0)$. Setzen wir für die Fermi-Energie $E_F(0)$ den
Ausdruck aus Gl. (3.2) ein und beachten, daß die Elektronenzahldichte N_e/V in unserem
Fall $1\left/\left(\dfrac{4}{3}\pi r_A^3\right)\right.$ ist, so erhalten wir

$$E_{kin} = \frac{3}{10}\left(\frac{9\pi}{4}\right)^{2/3}\frac{\hbar^2}{m}\frac{1}{r_A^2}. \tag{3.21}$$

Die elektrostatische Wechselwirkungsenergie E_{pot} finden wir folgendermaßen: Das elektrostatische Potential im Abstand r von einer positiven Punktladung $+e$ in Fig. 3.3 beträgt

$$\frac{e - e\left(\dfrac{r}{r_A}\right)^3}{4\pi\epsilon_0 r}.$$

Hierbei ist $r \leqslant r_A$. Eine elektrische Raumladung der Dichte $\eta = -e\left/\left(\dfrac{4}{3}\pi r_A^3\right)\right.$ in einer

Kugelschale der Dicke dr im Abstand r von der Punktladung $+e$ liefert zur elektrostatischen Wechselwirkungsenergie den Beitrag

$$dE_{pot} = \frac{e\left(1 - \left(\frac{r}{r_A}\right)^3\right)}{4\pi\epsilon_0 r} 4\pi r^2 \eta dr = -\frac{3e^2}{4\pi\epsilon_0}\left(\frac{r}{r_A^3} - \frac{r^4}{r_A^6}\right)dr.$$

Für die gesamte Wechselwirkungsenergie gilt dann

$$E_{pot} = \int_0^{r_A} dE_{pot} = -\frac{9e^2}{40\pi\epsilon_0}\frac{1}{r_A}. \qquad (3.22)$$

Indem wir Gl. (3.21) und Gl. (3.22) zusammenfassen, erhalten wir für die Gesamtenergie der Anordnung

$$E = \frac{3}{10}\left(\frac{9\pi}{4}\right)^{2/3}\frac{\hbar^2}{m}\frac{1}{r_A^2} - \frac{9e^2}{40\pi\epsilon_0}\frac{1}{r_A}. \qquad (3.23)$$

E nimmt einen Minimalwert an, wenn

$$r_A = \frac{8\pi\epsilon_0}{3}\left(\frac{9\pi}{4}\right)^{2/3}\frac{\hbar^2}{e^2 m} \approx 1{,}3 \text{ Å} \qquad (3.24)$$

ist. Der Abstand zwischen zwei nächst benachbarten Atomrümpfen in einem einwertigen Metall beträgt hiernach 2,6 Å. Trotz des groben Modells, welches hier benutzt wurde, ist dieses eine relativ gute Abschätzung.

3.2   Bändertheorie des Festkörpers

Das in Abschn. 3.1 benutzte Modell wird nun verbessert, indem wir für das Kraftfeld, in welchem sich ein Kristallelektron im Festkörper bewegt, ein räumlich periodisches Potential zugrunde legen. Es setzt sich zusammen aus dem Potential der periodisch angeordneten positiv geladenen Atomrümpfe und dem mittleren Potential der quasifreien Elektronen. Für die potentielle Energie eines Kristallelektrons soll also gelten

$$U(\vec{r}) = U(\vec{r} + \vec{R}). \qquad (3.25)$$

Hierbei entspricht der Vektor $\vec{R}$ einer Translation nach Gl. (1.1). Wir untersuchen zunächst die allgemeine Struktur der Eigenfunktion $\psi(\vec{r})$ einer Schrödinger[1]-Gleichung mit gitterperiodischem Potential.

---

[1]) Erwin Schrödinger, * 1887 Wien, † 1961 Wien, Nobelpreis 1933

Bloch-Funktion

Die Schrödinger-Gleichung für ein Kristallelektron lautet

$$\left[-\frac{\hbar^2}{2m} \Delta + U(\vec{r}) \right] \psi(\vec{r}) = E \psi(\vec{r}), \tag{3.26}$$

wobei $U(\vec{r})$ invariant gegenüber einer Translation um den Vektor $\vec{R}$ ist. Der Hamilton-Operator

$$H = -\frac{\hbar^2}{2m} \Delta + U(\vec{r}) \tag{3.27}$$

ist dann ebenfalls invariant gegenüber einer solchen Transformation, da die Wirkung des Differentialoperators Δ auf eine Ortsfunktion durch die Hinzunahme von konstanten Größen zu den Variablen nicht abgeändert wird. Ordnen wir einer Translation um den Vektor $\vec{R}$ den Operator T zu, so dürfen wir H mit T vertauschen. Wir erhalten also, wenn wir den Operator T auf Gl. (3.26) anwenden

$$H[T\psi(\vec{r})] = E[T\psi(\vec{r})]. \tag{3.28}$$

Mit $\psi(\vec{r})$ sind demnach gleichzeitig alle Funktionen $T\psi(\vec{r})$ Eigenfunktionen der Schrödinger-Gleichung zum Eigenwert E. Für einen nicht entarteten Eigenwert unterscheiden sich dann $\psi(\vec{r})$ und $\psi(\vec{r} + \vec{R})$ nur durch einen konstanten Faktor, der allerdings noch von $\vec{R}$ abhängen kann. Ein entsprechendes Ergebnis erhält man auch für einen entarteten Eigenwert bei einer geeignet gewählten Linearkombination der zugehörigen Eigenfunktionen. Es gilt ganz allgemein

$$\psi(\vec{r} + \vec{R}) = f(\vec{R}) \psi(\vec{r}). \tag{3.29}$$

Diese Beziehung ist für beliebige Gittervektoren gültig. Wir dürfen also schreiben

$$\psi(\vec{r} + \vec{R}_1 + \vec{R}_2) = f(\vec{R}_1 + \vec{R}_2) \psi(\vec{r})$$

aber auch

$$\psi(\vec{r} + \vec{R}_1 + \vec{R}_2) = f(\vec{R}_2) \psi(\vec{r} + \vec{R}_1) = f(\vec{R}_2) f(\vec{R}_1) \psi(\vec{r}).$$

Hieraus folgt

$$f(\vec{R}_1 + \vec{R}_2) = f(\vec{R}_1) f(\vec{R}_2). \tag{3.30}$$

Gl. (3.30) können wir befriedigen, wenn wir

$$f(\vec{R}) = e^{i\vec{k} \cdot \vec{R}} \tag{3.31}$$

setzen. Hierbei ist $\vec{k}$ zunächst ein beliebiger Vektor im Raum des reziproken Gitters, der bewirkt, daß der Exponent in Gl. (3.31) dimensionslos ist. Mit Gl. (3.31) erhalten wir aus Gl. (3.29) die als *Blochsches Theorem* bekannte Beziehung

$$\psi_k(\vec{r} + \vec{R}) = e^{i\vec{k} \cdot \vec{R}} \psi_k(\vec{r}). \tag{3.32}$$

Mit f werden natürlich jetzt auch die Eigenfunktion ψ und der Eigenwert E von $\vec{k}$ abhängig.

Eine Eigenfunktion der Schrödinger-Gleichung mit einem gitterperiodischen Potential muß der Gl. (3.32) genügen. Für die sog. *Bloch[1])-Funktion*

$$\psi_k(\vec{r}) = u_k(\vec{r})e^{i\vec{k}\cdot\vec{r}} \tag{3.33}$$

mit $$u_k(\vec{r}+\vec{R}) = u_k(\vec{r}) \tag{3.34}$$

trifft dieses zu. Hiervon können wir uns überzeugen, indem wir Gl. (3.33) in Gl. (3.32) einsetzen. Eine Bestimmungsgleichung für $u_k(\vec{r})$ erhalten wir, wenn wir mit der Funktion $\psi_k(\vec{r})$ aus Gl. (3.33) in Gl. (3.26) eingehen.

Wir sind nun auch in der Lage, die physikalische Bedeutung des Vektors $\vec{k}$ anzugeben. Der Vektor $\vec{k}$ erscheint in der Bloch-Funktion als Wellenzahlvektor einer ebenen Welle, die mit der gitterperiodischen Funktion $u_k(\vec{r})$ moduliert ist. Man bezeichnet sie allgemein als *Bloch-Welle*. In Fig. 3.4 ist dieser Sachverhalt an einem Beispiel dargestellt.

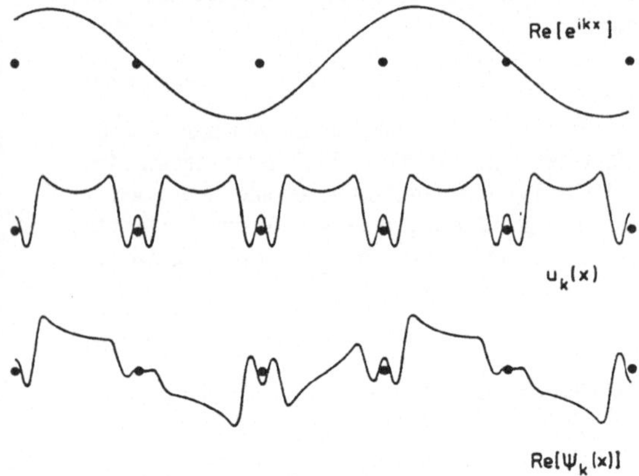

Fig. 3.4 Konstruktion einer Blochfunktion $\psi_k(x) = u_k(x)e^{ikx}$ für ein eindimensionales Gitter aus einer Wellenfunktion e^{ikx}, die mit einer gitterperiodischen Funktion $u_k(x)$ moduliert ist

Bei Elektronenwellen im Festkörper besteht an sich kein zwingender physikalischer Grund, den Wellenzahlvektor $\vec{k}$ auf die erste Brillouin-Zone zu beschränken. Im Gegensatz zu den Gitterschwingungen, bei denen man sich nur für eine Bewegung diskreter Gitteratome interessiert, sind Elektronenwellen überall im Kristallvolumen definiert. Trotzdem ist es oft zweckmäßig, auch bei Elektronenwellen für die Wellenzahlvektoren nur Werte aus der ersten Brillouin-Zone zuzulassen. Dieses läßt sich folgendermaßen begründen:

Reicht in der Bloch-Funktion in Gl. (3.33) der Wellenzahlvektor über die erste Brillouin-Zone hinaus, so können wir mit Hilfe eines geeigneten Vektors $\vec{G}$ des reziproken Gitters

---

[1]) Felix Bloch, * 1905 Zürich, † 1983 Zürich, Nobelpreis 1952

den Wellenzahlvektor auf die erste Brillouin-Zone reduzieren. Für den reduzierten Wellen-zahlvektor $\vec{k}'$ gilt

$$\vec{k}' = \vec{k} + \vec{G}.$$

Wir erhalten dann

$$\psi_k(\vec{r}) = u_k(\vec{r})e^{i\vec{k}\cdot\vec{r}} = u_k(\vec{r})e^{-i\vec{G}\cdot\vec{r}}e^{i\vec{k}'\cdot\vec{r}} \equiv u_{k'}(\vec{r})e^{i\vec{k}'\cdot\vec{r}} = \psi_{k'}(\vec{r}).$$

Für die Funktion $u_{k'}(\vec{r})$ besteht die Beziehung in Gl. (3.34) genau so wie für $u_k(\vec{r})$. Dieses Ergebnis erhalten wir, wenn wir in dem Ausdruck $u_{k'}(r) = u_k(r)e^{-i\vec{G}\cdot\vec{r}}$ den Ortsvektor $\vec{r}$ durch $\vec{r} + \vec{R}$ ersetzen und beachten, daß das Skalarprodukt $\vec{G}\cdot\vec{R}$ gleich einem ganzzahligen Vielfachen von 2π ist (s. Gl. (1.10)). Es ist dann aber $\psi_{k'}(\vec{r})$ ebenfalls eine Bloch-Funktion. Die beiden Funktionen $\psi_{k'}(\vec{r})$ und $\psi_k(\vec{r})$ unterscheiden sich nur dadurch, daß der Ausdruck $e^{-i\vec{G}\cdot\vec{r}}$ einmal der „Amplitude" $u_{k'}(\vec{r})$ und das andere Mal dem Wellenfaktor $e^{i\vec{k}\cdot\vec{r}}$ zugeordnet wird. Dieses bewirkt jedoch gerade, daß der Wellenzahlvektor in den beiden Fällen unterschiedliche Werte hat. Eine eindeutige Aussage über die Größe von $\vec{k}$ erhalten wir hingegen, wenn wir nur $\vec{k}$-Werte aus dem Bereich der ersten Brillouin-Zone wählen. Es ist allerdings zu beachten, daß durch die Reduktion der Wellenzahlvektoren auf die erste Brillouin-Zone einem bestimmten $\vec{k}$-Wert mehrere Energiewerte zugeordnet werden. Dieses zeigt Fig. 3.5 für freie Elektronen in eindimensionaler Darstellung. Hier ist neben einem *ausgedehnten Energieschema* ein *reduziertes Energieschema* aufgezeichnet.

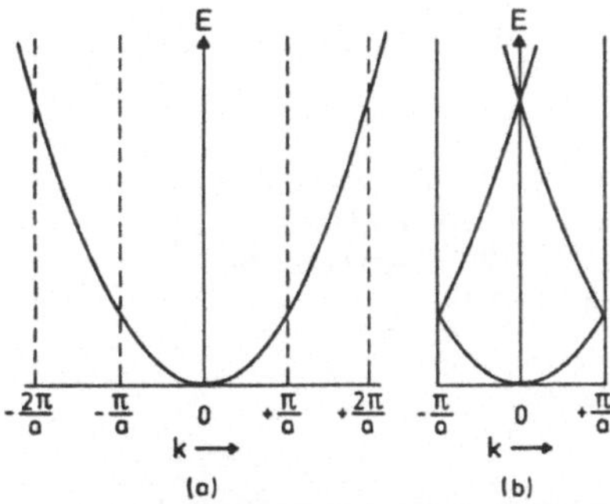

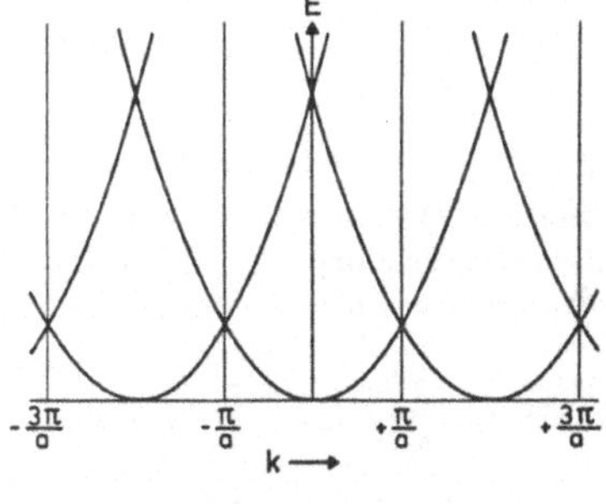

Fig. 3.5 Ausgedehntes (a) und reduziertes (b) Energieschema freier Elektronen in eindimensionaler Darstellung

Fig. 3.6 Periodisches Energieschema freier Elektronen in eindimensionaler Darstellung

Außerdem kennt man noch das *periodische Energieschema*. Man erhält es, indem man das reduzierte Energieschema periodisch in den gesamten $\vec{k}$-Raum überträgt. In Fig. 3.6 ist dieses wiederum für freie Elektronen eindimensional dargestellt. Die Energiewerte weisen beim periodischen Energieschema die gleiche Periodizität wie das zugehörige reziproke Gitter auf. Es gilt also

$$E(\vec{k}) = E(\vec{k} + \vec{G}). \tag{3.35}$$

Während in einem unendlich ausgedehnten Kristall der Wellenzahlvektor $\vec{k}$ jeden Wert innerhalb der ersten Brillouin-Zone annehmen darf, kann er in einem endlichen Kristall nur eine abzählbare Anzahl von Werten durchlaufen. Dieses läßt sich wie auf Seite 68 beweisen, wenn man an Stelle der Gitterschwingungen die Bloch-Funktionen betrachtet. Die Anzahl der möglichen $\vec{k}$-Werte ist gleich der Zahl N der Elementarzellen im Kristall.

Anstatt die Bloch-Funktion als eine Funktion im Ortsraum aufzufassen, können wir sie wegen ihrer Abhängigkeit vom Wellenzahlvektor $\vec{k}$ auch als eine Funktion im Raum des reziproken Gitters ansehen. Sie ist allerdings nur innerhalb der ersten Brillouin-Zone definiert und läßt sich dementsprechend in die Fourier-Reihe

$$\psi(\vec{k}, \vec{r}) = \frac{1}{\sqrt{N}} \sum_i c_i(\vec{r}) e^{i\vec{k} \cdot \vec{R}_i} \tag{3.36}$$

entwickeln, wobei die Summation über die N die Lage der Gitteratome im Kristallvolumen kennzeichnenden Vektoren $\vec{R}_i$ läuft. Der Faktor $1/\sqrt{N}$ dient der Normierung. Für die Fourier-Koeffizienten der Reihe in Gl. (3.36) gilt wegen des diskreten Charakters der $\vec{k}$-Werte

$$c_i(\vec{r}) = \frac{1}{\sqrt{N}} \sum_{\vec{k}} \psi(\vec{k}, \vec{r}) e^{-i\vec{k} \cdot \vec{R}_i}$$

oder bei Berücksichtigung von Gl. (3.33)

$$c_i(\vec{r}) = \frac{1}{\sqrt{N}} \sum_{\vec{k}} u_k(\vec{r}) e^{i\vec{k} \cdot (\vec{r} - \vec{R}_i)}.$$

Hiernach hängen die Koeffizienten c_i von der relativen Lage $(\vec{r} - \vec{R}_i)$ der Elektronen zu den einzelnen Gitteratomen des Kristalls ab. Wir benutzen deshalb im folgenden für sie die Funktionsbezeichnung $w(\vec{r} - \vec{R}_i)$. Man bezeichnet $w(\vec{r} - \vec{R}_i)$ allgemein als *Wannier-Funktion*. Verwenden wir diese Schreibweise, so lautet Gl. (3.36)

$$\psi(\vec{k}, \vec{r}) = \frac{1}{\sqrt{N}} \sum_i e^{i\vec{k} \cdot \vec{R}_i} w(\vec{r} - \vec{R}_i). \tag{3.37}$$

Während die Eigenfunktion $\psi(\vec{k}, \vec{r})$ in Blochscher Darstellung an eine Beschreibung der Kristallelektronen durch ebene Wellen angelehnt ist, wird bei einer Darstellung unter Benutzung der Wannier-Funktionen die Eigenfunktion aus Funktionen aufgebaut, die den einzelnen Gitteratomen zuzuordnen sind und die nur am Ort dieser Gitteratome entsprechend große Werte annehmen (s. auch Aufgabe 3.1 auf Seite 163).

Nachdem wir die allgemeine Struktur der Eigenfunktionen einer Schrödinger-Gleichung mit periodischem Potential kennengelernt haben, wollen wir uns nun mit der eigentlichen Lösung der Schrödinger-Gleichung beschäftigen. Hierzu hat man verschiedene Näherungsmethoden entwickelt. Man geht dabei entweder von den Eigenfunktionen gebundener Elektronen in freien Atomen aus, oder man benutzt die Eigenfunktionen freier Elektronen als Ausgangspunkt für die Näherung.

Näherung für quasigebundene Elektronen

Das Näherungsverfahren, welches wir zunächst behandeln, setzt voraus, daß das Verhalten eines Kristallelektrons am Ort eines bestimmten Gitteratoms nur sehr wenig von den übrigen Atomen im Kristall beeinflußt wird. Etwas derartiges trifft allerdings nur für Elektronen der inneren Schalen der Gitteratome zu. In diesem Fall können wir in guter Näherung in Gl. (3.37) die Wannier-Funktionen $w(\vec{r} - \vec{R}_i)$ durch die Eigenfunktionen $\varphi(\vec{r} - \vec{R}_i)$ von Elektronen im Potentialfeld freier Atome ersetzen, die sich an den Gitterplätzen $\vec{R}_i$ befinden. Wir erhalten dann anstelle von Gl. (3.37) für die Eigenfunktion eines Kristallelektrons

$$\psi(\vec{k}, \vec{r}) = \frac{1}{\sqrt{N}} \sum_i e^{i\vec{k} \cdot \vec{R}_i} \varphi(\vec{r} - \vec{R}_i) \tag{3.38}$$

Die Atomfunktionen $\varphi(\vec{r} - \vec{R}_i)$, die wir im folgenden als normiert annehmen, gehören natürlich alle zum gleichen gebundenen Atomzustand und somit zum gleichen Eigenwert. Bezeichnen wir diesen Eigenwert mit E_0 und mit $U_A(\vec{r} - \vec{R}_i)$ die potentielle Energie des betreffenden Elektrons an einem freien Atom, so gilt

$$\left\{ -\frac{\hbar^2}{2m} \Delta + U_A(\vec{r} - \vec{R}_i) \right\} \varphi(\vec{r} - \vec{R}_i) = E_0 \varphi(\vec{r} - \vec{R}_i) \tag{3.39}$$

Wir berechnen nun die Energie $E(\vec{k})$ des Kristallelektrons mit dem Wellenzahlvektor $\vec{k}$, indem wir mit Gl. (3.38) in die Schrödinger-Gleichung (3.26) eingehen. Wir erhalten

$$\left[-\frac{\hbar^2}{2m} \Delta + U(\vec{r}) \right] \sum_i e^{i\vec{k} \cdot \vec{R}_i} \varphi(\vec{r} - \vec{R}_i) = E(\vec{k}) \sum_i e^{i\vec{k} \cdot \vec{R}_i} \varphi(\vec{r} - \vec{R}_i). \tag{3.40}$$

$U(\vec{r})$ ist hierbei die potentielle Energie des Kristallelektrons. Sie wird in Fig. 3.7 mit $U_A(\vec{r} - \vec{R}_i)$ verglichen.

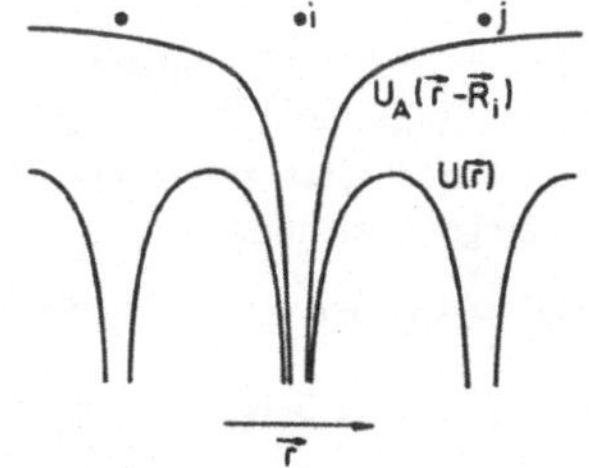

Fig. 3.7
Verlauf der potentiellen Energie $U(\vec{r})$ eines Kristallelektrons und der potentiellen Energie $U_A(\vec{r} - \vec{R}_i)$ eines Elektrons eines freien Atoms

Führen wir U_A und E_0 in Gl. (3.40) ein und nehmen eine geeignete Umordnung der einzelnen Glieder vor, so bekommen wir

$$\sum_i [U(\vec{r}) - U_A(\vec{r} - \vec{R}_i) + E_0 - E(\vec{k})] e^{i\vec{k} \cdot \vec{R}_i} \varphi(\vec{r} - \vec{R}_i).$$

$$= -\sum_i e^{i\vec{k} \cdot \vec{R}_i} \left[-\frac{\hbar^2}{2m} \Delta + U_A(\vec{r} - \vec{R}_i) - E_0 \right] \varphi(\vec{r} - \vec{R}_i).$$

Die rechte Seite dieser Gleichung ist gleich Null (s. Gl. (3.39)), und wir finden

$$[E(\vec{k}) - E_0] \sum_i e^{i\vec{k} \cdot \vec{R}_i} \varphi(\vec{r} - \vec{R}_i)$$
$$= \sum_i e^{i\vec{k} \cdot \vec{R}_i}[U(\vec{r}) - U_A(\vec{r} - \vec{R}_i)]\varphi(\vec{r} - \vec{R}_i). \tag{3.41}$$

Schließlich multiplizieren wir Gl. (3.41) mit

$$\psi^*(\vec{k}, \vec{r}) = \frac{1}{\sqrt{N}} \sum_j e^{-i\vec{k} \cdot \vec{R}_j} \varphi^*(\vec{r} - \vec{R}_j)$$

und integrieren über das Kristallvolumen. Wir erhalten

$$[E(\vec{k}) - E_0] \sum_i \sum_j e^{i\vec{k} \cdot (\vec{R}_i - \vec{R}_j)} \int \varphi^*(\vec{r} - \vec{R}_j)\varphi(\vec{r} - \vec{R}_i)dV$$
$$= \sum_i \sum_j e^{i\vec{k} \cdot (\vec{R}_i - \vec{R}_j)} \int \varphi^*(\vec{r} - \vec{R}_j)[U(\vec{r}) - U_A(\vec{r} - \vec{R}_i)]\varphi(\vec{r} - \vec{R}_i)dV \tag{3.42}$$

Die Funktionen $\varphi(\vec{r} - \vec{R}_i)$ und $\varphi^*(\vec{r} - \vec{R}_j)$ überlappen sich nach den hier gemachten Voraussetzungen selbst für unmittelbar benachbarte Gitteratome nur wenig. Wir dürfen deshalb in erster Näherung auf der linken Seite von Gl. (3.42) die Glieder mit $i \neq j$ unberücksichtigt lassen. Die Summe auf der linken Seite ist dann gerade gleich der Anzahl N der Elementarzellen im Kristall. Auf der rechten Seite von Gl. (3.42) ist hingegen eine solche Vernachlässigung nicht erlaubt; denn $|U(\vec{r}) - U_A(\vec{r} - \vec{R}_i)|$ hat am Ort des Gitteratoms bei $\vec{R}_j$ wesentlich höhere Werte als am Ort des Gitteratoms bei $\vec{R}_i$ (s. Fig. 3.7). Wegen des raschen Abfalls von $\varphi(\vec{r} - \vec{R}_i)$ brauchen wir allerdings für $i \neq j$ nur diejenigen Kombinationen in der Doppelsumme auf der rechten Seite von Gl. (3.42) zu berücksichtigen, die unmittelbar benachbarten Gitteratomen entsprechen. Wir erhalten so aus Gl. (3.42)

$$N[E(\vec{k}) - E_0] = N \int \varphi^*(\vec{r} - \vec{R}_i)[U(\vec{r}) - U_A(\vec{r} - \vec{R}_i)]\varphi(\vec{r} - \vec{R}_i)dV$$
$$+ N \sum_m e^{i\vec{k} \cdot (\vec{R}_i - \vec{R}_m)} \int \varphi^*(\vec{r} - \vec{R}_m)[U(\vec{r}) - U_A(\vec{r} - \vec{R}_i)]\varphi(\vec{r} - \vec{R}_i)dV.$$

Hierbei bezieht sich die Summation über m einzig auf die nächsten Nachbarn des i-ten Gitteratoms. Wenn wir zusätzlich annehmen, daß die betrachtete Eigenfunktion φ Kugelsymmetrie besitzt, also einem s-Zustand entspricht, dann gelten für die Eigenwerte der Schrödinger-Gleichung

$$E(\vec{k}) = E_0 - \alpha - \gamma \sum_m e^{i\vec{k} \cdot (\vec{R}_i - \vec{R}_m)}, \tag{3.43}$$

wobei $\alpha = \int \varphi^*(\vec{r} - \vec{R}_i)[U_A(\vec{r} - \vec{R}_i) - U(\vec{r})]\varphi(\vec{r} - \vec{R}_i)dV \tag{3.44}$

und $\gamma = \int \varphi^*(\vec{r} - \vec{R}_m)[U_A(\vec{r} - \vec{R}_i) - U(\vec{r})]\varphi(\vec{r} - \vec{R}_i)dV \tag{3.45}$

ist. Der Zusammenbau der Atome zu einem Kristallgitter bringt demnach einmal eine Verschiebung des Elektronenterms E_0 des freien Atoms um die Größe α hervor, außerdem bewirkt er aber eine Aufspaltung des Terms entsprechend der Mannigfaltigkeit des reduzierten Wellenzahlvektors $\vec{k}$. Aus einem diskreten Atomniveau wird im Festkörper ein *Energieband*. Dieses wird im folgenden für ein kubisch primitives Gitter genauer untersucht.

Im kubisch primitiven Gitter hat ein Gitteratom sechs nächste Nachbarn im Abstand a. Sie haben bezüglich des Bezugsatoms die kartesischen Koordinaten $(\pm a, 0, 0)$, $(0, \pm a, 0)$ und $(0, 0, \pm a)$. Für die Eigenwerte $E(\vec{k})$ erhalten wir demnach nach Gl. (3.43)

$$E(\vec{k}) = E_0 - \alpha - 2\gamma(\cos k_x a + \cos k_y a + \cos k_z a). \qquad (3.46)$$

Die Extremwerte für $E(\vec{k})$ ergeben sich für $k_x = k_y = k_z = 0$ bzw. $\pm \pi/a$, da dann die Cosinusfunktionen jeweils den Wert $+1$ bzw. -1 haben. Die Bandbreite beträgt 12γ. Aus der Definition von γ in Gl. (3.45) folgt, daß die Bandbreite um so größer ist, je stärker sich die Eigenfunktionen benachbarter „freier Atome" überlappen. Die Elektronen aus den inneren Schalen der freien Atome erzeugen beim Einbau der Atome in ein Gitter nur schmale Energiebänder. Die Bandbreiten, die den Elektronen der äußeren Schalen entsprechen, sind größer, und hier kann es sogar zu einer Überlappung der Energiebänder, die zu verschiedenen Energiewerten der freien Atome gehören, kommen. Um das Verhalten dieser äußeren Elektronen zu untersuchen, ist das hier besprochene Näherungsverfahren allerdings weniger gut geeignet.

Ob es sich bei dem Extremwert für $k_x = k_y = k_z = 0$ um die obere oder die untere Bandgrenze handelt, hängt vom Vorzeichen des Integrals γ ab. In Fig. 3.8 sind die beiden verschiedenen Möglichkeiten für zwei Energiebänder dargestellt. Kurve 1 entspricht einem positiven Wert von γ, Kurve 2 einem negativen Wert.

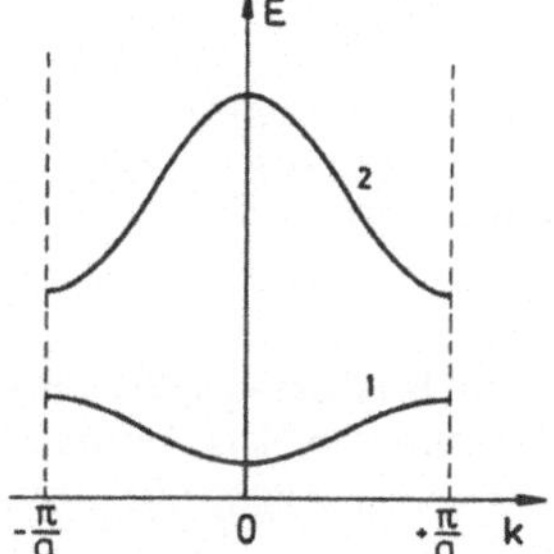

Fig. 3.8
Struktur zweier Energiebänder mit der unteren (1) und der oberen (2) Bandgrenze bei k = 0

Für kleine Werte von $|\vec{k}|$, also in der Nähe des Zentrums der ersten Brillouin-Zone können wir die Cosinusfunktionen in Gl. (3.46) in eine Reihe entwickeln und erhalten

$$E(\vec{k}) = E_0 - \alpha - 6\gamma + \gamma a^2 k^2. \qquad (3.47)$$

Bezogen auf das Energieniveau $E_0 - \alpha - 6\gamma$ ist hier die Energie $E(\vec{k})$ der Kristallelektronen proportional zu k^2, genau so wie es für freie Elektronen der Fall ist. Für freie Elektronen gilt nämlich

$$E(\vec{k}) = \frac{\hbar^2 k^2}{2m}. \qquad (3.48)$$

Wir können deshalb auch die Kristallelektronen als freie Teilchen behandeln, wenn wir ihnen an Stelle der eigentlichen Elektronenmasse m eine geeignete *effektive Masse* m* zuordnen. Sie ergibt sich aus der Beziehung

$$\frac{\hbar^2 k^2}{2m^*} = \gamma a^2 k^2$$

zu $$m^* = \frac{\hbar^2}{2\gamma a^2}.$$ (3.49)

Ist γ positiv, so hat auch m^* einen positiven Wert. Ist hingegen γ negativ, so haben wir es mit einer negativen effektiven Masse zu tun. Die physikalische Bedeutung der effektiven Masse eines Kristallelektrons diskutieren wir in Abschnitt 3.3.

Entwickeln wir die Cosinusfunktionen in Gl. (3.46) um die Eckpunkte der ersten Brillouin-Zone bei $k_x = k_y = k_z = \pm\pi/a$ in eine Reihe, so erhalten wir mit $k'_x = \pm\pi/a - k_x$ usw.

$$E(\vec{k}') = E_0 - \alpha + 6\gamma - \gamma a^2 k'^2.$$ (3.50)

Auch hier ist also die Energie der Kristallelektronen bezogen auf ein Energieniveau $E_0 - \alpha + 6\gamma$ dem Quadrate eines Wellenzahlvektors proportional, der jetzt allerdings von den Eckpunkten der ersten Brillouin-Zone aus gemessen wird. Wenn wir den Kristallelektronen die effektive Masse

$$m^* = -\frac{\hbar^2}{2\gamma a^2}$$

zuordnen, können wir sie ebenfalls als freie Elektronen betrachten. In diesem Fall bedeutet ein negativer Wert von γ, daß die effektive Masse der Kristallelektronen positiv ist. Einem negativen Wert von γ entspricht die Kurve 2 in Fig. 3.8. Bei ihr haben die Kristallelektronen an den Eckpunkten der ersten Brillouin-Zone ihre minimale Energie. Ganz allgemein gilt, daß die Kristallelektronen, wenn man sie als freie Elektronen behandelt, an der unteren Bandgrenze eine positive effektive Masse und an der oberen Bandgrenze eine negative effektive Masse besitzen.

Aus Gl. (3.47) folgt, daß für kleine Werte von $|\vec{k}|$ die Flächen konstanter Energie im $\vec{k}$-Raum Kugelschalen sind. Entsprechend gilt nach Gl. (3.50), daß in der Umgebung der Eckpunkte der ersten Brillouin-Zone die Flächen konstanter Energie Kugelschalen um diese Eckpunkte sind. Fig. 3.9a zeigt für ein kubisch primitives Gitter die Kurven konstanter Energie in der

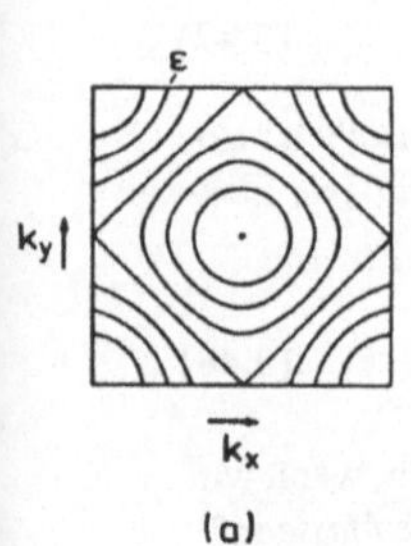

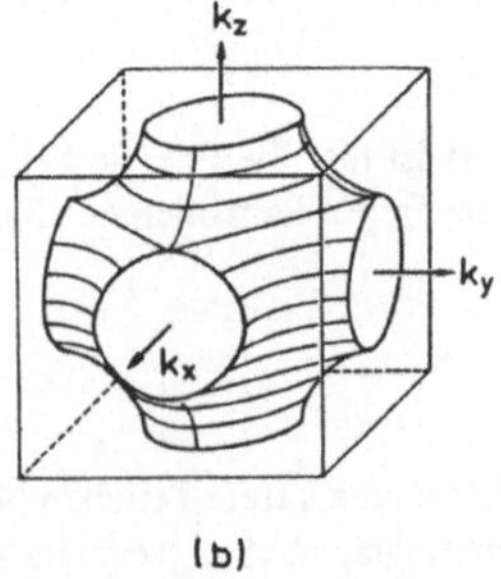

Fig. 3.9
Kurven konstanter Energie in der k_x, k_y-Ebene der ersten Brillouin-Zone eines kubisch primitiven Gitters (a) und eine Fläche konstanter Energie im $\vec{k}$-Raum derselben Brillouin-Zone (b)

k_x, k_y-Ebene der ersten Brillouin-Zone, wie man sie nach Gl. (3.46) erhält. Fig. 3.9b gibt eine Fläche konstanter Energie in der ersten Brillouin-Zone selbst wieder. Die dargestellte Fläche entspricht in etwa der durch ϵ gekennzeichneten Kurve in Fig. 3.9a.

Näherung für quasifreie Elektronen

Bei der Behandlung der quasifreien Elektronen geht man zweckmäßig von einem konstanten Potential U_0 für die Kristallelektronen aus und betrachtet die durch die Gitterperiodizität bedingten Abweichungen von diesem Potential als kleine Störung.

Nach Gl. (1.11) können wir das periodische Gitterpotential $U(\vec{r})$ in die Fourier-Reihe

$$U(\vec{r}) = \sum_{\vec{G}} U_{\vec{G}}\, e^{i\vec{G}\cdot\vec{r}} \tag{3.51}$$

entwickeln, wobei die Größen $\vec{G}$ Vektoren des reziproken Gitters sind. Entsprechend können wir für die Bloch-Funktion aus Gl. (3.33) den Ansatz

$$\psi_k(\vec{r}) = \frac{1}{\sqrt{V}}\, e^{i\vec{k}\cdot\vec{r}} \sum_{\vec{G}} u_{\vec{G}}(\vec{k})\, e^{i\vec{G}\cdot\vec{r}} \tag{3.52}$$

machen. Hierbei ist V das Kristallvolumen.

Die Eigenfunktionen des ungestörten Problems lauten

$$\psi_k(\vec{r}) = \frac{1}{\sqrt{V}}\, e^{i\vec{k}\cdot\vec{r}}. \tag{3.53}$$

Zu ihnen gehören die Eigenwerte

$$E_0(\vec{k}) = U_0 + \frac{\hbar^2 k^2}{2m}. \tag{3.54}$$

Gehen wir mit Gl. (3.51) und Gl. (3.52) in die Schrödinger-Gleichung (3.26) ein, so erhalten wir

$$\left(-\frac{\hbar^2}{2m}\Delta + \sum_{\vec{G}''} U_{\vec{G}''}e^{i\vec{G}''\cdot\vec{r}}\right)\frac{1}{\sqrt{V}}\, e^{i\vec{k}\cdot\vec{r}} \sum_{\vec{G}'} u_{\vec{G}'}(\vec{k})e^{i\vec{G}'\cdot\vec{r}}$$

$$= E(\vec{k})\frac{1}{\sqrt{V}}\, e^{i\vec{k}\cdot\vec{r}} \sum_{\vec{G}'} u_{\vec{G}'}(\vec{k})e^{i\vec{G}'\cdot\vec{r}}$$

oder

$$\frac{1}{\sqrt{V}}\sum_{\vec{G}'}\left[\frac{\hbar^2}{2m}(\vec{k}+\vec{G}')^2 - E(\vec{k})\right] u_{\vec{G}'}(\vec{k})e^{i(\vec{k}+\vec{G}')\cdot\vec{r}}$$

$$+ \frac{1}{\sqrt{V}}\sum_{\vec{G}''} U_{\vec{G}''}e^{i\vec{G}''\cdot\vec{r}} \sum_{\vec{G}'} u_{\vec{G}'}(\vec{k})e^{i(\vec{k}+\vec{G}')\cdot\vec{r}} = 0. \tag{3.55}$$

Multiplizieren wir nun Gl. (3.55) mit $1/\sqrt{V}\, e^{-i(\vec{k}+\vec{G})\cdot\vec{r}}$ und integrieren über das Kristallvolumen V, so bekommen wir

$$\left[\frac{\hbar^2}{2m}(\vec{k}+\vec{G})^2 - E(\vec{k})\right]u_{\vec{G}}(\vec{k}) + \sum_{\vec{G}'} U_{\vec{G}-\vec{G}'}u_{\vec{G}'}(\vec{k}) = 0. \qquad (3.56)$$

Hierbei haben wir davon Gebrauch gemacht, daß

$$\frac{1}{V}\int_V e^{i\vec{G}\cdot\vec{r}}dV = \delta_{\vec{G},0}$$

ist. Gl. (3.56) gilt für jeden $\vec{G}$-Wert.

Um zunächst einmal abzuschätzen, wie die Fourier-Koeffizienten $u_{\vec{G}}(\vec{k})$ für $\vec{G} \neq 0$ vom Wellenzahlvektor $\vec{k}$ abhängen, benutzen wir in Gl. (3.56) für $E(\vec{k})$ die Eigenwerte des ungestörten Problems aus Gl. (3.54). Außerdem berücksichtigen wir in der Summe über $\vec{G}'$ nur die beiden größten Glieder, also diejenigen, in denen U_0 oder $u_0(\vec{k})$ vorkommt. Wir erhalten dann

$$\frac{\hbar^2}{2m}[(\vec{k}+\vec{G})^2 - k^2]u_{\vec{G}}(\vec{k}) - U_0u_{\vec{G}}(\vec{k}) + U_0u_{\vec{G}}(\vec{k}) + U_{\vec{G}}u_0(\vec{k}) = 0$$

oder

$$u_{\vec{G}}(\vec{k}) = \frac{U_{\vec{G}}u_0(\vec{k})}{\dfrac{\hbar^2}{2m}[k^2 - (\vec{k}+\vec{G})^2]}. \qquad (3.57)$$

Da die Fourier-Koeffizienten $U_{\vec{G}}$ für $\vec{G} \neq 0$ kleine Werte haben, fallen in erster Näherung die Größen $u_{\vec{G}}(\vec{k})$ nur für solche Wellenzahlvektoren $\vec{k}$ ins Gewicht, welche der Bedingung $k^2 \approx (\vec{k}+\vec{G})^2$ genügen. Um herauszufinden, welche Bedeutung die Beziehung

$$k^2 = (\vec{k}+\vec{G})^2 \qquad (3.58)$$

hat, dehnen wir den Begriff „Brillouin-Zone" auf höhere Zonen aus. Wir haben bisher stets nur die erste Brillouin-Zone, die als Elementarzelle des reziproken Gitters eingeführt wurde, benutzt. Wir verwenden jetzt die auf Seite 21 beschriebene Konstruktionsvorschrift für die erste Brillouin-Zone zur Konstruktion höherer Zonen, indem wir auch die weiter entfernt liegenden Gitterpunkte des reziproken Gitters berücksichtigen. In Fig. 3.10 ist dargestellt, wie für ein quadratisches Gitter die Konstruktion der zweiten und dritten Brillouin-Zone zu erfolgen hat. Jedem Vektor des reziproken Gitters wird dabei eine

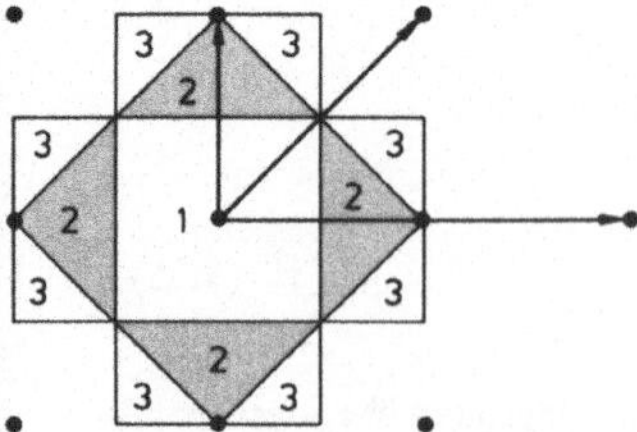

Fig. 3.10
Konstruktionen der ersten drei Brillouin-Zonen eines
quadratischen Gitters im Zweidimensionalen

Ebene zugeordnet, die in der Mitte des betreffenden Vektors senkrecht auf ihm errichtet ist und eine Begrenzungsfläche einer Brillouin-Zone bildet. Die erste Brillouin-Zone wird allseitig von der zweiten Brillouin-Zone umschlossen, diese von der dritten Brillouin-Zone, und so fort. Sämtliche Brillouin-Zonen haben ein gleich großes Volumen. Durch eine einfache Umformung erhalten wir aus Gl. (3.58)

$$\vec{k} \cdot \frac{(-\vec{G})}{2} = \left| \frac{\vec{G}}{2} \right|^2 . \tag{3.59}$$

Fig. 3.10 können wir entnehmen, daß Gl. (3.59) und damit auch Gl. (3.58) gerade für alle diejenigen Wellenzahlvektoren $\vec{k}$ erfüllt ist, die auf die Begrenzungsfläche einer Brillouin-Zone führen, die zum Vektor $-\vec{G}$ gehört. Nur für $\vec{k}$-Werte auf der Begrenzung einer Brillouin-Zone und ihrer nächsten Umgebung wird also außer $u_0(\vec{k})$ noch ein weiterer Koeffizient $u_{\vec{G}}(\vec{k})$ hinreichend groß sein, während für alle anderen k-Werte sämtliche Koeffizienten $u_{\vec{G}}(\vec{k})$ für $\vec{G} \neq 0$ in erster Näherung verschwinden. Für die beiden Koeffizienten $u_0(\vec{k})$ und $u_{\vec{G}}(\vec{k})$ gewinnen wir aus Gl. (3.56) unter Berücksichtigung von Gl. (3.58) die beiden Beziehungen

$$\left[\frac{\hbar^2}{2m} k^2 - E(\vec{k}) \right] u_0(\vec{k}) + U_0 u_0(\vec{k}) + U_{-\vec{G}} u_{\vec{G}}(\vec{k}) = 0$$

und
$$\left[\frac{\hbar^2}{2m} k^2 - E(\vec{k}) \right] u_{\vec{G}}(\vec{k}) + U_{\vec{G}} u_0(\vec{k}) + U_0 u_{\vec{G}}(\vec{k}) = 0.$$

Hieraus folgt

$$\left[\frac{\hbar^2}{2m} k^2 + U_0 - E(\vec{k}) \right]^2 = U_{\vec{G}} U_{-\vec{G}} .$$

Da das Potential $U(\vec{r})$ in Gl. (3.51) reell ist, muß $U_{-\vec{G}} = U_{\vec{G}}^*$ sein. Somit erhalten wir schließlich, wenn wir noch die Eigenwerte $E_0(\vec{k})$ der freien Elektronen aus Gl. (3.54) einführen

$$E(\vec{k}) = E_0(\vec{k}) \pm |U_{\vec{G}}|. \tag{3.60}$$

Unter dem Einfluß eines periodischen Störpotentials erfolgt also an den Begrenzungsflächen einer Brillouin-Zone eine Aufspaltung der Eigenwerte. Im Energiekontinuum entsteht an diesen Stellen eine Lücke, wie es Fig. 3.11 in eindimensionaler Darstellung im ausgedehnten und reduzierten Energieschema zeigt.

Auf eine mehr anschauliche Weise erhält man dieses Ergebnis folgendermaßen: Gl. (3.58) ergibt sich unmittelbar aus Gl. (1.19) auf Seite 25, die die Braggsche Reflexion an einem Kristallgitter beschreibt. Demnach erfahren in einem Kristall alle diejenigen Elektronenwellen eine Braggsche Reflexion, deren Wellenzahlvektor auf die Begrenzungsfläche einer Brillouin-Zone führt. Für ein eindimensionales Gitter heißt dieses, daß

sich für $k = \pm n \dfrac{\pi}{a}$ durch eine Überlagerung von einlaufenden und reflektierten Wellen

stehende Wellen ausbilden, die für die Elektronen eine Wahrscheinlichkeitsdichte ρ liefern,

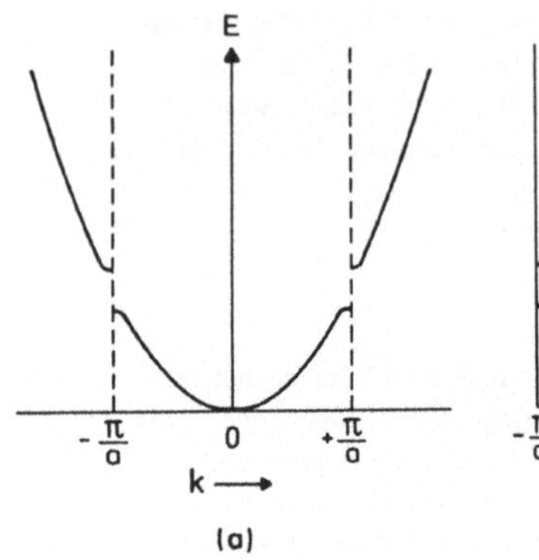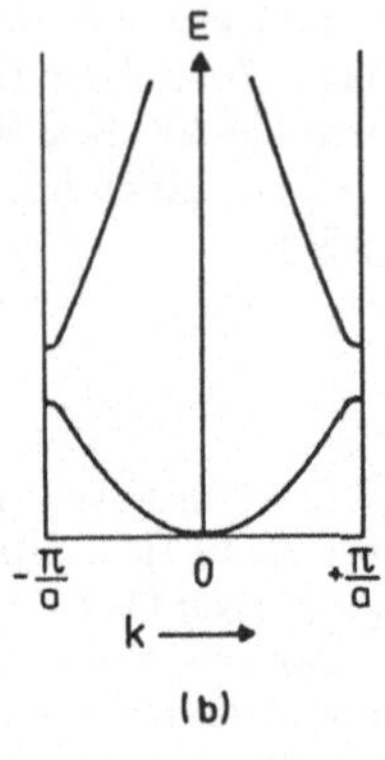

(a)   (b)

Fig. 3.11
Ausgedehntes (a) und reduziertes (b) Energieschema quasifreier Kristallelektronen in eindimensionaler Darstellung

die entweder proportional zu $\cos^2 \frac{n\pi}{a} x$ oder zu $\sin^2 \frac{n\pi}{a} x$ ist. Dieses ist in Fig. 3.12 für

$n = 1$ schematisch dargestellt. Für $\rho_1 \sim \cos^2 \frac{\pi}{a} x$ ist die Ladungsdichte eines quasifreien

Elektrons am Ort der positiv geladenen Gitterteilchen jeweils am größten, für $\rho_2 \sim \sin^2 \frac{\pi}{a} x$

ist sie dort am kleinsten. Das bedeutet, daß in bezug auf die Energie eines freien Elektrons die Gesamtenergie eines quasifreien Elektrons mit einer durch ρ_1 bestimmten Ladungsverteilung erniedrigt ist, und die eines quasifreien Elektrons mit einer durch ρ_2 bestimmten Ladungsverteilung erhöht ist. Dieses erklärt die aus Fig. 3.11 ersichtliche Aufspaltung der Energiewerte an den Zonengrenzen.

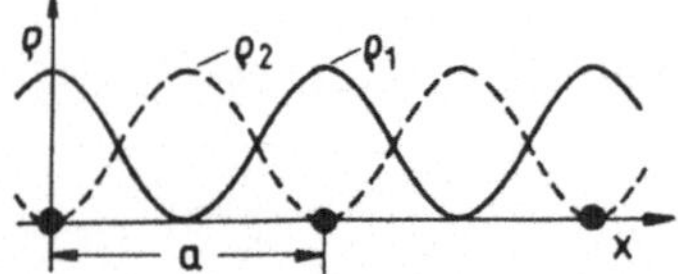

Fig. 3.12
Wahrscheinlichkeitsdichte ρ für zwei stehende Elektronenwellen in einem eindimensionalen Gitter
(s. Text)

Vergleichen wir Fig. 3.11b mit Fig. 3.8, so erkennen wir, daß beide hier beschriebenen Näherungsmethoden auf eine ähnliche Bandstruktur für die Elektronenenergie führen. Das Ergebnis kommt aber auf unterschiedliche Weise zustande. Während die Näherung für quasigebundene Elektronen eine Verbreiterung der diskreten Energieniveaus der freien Atome zu Bändern ergibt, erfolgt in der Näherung für quasifreie Elektronen eine Aufspaltung und Schrumpfung des Energiekontinuums der freien Elektronen an den Begrenzungsflächen der Brillouin-Zonen.

Die hier behandelten Näherungsverfahren können nur grundsätzliche Aussagen über die Struktur der Energiebänder liefern. Für eine genauere Berechnung der Bandstrukturen werden andere, kompliziertere Verfahren benutzt, die nur unter Zuhilfenahme von leistungsfähigen Rechnern angewandt werden können.

Metalle, Halbmetalle, Isolatoren und Halbleiter

Wie im folgenden gezeigt wird, lassen sich aus der Struktur der Energiebänder und dem Grad ihrer Besetzung wichtige Informationen über die elektrischen Eigenschaften eines Festkörpers gewinnen. Wir sahen auf Seite 106, daß die diskreten Energieniveaus freier Atome beim Zusammenbau der Atome zu einem Kristallgitter eine Aufspaltung erfahren, die der Mannigfaltigkeit des reduzierten Wellenzahlvektors $\vec{k}$ entspricht. Die Anzahl der möglichen $\vec{k}$-Werte innerhalb der ersten Brillouin-Zone ist nach den Ausführungen auf Seite 104 gerade gleich der Zahl N der Elementarzellen im Kristall. Hinzu kommt, daß man bei jedem durch den Wellenzahlvektor $\vec{k}$ gekennzeichneten Zustand zwei verschiedene Orientierungsmöglichkeiten des Elektronenspins zu berücksichtigen hat. Insgesamt gibt es also in jedem Energieband 2N unabhängige Quantenzustände. Ein einzelnes Energieband kann deshalb nach dem Pauli-Prinzip höchstens 2N Elektronen aufnehmen.

Am absoluten Nullpunkt der Temperatur sind alle Energieniveaus bis zu einem maximalen Energiewert mit Elektronen besetzt. Sind nun alle Energiebänder, in denen sich Elektronen befinden, gerade voll aufgefüllt, so ist der Kristall ein Isolator. Ist hingegen mindestens ein Band nur teilweise besetzt, so ist der Festkörper ein Metall, also ein Leiter. Hier wird nämlich durch ein äußeres elektrisches Feld bewirkt, daß Elektronen des teilbesetzten Bandes durch Energieaufnahme in benachbarte unbesetzte Niveaus des gleichen Bandes angehoben werden. Dadurch erhalten sie eine zusätzliche Geschwindigkeit, und es fließt infolgedessen ein elektrischer Strom. Bei Isolatoren liegen unbesetzte Niveaus erst in demjenigen Band, das auf das höchste vollbesetzte Band folgt. Um dieses zu erreichen, müssen die Elektronen die Energielücke zwischen den beiden Bändern überspringen. Die Energie, die hierzu benötigt wird, können elektrische Felder üblicher Stärke nicht liefern. Auf Einzelheiten zum elektrischen Leitungsmechanismus gehen wir erst in Abschn. 3.3 ein.

Ein Kristall hat immer dann metallische Eigenschaften, wenn die Zahl seiner Valenzelektronen je Elementarzelle ungerade ist; denn in diesem Fall ist mindestens ein Energieband nur teilweise besetzt. Dieses gilt zum Beispiel für die Alkalimetalle und die Edelmetalle mit einem Valenzelektron je Elementarzelle, aber auch für Aluminium mit drei Valenzelektronen je Elementarzelle. Ist hingegen bei einem Kristall die Zahl seiner Valenzelektronen je Elementarzelle gerade, so kann der Kristall ein Isolator sein. Dieses setzt allerdings voraus, daß sich die Energiebänder nicht überlappen. Bei einer Überlappung hat man es auch in diesem Fall mit einem Metall zu tun, da dann statt völlig aufgefüllter Bänder zwei oder mehrere nur teilweise besetzte Bänder vorliegen. Erdalkali-Kristalle haben zum Beispiel zwei Valenzelektronen je Elementarzelle. Da sich ihre oberen Energiebänder aber überlappen, haben diese Festkörper metallische Eigenschaften. Ist eine solche Überlappung nur sehr gering wie zum Beispiel bei Arsen, Antimon und Wismut, so spricht man von *Halbmetallen*. Bei ihnen ist auch die elektrische Leitfähigkeit nur sehr klein. Bei Silizium- und Germanium-Kristallen mit zwei vierwertigen Atomen je Elementarzelle ist hingegen keine Überlappung der Energiebänder vorhanden. Diese Kristalle sind also, wenigstens am absoluten Nullpunkt der Temperatur, Isolatoren.

In Fig. 3.13 ist die Besetzung der oberen Energiebänder bei Metallen und Isolatoren noch einmal schematisch dargestellt. In dieses Bandschema ist auch die Lage des Fermi-Niveaus

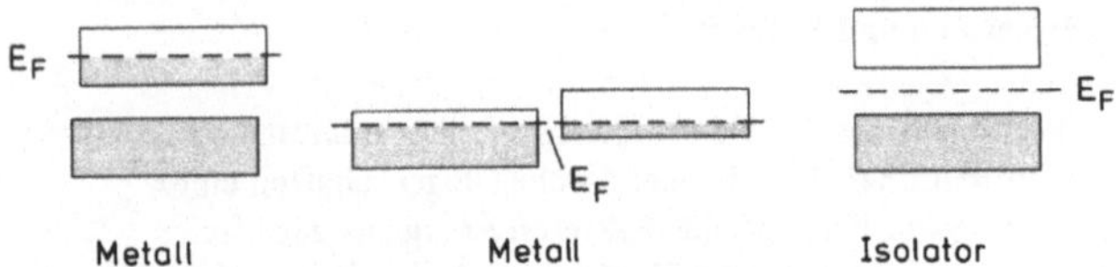

Fig. 3.13 Lage des Fermi-Niveaus im Bänderschema bei Metallen (a) bzw. (b) und bei einem Isolator (c). Die schattierten Flächen kennzeichnen die mit Elektronen besetzten Energiebereiche

E_F eingezeichnet. Bei Metallen liegt das Fermi-Niveau natürlich im teilbesetzten Band. Bei Isolatoren liegt es, wie in Abschn. 3.4 gezeigt wird, in der Energielücke zwischen dem obersten vollbesetzten sog. *Valenzband* und dem darüberliegenden sog. *Leitungsband*.

Bei Festkörpertemperaturen über dem absoluten Nullpunkt können bei Isolatoren Elektronen aus dem Valenzband ins Leitungsband gelangen. Im allgemeinen wird allerdings die thermische Energie der Elektronen im Vergleich zum Energiebetrag der Lücke zwischen Valenz- und Leitungsband so klein sein, daß nur eine unmerklich kleine Anzahl von Elektronen diese Lücke überspringt. Nur wenn die Energielücke besonders schmal ist, können so viele Elektronen das Leitungsband erreichen, daß der betreffende Kristall nachweisbar elektrisch leitend wird. Seine elektrische Leitfähigkeit wird jedoch immer viel kleiner sein als die eines Metalls. Man bezeichnet solche Kristalle als *Halbleiter*. Im Gegensatz zu einem Halbmetall, welches auch bei tiefen Temperaturen seine elektrische Leitfähigkeit behält, wird ein reiner Halbleiter am absoluten Nullpunkt der Temperatur zu einem Isolator.

Fermi-Flächen von Metallen

Nach Gl. (3.54) sind bei völlig freien Elektronen die Flächen konstanter Energie im $\vec{k}$-Raum Kugeln. Die unter dem Einfluß eines periodischen Störpotentials an den Begrenzungsflächen der Brillouin-Zonen bewirkte Aufspaltung der Energiewerte hat zur Folge, daß an diesen Stellen Abweichungen von der Kugelgestalt auftreten. Bei Metallen interessiert man sich vor allem für die Fläche mit der Elektronenenergie $E_F(0)$, die sog. *Fermi-Fläche*. Sie bildet am absoluten Nullpunkt der Temperatur die Grenzfläche zwischen besetzten und unbesetzten Zuständen. Veränderungen in der Zustandsbesetzung im $\vec{k}$-Raum bei einer Erhöhung der Kristalltemperatur und vor allem beim Anlegen äußerer Kraftfelder spielen sich nur in der Nähe der Fermi-Fläche ab. Die elektronischen Eigenschaften eines Metalls werden deshalb weitgehend durch die Gestalt seiner Fermi-Fläche bestimmt.

Es wird nun gezeigt, daß man bereits auf Grund einfacher theoretischer Überlegungen wesentliche Aussagen über die Gestalt der Fermi-Fläche verschiedener Metalle machen kann.

Als erstes wollen wir Metalle mit einer kubisch flächenzentrierten Kristallstruktur betrachten, die nur ein Valenzelektron haben. In diesem Fall ist die Zahl der Elektronen im obersten teilbesetzten Band gerade gleich der Zahl N der Gitteratome. Das Volumen, welches im $\vec{k}$-Raum von diesen N Elektronen benötigt wird, beträgt

$$V_N = \frac{N}{2}\frac{8\pi^3}{V}, \tag{3.61}$$

wenn V das Kristallvolumen ist. Hierbei ist $8\pi^3/V$ nach Gl. (2.34) das Volumen, das einem einzelnen $\vec{k}$-Wert im $\vec{k}$-Raum zuzuordnen ist. Außerdem ist in Gl. (3.61) berücksichtigt worden, daß wegen der beiden verschiedenen Orientierungsmöglichkeiten des Elektronenspins zu jedem Wellenzahlvektor zwei Elektronenzustände gehören.

Bei völlig freien Elektronen ist V_N eine Kugel, die sog. *Fermi-Kugel*. Ihr Radius k_F berechnet sich aus der Beziehung

$$\frac{4}{3}\pi k_F^3 = \frac{N}{2}\frac{8\pi^3}{V}$$

zu

$$k_F = \left(3\pi^2\,\frac{N}{V}\right)^{1/3}. \tag{3.62}$$

Die Größe N/V ist in unserem Beispiel sowohl die Zahl der Elektronen als auch die der Gitteratome je Volumeneinheit. Für ein kubisch flächenzentriertes Gitter gilt

$$\frac{N}{V} = \frac{4}{a^3}, \tag{3.63}$$

wenn a die Gitterkonstante des Kristalls ist.

Setzen wir diesen Wert in Gl. (3.62) ein, so erhalten wir schließlich

$$k_F = \left(\frac{12\pi^2}{a^3}\right)^{1/3} \approx \frac{4{,}91}{a}. \tag{3.64}$$

Wie auf Seite 22 gezeigt wurde, beträgt der kürzeste Abstand einer Begrenzungsfläche der ersten Brillouin-Zone eines kubisch flächenzentrierten Gitters vom Mittelpunkt der Brillouin-Zone

$$\frac{1}{2}\frac{2\pi}{a}\sqrt{3} \approx \frac{5{,}44}{a}.$$

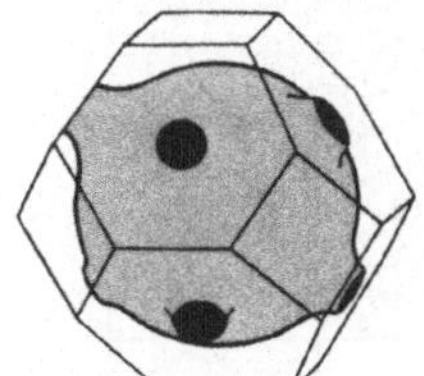
Fig. 3.14
Fermi-Fläche für Kupfer

Dieser Wert ist größer als k_F. Die Fermi-Kugel der völlig freien Elektronen berührt also die Begrenzungen der ersten Brillouin-Zone nicht. Nun haben wir aber auf Seite 112 gesehen, daß unter dem Einfluß eines periodischen Störpotentials die Bandenergie an den Begrenzungsflächen der ersten Brillouin-Zone erniedrigt wird. Dadurch wird bewirkt, daß die Fermi-Fläche an den Oktaederflächen der Brillouin-Zone leicht aufgewölbt ist und diese Flächen trifft. Fig. 3.14 zeigt eine solche Fermi-Fläche für Kupfer.

Bei Metallen mit mehr als einem Valenzelektron reicht wegen der größeren Elektronenzahldichte die Fermi-Kugel der freien Elektronen über die erste Brillouin-Zone hinaus.
Dieses ist in Fig. 3.15 für ein quadratisches zweidimensionales Gitter wiedergegeben.

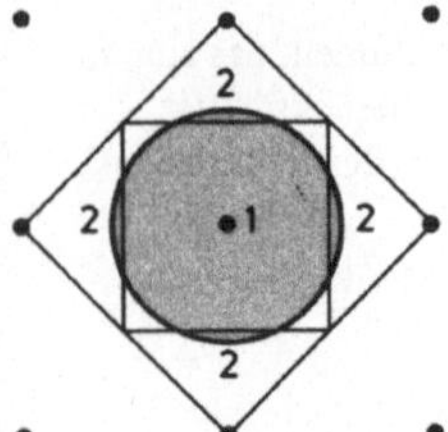

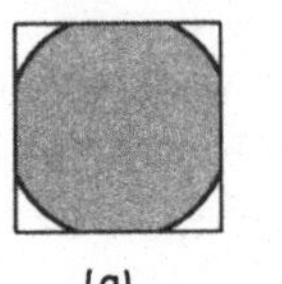

Fig. 3.15 Fermi-Fläche für freie Elektronen im ausgedehnten Zonenschema eines zweidimensio-
nalen quadratischen Gitters bei einer Teilbesetzung der ersten und zweiten Brillouin-
Zone. Die mit Elektronen besetzten Zustände
des $\vec{k}$-Raums sind durch eine Schattierung
gekennzeichnet

Fig. 3.16 Darstellung der Fermi-Fläche
aus Fig. 3.15 im reduzierten
Zonenschema für das erste (a)
und zweite (b) Energieband

Die hier benutzte Darstellung im ausgedehnten Zonenschema läßt sich wie in Fig. 3.5
auf die erste Brillouin-Zone reduzieren. Wir erhalten dann die in Fig. 3.16 gezeigten Bilder. Sowohl das erste als auch das zweite Band sind nur teilbesetzt.

Schließlich haben wir noch in Fig. 3.17 eine Darstellung im periodischen Zonenschema
aufgeführt. In dieser Darstellung sind die Fermi-Flächen in den einzelnen Zonen zusam-
menhängend. Es sei darauf hingewiesen, daß auch bei einem zweidimensionalen Gitter
der Begriff „Fermi-Fläche" verwendet wird, obwohl es sich hier in Wirklichkeit um eine
Begrenzungskurve handelt.

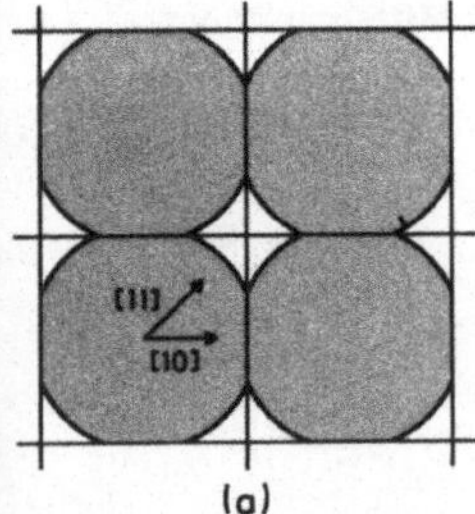

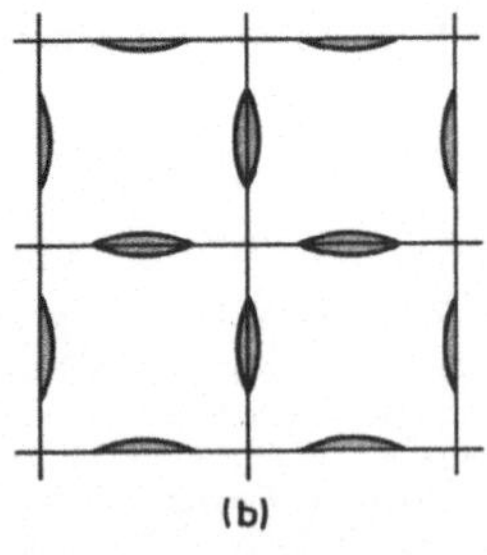

Fig. 3.17
Darstellung der Fermi-
Fläche aus Fig. 3.15 im
periodischen Zonenschema
für das erste (a) und zweite
(b) Energieband

Gehen wir von völlig freien Elektronen zu Elektronen in einem gitterperiodischen Potential über, so haben wir die Energielücke an der Begrenzung der ersten Brillouin-Zone zu
beachten. In Fig. 3.15 wurde der Radius des von der Fermi-Fläche begrenzten Kreises
so gewählt, daß sein Flächeninhalt gerade gleich dem der ersten Brillouin-Zone ist. Dieses
bedeutet, daß bei einer genügend großen Energielücke an der Berandung der ersten
Brillouin-Zone nur diese mit Kristallelektronen besetzt ist; es läge also keine Überlappung

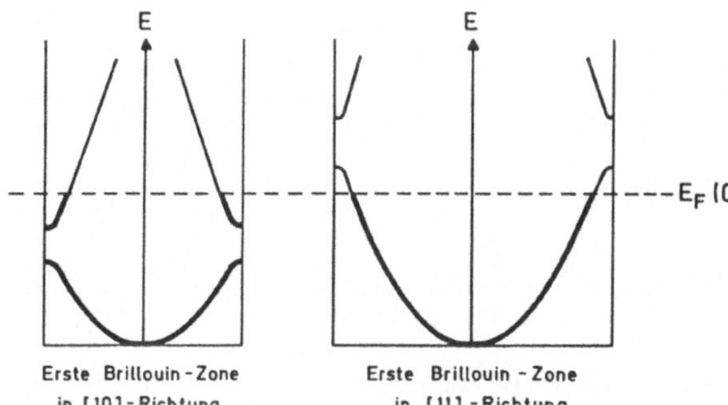

Fig. 3.18
Zur Veranschaulichung
der Überlappung
von Energiebändern
(s. Text)

von Energiebändern vor. Bei einer kleinen Energielücke kann es hingegen zu einer solchen Überlappung kommen. Für die in Fig. 3.17 durch die Indizes [10] und [11] gekennzeichneten Kristallrichtungen ist in Fig. 3.18 die Energie der schwach gebundenen Elektronen über der Wellenzahl k aufgetragen (vgl. Fig. 3.11). In der [10]-Richtung wird die Berandung der ersten Brillouin-Zone bei einem kleineren k-Wert erreicht als in der [11]-Richtung. Die Energielücke zwischen dem ersten und zweiten Band beginnt dementsprechend in der [10]-Richtung bei einer niedrigeren Energie als in der [11]-Richtung. Ist nun die Energielücke nicht zu groß, so werden sich, wie es in Fig. 3.18 dargestellt ist, die Energiebänder überlappen.

Mit ansteigender Zahl der Valenzelektronen werden immer größere Bereiche des ausgedehnten Zonenschemas von der Fermi-Kugel erfaßt. In Fig. 3.19 umschließt die Fermi-Fläche in einem zweidimensionalen Gitter Bereiche der ersten, zweiten, dritten und vierten Brillouin-Zone. In diesem Fall liefert eine Reduktion auf die erste Brillouin-Zone die in Fig. 3.20 dargestellten Bilder.

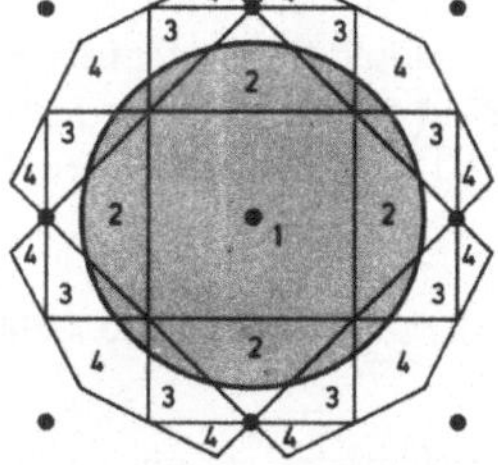

Fig. 3.19
Fermi-Fläche für freie Elektronen im ausgedehnten Zonenschema eines zweidimensionalen quadratischen Gitters bei einer Teilbesetzung der zweiten, dritten und vierten Brillouin-Zone

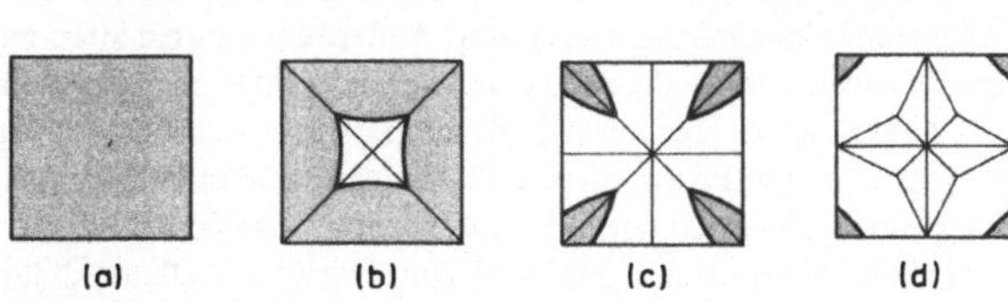

Fig. 3.20 Reduktion des ausgedehnten Zonenschemas von Fig. 3.19 auf die erste Brillouin-Zone für das erste (a), zweite (b), dritte (c) und vierte (d) Energieband

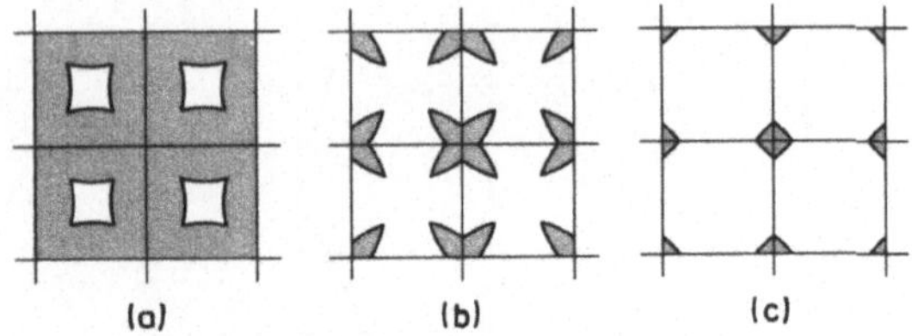

(a)   (b)   (c)

Fig. 3.21 Darstellung der Fermi-Fläche aus Fig. 3.19 im periodischen Zonenschema für das zweite
(a), dritte (b) und vierte (c) Energieband

Das erste Band ist vollbesetzt, während die übrigen Bänder nur teilbesetzt sind. Die entsprechende Darstellung im periodischen Zonenschema für das zweite, dritte und vierte Band zeigt Fig. 3.21.

Unter ähnlichen Bedingungen wie in Fig. 3.19 erhält man für ein dreidimensionales Gitter im reduzierten Zonenschema eine Darstellung wie in Fig. 3.22. Sie zeigt die Besetzung der drei obersten Energiebänder von Aluminium. Aluminium hat drei Valenzelektronen

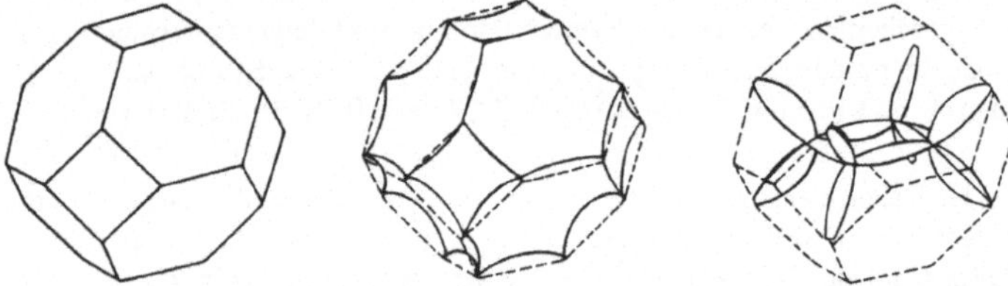

Fig. 3.22 Besetzung der drei obersten Energiebänder von Aluminium für völlig freie Elektronen
(nach Mackintosh, A. R.: Fermi surface of metals. Sci. Amer. Juli 1963 (110))

und eine kubisch flächenzentrierte Kristallstruktur. Das erste Band ist vollbesetzt. Das zweite Band enthält nur außerhalb der eingezeichneten Fermi-Fläche Elektronen. Das dritte Band ist nur innerhalb der zigarrenförmigen Fermi-Fläche besetzt.

3.3   Kristallelektronen in äußeren Kraftfeldern

Bisher beschäftigten wir uns im Rahmen der Bändertheorie nur mit den Energiewerten $E(\vec{k})$ der Elektronen in einem Kristallgitter. Außerdem untersuchten wir die Besetzung der Energieniveaus für den Fall, daß keine äußeren Kräfte auf die Kristallelektronen einwirken. Die Energiewerte ergaben sich als die Eigenwerte der Schrödinger-Gleichung mit einem gitterperiodischen Potential. Die Elektronen werden in dieser Darstellung durch Bloch-Wellen beschrieben. Um den Einfluß äußerer Kraftfelder auf die Bewegung der Kristallelektronen zu ermitteln, gehen wir zunächst vom Wellenbild der Kristallelektronen zum Teilchenbild über. Wir ordnen zu diesem Zweck einem Kristallelektron eine Teilchengeschwindigkeit $\vec{v}$ zu, die gleich der Gruppengeschwindigkeit des Wellenpakets aus Blochwellen ist, mit welchem sich das Kristallelektron lokalisieren läßt. Wir setzen also

$$\vec{v} = \mathrm{grad}_{\vec{k}}\,\omega(\vec{k}).$$
(3.65)

Hieraus gewinnen wir mit Hilfe der Beziehung

$$E(\vec{k}) = \hbar\omega(\vec{k})$$

den Ausdruck

$$\vec{v} = \frac{1}{\hbar}\,\mathrm{grad}_{\vec{k}}\,E(\vec{k}).$$
(3.66)

Die Gradientbildung ist hierbei im $\vec{k}$-Raum durchzuführen, und für $E(\vec{k})$ ist die Energie-funktion desjenigen Bandes zu benutzen, aus dem das betreffende Elektron stammt. Es sei ausdrücklich betont, daß $\vec{v}$ nicht etwa die momentane Geschwindigkeit ist, mit der sich das Elektron durch den Kristall bewegt, sondern $\vec{v}$ ist der Erwartungswert des quantenmechanischen Geschwindigkeitsoperators eines Elektrons mit der Energie $E(\vec{k})$ oder, anders ausgedrückt, die mittlere Geschwindigkeit, die einem Elektron mit der Energie $E(\vec{k})$ zuzuordnen ist. Für solche Erwartungswerte gelten die klassischen Bewegungsgleichungen. Wenn keine äußeren Kräfte auf das Kristallelektron einwirken, ist $\vec{v}$ zeitlich konstant. Das Elektron wird im periodischen Gitterpotential zwar ständig in abwechselnder Folge beschleunigt und verzögert, aber im Zeitmittel ist die Krafteinwirkung gleich Null.

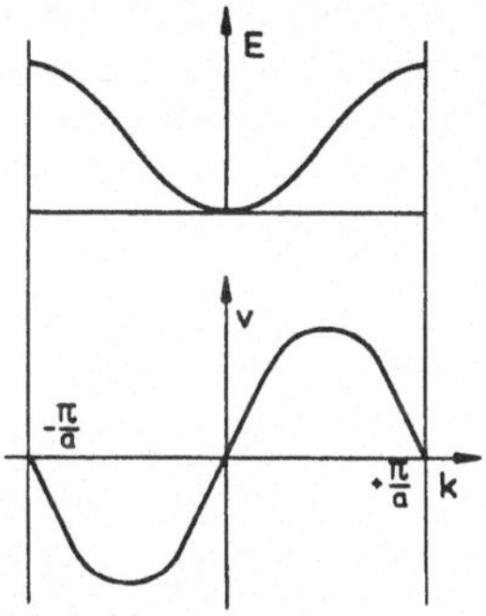

Fig. 3.23
Mittlere Geschwindigkeit v eines Kristallelektrons als Funktion
der Wellenzahl k bei vorgegebener Energiefunktion E(k)

In Fig. 3.23 ist die Geschwindigkeit $\vec{v}$ als Funktion von $\vec{k}$ nach Gl. (3.66) für eine Energie-funktion $E(\vec{k})$, die der Kurve 1 in Fig. 3.8 entspricht, wiedergegeben. An der oberen und unteren Bandkante ist hier $v = 0$. Die Geschwindigkeit $\vec{v}$ ist bei einem vorgegebenen $\vec{k}$-Wert um so höher, je größer die Bandbreite ist. Im übrigen treten in einem vollbesetzten Energieband Elektronen mit der Geschwindigkeit $\vec{v}$ und $-\vec{v}$ stets paarweise auf. In einem teilbesetzten Band ist dieses nur dann der Fall, wenn keine äußeren Kräfte die Bewegung der Kristallelektronen beeinflussen.

Wirkt nun eine äußere Kraft $\vec{F}$ während der Zeit dt auf ein Kristallelektron ein, so wird nach dem Korrespondenzprinzip dem Elektron die Energie

$$dE(\vec{k}) = \vec{F} \cdot \vec{v}\,dt$$
(3.67)

zugeführt. Unter Beachtung von Gl. (3.66) gilt aber auch

$$dE(\vec{k}) = \text{grad}_{\vec{k}} \, E(\vec{k}) \cdot d\vec{k} = \hbar \vec{v} \cdot d\vec{k}. \tag{3.68}$$

Es ist also

$$\hbar \vec{v} \cdot d\vec{k} = \vec{F} \cdot \vec{v} \, dt$$

oder $$\hbar \frac{d\vec{k}}{dt} = \vec{F}. \tag{3.69}$$

Gl. (3.69) gibt die Änderung des Wellenzahlvektors $\vec{k}$ eines Kristallelektrons unter dem Einfluß einer äußeren Kraft an und läßt sich als Bewegungsgleichung für ein Kristallelektron auffassen.

Die Größe $\hbar \vec{k}$ erscheint in Gl. (3.69) als Impuls des Kristallelektrons, obwohl $\hbar \vec{k}$ im Kristall nicht wie bei einem freien Elektron der wirkliche Erwartungswert für den Impuls eines Elektrons ist. Man bezeichnet die Größe $\hbar \vec{k}$ als Pseudoimpuls des Kristallelektrons. Bei Stoßprozessen im Kristall geht ein Elektron mit seinem Pseudoimpuls in den Impulserhaltungssatz ein.

Effektive Masse eines Kristallelektrons

Durch Einführung der effektiven Masse m^* des Kristallelektrons, eines Begriffs, den wir bereits auf Seite 107 in einem speziellen Beispiel benutzt haben, läßt sich Gl. (3.69) in die Form des Newtonschen Grundgesetzes bringen. Wir bilden zu diesem Zweck die Zeitableitung der mittleren Geschwindigkeit $\vec{v}$ des Kristallelektrons. Für die Komponente dv_x/dt erhalten wir unter Beachtung von Gl. (3.66) und Gl. (3.69)

$$\frac{dv_x}{dt} = \frac{d}{dt} \left(\frac{1}{\hbar} \frac{\partial E(k_x, k_y, k_z)}{\partial k_x} \right)$$

$$= \frac{1}{\hbar} \left(\frac{\partial^2 E}{\partial k_x^2} \frac{dk_x}{dt} + \frac{\partial^2 E}{\partial k_x \partial k_y} \frac{dk_y}{dt} + \frac{\partial^2 E}{\partial k_x \partial k_z} \frac{dk_z}{dt} \right)$$

$$= \frac{1}{\hbar^2} \left(\frac{\partial^2 E}{\partial k_x^2} F_x + \frac{\partial^2 E}{\partial k_x \partial k_y} F_y + \frac{\partial^2 E}{\partial k_x \partial k_z} F_z \right).$$

Fassen wir diese Beziehung mit den entsprechend zu bildenden Ausdrücken für dv_y/dt und dv_z/dt zusammen und setzen

$$\frac{1}{\hbar^2} \begin{pmatrix} \dfrac{\partial^2 E}{\partial k_x^2} & \dfrac{\partial^2 E}{\partial k_x \partial k_y} & \dfrac{\partial^2 E}{\partial k_x \partial k_z} \\[2ex] \dfrac{\partial^2 E}{\partial k_y \partial k_x} & \dfrac{\partial^2 E}{\partial k_y^2} & \dfrac{\partial^2 E}{\partial k_y \partial k_z} \\[2ex] \dfrac{\partial^2 E}{\partial k_z \partial k_x} & \dfrac{\partial^2 E}{\partial k_z \partial k_y} & \dfrac{\partial^2 E}{\partial k_z^2} \end{pmatrix} = \frac{1}{m^*}, \tag{3.70}$$

so bekommen wir

$$\frac{d\vec{v}}{dt} = \frac{1}{m^*}\,\vec{F}.$$

(3.71)

Die effektive Masse m* eines Kristallelektrons ist demnach ein Tensor, und die Beschleunigung eines Kristallelektrons braucht somit nicht in die Richtung der äußeren Kraft zu erfolgen. Natürlich kann dieser Tensor für bestimmte Werte von $\vec{k}$ auch zu einem Skalar entarten. Hat m* in diesem Fall einen negativen Wert, wie es nach den Ausführungen auf Seite 108 an einer oberen Bandgrenze immer zutrifft, so ist die Beschleunigung der Kristallelektrons der äußeren Kraft sogar entgegengesetzt gerichtet. In Wirklichkeit hat selbstverständlich ein Elektron im Kristall die gleiche Masse wie im Vakuum. Daß in Gl. (3.71) das Kristallelektron mit einer anderen Masse in Erscheinung tritt, ist nur darauf zurückzuführen, daß in dieser Gleichung lediglich die äußeren Kräfte berücksichtigt werden und die inneren durch das periodische Kristallpotential bedingten Kräfte explizit nicht vorkommen.

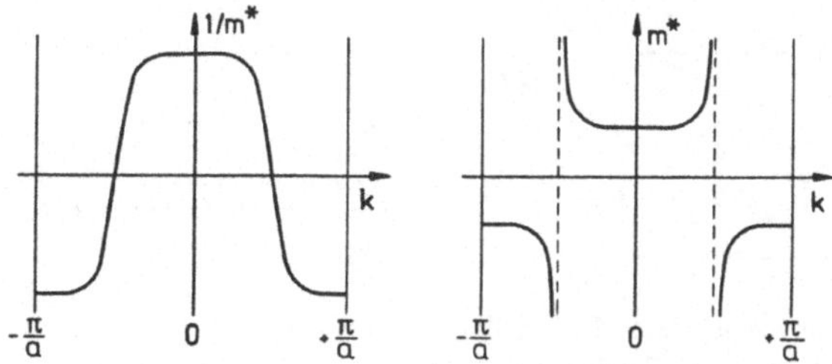

Fig. 3.24 Reziproke effektive Masse 1/m* und effektive Masse m* eines Kristallelektrons als Funktion der Wellenzahl k für eine Energiefunktion E(k), die der Kurve 1 in Fig. 3.8 entspricht

In Fig. 3.24 ist 1/m* und m* für eine Energiefunktion, die der Kurve 1 in Fig. 3.8 entspricht, in eindimensionaler Darstellung in Abhängigkeit von k aufgetragen. Im Innern der ersten Brillouin-Zone, in der die Energiefunktion E(k) durch eine Parabel beschrieben werden kann, hat m* einen konstanten Wert. Bei einer Annäherung an den Zonenrand wird m* zunächst unendlich groß und nimmt anschließend negative Werte an.

Bewegung eines Kristallelektrons in einem elektrischen Feld; Defektelektronen

Der Wellenzahlvektor $\vec{k}$ eines Kristallelektrons wird unter dem Einfluß eines äußeren elektrischen Feldes $\vec{E}$ während der Zeit dt nach Gl. (3.69) um den Wert

$$d\vec{k} = -\frac{1}{\hbar}\,e\,\vec{E}\,dt$$

(3.72)

abgeändert. Ist die Richtung des elektrischen Feldes zeitlich unverändert, so wächst der Wellenzahlvektor so lange an, bis er die Begrenzung der ersten Brillouin-Zone erreicht hat.

Hier erfolgt durch eine Braggsche Reflexion (s. Seite 111) ein Umklappen derjenigen Komponente des Wellenzahlvektors, die senkrecht auf der Zonenbegrenzung steht. In Fig. 3.25 ist dieses Verhalten von $\vec{k}$ für ein zweidimensionales quadratisches Gitter im reduzierten Zonenschema dargestellt. Bei der Pendelbewegung des $\vec{k}$-Vektors innerhalb der ersten Brillouin-Zone wird das Kristallelektron abwechselnd beschleunigt und abgebremst; denn bei einer Annäherung des $\vec{k}$-Vektors an den Zonenrand wechselt die effektive Masse des Kristallelektrons das Vorzeichen (s. Fig. 3.24). Auch im Ortsraum führt ein Kristallelektron unter dem Einfluß eines äußeren elektrischen Feldes Pendelbewegungen aus, da die Geschwindigkeit $\vec{v}$ eines Kristallelektrons ebenfalls periodisch ihre Richtung ändert (s. Fig. 3.23). In Wirklichkeit können derartige Pendelbewegungen allerdings niemals beobachtet werden; denn infolge der Streuung der Kristallelektronen an Phononen und Gitterfehlern stellt sich unter dem Einfluß eines konstanten elektrischen Feldes stets nur eine relativ kleine stationäre Verrückung des Wellenzahlvektors der Kristallelektronen ein.

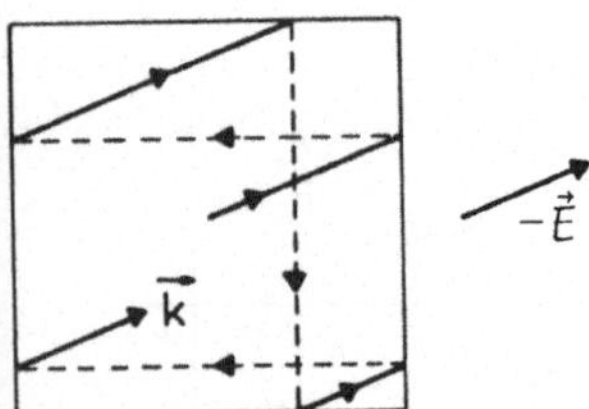

Fig. 3.25
Pendelbewegung des Wellenzahlvektors $\vec{k}$ eines Kristallelektrons in der ersten Brillouin-Zone eines zweidimensionalen quadratischen Gitters unter dem Einfluß eines äußeren elektrischen Feldes $\vec{E}$

Bei einem vollbesetzten Energieband wird durch die zeitliche Abänderung des $\vec{k}$-Wertes der einzelnen Kristallelektronen unter dem Einfluß eines äußeren elektrischen Feldes nach den obigen Überlegungen keine Änderung des Besetzungszustandes des Bandes bewirkt. Es bleiben also sämtliche Zustände besetzt. Wie wir auf Seite 119 gesehen haben, gibt es bei einem vollbesetzten Band zu jedem Elektron mit der mittleren Geschwindigkeit $\vec{v}$ auch ein Elektron mit der Geschwindigkeit $-\vec{v}$. Für ein vollbesetztes Band gilt demnach

$$\sum_{\vec{k}} \vec{v}(\vec{k}) = 0, \qquad (3.73)$$

wobei die Summierung über sämtliche $\vec{k}$-Werte der ersten Brillouin-Zone erfolgen muß. Gl . (3.73) bedeutet gleichzeitig, daß ein vollbesetztes Band keinen Beitrag zu einem elektrischen Strom in einem Festkörper leistet.

Bei einem teilbesetzten Band beträgt die elektrische Stromdichte in einem Festkörper unter dem Einfluß eines elektrischen Feldes

$$\vec{j} = -e\frac{2}{V} \sum_{\vec{k}_{\text{besetzt}}} \vec{v}(\vec{k}). \qquad (3.74)$$

Hierbei ist V das Kristallvolumen. Durch den Faktor 2 wird berücksichtigt, daß zu jedem Wellenzahlvektor $\vec{k}$ zwei Spinzustände gehören. Es ist natürlich nur über die $\vec{k}$-Werte der besetzten Zustände zu summieren. Wegen der Beziehung in Gl. (3.73) können wir an

Stelle von Gl. (3.74) aber auch schreiben

$$\vec{j} = +e \, \frac{2}{V} \sum_{\vec{k}_{unbesetzt}} \vec{v}(\vec{k}),$$ (3.75)

wenn diesmal über sämtliche unbesetzten Zustände des Energiebandes summiert wird. Hiernach läßt sich ein elektrischer Strom entweder durch den Strom der negativ geladenen Kristallelektronen beschreiben oder aber durch einen Strom fiktiver positiv geladener Teilchen, die den unbesetzten Zuständen in dem betreffenden Energieband zugeordnet sind. Diese fiktiven Ladungsträger bezeichnet man als *Defektelektronen* oder *Löcher*. Benutzt man zur Beschreibung des elektrischen Stromes Defektelektronen, so erscheinen natürlich die mit Elektronen besetzten Zustände als unbesetzt. Im übrigen ist in diesem Fall folgendes zu beachten:

1. Nach Gl. (3.75) ist die mittlere Geschwindigkeit $\vec{v}_p$ eines Defektelektrons gleich der Elektronengeschwindigkeit $\vec{v}_e$, die dem zugehörigen unbesetzten Zustand zuzuordnen ist. Der Bewegungsablauf eines Defektelektrons unter dem Einfluß eines elektrischen Feldes ist also im Ortsraum gleich dem eines Elektrons, wenn sich dieses in dem betreffenden unbesetzten Zustand befinden würde. Die Bewegungsgleichung für das Kristallelektron lautet

$$m_e^* \, \frac{d\vec{v}_e}{dt} = -e \, \vec{E}$$

und die für das Defektelektron heißt

$$m_p^* \, \frac{d\vec{v}_p}{dt} = +e \, \vec{E},$$

wenn m_e^* und m_p^* die effektiven Massen von Elektron und Defektelektron sind. $\vec{v}_p$ kann nur dann gleich $\vec{v}_e$ sein, wenn

$$m_p^* = -m_e^*$$ (3.76)

ist.

2. Die Summe über die Wellenzahlvektoren der Kristallelektronen eines vollbesetzten Bandes ist gleich Null. Wenn wir nun ein Elektron mit dem Wellenzahlvektor $\vec{k}_e$ aus dem Band entfernen, so beträgt die Summe der Wellenzahlvektoren der restlichen Elektronen des Bandes $-\vec{k}_e$. Da sich ein Band mit einem fehlenden Elektron genau so gut durch das entsprechende Defektelektron beschreiben läßt, können wir dem Defektelektron den Wellenzahlvektor $-\vec{k}_e$ zuordnen. Es gilt also für den Wellenzahlvektor $\vec{k}_p$ des Defektelektrons

$$\vec{k}_p = -\vec{k}_e.$$ (3.77)

3. Wir legen jetzt den Bezugspunkt für die Energiefunktion der Kristallelektronen und Defektelektronen in die Oberkante eines vollbesetzten Energiebandes. Entfernen wir aus diesem Band ein Elektron mit dem Energiewert $E_e(\vec{k}_e)$, so erfährt das System eine Anregung um den Energiebetrag $-E_e(\vec{k}_e)$. Hierbei ist $-E_e(\vec{k}_e)$ größer als Null, da bei unserer Wahl des Bezugspunktes $E_e(\vec{k}_e)$ einen negativen Wert hat. Wir können nun die

Anregungsenergie des Systems einem Defektelektron zuordnen, welches das Band mit dem fehlenden Elektron ersetzt. Wir bekommen dann

$$E_p(\vec{k}_e) = -E_e(\vec{k}_e). \tag{3.78}$$

Da $\qquad E_p(\vec{k}_e) = E_p(-\vec{k}_p) = E_p(\vec{k}_p)$

ist, folgt aus Gl. (3.78)

$$E_p(\vec{k}_p) = -E_e(\vec{k}_e). \tag{3.79}$$

Zusammenfassend stellen wir folgendes fest: Wenn wir aus einem vollbesetzten Band ein Elektron entfernen, so können wir das restliche Band durch ein positiv geladenes Defektelektron beschreiben, dessen effektive Masse, Wellenzahlvektor und Energie das umgekehrte Vorzeichen wie das fehlende Elektron haben, aber das die gleiche Geschwindigkeit wie das Elektron besitzt.

Ob man den elektrischen Strom in einem Festkörper zweckmäßig durch einen Strom von Elektronen oder durch einen Strom von Defektelektronen beschreibt, hängt vom Besetzungsgrad des betreffenden Energiebandes ab. Bei einem schwach besetzten Band, wie z. B. bei dem Leitungsband eines Halbleiters, wird man Elektronen als Ladungsträger des elektrischen Stroms ansehen; denn diese haben hier praktisch alle die gleiche effektive Masse. Anders ist es hingegen, wenn ein Band fast voll besetzt ist, wie es z. B. bei dem Valenzband eines Halbleiters der Fall sein kann. Hier hätte man bei der Berechnung des elektrischen Stromes über die Bewegung von Elektronen die unterschiedliche teilweise sogar negative effektive Masse der am Ladungstransport beteiligten Kristallelektronen zu berücksichtigen. Faßt man hingegen den elektrischen Strom als einen Ladungstransport durch Defektelektronen auf, so hat man es nur mit relativ wenigen Ladungsträgern zu tun, denen man eine einheitliche effektive Masse zuordnen darf, die außerdem positiv ist.

Bewegung eines Kristallelektrons in einem magnetischen Feld; Zyklotronfrequenz

Für ein Kristallelektron, das sich in einem Magnetfeld mit der Kraftflußdichte $\vec{B}$ befindet, lautet die Bewegungsgleichung (s. Gl. (3.69))

$$\hbar \frac{d\vec{k}}{dt} = -e(\vec{v} \times \vec{B}). \tag{3.80}$$

Benutzen wir für $\vec{v}$ die Beziehung aus Gl. (3.66), so erhalten wir

$$\frac{d\vec{k}}{dt} = \frac{e}{\hbar^2} (\vec{B} \times \mathrm{grad}_{\vec{k}} \, E(\vec{k})). \tag{3.81}$$

Hiernach bewegt sich das Kristallelektron im $\vec{k}$-Raum senkrecht zu $\mathrm{grad}_{\vec{k}} \, E(\vec{k})$, also auf einer Fläche konstanter Energie. Außerdem verläuft die Bewegung in einer Ebene senkrecht zu $\vec{B}$. Die Lage dieser Ebene im $\vec{k}$-Raum ist durch die Komponente des Wellenzahlvektors $\vec{k}$ in Richtung des Magnetfeldes bestimmt. Die Bahnkurve ergibt sich demnach als Schnittlinie dieser Ebene mit der Fläche $E(\vec{k}) = $ const. Man unterscheidet zwischen

geschlossenen und *offenen Bahnen*. Sämtliche Bahnkurven auf den Fermi-Flächen in
Fig. 3.21 sind geschlossene Bahnen. Eine offene Bahn ist in Fig. 3.26 dargestellt. Sie
setzt sich im periodischen Zonenschema immer weiter fort, ohne sich jemals zu schließen.

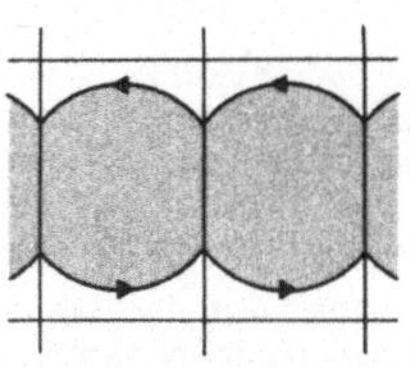

Fig. 3.26
Bewegung des Wellenzahlvektors $\vec{k}$ eines Kristallelektrons auf einer
Fermi-Fläche längs einer offenen Bahnkurve unter dem Einfluß eines
senkrecht zur Zeichenebene gerichteten Magnetfeldes dargestellt im
periodischen Zonenschema. Der schattierte Bereich des $\vec{k}$-Raums ist
mit Elektronen besetzt

Bei einer geschlossenen Bahn kann von der umschlossenen Fläche aus betrachtet die
Energie $E(\vec{k})$ entweder nach außen oder nach innen zunehmen. In Fig. 3.21b und c ist
für eine Bahnkurve auf der Fermi-Fläche das erste der Fall. Der Vektor $\mathrm{grad}_{\vec{k}}\, E(\vec{k})$ zeigt
hier nach außen (Fig. 3.27). Weist nun z. B. der Vektor $\vec{B}$ aus der Zeichenebene nach
oben, so verläuft die Bahn eines Kristallelektrons der Fermi-Fläche entgegen dem Urzei-
gersinn. Den gleichen Umlaufsinn hätte auch die Bahn eines freien Elektrons. Umgekehrt
sind hingegen die Verhältnisse für eine Bahnkurve auf der Fermi-Fläche in Fig. 3.21a.
Hier zeigt der Vektor $\mathrm{grad}_{\vec{k}}\, E(\vec{k})$ nach innen (Fig. 3.28). Ein Kristallelektron der Fermi-
Fläche bewegt sich deshalb in einem Magnetfeld, das wiederum aus der Zeichenebene
nach oben weist, im Uhrzeigersinn auf seiner Bahn. Das Kristallelektron verhält sich wie
ein positiv geladenes Teilchen. Seine Bahnkurve bezeichnet man deshalb als *Lochbahn*.
Dieses entspricht den Überlegungen auf Seite 123.

Fig. 3.27 Bewegung des Wellenzahlvektors $\vec{k}$
eines Kristallelektrons auf einer
Fermi-Fläche längs einer elektronen-
artigen Bahn (s. Text)

Fig. 3.28 Bewegung des Wellenzahlvektors $\vec{k}$
eines Kristallelektrons auf einer
Fermi-Fläche längs einer Lochbahn
(s. Text)

Wir berechnen jetzt die Umlaufzeit eines Kristallelektrons in einem Magnetfeld auf einer
im $\vec{k}$-Raum geschlossenen Bahn. Natürlich hat die Umlaufzeit im Ortsraum den gleichen
Wert.

Aus Gl. (3.81) folgt für ein Bahnelement dk der Bahnkurve (s. Fig. 3.29)

$$dk = \frac{e}{\hbar^2}\, B\, \frac{dE}{dk_{\perp}}\, dt. \qquad (3.82)$$

Hierbei ist $dE/dk_{\perp}$ die Komponente von $\mathrm{grad}_{\vec{k}}\, E(\vec{k})$ senkrecht zu B.

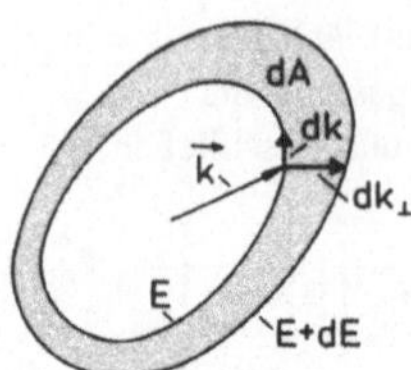

Fig. 3.29
Zur Berechnung der Zyklotronfrequenz eines Kristallelektrons
(s. Text)

Integrieren wir Gl. (3.82) über einen Umlauf und beachten, daß $\oint dk_\perp dk$ gleich dem Flächenelement dA in der Bahnebene zwischen den Flächen mit den Energien E und E + dE und $\int dt$ die Umlaufzeit T ist, so erhalten wir

$$T = \frac{\hbar^2}{eB}\frac{dA}{dE}.$$ (3.83)

Die Umlauffrequenz beträgt dann

$$\omega_c = \frac{2\pi}{T} = \frac{2\pi eB}{\hbar^2(dA/dE)}.$$ (3.84)

Die Größe ω_c bezeichnet man gewöhnlich als *Zyklotronfrequenz* der Kristallelektronen. Im allgemeinen hat sie für die verschiedenen Elektronen eines Energiebandes unterschiedliche Werte.

Für freie Elektronen ist die Umlaufbahn im $\vec{k}$-Raum ein Kreis. Es gilt in diesem Fall

$$A = \pi k^2 = \pi\,\frac{2mE}{\hbar^2}$$

und somit

$$\frac{dA}{dE} = \frac{2\pi m}{\hbar^2}.$$

Setzen wir diesen Ausdruck in Gl. (3.84) ein, so bekommen wir

$$\omega_c = \frac{eB}{m}.$$ (3.85)

Dieses Ergebnis können wir auch auf einfachere Weise gewinnen, wenn wir davon ausgehen, daß im Ortsraum bei der Bewegung eines Elektrons in einem Magnetfeld die Lorentz-Kraft $e\omega rB$ als Zentripetalkraft $m\omega^2 r$ auftritt. Die Größe r ist hierbei der Radius der kreisförmigen oder im allgemeineren Falle spiralförmigen Elektronenbahn.

Formal kann man den Ausdruck in Gl. (3.84) für die Zyklotronfrequenz eines Kristallelektrons so darstellen, daß er der Beziehung in Gl. (3.85) entspricht. Man führt zu diesem Zweck die sog. *Zyklotronmasse*

$$m_c = \frac{\hbar^2}{2\pi}\frac{dA}{dE}$$ (3.86)

ein. Aus Gl. (3.84) wird dann

$$\omega_c = \frac{eB}{m_c} \, .$$

(3.87)

Hierauf kommen wir im Abschn. 3.5 zurück.

Elektrische Leitfähigkeit von Metallen

Es wurde bereits auf Seite 122 erwähnt, daß die Bewegung der Kristallelektronen unter dem Einfluß eines äußeren elektrischen Feldes durch Streuung an Phononen und Gitterfehlern wesentlich beeinflußt wird. Infolge dieser Wechselwirkung stellt sich in einem Metall, an welches eine zeitlich konstante elektrische Spannung gelegt worden ist, ein stationärer elektrischer Strom ein. Eine Gleichung, die als Ausgangsbasis zur Berechnung der elektrischen Leitfähigkeit von Metallen geeignet ist, muß also nicht nur die beschleunigende Wirkung eines äußeren elektrischen Feldes auf die Kristallelektronen erfassen, sondern hat auch einen durch die Streuprozesse bedingten der Elektronenbeschleunigung entgegenwirkenden Mechanismus zu berücksichtigen. Dabei gilt es herauszufinden, wie sich die Funktion $f(\vec{k})$, die die Verteilung der Kristallelektronen auf die verschiedenen durch den Wellenzahlvektor $\vec{k}$ gekennzeichneten Energiezustände unter dem Einfluß eines äußeren elektrischen Feldes und der oben genannten Streuprozesse angibt, von der ohne Störung vorhandenen Gleichgewichtsverteilung $f_0(\vec{k})$ unterscheidet. $f_0(\vec{k})$ ist hierbei die Fermi-Funktion für das thermodynamische Gleichgewicht. Es ist also

$$f_0(\vec{k}) = \frac{1}{e^{[E(\vec{k}) - E_F]/k_B T} + 1} \, .$$

(3.88)

Die durch das äußere Feld bestimmte zeitliche Änderungsrate der Verteilungsfunktion $f(\vec{k})$ bezeichnen wir mit $(\partial f/\partial t)_{\text{Feld}}$, die durch die Streuprozesse bedingte Änderungsrate mit $(\partial f/\partial t)_{\text{Stoß}}$. Ein stationärer Zustand liegt vor, wenn

$$\left(\frac{\partial f}{\partial t}\right)_{\text{Feld}} + \left(\frac{\partial f}{\partial t}\right)_{\text{Stoß}} = 0$$

(3.89)

ist.

Wir lassen zunächst die Streuprozesse unberücksichtigt, betrachten also nur den Einfluß des äußeren Feldes. In diesem Fall befinden sich zum Zeitpunkt $t + \Delta t$ in einem durch den Ortsvektor $\vec{r}$ und den Wellenzahlvektor $\vec{k}$ gekennzeichneten Volumenelement des Phasenraums gerade diejenigen Elektronen, die zum Zeitpunkt t in einem Volumenelement des Phasenraums mit den Koordinaten $\vec{r} - \dot{\vec{r}}\Delta t$ und $\vec{k} - \dot{\vec{k}}\Delta t$ waren. Der Unterschied der Verteilungsfunktion in diesen beiden Volumenelementen ist deshalb gleich der Änderung der Verteilungsfunktion in dem durch $\vec{r}$ und $\vec{k}$ gekennzeichneten Volumenelement des Phasenraums in der Zeitspanne Δt. Hieraus folgt

$$\left(\frac{\partial f}{\partial t}\right)_{\text{Feld}} = \lim_{\Delta t \to 0} \frac{f(\vec{r} - \dot{\vec{r}}\Delta t, \, \vec{k} - \dot{\vec{k}}\Delta t) - f(\vec{r}, \vec{k})}{\Delta t}$$

$$= -\dot{\vec{r}} \cdot \text{grad}_{\vec{r}} \, f(\vec{r}, \vec{k}) - \dot{\vec{k}} \cdot \text{grad}_{\vec{k}} \, f(\vec{r}, \vec{k}) \, .$$

(3.90)

Setzen wir diesen Ausdruck in Gl. (3.89) ein, so erhalten wir

$$\left(\frac{\partial f}{\partial t}\right)_{\text{Stoß}} = \dot{\vec{r}} \ \text{grad}_{\vec{r}} \ f(\vec{r}, \vec{k}) + \dot{\vec{k}} \ \text{grad}_{\vec{k}} \ f(\vec{r}, \vec{k}). \tag{3.91}$$

Dieses ist die allgemeine Form der sog. *Boltzmann-Gleichung* für ein Elektronensystem im stationären Zustand. Die Gleichung vereinfacht sich, wenn wir voraussetzen, daß der betreffende Leiter eine einheitliche Temperatur hat. Dann hängt die Funktion f nicht mehr von $\vec{r}$ ab, und es ist somit

$$\text{grad}_{\vec{r}} \ f(\vec{r}, \vec{k}) = 0.$$

Benutzen wir schließlich noch für $\vec{k}$ die Beziehung aus Gl. (3.72), so wird aus Gl. (3.91)

$$\left(\frac{\partial f}{\partial t}\right)_{\text{Stoß}} = -\frac{e}{\hbar} \ \vec{E} \cdot \text{grad}_{\vec{k}} \ f(\vec{k}). \tag{3.92}$$

Wir kommen nun zu dem Stoßterm $(\partial f/\partial t)_{\text{Stoß}}$.

Auf Seite 64 hatten wir gesehen, daß man die Hamilton-Funktion, die für die Untersuchung der Elektronenbewegung benutzt wird, gewöhnlich in zwei Anteile zerlegt, in ein Hauptglied, welches die Wechselwirkung der Elektronen mit einem starren streng periodischen Gitter beschreibt, und ein Störungsglied, das die Kopplung der Elektronenbewegung mit den Gitterschwingungen berücksichtigt. Das Hauptglied führt in der Einelektron-Näherung zu der in Abschn. 3.2 behandelten Bändertheorie, das Störungsglied hingegen führt zu der als Elektron-Phonon-Streuung bekannten Wechselwirkung. Für diese Wechselwirkung gelten die gleichen Erhaltungssätze wie für die Streuung von Neutronen (Gl. (2.69) und Gl. (2.70) auf Seite 85). Es ist also

$$E(\vec{k}_0) = E(\vec{k}) \pm \hbar\omega \tag{3.93}$$

und $$\vec{k}_0 + \vec{G} = \vec{k} \pm \vec{q}. \tag{3.94}$$

Hierbei sind $\vec{k}_0$ und $\vec{k}$ die Wellenzahlvektoren eines Leitungselektrons vor und nach dem Streuprozeß, $\vec{q}$ und ω der Wellenzahlvektor und die Kreisfrequenz des bei dem unelastischen Streuprozeß erzeugten bzw. vernichteten Phonons und $\vec{G}$ ein Vektor des reziproken Gitters.

Zu der Elektron-Phonon-Streuung, die in einem idealen fehlerfreien Kristall für die Behinderung des Ladungstransports ausschließlich von Bedeutung wäre, kommt in einem realen Kristall noch die Elektronenstreuung an Gitterfehlern hinzu; denn Fehlerordnungen stören ebenfalls die strenge Periodizität des Kristallgitters. Allerdings ist an Gitterfehlern nur eine elastische Streuung möglich, für die es überdies keine Auswahlregel gibt, die Gl. (1.19) entspricht.

In Fig. 3.30 ist die Wirkungsweise der oben beschriebenen Streuprozesse schematisch im $\vec{k}$-Raum dargestellt. Durch ein äußeres elektrisches Feld wird eine Fermi-Kugel nach Gl. (3.72) in die Richtung von $-\vec{E}$ verschoben. Diese Verschiebung wird dadurch gebremst, daß Elektronen von der Vorderseite der Fermi-Kugel ständig auf ihre Rückseite gestreut werden. Das kann bei unelastischer Streuung in einem einzigen Schritt erfolgen (Fig. 3.30a). Bei einer elastischen Streuung ist hingegen die Rückseite der Fermi-Kugel nicht unmittelbar zu erreichen. Hier muß noch in einem zweiten Schritt eine unelastische Streuung stattfinden (Fig. 3.30b). Durch unelastische Streuung geben die Leitungselektronen Energie an das Kristallgitter ab, die als Stromwärme in Erscheinung tritt.

Fig. 3.30
Schematische Darstellung (a) der unelastischen Streuung eines Kristallelektrons mit dem Wellenzahlvektor $\vec{k}_0$ an einem Phonon und (b) der elastischen Streuung eines Kristallelektrons an einem Gitterfehler mit nachfolgender unelastischer Streuung an einem Phonon (s. Text)

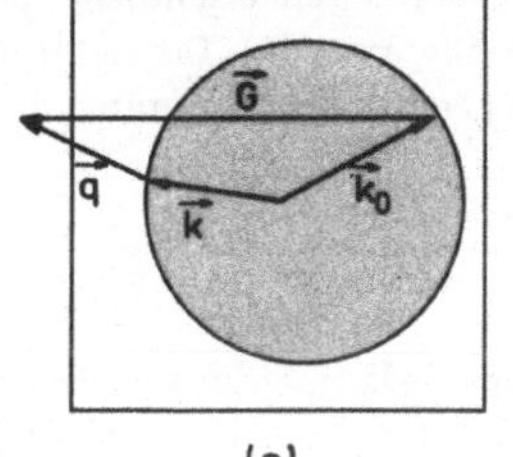
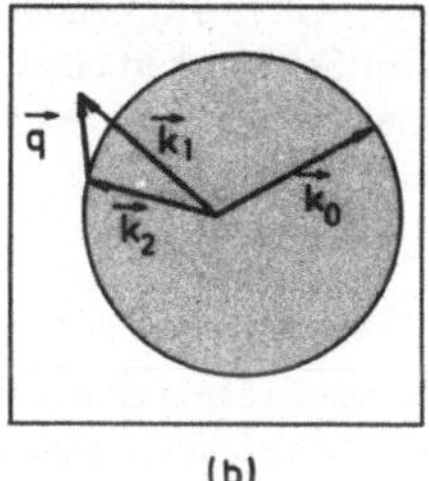

Die Auswirkung der Streuprozesse auf die Verteilungsfunktion $f(\vec{k})$ wird in der sog. *Relaxationszeitnäherung* durch folgenden Ansatz erfaßt

$$\left(\frac{\partial f}{\partial t}\right)_{Stoß} = -\frac{f(\vec{k}) - f_0(\vec{k})}{\tau(\vec{k})} . \tag{3.95}$$

Hiernach ist die durch die Streuprozesse bedingte zeitliche Änderungsrate der Verteilungsfunktion $f(\vec{k})$ um so höher, je stärker sich $f(\vec{k})$ von der Gleichgewichtsverteilung $f_0(\vec{k})$ unterscheidet. Die Größe $\tau(\vec{k})$ bezeichnet man als *Relaxationszeit*. Es läßt sich zeigen, daß der Ansatz in Gl. (3.95) fast immer gerechtfertigt ist.

Die physikalische Bedeutung der Größe $\tau(\vec{k})$ erkennt man, wenn man untersucht, wie sie die Änderung von $f - f_0$ nach Aufhebung einer äußeren Störung beeinflußt. Aus Gl. (3.95) ergibt sich für den Zeitpunkt t nach Aufhebung der Störung

$$(f(\vec{k}) - f_0(\vec{k}))_t = (f(\vec{k}) - f_0(\vec{k}))_{t=0} e^{-t/\tau(\vec{k})} . \tag{3.96}$$

Danach ist die Relaxationszeit $\tau(\vec{k})$ die Zeitkonstante für den durch Gl. (3.96) beschriebenen Abklingvorgang.
Mit Gl. (3.95) wird aus Gl. (3.92)

$$\frac{f(\vec{k}) - f_0(\vec{k})}{\tau(\vec{k})} = \frac{e}{\hbar} \vec{E} \cdot \mathrm{grad}_{\vec{k}} f(\vec{k}). \tag{3.97}$$

Um die Größe $f(\vec{k}) - f_0(\vec{k})$ aus Gl. (3.97) zu ermitteln, setzen wir voraus, daß durch das äußere elektrische Feld $\vec{E}$ die Verteilungsfunktion f_0 nur relativ wenig abgeändert wird. Es soll insbesondere

$$|\vec{E} \cdot \mathrm{grad}_{\vec{k}} (f - f_0)| \ll |\vec{E} \cdot \mathrm{grad}_{\vec{k}} f_0|$$

sein. Das letzte bedeutet, daß durch das elektrische Feld im wesentlichen lediglich eine Verschiebung der Fermi-Verteilung im $\vec{k}$-Raum bewirkt wird. Wir dürfen dann auf der rechten Seite von Gl. (3.97) die Funktion $f(\vec{k})$ durch $f_0(\vec{k})$ ersetzen und erhalten die sog.

linearisierte Boltzmann-Gleichung

$$f(\vec{k}) - f_0(\vec{k}) = \frac{e}{\hbar}\, \tau(\vec{k})\vec{E} \cdot \mathrm{grad}_{\vec{k}}\, f_0(\vec{k}). \tag{3.98}$$

Mit Hilfe von Gl. (3.98) können wir nun unsere eigentliche Aufgabe, die Berechnung der elektrischen Leitfähigkeit eines Metalls, erledigen. Die elektrische Leitfähigkeit σ ist mit der Stromdichte $\vec{j}$ und der elektrischen Feldstärke $\vec{E}$ durch die als Ohmsches Gesetz bekannte Beziehung

$$\vec{j} = \sigma\vec{E} \tag{3.99}$$

verknüpft. Die Größe σ ist bei einem Festkörper im allgemeinen Fall ein Tensor, d. h. $\vec{j}$ und $\vec{E}$ brauchen nicht die gleiche Richtung zu haben. Nur bei Kristallen mit einer kubischen Kristallstruktur und natürlich bei polykristallinem Material ist σ zu einem Skalar entartet. Im folgenden werden wir einfachheitshalber σ als eine skalare Größe betrachten. Die grundlegenden Ergebnisse werden dadurch nicht beeinflußt.

Zur Berechnung der Stromdichte $\vec{j}$ gehen wir von Gl. (3.74) aus. Wir ersetzen allerdings die Summierung über die $\vec{k}$-Werte der besetzten Zustände der ersten Brillouin-Zone durch ein Integral über die gesamte erste Brillouin-Zone und berücksichtigen die Besetzungswahrscheinlichkeit der Zustände durch die Verteilungsfunktion $f(\vec{k})$. Beachten wir außerdem, daß nach Gl. (2.35) auf Seite 75 die Wellenzahldichte im $\vec{k}$-Raum $V/8\pi^3$ beträgt, so erhalten wir an Stelle von Gl. (3.74)

$$\vec{j} = -e\,\frac{1}{4\pi^3} \int\limits_{\text{1. Brill.-Zone}} \vec{v}(\vec{k})f(\vec{k})d^3k. \tag{3.100}$$

In Gl. (3.100) dürfen wir $f(\vec{k})$ durch $f(\vec{k}) - f_0(\vec{k})$ ersetzen, da Elektronen, die nach der Fermi-Funktion $f_0(\vec{k})$ auf die verschiedenen Zustände verteilt sind, insgesamt keinen Beitrag zur Stromdichte liefern. Benutzen wir jetzt für $f(\vec{k}) - f_0(\vec{k})$ den Ausdruck aus Gl. (3.98), so wird aus Gl. (3.100)

$$\vec{j} = -\frac{e^2}{4\pi^3\hbar} \int \vec{v}(\vec{k})\tau(\vec{k})\vec{E} \cdot \mathrm{grad}_{\vec{k}}\, f_0(\vec{k})d^3k. \tag{3.101}$$

Mit einem elektrischen Feld in x-Richtung folgt hieraus für den Betrag der Stromdichte

$$j = -\frac{e^2}{4\pi^3\hbar} E \int v_x(\vec{k})\tau(\vec{k})\frac{\partial f_0(\vec{k})}{\partial k_x}\, d^3k. \tag{3.102}$$

Hierbei haben wir berücksichtigt, daß bei einer skalaren Größe σ die Stromdichte $\vec{j}$ die gleiche Richtung wie das elektrische Feld $\vec{E}$ haben muß.

Unter Beachtung von Gl. (3.66) gilt

$$\frac{\partial f_0}{\partial k_x} = \frac{\partial f_0}{\partial E}\frac{\partial E}{\partial k_x} = \frac{\partial f_0}{\partial E}\hbar v_x. \tag{3.103}$$

Setzen wir diese Beziehung für $\partial f_0/\partial k_x$ in Gl. (3.102) ein, so bekommen wir

$$j = -\frac{e^2}{4\pi^3}\, E \int v_x^2(\vec{k})\tau(\vec{k})\,\frac{\partial f_0}{\partial E}\, d^3k. \tag{3.104}$$

Den gleichen Wert für j müssen wir natürlich auch erhalten, wenn das elektrische Feld in y- oder z-Richtung weist. Hieraus folgt

$$v_x^2 = v_y^2 = v_z^2$$

oder, da

$$v_x^2 + v_y^2 + v_z^2 = v^2$$

ist,

$$v_x^2 = \frac{1}{3}\, v^2.$$

Mit dieser Beziehung wird aus Gl. (3.104)

$$j = -\frac{e^2}{12\pi^3}\, E \int v^2(\vec{k})\tau(\vec{k})\,\frac{\partial f_0}{\partial E}\, d^3k. \tag{3.105}$$

Für die elektrische Leitfähigkeit erhalten wir dann

$$\sigma = \frac{j}{E} = -\frac{e^2}{12\pi^3} \int v^2(\vec{k})\tau(\vec{k})\,\frac{\partial f_0}{\partial E}\, d^3k. \tag{3.106}$$

Setzen wir jetzt ähnlich wie auf Seite 75

$$d^3k = dA\, dk_\perp,$$

wobei dA ein Flächenelement der Fläche $E(\vec{k})$ = const und $dk_\perp$ der jeweilige Abstand der Fläche $E(\vec{k}) + dE(\vec{k})$ = const von der Fläche $E(\vec{k})$ = const ist (vgl. Fig. 2.7), so ergibt sich

$$d^3k = \frac{dA}{|\mathrm{grad}_{\vec{k}}\, E(\vec{k})|}\, dE = \frac{dA}{\hbar v(\vec{k})}\, dE. \tag{3.107}$$

Hiermit wird aus Gl. (3.106)

$$\sigma = \frac{e^2}{12\pi^3\hbar} \int\limits_{\mathrm{Leitungsband}} g(E)\left(-\frac{\partial f_0}{\partial E}\right) dE, \tag{3.108}$$

wobei $\quad g(E) = \int\limits_{E\,=\,\mathrm{const}} v(\vec{k})\tau(\vec{k})\,dA \tag{3.109}$

ist.

Da $\partial f_0/\partial E$ bei Leitungselektronen nur für Werte von E in der unmittelbaren Umgebung der Fermi-Energie $E_F(0)$ merklich von Null verschieden ist, dürfen wir in guter Näherung die Funktion g(E) in Gl. (3.108) durch ihren konstanten Wert für $E = E_F(0)$ ersetzen.

Berücksichtigen wir außerdem, daß

$$\int\limits_{\text{Leitungsband}} \left(-\frac{\partial f_0}{\partial E}\right) dE = 1$$

ist, so erhalten wir aus den Gln. (3.108) und (3.109)

$$\sigma = \frac{e^2}{12\pi^3 \hbar} g(E_F) = \frac{e^2}{12\pi^3 \hbar} \int\limits_{E = E_F} v(\vec{k})\tau(\vec{k}) dA. \tag{3.110}$$

Die Integration erstreckt sich hierbei über die Fermi-Fläche. Die elektrische Leitfähigkeit eines Metalls hängt also von der Geschwindigkeit und Relaxationszeit nur derjenigen Elektronen ab, deren Wellenzahlvektor auf die Fermi-Fläche weist. Je größer diese Geschwindigkeiten und Relaxationszeiten sind, und je ausgedehnter die Fermi-Fläche ist, um so besser ist die elektrische Leitfähigkeit. Hieraus erkennt man die große Bedeutung der Fermi-Fläche für die elektronischen Eigenschaften eines Metalls.

Wir wollen nun Gl. (3.110) unter der Voraussetzung auswerten, daß wir die Leitungs-elektronen als freie Elektronen mit der einheitlichen effektiven Masse m* betrachten dürfen. Dann ist

$$E(\vec{k}) = \frac{\hbar^2 k^2}{2m^*} \tag{3.111}$$

und dementsprechend nach Gl. (3.66)

$$v(\vec{k}) = \frac{\hbar k}{m^*}. \tag{3.112}$$

Die Fermi-Fläche ist in diesem Fall eine Kugeloberfläche und hat die Größe $4\pi k_F^2$, wenn k_F der Radius der Fermi-Kugel ist. Wir erhalten jetzt aus Gl. (3.110)

$$\sigma = \frac{e^2}{12\pi^3 \hbar} \frac{\hbar k_F}{m^*} \tau(k_F) 4\pi k_F^2 = \frac{e^2 k_F^3}{3\pi^2 m^*} \tau(k_F). \tag{3.113}$$

Nach Gl. (3.62) gilt

$$k_F^3 = 3\pi^2 n,$$

wenn n die Zahl der Leitungselektronen je Volumeneinheit ist. Hiermit wird aus Gl. (3.113)

$$\sigma = \frac{ne^2 \tau(E_F)}{m^*}. \tag{3.114}$$

In diesem Zusammenhang sei erwähnt, daß ein Ausdruck für die elektrische Leitfähigkeit von Metallen wie in Gl. (3.114) bereits im Jahre 1900 von P. Drude[1] hergeleitet wurde. Hierbei wurde das Elektronengas allerdings als ein klassisches Gas angesehen und angenommen, daß die durch ein äußeres Feld beschleunigten Elektronen durch Zusammenstöße

---

[1] Paul Drude, * 1863 Braunschweig, † 1906 Berlin

mit den Metallionen abgebremst werden. Die Relaxationszeit wurde dementsprechend der Gesamtheit der Leitungselektronen zugeordnet. Außerdem wurde in Gl. (3.114) an Stelle der effektiven Masse m* eines Elektrons die Masse des freien Elektrons benutzt.

Bekanntlich hängt die elektrische Leitfähigkeit eines Metalls von seiner Temperatur ab. Dieses läßt sich nach Gl. (3.114) nur mit der Temperaturabhängigkeit der Relaxationszeit $\tau(E_F)$ begründen; denn die Elektronenzahldichte n ist bei einem Metall temperaturunabhängig. Die Elektronenstreuung an Phononen und an Gitterfehlern wirkt sich unterschiedlich auf die Temperaturabhängigkeit der elektrischen Leitfähigkeit oder auf die reziproke Größe, den spezifischen elektrischen Widerstand ρ aus. Da die Phononenzahldichte mit steigender Temperatur zunimmt, nimmt auch der durch Phononenstreuung bedingte Anteil ρ_{Phonon} des spezifischen Widerstandes mit der Temperatur zu. Es läßt sich zeigen, daß für Temperaturen, die wesentlich größer als die Debye-Temperatur Θ_D des betreffenden Metalls sind, $\rho_{\text{Phonon}} \sim T$ ist. Für $T \ll \Theta_D$ gilt: $\rho_{\text{Phonon}} \sim T^5$. Der durch die Elektronenstreuung an Gitterfehlern hervorgerufene elektrische Widerstand eines Metalls ist von der Temperatur praktisch unabhängig. Bei sehr tiefen Temperaturen tritt er allein in Erscheinung. Man bezeichnet ihn deshalb als spezifischen *Restwiderstand* ρ_{Rest}. Für den gesamten spezifischen elektrischen Widerstand eines Metalls gilt näherungsweise die sog. *Matthiesensche Regel*

$$\rho(T) = \rho_{\text{Rest}} + \rho_{\text{Phonon}}(T). \qquad (3.115)$$

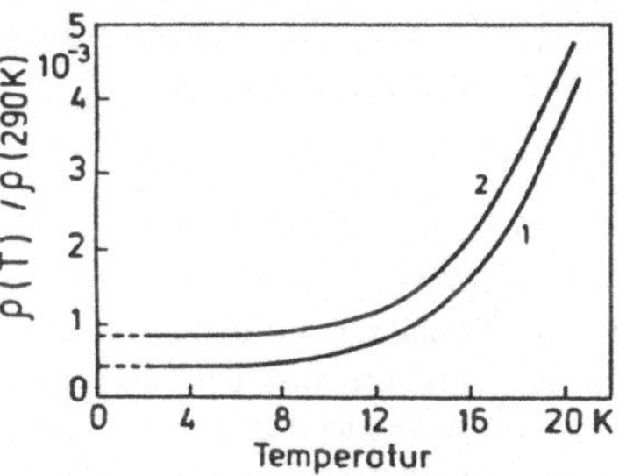

Fig. 3.31
Spezifischer elektrischer Widerstand von Natrium bezogen auf seinen Wert bei Zimmertemperatur in Abhängigkeit von der Temperatur. Die Probe mit der Meßkurve 1 hat einen höheren Reinheitsgrad als die Probe mit der Meßkurve 2 (nach MacDonald, D. K. C.; Mendelsohn, K.: Proc. Roy. Soc. (London) **A202** (1950) 103)

In Fig. 3.31 ist der elektrische Widerstand von Natrium bezogen auf seinen Wert bei Zimmertemperatur in Abhängigkeit von der Temperatur für zwei Proben mit unterschiedlichem Reinheitsgrad aufgetragen. Die Probe mit der größeren Reinheit hat den kleineren Restwiderstand. Das Widerstandsverhältnis $\rho_{\text{Rest}}/\rho(290\,\text{K})$ kann bei sehr reinen Metallen bis auf Werte von 10^{-6} abfallen. Der Restwiderstand von Einkristallen ist kleiner als von polykristallinem Material des gleichen Elements, da bei einem Polykristall Korngrenzen als zusätzliche Gitterfehler vorliegen. Im übrigen erhöhen Strahlenschäden den Restwiderstand eines Metalls. Durch Messungen des Restwiderstandes lassen sich in diesem Fall Defektkonzentrationen bestimmen und Ausheilungsprozesse (vgl. Seite 51) quantitativ verfolgen.

Die in Fig. 3.31 dargestellte typische Temperaturabhängigkeit des elektrischen Widerstandes kann bei einem nichtmagnetischen Metall dadurch abgeändert werden, daß magnetische Fremdionen in den betreffenden Kristall eingebaut werden. Durch eine Austausch-

wechselwirkung zwischen den magnetischen Momenten der Fremdionen und Leitungselektronen entsteht ein zusätzlicher Streumechanismus. Er kann bewirken, daß der elektrische Widerstand bei tiefen Temperaturen wieder ansteigt und auf diese Weise die Widerstandskurve ein Minimum aufweist. Diese Erscheinung ist als *Kondo-Effekt* bekannt.

Nach Gl. (3.96) läßt sich die Größe $\tau(\vec{k}_F)$ auch als mittlere freie Flugzeit eines Elektrons
der Fermi-Fläche zwischen zwei Streuprozessen auffassen. Für die mittlere freie Weglänge
solcher Elektronen gilt dann

$$\Lambda(\vec{k}_F) = v(\vec{k}_F)\,\tau(\vec{k}_F), \tag{3.116}$$

wenn $v(\vec{k}_F)$ die Geschwindigkeit dieser Elektronen ist. Betrachten wir die Leitungselektronen als freie Elektronen, deren effektive Masse gleich der wahren Elektronenmasse m
ist, so gilt nach Gl. (3.112)

$$v(\vec{k}_F) = \frac{\hbar k_F}{m}. \tag{3.117}$$

$\tau(k_F)$ ergibt sich in diesem Fall aus Gl. (3.114) zu

$$\tau(k_F) = \frac{\sigma m}{ne^2}. \tag{3.118}$$

In Tab. 3.2 sind für einige Metalle die Größen $\tau(k_F)$, $v(k_F)$ und $\Lambda(k_F)$ nach den obigen
Gleichungen aus ihrer spezifischen elektrischen Leitfähigkeit σ und ihrer Elektronenzahldichte n berechnet worden. Für den Radius k_F der Fermi-Kugel ist hierbei die Beziehung

$$k_F = (3\pi^2 n)^{1/3}$$

aus Gl. (3.62) benutzt worden. Die Werte gelten für Zimmertemperatur.

Hiernach hat bei Zimmertemperatur die Relaxationszeit $\tau(\vec{k}_F)$ Werte in der Größenordnung von 10^{-14} s und die mittlere freie Weglänge $\Lambda(k_F)$ Werte von einigen hundert Å.
Die Größe $\Lambda(k_F)$ ist also auch bei Zimmertemperatur sehr groß gegenüber der Gitterkonstanten. Mit sinkender Temperatur wächst sie noch weiter an.

Auf Seite 96 erhielten wir für die Wärmeleitfähigkeit von Metallen den Ausdruck

$$\lambda = \frac{\pi^2}{3}\,\frac{nk_B^2 T\tau}{m^*}.$$

Tab. 3.2

	Leitfähig- keit $[\Omega^{-1}\,cm^{-1}]$	Elektronen- zahldichte $[cm^{-3}]$	$\tau(k_F)$ $[s]$	$v(k_F)$ $[cm/s]$	$\Lambda(k_F)$ $[Å]$
Li	$1{,}18 \cdot 10^5$	$4{,}70 \cdot 10^{22}$	$0{,}89 \cdot 10^{-14}$	$1{,}29 \cdot 10^8$	110
Na	$2{,}34 \cdot 10^5$	$2{,}50 \cdot 10^{22}$	$3{,}3\ \ \cdot 10^{-14}$	$1{,}04 \cdot 10^8$	350
Cu	$6{,}5\ \ \cdot 10^5$	$8{,}45 \cdot 10^{22}$	$2{,}7\ \ \cdot 10^{-14}$	$1{,}57 \cdot 10^8$	430
Ag	$6{,}6\ \ \cdot 10^5$	$5{,}76 \cdot 10^{22}$	$4{,}1\ \ \cdot 10^{-14}$	$1{,}38 \cdot 10^8$	560
Au	$4{,}9\ \ \cdot 10^5$	$5{,}90 \cdot 10^{22}$	$2{,}9\ \ \cdot 10^{-14}$	$1{,}39 \cdot 10^8$	410

Bilden wir jetzt den Quotienten aus λ und dem durch Gl. (3.114) bestimmten Wert für σ, so erhalten wir unter der Voraussetzung, daß die Relaxationszeiten für elektrische und thermische Prozesse gleich groß sind,

$$\frac{\lambda}{\sigma} = \frac{\pi^2}{3} \left(\frac{k_B}{e}\right)^2 T = LT. \tag{3.119}$$

Dieses ist das sog. *Wiedemann*[1]*-Franzsche Gesetz*. Die universelle Konstante

$$L = \frac{\pi^2}{3} \left(\frac{k_B}{e}\right)^2 = 2{,}45 \cdot 10^{-8} \ W\Omega K^{-2} \tag{3.120}$$

bezeichnet man als *Lorenz-Zahl*. Das Gesetz besagt, daß der Quotient aus der thermischen und elektrischen Leitfähigkeit von Metallen der Temperatur direkt proportional sein soll, wobei die Proportionalitätskonstante vom jeweiligen Metall unabhängig ist. Bei genügend hohen Temperaturen wird das Gesetz durch die Experimente recht gut bestätigt. Ist hingegen die Temperatur wesentlich kleiner als die Debye-Temperatur des betreffenden Metalls, so ist der experimentell bestimmte Wert von L kleiner als der in Gl. (3.120) angegebene theoretische Wert. Dieses beruht darauf, daß bei tiefen Temperaturen die thermischen und elektrischen Relaxationszeiten verschieden groß sind.

Elektrische Leitung in gekreuzten elektrischen und magnetischen Feldern; Hall-Effekt

Auf Seite 130 hatten wir gesehen, daß in einem genügend schwachen äußeren elektrischen Feld $\vec{E}$ die Verteilung der Leitungselektronen auf die verschiedenen Quantenzustände sich durch die linearisierte Boltzmann-Gleichung

$$f(\vec{k}) = f_0(\vec{k}) + \frac{e}{\hbar} \tau \vec{E} \ \mathrm{grad}_{\vec{k}} \ f_0(\vec{k})$$

beschreiben läßt. Die rechte Seite dieser Gleichung entspricht der Entwicklung der Funktion $f_0(\vec{k})$ um einen durch den Wellenzahlvektor $\vec{k}$ gekennzeichneten Ort im $\vec{k}$-Raum, bei der nur das in $\vec{E}$ lineare Glied berücksichtigt wird. In dieser Näherung gilt also

$$f(\vec{k}) = f_0\left(\vec{k} + \frac{e}{\hbar} \tau \vec{E}\right). \tag{3.121}$$

Dürfen wir die Leitungselektronen als freie Elektronen mit der effektiven Masse m^* betrachten, so läßt sich Gl. (3.121) dahingehend interpretieren, daß das elektrische Feld $\vec{E}$ eine Verschiebung der Fermi-Kugel um den Vektor

$$\delta\vec{k} = -\frac{e}{\hbar} \tau \vec{E}$$

---

[1]) Gustav Heinrich Wiedemann, * 1826 Berlin, † 1899 Leipzig

bewirkt (s. Fig. 3.32). Nach Gl. (3.112) erhalten dadurch sämtliche Leitungselektronen formal die Zusatzgeschwindigkeit

$$\delta \vec{v} = -\frac{e\tau}{m^*}\,\vec{E}. \tag{3.122}$$

Die Größe $\delta\vec{v}$ bezeichnet man auch als *Driftgeschwindigkeit* der Leitungselektronen. Mit Gl. (3.122) bekommen wir aus der Beziehung

$$\vec{j} = -ne\delta\vec{v} \tag{3.123}$$

für die spezifische elektrische Leitfähigkeit σ den gleichen Ausdruck wie in Gl. (3.114). Ist neben einem elektrischen Feld auch noch ein magnetisches Feld der Kraftflußdichte $\vec{B}$ vorhanden, so tritt an die Stelle von Gl. (3.122) die Beziehung

$$\delta \vec{v} = -\frac{e\tau}{m^*}\,(\vec{E} + \delta\vec{v} \times \vec{B}). \tag{3.124}$$

Hierbei erscheint in der Lorentz-Kraft nur die Zusatzgeschwindigkeit $\delta\vec{v}$ der Elektronen; denn für $\vec{E} = 0$ ist zu jedem Elektron mit der Geschwindigkeit $\vec{v}$ auch ein Elektron mit der Geschwindigkeit $-\vec{v}$ im Kristall vorhanden (s. Fig. 3.23), so daß in diesem Fall kein Effekt beobachtet werden kann.

Wenn wir annehmen, daß $\vec{B}$ in Richtung der z-Achse verläuft, dann erhalten wir aus Gl. (3.124) für die kartesischen Komponenten von $\delta\vec{v}$

$$\delta v_x = -\frac{e\tau}{m^*}\,(E_x + \delta v_y B),$$

$$\delta v_y = -\frac{e\tau}{m^*}\,(E_y - \delta v_x B),$$

$$\delta v_z = -\frac{e\tau}{m^*}\,E_z.$$

Lösen wir diese drei Gleichungen nach δv_x, δv_y und δv_z auf und führen mit Hilfe der

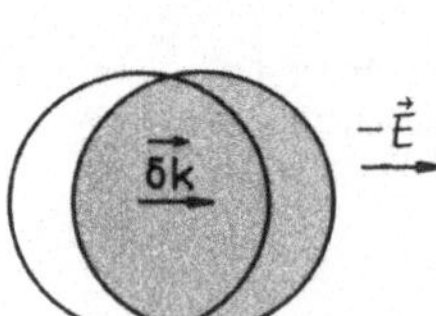

Fig. 3.32 Verschiebung der Fermi-Kugel um den Vektor $\delta\vec{k}$ unter dem Einfluß eines elektrischen Feldes $\vec{E}$

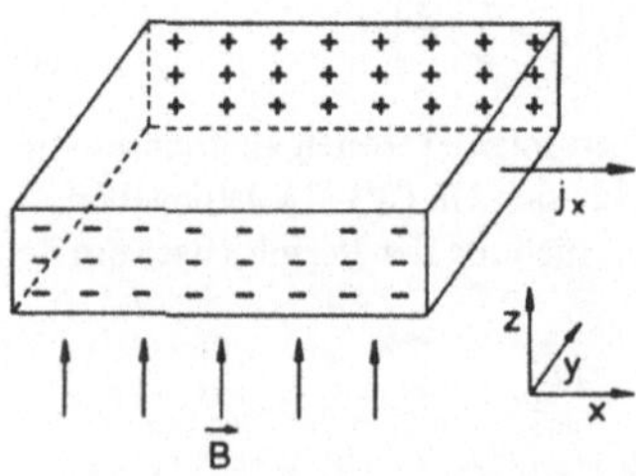

Fig. 3.33 Zur Veranschaulichung des Hall-Effekts (s. Text)

Beziehung in Gl. (3.123) die elektrische Stromdichte $\vec{j}$ ein, so bekommen wir

$$\begin{pmatrix} j_x \\ j_y \\ j_z \end{pmatrix} = \frac{\sigma_0}{1 + \dfrac{e^2\tau^2}{m^{*2}} B^2} \begin{pmatrix} 1 & -\dfrac{e\tau}{m^*} B & 0 \\[2mm] \dfrac{e\tau}{m^*} B & 1 & 0 \\[2mm] 0 & 0 & 1 + \dfrac{e^2\tau^2}{m^{*2}} B^2 \end{pmatrix} \begin{pmatrix} E_x \\ E_y \\ E_z \end{pmatrix} . \quad (3.125a)$$

Hierbei ist

$$\sigma_0 = \frac{ne^2\tau}{m^*} . \tag{3.125b}$$

Wir untersuchen nun den Fall, daß ein stabförmiger Kristall mit rechteckigem Querschnitt sich in einem äußeren elektrischen Feld befindet, welches längs des Stabes in Richtung der x-Achse verläuft und die Stärke E_x hat (s. Fig. 3.33). Das Magnetfeld $\vec{B}$ weise in Richtung der z-Achse. Ein Ladungsabfluß soll nur in der x-Richtung möglich sein; es ist also

$$j_y = 0. \tag{3.126}$$

Dieses bedeutet nach Gl. (3.125a), daß

$$\frac{e\tau}{m^*} B E_x + E_y = 0$$

oder $$E_y = -\frac{e\tau}{m^*} B E_x \tag{3.127}$$

ist. Hiernach baut sich im Kristall ein elektrisches Feld in der $(-y)$-Richtung auf. Diese Erscheinung bezeichnet man als *Hall*[1]*-Effekt*. Das elektrische Transversalfeld heißt *Hall-Feld*. Das Hall-Feld kommt dadurch zustande, daß unmittelbar nach Einschalten des elektrischen Feldes E_x durch eine Ablenkung der Kristallelektronen im Magnetfeld auf der Endfläche des Stabes in der $(-y)$-Richtung sich Elektronen ansammeln und von der gegenüberliegenden Endfläche abwandern. Das elektrische Feld, welches sich auf diese Weise ausbildet, kompensiert gerade die Ablenkung der Kristallelektronen im Magnetfeld $\vec{B}$.

Drücken wir in Gl. (3.127) mit Hilfe von Gl. (3.125) E_x durch j_x aus, so bekommen wir

$$E_y = -\frac{1}{ne} B j_x = R_H B j_x. \tag{3.128}$$

Die Größe

$$R_H = -\frac{1}{ne} \tag{3.129}$$

---

[1]) Edwin Herbert Hall, * 1855 Great Falls (Maine), † 1938 Cambridge (Mass.)

bezeichnet man als *Hall-Konstante* des betreffenden Festkörpers. Aus ihrem experimentell ermittelten Wert läßt sich die Ladungsträgerkonzentration n im Festkörper bestimmen. Bei unseren Überlegungen haben wir bisher nicht berücksichtigt, daß sich Kristallelektronen in einem Magnetfeld unter Umständen wie positiv geladene Teilchen verhalten (s. Seite 125). Solche Elektronen liefern einen positiven Beitrag zur Hall-Konstanten. Man kann deshalb aus dem Vorzeichen der Hall-Konstanten erfahren, ob der Ladungstransport in überwiegendem Maße durch Elektronen oder durch Löcher erfolgt. Dieses ist bei Metallen, deren Energiebänder überlappen (vgl. Fig. 3.17 und Fig. 3.18) und vor allem bei Halbleitern von Bedeutung.

3.4   Halbleiter

Wie wir auf Seite 114 gesehen haben, unterscheidet sich ein Halbleiter von einem Isolator dadurch, daß beim Halbleiter der Abstand zwischen Leitungs- und Valenzband so klein ist, daß bereits bei normalen Temperaturen Elektronen in einer nachweisbaren Anzahl aus dem Valenzband ins Leitungsband gelangen. Hierdurch wird der Kristall elektrisch leitend. Dabei sieht man zweckmäßig im Leitungsband Elektronen und im Valenzband Löcher als Ladungsträger des elektrischen Stroms an (s. Seite 124). Diese durch Band-Band-Übergänge bedingte elektrische Leitfähigkeit bezeichnet man als *Eigenleitung*. Daneben gibt es die sog. *Störstellenleitung*. Sie tritt auf, wenn geeignete elektrisch aktive Störstellen in einen Halbleiterkristall eingebaut werden. Durch diesen Eingriff, den man als *Dotieren* bezeichnet, läßt sich nicht nur die elektrische Leitfähigkeit eines Halbleiters um mehrere Größenordnungen heraufsetzen, sondern man kann auch festlegen, ob der Ladungstransport im wesentlichen durch Elektronen oder durch Löcher erfolgen soll. Gerade hierauf beruht die große technische Bedeutung der Halbleiter in der Festkörperelektronik.

Eigenleitung

Wir berechnen zunächst die Ladungsträgerkonzentration in einem Halbleiter bei Eigenleitung. Gleichzeitig ermitteln wir die Lage seines Fermi-Niveaus. Hierbei beziehen wir sowohl die Energie der Kristallelektronen im Leitungsband als auch die der Löcher im Valenzband auf die Oberkante des Valenzbandes. Außerdem nehmen wir an, daß wir den Elektronen im Leitungsband die einheitliche effektive Masse m_e^* und den Löchern im Valenzband die einheitliche effektive Masse m_p^* zuordnen dürfen. Wir erhalten dann für die Dichte der Elektronenzustände im Leitungsband einen Ausdruck, wie er für freie Elektronen gilt, nämlich nach Gl. (B.21)

$$Z_e(E) = \frac{V}{2\pi^2} \left(\frac{2m_e^*}{\hbar^2} \right)^{3/2} \sqrt{E - E_g}. \tag{3.130}$$

Hierbei ist E_g die Bandlücke zwischen Leitungs- und Valenzband (s. Fig. 3.34) und V das Kristallvolumen. Für die Dichte der Lochzustände im Valenzband bekommen wir entsprechend

$$Z_p(E) = \frac{V}{2\pi^2} \left(\frac{2m_p^*}{\hbar^2}\right)^{3/2} \sqrt{-E}. \tag{3.131}$$

In Gl. (3.131) ist berücksichtigt worden, daß man bei der Beschreibung des Besetzungszuständes eines Bandes mit Hilfe von Löchern nach Gl. (3.79) das Vorzeichen der Energie umkehren muß.

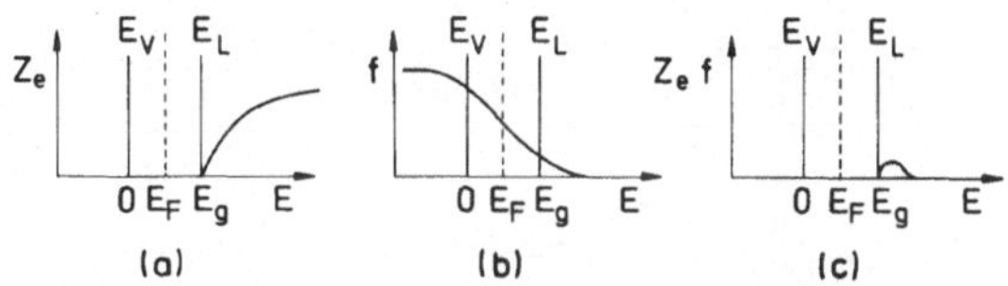

Fig. 3.34 (a) Dichte Z_e der Elektronenzustände im Leitungsband, (b) Fermi-Funktion f und (c) Verteilungsfunktion $Z_e f$ der Leitungselektronen für einen Halbleiter bei Eigenleitung. E_g Bandlücke zwischen Leitungs- und Valenzband, E_F Fermi-Niveau, E_V Energie der Oberkante des Valenzbandes, E_L Energie der Unterkante des Leitungsbandes

Die Anzahl n der Kristallelektronen im Leitungsband je Volumeneinheit erhalten wir jetzt, indem wir die auf das Einheitsvolumen bezogene Zustandsdichte aus Gl. (3.130) mit der Fermi-Funktion multiplizieren und über das Leitungsband integrieren. Hierbei dürfen wir die obere Integrationsgrenze in guter Näherung bis ins Unendliche verschieben, da die Fermi-Funktion mit zunehmender Energie stark abfällt, und deshalb nur die niedrigsten Energiewerte einen wesentlichen Beitrag zu dem Integral liefern. Es gilt also

$$n = \frac{1}{2\pi^2} \left(\frac{2m_e^*}{\hbar^2}\right)^{3/2} \int_{E_g}^{\infty} \sqrt{E - E_g} \, \frac{1}{e^{(E - E_F)/k_B T} + 1} \, dE. \tag{3.132}$$

Analog erhalten wir für die Anzahl p der Löcher im Valenzband je Volumeneinheit

$$p = \frac{1}{2\pi^2} \left(\frac{2m_p^*}{\hbar^2}\right)^{3/2} \int_{-\infty}^{0} \sqrt{-E} \, \frac{1}{e^{(E_F - E)/k_B T} + 1} \, dE. \tag{3.133}$$

Hierbei müssen wir auch in der Fermi-Funktion das Vorzeichen von E und E_F umkehren. Sind im Kristall keine Störstellen vorhanden, so stammen sämtliche Elektronen im Leitungsband aus dem Valenzband. Es ist dann also

$$n = p. \tag{3.134}$$

Diese Beziehung kann dazu benutzt werden, die Lage des Fermi-Niveaus zu ermitteln. Für den Fall, daß $m_e^* = m_p^*$ ist, ergibt eine einfache Rechnung, daß das Fermi-Niveau genau in der Mitte der Energielücke zwischen Valenz- und Leitungsband liegt. Hieraus folgt aber wiederum, daß $|E - E_F|$ bei den üblichen Kristalltemperaturen viel größer als $k_B T$ ist; denn E_g liegt in der Größenordnung von 1 eV, während $k_B T$ bei Zimmertemperatur nur 0,025 eV beträgt. Wir dürfen deshalb in der Fermi-Funktion in Gl. (3.132) und Gl. (3.133) die Zahl eins im Nenner weglassen und erhalten

$$n = \frac{1}{2\pi^2}\left(\frac{2m_e^*}{\hbar^2}\right)^{3/2} \int\limits_{E_g}^{\infty} \sqrt{E - E_g}\, e^{-(E - E_F)/k_BT} dE$$

$$= \frac{1}{2\pi^2}\left(\frac{2m_e^*}{\hbar^2}\right)^{3/2} (k_BT)^{3/2} e^{-(E_g - E_F)/k_BT} \int\limits_0^{\infty} \sqrt{x}\, e^{-x} dx$$

$$= \frac{1}{2\pi^2}\left(\frac{2m_e^* k_BT}{\hbar^2}\right)^{3/2} \frac{\sqrt{\pi}}{2}\, e^{-(E_g - E_F)/k_BT}$$

$$= 2\left(\frac{m_e^* k_BT}{2\pi\hbar^2}\right)^{3/2} e^{-(E_g - E_F)/k_BT} \tag{3.135}$$

und

$$p = \frac{1}{2\pi^2}\left(\frac{2m_p^*}{\hbar^2}\right)^{3/2} \int\limits_{-\infty}^{0} \sqrt{-E}\, e^{-(E_F - E)/k_BT} dE$$

$$= 2\left(\frac{m_p^* k_BT}{2\pi\hbar^2}\right)^{3/2} e^{-E_F/k_BT}. \tag{3.136}$$

Benutzen wir jetzt wieder die Beziehung in Gl. (3.134), so ergibt sich für die Lage des Fermi-Niveaus bei einem beliebigen Verhältnis zwischen m_e^* und m_p^* aus Gl. (3.135) und (3.136)

$$E_F = \frac{1}{2} E_g + \frac{3}{4} k_BT \ln\frac{m_p^*}{m_e^*}. \tag{3.137}$$

Je nachdem ob m_p^* größer oder kleiner als m_e^* ist, ist das Fermi-Niveau aus der Mittellage zwischen Valenz- und Leitungsband zu höheren bzw. niedrigeren Energien hin verschoben. Diese Verschiebung nimmt mit steigender Temperatur des Halbleiters zu.

Mit Hilfe von Gl. (3.137) können wir E_F aus Gl. (3.135) und (3.136) eliminieren. Wir erreichen dieses aber auch, wenn wir n und p aus Gl. (3.135) und (3.136) miteinander multiplizieren. Wir erhalten dann

$$np = 4\left(\frac{k_BT}{2\pi\hbar^2}\right)^3 (m_e^* m_p^*)^{3/2} e^{-E_g/k_BT}. \tag{3.138}$$

Dieses Ergebnis entspricht dem Massenwirkungsgesetz der chemischen Reaktionskinetik. Bei seiner Herleitung wurde kein Gebrauch von der Beziehung in Gl. (3.134) gemacht. Es gilt also auch für die Störstellenleitung, mit der wir uns anschließend beschäftigen werden. Zunächst benutzen wir jedoch Gl. (3.138) dazu, die Ladungsträgerkonzentration n und p bei der Eigenleitung zu berechnen. Hier ist

$$n = p = \sqrt{np}$$

und deshalb

$$n = p = 2\left(\frac{k_BT}{2\pi\hbar^2}\right)^{3/2} (m_e^* m_p^*)^{3/4} e^{-E_g/2k_BT}. \tag{3.139}$$

Die Ladungsträgerkonzentration hängt also exponentiell von $E_g/2k_BT$ ab. Sie ist um so größer, je höher die Kristalltemperatur und je kleiner die Bandlücke ist. Die Temperaturabhängigkeit der Ladungsträgerkonzentration bestimmt auch ausschlaggebend die Temperaturabhängigkeit der elektrischen Leitfähigkeit eines Halbleiters. Für diese Größe gilt (vgl. Gl. (3.114))

$$\sigma = \frac{ne^2\tau_e}{m_e^*} + \frac{pe^2\tau_p}{m_p^*} \; . \tag{3.140}$$

Zwar nehmen die Relaxationszeiten τ_e und τ_p der Elektronen und Löcher mit steigender Temperatur ab (s. Seite 133), aber dieses hat gegenüber dem exponentiellen Anstieg der Ladungsträgerkonzentration mit zunehmender Temperatur nur eine untergeordnete Bedeutung.

Die bekanntesten Halbleiter sind Silicium und Germanium. Bei Silicium beträgt die Bandlücke 1,12 eV und bei Germanium 0,67 eV. Diese Werte gelten für eine Temperatur von 300 K. Eine solche Angabe ist erforderlich, da wegen der Temperaturabhängigkeit der Gitterkonstanten auch die Bandlücke eine gewisse Temperaturabhängigkeit aufweist. Die Ladungsträgerkonzentration beträgt bei 300 K in Silicium $1{,}5 \cdot 10^{10}$ cm^{-3} und in Germanium $2{,}4 \cdot 10^{13}$ cm^{-3}. Dieses sind, verglichen mit den Ladungsträgerkonzentrationen in Metallen, die bei 10^{22} bis 10^{23} cm^{-3} liegen, sehr kleine Werte.

Die vierwertigen Elemente Silicium und Germanium haben beide eine Diamantstruktur (s. Fig. 1.7). Diamant selbst ist ein Isolator, da bei ihm die Energielücke zwischen Valenz- und Leitungsband den relativ großen Betrag von 5,4 eV hat. Andere Halbleiter liegen in Form einer Verbindung vor. Ihre Kristalle haben gewöhnlich eine Zinkblendestruktur. Wie bei der Diamantstruktur sitzen auch hier die einzelnen Gitteratome jeweils im Mittelpunkt eines Tetraeders, welches von den vier nächsten Nachbarn gebildet wird. Die Zinkblendestruktur unterscheidet sich von der Diamantstruktur nur dadurch, daß bei ihr die Basis zwei verschiedenartige Atome enthält. Von diesen kann z. B. eines zu einem Element der III. Gruppe und das andere zu einem Element der V. Gruppe des periodischen Systems gehören. Man spricht in diesem Fall von III-V-Halbleitern. Hierunter fallen die Verbindungen InSb, InAs, InP, GaSb, GaAs, GaP und AlSb. Bei ihnen hat jedes Gitteratom im Mittel vier Valenzelektronen. Allerdings liegt bei diesen Halbleitern keine reine kovalente Bindung wie bei Silicium und Germanium vor, sondern es ist gleichzeitig eine Ionenbindung vorhanden. Ähnliches gilt für die sog. II-VI-Halbleiter, zu denen z. B. CdTe, CdSe, CdS und ZnS gehören.

Störstellenleitung

Ist in einem Silicium- oder Germaniumkristall ein Gitteratom durch ein Fremdatom eines Elements aus der V. Gruppe des periodischen Systems wie Phosphor, Arsen oder Antimon ersetzt, so werden von den fünf Valenzelektronen des Fremdatoms nur vier für die kovalente Bindung im Wirtsgitter gebraucht. Das fünfte Elektron, welches keinen Bindungspartner bei den Nachbarelektronen hat, kann unter Aufwendung einer sehr kleinen Energie vom Atomrumpf abgetrennt werden, und steht dann im Leitungsband für den

Ladungstransport zur Verfügung. Fremdatome, die leicht Elektronen abgeben, bezeichnet man als *Donatoren*.

In Fig. 3.35a ist schematisch dargestellt, wie man sich vorzustellen hat, was der Einbau z. B. eines Arsen-Atoms in ein Silicium-Gitter bewirkt. Das überschüssige Elektron des Arsen-Atoms bewegt sich im Coulomb-Feld des einfach positiv geladenen Rumpfes des Arsen-Atoms wie das Leuchtelektron eines Wasserstoffatoms im Felde seines Atomkerns, wobei allerdings beim Donatoratom die Coulomb-Wechselwirkung durch den Silicium-kristall als Dielektrikum stark abgeschwächt wird. An Hand dieses Modells können wir die Ionisierungsenergie E_d des Donators abschätzen. Wir ersetzen zu diesem Zweck in der bekannten Beziehung für die Energieterme eines Wasserstoffatoms die Masse m_e eines freien Elektrons durch die effektive Masse m_e^* eines Leitungselektrons im Silicium und berücksichtigen außerdem die Dielektrizitätskonstante ϵ des Siliciums. Wir erhalten dann für die Energieterme des Donatoratoms

$$E_n = \frac{m_e^* e^4}{2(4\pi\epsilon_0\epsilon)^2 \hbar^2}\frac{1}{n^2}. \tag{3.141}$$

n bedeutet in diesem Ausdruck die Hauptquantenzahl. Sie kann die Werte $1, 2, 3 \ldots$ annehmen. Für $n = 1$ liefert Gl. (3.141) die Ionisierungsenergie E_d des Donators. Die Ionisierungsenergie des Wasserstoffatoms beträgt 13,6 eV. Beachten wir nun, daß bei Silicium m_e^* ungefähr $0{,}3\ m_e$ ist und ϵ den Wert 11,7 hat, so finden wir für E_d einen Wert von etwa 30 meV.

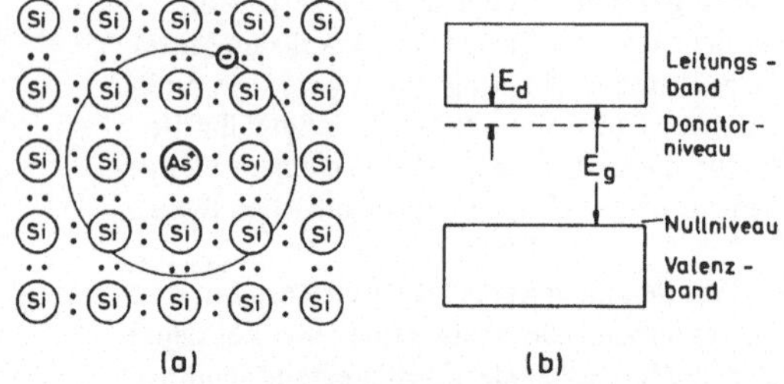

Fig. 3.35 (a) Schematische Darstellung der Wirkung eines Arsen-Atoms als Donator in einem Silicium-Kristall (s. Text). Der „Bohrsche Radius" der Elektronenbahn ist nicht maß-stabsgetreu; er ist in Wirklichkeit mehr als zehnmal so groß wie der gegenseitige Abstand der Siliciumatome. (b) Lage des Energieniveaus für den Grundzustand eines Donator-atoms. E_d ist die Ionisierungsenergie des Donators

In Fig. 3.35b ist das Energieniveau für den Grundzustand ($n = 1$) eines Donatoratoms in ein Bänderschema eingezeichnet. Zwischen dem Grundzustand und der unteren Kante des Leitungsbandes liegen mit $n > 1$ die angeregten Zustände des Donatoratoms. Sie gehen, mit zunehmender Hauptquantenzahl immer dichter aufeinander folgend, in das Energie-kontinuum des Leitungsbandes über. Im folgenden ordnen wir sämtliche angeregten Zustände dem Leitungsband zu.

Wir können mit dem oben skizzierten Modell eines Donatoratoms auch seinen „Bohrschen Radius" berechnen. Wir erhalten für ihn in Analogie zum Wasserstoffatom

$$r_d = \frac{4\pi\epsilon_0\epsilon\hbar^2}{m_e^* e^2} \, . \tag{3.142}$$

Er ist um den Faktor $\epsilon m_e / m_e^*$ größer als der Bohrsche Radius des Wasserstoffatoms von 0,53 Å und beträgt bei Silicium etwa 30 Å. Er ist also wesentlich größer als die interatomare Distanz in einem Siliciumkristall, die 2,35 Å beträgt. Dieses rechtfertigt nachträglich die Verwendung der Dielektrizitätskonstanten des Siliciums in dem Ausdruck für die Energieterme des Donatoratoms in Gl. (3.141).

Ganz anders sind die Verhältnisse, wenn in einen Silicium- oder Germaniumkristall ein Gitteratom durch ein Fremdatom eines Elements aus der III. Gruppe des periodischen Systems ersetzt wird, also durch ein Bor-, Aluminium, Gallium- oder Indium-Atom. Diese Atome haben nur drei Valenzelektronen, und bei der Bindung eines dieser Fremdatome im vierwertigen Wirtsgitter entsteht eine Bindungslücke, die sich sehr leicht als Loch vom Fremdatom trennen läßt. Dieses geschieht durch Aufnahme eines Elektrons aus dem Valenzband. Fremdatome, die leicht Elektronen aufnehmen, bezeichnet man als *Akzeptoren*.

Auch zur Beschreibung eines Akzeptoratoms läßt sich das Wasserstoffatom-Modell mit Erfolg benutzen. Dieses ist in Fig. 3.36a für einen mit Bor-Atomen dotierten Silicium-Kristall schematisch dargestellt. Ein positiv geladenes Loch umkreist hier ein negativ geladenes Bor-Atom als Akzeptor. Eine Ionisierung des Akzeptoratoms ist gleichbedeutend mit der Freisetzung des Lochs. Hierzu muß ein Elektron aus dem Valenzband in ein sog. *Akzeptorniveau* angehoben werden. Dieses liegt im Bandschema oberhalb des Valenzbandes, wobei sein Abstand von der Oberkante dieses Bandes gleich der Ionisierungsenergie E_a des Akzeptoratoms ist (s. Fig. 3.36b). Zur Berechnung von E_a läßt sich wieder Gl. (3.141) benutzen, wenn in ihr die effektive Masse m_e^* eines Leitungselektrons durch die effektive Masse m_p^* eines Lochs ersetzt wird. E_a liegt in der gleichen Größenordnung wie E_d.

Enthält ein Halbleiter gleichzeitig Donatoren und Akzeptoren, so kann das freigesetzte Elektron eines Donators zu einem Akzeptor wandern und hier die Bindungslücke am

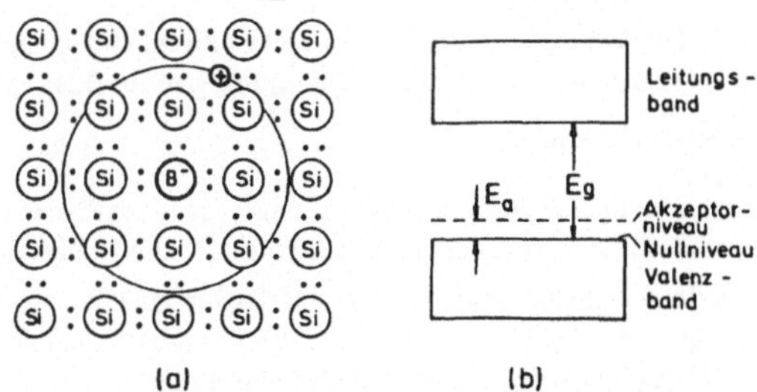

Fig. 3.36 (a) Schematische Darstellung der Wirkung eines Bor-Atoms als Akzeptor in einem Silicium-Kristall (s. Text). (b) Lage des Energieniveaus des Grundzustands eines Akzeptoratoms. E_a ist die Ionisierungsenergie des Akzeptors

Akzeptoratom ausfüllen. Auf diese Weise heben sich die Wirkungen des Donators und
Akzeptors gegenseitig auf. Hieraus folgt, daß nur dann eine Störstellenleitung beobachtet
werden kann, wenn ungleich viele Donatoren und Akzeptoren im Kristall vorhanden
sind. Überwiegt die Anzahl der Donatoren, so erfolgt die Störstellenleitung durch Elektronen. Man spricht in diesem Fall von einem n-*Halbleiter*. Sind hingegen Akzeptoren im
Überfluß vorhanden, so erfolgt die Störstellenleitung durch Löcher. Solches Material
bezeichnet man als p-*Halbleiter*. Quantitativ werden die Zusammenhänge durch Gl. (3.138)
beschrieben. Hiernach ist bei vorgegebener Temperatur das Produkt np konstant. Erhöht
man also in einem Halbleiter z. B. die Anzahl der Donatoren und damit auch die Elek-
tronenkonzentration n, so nimmt gleichzeitig die Löcherkonzentration p ab. Die Summe
n + p wird dadurch größer, was wiederum eine Zunahme der elektrischen Leitfähigkeit
bedeutet. Auf diese Weise ist es möglich, die Leitfähigkeit eines Halbleiters in weiten
Grenzen zu verändern.

Zur Ermittlung der Ladungsträgerkonzentration bei der Störstellenleitung können wir
auf die Gln. (3.135) und (3.136) zurückgreifen, da sie sowohl für die Eigenleitung als
auch für die Störstellenleitung gültig sind. Bei ihrer Herleitung wurde lediglich vorausgesetzt, daß der Abstand des Fermi-Niveaus vom Valenzband und vom Leitungsband groß
gegenüber $k_B T$ sein soll. Für die weitere Auswertung der Gleichungen müssen wir eine
geeignete Beziehung für die Ladungsbilanz bei der Störstellenleitung aufstellen, die an
die Stelle von Gl. (3.134) tritt; denn bei der Störstellenleitung stammen die Elektronen
im Leitungsband nur zum Teil aus dem Valenzband, der im allgemeinen größere Teil ist
hingegen durch Ionisierung der Donatoratome dorthin gelangt. Entsprechendes gilt für
die Löcher im Valenzband.

Die Teilchenzahldichte n_D der Donatoren im Kristall läßt sich in die Anteile n_D^o und n_D^+
zerlegen, wenn n_D^o die Teilchenzahldichte der neutralen Donatoren ist, und n_D^+ die Teilchenzahldichte der positiv geladenen Donatoren angibt, die jeweils ein Elektron an das
Leitungsband abgegeben haben. Es ist also

$$n_D = n_D^o + n_D^+. \tag{3.143}$$

Entsprechend gilt für die Teilchenzahldichte n_A der Akzeptoren

$$n_A = n_A^o + n_A^-, \tag{3.144}$$

wenn n_A^o die Teilchenzahldichte der neutralen und n_A^- die der ionisierten Akzeptoren ist.
Da insgesamt Ladungsneutralität vorliegen muß, gilt die Bilanzgleichung

$$n + n_A^- = p + n_D^+. \tag{3.145}$$

Um diese Beziehung zur Bestimmung der Lage des Fermi-Niveaus im Bänderschema aus-
zunutzen, müssen wir uns noch einen Ausdruck für die Größen n_D^+ und n_A^- verschaffen.

Die Energie des Donatorniveaus beträgt bei der hier gewählten Lage des Nullniveaus
$E_g - E_d$ (s. Fig. 3.35b). Für die Konzentration der Überschußelektronen in diesem Niveau,
die gerade gleich der Größe n_D^o ist, erhalten wir dann

$$n_D^o = n_D \frac{1}{e^{(E_g - E_d - E_F)/k_B T} + 1}. \tag{3.146}$$

Da wir nicht voraussetzen, daß der Abstand des Donatorniveaus von dem Fermi-Niveau groß gegenüber $k_B T$ ist, müssen wir in Gl. (3.146) den vollständigen Ausdruck für die Fermi-Funktion benutzen und dürfen diese Funktion nicht wie in Gl. (3.135) durch die Boltzmann-Verteilung annähern.

Die Konzentration der von den Donatoren an das Leitungsband abgegebenen Elektronen, die gleich der gesuchten Größe n_D^+ ist, beträgt jetzt nach Gl. (3.143)

$$n_D^+ = n_D - n_D^o = n_D \; \frac{1}{e^{-(E_g - E_d - E_F)/k_B T} + 1} \; .\tag{3.147}$$

Durch analoge Überlegungen über die Besetzung des Akzeptorniveaus mit Löchern und Anwendung von Gl. (3.144) erhalten wir

$$n_A^- = n_A - n_A^o = n_A \; \frac{1}{e^{-(E_F - E_a)/k_B T} + 1} \; .\tag{3.148}$$

Indem wir die Ausdrücke für n, p, n_D^+ und n_A^- aus Gl. (3.135), (3.136), (3.147) und (3.148) in Gl. (3.145) einsetzen, bekommen wir eine Bestimmungsgleichung für E_F. Sie läßt sich allerdings bei gleichzeitiger Berücksichtigung von Donatoren und Akzeptoren nicht geschlossen auswerten. Wir beschränken uns deshalb hier auf die Behandlung eines n-Leiters, der einzig Donatoren als Störstellen enthält. Außerdem soll die Kristalltemperatur so niedrig sein, daß wir die Zahl der Elektronen, die durch Anregung aus dem Valenzband ins Leitungsband gelangen, gegenüber den durch Ionisierung der Donatoren erzeugten Leitungselektronen vernachlässigen können. In Gl. (3.145) sollen also n_A^- und p gleich Null sein. Diese Gleichung lautet somit jetzt

$$n = n_D^+ .\tag{3.149}$$

Mit Gl. (3.135) und (3.147) wird hieraus

$$n_0(T) e^{-(E_g - E_F)/k_B T} = n_D \; \frac{1}{e^{-(E_g - E_d - E_F)/k_B T} + 1} \; .\tag{3.150}$$

Hierbei haben wir in Gl. (3.150) zur Abkürzung die von der Halbleitertemperatur abhängigen Größe

$$n_0(T) = 2 \left(\frac{m_e^* k_B T}{2\pi \hbar^2} \right)^{3/2}\tag{3.151}$$

eingeführt. Wir lösen Gl. (3.150) nach E_F auf und erhalten

$$E_F = E_g - E_d + k_B T \ln \left\{ \frac{1}{2} \left(\sqrt{1 + 4 \, \frac{n_D}{n_0(T)} \, e^{E_d/k_B T}} - 1 \right) \right\} .\tag{3.152}$$

Setzen wir diesen Wert von E_F in Gl. (3.147) ein und benutzen die Beziehung aus Gl. (3.149), so bekommen wir für die Ladungsträgerkonzentration im Leitungsband

$$n = \frac{2 n_D}{1 + \sqrt{1 + 4 \, \dfrac{n_D}{n_0(T)} \, e^{E_d/k_B T}}} \; .\tag{3.153}$$

Bei genügend tiefen Temperaturen ist

$$4 \, \frac{n_D}{n_0(T)} \, e^{E_d/k_BT} \gg 1.$$

In diesem Fall ergibt sich aus Gl. (3.153) bei Berücksichtigung von Gl. (3.151)

$$n \approx \sqrt{2n_D \left(\frac{m_e^* k_B T}{2\pi\hbar^2} \right)^{3/2} e^{-E_d/2k_BT}}. \tag{3.154}$$

Bei tiefen Temperaturen, bei denen nur relativ wenige Donatoren ionisiert sind, hängt n ähnlich wie bei der Eigenleitung exponentiell von der Temperatur ab. Allerdings erscheint bei der Störstellenleitung im Exponenten die im Vergleich zur Bandlücke E_g wesentlich kleinere Ionisierungsenergie E_d der Donatoren. Für die Lage des Fermi-Niveaus erhalten wir aus Gl. (3.152) für tiefe Temperaturen

$$E_F = E_g - \frac{1}{2} E_d + \frac{1}{2} k_B T \ln \frac{n_D}{n_0(T)}. \tag{3.155}$$

Bei $T = 0$ liegt das Fermi-Niveau genau in der Mitte zwischen dem Donatorniveau und dem Leitungsband. Es verschiebt sich mit steigender Temperatur zunächst, solange n_D noch größer als $n_0(T)$ ist, zu höheren Energiewerten, um dann wieder abzusinken. E_F durchläuft also ein Maximum. Dieses ist bei einer kleinen Donatorkonzentration n_D allerdings kaum bemerkbar.

Bei höheren Temperaturen, wenn

$$4 \, \frac{n_D}{n_0(T)} \, e^{E_d/k_BT} \ll 1$$

ist, aber erst sehr wenige Elektronen durch Anregung aus dem Valenzband ins Leitungs-

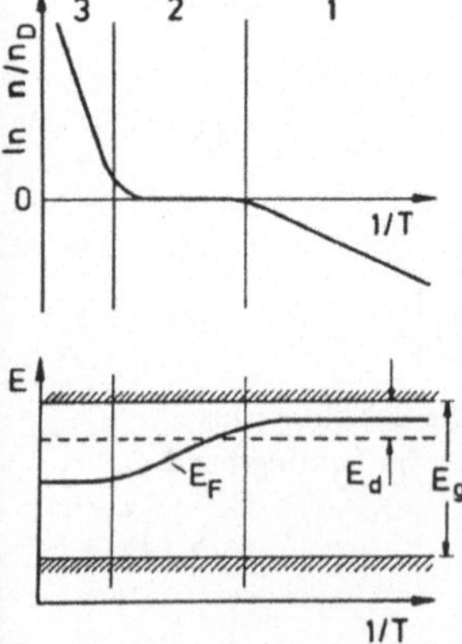

Fig. 3.37
Teilchenzahldichte n der Elektronen im Leitungsband und Lage des Fermi-Niveaus E_F in Abhängigkeit von 1/T für einen n-Halbleiter ohne Akzeptoren. n_D Donatorkonzentration, E_g Energielücke zwischen Leitungs- und Valenzband, E_d Ionisierungsenergie der Donatoren. Im Bereich 1 bei tiefen Temperaturen liegt eine reine Störstellenleitung vor. Im Temperaturbereich 2 sind sämtliche Donatoren ionisiert, d. h., die Elektronenzahldichte im Leitungsband ist gleich der Donatorkonzentration. Im Bereich 3 tritt mit ansteigender Temperatur die Eigenleitung gegenüber der Störstellenleitung immer stärker in den Vordergrund

band gelangen, wird nach Gl. (3.153)

$$n \approx n_D, \qquad\qquad\qquad\qquad (3.156)$$

d. h. sämtliche Donatoren sind jetzt ionisiert.

Steigt die Temperatur noch weiter an, so spielt die Anregung von Elektronen aus dem Valenzband eine immer stärkere Rolle, bis schließlich die gleichen Verhältnisse wie bei eigenleitendem Material vorliegen.

Die hier besprochenen Gesetzmäßigkeiten sind in Fig. 3.37 schematisch dargestellt. Hier ist die Teilchenzahldichte n der Elektronen im Leitungsband und die Lage des Fermi-Niveaus in Abhängigkeit von 1/T aufgetragen.

Ein entsprechendes Ergebnis bekommt man, wenn bei tiefen Temperaturen eine reine p-Leitung vorliegt.

Es sei noch erwähnt, daß in einem halbleitenden Einkristall, selbst bei Verwendung von sehr reinem Material, stets elektrisch aktive Störstellen vorhanden sind. Die niedrigste Verunreinigungskonzentration, die man hier heute erreichen kann, liegt in der Größen-ordnung von 10^{10} cm^{-3}. Dieses bedeutet, daß im allgemeinen auch bei hochwertigen Halbleiter-Kristallen die Störstellenleitung bei Zimmertemperatur größer als die Eigen-leitung ist.

p-n-Übergang

Bisher haben wir uns nur mit homogenen Halbleitern beschäftigt. Für technische Anwen-dungen sind aber besonders solche Halbleiter interessant, bei denen die Konzentration der Donator- und Akzeptorstörstellen innerhalb des Kristalls vom Orte abhängt. Ein derarti-ger inhomogener Halbleiter liegt z. B. vor, wenn in einem stabförmigen Kristall ein p-lei-tender und n-leitender Bereich aneinandergrenzen (Fig. 3.38a). In der Grenzschicht tritt in diesem Fall eine Verarmung an Ladungsträgern auf. Sie kommt dadurch zustande, daß ein Teil der im n-Bereich in überwiegendem Maße vorhandenen Elektronen und der im p-Bereich überwiegend vorhandenen Löcher jeweils in das Gebiet mit der anderen Leitfähigkeit diffundiert, und Elektronen und Löcher dort teilweise rekombinieren (Fig. 3.38b). Durch das Abwandern von Elektronen aus der n-Zone der Grenzschicht entsteht an dieser Stelle eine positive Raumladung; umgekehrt bildet sich in der p-Zone der Grenzschicht eine negative Raumladung aus (Fig. 3.38c). Auf diese Weise wird in der Grenzschicht ein elektrisches Feld erzeugt, welches dem von dem Konzentrations-gefälle der Elektronen bzw. Löcher ausgelösten Diffusionsstrom entgegenwirkt. Die resul-tierende elektrische Spannung zwischen dem n- und p-Bereich bezeichnet man als *Diffusionsspannung* V_D (Fig. 3.38d).

Das Bänderschema eines p-n-*Übergangs* erhält man durch folgende Überlegung: Wir stel-len uns vor, daß der p-leitende und n-leitende Bereich des Kristallstabes zunächst nicht miteinander verbunden sind. Dann liegen die Fermi-Niveaus in den Kristallhälften auf unterschiedlicher Höhe (Fig. 3.39a). Bringen wir nun die beiden Kristallhälften mitein-ander in Kontakt, so muß sich im Bänderschema des Kristalls ein gemeinsames Fermi-Niveau ausbilden. Dieses wird durch den oben beschriebenen Diffusionsvorgang bewirkt,

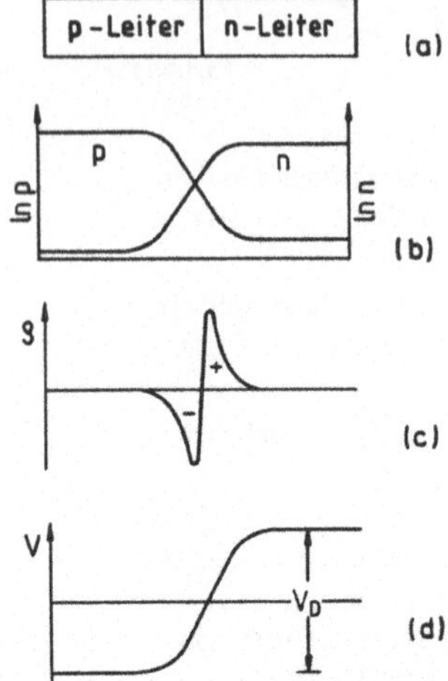

Fig. 3.38
Teilchenzahldichte p und n der Löcher bzw. Leitungselektronen, elektrische Raumladungsdichte ρ sowie elektrostatisches Potential V in der Grenzschicht zwischen einem p- und n-Leiter

der zu einer Erhöhung der potentiellen Elektronenenergie im p-Bereich gegenüber der im n-Bereich um den Betrag eV_D führt. Auf diese Weise kommt es zu der in Fig. 3.39b dargestellten Bandverbiegung.

Bisher haben wir nicht berücksichtigt, daß im p-Bereich außer Löchern auch Leitungselektronen in einer allerdings nur relativ kleinen Anzahl vorhanden sind. Gelangen solche Elektronen in die Grenzschicht, so werden sie durch das elektrische Feld in dieser Schicht in den n-Bereich transportiert, während im p-Bereich ständig Elektronen durch thermische Anregung aus dem Valenzband nachgeliefert werden. Man bezeichnet deshalb den elektrischen Strom, der sich auf diese Weise ausbildet, als *Generationsstrom* $I_{e,G}$ der Leitungselektronen. Durch den Generationsstrom wird aber das Ladungsgleichgewicht gestört.
Ein Ausgleich wird dadurch bewirkt, daß Leitungselektronen des n-Bereichs, deren Energie ausreicht, die Potentialschwelle eV_D zu überwinden, in den p-Bereich gelangen. Hier werden die Elektronen jedoch sehr schnell mit den im p-Bereich in großer Anzahl vorhandenen Löchern rekombinieren. Man nennt diesen Strom deshalb *Rekombinations-*

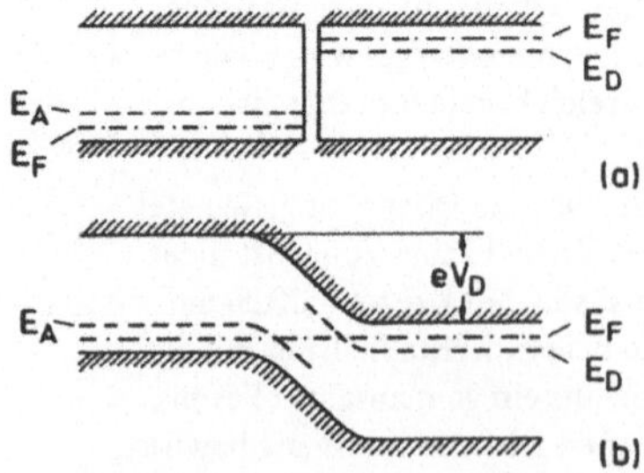

Fig. 3.39
Bänderschema eines p-n-Übergangs (s. Text). E_F Fermi-Niveau, E_A Akzeptorniveau, E_D Donatorniveau, V_D Diffusionsspannung

strom $I_{e,R}$ der Leitungselektronen. Im thermodynamischen Gleichgewicht ist

$$I_{e,R}(0) + I_{e,G}(0) = 0. \tag{3.157}$$

Eine entsprechende Beziehung läßt sich auch für den Rekombinationsstrom $I_{p,R}$ und den Generationsstrom $I_{p,G}$ der Löcher aufstellen. Es gilt also hier

$$I_{p,R}(0) + I_{p,G}(0) = 0. \tag{3.158}$$

Durch das Argument (0) in Gl. (3.157) und (3.158) soll hervorgehoben werden, daß diese Gleichungen nur gelten, wenn keine äußere Spannung am Halbleiter-Kristall liegt.

Generations- und Rekombinationsstrom erhalten besondere Bedeutung, sobald man eine äußere elektrische Spannung U an den Kristall legt. Dabei fällt nahezu der gesamte Betrag von U über der Grenzschicht zwischen dem p- und n-Bereich ab; denn hier ist wegen der starken Verarmung an Ladungsträgern die elektrische Leitfähigkeit wesentlich kleiner als in den anderen Bereichen des Kristalls. Im folgenden soll die Spannung U am Kristall als positiv gelten, wenn die positive Seite der Spannungsquelle mit dem p-Bereich verbunden ist.

Wir betrachten zunächst den Fall, daß $U < 0$ ist. Dann ist die Potentialschwelle, die die Leitungselektronen aus dem n-Bereich überwinden müssen, um in den p-Bereich zu gelangen, um den Betrag von U heraufgesetzt (Fig. 3.40a). Der Rekombinationsstrom der Leitungselektronen ist proportional zu dem Boltzmann-Faktor $e^{-e(V_D + |U|)/k_B T}$. Es ist also

$$I_{e,R}(U) = \text{const } e^{-eV_D} e^{-e|U|/k_B T}.$$

Führen wir in diesen Ausdruck den Rekombinationsstrom $I_{e,R}(0) = \text{const } e^{-eV_D}$ für $U = 0$ ein, so bekommen wir

$$I_{e,R}(U) = I_{e,R}(0)e^{-|U|/k_B T}. \tag{3.159}$$

Der Generationsstrom $I_{e,G}$ der Leitungselektronen wird durch die äußere Spannung praktisch nicht beeinflußt. Es gilt demnach

$$I_{e,G}(U) = I_{e,G}(0) = I_{e,G}. \tag{3.160}$$

Der resultierende Elektronenstrom beträgt

$$I_e = I_{e,R}(U) + I_{e,G}(U) = I_{e,R}(0)e^{-e|U|/k_B T} + I_{e,G}.$$

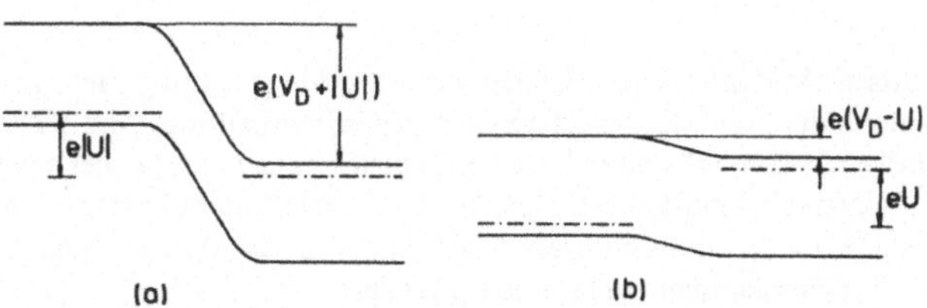

Fig. 3.40 Bänderschema eines p-n-Übergangs bei einer von außen angelegten elektrischen Spannung V in Sperrichtung (a) und Durchlaßrichtung (b)

Unter Berücksichtigung von Gl. (3.157) und Gl. (3.160) wird hieraus

$$I_e = I_{e,G}(1 - e^{-e|U|/k_BT}).$$ (3.161)

Für $U < 0$ ist also $I_{e,G}$ der größtmögliche Elektronenstrom durch einen p-n-Übergang.
Ist $U > 0$, so ist die Potentialschwelle, die den p-Bereich vom n-Bereich trennt, um U
herabgesetzt (Fig. 3.40b). Es können deshalb mehr Elektronen aus dem n-Bereich in den
p-Bereich gelangen als für $U = 0$. In diesem Fall gilt

$$I_e = I_{e,R}(U) + I_{e,G}(U) = I_{e,R}(0)e^{eU/k_BT} + I_{e,G} = -I_{e,G}(e^{eU/k_BT} - 1).$$ (3.162)

Für $U > 0$ nimmt also der Elektronenstrom exponentiell mit der angelegten Spannung zu.
In der gleichen Weise wie der Elektronenstrom wird auch der Löcherstrom durch eine
äußere Spannung beeinflußt. Wir erhalten also insgesamt für den elektrischen Strom
durch einen p-n-Übergang

$$I = (I_{e,G} + I_{p,G})(1 - e^{-e|U|/k_BT}) \quad \text{für } U < 0$$ (3.163)

und $$I = -(I_{e,G} + I_{p,G})(e^{eU/k_BT} - 1) \quad \text{für } U > 0.$$ (3.164)

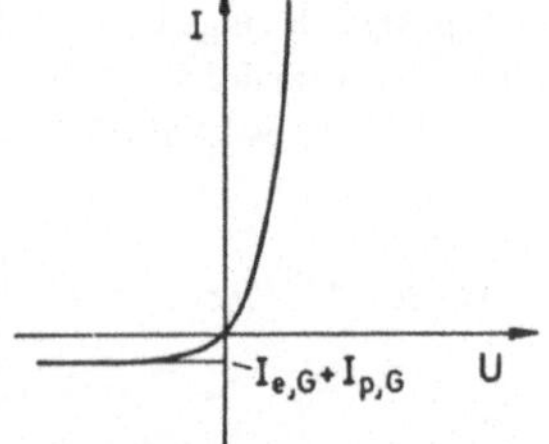

Fig. 3.41
Strom-Spannungskennlinie eines p-n Übergangs. $I_{e,G}$ Generationsstrom der Leitungselektronen, $I_{p,G}$ Generationsstrom der Löcher

In Fig. 3.41 ist die Strom-Spannungskennlinie eines p-n-Übergangs nach Gl. (3.163) und
(3.164) dargestellt. Der sog. *Durchlaßstrom* für $U > 0$ kann um mehrere Größenordnungen höher sein als der sog. *Sperrstrom* für $U < 0$. Dieser Effekt wird zur Gleichrichtung
von Wechselströmen benutzt.

3.5   Experimentelle Methoden zur Bestimmung der charakteristischen Eigenschaften eines Halbleiters

Das elektrische Verhalten eines Halbleiters wird bei Eigenleitung nach Gl. (3.139) und
(3.140) durch die Breite E_g der Energielücke zwischen Leitungs- und Valenzband, durch
die effektiven Massen m_e^* und m_p^* der Leitungselektronen und Löcher sowie durch deren
Relaxationszeiten τ_e und τ_p bestimmt. Bei der Störstellenleitung kommt noch eine
Abhängigkeit von den Ionisierungsenergien E_d und E_a der Donator- und Akzeptoratome
und ihren Teilchenzahldichten n_D und n_A hinzu.
An Stelle der Relaxationszeiten τ_e und τ_p betrachten wir im folgenden die Beweglichkeiten b_e und b_p der Elektronen bzw. Löcher als charakteristische Größen eines Halbleiters.

Mit diesen Größen lautet Gl. (3.140)

$$\sigma = neb_e + peb_p, \tag{3.165}$$

$$\text{wobei} \quad b_e = \frac{e\tau_e}{m_e^*} \quad \text{und} \quad b_p = \frac{e\tau_p}{m_p^*} \tag{3.166}$$

ist. n und p sind die Teilchenzahldichten der Elektronen bzw. Löcher.

Die Größen E_g, E_d, E_a, n_D, n_A, b_e und b_p lassen sich experimentell durch Ausnutzung des Hall-Effekts ermitteln. Zur Bestimmung von m_e^* und m_p^* benutzt man bevorzugt die Methode der *Zyklotron-Resonanz*.

Hall-Effekt bei Halbleitern

Auf Seite 136 haben wir den Hall-Effekt für den Fall untersucht, daß für den Ladungstransport im Festkörper nur eine Art Ladungsträger in Frage kommt. Bei einem Halbleiter kann der Ladungstransport aber sowohl durch Elektronen als auch durch Löcher erfolgen. Bei der gleichen Versuchsanordnung wie in Fig. 3.33 gilt deshalb hier an Stelle von Gl. (3.126)

$$j_{e,y} + j_{p,y} = 0, \tag{3.167}$$

wenn $j_{e,y}$ die Komponente der elektrischen Stromdichte der Elektronen und $j_{p,y}$ die der Löcher in y-Richtung ist.

Aus Gl. (3.167) folgt durch Anwendung von Gl. (3.125a)

$$\frac{\sigma_{e,0}}{1 + \dfrac{e^2\tau_e^2}{m_e^{*2}}B^2}\left(\frac{e\tau_e}{m_e^*}BE_x + E_y\right) + \frac{\sigma_{p,0}}{1 + \dfrac{e^2\tau_p^2}{m_p^{*2}}B^2}\left(-\frac{e\tau_p}{m_p^*}BE_x + E_y\right) = 0.$$

Führen wir in diesen Ausdruck mit Hilfe der Beziehungen in Gl. (3.165) und (3.166) die Beweglichkeiten b_e und b_p ein, und setzen wir außerdem voraus, daß im Halbleiter die Kraftflußdichte $\vec{B}$ so klein ist, daß wir die Terme $(e^2\tau_e^2/m_e^{*2})B^2$ und $(e^2\tau_p^2/m_p^{*2})B^2$ gegenüber 1 vernachlässigen können, so erhalten wir

$$nb_e^2 BE_x + nb_e E_y - pb_p^2 BE_x + pb_p E_y = 0$$

$$\text{oder} \quad E_y = \frac{pb_p^2 - nb_e^2}{pb_p + nb_e}BE_x. \tag{3.168}$$

Die obige Voraussetzung ist bei Berücksichtigung von Gl. (3.87) gleichbedeutend mit der Forderung, daß die Größen $(\omega_{e,c}\tau_e)^2$ und $(\omega_{p,c}\tau_p)^2$ klein gegenüber 1 sein sollen. $\omega_{e,c}$ und $\omega_{p,c}$ sind die Zyklotronfrequenzen der Leitungselektronen und Löcher in dem betreffenden Magnetfeld. Die Relaxationszeiten τ_e und τ_p sollen also klein gegenüber den Umlaufzeiten der Ladungsträger im Magnetfeld sein.

Drücken wir in Gl. (3.168) mit Hilfe von Gl. (3.125a) E_x durch $j_x = j_{e,x} + j_{p,x}$ und E_y aus und vernachlässigen wiederum die Terme mit B^2, so bekommen wir für das Hall-Feld

$$E_y = \frac{pb_p^2 - nb_e^2}{(pb_p + nb_e)^2 e} B j_x = R_H B j_x \tag{3.169}$$

mit der Hall-Konstanten

$$R_H = \frac{pb_p^2 - nb_e^2}{(pb_p + nb_e)^2 e} . \tag{3.170}$$

Bei reiner Eigenleitung ist $p = n$, und aus Gl. (3.170) wird

$$R_{H,i} = \frac{1}{ne} \frac{b_p - b_e}{b_p + b_e} . \tag{3.171}$$

Hiernach ist bei Eigenleitung die Hall-Konstante positiv, wenn $b_p > b_e$, negativ, wenn $b_p < b_e$, und 0, wenn $b_p = b_e$ ist.

Bei reiner Störstellenleitung erhalten wir aus Gl. (3.170)

$$R_{H,e} = -\frac{1}{ne} \quad \text{oder} \quad R_{H,p} = \frac{1}{pe} , \tag{3.172}$$

je nachdem ob eine n-Leitung mit $p = 0$ oder eine p-Leitung mit $n = 0$ vorliegt. Dieses ist in Übereinstimmung mit Gl. (3.129).

Wir untersuchen nun, wie wir aus den experimentell durch Messung von E_y, B und j_x nach Gl. (3.169) ermittelten Werten der Hall-Konstanten die auf Seite 151 aufgeführten charakteristischen Größen eines Halbleiters berechnen können.

Zur Bestimmung der Bandlücke E_g wird die Temperaturabhängigkeit der Hall-Konstanten $R_{H,i}$ für die Eigenleitung gemessen. Bei hohen Temperaturen wird durch $R_{H,i}$ auch für einen dotierten Halbleiter die Stärke des Hall-Feldes festgelegt. Für die Elektronenzahldichte n in Gl. (3.171) gilt Gl. (3.139). Danach ist

$$n \sim T^{3/2} e^{-E_g/2k_B T} . \tag{3.173}$$

Der Term $(b_p - b_e)/(b_p + b_e)$ in Gl. (3.171) hängt nicht von der Temperatur ab, da die Temperaturabhängigkeit der Beweglichkeiten sich bei der Quotientenbildung heraushebt. Aus Gl. (3.171) folgt dann bei Beachtung von Gl. (3.173)

$$\ln \left(|R_{H,i}| T^{3/2} \right) = \text{const} + \frac{E_g}{2k_B} \frac{1}{T} . \tag{3.174}$$

Trägt man also $\ln \left(|R_{H,i}| T^{3/2} \right)$ in Abhängigkeit von $1/T$ auf, so erhält man eine Gerade, deren Steigung $E_g/2k_B$ beträgt.

Zur Bestimmung der Ionisierungsenergie E_d bei einem n-Halbleiter mit Hilfe des Hall-Effekts muß die Kristalltemperatur so niedrig sein, daß wir in dem Ausdruck für die Hall-Konstante $R_{H,e}$ in Gl. (3.172) für n die Gl. (3.154) benutzen dürfen. In diesem Fall gilt

$$n \sim T^{3/4} e^{-E_d/2k_B T} , \tag{3.175}$$

und wir erhalten

$$\ln \left(|R_{H,e}| T^{3/4} \right) = \text{const} + \frac{E_d}{2k_B} \frac{1}{T} . \tag{3.176}$$

Trägt man diesmal $\ln \left(|R_{H,e}| T^{3/4} \right)$ über $1/T$ auf, so erhält man eine Gerade mit der Steigung $E_d/2k_B$. Entsprechendes gilt für die Bestimmung der Ionisierungsenergie E_a bei einem p-Halbleiter.

Bei einem n-Halbleiter, der keine Akzeptoren enthält, ist nach Gl. (3.156) im Temperaturbereich 2 der Fig. 3.37 die Elektronenzahldichte n gerade gleich der Teilchenzahldichte n_D der Donatoren. Es ist dann also nach Gl. (3.172)

$$n_D = - \frac{1}{R_{H,e} e} . \tag{3.177}$$

Für die Teilchenzahldichte n_A der Akzeptoren bei einem p-Leiter ohne Donatoratome gilt

$$n_D = \frac{1}{R_{H,p} e} . \tag{3.178}$$

Die Beweglichkeiten b_e und b_p der Elektronen bzw. Löcher hängen wie die Relaxationszeiten τ_e und τ_p, mit denen sie durch die Beziehungen in Gl. (3.166) verknüpft sind, von der Kristalltemperatur ab. Für einen Temperaturbereich, in dem eine reine Störstellenleitung vorliegt, erhält man die Beweglichkeiten durch eine kombinierte Messung der Hall-Konstanten $R_{H,e}$ bzw. $R_{H,p}$ und der elektrischen Leitfähigkeit σ. Aus Gl. (3.172) und (3.165) folgt hier

$$b_e = |R_{H,e}| \sigma \quad \text{und} \quad b_p = R_{H,p} \sigma . \tag{3.179}$$

Bei einer reinen Eigenleitung ergibt sich aus Gl. (3.171) und (3.165)

$$R_{H,i} \sigma = b_p - b_e . \tag{3.180}$$

Eine zweite Bestimmungsgleichung zur Berechnung von b_p und b_e lautet

$$\sigma = ne(b_p + b_e) . \tag{3.181}$$

Um aus diesen beiden Gleichungen b_p und b_e zu berechnen, benötigt man außer den Größen $R_{H,i}$ und σ auch noch die Elektronenzahldichte n bei Eigenleitung. n kann man aus Gl. (3.139) ermitteln, wenn man außer der Bandlücke E_g auch noch die effektiven Massen m_e^* und m_p^* der Elektronen und Löcher kennt.

Zyklotron-Resonanz bei Halbleitern

Auf Seite 127 haben wir gesehen, daß für die Umlauffrequenz ω_c eines Kristallelektrons in einem Magnetfeld die Beziehung

$$\omega_c = \frac{eB}{m_c}$$

gilt, wenn m_c die jeweilige Zyklotronmasse des Kristallelektrons und B die Kraftflußdichte des Magnetfeldes ist. Kennt man den Zusammenhang zwischen der Zyklotronmasse
und den effektiven Massen der Elektronen und Löcher, so lassen sich durch eine Messung
der Zyklotronfrequenz und damit auch der Zyklotronmasse die effektiven Massen der
Elektronen und Löcher bestimmen.

Ein Verfahren zur Messung der Zyklotronfrequenz durch Beobachtung von Resonanzen
ist schematisch in Fig. 3.42 dargestellt.

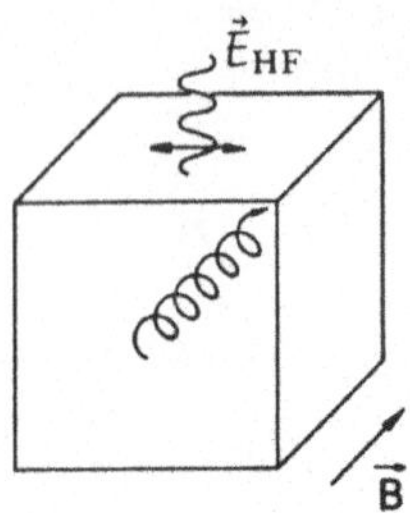

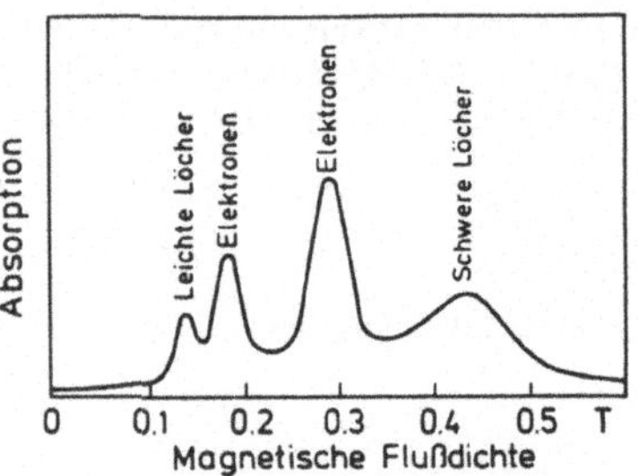

Fig. 3.42 Zur Messung der Zyklotronfrequenz
in einem Halbleiter (s. Text). $\vec{B}$ Kraftflußdichte eines statischen Magnetfeldes, $\vec{E}_{HF}$ elektrischer Feldvektor einer
linear polarisierten Welle

Fig. 3.43 Zyklotron-Resonanzabsorption an
Silicium (s. Text). Frequenz der ein-
gestrahlten elektromagnetischen
Welle 24 GHz, Kristalltemperatur
4 K (nach Dresselhaus, G.; Kip, A. F.;
Kittel, C.: Phys. Rev. 98 (1955) 368)

Der zu untersuchende Halbleiter wird in ein statisches Magnetfeld gebracht, dessen Stärke
variiert werden kann. Senkrecht zu diesem Magnetfeld wird eine linear polarisierte elektromagnetische Welle mit einer Wellenlänge im Zentimeterbereich eingestrahlt. Wird die
Stärke des Magnetfeldes so gewählt, daß die Zyklotronfrequenz der Kristallelektronen
gerade gleich der Frequenz des elektrischen Wechselfeldes ist, so werden die Elektronen
durch das elektrische Wechselfeld längs ihrer gesamten Bahn beschleunigt, und man mißt
eine maximale Absorption der eingestrahlten Welle. Damit eine solche Resonanzerschei-
nung beobachtet werden kann, muß sich im Magnetfeld eine kreisförmige oder — allge-
meiner — eine spiralförmige Bahn der Elektronen tatsächlich ausbilden können. Dieses
setzt voraus, daß die Relaxationszeit τ, die man auch als mittlere freie Flugzeit der Elektronen auffassen kann, groß gegenüber der Umlaufzeit der Elektronen im Magnetfeld ist,
daß also $\omega_c \tau \gg 1$ ist. Diese Bedingung läßt sich erfüllen, wenn man einmal durch ein
starkes Magnetfeld für eine hohe Zyklotronfrequenz ω_c sorgt und zum anderen die
Experimente bei sehr tiefen Temperaturen an Kristallen mit möglichst geringen Fehlordnungen durchführt, da in diesem Fall die Relaxationszeiten relativ groß sind. Als
Ergebnis erhält man dann eine Absorptionskurve, wie sie in Fig. 3.43 für einen Silicium-
kristall dargestellt ist. Wir beschäftigen uns nun mit der Interpretation dieser Kurve.

In Fig. 3.44 ist die Bandstruktur des Leitungsbandes und zweier Valenzbänder von Silicium
längs eines Durchmessers der ersten Brillouin-Zone in einer [100]-Richtung wiedergegeben. In anderen Richtungen hat die Energiefunktion $E(\vec{k})$ natürlich einen anderen Verlauf,
aber beim Silicium liegen die vor allem interessierenden Minima des Leitungsbandes in

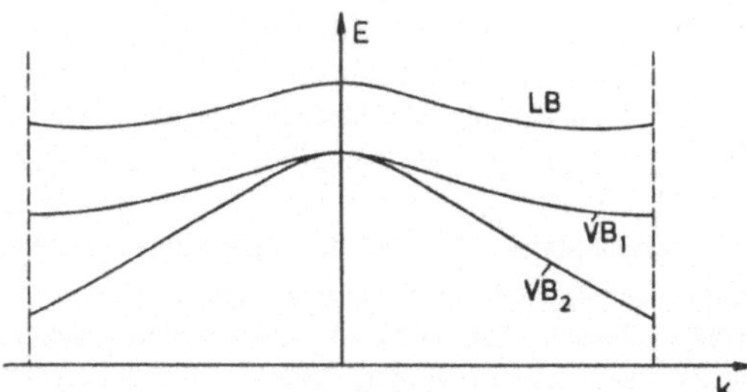

Fig. 3.44
Bandstruktur des Leitungsbandes LB und zweier Valenzbänder VB$_1$ und VB$_2$ von Silicium längs eines Durchmessers der ersten Brillouin-Zone in einer [100]-Richtung (nach Cardona, M.; Pollak, F. H.: Phys. Rev. 142 (1966) 530)

den [100]-Richtungen nahe der Zonenberandung. In der Umgebung dieser Minima sind die Flächen konstanter Energie Rotationsellipsoide mit den [100]-Richtungen als Rotationsachsen (s. Fig. 3.45). Die Energiefunktion erlaubt in der Umgebung der Minima die Darstellung

$$E(\vec{k}) = E_L + \frac{\hbar^2(k_1^2 + k_2^2)}{2m_{et}^*} + \frac{\hbar^2 k_3^2}{2m_{el}^*}, \tag{3.182}$$

wobei E_L der Energiewert an der unteren Kante des Leitungsbandes und m_{et}^* und m_{el}^* die sog. *transversale* und *longitudinale effektive Masse* der Leitungselektronen ist. Die Komponenten k_1, k_2 und k_3 des Wellenzahlvektors beziehen sich hierbei auf die Position eines Minimums der Energiefunktion.

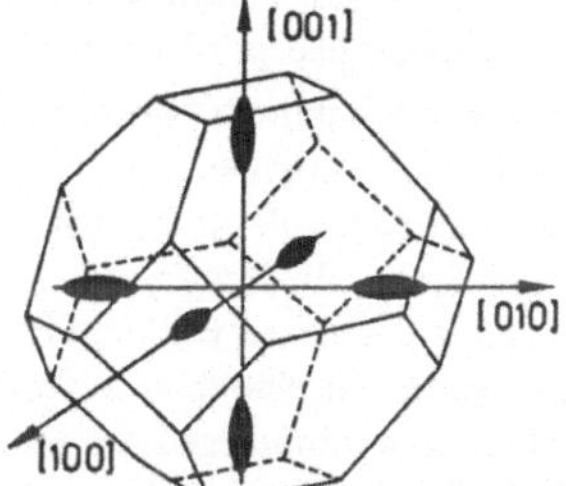

Fig. 3.45
Flächen konstanter Elektronenenergie im Leitungsband von Silicium

Es läßt sich nun an Hand von Gl. (3.86) zeigen (s. z. B. Haug, A.: Theoretische Festkörperphysik Bd. II, S. 220), daß in einem Magnetfeld, dessen Richtung mit der Rotationsachse eines der oben beschriebenen Ellipsoide den Winkel ϑ bildet, zwischen der Zyklotronmasse m_c und den transversalen und longitudinalen effektiven Massen m_{et}^* und m_{el}^* der Zusammenhang

$$\frac{1}{m_c^2} = \frac{\cos^2\vartheta}{m_{et}^{*2}} + \frac{\sin^2\vartheta}{m_{et}^* m_{el}^*} \tag{3.183}$$

besteht. Bei einer vorgegebenen Orientierung des Magnetfeldes beobachtet man bei einem Siliciumkristall im allgemeinsten Fall drei verschiedene Werte für die Zyklotronmasse entsprechend den drei verschiedenen Winkeln, die die Richtung des Magnetfeldes mit den Rotationsachsen der Ellipsoide in Fig. 3.45 bildet. Bei der Aufnahme des Absorptionsspektrums in Fig. 3.43 lag die Richtung des Magnetfeldes in einer (110)-Ebene. Hier erfolgt eine Resonanzabsorption nur für zwei verschiedene Werte der Kraftflußdichte B; denn in diesem Fall bilden die Rotationsachsen der Ellipsoide, die nicht in der (110)-Ebene liegen, mit der Richtung des Magnetfeldes den gleichen Winkel ϑ.

Für $\vartheta = 0$ ist nach Gl. (3.183) die Zyklotronmasse m_c gleich der transversalen effektiven Masse m_{et}^*. In diesem Fall nimmt m_c einen Minimalwert an. Dieses bedeutet aber wiederum, daß die transversale Masse kleiner als die longitudinale Masse ist.

Das Maximum des Valenzbandes liegt bei Silicium bei $\vec{k} = 0$, also im Mittelpunkt der ersten Brillouin-Zone (s. Fig. 3.44). Allerdings berühren sich in diesem Punkt zwei Bänder mit unterschiedlicher Krümmung. Dieses bedeutet nach Gl. (3.70), daß an der Oberkante des Valenzbandes Löcher mit zwei verschiedenen effektiven Massen vorliegen. Man spricht hier von *leichten* und *schweren Löchern*. Die Energiefunktion in der Umgebung des Punktes $\vec{k} = 0$ lautet in beiden Fällen

$$E(\vec{k}) = \frac{\hbar^2 k^2}{2m_p^*} \, , \tag{3.184}$$

wobei natürlich die effektive Masse m_p^* des ersten Valenzbandes sich von der des zweiten unterscheidet. Bei einer Energiefunktion wie in Gl. (3.184) ist nach Gl. (3.86) die Zyklotronmasse m_c unabhängig von der Richtung des Magnetfeldes in bezug auf die Kristallachsen, und m_c hat den gleichen Wert wie die effektive Masse m_p^*. Bei einem Zyklotron-Resonanz-Experiment liefern sowohl die leichten als auch die schweren Löcher jeweils nur ein einzelnes Absorptionsmaximum (s. Fig. 3.43).

Wenn wie beim Silicium das Maximum des Valenzbandes und das Minimum des Leitungsbandes nicht bei demselben $\vec{k}$-Wert liegen, spricht man von einem *indirekten Halbleiter*. Germanium ist ebenfalls ein indirekter Halbleiter. Das Maximum des Valenzbandes liegt hier bei $\vec{k} = 0$, aber die Minima des Leitungsbandes liegen in den [111]-Richtungen auf der Berandung der ersten Brillouin-Zone. Von den III-V-Halbleitern haben InSb, InAs, InP, GaSb und GaAs eine direkte Bandlücke, d. h., das Valenzbandmaximum und das Leitungsbandminimum liegen bei demselben $\vec{k}$-Wert. GaP und AlSb sind hingegen indirekte Halbleiter.

In Tab. 3.3 sind für verschiedene Halbleiter die effektiven Massen der Leitungselektronen und Löcher angegeben.

Tab. 3.3

	m_e^*/m	m_{et}^*/m	m_{el}^*/m	m_p^* Leicht$/m$	m_p^* Schwer$/m$
Si		0,19	0,98	0,16	0,52
Ge		0,082	1,57	0,043	0,34
InSb	0,015			0,021	0,39
InAs	0,026			0,025	0,41
InP	0,073			0,078	0,4
GaSb	0,047			0,06	0,3
GaAs	0,07			0,12	0,68

3.6   Quanten-Hall-Effekt

Bei der Behandlung der elektrischen Leitfähigkeit von Metallen in gekreuzten elektrischen und magnetischen Feldern erhielten wir mit Gl. (3.128) auf S. 137 das Ergebnis, daß das sog. Hall-Feld, welches sich senkrecht zur Richtung des elektrischen Stromes und senkrecht zur Richtung des Magnetfeldes ausbildet, in Abhängigkeit von der Konzentration n der Leitungselektronen einen mit 1/n monoton abfallenden Verlauf zeigt. Hiervon abweichend fand K. von Klitzing[1]) im Jahre 1980, daß in dem zweidimensionalen Elektronensystem einer Halbleiter-Randschicht bei sehr tiefer Temperatur und sehr starkem Magnetfeld das Hall-Feld in Abhängigkeit von n charakteristische Plateaus aufweist und die diesen Plateaus zugeordneten sog. Hall-Widerstände sich durch Naturkonstanten ausdrücken lassen. Zur genaueren Beschreibung dieser als *Quanten-Hall-Effekt* bezeichneten Erscheinung werden wir zunächst die Erzeugung einer zweidimensionalen Ladungsträgerschicht in einem Feldeffekttransistor diskutieren und anschließend das Verhalten der Ladungsträger dieser Schicht in einem gekreuzten elektrischen und magnetischen Feld untersuchen.

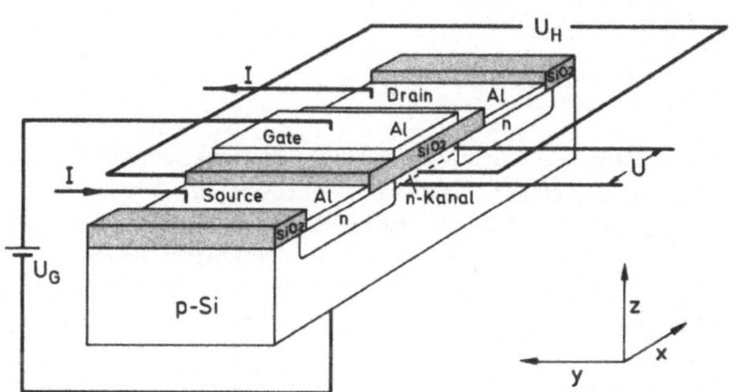

Fig. 3.46 Zur Wirkungsweise eines selbstsperrenden n-Kanal MOSFET und zur Messung des Quanten-Hall-Effekts (s. Text). U_G Gatespannung, U Spannungsabfall zwischen Drain und Source bei einem Stromfluß I, U_H Hallspannung

Fig. 3.46 zeigt schematisch den Aufbau eines selbstsperrenden n-Kanal MOSFET (Metal-Oxide-Semiconductor-Field-Effect-Transistor). Auf eine (100)-Schnittfläche eines p-leitenden Silicium-Einkristalls ist über eine 0,1 bis 1 μm dicke Isolationsschicht aus SiO_2 eine Metallschicht als sog. Gate-Elektrode aufgedampft. Die Stromzuführung erfolgt über zwei als „Source" und „Drain" bezeichnete hochdotierte n-leitende Bereiche, die ebenfalls mit metallischen Elektroden versehen sind. Liegt zwischen Gate und Halbleiterkristall keine elektrische Spannung, so ist ein Stromfluß zwischen Source und Drain wegen der sich ausbildenden Sperrschicht an einem der beiden p-n-Übergänge im Halbleiterkristall nicht möglich (deshalb die Bezeichnung „selbstsperrend"). Durch Anlegen einer positiven

---

[1]) Klaus von Klitzing, * 1943 Posen, Nobelpreis 1985

Spannung zwischen Gate und Halbleiter wird hingegen unmittelbar an der Grenzfläche zwischen Isolator und Halbleiter durch Influenz ein n-leitender Kanal zwischen Source und Drain aufgebaut. Seine Leitfähigkeit kann durch die Gate-Spannung U_G gesteuert werden. Das Besondere an dieser n-leitenden Randschicht ist nun, daß sie unter geeigneten Bedingungen als eine zweidimensionale Ladungsträgerschicht aufgefaßt werden kann. Dieses erkennt man folgendermaßen:

Eine positive Spannung zwischen Gate und Halbleiter führt zu einer Absenkung der potentiellen Elektronenenergie in der Randschicht und somit zu der in Fig. 3.47 dargestellten Bandverbiegung. Überschreitet diese Spannung einen bestimmten Schwellenwert $U_{Schw.}$, so wird die untere Kante des Leitungsbandes an der Grenzfläche zum Isolator unter das Fermi-Niveau abgesenkt. In diesem Fall gelangen in unmittelbarer Nachbarschaft der Grenzfläche Elektronen in das Leitungsband. Diese Elektronen können sich allerdings nur parallel zur Grenzfläche zum Isolator frei bewegen; denn senkrecht zu der Grenzfläche befinden sie sich in einem angenähert dreieckförmigen Potentialtopf, und ihre Bewegung ist deshalb in dieser Richtung quantisiert. Wählen wir die Grenzfläche als xy-Ebene eines rechtwinkeligen Koordinatensystems, so gilt für die Energie der Leitungselektronen

$$E(\vec{k}) = E_n + \left(\frac{\hbar^2 k_x^2}{2m^*} + \frac{\hbar^2 k_y^2}{2m^*} \right) \quad n = 0, 1, 2 \ldots \tag{3.185}$$

Hierbei sind die Größen E_n die diskreten Eigenwerte der Schrödinger-Gleichung für die Bewegung der Elektronen in z-Richtung bei einem Potentialverlauf, wie er rechts unten in Fig. 3.47 dargestellt ist. Auf jeden Eigenwert E_n als Grundterm baut sich ein Quasi-Kontinuum, ein sog. Subband, auf, das durch die kinetische Energie der Elektronen parallel zur Grenzfläche bedingt ist. Bei tiefen Kristalltemperaturen läßt sich erreichen, daß nur im untersten Subband Elektronen vorhanden sind. In diesem Fall kann man die Elektronen der Randschicht als ein zweidimensionales System betrachten. Für die Elektronenzahldichte in der Randschicht gilt

$$n \sim (U_G - U_{Schw.}). \tag{3.186}$$

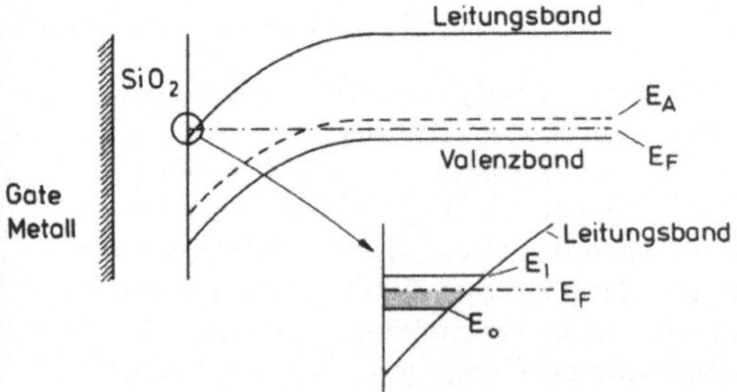

Fig. 3.47 Zur Entstehung einer zweidimensionalen Ladungsträgerschicht zwischen Drain und Source eines MOSFET unter der Einwirkung einer Gate-Spannung. E_F Fermi-Niveau, E_A Akzeptorniveau, E_0 und E_1 diskrete Energieniveaus für eine Bewegung der Ladungsträger senkrecht zur Ladungsträgerschicht

Bei einem zweidimensionalen System völlig freier Elektronen, die sich in einem Rechteck mit den Seitenlängen L_1 und L_2 befinden, beträgt nach Gl. (B.23) die Zustandsdichte bei Berücksichtigung des Elektronenspins

$$Z(E) = 2 \, \frac{m}{2\pi\hbar^2} \, L_1 L_2. \tag{3.187}$$

Durch ein Magnetfeld $\vec{B}$ senkrecht zur Ladungsträgerschicht wird die Zustandsdichte abgeändert. Wie in Abschn. 5.2 gezeigt wird, kondensieren im dreidimensionalen $\vec{k}$-Raum freie Elektronen in einem Magnetfeld auf Kreiszylindern, deren gemeinsame Achse in Richtung des Magnetfeldes verläuft. Bei einem zweidimensionalen Elektronensystem treten an Stelle der Kreiszylinder konzentrische Kreise. Hierbei haben die Elektronen nach Gl. (5.25) bei Vernachlässigung der Wechselwirkung des Elektronenspins mit dem Magnetfeld auf den einzelnen Kreisen des zweidimensionalen $\vec{k}$-Raums die Energiewerte

$$E_\nu = (\nu + 1/2)\hbar\omega_c. \tag{3.188}$$

Für die Zyklotronfrequenz ω_c gilt (s. Gl. (3.85))

$$\omega_c = \frac{eB}{m}. \tag{3.189}$$

Die Quantenzahl ν durchläuft die Werte $0, 1, 2, 3 \ldots$. Das Energieintervall zwischen zwei aufeinanderfolgenden Energieniveaus, die man allgemein als *Landau-Niveaus* bezeichnet, beträgt demnach

$$\hbar\omega_c = \hbar \, \frac{eB}{m}. \tag{3.190}$$

Wenn kein Magnetfeld vorhanden ist, liegen in diesem Energieintervall (vgl. Gl. (3.187) und Gl. (3.190))

$$N_\nu = Z(E)\hbar\omega_c = 2 \, \frac{eB}{2\pi\hbar} \, L_1 L_2 \tag{3.191}$$

Zustände. Dieses ist aber auch gerade die Anzahl der Zustände, die bei angelegtem Magnetfeld auf einem Landau-Niveau kondensieren. Durch das Magnetfeld wird gleichzeitig die Spinentartung aufgehoben (s. Gl. (5.25)). Jedes Landau-Niveau zerfällt in zwei Niveaus, die einzeln $eB/(2\pi\hbar) \, L_1 L_2$ Zustände enthalten. Je Flächeneinheit ergibt das für das einzelne Energieniveau

$$n_0 = \frac{eB}{2\pi\hbar} \tag{3.192}$$

Zustände.

Beim Übergang von freien Elektronen zu den Leitungselektronen in der Ladungsträgerschicht eines Si-MOSFET haben wir folgendes zu beachten:

1. In Gl. (3.187) haben wir die wahre Masse eines Elektrons durch die effektive Masse m^* zu ersetzen, in Gl. (3.190) durch die Zyklotronmasse m_c. In einer zweidimensionalen

Ladungsträgerschicht ist jedoch m* mit m_c identisch. In Gl. (3.191) tritt also auch jetzt eine Elektronenmasse nicht auf.

2. Durch ein Magnetfeld wird neben der Spinentartung auch noch eine durch die Struktur des Leitungsbandes in Si bedingte zweifache sog. Valley-Entartung aufgehoben. Dieses bedeutet, daß in Wirklichkeit jedes Landau-Niveau insgesamt in vier Niveaus aufspaltet, die einzeln je Flächeneinheit maximal mit der durch Gl. (3.192) festgelegten Anzahl von Elektronen besetzt sein können.

3. Durch Streuung der Leitungselektronen an Phononen und Gitterfehlern wird die freie Flugzeit τ der Elektronen begrenzt. Dieses führt durch eine Verbreiterung der Landau-Niveaus zu sich überlappenden Bändern (s. Fig. 3.48). Damit sich dennoch gegenüber dem feldfreien Zustand eine genügend stark ausgeprägte Struktur in der Zustandsdichte ausbilden kann, muß das Produkt $\omega_c \tau$ aus Zyklotronfrequenz und Relaxationszeit wesentlich größer als 1 sein. Dieses ist z. B. bei einem Magnetfeld einer Kraftflußdichte von 18 Tesla und einer Kristalltemperatur von 1,5 K gewährleistet.

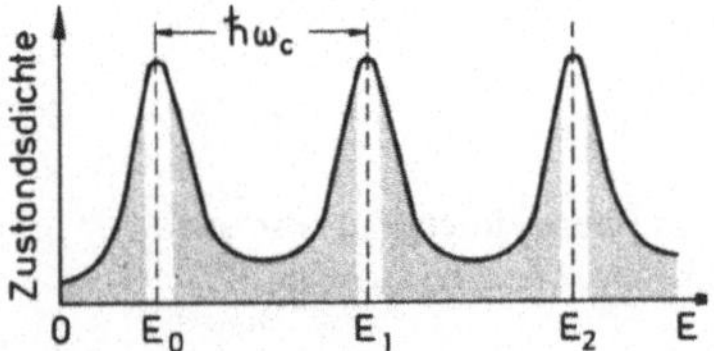

Fig. 3.48
Zustandsdichte eines zweidimensionalen Systems von Leitungselektronen in einem starken Magnetfeld. E_0, E_1, E_2 ... sind die Energien der einzelnen Landau-Niveaus. In den schattierten Energiebereichen sind die Zustände an Störstellen lokalisiert (s. Text)

Zur Untersuchung der elektrischen Leitfähigkeit einer zweidimensionalen Ladungsträgerschicht in gekreuzten elektrischen und magnetischen Feldern können wir auf Gl. (3.125) auf Seite 137 zurückgreifen. Führen wir in diese Gleichung die Zyklotronfrequenz $\omega_c = eB/m^*$ ein, so erhalten wir für die Stromdichte in einer Ladungsträgerschicht in der xy-Ebene bei einem Magnetfeld in z-Richtung die Tensorbeziehung

$$\begin{pmatrix} j_x \\ j_y \end{pmatrix} = \begin{pmatrix} \sigma_{xx} & \sigma_{xy} \\ -\sigma_{xy} & \sigma_{xx} \end{pmatrix} \begin{pmatrix} E_x \\ E_y \end{pmatrix} \tag{3.193}$$

mit den Komponenten des Leitfähigkeitstensors

$$\sigma_{xx} = \frac{ne}{B} \frac{\omega_c \tau}{1 + \omega_c^2 \tau^2} \tag{3.194}$$

und

$$\sigma_{xy} = -\frac{ne}{B} \frac{\omega_c^2 \tau^2}{1 + \omega_c^2 \tau^2}. \tag{3.195}$$

Lösen wir Gl. (3.193) nach den Komponenten E_x und E_y der elektrischen Feldstärke auf, so bekommen wir

$$\begin{pmatrix} E_x \\ E_y \end{pmatrix} = \begin{pmatrix} \rho_{xx} & \rho_{xy} \\ -\rho_{xy} & \rho_{xx} \end{pmatrix} \begin{pmatrix} j_x \\ j_y \end{pmatrix}. \tag{3.196}$$

Hierbei gilt für die Tensorkomponenten des spezifischen elektrischen Widerstandes

$$\rho_{xx} = \frac{B}{ne}\frac{1}{\omega_c \tau} \tag{3.197}$$

und $\quad \rho_{xy} = \frac{B}{ne}.$ $\hspace{5cm}$ (3.198)

Ist ein Ladungsabfluß nur in x-Richtung möglich, so ergibt sich aus Gl. (3.196)

$$E_x = \rho_{xx} j_x \tag{3.199}$$

und $\quad E_y = -\rho_{xy} j_x.$ $\hspace{5cm}$ (3.200)

Bei einem zweidimensionalen System, das sich in einem Rechteck mit der Kantenlänge L_1 in x-Richtung und der Kantenlänge L_2 in y-Richtung befindet, folgt aus Gl. (3.199) für die Spannung U in Richtung des Stromes I

$$U = E_x L_1 = \rho_{xx}\frac{L_1}{L_2} j_x L_2 = \rho_{xx}\frac{L_1}{L_2} I, \tag{3.201}$$

d. h., der elektrische Widerstand in Stromrichtung beträgt

$$R = \rho_{xx}\frac{L_1}{L_2}. \tag{3.202}$$

Für die Spannung senkrecht zur Stromrichtung, die sog. *Hall-Spannung* erhalten wir aus Gl. (3.200)

$$U_H = |E_y| L_2 = \rho_{xy} j_x L_2 = \rho_{xy} I. \tag{3.203}$$

Hierbei ist der sog. *Hall-Widerstand* ρ_{xy} unabhängig von den Ausmaßen des zweidimensionalen Systems. Im übrigen hat in einem zweidimensionalen System der spezifische elektrische Widerstand die gleiche Dimension wie der elektrische Widerstand selbst.

Bei völlig freien Elektronen ist die Relaxationszeit τ, die in Gl. (3.194) und (3.197) eingeht, unendlich groß. Deshalb hat hier sowohl σ_{xx} als auch ρ_{xx} den Wert Null. Der Strom in x-Richtung wird in diesem Fall nicht durch ein elektrisches Längsfeld E_x verursacht, sondern nach Gl. (3.193) und Gl. (3.195) durch die kombinierte Einwirkung des Magnetfeldes $\vec{B}$ und des Hall-Feldes E_y. Das gleiche gilt, wenn aus einem bestimmten Grunde in der Ladungsträgerschicht eines MOSFET eine Streuung der Leitungselektronen an Phononen und Gitterfehlstellen nicht möglich ist. Hier hat sich nun gezeigt, daß σ_{xx} und ρ_{xx} und somit nach Gl. (3.202) auch der Längswiderstand R immer dann Null werden, wenn durch eine Erhöhung der Gate-Spannung am MOSFET die Elektronenzahldichte n in der Ladungsträgerschicht ungefähr ein ganzzahliges Vielfaches i desjenigen Wertes erreicht hat, der durch Gl. (3.192) gegeben ist (s. Fig. 3.49), und daß R bei einer weiteren Erhöhung der Elektronenzahldichte innerhalb eines bestimmten Intervalls Δn den konstanten Wert Null beibehält. Als besonders bedeutungsvoll kommt jetzt aber noch hinzu, daß der Hall-Widerstand ρ_{xy} innerhalb der einzelnen Intervalle Δn ebenfalls einen konstanten Wert annimmt, und zwar erhalten wir diesen Wert, indem wir für die Elektronen-

zahldichte n in Gl. (3.198) den mit der Zahl i multiplizierten Wert n_0 aus Gl. (3.192)
benutzen, wenn i die Anzahl der mit Elektronen fast vollständig besetzten Landau-Bänder
ist. Wir bekommen dann mit $h = 2\pi\hbar$ für den Hall-Widerstand in den einzelnen Plateau-
bereichen (s. Fig. 3.49)

$$\rho_{xy} = \frac{1}{i}\frac{h}{e^2}, \quad i = 1, 2, 3, \ldots \tag{3.204}$$

Unabhängig von den Ausmaßen und der Beschaffenheit der Ladungsträgerschicht ist also
hier der Hall-Widerstand ein rationaler Bruchteil von h/e^2 oder anders ausgedrückt, die
Hall-Leitfähigkeit $1/\rho_{xy}$ ist in Einheiten der Größe e^2/h quantisiert.

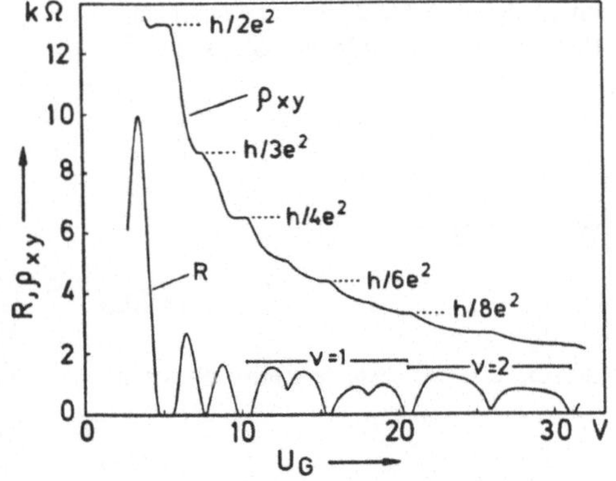

Fig. 3.49 Längswiderstand R und Hallwiderstand ρ_{xy} der zweidimensionalen Ladungsträgerschicht
eines MOSFET in Abhängigkeit von der Gate-Spannung U_G in einem Magnetfeld von
18,9 T senkrecht zur Ladungsträgerschicht und bei einer Kristalltemperatur von 1,5 K.
ν ist die Quantenzahl der Landau-Niveaus (nach K. von Klitzing in Treusch, J. (Hrsg.):
Festkörperprobleme XXI, S. 1. Braunschweig: Vieweg 1981)

Eine Theorie, die den Verlauf von R und ρ_{xy} in Abhängigkeit von der Elektronenzahldichte n quantitativ beschreibt, gibt es zur Zeit nicht. Zu einem qualitativen Verständnis
der in Fig. 3.49 dargestellten Zusammenhänge führt folgendes durch theoretische Untersuchungen begründete Modell: In den Energiebereichen zwischen den Landau-Niveaus,
in denen die Zustandsdichte relativ niedrig ist, sind die Energiezustände auf Grund von
Störstellen lokalisiert (vgl. Fig. 3.48). In diesen Zuständen werden bei tiefen Temperaturen Elektronen eingefangen. Diese Elektronen können natürlich keinen Beitrag zum
Stromtransport leisten. Wandert das Fermi-Niveau bei einer Erhöhung der Elektronenzahldichte durch einen Energiebereich mit lokalisierten Zuständen, so ist, da dann τ unendlich groß ist, $\rho_{xx} = 0$ und außerdem $\rho_{xy} = $ const. Dieses erklärt das Auftreten von Plateaus.
Es kann außerdem gezeigt werden, daß die Plateauwerte von ρ_{xy} den Werten des Hall-
Widerstandes völlig freier Elektronen entsprechen, die man bei einer vollständigen Beset-

zung der zugehörigen Landau-Niveaus erhält, also gerade den Werten aus Gl. (3.204) (siehe z. B. J. Hajdu in: Grosse, P. (Hrsg.): Festkörperprobleme XXV. Braunschweig 1985).

Die Plateauwerte des Hall-Widerstandes ρ_{xy} lassen sich mit sehr großer Genauigkeit messen. Die relative Unsicherheit ist kleiner als 10^{-7}. Dieses bedeutet, daß der v. Klitzingsche Quanten-Hall-Effekt zur Realisierung eines absoluten, ausgezeichnet reproduzierbaren Widerstandsnormals benutzt werden kann. Außerdem kann er zur Präzisionsbestimmung der *Sommerfeldschen Feinstrukturkonstanten*

$$\alpha = \frac{\mu_0 c}{2} \frac{e^2}{h}$$

herangezogen werden. Deren genaue Kenntnis ist u. a. wichtig für einen Vergleich der Voraussagen der Quantenelektrodynamik mit experimentell ermittelten Daten.

Aufgaben zu Kapitel 3

3.1. Auf Seite 104 wurde erwähnt, daß die Wannier-Funktionen nur am Ort der Gitteratome, denen sie zuzuordnen sind, größere Werte annehmen. Dieses trifft sogar auch dann zu, wenn man als Bloch-Funktion die Gleichung für ein völlig freies Elektron, also die der ebenen Welle $\psi(\vec{k}, \vec{r}) = 1/\sqrt{V}\, e^{i\vec{k}\cdot\vec{r}}$ wählt. Die Wannier-Funktion, die sich auf ein Atom am Gitterplatz $\vec{R}_i$ bezieht, lautet in diesem Fall

$$w(\vec{r} - \vec{R}_i) = \frac{1}{\sqrt{V}} \frac{1}{\sqrt{N}} \sum_{\vec{k}} e^{i\vec{k}\cdot(\vec{r} - \vec{R}_i)}.$$

Setzen Sie in dieser Gleichung

$$\vec{r} = \xi_1\vec{a}_1 + \xi_2\vec{a}_2 + \xi_3\vec{a}_3$$

$$\vec{R}_i = n_1\vec{a}_1 + n_2\vec{a}_2 + n_3\vec{a}_3$$

$$\vec{k} = \frac{1}{m}(h_1\vec{b}_1 + h_2\vec{b}_2 + h_3\vec{b}_3) \quad \text{(s. Gl. (2.13))}$$

Die Koeffizienten h_1, h_2 und h_3 sollen hierbei alle ganzen Zahlen zwischen $-m/2$ und $(+m/2) - 1$ durchlaufen. Zeigen Sie, daß bei der zutreffenden Annahme, $m \gg 1$, gilt:

$$w(\vec{r} - \vec{R}_i) = \frac{1}{\sqrt{V_z}} \prod_{\ell=1}^{3} \frac{\sin \pi(\xi_\ell - n_\ell)}{\pi(\xi_\ell - n_\ell)}.$$

V_z ist in diesem Ausdruck das Volumen der Elementarzelle.

3.2. Auf Seite 155 wurde vermerkt, daß beim Silicium in der Umgebung der Minima des Leitungsbandes die Flächen konstanter Energie Rotationsellipsoide mit den [100]-Richtungen als Rotationsachsen sind. Zeigen Sie mit Hilfe von Gl. (3.86) unter Verwendung der Energiefunktion in Gl. (3.182), daß in einem Magnetfeld, welches in einer der [100]-Richtungen verläuft, die Zyklotronmasse der Kristallelektronen des Leitungsbandes entweder den Wert m^*_{et} oder den Wert $\sqrt{m^*_{et} m^*_{el}}$ hat. Beachten Sie dabei, daß bei einem Magnetfeld senkrecht zur Rotationsachse der Ellipsoide die Fläche A in Gl. (3.86) von einer Ellipse berandet wird, deren Halbachsen $\sqrt{2m^*_{et}E}/\hbar$ und $\sqrt{2m^*_{el}E}/\hbar$ betragen.

4   Dielektrische Eigenschaften der Festkörper

Das dielektrische Verhalten eines Festkörpers wird durch seine Dielektrizitätskonstante ϵ
bestimmt. Sie verknüpft gemäß der Beziehung

$$\vec{D} = \epsilon_0 \epsilon \vec{E}$$

die elektrische Feldstärke $\vec{E}$ mit der elektrischen Flußdichte $\vec{D}$. Bei einem Festkörper ist
die Dielektrizitätskonstante im allgemeinen Fall ein symmetrischer Tensor zweiter Stufe;
nur für kubische Kristalle, mit denen wir uns hier alleine beschäftigen, ist dieser Tensor
zu einem Skalar entartet. Es interessiert vor allem, wie die Dielektrizitätskonstante eines
Festkörpers von der Wechselfrequenz eines in ihm erzeugten elektrischen Feldes abhängt.
Diese Beziehung ist für das Verständnis der optischen Eigenschaften der Festkörper von
besonderer Bedeutung.

In Abschn. 4.1 untersuchen wir den Zusammenhang zwischen der Dielektrizitätskonstanten eines Festkörpers und der Polarisierbarkeit seiner Gitteratome. Die Dielektrizitätskonstante ist eine Materialkonstante, die Polarisierbarkeit ist hingegen eine atomare
Eigenschaft des Festkörpers. In Abschn. 4.2 wird die elektrische Polarisation von Isolatoren behandelt. Es werden die verschiedenen Beiträge zur elektrischen Suszeptibilität
eines Nichtleiters diskutiert. Mit dem Polariton lernen wir hier ein neues Quasiteilchen
kennen. Bei Isolatoren ist die makroskopische Polarisation durch ortsgebundene elektrische Dipole bedingt. Bei Metallen und Halbleitern kommt noch eine durch Verschiebung von quasifreien Elektronen hervorgerufene Polarisation hinzu. Mit der elektrischen
Polarisation von Leitern und Halbleitern beschäftigen wir uns in Abschn. 4.3. Außerdem
werden hier zwei weitere Quasiteilchen, das Plasmon und das Exziton eingeführt. In
Abschn. 4.4 behandeln wir die spontane elektrische Polarisation. Sie führt zu der
Erscheinung der Ferro- und Antiferroelektrizität. In Abschn. 4.5 besprechen wir schließlich experimentelle Methoden zur Ermittlung der Frequenzabhängigkeit der Dielektrizi-
tätskonstanten. Zur Auswertung der Meßergebnisse erweisen sich die Kramers-Kronig-
Relationen als sehr nützlich.

4.1   Zusammenhang zwischen Dielektrizitätskonstante und Polarisierbarkeit

Anders als bei Gasen, in denen die Moleküle soweit voneinander entfernt sind, daß die
elektrische Polarisation eines einzelnen Gasmoleküls durch Nachbarmoleküle nicht beeinflußt wird, hat man bei der Polarisation eines Festkörperatoms im allgemeinen die Wechselwirkung mit den Nachbaratomen zu beachten. Die elektrische Polarisation eines Gitteratoms wird nicht nur durch das äußere elektrische Feld bewirkt, sondern es ist außerdem
noch ein Zusatzfeld zu berücksichtigen, welches von der Polarisation der übrigen Gitter-

atome des Festkörpers herrührt. Dieses hat zur Folge, daß der Zusammenhang zwischen der Dielektrizitätskonstanten eines Festkörpers und der Polarisierbarkeit seiner Gitteratome sich komplizierter darstellt als der zwischen der Dielektrizitätskonstanten eines Gases und der Polarisierbarkeit seiner Moleküle.

Ist α die Polarisierbarkeit eines Gasmoleküls, so erhält es in einem elektrischen Feld $\vec{E}$ im Gasraum das elektrische Dipolmoment

$$\vec{p} = \epsilon_0 \alpha \vec{E}. \tag{4.1}$$

Sind in dem betreffenden Gasraum nur gleichartige Moleküle vorhanden und ist ihre Anzahl je Volumeneinheit N_V, so beträgt das elektrische Dipolmoment des Gases je Volumeneinheit, d. h. seine elektrische Polarisation

$$\vec{P} = \epsilon_0 N_V \alpha \vec{E}. \tag{4.2}$$

Zwischen P und $\vec{E}$ besteht gleichzeitig die Beziehung

$$\vec{P} = \epsilon_0 \chi \vec{E}, \tag{4.3}$$

wenn χ die elektrische Suszeptibilität des Gases ist. Hieraus folgt

$$\chi = N_V \alpha.$$

Für die Dielektrizitätskonstante ϵ gilt allgemein

$$\epsilon = 1 + \chi. \tag{4.4}$$

Hiermit erhalten wir für die Dielektrizitätskonstante eines Gases

$$\epsilon = 1 + N_V \alpha. \tag{4.5}$$

Bei einem Festkörper haben wir in Gl. (4.1) und (4.2) das makroskopische elektrische Feld $\vec{E}$ um das oben erwähnte Zusatzfeld zu ergänzen. Bezeichnen wir das resultierende am Ort eines Gitteratoms wirksame elektrische Feld mit $\vec{E}_{lokal}$, so ist bei einem Festkörper

$$\vec{p} = \epsilon_0 \alpha \vec{E}_{lokal} \tag{4.6}$$

und $\qquad \vec{P} = \epsilon_0 N_V \alpha \vec{E}_{lokal}. \tag{4.7}$

Gl. (4.3) bleibt hingegen auch bei einem Festkörper gültig.

Um bei einem Festkörper den Zusammenhang zwischen seiner Dielektrizitätskonstanten und der Polarisierbarkeit der einzelnen Gitteratome zu bestimmen, müssen wir uns zunächst einen Ausdruck für das *lokale elektrische Feld* $\vec{E}_{lokal}$ verschaffen. Anschließend können wir dann mit Hilfe von Gl. (4.7), (4.3) und (4.4) die gesuchte Beziehung zwischen ϵ und α ermitteln.

Lokales elektrisches Feld

Das auf ein einzelnes Gitteratom in einem Festkörper einwirkende lokale elektrische Feld $\vec{E}_{lokal}$ setzt sich aus dem ungestörten elektrischen Feld $\vec{E}_{ext}$ außerhalb der Probe und dem von den Dipolmomenten aller übrigen Gitteratome der Probe herrührenden elektrischen Feld $\vec{E}_{probe}$ zusammen. Es gilt also

$$\vec{E}_{lokal} = \vec{E}_{ext} + \vec{E}_{probe}. \tag{4.8}$$

Wir ermitteln im folgenden $\vec{E}_{probe}$ für eine ellipsoidförmige Probe, wenn wie in Fig. 4.1 eine Achse des Ellipsoids parallel zu einem als homogen angenommenen äußeren elektrischen Feld verläuft. Zu diesem Zweck stellen wir uns vor, das Gitteratom befände sich im Mittelpunkt einer fiktiven Kugel, und setzen $\vec{E}_{probe}$ aus dem elektrischen Feld der Dipole innerhalb und außerhalb der Kugel zusammen. Bei genügend großem Kugelradius können wir außerhalb der Kugel die Verteilung der Dipole als kontinuierlich ansehen und dementsprechend ihren Einfluß auf $\vec{E}_{probe}$ durch Oberflächenladungen der Flächenladungsdichte P_n erfassen. Hierbei ist P_n die Normalkomponente der elektrischen Polarisation $\vec{P}$ an der in Betracht zu ziehenden Oberfläche. Dabei handelt es sich einmal um die äußere Oberfläche der Probe und zum anderen um die Oberfläche des kugelförmigen Hohlraums, der entsteht, wenn wir die Materie innerhalb der fiktiven Kugel entfernen. Die Ladungen auf der äußeren Oberfläche liefern das sog. *Entelektrisierungsfeld* $\vec{E}_N$, während man das Feld, welches von den Ladungen auf der Oberfläche der Hohlkugel herrührt, als *Lorentz*[1]*-Feld* $\vec{E}_L$ bezeichnet.

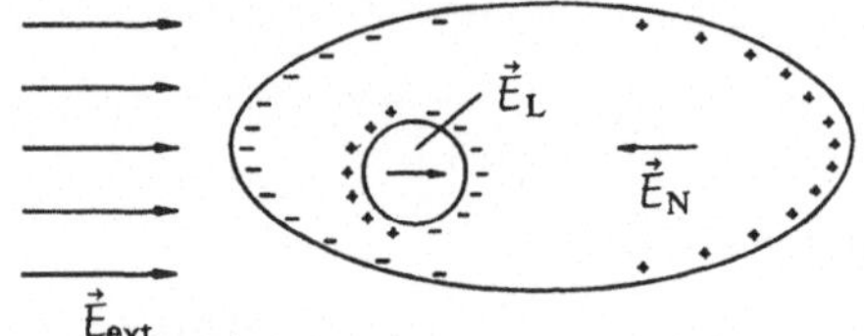

Fig. 4.1
Zur Berechnung des lokalen elektrischen Feldes am Ort eines Gitteratoms für eine ellipsoidförmige Probe (s. Text)

Bei der in Fig. 4.1 dargestellten Anordnung ist die Probe homogen polarisiert. Für das Entelektrisierungsfeld gilt deshalb

$$\vec{E}_N = -\frac{1}{\epsilon_0} N\vec{P}, \tag{4.9}$$

wenn N der aus der Elektrizitätslehre bekannte Entelektrisierungsfaktor ist. Kugel und Scheibe können als Grenzfälle eines Ellipsoids aufgefaßt werden. Bei einer kugelförmigen Probe hat N den Wert 1/3. Für eine dünne Scheibe senkrecht zum elektrischen Feld ist $N = 1$. Liegt $\vec{E}_{ext}$ in der Scheibenebene, so ist $N = 0$.

Die Größe

$$\vec{E} = \vec{E}_{ext} + \vec{E}_N \tag{4.10}$$

bezeichnet man gewöhnlich als *makroskopisches elektrisches Feld*. Es ist das über das Volumen der Elementarzelle gemittelte elektrische Feld. Der Unterschied zwischen $\vec{E}$ und $\vec{E}_{lokal}$ ist vor allem dadurch bedingt, daß zum makroskopischen elektrischen Feld alle Dipole des Festkörpers beitragen, während zum lokalen elektrischen Feld das heraus-

---

[1]) Hendrik Antoon Lorentz, * 1853 Arnheim, † 1928 Haarlem, Nobelpreis 1902

gegriffene Gitteratom selbst keinen Beitrag liefert. Die Maxwellschen Gleichungen der Elektrodynamik enthalten das makroskopische elektrische Feld.

Für das Lorentz-Feld gilt

$$\vec{E}_L = \frac{1}{3\epsilon_0}\vec{P}. \tag{4.11}$$

Dieser Ausdruck folgt unmittelbar aus Gl. (4.9), wenn man berücksichtigt, daß die Ladungsdichte auf der Oberfläche des fiktiven kugelförmigen Hohlraums bis auf das Vorzeichen mit der Ladungsdichte auf der Oberfläche einer homogen polarisierten Vollkugel übereinstimmt.

Schließlich ist noch das Feld zu untersuchen, welches am Ort des herausgegriffenen Gitteratoms von denjenigen elektrischen Dipolen erzeugt wird, die sich innerhalb der Kugel befinden. Dieses Feld $\vec{E}_I$ hängt als einziges von der Kristallstruktur des Festkörpers ab. Im folgenden wird gezeigt, daß für einen Kristall mit einem kubisch primitiven Gitter $\vec{E}_I = 0$ ist.

Ist a die Gitterkonstante des Kristalls, so sind die kartesischen Koordinaten der elektrischen Dipole innerhalb der Kugel bezogen auf den Mittelpunkt der Kugel ia, ja und ka. i, j und k sind hierbei positive oder negative ganze Zahlen.

Das elektrische Feld im Abstand $\vec{r}$ von einem punktförmigen Dipol mit dem Dipolmoment $\vec{p}$ beträgt

$$\vec{E}(\vec{r}) = \frac{3(\vec{p}\cdot\vec{r})\vec{r} - r^2\vec{p}}{4\pi\epsilon_0 r^5}.$$

Hieraus folgt für die x-Komponente von $\vec{E}_I$

$$E_{Ix} = \sum_{ijk} \frac{3(p_x i^2 + p_y ij + p_z ik) - (i^2 + j^2 + k^2)p_x}{4\pi\epsilon_0(i^2 + j^2 + k^2)^{5/2}a^3}.$$

Die Summation ist über sämtliche Gitteratome innerhalb der Kugel durchzuführen. Da zu jedem positiven Wert von j und k auch ein negativer Wert gehört, fallen in der Summe die gemischten Glieder $p_y ij$ und $p_z ik$ heraus, und man bekommt

$$E_{Ix} = \frac{p_x}{4\pi\epsilon_0 a^3} \sum_{ijk} \frac{3i^2 - (i^2 + j^2 + k^2)}{(i^2 + j^2 + k^2)^{5/2}}. \tag{4.12}$$

Außerdem gilt

$$\sum_{ijk} \frac{i^2}{(i^2 + j^2 + k^2)^{5/2}} = \sum_{ijk} \frac{j^2}{(i^2 + j^2 + k^2)^{5/2}} = \sum_{ijk} \frac{k^2}{(i^2 + j^2 + k^2)^{5/2}}.$$

Nach Gl. (4.12) ist deshalb

$$E_{Ix} = 0.$$

Genauso findet man, daß E_{Iy} und E_{Iz} bei einem kubisch primitiven Gitter gleich Null sind. Hier liefern also die elektrischen Dipole, die sich innerhalb der Kugel befinden, keinen Beitrag zum lokalen elektrischen Feld.

Durch eine entsprechende Beweisführung läßt sich zeigen, daß $\vec{E}_I$ auch bei kubisch flächen- und raumzentrierten Kristallgittern sowie bei Ionenkristallen mit Natriumchlorid- oder Cäsiumchloridstruktur verschwindet. Von Null verschieden ist hingegen $\vec{E}_I$ bei Kristallen mit Perowskitstruktur (s. Fig. 4.15). Es liegt hier zwar eine kubische Kristallstruktur vor, aber die Umgebung der einzelnen Gitteratome weist nicht überall eine kubische Symmetrie auf.

Ist $\vec{E}_I$ gleich Null, so enthält $\vec{E}_{\text{probe}}$ nur das Entelektrisierungsfeld und das Lorentz-Feld. In diesem Fall gilt demnach unter Beachtung von Gl. (4.8), (4.9) und (4.11)

$$\vec{E}_{\text{lokal}} = \vec{E}_{\text{ext}} - \frac{1}{\epsilon_0} N\vec{P} + \frac{1}{3\epsilon_0} \vec{P}. \tag{4.13}$$

Das ergibt für das lokale elektrische Feld in einer kugelförmigen Probe

$$\vec{E}_{\text{lokal}} = \vec{E}_{\text{ext}} - \frac{1}{3\epsilon_0} \vec{P} + \frac{1}{3\epsilon_0} \vec{P} = \vec{E}_{\text{ext}},$$

in einer dünnen Scheibe senkrecht zum elektrischen Feld

$$\vec{E}_{\text{lokal}} = \vec{E}_{\text{ext}} - \frac{1}{\epsilon_0} \vec{P} + \frac{1}{3\epsilon_0} \vec{P} = \vec{E}_{\text{ext}} - \frac{2}{3\epsilon_0} \vec{P} \tag{4.14}$$

und in einer dünnen Scheibe mit einem elektrischen Feld parallel zur Scheibenebene

$$\vec{E}_{\text{lokal}} = \vec{E}_{\text{ext}} + \frac{1}{3\epsilon_0} \vec{P}. \tag{4.15}$$

Clausius-Mosottische Gleichung

Hat der Festkörper ein Kristallgitter mit kubischer Symmetrie und ist $\vec{E}$ das makroskopische elektrische Feld in seinem Innern, so gilt

$$\vec{E}_{\text{lokal}} = \vec{E} + \vec{E}_L = \vec{E} + \frac{1}{3\epsilon_0} \vec{P}.$$

Setzen wir diesen Wert für $\vec{E}_{\text{lokal}}$ in Gl. (4.7) ein, so bekommen wir

$$\vec{P} = \epsilon_0 N_V \alpha \left(\vec{E} + \frac{1}{3\epsilon_0} \vec{P} \right)$$

oder

$$\vec{P} = \epsilon_0 \frac{N_V \alpha}{1 - \frac{1}{3} N_V \alpha} \vec{E}. \tag{4.16}$$

Mit Hilfe von Gl. (4.3) erhalten wir hieraus für die elektrische Suszeptibilität des Festkörpers

$$\chi = \frac{N_V \alpha}{1 - \frac{1}{3} N_V \alpha}. \tag{4.17}$$

Für seine Dielektrizitätskonstante ergibt sich dann (s. Gl. (4.4))

$$\epsilon = 1 + \frac{N_V \alpha}{1 - \frac{1}{3} N_V \alpha} . \tag{4.18}$$

Ein Vergleich von Gl. (4.18) und Gl. (4.5) zeigt, daß Gl. (4.18) durch Gl. (4.5) angenähert wird, wenn $1/3\, N_V \alpha$ klein gegenüber 1 ist. Dieses ist bei Gasen der Fall.

Löst man Gl. (4.18) nach $N_V \alpha$ auf, so erhält man die sog. *Clausius*[1]*-Mosottische Gleichung*

$$\frac{1}{3} N_V \alpha = \frac{\epsilon - 1}{\epsilon + 2} . \tag{4.19}$$

Sie kann dazu benutzt werden, aus der experimentell ermittelten Dielektrizitätskonstanten eines Festkörpers die Polarisierbarkeit seiner Gitteratome zu bestimmen.

4.2   Elektrische Polarisation und optische Eigenschaften von Isolatoren

Bei Festkörpern unterscheidet man zwischen *dielektrischen, parelektrischen* und *ferro-* bzw. *antiferroelektrischen* Substanzen.

Die Polarisation von dielektrischen Substanzen beruht darauf, daß die Elektronen der Gitteratome in einem elektrischen Feld gegenüber den Atomkernen eine Auslenkung aus ihrer Gleichgewichtslage erfahren, und dadurch elektrische Dipole entstehen. Man bezeichnet dieses als *elektronische Polarisation*. Bei Ionenkristallen werden in einem elektrischen Feld außerdem die positiven und negativen Ionen gegeneinander verschoben. Dieses nennt man *ionische Polarisation*. In beiden Fällen verwendet man zur Beschreibung der Polarisation und ihrer Abhängigkeit von der Wechselfrequenz eines elektrischen Feldes in der klassischen Theorie das *Lorentzsche Oszillatormodell*.

Parelektrische Substanzen enthalten permanente Dipole, die in einem elektrischen Feld mehr oder weniger stark ausgerichtet werden. Man spricht hier von *Orientierungspolarisation*. Die Ausrichtung der Dipole nimmt mit steigender Temperatur des Festkörpers ab. Eine Orientierungspolarisation läßt sich nur beobachten, wenn der Festkörper aus asymmetrischen Molekülen oder Molekülionen aufgebaut ist. Beispiele hierfür sind Eismoleküle und Cyanidionen (CN^-).

In ferro- und antiferroelektrischen Substanzen tritt eine spontane Polarisation auf. Diese Erscheinung wird erst in Abschn. 4.4 behandelt.

---

[1]) Rudolf Clausius, * 1822 Köslin, † 1888 Bonn

Lorentzsches Oszillatormodell

Wir benutzen das Oszillatormodell zunächst zur Beschreibung der elektronischen Polarisation eines Festkörpers. Hiernach erfährt ein Elektron eines Gitteratoms bei einer Auslenkung x aus der Gleichgewichtslage eine rücktreibende Kraft, die der Auslenkung proportional ist. Unter der Einwirkung eines zeitlich periodischen elektrischen Feldes mit der Kreisfrequenz ω wird das Elektron zu einer erzwungenen Schwingung angeregt, die durch eine gleichzeitige Energieabstrahlung des schwingenden Dipols gedämpft wird. Wir erhalten also für das Elektron mit der Ladung $-e$ und der Masse m die Bewegungsgleichung

$$m\,\frac{d^2x}{dt^2} + m\beta\,\frac{dx}{dt} + m\omega_0^2 x = -e\,E_{\text{lokal}}^0 e^{-i\omega t}. \tag{4.20}$$

Hierbei ist β die Dämpfungskonstante, ω_0 die Kreisfrequenz des ungedämpften Oszillators und E_{lokal}^0 die Amplitude des am Ort des Gitteratoms wirksamen elektrischen Wechselfeldes. Diese Differentialgleichung liefert wegen der komplexen Darstellung des elektrischen Feldes einen komplexen Wert für die Auslenkung x. Sie beträgt im stationären Zustand, der sich mit einer Relaxationszeit $\tau = 1/\beta$ einstellt,

$$x = -\frac{e}{m}\,\frac{1}{\omega_0^2 - \omega^2 - i\beta\omega}\,E_{\text{lokal}}.$$

Das jeweilige elektrische Dipolmoment des Gitteratoms ist dann $-ex$, und für die elektronische Polarisierbarkeit gilt gemäß Gl. (4.6)

$$\alpha_{\text{el}}(\omega) = \frac{e^2}{\epsilon_0 m}\,\frac{1}{\omega_0^2 - \omega^2 - i\beta\omega}. \tag{4.21}$$

Aus der komplexen Polarisierbarkeit erhalten wir die verallgemeinerte Dielektrizitätskonstante oder *dielektrische Funktion* $\epsilon(\omega)$ mit Hilfe von Gl. (4.18). Wir bekommen

$$\epsilon(\omega) = 1 + \frac{N_V e^2}{\epsilon_0 m}\,\frac{1}{\omega_0^2 - \omega^2 - i\beta\omega - \dfrac{1}{3}N_V\dfrac{e^2}{\epsilon_0 m}}$$

$$= 1 + \frac{N_V e^2}{\epsilon_0 m}\,\frac{1}{\omega_1^2 - \omega^2 - i\beta\omega}, \tag{4.22}$$

wobei $\quad \omega_1^2 = \omega_0^2 - \dfrac{1}{3}N_V\dfrac{e^2}{\epsilon_0 m}. \tag{4.23}$

Zerlegen wir die dielektrische Funktion in Real- und Imaginärteil, setzen wir also

$$\epsilon(\omega) = \epsilon'(\omega) + i\epsilon''(\omega), \tag{4.24}$$

so erhalten wir

$$\epsilon'(\omega) = 1 + \frac{N_V e^2}{\epsilon_0 m}\,\frac{\omega_1^2 - \omega^2}{(\omega_1^2 - \omega^2)^2 + \beta^2\omega^2} \tag{4.25}$$

und
$$\epsilon''(\omega) = \frac{N_V e^2}{\epsilon_0 m} \frac{\beta\omega}{(\omega_1^2 - \omega^2)^2 + \beta^2\omega^2} \cdot \tag{4.26}$$

Für nichtmagnetische Isolatoren sind ϵ' und ϵ'' durch die Beziehung

$$(n + i\kappa)^2 = \epsilon' + i\epsilon'' \tag{4.27}$$

mit den optischen Konstanten n und κ verknüpft. Hierbei ist n der Brechungsindex des Festkörpers und κ sein Absorptionskoeffizient. Beide Größen sind natürlich genauso wie ϵ' und ϵ'' von der Kreisfrequenz ω abhängig.

Aus Gl. (4.27) ergibt sich

$$n^2 - \kappa^2 = \epsilon' \tag{4.28}$$

und
$$2n\kappa = \epsilon''. \tag{4.29}$$

Bei Benutzung des komplexen Brechungsindex $n + i\kappa$ läßt sich eine in z-Richtung fortschreitende ebene Welle folgendermaßen darstellen:

$$\vec{E} = \vec{E}^0 e^{i\left[(n+i\kappa)\frac{\omega}{c}z - \omega t\right]} = \vec{E}^0 e^{-\frac{\kappa\omega}{c}z} e^{i\left(n\frac{\omega}{c}z - \omega t\right)}. \tag{4.30}$$

c ist hierbei die Lichtgeschwindigkeit im Vakuum.

Die Amplitude der Welle aus Gl. (4.30) klingt längs der Ausbreitungsrichtung mit $e^{-\kappa\omega z/c}$ ab. Die Abnahme ihrer Intensität erfolgt dann mit $e^{-2\kappa\omega z/c}$. Die Größe

$$K = \frac{2\kappa\omega}{c} \tag{4.31}$$

bezeichnet man gewöhnlich als Absorptionskonstante.

In Fig. 4.2 ist der typische Verlauf von $\epsilon'(\omega)$ und $\epsilon''(\omega)$, wie er sich nach Gl. (4.25) und Gl. (4.26) ergibt, aufgetragen. Die Frequenzabhängigkeit dieser Funktionen ist durch die Lage der Resonanzstelle bei ω_1 gekennzeichnet. Nach Gl. (4.23) hat die Resonanzfrequenz ω_1 der dielektrischen Funktion $\epsilon(\omega)$ einen anderen Wert als die Resonanzfrequenz ω_0 der elektronischen Polarisierbarkeit $\alpha_{el}(\omega)$. Dieses ist durch den Unterschied zwischen dem lokalen und makroskopischen elektrischen Feld bedingt. Die Resonanzfrequenz ω_0, die beim klassischen Oszillatormodell durch die Größe der „Federkonstanten" f der rücktreibenden Kraft gemäß der Beziehung $\omega_0 = \sqrt{f/m}$ bestimmt ist, wird quantenmechanisch

Fig. 4.2
Verlauf des Realteils ϵ' und des Imaginärteils ϵ'' der dielektrischen Funktion in Abhängigkeit von der Kreisfrequenz ω eines zeitlich periodischen elektrischen Feldes nach dem Oszillatormodell. Bei schwacher Dämpfung liegt die erste Nullstelle von ϵ' ungefähr bei der Resonanzfrequenz ω_1. $\epsilon(0)$ ist die statische Dielektrizitätskonstante

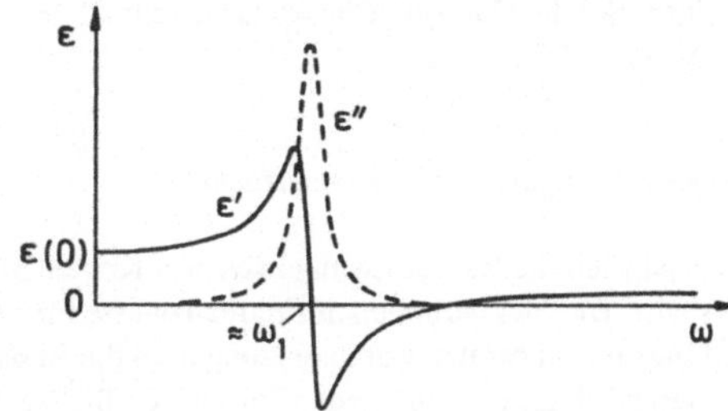

durch eine Übergangsfrequenz im Absorptionsspektrum der Elektronenhülle eines Gitteratoms erfaßt. Die Übergangsfrequenzen liegen vorwiegend im ultravioletten Spektralbereich, also bei 10^{16} s^{-1}. Hier liegt auch die Resonanzfrequenz ω_1.

Der Imaginärteil $\epsilon''(\omega)$ der dielektrischen Funktion hat die Form einer Resonanzkurve und ist nur in der Umgebung der Resonanzfrequenz ω_1 merklich von Null verschieden. Der Absorptionskoeffizient κ ist also nach Gl. (4.29) außerhalb des Resonanzbereichs praktisch gleich Null. Die Breite der Resonanzkurve hängt vom Wert der Dämpfungskonstanten β ab.

Der Realteil $\epsilon'(\omega)$ der dielektrischen Funktion ist für $\omega < \omega_1$ größer als eins und nimmt, wenigstens solange $(\omega_1^2 - \omega^2) \gg \beta\omega$ ist, mit der Kreisfrequenz ω wie $1/(\omega_1^2 - \omega^2)$ zu. Im Resonanzbereich erreicht $\epsilon'(\omega)$ einen Maximalwert und ist für $\omega = \omega_1$ wieder auf eins abgefallen. Für $\omega > \omega_1$ ist $\epsilon'(\omega)$ kleiner als eins. Unterhalb des Resonanzbereichs strebt $\epsilon'(\omega)$ mit abnehmender Frequenz dem statischen Wert für $\omega = 0$ zu. Da ω_1 im ultravioletten Spektralbereich liegt, wird der statische Wert im allgemeinen bereits im sichtbaren Bereich des elektromagnetischen Spektrums erreicht. Oberhalb des Resonanzbereichs geht $\epsilon'(\omega)$ mit zunehmender Frequenz gegen eins.

Außerhalb des Resonanzbereichs ist der Brechungsindex n, da hier der Absorptionskoeffizient κ verschwindet, nach Gl. (4.28) gleich $\sqrt{\epsilon'(\omega)}$. Dementsprechend ist der Brechungsindex eines Isolators, wenn nur eine elektronische Polarisation vorliegt, für Frequenzen unterhalb des Resonanzbereichs größer als eins. Dieses ist das aus der Optik bekannte Frequenzgebiet der normalen Dispersion. Oberhalb des Resonanzbereichs ist n kleiner als eins.

Die Frequenzabhängigkeit von ϵ' und ϵ'' und damit auch von n und κ wird durch das Oszillatormodell im wesentlichen richtig wiedergegeben. Hierbei ist allerdings zu beachten, daß es bereits bei freien Atomen nicht nur eine sondern stets mehrere Resonanzfrequenzen gibt, bedingt durch die verschiedenen erlaubten Elektronenübergänge. Alle diese Übergänge liefern entsprechend ihrer quantenmechanisch zu berechnenden Oszillatorenstärke einen Beitrag zur elektronischen Polarisierbarkeit. Bei einem Festkörper kommt dann noch hinzu, daß durch den Zusammenbau der Atome zu einem Kristallgitter die Energieniveaus der freien Atome zu Bändern aufgespalten werden, und dementsprechend die Elektronenübergänge zwischen den Energieniveaus der einzelnen Bänder erfolgen. Bei Isolatoren sind nur Übergänge zwischen Niveaus verschiedener Bänder möglich. Man spricht in diesem Fall von Interbandübergängen. Bei Metallen und Halbleitern können außerdem optische Übergänge zwischen besetzten und unbesetzten Niveaus des Leitungsbandes erfolgen. Solche Übergänge bezeichnet man als Intrabandübergänge. Hierauf kommen wir in Abschn. 4.3 zurück.

Eigenschwingungen von Ionenkristallen

Auf Seite 71 wurden die Eigenschwingungen von Kristallgittern mit einer zweiatomigen Basis untersucht. Die hier gefundenen Frequenzwerte für den optischen Dispersionszweig galten allerdings nur unter der Voraussetzung, daß die Basisatome ungeladen sind. Bei Ionenkristallen wird am Ort eines jeden Ions durch die Verrückung der Nachbarionen während der Gitterschwingung ein elektrisches Feld $\vec{E}_{lokal}$ erzeugt, welches auf das Ion mit einer zusätzlichen Kraft zurückwirkt. Ist die Wellenzahl der Gitterschwingung gleich Null, d. h. schwingen die beiden Untergitter mit den positiven Ionen der Masse M_1 und den negativen Ionen der Masse M_2 starr gegeneinander, so erhält man an Stelle von Gl. (2.18) und Gl. (2.19) für die Auslenkungen $\vec{u}_1$ und $\vec{u}_2$ der Untergitter die beiden Bewegungsgleichungen

$$M_1 \frac{d^2\vec{u}_1}{dt^2} = -2f(\vec{u}_1 - \vec{u}_2) + q\vec{E}_{lokal} \tag{4.32}$$

und $$M_2 \frac{d^2\vec{u}_2}{dt^2} = 2f(\vec{u}_1 - \vec{u}_2) - q\vec{E}_{lokal}. \tag{4.33}$$

q ist hierbei der Ladungsbetrag eines einzelnen Ions.

Dividiert man Gl. (4.32) durch M_1 und Gl. (4.33) durch M_2 und subtrahiert die zweite Gleichung von der ersten, so ergibt sich für die Verschiebung $\vec{u} = \vec{u}_1 - \vec{u}_2$ der Untergitter gegeneinander

$$\mu \frac{d^2\vec{u}}{dt^2} + \mu\omega_0^2\vec{u} = q\vec{E}_{lokal}. \tag{4.34}$$

In dieser Gleichung ist $\mu = M_1M_2/(M_1 + M_2)$ die reduzierte Masse eines Ionenpaares. ω_0 ist die Grenzfrequenz der optischen Schwingungen für $k = 0$, wie sie sich nach Gl. (2.25) für neutrale Gitteratome berechnet.

Im folgenden wird zunächst das lokale elektrische Feld $\vec{E}_{lokal}$ auf die Verschiebung $\vec{u}$ zurückgeführt. Auf diese Weise wird eine Umwandlung von Gl. (4.34) in eine Differentialgleichung für eine freie Schwingung ermöglicht.

Die Gesamtpolarisation eines Ionenkristalls setzt sich aus einer elektronischen und einer ionischen Polarisation zusammen. Für die elektronische Polarisation eines Ionenkristalls mit einer zweiatomigen Basis gilt (vgl. Gl. (4.7))

$$\vec{P}_{el} = \epsilon_0 N_V(\alpha_{el}^+ + \alpha_{el}^-)\vec{E}_{lokal}, \tag{4.35}$$

wenn N_V die Anzahl der Ionenpaare je Volumeneinheit und α_{el}^+ und α_{el}^- die elektronischen Polarisierbarkeiten der positiven bzw. negativen Ionen sind.

Mit der Abkürzung

$$\alpha_{el} = \alpha_{el}^+ + \alpha_{el}^- \tag{4.36}$$

wird aus Gl. (4.35)

$$\vec{P}_{el} = \epsilon_0 N_V \alpha_{el}\vec{E}_{lokal}. \tag{4.37}$$

Für die ionische Polarisation erhält man

$$\vec{P}_{ion} = N_V q\vec{u}, \tag{4.38}$$

wenn man beachtet, daß jedes einzelne Ionenpaar mit dem elektrischen Dipolmoment $q\vec{u}_1 - q\vec{u}_2 = q\vec{u}$ zur Polarisation beiträgt.

Die Gesamtpolarisation eines Ionenkristalls beträgt also

$$\vec{P} = \epsilon_0 N_V \alpha_{el} \vec{E}_{lokal} + N_V q \vec{u}. \tag{4.39}$$

In Fig. 4.3a und b ist die Richtung der Polarisation $\vec{P}$ in einer longitudinalen und einer transversalen optischen Gitterschwingung schematisch dargestellt. In einer im Vergleich zur Wellenlänge dünnen Scheibe parallel zu den Wellenfronten kann man die Polarisation als homogen ansehen.

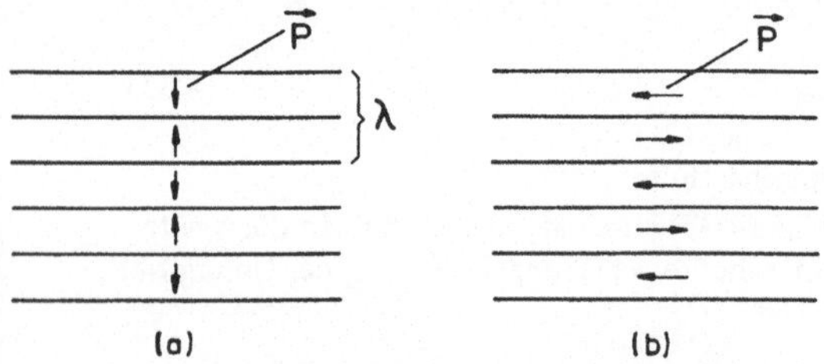

Fig. 4.3 Zur Herleitung der Eigenfrequenz einer longitudinalen und einer transversalen optischen Gitterschwingung bei einem Ionenkristall (s. Text)

Bei einer longitudinalen optischen Welle verläuft die Polarisation senkrecht zu der fiktiven Scheibe. In diesem Fall erhalten wir für das lokale elektrische Feld nach Gl. (4.14)

$$\vec{E}_{lokal} = -\frac{2}{3\epsilon_0} \vec{P}$$

und unter Berücksichtigung von Gl. (4.39)

$$\vec{E}_{lokal} = -\frac{2}{3} N_V \alpha_{el} \vec{E}_{lokal} - \frac{2}{3\epsilon_0} N_V q \vec{u}. \tag{4.40}$$

Die ionische Polarisierbarkeit ist durch die Beziehung $\alpha_{ion} = qu/\epsilon_0 E_{lokal}$ definiert. Für ihren statischen Wert ergibt sich aus Gl. (4.34)

$$\alpha_{ion}(0) = \frac{q^2}{\epsilon_0 \mu \omega_0^2}. \tag{4.41}$$

Führen wir $\alpha_{ion}(0)$ in Gl. (4.40) ein und lösen nach $\vec{E}_{lokal}$ auf, so bekommen wir

$$\vec{E}_{lokal} = -\frac{1}{q} \mu \omega_0^2 \frac{\frac{2}{3} N_V \alpha_{ion}(0)}{1 + \frac{2}{3} N_V \alpha_{el}} \vec{u}. \tag{4.42}$$

Setzen wir diesen Ausdruck für $\vec{E}_{lokal}$ in Gl. (4.34) ein, so erhalten wir die Differentialgleichung einer freien Schwingung mit der Eigenfrequenz

$$\omega_L = \omega_0 \sqrt{1 + \frac{\frac{2}{3} N_V \alpha_{ion}(0)}{1 + \frac{2}{3} N_V \alpha_{el}(0)}} \qquad (4.43)$$

für die longitudinale Schwingung. ω_0 liegt im infraroten Spektralbereich, also bei $10^{14}\,\mathrm{s}^{-1}$. In diesem Frequenzbereich hat die elektronische Polarisierbarkeit bereits ihren statischen Wert erreicht, der deshalb auch in Gl. (4.43) benutzt wurde.

Bei einer transversalen optischen Welle verläuft die Polarisation parallel zur Scheibenebene (s. Fig. 4.3b). Das lokale elektrische Feld berechnet sich demnach nach Gl. (4.15) zu

$$\vec{E}_{lokal} = \frac{1}{3\epsilon_0} \vec{P}.$$

Verfahren wir entsprechend wie oben, so bekommen wir für die Eigenfrequenz der transversalen Schwingung

$$\omega_T = \omega_0 \sqrt{1 - \frac{\frac{1}{3} N_V \alpha_{ion}(0)}{1 - \frac{1}{3} N_V \alpha_{el}(0)}}. \qquad (4.44)$$

Zusammenfassend stellen wir fest, daß bei Ionenkristallen die Eigenfrequenz ω_L einer longitudinalen optischen Gitterschwingung höher und die Eigenfrequenz ω_T einer transversalen optischen Gitterschwingung niedriger ist als die Eigenfrequenz ω_0 einer optischen Gitterschwingung neutraler Teilchen. Dieses liegt daran, daß bei einer longitudinalen optischen Schwingung die rücktreibende Kraft durch das sich ausbildende lokale elektrische Feld verstärkt und bei einer transversalen optischen Schwingung abgeschwächt wird. Dividieren wir ω_L^2 durch ω_T^2, so erhalten wir

$$\frac{\omega_L^2}{\omega_T^2} = \frac{1 + \frac{2}{3} N_V [\alpha_{el}(0) + \alpha_{ion}(0)]}{1 - \frac{1}{3} N_V [\alpha_{el}(0) + \alpha_{ion}(0)]} : \frac{1 + \frac{2}{3} N_V \alpha_{el}(0)}{1 - \frac{1}{3} N_V \alpha_{el}(0)}$$

$$= \left(1 + \frac{N_V [\alpha_{el}(0) + \alpha_{ion}(0)]}{1 - \frac{1}{3} N_V [\alpha_{el}(0) + \alpha_{ion}(0)]}\right) : \left(1 + \frac{N_V \alpha_{el}(0)}{1 - \frac{1}{3} N_V \alpha_{el}(0)}\right). \qquad (4.45)$$

Der erste Ausdruck in diesem Quotienten ist gerade die statische Dielektrizitätskonstante $\epsilon(0)$. Das folgt unmittelbar aus Gl. (4.18), wenn man dort α durch $(\alpha_{el} + \alpha_{ion})$ ersetzt. Diese Erweiterung ist notwendig, wenn man neben einer elektronischen auch eine ionische Polarisierbarkeit zu berücksichtigen hat. Der zweite Ausdruck ist die Dielektrizitätskonstante $\epsilon(\omega_s)$ für Frequenzen des sichtbaren Bereichs des elektromagnetischen Spektrums, also für Frequenzen bei 10^{15} Hz. Hier ist α_{ion} praktisch gleich Null und α_{el} bereits in guter Näherung gleich dem statischen Wert.

Es gilt also

$$\frac{\omega_L^2}{\omega_T^2} = \frac{\epsilon(0)}{\epsilon(\omega_s)} . \tag{4.46}$$

Diese Formel bezeichnet man als *Lyddane-Sachs-Teller-Relation*. Sie kennzeichnet das Verhältnis der Eigenfrequenz der longitudinalen optischen Schwingung eines Ionenkristalls zur Eigenfrequenz der transversalen optischen Schwingung für k = 0. Diese Formel hat u. a. die bemerkenswerte Konsequenz, daß $\epsilon(0)$ sehr hohe Werte annimmt, wenn ω_T sehr klein wird. Dieses ist bei einigen ferroelektrischen Substanzen der Fall.

Optisches Verhalten von Ionenkristallen

Durch elektromagnetische Einstrahlung können in einem Kristall natürlich nur transversale und keine longitudinalen optischen Gitterschwingungen angeregt werden. Die Frequenz der optischen Gitterschwingungen liegt bei 10^{13} Hz. Es werden zur Erzeugung von transversalen optischen Phononen also Photonen des infraroten Spektralbereichs benötigt. Bei einer solchen Reaktion muß gleichzeitig die Bedingung

$$\vec{q}_{Phonon} = \vec{k}_{Photon} \tag{4.47}$$

erfüllt sein. Die Wellenzahl von Photonen des infraroten Spektralbereichs liegt in der Größenordnung von 10^3 cm^{-1}. Die Wellenzahl der Phononen erstreckt sich hingegen insgesamt bis zu etwa 10^8 cm^{-1}. Es können deshalb nur solche Phononen erzeugt werden, deren Wellenzahlvektor in der unmittelbaren Umgebung des Mittelpunkts der ersten Brillouin-Zone liegt.

Für die erzwungene Schwingung eines Ionengitters mit zweiatomiger Basis durch ein makroskopisches elektrisches Feld $\vec{E}$ (s. Gl. (4.10) erhalten wir wiederum eine Beziehung wie in Gl. (4.34), nur gilt jetzt nach Gl. (4.15)

$$\vec{E}_{lokal} = \vec{E} + \frac{1}{3\epsilon_0} \vec{P}. \tag{4.48}$$

Setzen wir in Gl. (4.48) für $\vec{P}$ den Ausdruck aus Gl. (4.39) ein, führen mit Hilfe der Beziehung aus Gl. (4.41) die statische ionische Polarisierbarkeit $\alpha_{ion}(0)$ ein und lösen schließlich nach $\vec{E}_{lokal}$ auf, so bekommen wir

$$\vec{E}_{lokal} = \frac{1}{1 - \frac{1}{3} N_V \alpha_{el}} \vec{E} + \frac{1}{q} \mu\omega_0^2 \frac{\frac{1}{3} N_V \alpha_{ion}(0)}{1 - \frac{1}{3} N_V \alpha_{el}} \vec{u}.$$

Hiermit erhalten wir aus Gl. (4.34), wenn wir gleichzeitig noch Gl. (4.44) berücksichtigen,

$$\mu \frac{d^2\vec{u}}{dt^2} + \mu\omega_T^2 \vec{u} = \frac{q}{1 - \frac{1}{3}N_V\alpha_{el}(0)} \, \vec{E}. \tag{4.49}$$

Für die elektronische Polarisierbarkeit ist wieder ihr statischer Wert benutzt worden.
Ist ω die Kreisfrequenz der elektromagnetischen Strahlung, so hat Gl. (4.49) die Lösung

$$\vec{u} = \frac{q}{\mu} \frac{1}{1 - \frac{1}{3}N_V\alpha_{el}(0)} \frac{1}{\omega_T^2 - \omega^2} \, \vec{E}. \tag{4.50}$$

Für den ionischen Beitrag zur elektrischen Suszeptibilität gilt nach Gl. (4.3) und Gl. (4.38)

$$\chi_{ion} = \frac{N_V q u}{\epsilon_0 E}. \tag{4.51}$$

Hieraus folgt mit Gl. (4.50)

$$\chi_{ion} = \frac{N_V q^2}{\epsilon_0 \mu} \frac{1}{1 - \frac{1}{3}N_V\alpha_{el}(0)} \frac{1}{\omega_T^2 - \omega^2}. \tag{4.52}$$

Der statische Wert von χ_{ion} beträgt

$$\chi_{ion}(0) = \frac{N_V q^2}{\epsilon_0 \mu} \frac{1}{1 - \frac{1}{3}N_V\alpha_{el}(0)} \frac{1}{\omega_T^2}. \tag{4.53}$$

Führen wir diesen Wert in Gl. (4.52) ein, so erhalten wir

$$\chi_{ion} = \frac{\chi_{ion}(0)\omega_T^2}{\omega_T^2 - \omega^2}. \tag{4.54}$$

Für die Dielektrizitätskonstante des Ionenkristalls gilt

$$\epsilon = 1 + \chi_{el} + \chi_{ion}, \tag{4.55}$$

wenn χ_{el} der elektronische Beitrag zur elektrischen Suszeptibilität ist.
Der statische Wert der Dielektrizitätskonstanten ist

$$\epsilon(0) = 1 + \chi_{el}(0) + \chi_{ion}(0) = \epsilon(\omega_s) + \chi_{ion}(0), \tag{4.56}$$

wenn $\epsilon(\omega_s)$ die Dielektrizitätskonstante für Frequenzen des sichtbaren Bereichs des
elektromagnetischen Spektrums ist. Sowohl der Wert von $\chi_{el}(0)$ als auch der Wert von
$\chi_{ion}(0)$ liegt bei den meisten Festkörpern zwischen 1 und 2.

Ersetzen wir in Gl. (4.54) $\chi_{ion}(0)$ mit Hilfe von Gl. (4.56) durch $\epsilon(0)$ und $\epsilon(\omega_s)$ und benutzen anschließend Gl. (4.55), so erhalten wir

$$\epsilon = 1 + \chi_{el} + \frac{[\epsilon(0) - \epsilon(\omega_s)]\,\omega_T^2}{\omega_T^2 - \omega^2}\,. \tag{4.57}$$

Beschränken wir uns nach oben hin auf Frequenzen des sichtbaren Bereichs des Spektrums, so wird aus Gl. (4.57)

$$\epsilon = \epsilon(\omega_s) + \frac{[\epsilon(0) - \epsilon(\omega_s)]\,\omega_T^2}{\omega_T^2 - \omega^2}\,. \tag{4.58}$$

Führen wir jetzt noch mit Hilfe der Lyddane-Sachs-Teller Beziehung aus Gl. (4.46) die longitudinale optische Eigenfrequenz in Gl. (4.58) ein, so erhalten wir schließlich

$$\epsilon = \epsilon(\omega_s)\,\frac{\omega_L^2 - \omega^2}{\omega_T^2 - \omega^2}\,. \tag{4.59}$$

Diese Funktion hat eine Singularität für $\omega = \omega_T$ und eine Nullstelle für $\omega = \omega_L$. Sie hat negative Werte für $\omega_T < \omega < \omega_L$. In Fig. 4.4 ist ihr Verlauf aufgetragen.

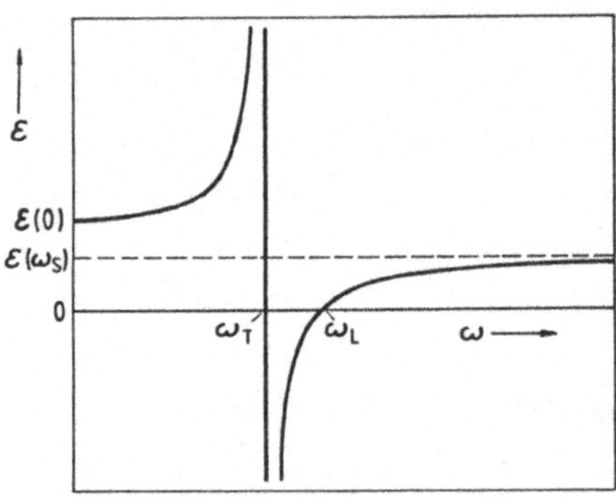

Fig. 4.4
Dielektrizitätskonstante ϵ eines Ionenkristalls nach Gl. (4.59)

Ein negativer Wert der reellen Funktion ϵ bedeutet nach Gl. (4.27), daß

$$n = 0 \quad \text{und} \quad \kappa = \sqrt{|\epsilon|} \tag{4.60}$$

ist. Hiermit wird aus Gl. (4.30)

$$\vec{E} = \vec{E}^0 e^{-\sqrt{|\epsilon|}\,\frac{\omega}{c}\,z}\,e^{-i\omega t}\,. \tag{4.61}$$

In diesem Fall kann die elektromagnetische Welle überhaupt nicht in den Kristall eindringen, sondern wird an seiner Oberfläche total reflektiert.

Für das Reflexionsvermögen einer Kristalloberfläche, welches gleich dem Verhältnis der Intensitäten von reflektierter und einfallender Welle ist, gilt bei senkrechter Inzidenz allgemein

$$R = \frac{(n-1)^2 + \kappa^2}{(n+1)^2 + \kappa^2}. \tag{4.62}$$

In Fig. 4.5 ist das Reflexionsvermögen in Abhängigkeit von der Kreisfrequenz der einfallenden elektromagnetischen Welle aufgetragen, wenn für die Dielektrizitätskonstante ein Ausdruck wie in Gl. (4.59) benutzt wird. Für $\omega_T < \omega < \omega_L$ ist $R = 1$. Außerhalb dieses Frequenzbereichs ist

$$n = \sqrt{\epsilon} \quad \text{und} \quad \kappa = 0, \tag{4.63}$$

und R ist somit kleiner als eins.

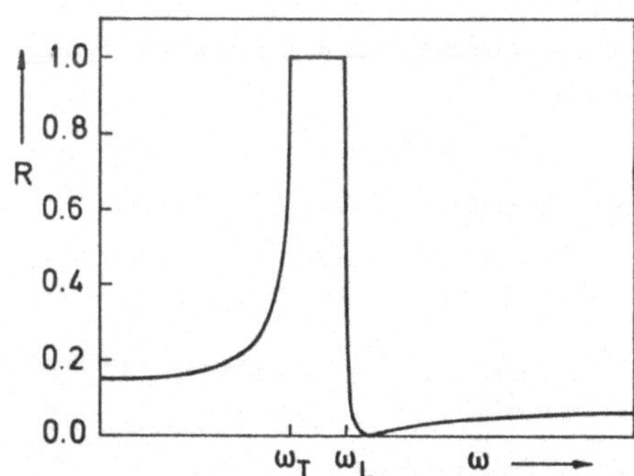

Fig. 4.5
Reflexionsvermögen eines Ionenkristalls im infraroten Spektralbereich ohne Berücksichtigung der Strahlungsdämpfung. ω_T transversale und ω_L longitudinale optische Eigenfrequenz

Bisher wurde eine Strahlungsdämpfung nicht berücksichtigt. Sie läßt sich wie in Gl. (4.20) durch ein Dämpfungsglied in der Bewegungsgleichung erfassen. Hierdurch kommt es in der Nachbarschaft von ω_T zu einer starken Strahlungsabsorption. Durch die Dämpfung wird außerdem bewirkt, daß das Reflexionsvermögen im Frequenzbereich $\omega_T < \omega < \omega_L$ jetzt etwas kleiner als eins ist und außerdem von ω abhängt. Das Maximum von R liegt hierbei oberhalb der Frequenz ω_T für die maximale Absorption.

In Tab. 4.1 sind ω_T und ω_L für einige Ionen-Kristalle wiedergegeben. Hierbei ist ω_T aus dem Absorptionsspektrum bestimmt worden und ω_L mit Hilfe der Lyddane-Sachs-Teller-Beziehung berechnet worden.

Tab. 4.1

	ω_T $[10^{13}\ s^{-1}]$	ω_L $[10^{13}\ s^{-1}]$
LiF	5,8	12,0
LiBr	3,0	6,1
NaF	4,5	7,8
NaCl	3,1	5,0
KCl	2,7	4,0
CsCl	1,9	3,1
MgO	7,5	14,0
AgBr	1,5	2,5

Durch eine mehrmalige Reflexion von infraroter Strahlung an Ionenkristallen bleiben schließlich nur Strahlen mit Frequenzen zwischen ω_L und ω_T übrig. Man bezeichnet sie allgemein als *Reststrahlen*.

Polaritonen

Aus der Wellengleichung

$$\frac{\partial^2 \vec{E}}{\partial z^2} = \frac{\epsilon(\omega)}{c^2} \frac{\partial^2 \vec{E}}{\partial t^2}$$

für ebene elektromagnetische Wellen in einem unmagnetischen, isolierenden Medium folgt mit dem Ansatz

$$\vec{E} = \vec{E}^0 e^{i(kz - \omega t)}$$

die Dispersionsrelation

$$k^2 = \frac{\epsilon(\omega)}{c^2} \omega^2.$$

Benutzt man für $\epsilon(\omega)$ den Ausdruck aus Gl. (4.59) für den infraroten Spektralbereich, so bekommt man

$$k^2 = \frac{\epsilon(\omega_s)}{c^2} \frac{\omega_L^2 - \omega^2}{\omega_T^2 - \omega^2} \omega^2. \tag{4.64}$$

In Fig. 4.6 ist die Relation $\omega = \omega(k)$, wie sie sich aus Gl. (4.64) ergibt, aufgetragen. Man erhält zwei Dispersionszweige, die durch eine Frequenzlücke voneinander getrennt sind. Die Frequenzlücke liegt zwischen ω_T und ω_L. In diesem Frequenzbereich erlaubt Gl. (4.64) keine Lösung mit reellen Werten für ω und k. Der Verlauf der Dispersionskurven ist durch die starke Kopplung von elektromagnetischen und mechanischen Wellen im Resonanzbereich bedingt. Durch Absorption von Strahlungsenergie wird eine transversale optische Gitterschwingung angeregt, die selbst wiederum eine elektromagnetische Strah-

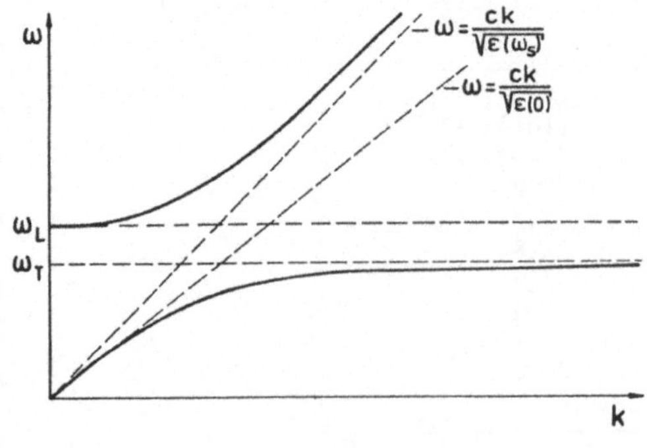

Fig. 4.6
Dispersionskurven für Polaritonen
(s. Text)

lung der gleichen Frequenz hervorruft. Es bildet sich auf diese Weise eine Welle aus, die
man als eine Mischung aus einer elektromagnetischen und einer mechanischen Welle
ansehen kann. Die Quanten der Eigenschwingungen dieses Mischungszustandes bezeichnet
man als *Polaritonen*. Bei einer solchen Betrachtungsweise lassen sich die in Fig. 4.6 wieder-
gegebenen Kurven als Dispersionskurven für Polaritonen auffassen.

Für den unteren Dispersionszweig folgt aus Gl. (4.64) für k-Werte unterhalb des Resonanzbereichs, für die $\omega \ll \omega_T$ ist,

$$k^2 = \frac{\epsilon(\omega)}{c^2} \frac{\omega_L^2}{\omega_T^2} \omega^2$$

oder bei Verwendung von Gl. (4.46)

$$\omega = \frac{c}{\sqrt{\epsilon(0)}} k. \tag{4.65}$$

Dieses ist die Dispersionsrelation für Photonen für Frequenzen unterhalb des Resonanzbereichs. Die Umwandlung eines Photons in ein transversales optisches Phonon ist hier
nicht möglich, da bei gleicher Wellenzahl die Frequenzen der Quasiteilchen sich zu stark
voneinander unterscheiden.

Oberhalb des Resonanzbereichs geht der untere Dispersionszweig mit wachsendem k-Wert
in die Dispersionskurve für transversale optische Phononen über, da auch hier wieder eine
Entkopplung von elektromagnetischer und mechanischer Welle eintritt.

Für die obere Dispersionskurve in Fig. 4.6 gelten entsprechende Überlegungen. Hier folgt
aus Gl. (4.64) für k-Werte oberhalb des Resonanzbereichs, für die $\omega \gg \omega_L$ ist,

$$\omega = \frac{c}{\sqrt{\epsilon(\omega_s)}} k. \tag{4.66}$$

Dieses ist die Dispersionsrelation für Photonen für Frequenzen oberhalb des Resonanzbereichs im infraroten Spektralbereich.

Orientierungspolarisation

In Gasen wirkt der Ausrichtung von Dipolmolekülen in einem elektrischen Feld nur die
thermische Bewegung entgegen. In einem Festkörper können hingegen zusätzlich Gitterkräfte die Umorientierung der Dipole behindern. Ihr Einfluß ist bei den einzelnen Substanzen verschieden groß und läßt sich allgemeingültig nicht erfassen. Nur dann, wenn
die Temperatur des Festkörpers so hoch ist, daß die thermische Energie $k_B T$ wesentlich
größer ist als die durch das Kristallfeld bedingten von der Dipolorientierung abhängigen
Unterschiede der potentiellen Dipolenergie, erhält man eine einfache Beziehung zwischen
der statischen elektrischen Suszeptibilität eines parelektrischen Festkörpers und seiner
Temperatur. Sie entspricht dem Curieschen Gesetz für paramagnetische Substanzen
(s. Seite 205) und lautet

$$\chi_{dip}(0) = \frac{C}{T}. \tag{4.67}$$

Hierbei ist

$$C = N_V \, \frac{p_{dip}^2}{3\epsilon_0 k_B} \, , \tag{4.68}$$

wenn p_{dip} das Moment der permanenten Dipole bedeutet. In einem elektrischen Wechselfeld nimmt χ_{dip} mit wachsender Frequenz ab. Dieses liegt daran, daß für die Neuorientierung der Permanentdipole eine bestimmte Zeitspanne, die sog. *Relaxationszeit* benötigt wird. Zur Umorientierung der Dipole muß Aktivierungsarbeit gegen die Gitterkräfte geleistet werden, die aus der thermischen Energie aufgebracht wird. Die Relaxationszeit wird also mit steigender Temperatur des Festkörpers abnehmen und ist in Festkörpern im allgemeinen größer als in Flüssigkeiten. Im folgenden wird der Einfluß der Relaxationszeit τ auf den Wert der elektrischen Suszeptibilität untersucht. Die Gleichung, die hier den Relaxationsprozeß beschreibt, lautet (vgl. S. 129)

$$\frac{d\vec{P}_{dip}(\omega)}{dt} = \frac{\vec{P}_{dip}(0)e^{-i\omega t} - \vec{P}_{dip}(\omega)}{\tau} \, . \tag{4.69}$$

Hierbei ist $\vec{P}_{dip}(0)$ die statische dipolare Polarisation und $\vec{P}_{dip}(0)e^{-i\omega t}$ derjenige Wert, den $\vec{P}_{dip}$ in einem Wechselfeld der Frequenz ω jeweils annehmen würde, wenn die Relaxationszeit den Wert Null hätte. Die Änderungsgeschwindigkeit von $\vec{P}_{dip}(\omega)$ ist um so größer, je stärker der „Istwert" $\vec{P}_{dip}(\omega)$ vom „Sollwert" $\vec{P}_{dip}(0)e^{-i\omega t}$ abweicht. Außerdem ist sie umgekehrt proportional zur Relaxationszeit τ.

Natürlich hat auch $\vec{P}_{dip}(\omega)$ den zeitlich periodischen Verlauf $e^{-i\omega t}$, allerdings mit einer durch die endliche Relaxationszeit bedingten Phasenverschiebung. Dieser Sachverhalt läßt sich durch Einführung einer komplexen elektrischen Suszeptibilität beschreiben. Man macht also den Ansatz

$$\vec{P}_{dip}(\omega) = \epsilon_0 [\chi'_{dip}(\omega) + i\chi''_{dip}(\omega)] \vec{E}^0 e^{-i\omega t} \tag{4.70}$$

und erhält mit

$$\vec{P}_{dip}(0) = \epsilon_0 \chi_{dip}(0) \vec{E}^0 \tag{4.71}$$

aus Gl. (4.69)

$$-i\omega[\chi'_{dip}(\omega) + i\chi''_{dip}(\omega)] = \frac{\chi_{dip}(0) - [\chi'_{dip}(\omega) + i\chi''_{dip}(\omega)]}{\tau} \, .$$

Für den Real- und Imaginärteil von $\chi_{dip}(\omega)$ ergeben sich hieraus die *Debyeschen Formeln*

$$\chi'_{dip}(\omega) = \frac{1}{1 + \omega^2 \tau^2} \, \chi_{dip}(0) \tag{4.72}$$

und $\quad \chi''_{dip}(\omega) = \frac{\omega\tau}{1 + \omega^2 \tau^2} \, \chi_{dip}(0). \tag{4.73}$

In Fig. 4.7 ist $\chi'_{dip}/\chi_{dip}(0)$ und $\chi''_{dip}/\chi_{dip}(0)$ über $^{10}\log \omega\tau$ aufgetragen. Für sehr niedrige Frequenzen, d. h. wenn $\omega \ll 1/\tau$ ist, hat $\chi'_{dip}/\chi_{dip}(0)$ den Wert 1. Die Permanentdipole

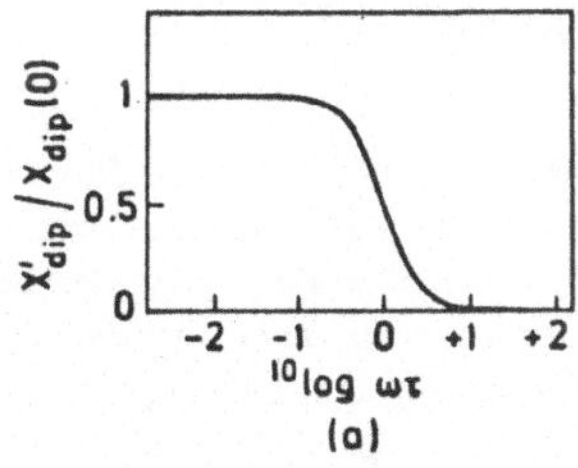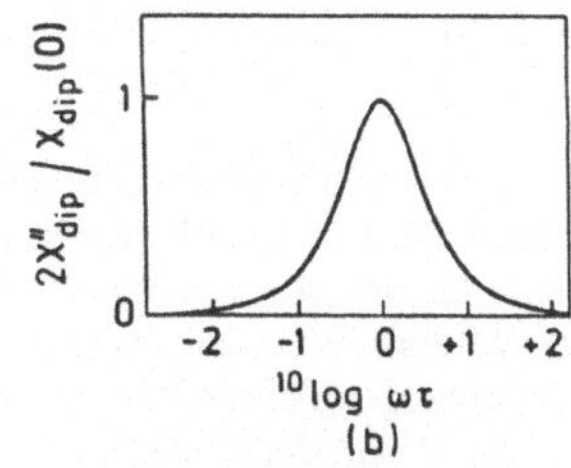

Fig. 4.7 Real- und Imaginärteil der elektrischen Suszeptibilität bei der Orientierungspolarisation (s. Text)

können ohne Phasenverzögerung dem elektrischen Wechselfeld folgen. $\chi''_{dip}/\chi_{dip}(0)$ hat den Wert 0; dielektrische Verluste treten noch nicht auf. Mit steigender Frequenz nimmt $\chi'_{dip}/\chi_{dip}(0)$ immer mehr ab, während $\chi''_{dip}/\chi_{dip}(0)$ zunimmt. Bei $\omega = 1/\tau$ ist $\chi'_{dip}/\chi_{dip}(0)$ auf 1/2 abgefallen. Die dielektrischen Verluste sind jetzt maximal. Ist schließlich $\omega \gg 1/\tau$, so ist sowohl $\chi'_{dip}/\chi_{dip}(0)$ als auch $\chi''_{dip}/\chi_{dip}(0)$ gleich Null. Die Permanentdipole vermögen dem elektrischen Wechselfeld nicht mehr zu folgen.

Fig. 4.8 zeigt noch einmal zusammengefaßt in schematischer Darstellung die Frequenzabhängigkeit des Realteils von ϵ für einen parelektrischen Ionenkristall, wie sie sich aus den Ausführungen dieses Abschnitts ergibt. Hierbei ist jeweils nur eine Resonanzfrequenz im infraroten und ultravioletten Spektralbereich berücksichtigt worden.

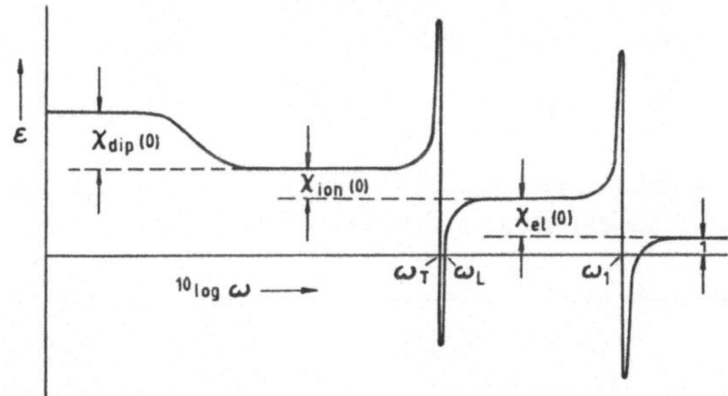

Fig. 4.8 Schematische Darstellung der Frequenzabhängigkeit der Dielektrizitätskonstanten für einen parelektrischen Ionenkristall. ω_T und ω_L transversale bzw. longitudinale optische Eigenfrequenz, ω_1 Resonanzfrequenz bei der elektronischen Polarisation, $\chi_{el}(0)$, $\chi_{ion}(0)$ und $\chi_{dip}(0)$ Beiträge der elektronischen, ionischen bzw. Orientierungs-Polarisation zum statischen Wert der Dielektrizitätskonstanten

Bei hohen Frequenzen können die Ionen des Kristalls wegen ihrer relativ großen Masse dem elektrischen Wechselfeld nicht folgen. Im sichtbaren und ultravioletten Bereich des elektromagnetischen Spektrums ist deshalb nur eine elektronische Polarisation möglich. Erst im infraroten Spektralbereich tritt die ionische Polarisation in Erscheinung. Schließlich kommt bei noch niedrigeren Frequenzen, etwa zwischen 10^{10} und 10^8 Hz die Orientierungspolarisation der permanenten Dipole hinzu.

4.3   Optische Eigenschaften von Metallen und Halbleitern

Auf Seite 172 wurde bereits erwähnt, daß bei Metallen und Halbleitern durch die Einstrahlung einer elektromagnetischen Welle sowohl Übergänge zwischen Energieniveaus verschiedener Bänder, sog. *Interbandübergänge* als auch Übergänge zwischen besetzten und unbesetzten Energiezuständen des Leitungsbandes, sog. *Intrabandübergänge* möglich sind. Ein Intrabandübergang kann klassisch als Beschleunigung eines Leitungselektrons durch das elektrische Wechselfeld der einfallenden Strahlung aufgefaßt werden, und wir können für ein solches Elektron wie auf Seite 170 eine Bewegungsgleichung aufstellen. Die dort benutzte Gl. (4.20) gilt allerdings für quasigebundene Elektronen, bei quasifreien Elektronen entfällt die rücktreibende Kraft. Die durch das periodische Kristallpotential bedingten Kräfte werden dadurch berücksichtigt, daß den Leitungselektronen die effektive Masse m* zugeordnet wird. Außerdem ist jetzt das Dämpfungsglied nicht durch die Abstrahlung elektromagnetischer Wellen, sondern durch Elektron-Phonon-Streuung bedingt. Diese kann, wie auf Seite 129 gezeigt wurde, durch eine Relaxationszeit τ erfaßt werden. Die Bewegungsgleichung für ein Leitungselektron unter der Einwirkung eines zeitlich periodischen elektrischen Feldes lautet also

$$m^* \frac{d^2x}{dt^2} + m^* \frac{1}{\tau} \frac{dx}{dt} = -e\,E^0 e^{-i\omega t}. \tag{4.74}$$

Gl. (4.74) hat die stationäre Lösung

$$x = \frac{e}{m^*} \frac{1}{\omega\left(\omega + i\dfrac{1}{\tau}\right)} E.$$

Ist N_L die Anzahl der Leitungselektronen je Volumeneinheit, so erhält man für den Beitrag der Leitungselektronen zur elektrischen Polarisation

$$P_L = -N_L ex = -\frac{N_L e^2}{m^*} \frac{1}{\omega\left(\omega + i\dfrac{1}{\tau}\right)} E. \tag{4.75}$$

Für den Beitrag der Leitungselektronen zur elektrischen Suszeptibilität ergibt sich dementsprechend

$$\chi_L = \frac{P_L}{\epsilon_0 E} = -\frac{N_L e^2}{\epsilon_0 m^*} \frac{1}{\omega\left(\omega + i\dfrac{1}{\tau}\right)}. \tag{4.76}$$

Für die dielektrische Funktion gilt

$$\epsilon = 1 + \chi_{el} + \chi_L = \epsilon_{el} + \chi_L. \tag{4.77}$$

Hierbei ist χ_{el} der Beitrag der quasigebundenen Elektronen zur elektrischen Suszeptibilität.

Mit Gl. (4.76) bekommt man dann

$$\epsilon = \epsilon_{el}\left(1 - \frac{N_L e^2}{\epsilon_0 \epsilon_{el} m^*}\,\frac{1}{\omega\left(\omega + i\dfrac{1}{\tau}\right)}\right). \qquad (4.78)$$

Die Relaxationszeit τ liegt bei Metallen bei 10^{-13} s (s. S. 134). Für eine Kreisfrequenz ω oberhalb von etwa 10^{15} s^{-1} ist also $\omega \gg 1/\tau$, und man braucht das imaginäre Glied in Gl. (4.78) nicht zu berücksichtigen. Man erhält in diesem Fall mit

$$\omega_P = \sqrt{\frac{N_L e^2}{\epsilon_0 \epsilon_{el} m^*}} \qquad (4.79)$$

die reelle Dielektrizitätskonstante

$$\epsilon = \epsilon_{el}\left(1 - \frac{\omega_P^2}{\omega^2}\right). \qquad (4.80)$$

Für $\omega < \omega_P$ ist ϵ negativ. Dieses bedeutet nach den Ausführungen auf S. 178, daß die einfallenden elektromagnetischen Wellen total reflektiert werden.

Ist hingegen $\omega > \omega_P$, so ist ϵ positiv, und das Metall wird, da gleichzeitig der Absorptionskoeffizient $\kappa \approx 0$ ist, für die elektromagnetische Strahlung durchlässig. Dieses trifft z. B. für Alkalimetalle im ultravioletten Spektralbereich zu.

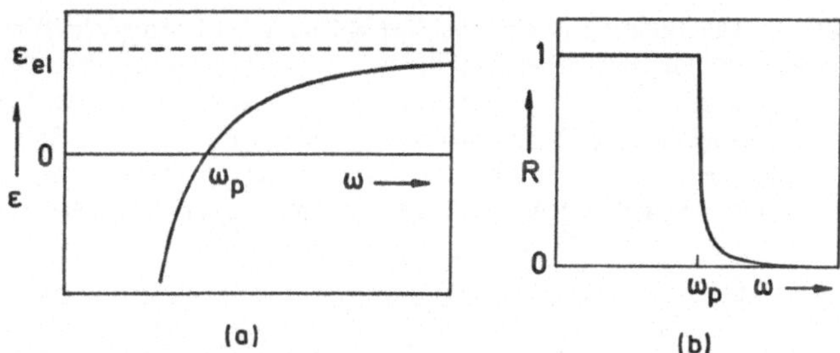

Fig. 4.9 (a) Dielektrizitätskonstante und (b) Reflexionsvermögen eines Metalls oder eines Halbleiters im Bereich der Plasmafrequenz ω_p

In Fig. 4.9a ist die Dielektrizitätskonstante nach Gl. (4.80) und in Fig. 4.9b das hieraus berechnete Reflexionsvermögen in Abhängigkeit von der Kreisfrequenz des elektromagnetischen Wechselfeldes aufgetragen.

Plasmaschwingungen

Auf Seite 178 haben wir gesehen, daß bei Ionenkristallen die Dielektrizitätskonstante für $\omega_T < \omega < \omega_L$ einen negativen Wert annimmt, wenn ω_T die Eigenfrequenz einer transversalen und ω_L die einer longitudinalen optischen Gitterschwingung ist. Die gleiche Gesetzmäßigkeit gilt nach Gl. (4.80) für Leitungselektronen, wenn die Eigenfrequenz einer Transversalschwingung des Elektronengases den Wert 0 hat, und wir ω_P als Eigenfrequenz einer Longitudinalschwingung des Elektronengases ansehen dürfen. In einem Elektronengas können sich genauso wenig wie in einem normalen Gas freie Transversalschwingungen ausbilden. Wir können deshalb den Leitungselektronen die transversale Eigenfrequenz $\omega_T = 0$ zuordnen. Im folgenden wird nun gezeigt, daß ω_P tatsächlich die Eigenfrequenz einer Longitudinalschwingung des Elektronengases ist.

Wir gehen von einem Metallmodell aus, in dem die Leitungselektronen zusammen mit den positiv geladenen Metallionen ein Plasma bilden. Hierbei werden nur die Elektronen als beweglich angesehen. Die vergleichsweise schweren Metallionen bilden einen festen positiven Ladungshintergrund. Im Gleichgewichtszustand ist ein Plasma feldfrei und elektrisch neutral. Deshalb treten, sobald durch eine Störung Elektronen aus ihren Gleichgewichtspositionen abgelenkt werden, und dadurch die Ladungsneutralität aufgehoben wird, rücktreibende Kräfte auf, die zu sog. *Plasmaschwingungen* führen. Es wird nun zunächst die Frequenz einer Plasmaschwingung berechnet, bei der alle Leitungselektronen eine gleichförmige Verschiebung erfahren.

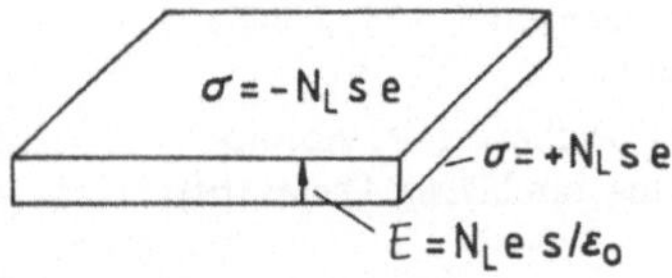

Fig. 4.10
Zur Berechnung der Plasmafrequenz (s. Text)

In einer dünnen Metallplatte tritt bei einer Verschiebung der Leitungselektronen um die Strecke s senkrecht zur Plattenebene auf der der Verrückung zugewandten Seite der Platte eine Flächenladungsdichte $-N_L se$ in Erscheinung, wenn N_L die Anzahl der Leitungselektronen je Volumeneinheit ist. Die Flächenladungsdichte auf der anderen Seite der Platte beträgt dann $+N_L se$ (s. Fig. 4.10). Auf diese Weise entsteht in der Platte ein elektrisches Feld $E = N_L es/\epsilon_0$, welches auf jedes Leitungselektron mit der rücktreibenden Kraft

$$F = -eE = -\frac{N_L e^2}{\epsilon_0}\,s$$

einwirkt. Die Bewegungsgleichung für ein Leitungselektron nach diesem Plasmamodell lautet also

$$m^* \frac{d^2 s}{dt^2} + \frac{N_L e^2}{\epsilon_0}\,s = 0.$$

Es ist die Bewegungsgleichung eines harmonischen Oszillators. Seine Eigenfrequenz, die sog. *Plasmafrequenz* beträgt

$$\tilde{\omega}_P = \sqrt{\frac{N_L e^2}{\epsilon_0 m^*}}. \tag{4.81}$$

Die Größe $\tilde{\omega}_P$ läßt sich als Eigenfrequenz einer Longitudinalschwingung des Elektronengases mit unendlich großer Wellenlänge oder der Wellenzahl $k = 0$ auffassen. Sie stimmt mit der Frequenz ω_P aus Gl. (4.79) bis auf die durch die Polarisation der Gitterteilchen bedingten Größe ϵ_{el} überein. Gewöhnlich wird die Plasmafrequenz durch die Nullstelle der dielektrischen Funktion aus Gl. (4.80) definiert.

Bei einer Plasmaschwingung handelt es sich um eine kollektive Anregung der Leitungselektronen. Die Energiequanten dieser Anregung bezeichnet man als *Plasmonen*. Ihre Energie $\hbar\omega_P$ liegt in der Größenordnung von 10 eV; eine thermische Anregung von Plasmonen ist deshalb nicht möglich. Sie werden hingegen durch Wechselwirkung schneller Teilchen mit dem Elektronengas erzeugt. So lassen sich Plasmonen durch Messung der Energieverluste nachweisen, die Elektronen einer Energie von einigen keV bei ihrem Durchgang durch dünne Metallfolien erleiden. Die Energieverluste stimmen häufig recht gut mit $\hbar\omega_P$ oder einem ganzzahligen Vielfachen der Plasmonenenergie überein.

Die Eigenfrequenz von Plasmaschwingungen nimmt mit wachsender Wellenzahl k zu. Es läßt sich zeigen, daß für kleine Werte von k für Plasmonen die Dispersionsrelation

$$\omega = \omega_P \left(1 + \frac{3v_F^2}{10\omega_P^2} k^2 \right) \tag{4.82}$$

gilt. Die Größe v_F ist hierbei die Geschwindigkeit der Elektronen der Fermifläche.

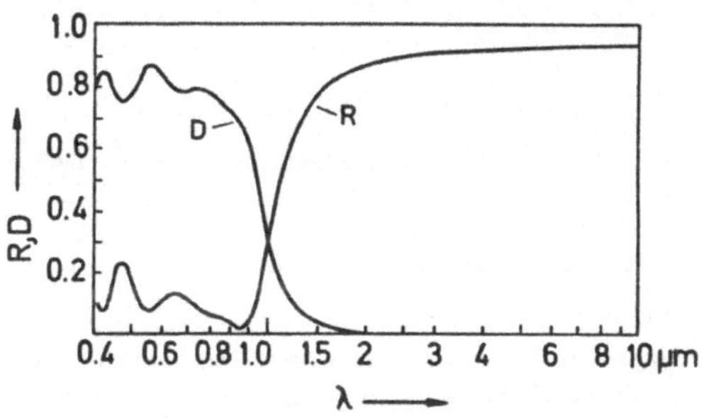

Fig. 4.11
Reflexionsvermögen R und Durchlässigkeit D einer Sn dotierten In$_2$O$_3$-Schicht von 0,3 µm Dicke für Licht des sichtbaren und infraroten Spektralbereichs bei einer Ladungsträgerkonzentration von $1,3 \cdot 10^{21}$ cm^{-3} (nach Köstlin, H.; Jost, R.; Lems, W.: Phys. Stat. Sol. (a) **29** (1975) 87)

In Halbleitern kann man durch eine geeignete Dotierung mit Fremdatomen die Ladungsträgerkonzentration N_L in weiten Grenzen variieren. Dieses bedeutet aber nach Gl. (4.79), daß man auch die Plasmafrequenz ω_P abändern kann. Technisch interessant sind hier vor allem solche Substanzen, die elektromagnetische Wellen des sichtbaren Spektralbereiches fast ungehindert hindurchlassen, aber ein hohes Reflexionsvermögen für infrarote Strahlung aufweisen. Dieses läßt sich z. B. mit Sb-dotiertem SnO$_2$ und Sn-dotiertem In$_2$O$_3$ bei einer Ladungsträgerkonzentration von 10^{20} bis 10^{21} cm^{-3} erreichen (vgl. Fig. 4.11). In dünnen Schichten aufgetragen können diese Substanzen dazu benutzt werden, die Wärmeisolation von Natriumdampflampen zu erhöhen, den Wirkungsgrad von Sonnenkollektoren heraufzusetzen oder den Wärmedurchgang durch Doppelfenster zu verringern.

Es sei noch erwähnt, daß bei Halbleitern auch die Valenzelektronen zu Plasmaschwingungen angeregt werden können. Die Plasmonenenergie liegt hier in der gleichen Größenordnung wie bei Metallen.

Interbandübergänge

Bei den meisten Metallen überlagern gewöhnlich Interbandübergänge die Anregung von
Leitungselektronen durch Intrabandübergänge. Das hat zur Folge, daß das Reflexionsspektrum eines Metalls unter Umständen beträchtlich von der Darstellung in Fig. 4.9b
abweicht. Zur Auswertung solcher Spektren ist eine sorgfältige Analyse notwendig. Hiermit werden wir uns in Abschn. 4.5 beschäftigen.

In Fig. 4.12 sind Interbandübergänge zwischen Energieniveaus $E_V(\vec{k})$ des Valenzbandes
und Energieniveaus $E_L(\vec{k}')$ des Leitungsbandes eines Halbleiters schematisch dargestellt.
Hierbei unterscheidet man zwischen *direkten* und *indirekten Übergängen*.

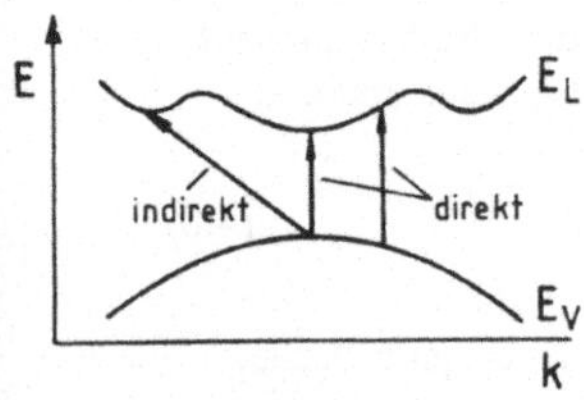

Fig. 4.12
Direkte und indirekte Interbandübergänge bei einem Halbleiter (s. Text)

Direkte Übergänge erfolgen durch Absorption von Lichtquanten ohne Beteiligung von
Phononen. Hier gilt also

$$E_L(\vec{k}'_{Elektron}) = E_V(\vec{k}_{Elektron}) + \hbar\omega_{Photon}. \tag{4.83}$$

Außerdem muß für die Wellenzahlvektoren der am Prozeß beteiligten Quasiteilchen die
Bedingung

$$\vec{k}'_{Elektron} = \vec{k}_{Elektron} + \vec{k}_{Photon} \tag{4.84}$$

erfüllt sein.

Da die Wellenzahl k_{Photon} eines absorbierten Lichtquants um mehrere Größenordnungen
kleiner ist als die Wellenzahl eines Kristallelektrons, kombinieren praktisch nur solche
Elektronenzustände, deren Wellenzahlen gleich sind.

Bei indirekten Übergängen werden außerdem Phononen erzeugt oder vernichtet. Man hat
jetzt

$$E_L(\vec{k}'_{Elektron}) = E_V(\vec{k}_{Elektron}) + \hbar\omega_{Photon} \pm \hbar\omega_{Phonon} \tag{4.85}$$

und $\quad \vec{k}'_{Elektron} = \vec{k}_{Elektron} + \vec{k}_{Photon} \pm \vec{q}_{Phonon}.$ $\tag{4.86}$

ω_{Phonon} ist um etwa zwei Größenordnungen kleiner als ω_{Photon}. Man kann deshalb in
Gl. (4.85) ω_{Phonon} gegenüber ω_{Photon} vernachlässigen. Die Energiebilanz bei einem
indirekten und bei einem direkten Übergang unterscheidet sich nur geringfügig. Anders
ist es hingegen bei den Wellenzahlvektoren. $\vec{k}_{Photon}$ spielt natürlich auch hier wiederum
keine Rolle, aber $\vec{q}_{Phonon}$ kann genau so wie $\vec{k}_{Elektron}$ jeden Wert innerhalb der ersten
Brillouin-Zone annehmen. Infolgedessen sind im Prinzip beliebige Übergänge zwischen
den Energiebändern möglich. In Wirklichkeit sind aber bei solchen Dreiteilchen-Wechsel-
wirkungen die Übergangswahrscheinlichkeiten so klein, daß indirekte Übergänge in

Absorptions- oder Reflexionsspektren nur von Bedeutung sind, wenn sie nicht von direkten Übergängen überlagert werden. Aber auch dann werden sie nur in Erscheinung treten, wenn sie zwischen solchen Bereichen des Valenz- und Leitungsbandes stattfinden, bei denen sich Übergänge mit nahezu gleicher Frequenz häufen, wenn sie also zum Beispiel von einem Maximum des Valenzbandes zu einem Minimum des Leitungsbandes führen. In Fig. 4.12 ist ein derartiger indirekter Übergang eingezeichnet.

Exzitonen

Ein Kristallelektron, welches durch Absorption eines Photons ins Leitungsband angehoben wird, läßt im Valenzband ein Loch zurück. Da dem Loch eine positive Ladung zuzuordnen ist, ziehen Elektron und Loch sich gegenseitig an. Dieses kann zu einer Bindung der Quasiteilchen führen. Ein derartig gebundenes Elektron-Loch-Paar bezeichnet man als *Exziton*. Wie Kristallelektronen, können auch Exzitonen durch das Kristallgitter wandern. Sie transportieren hierbei ihre Anregungsenergie. Diese Energie wird wieder frei, wenn das Elektron in das Loch des Valenzbandes zurückfällt. Man bezeichnet diesen Vorgang als Rekombination.

Die Anregung von Exzitonen hat zur Folge, daß in Halbleitern und Isolatoren eine Photonenabsorption nicht erst dann erfolgt, wenn die Photonenenergie gleich der Energielücke zwischen Valenz- und Leitungsband ist, sondern bereits bei etwas kleineren Energien einsetzt. Der Energieunterschied entspricht gerade der Bindungsenergie eines Elektron-Loch-Paares. In Absorptions- und Reflexionsspektren von Halbleitern und Isolatoren lassen sich deshalb häufig Strukturen schon dicht unterhalb der Absorptionskante beobachten.

Man unterscheidet zwischen *Mott*[1]*)-Wannier-* und *Frenkel-Exzitonen*. Bei Mott-Wannier-Exzitonen ist der Abstand zwischen Elektron und Loch groß im Vergleich zum Abstand der Gitteratome (s. Fig. 4.13). Sie treten in Erscheinung, wenn die Bindung der Elektronen an die Gitteratome relativ schwach ist. Dieses ist z. B. bei Halbleitern der Fall. Bei Molekül- und Ionenkristallen beobachtet man hingegen Frenkel-Exzitonen. Bei ihnen ist das Elektron-Loch-Paar am gleichen Gitteratom lokalisiert. Infolge der Kopplung benachbarter Gitteratome kann sich ein Frenkel-Exziton aber genauso durch den Kristall hindurch bewegen wie ein Mott-Wannier-Exziton. Im folgenden werden wir uns nur mit dem Mott-Wannier-Exziton beschäftigen.

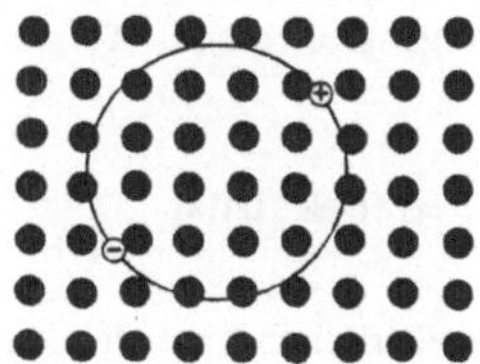

Fig. 4.13
Mott-Wannier-Exziton (s. Text)

---

[1]) Nevill Mott, * 1905 Leeds, Nobelpreis 1977

Ein Mott-Wannier-Exziton kann man als ein dem Wasserstoffatom ähnliches System auffassen, bei dem das Elektron und das Loch den gemeinsamen Schwerpunkt umkreisen. Zwischen Elektron und Loch hat man eine Coulomb-Wechselwirkung mit der potentiellen Energie

$$U(|\vec{r}_e - \vec{r}_p|) = - \frac{e^2}{4\pi\epsilon_0\epsilon|\vec{r}_e - \vec{r}_p|} . \tag{4.87}$$

$\vec{r}_e$ und $\vec{r}_p$ kennzeichnen hierbei die Koordinaten des Elektrons bzw. Lochs, und ϵ ist die Dielektrizitätskonstante des Festkörpers.

Die zugehörige Schrödingergleichung erlaubt eine Separation nach Relativ- und Schwerpunktkoordinaten und liefert die Eigenwerte

$$E = E_G - \frac{1}{2} \frac{\mu^* e^4}{(4\pi\epsilon_0)^2\epsilon^2\hbar^2} \frac{1}{n^2} + \frac{\hbar^2\vec{K}^2}{2(m_e^* + m_p^*)} . \tag{4.88}$$

In diesem Ausdruck ist E_G die Energielücke zwischen Valenz- und Leitungsband, der zweite Term ist eine abgewandelte Balmerenergie und der dritte Term ist die Translationsenergie des Exzitons im Kristallgitter. Die Gitterkräfte, die neben der Coulomb-Kraft auf Kristallelektron und Loch einwirken, werden dadurch berücksichtigt, daß für die Massen von Elektron und Loch ihre Effektivwerte m_e^* und m_p^* benutzt werden. μ^* ist dementsprechend die effektive reduzierte Masse des Systems. Es gilt also $1/\mu^* = 1/m_e^* + 1/m_p^*$. Die Hauptquantenzahl n kann die Werte $1, 2, 3 \ldots$ annehmen. $\vec{K}$ ist der Wellenzahlvektor des Exzitons.

Durch Photonenabsorption können bei einem direkten Übergang mit der gleichen Begründung wie auf Seite 188 nur Zustände mit $\vec{K} = 0$ angeregt werden. Es entfällt dann also der dritte Term in Gl. (4.88). Wenn in diesem Fall das Valenzbandmaximum und das Leitungsbandminimum bei demselben $\vec{k}$-Wert auftreten, dann liegen die durch den zweiten Term in Gl. (4.88) bestimmten Energiezustände unterhalb des Leitungsbandes. Sie sind gegenüber den entsprechenden Zuständen beim Wasserstoffatom stark zusammengeschoben. Dieses ist durch die relativ hohe Dielektrizitätskonstante von Halbleitern bedingt, die bei 10 liegt. Die Dissoziationsenergie eines Exzitons erhält man, wenn man im zweiten Term in Gl. (4.88) n = 1 setzt. Sie liegt bei Halbleitern in der Größenordnung von 1 bis 10 meV. Durch Absorption von Phononen ist eine solche Dissoziation möglich. Elektron und Loch bewegen sich dann unabhängig voneinander durch den Kristall. Indirekte Übergänge werden in Aufgabe 4.2 auf Seite 200 behandelt.

4.4   Ferroelektrizität

Bei ferroelektrischen Kristallen kann man eine elektrische Polarisation beobachten, ohne daß sie der Einwirkung eines äußeren elektrischen Feldes ausgesetzt sind. Sie zeigen eine spontane Polarisation. In einem äußeren elektrischen Feld verhalten sie sich infolgedessen auch anders als dielektrische Substanzen. Während bei diesen eine lineare Beziehung zwi-

schen der Polarisation und der elektrischen Feldstärke besteht, wird der entsprechende
Zusammenhang bei ferroelektrischen Kristallen durch eine *Hysteresekurve* beschrieben.
Eine solche Kurve ist in Fig. 4.14 dargestellt.

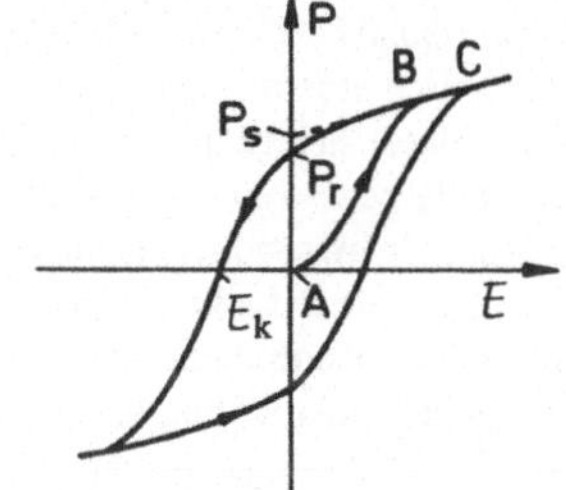

Fig. 4.14
Hysterese-Kurve eines ferroelektrischen Kristalls (s. Text)

Im allgemeinen hat in einem makroskopischen ferroelektrischen Kristall die Polarisation
nicht überall die gleiche Richtung, vielmehr besteht der Kristall aus einer Anzahl *Domänen*
mit unterschiedlich ausgerichteter Polarisation. In Fig. 4.14 ist in der Ausgangslage im
Punkte A die Summe der Dipolmomente der einzelnen Domänen gerade gleich Null.
Wenn nun ein elektrisches Feld in einer möglichen Polarisationsrichtung auf den Kristall
einwirkt, wachsen die Domänen, die eine Polarisation in Richtung des elektrischen Feldes
haben, auf Kosten der Domänen, bei denen dieses nicht der Fall ist. Die Gesamtpolarisation des Kristalls nimmt also zu. Schließlich besteht der Kristall nur noch aus einer einzigen Domäne (Punkt B), und eine weitere Zunahme der Polarisation ist durch die normale dielektrische Polarisation bedingt. Durch Extrapolation des linearen Anstiegs BC
der Hysteresekurve auf die Feldstärke Null erhält man den Wert P_s der spontanen Polarisation einer einzelnen Domäne. Zu unterscheiden ist hiervon die *remanente Polarisation* P_r
des gesamten Kristalls. Sie bleibt zurück, wenn das äußere Feld wieder verschwindet. Um
auch die remanente Polarisation zu beseitigen, wird ein elektrisches Feld von entgegengesetzter Richtung benötigt. Man bezeichnet es als *Koerzitivfeld* E_k.
Oberhalb einer kritischen Temperatur, der sog. *ferroelektrischen Curie-Temperatur* T_C,
verschwindet die Spontanpolarisation. Für die Temperaturabhängigkeit der elektrischen
Suszeptibilität gilt hier ein *Curie-Weiss-Gesetz* (s. Seite 213)

$$\chi = \frac{C_p}{T - \Theta}. \tag{4.89}$$

C_p ist die *parelektrische Curie-Konstante* und Θ die *parelektrische Curie-Temperatur*.
Unterhalb von T_C hängt χ von der Stärke des elektrischen Feldes und der Vorbehandlung
des Kristalls ab. Im allgemeinen versteht man unter der elektrischen Suszeptibilität eines
ferroelektrischen Kristalls jedoch den Anstieg der Kurve AB im Punkte A der Fig. 4.14.
Die so definierte Größe χ kann in der Nähe der kritischen Temperatur T_C Werte von
10^4 bis 10^5 annehmen.

Die hier aufgeführten Erscheinungen treten analog bei ferromagnetischen Substanzen auf.
Daher rührt die Bezeichnung Ferroelektrizität. Es sei jedoch betont, daß diese Analogien
nur das rein phänomenologische Verhalten betreffen. Die Mechanismen, die die Erscheinungen bewirken, sind in beiden Fällen recht unterschiedlich.

Es läßt sich zeigen, daß ein Festkörper nur dann ferroelektrische Eigenschaften besitzen kann, wenn seine Kristallstruktur polare Achsen aufweist, d. h., wenn keine Inversionssymmetrie vorliegt. Dieses ist zwar eine notwendige aber keine hinreichende Bedingung. Sind mehrere polare Achsen vorhanden, so ist der Kristall lediglich *piezoelektrisch*, d. h., er läßt sich durch eine mechanische Deformation elektrisch polarisieren. Eine spontane Polarisation bildet sich hingegen bei Kristallen mit einer einzigen polaren Achse aus. Solche Kristalle bezeichnet man allgemein als *pyroelektrisch*. Gewöhnlich tritt bei ihnen die elektrische Polarisation aber nicht in Erscheinung, da die Oberflächenladung durch von außen angelagerte Ladungsträger kompensiert wird. Erst wenn man die Temperatur des Kristalls ändert und damit auch die spontane Polarisation vergrößert oder verkleinert, kann man Oberflächenladungen nachweisen. Hierauf beruht der Name Pyroelektrizität. Von Ferroelektrizität spricht man erst dann, wenn die elektrische Polarisation, wie in Fig. 4.14 dargestellt, durch ein geeignetes elektrisches Feld umgekehrt werden kann. Dieses ist z. B. nicht möglich, wenn im Kristall ein elektrischer Durchschlag erfolgt, bevor die zur Umpolung erforderliche elektrische Feldstärke erreicht wird. Während Piezo- und Pyroelektrizität bereits durch die Kristallstruktur eines Festkörpers vorgegeben sind, können ferroelektrische Eigenschaften letztlich nur experimentell ermittelt werden. Es sei noch einmal darauf hingewiesen, daß zwar jeder ferroelektrische Kristall auch piezoelektrisch ist, aber das Umgekehrte nicht gilt. Z. B. sind Quarzkristalle piezoelektrisch aber nicht ferroelektrisch.

Je nachdem wie der Übergang vom parelektrischen in den ferroelektrischen Zustand erfolgt, ordnet man die Ferroelektrika zwei verschiedenen Hauptgruppen zu. Die erste Gruppe umfaßt ferroelektrische Kristalle mit Wasserstoffbrücken. Hierunter fällt zum Beispiel Kaliumdihydrophosphat (KH_2PO_4). Bei dieser Substanz ist die Umlagerung von H^+-Ionen, die die Verbindung zwischen den PO_4-Ionen bewirken, wesentlich für die spontane Polarisation. Aus der Auswertung von Neutronenstreuexperimenten folgt, daß die im parelektrischen Zustand gleichmäßige Verteilung der H^+-Ionen über die verschiedenen möglichen Positionen in der Brücke unterhalb der Curie-Temperatur in eine Verteilung auf bevorzugte Positionen übergeht. Man spricht von einem *Unordnung-Ordnungs-Übergang*.

Zu der anderen Hauptgruppe gehören Ionenkristalle mit einer sog. *Perowskit-*(Calciumtitanat-)*Struktur*. Der bekannteste Vertreter dieser Gruppe ist Bariumtitanat ($BaTiO_3$). Fig. 4.15 zeigt die Einheitszelle eines Bariumtitanatkristalls im parelektrischen und ferroelektrischen Zustand. Im parelektrischen Zustand liegt eine kubische Kristallstruktur vor.

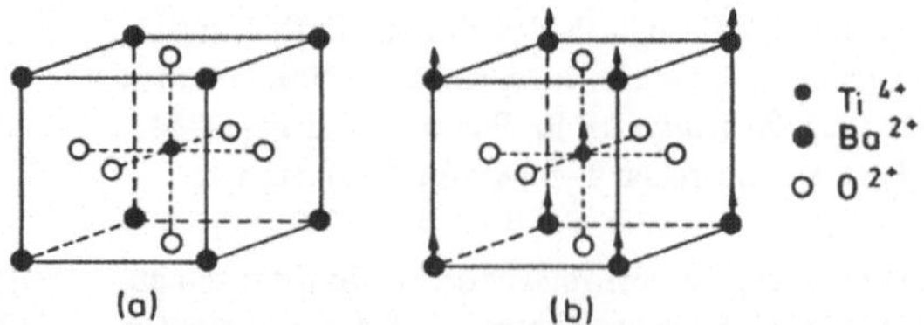

Fig. 4.15 Einheitszelle eines Bariumtitanatkristalls im parelektrischen (a) und ferroelektrischen (b) Zustand (s. Text)

Ein Ti^{4+}-Ion in der Mitte eines Würfels ist von vier Ba^{2+}-Ionen an den Würfelecken und sechs O^{2-}-Ionen in den Zentren der Seitenflächen umgeben. Die ferroelektrische Curie-Temperatur beträgt 128 °C. Unterhalb dieser Temperatur erfolgt durch Verschiebung der einzelnen Untergitter gegeneinander eine Umwandlung in ein tetragonales Kristallgitter. Man hat hier einen sog. *Verschiebungsübergang* von dem parelektrischen in den ferroelektrischen Zustand. Bei einer weiteren Abkühlung des Kristalls bildet sich bei 5 °C eine rhombische und schließlich bei −90 °C eine rhomboedrische Kristallstruktur aus.

Polarisationskatastrophe

Eine Theorie der Ferroelektrizität hat erstens die Entstehung der spontanen Polarisation zu erklären und zweitens die Gültigkeit des Curie-Weiss-Gesetzes zu begründen. Wir wollen unsere Überlegungen hier auf Ferroelektrika mit einer Perowskit-Struktur beschränken. Auf S. 168 wurde erwähnt, daß das Zusatzfeld $\vec{E}_I$ nur dann verschwindet, wenn die Umgebung der einzelnen Gitteratome des betreffenden Kristalls eine kubische Symmetrie aufweist. Wie aus Fig. 4.15 ersichtlich, ist dieses beim Bariumtitanat für die O^{2-}-Ionen auch bei einer kubischen Kristallstruktur nicht zutreffend. Macht man in diesem Fall für die Summe aus dem Lorentz-Feld E_L und dem Zusatzfeld E_I den Ansatz

$$\vec{E}_L + \vec{E}_I = \frac{\gamma}{\epsilon_0}\,\vec{P},\tag{4.90}$$

so erhält man für die elektrische Polarisation an Stelle der Gl. (4.16) den allgemeineren Ausdruck

$$\vec{P} = \epsilon_0\,\frac{N_V\alpha}{1-\gamma N_V\alpha}\,\vec{E}.\tag{4.91}$$

Hierbei beziehen sich γ und α auf die Ionenpaare Titan-Sauerstoff, die in der Polarisationsrichtung liegen. Es läßt sich ausrechnen, daß diese Ionenpaare überwiegend die Stärke der Polarisation bestimmen, und der Einfluß der übrigen Ionenpaare in erster Näherung vernachlässigt werden kann. γ ist wesentlich größer als der durch das Lorentz-Feld bedingte Faktor 1/3 in Gl. (4.16).

Sobald die Größe $\gamma N_V\alpha$ in Gl. (4.91) den Wert eins erreicht, kommt es zur sog. *Polarisationskatastrophe*. Eine beliebig kleine Feldstörung würde jetzt nach Gl. (4.91) eine unendlich große Polarisation hervorrufen. Anschaulich bedeutet dieses, daß das durch die Polarisation des ferroelektrischen Kristalls erzeugte lokale elektrische Feld bei einer Verrückung der Ionen schneller anwächst als die durch die Gitterdeformation bedingte Rückstellkraft. Daß bei einer solchen spontanen Polarisation in Wirklichkeit doch nur endliche Verrückungen vorkommen, liegt daran, daß bei einer stärkeren Deformation die rücktreibenden Kräfte den Verrückungen nicht mehr direkt proportional sind, sondern auch Glieder höherer Ordnung auftreten.

Bei der Erwärmung eines Bariumtitanat-Kristalls wird bei einer bestimmten Temperatur die Größe $\gamma N_V\alpha$ auf Grund der thermischen Ausdehnung des Kristalls kleiner als eins. Dadurch verschwindet die spontane Polarisation. Für Temperaturen oberhalb der Umwandlungstemperatur kann man nun folgenden Näherungsansatz machen

$$\gamma N_V \alpha = 1 - \frac{1}{\gamma C_p}(T - \Theta). \tag{4.92}$$

Hierbei ist

$$\frac{1}{\gamma C_p}(T - \Theta) \ll 1.$$

Setzt man diesen Ausdruck in Gl. (4.91) ein, so erhält man

$$\vec{P} = \epsilon_0 \frac{\frac{1}{\gamma}\left[1 - \frac{1}{\gamma C_p}(T - \Theta)\right]}{\frac{1}{\gamma C_p}(T - \Theta)} \vec{E} \approx \epsilon_0 \frac{C_p}{T - \Theta} \vec{E}. \tag{4.93}$$

Für die elektrische Suszeptibilität des Bariumtitanats im parelektrischen Zustand gewinnt man hieraus gerade das Curie-Weiss-Gesetz aus Gl. (4.89). Die parelektrische Curie-Konstante C_p hat für Bariumtitanat den Wert $1,5 \cdot 10^5$ K; Θ beträgt 115 °C.

Antiferroelektrizität

Auch bei antiferroelektrischen Substanzen liegt eine spontane elektrische Polarisation vor, nur kann sie makroskopisch nicht in Erscheinung treten. Bei einer typischen antiferroelektrischen Anordnung sind die Einheitszellen des Kristalls in benachbarten Reihen jeweils antiparallel zueinander polarisiert. In Fig. 4.16 ist dieses schematisch für eine Perowskitstruktur dargestellt.

Die Bedingungen dafür, ob sich eine ferroelektrische oder eine antiferroelektrische Anordnung ausbildet, sind nicht sehr unterschiedlich. So geht z. B. Natriumniobat

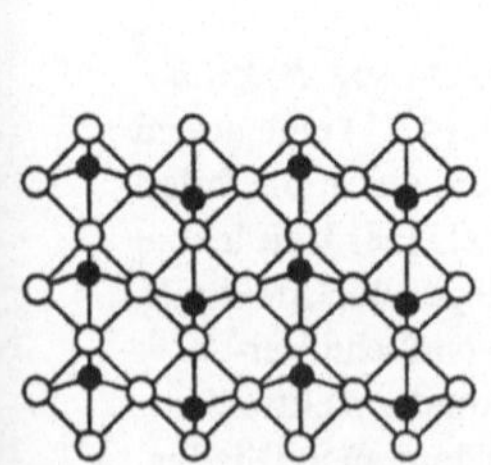

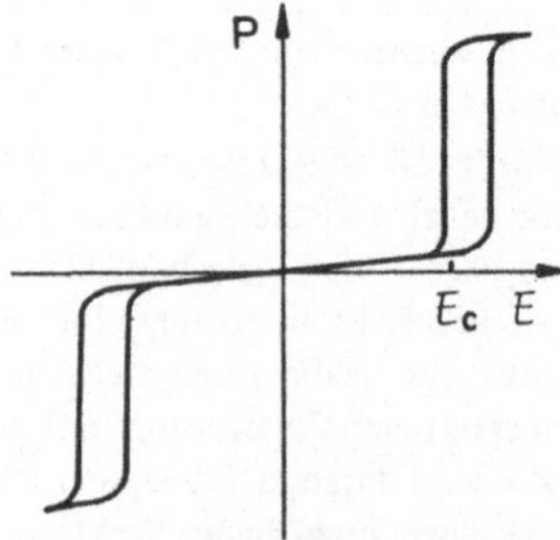

Fig. 4.16 Antiferroelektrische Struktur in zwei-
dimensionaler Darstellung (s. Text)

Fig. 4.17 Hysteresekurve eines antiferroelektrischen Kristalls. Bei der kritischen
Feldstärke E_c erfolgt in diesem Beispiel ein Übergang in den ferroelektrischen Zustand

($NaNbO_3$) bei einer Abkühlung auf eine Temperatur von $-200\ ^\circ$C aus dem antiferroelektrischen in den ferroelektrischen Zustand über. Auch durch Einwirkung eines äußeren elektrischen Feldes können antiferroelektrische Kristalle ferroelektrisch werden. Fig. 4.17 zeigt die zugehörige Hysteresekurve. Bei kleineren Feldstärken beobachtet man eine normale dielektrische Polarisation des antiferroelektrischen Kristalls, aber bei der kritischen Feldstärke E_c erfolgt ein Übergang in den ferroelektrischen Zustand. Bei Natriumniobat beträgt die kritische Feldstärke bei Zimmertemperatur 10^5 V/cm.

4.5 Experimentelle Methoden zur Bestimmung der dielektrischen Funktion

Der Frequenzverlauf der dielektrischen Funktion eines Festkörpers hängt von der Struktur seiner Energiebänder ab. Die experimentelle Bestimmung der dielektrischen Funktion ist deshalb ein wichtiger Schritt bei der Untersuchung der Bandstruktur eines Kristalls. Man kann sich die dielektrische Funktion z. B. durch Aufnahme eines optischen Reflexionsspektrums oder Messungen des Energieverlustes schneller Elektronen verschaffen. Die Auswertung solcher Messungen geschieht mit Hilfe sehr nützlicher Beziehungen aus der Theorie komplexer Funktionen, der sog. *Kramers-Kronig-Relationen*.

Kramers-Kronig-Relationen

Setzt man voraus, daß die komplexe Funktion $a(\omega)$ 1. in der oberen Halbebene keine Singularität hat, 2. für $|\omega| \to \infty$ gegen Null strebt, so läßt sich der Realteil $a'(\omega)$ der Funktion $a(\omega)$ berechnen, wenn man den Imaginärteil $a''(\omega)$ für sämtliche reellen Werte von ω kennt. Entsprechendes gilt auch im umgekehrten Fall.

Um diesen Satz zu beweisen, bilden wir das Integral

$$\int \frac{a(\xi)}{\xi - \omega}\, d\xi$$

über den in Fig. 4.18 dargestellten geschlossenen Weg. Der Wert dieses Integrals ist Null, da nach Voraussetzung 1 die Funktion $a(\xi)$ in der oberen Halbebene analytisch ist.

Lassen wir $|\xi| \to \infty$ gehen, so verschwindet das Integral über den unendlich entfernten Halbkreis, da wegen Voraussetzung 2 der Integrand schneller als $1/|\xi|$ gegen Null strebt. Es verbleiben die Integrale längs der reellen Achse und um die Polstelle bei $\xi = \omega$.

Für das Integral über den Halbkreis um die Polstelle erhalten wir mit $\xi = \omega + \rho e^{i\varphi}$

$$\int_\pi^0 \frac{a(\omega + \rho e^{i\varphi})}{\rho e^{i\varphi}}\, i\rho e^{i\varphi} d\varphi.$$

Daraus ergibt sich für $\rho \to 0$ der Wert $-i\pi a(\omega)$.

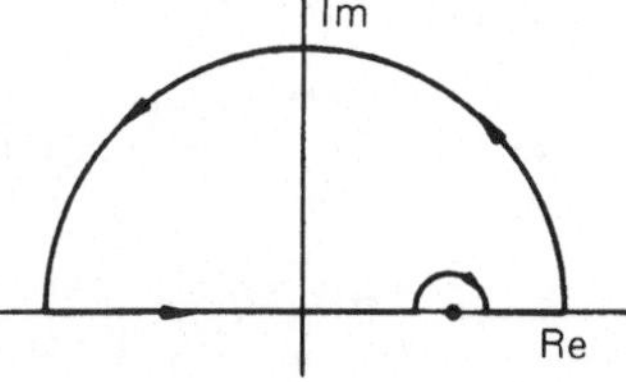

Fig. 4.18
Zur Herleitung der Kramers-Kronig-Relationen (s. Text)

Insgesamt bekommen wir jetzt

$$\lim_{\rho \to 0} \left[\int\limits_{-\infty}^{\omega-\rho} \frac{a(\xi)}{\xi - \omega}\, d\xi + \int\limits_{\omega+\rho}^{+\infty} \frac{a(\xi)}{\xi - \omega}\, d\xi \right] - i\pi a(\omega) = 0. \tag{4.94}$$

Der erste Term ist der sog. Hauptwert P des Integrals zwischen $-\infty$ und $+\infty$.
Aus Gl. (4.94) folgt

$$a(\omega) = \frac{1}{i\pi} P \int\limits_{-\infty}^{+\infty} \frac{a(\xi)}{\xi - \omega}\, d\xi. \tag{4.95}$$

Setzen wir

$$a(\omega) = a'(\omega) + i a''(\omega) \tag{4.96}$$

und trennen in Gl. (4.95) Real- und Imaginärteil, so erhalten wir die beiden Kramers-Kronig-Relationen

$$a'(\omega) = \frac{1}{\pi} P \int\limits_{-\infty}^{+\infty} \frac{a''(\xi)}{\xi - \omega}\, d\xi \tag{4.97}$$

und $$a''(\omega) = -\frac{1}{\pi} P \int\limits_{-\infty}^{+\infty} \frac{a'(\xi)}{\xi - \omega}\, d\xi. \tag{4.98}$$

Mit ihnen lassen sich die oben angeführten Rechnungen durchführen. Sind für reelle Werte von ω $a'(\omega)$ eine gerade Funktion und $a''(\omega)$ eine ungerade Funktion, so können wir Gl. (4.97) und (4.98) weiter umformen.
Wir haben dann

$$a'(\omega) = \frac{1}{\pi} P \left[\int\limits_{0}^{\infty} -\frac{a''(-\xi)}{\xi + \omega}\, d\xi + \int\limits_{0}^{\infty} \frac{a''(\xi)}{\xi - \omega}\, d\xi \right]$$

$$= \frac{1}{\pi} P \int\limits_{0}^{\infty} a''(\xi) \left(\frac{1}{\xi + \omega} + \frac{1}{\xi - \omega} \right) d\xi.$$

Dieses ergibt

$$a'(\omega) = \frac{2}{\pi} P \int\limits_{0}^{\infty} \frac{\xi\, a''(\xi)}{\xi^2 - \omega^2}\, d\xi. \tag{4.99}$$

Entsprechend gilt

$$a''(\omega) = -\frac{1}{\pi} P \left[\int\limits_{0}^{\infty} -\frac{a'(-\xi)}{\xi + \omega}\, d\xi + \int\limits_{0}^{\infty} \frac{a'(\xi)}{\xi - \omega}\, d\xi \right]$$

$$= -\frac{1}{\pi} P \int\limits_{0}^{\infty} a'(\xi) \left(-\frac{1}{\xi + \omega} + \frac{1}{\xi - \omega} \right) d\xi.$$

Daraus erhalten wir

$$a''(\omega) = -\frac{2\omega}{\pi} P \int\limits_0^\infty \frac{a'(\xi)}{\xi^2 - \omega^2}\, d\xi. \tag{4.100}$$

Gl. (4.22) läßt sich entnehmen, daß die elektrische Suszeptibilität $\chi(\omega) = \epsilon(\omega) - 1$ die auf S. 195 gestellten Anforderungen an die Funktion $a(\omega)$ erfüllt. Außerdem ist nach Gl. (4.25) χ' eine gerade und nach Gl. (4.26) χ'' eine ungerade Funktion. Wir können also Gl. (4.99) und Gl. (4.100) auf die elektrische Suszeptibilität anwenden und erhalten für Real- und Imaginärteil der dielektrischen Funktion

$$\epsilon'(\omega) - 1 = \frac{2}{\pi} P \int\limits_0^\infty \frac{\xi\, \epsilon''(\xi)}{\xi^2 - \omega^2}\, d\xi \tag{4.101}$$

und $\qquad \epsilon''(\omega) = -\frac{2\omega}{\pi} P \int\limits_0^\infty \frac{\epsilon'(\xi) - 1}{\xi^2 - \omega^2}\, d\xi. \tag{4.102}$

Auswertung von optischen Reflexionsspektren

Aus optischen Reflexionsspektren kann man sämtliche Informationen über die dielektrischen Eigenschaften eines Festkörpers erhalten. Gewöhnlich führt man die Messungen an elektrolytisch polierten Kristallen bei senkrechtem Einfall der elektromagnetischen Strahlung durch. In diesem Fall gilt für das Verhältnis der elektrischen Feldstärke der reflektierten Welle zu der Feldstärke der einfallenden Welle

$$r(\omega) = \frac{n - 1 + i\kappa}{n + 1 + i\kappa}. \tag{4.103}$$

Gemessen wird das Reflexionsvermögen R (s. Gl. (4.62)).
Zwischen $r(\omega)$ und $R(\omega)$ besteht die Beziehung

$$R(\omega) = r^*(\omega)r(\omega).$$

Setzt man

$$r(\omega) = |r(\omega)|e^{i\varphi(\omega)},$$

so gilt $\quad r(\omega) = \sqrt{R(\omega)}\, e^{i\varphi(\omega)} \tag{4.104}$

und $\qquad \ln r(\omega) = \frac{1}{2} \ln R(\omega) + i\varphi(\omega). \tag{4.105}$

Hat man nun den Frequenzverlauf von $R(\omega)$ experimentell ermittelt, so kann man die Phasenfunktion $\varphi(\omega)$ mit Hilfe von Gl. (4.100) berechnen. Man erhält

$$\varphi(\omega) = -\frac{\omega}{\pi} P \int\limits_0^\infty \frac{\ln R(\xi)}{\xi^2 - \omega^2}\, d\xi. \tag{4.106}$$

Hieraus bekommt man nach einer partiellen Integration

$$\varphi(\omega) = -\frac{1}{2\pi} \, P \int\limits_0^\infty \ln \left| \frac{\xi + \omega}{\xi - \omega} \right| \frac{d \ln R(\xi)}{d\xi} \, d\xi. \tag{4.107}$$

Der Frequenzbereich in der Nachbarschaft von ω liefert zu dem Integral den wesentlichen Beitrag, während für $\xi \ll \omega$ und $\xi \gg \omega$ der Integrand verschwindend klein ist.

Man ist jetzt in der Lage, mit Hilfe von Gl. (4.104) den Frequenzverlauf von $r(\omega)$ anzugeben und anschließend aus Gl. (4.103) n und κ zu berechnen. Gl. (4.28) und (4.29) liefern dann $\epsilon'(\omega)$ und $\epsilon''(\omega)$ (vgl. Fig. 4.19).

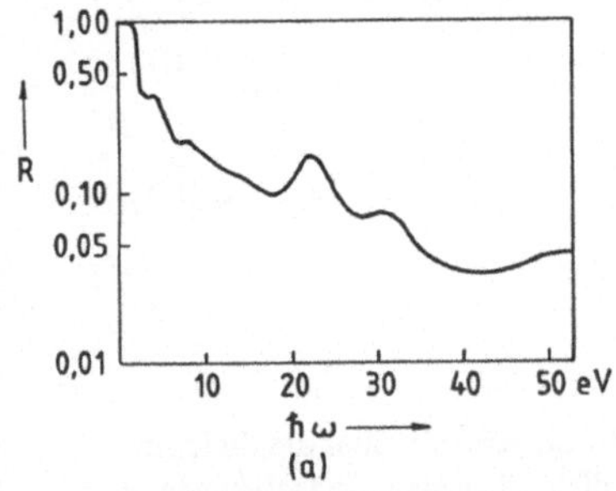
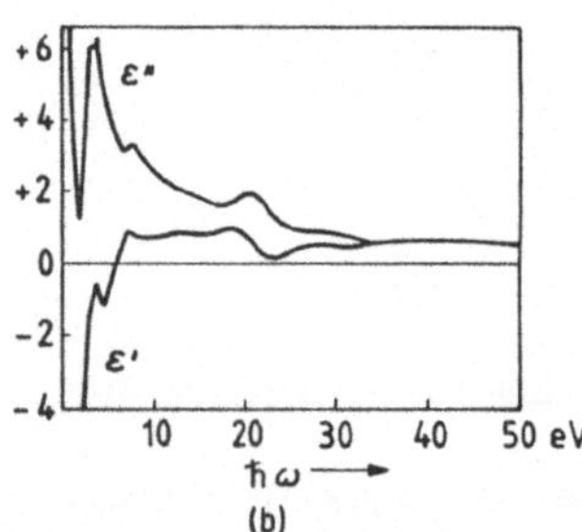

Fig. 4.19 Reflexionsspektrum von Gold (a) und die aus diesem Spektrum durch eine Kramers-Kronig-Analyse ermittelte spektrale Abhängigkeit des Real- und Imaginärteils der dielektrischen Funktion (b) (nach Cooper, B. R.; Ehrenreich, H.; Philipp, H. R.: Phys. Rev. 138A (1965) 494)

Energieverlust schneller Elektronen in einem Festkörper

Das optische Reflexionsvermögen eines Kristalls wird von seiner Oberflächenbeschaffenheit beeinflußt. Besonders im kurzwelligen ultravioletten Spektralbereich können Verunreinigungen der Kristalloberfläche die Güte der Meßergebnisse stark beeinträchtigen. Derartige Störungen spielen keine Rolle, wenn man den Energieverlust schneller Teilchen in dünnen Folien zur Bestimmung der dielektrischen Eigenschaften des betreffenden Festkörpers heranzieht. Hiermit wollen wir uns im folgenden beschäftigen.

Bringt man in einen Festkörper eine punktförmige Probeladung, so wird die Elektronenverteilung in der Nachbarschaft der Probeladung abgeändert; der Körper wird in der Nähe des geladenen Teilchens polarisiert. Bewegt sich das Teilchen durch den Körper hindurch, so erfolgt eine Polarisation längs der Teilchenbahn. Auf diese Weise entsteht am jeweiligen Ort des Teilchens ein elektrisches Feld, welches der Bewegung des Teilchens entgegenwirkt, und so das Teilchen abbremst.

Das elektrische Potential V eines Elektrons, welches sich mit der Geschwindigkeit $\vec{v}$ im Vakuum bewegt, ist durch die Poissonsche Gleichung

$$\Delta V(\vec{r}, t) = \frac{e}{\epsilon_0} \delta(\vec{r} - \vec{v}t) \tag{4.108}$$

bestimmt. Hierbei ist $-e\delta(\vec{r} - \vec{v}t)$ die elektrische Ladungsdichte der negativen Punkt-ladung $-e$.

Entwickeln wir $V(\vec{r}, t)$ in ein Fourier-Integral, setzen wir also

$$V(\vec{r}, t) = \int V_k(t) e^{i\vec{k} \cdot \vec{r}} d^3k \qquad (4.109)$$

und wenden auf diese Gleichung den Laplace-Operator an, so erhalten wir

$$\Delta V(\vec{r}, t) = \int (-k^2) V_k(t) e^{i\vec{k} \cdot \vec{r}} d^3k. \qquad (4.110)$$

Hieraus ergibt sich für die Fourier-Koeffizienten von $\Delta V(\vec{r}, t)$

$$[\Delta V(t)]_k = -k^2 V_k(t). \qquad (4.111)$$

Andererseits folgt aus Gl. (4.108)

$$[\Delta V(t)]_k = \frac{1}{(2\pi)^3} \int \frac{e}{\epsilon_0} \delta(\vec{r} - \vec{v}t) e^{-i\vec{k} \cdot \vec{r}} d^3r = \frac{1}{(2\pi)^3} \frac{e}{\epsilon_0} e^{-i\vec{k} \cdot \vec{v}t}, \qquad (4.112)$$

so daß nach Gl. (4.111)

$$V_k(t) = -\frac{1}{(2\pi)^3} \frac{e}{\epsilon_0} \frac{1}{k^2} e^{-i\vec{k} \cdot \vec{v}t} \qquad (4.113)$$

ist. Die Zeitabhängigkeit der Fourier-Koeffizienten V_k ist also durch die Kreisfrequenz $\omega = \vec{k} \cdot \vec{v}$ bestimmt.

Mit Gl. (4.113) wird aus Gl. (4.109)

$$V(\vec{r}, t) = -\frac{e}{(2\pi)^3 \epsilon_0} \int \frac{1}{k^2} e^{i\vec{k} \cdot (\vec{r} - \vec{v}t)} d^3k. \qquad (4.114)$$

Für die elektrische Feldstärke erhalten wir dann

$$\vec{E}_{Vak}(\vec{r}, t) = \frac{e}{(2\pi)^3 \epsilon_0} \int i \frac{\vec{k}}{k^2} e^{i\vec{k} \cdot (\vec{r} - \vec{v}t)} d^3k. \qquad (4.115)$$

Entsprechend bekommen wir für das elektrische Feld eines Elektrons, wenn es anstatt ins Vakuum in einen Festkörper mit der frequenzabhängigen Dielektrizitätskonstanten $\epsilon(\omega) = \epsilon(\vec{k} \cdot \vec{v})$ eingeschossen wird,

$$\vec{E}(\vec{r}, t) = \frac{e}{(2\pi)^3 \epsilon_0} \int \frac{i}{\epsilon(\vec{k} \cdot \vec{v})} \frac{\vec{k}}{k^2} e^{i\vec{k} \cdot (\vec{r} - \vec{v}t)} d^3k. \qquad (4.116)$$

Die Kraft, die auf das Elektron an seinem jeweiligen Ort $\vec{r} = \vec{v}t$ auf Grund der Polarisation seiner Nachbarschaft einwirkt, beträgt

$$\vec{F} = -e[\vec{E}(\vec{v}t, t) - \vec{E}_{Vak}(\vec{v}t, t)]. \qquad (4.117)$$

Diese Beziehung folgt daraus, daß das Feld, welches das Elektron im Vakuum erzeugen würde, keinen Einfluß auf die Abbremsung des Elektrons im Festkörper hat.

Setzen wir die Ausdrücke aus Gl. (4.115) und (4.116) in Gl. (4.117) ein und bilden den Realteil, so erhalten wir für die Bremskraft des Festkörpers

$$\frac{dE}{dx} = \frac{e^2}{(2\pi)^3 \epsilon_0} \left| \int - \left(\frac{1}{\epsilon}\right)'' \frac{\vec{k}}{k^2} d^3k \right|. \tag{4.118}$$

Für uns ist es hier vor allem von Bedeutung, daß der Abbremsvorgang durch die Größe $-(1/\epsilon(\omega))''$, die sog. *Energieverlustfunktion*, bestimmt wird. Sie läßt sich bei geeigneter Versuchsführung aus einer Messung des Energieverlustes der Elektronen ermitteln. Anschließend kann man dann mit Hilfe von Gl. (4.99) den Realteil $(1/\epsilon)'$ von $1/\epsilon$ berechnen und schließlich über die Beziehung

$$\frac{\left(\dfrac{1}{\epsilon}\right)' - i\left(\dfrac{1}{\epsilon}\right)''}{\left(\dfrac{1}{\epsilon}\right)'^2 + \left(\dfrac{1}{\epsilon}\right)''^2} = \epsilon' + i\epsilon'' \tag{4.119}$$

die dielektrische Funktion angeben.

Aufgaben zu Kapitel 4

4.1. Die Leitungselektronen in einer metallischen Kugel, deren Anzahl je Volumeneinheit N_L beträgt, sollen aus ihrer Gleichgewichtslage eine gleichförmige Verschiebung um die Strecke s erfahren haben. Die elektrische Polarisation des Körpers beträgt dann $P = -eN_L s$. Geben Sie die rücktreibende Kraft an, die auf jedes einzelne Leitungselektron einwirkt, und zeigen Sie, daß in diesem Fall die Eigenfrequenz der Plasmaschwingungen den Wert $\omega_0 = \sqrt{(N_L e^2)/(3\epsilon_0 m^*)}$ hat.

4.2. In Fig. 4.20 ist die Energie eines Mott-Wannier-Exzitons in Abhängigkeit von seinem Wellenzahlvektor $\vec{K}$ für verschiedene durch die Quantenzahl n gekennzeichnete Anregungszustände nach Gl. (4.88) dargestellt. Der schattierte Energiebereich entspricht dem Dissoziationskontinuum. In das Energieschema sind zwei indirekte, d. h. unter Beteiligung eines Phonons ablaufende Übergänge eingezeichnet. Hierbei entspricht der Übergang A einer durch Photonenabsorption hervorgerufenen Erzeugung eines Exzitons und der Übergang Z einem Prozeß, bei dem ein Exziton in ein getrenntes Elektron-Loch-Paar zerfällt. Stellen Sie für jeden der beiden Prozesse die Erhaltungssätze für die Energie und den Wellenzahlvektor auf.

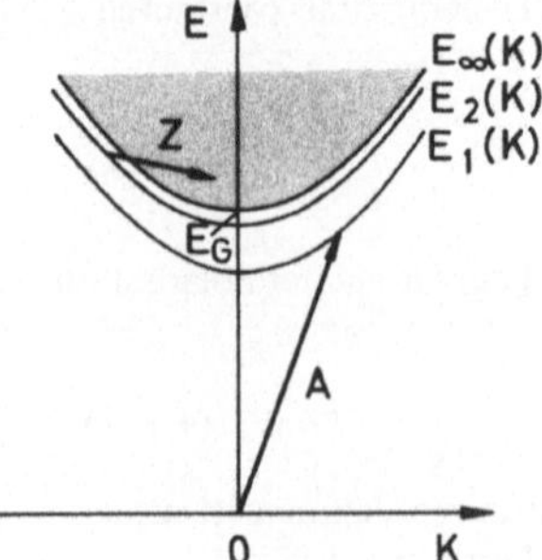

Fig. 4.20
Termschema für Mott-Wannier-Exzitonen (s. Text)

5   Magnetische Eigenschaften der Festkörper

Der Magnetismus eines Festkörpers kann folgende Ursachen haben: 1. Die durch die Bahnbewegung und den Spin der Kristallelektronen bedingten magnetischen Momente werden in einem Magnetfeld ausgerichtet. Ist hierfür nur das äußere magnetische Feld verantwortlich, so spricht man von *Paramagnetismus*. Ist hingegen für die Ausrichtung eine Wechselwirkung mit den anderen Gitteratomen des Festkörpers entscheidend, so hat man es mit der Erscheinung des *Ferro-, Antiferro-* oder *Ferrimagnetismus* zu tun. Die magnetischen Momente der Atomkerne brauchen in diesem Zusammenhang nicht berücksichtigt zu werden. 2. Durch ein äußeres Magnetfeld werden in den Bausteinen des Festkörpers magnetische Momente induziert. Dieses bezeichnet man als *Diamagnetismus*.

Bei der Untersuchung der magnetischen Eigenschaften von Festkörpern unterscheidet man zweckmäßig zwischen dem Magnetismus quasigebundener und quasifreier Elektronen. Da die quasigebundenen Elektronen den einzelnen Gitteratomen zuzuordnen sind, lassen sich die mit ihnen verknüpften magnetischen Erscheinungen auch als Magnetismus der Gitteratome auffassen. Die quasifreien Elektronen sind die Leitungselektronen der Metalle. Die Unterscheidung ist deshalb sinnvoll, weil für die statistische Behandlung der Dipolausrichtung bei den Leitungselektronen die Fermi-Statistik angewandt werden muß, während bei den Gitteratomen wegen ihrer vergleichsweise großen Masse die Fermi-Temperatur so niedrig ist, daß die Boltzmann-Statistik benutzt werden darf. In Abschn. 5.1 werden wir uns dementsprechend mit dem Para- und Diamagnetismus der Gitteratome beschäftigen. Dieses liefert uns die magnetische Suszeptibilität der Isolatoren. In Abschn. 5.2 untersuchen wir das para- und diamagnetische Verhalten der Leitungselektronen. Auf diese Weise erhalten wir Auskunft über die magnetischen Eigenschaften der Metalle.

Bei den para- und diamagnetischen Substanzen hat die magnetische Polarisation so kleine Werte, daß das lokale magnetische Feld am Ort eines Gitteratoms oder eines Leitungselektrons praktisch gleich dem äußeren Magnetfeld ist. Überlegungen wie in Abschn. 4.1 sind deshalb hier nicht erforderlich. Ganz anders ist es hingegen bei den ferromagnetischen Substanzen. Hier wird auf das magnetische Moment eines Gitteratoms von den Nachbaratomen eine starke Richtkraft ausgeübt, die unterhalb einer kritischen Temperatur sogar zu einer spontanen Magnetisierung der Substanz führt. Die Richtkraft ist allerdings nicht auf eine magnetische Wechselwirkung zurückzuführen, sondern durch einen typischen quantenmechanischen Effekt, nämlich durch Austauschwechselwirkung bedingt. Hiermit beschäftigen wir uns in Abschn. 5.3. In Abschn. 5.4 schließlich wird der Antiferromagnetismus behandelt.

In verschiedenen Legierungen, denen statistisch verteilt magnetische Ionen beigemischt sind, kann es unterhalb einer kritischen Temperatur zur Ausbildung eines sog. *Spinglaszustands* kommen. Hiermit befassen wir uns in Abschn. 5.5.

5.1   Para- und Diamagnetismus von Isolatoren

Zur Berechnung der Magnetisierung $\vec{M}$ eines Isolators geht man zweckmäßig von der Zusatzenergie E aus, die seine Gitteratome in einem von außen angelegten Magnetfeld der Flußdichte $\vec{B}_{ext}$ erhalten. Besitzen die Atome ein permanentes magnetisches Moment, so hängt diese Energie von der Orientierung der magnetischen Dipole zum äußeren Magnetfeld ab. Aus der Zusatzenergie gewinnen wir die Komponente m_B des magnetischen Moments eines Gitteratoms in Richtung des Magnetfeldes mit Hilfe der aus der Elektrodynamik bekannten Beziehung

$$m_B = -\frac{dE}{dB_{ext}} .$$

(5.1)

Die Magnetisierung des Isolators bekommen wir dann, indem wir die Werte von m_B mit der Anzahl n(E) der Gitteratome je Volumeneinheit einer Energie E multiplizieren und über die verschiedenen möglichen Energiezustände summieren. Wir untersuchen hier zunächst den Magnetismus freier Atome und diskutieren anschließend die Besonderheiten, die durch den Zusammenbau der Atome zu Molekülen und Kristallen auftreten können.

Für die Zusatzenergie, die freie Atome in einem Magnetfeld erwerben, liefert eine quantenmechanische Störungsrechnung in erster Näherung den Ausdruck

$$E_M = g\mu_B M B_{ext} + \frac{e^2}{8m_e} B_{ext}^2 \sum_\nu \overline{(x_\nu^2 + y_\nu^2)} .$$

(5.2)

Im ersten Term ist μ_B das Bohrsche[1]) Magneton. Es gilt

$$\mu_B = 9{,}2741 \cdot 10^{-24} \, \text{A m}^2 .$$

(5.3)

g ist der Landésche[2]) Aufspaltungsfaktor bei der im allgemeinen vorliegenden Russel-Saunders-Kopplung der Spin- und Bahnmomente der einzelnen Elektronen eines Atoms. Er beträgt

$$g = 1 + \frac{J(J + 1) + S(S + 1) - L(L + 1)}{2J(J + 1)} ,$$

(5.4)

wenn L die Bahndrehimpuls-Quantenzahl, S die Spin-Quantenzahl und J die Gesamtdrehimpuls-Quantenzahl des Atoms ist. Die magnetische Quantenzahl M kann alle um eins unterschiedlichen Werte zwischen $-J$ und $+J$ annehmen.

Im zweiten Term ist $\overline{(x_\nu^2 + y_\nu^2)}$ das mittlere Quadrat des Abstands des ν-ten Elektrons eines Atoms von einer Achse durch den Atomkern, die in Richtung des Magnetfeldes verläuft. Dieses ist hier die z-Achse. Es ist über sämtliche Elektronen des Atoms zu summieren.

---

[1]) Niels Bohr, * 1885 Kopenhagen, † 1962 Kopenhagen, Nobelpreis 1922
[2]) Alfred Landé, * 1889 Elberfeld, † 1975

Langevinscher Para- und Diamagnetismus

Der erste Term in Gl. (5.2), mit dem wir uns zunächst beschäftigen, führt zum sog. *Langevin*[1]-*Paramagnetismus*. Wenden wir auf diesen Term Gl. (5.1) an, so erhalten wir

$$m_B = -g\mu_B M. \tag{5.5}$$

Der paramagnetische Beitrag zur Magnetisierung eines Gases aus gleichartigen Atomen beträgt dann (siehe Gl. (B.13))

$$M_{para} = \sum_{M=-J}^{+J} (-g\mu_B M)n(E)$$

$$= n_0 \frac{\displaystyle\sum_{M=-J}^{+J} (-g\mu_B M)e^{-\frac{g\mu_B M B_{ext}}{k_B T}}}{\displaystyle\sum_{M=-J}^{+J} e^{-\frac{g\mu_B M B_{ext}}{k_B T}}}. \tag{5.6}$$

Hierbei ist n_0 die Gesamtzahl der Atome je Volumeneinheit. Zur Abkürzung führen wir in Gl. (5.6) die Größe

$$\alpha = \frac{g\mu_B J B_{ext}}{k_B T} \tag{5.7}$$

ein. Sie ist ein Maß für das Verhältnis der magnetischen Zusatzenergie zur thermischen Energie. Wir bekommen jetzt

$$M_{para} = n_0 g\mu_B \frac{\displaystyle\sum_{M=-J}^{+J} Me^{\frac{M}{J}\alpha}}{\displaystyle\sum_{M=-J}^{+J} e^{\frac{M}{J}\alpha}} = n_0 g\mu_B J \frac{\dfrac{d}{d\alpha}\displaystyle\sum_{M=-J}^{+J} e^{\frac{M}{J}\alpha}}{\displaystyle\sum_{M=-J}^{+J} e^{\frac{M}{J}\alpha}}. \tag{5.8}$$

Mit dem Summationsindex $K = J + M$ erhalten wir

$$\sum_{M=-J}^{+J} e^{\frac{M}{J}\alpha} = e^{-\alpha} \sum_{K=0}^{2J} e^{\frac{K}{J}\alpha} = e^{-\alpha} \frac{1 - e^{\frac{\alpha}{J}(2J+1)}}{1 - e^{\frac{\alpha}{J}}}$$

$$= \frac{e^{\frac{1}{2J}\alpha}\left(e^{-\frac{2J+1}{2J}\alpha} - e^{\frac{2J+1}{2J}\alpha}\right)}{e^{\frac{1}{2J}\alpha}\left(e^{-\frac{1}{2J}\alpha} - e^{\frac{1}{2J}\alpha}\right)} = \frac{\sinh\dfrac{2J+1}{2J}\alpha}{\sinh\dfrac{1}{2J}\alpha}. \tag{5.9}$$

---

[1]) Paul Langevin, * 1872 Paris, † 1946 Paris

Mit diesem Ergebnis wird aus Gl. (5.8)

$$M_{para} = n_0 g\mu_B J B_J(\alpha),\tag{5.10}$$

wobei $B_J(a) = \dfrac{2J+1}{2J}\coth\dfrac{2J+1}{2J}\alpha - \dfrac{1}{2J}\coth\dfrac{1}{2J}\alpha$ $\hspace{2cm}$ (5.11)

die sog. *Brillouin-Funktion* ist. In Fig. 5.1 ist sie für J = 2 dargestellt.

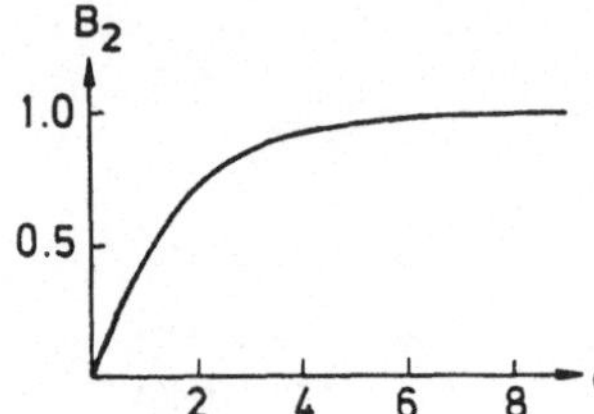

Fig. 5.1
Brillouin-Funktion für J = 2

Für $\alpha \gg 1$, d. h. für sehr tiefe Temperaturen, wird $B_J(\alpha) = 1$. Die Magnetisierung hat den maximal möglichen Wert erreicht. Gewöhnlich ist $\alpha \ll 1$. Bei T = 300 K und der sehr hohen Flußdichte von 5 Tesla ist α nur ungefähr 10^{-2}. Man kann in diesem Fall die Reihenentwicklung

$$\coth x = \frac{1}{x} + \frac{x}{3} - \frac{x^3}{45} + \ldots$$

benutzen und die Reihe nach dem zweiten Glied abbrechen. Wir erhalten dann für die Brillouin-Funktion

$$B_J(\alpha) = \frac{J+1}{J}\frac{\alpha}{3}\tag{5.12}$$

und nach Gl. (5.10) bei Beachtung von Gl. (5.7) für den paramagnetischen Beitrag zur Magnetisierung

$$M_{para} = n_0\,\frac{g^2 J(J+1)\mu_B^2}{3k_B T}\,B_{ext}.\tag{5.13}$$

Die Größe

$$p = g\sqrt{J(J+1)}\tag{5.14}$$

bezeichnet man gewöhnlich als *effektive Magnetonenzahl*.

Mit $\chi = \dfrac{M}{H} = \mu_0\,\dfrac{M}{B_{ext}}$ $\hspace{3cm}$ (5.15)

ergibt sich aus Gl. (5.13) für die paramagnetische Suszeptibilität

$$\chi_{para} = n_0\,\frac{\mu_0 g^2 J(J+1)\mu_B^2}{3k_B T}$$

$$\text{oder} \quad \chi_{\text{para}} = \frac{C}{T}, \tag{5.16}$$

wenn man die sog. *Curie*[1]*-Konstante*

$$C = n_0 \frac{\mu_0 g^2 J(J+1)\mu_B^2}{3k_B} \tag{5.17}$$

einführt. Die paramagnetische Suszeptibilität χ_{para} ist also, wenn $\alpha \ll 1$ ist, d. h. für nicht zu tiefe Temperaturen, der absoluten Temperatur umgekehrt proportional. Diese Aussage ist als *Curie-Gesetz* bekannt. Bei Zimmertemperatur liegt χ_{para} für ein Atom-Ensemble mit der Teilchenzahldichte eines Festkörpers in der Größenordnung 10^{-3}.

Der zweite Term in Gl. (5.2) führt zum sog. *Langevin-Diamagnetismus*. Dieser Term liefert nach Gl. (5.1) das magnetische Moment

$$m_B = -\frac{e^2}{4m_e} B_{\text{ext}} \sum_\nu \overline{(x_\nu^2 + y_\nu^2)}. \tag{5.18}$$

Um den diamagnetischen Beitrag zur Magnetisierung zu erhalten, haben wir über die verschiedenen Orientierungen der Atome in bezug auf das Magnetfeld zu mitteln. Da bei freien Atomen keine Richtung ausgezeichnet ist, gilt

$$\overline{x_\nu^2} = \overline{y_\nu^2} = \overline{z_\nu^2} = \frac{\overline{r_\nu^2}}{3}, \tag{5.19}$$

wenn $\overline{r_\nu^2}$ das mittlere Abstandsquadrat des ν-ten Elektrons vom Atomkern ist. Bei einer Mittelung über alle Atome bekommen wir also

$$\overline{x_\nu^2 + y_\nu^2} = \frac{2}{3}\overline{r_\nu^2}. \tag{5.20}$$

Setzen wir diesen Ausdruck in Gl. (5.18) ein, so erhalten wir für die Magnetisierung

$$M_{\text{dia}} = -n_0 \frac{e^2}{6m_e} B_{\text{ext}} \sum_\nu \overline{r_\nu^2} \tag{5.21}$$

und für die diamagnetische Suszeptibilität nach Gl. (5.15).

$$\chi_{\text{dia}} = -n_0 \frac{\mu_0 e^2}{6m_e} \sum_\nu \overline{r_\nu^2}. \tag{5.22}$$

χ_{dia} hat einen negativen Wert und hängt nicht von der Temperatur ab. Zur Berechnung von $\sum_\nu r_\nu^2$ benutzt man quantenmechanische Näherungsmethoden wie das Hartree-Fock- oder das Thomas-Fermi-Verfahren. Beim Wasserstoffatom ist $\overline{r^2}$ gleich dem Quadrat des Bohrschen Radius $a_0 = 0,528 \cdot 10^{-10}$ m. Für eine grobe Abschätzung kann man aber auch

---

[1]) Pierre Curie, * 1859 Paris, † 1906 Paris, Nobelpreis 1903

bei anderen Atomen $\overline{r_\nu^2} = a_0^2$ setzen und hat dann

$$\sum_\nu \overline{r_\nu^2} = Z a_0^2, \tag{5.23}$$

wenn Z die Ordnungszahl der betreffenden Atome ist. Der Wert von χ_{dia} liegt nach dieser Abschätzung für einen Festkörper ungefähr bei -10^{-6} Z. χ_{dia} ist demnach wesentlich kleiner als χ_{para}. Der Langevinsche Diamagnetismus tritt deshalb nur dann in Erscheinung, wenn kein Paramagnetismus vorliegt. Dieses ist der Fall, wenn die Gesamtdrehimpuls-Quantenzahl J der Atome gleich Null ist.

Durch den Zusammenbau der Atome zu Molekülen und Kristallen findet im allgemeinen eine Absättigung der Spin- und Bahnmomente der Valenzelektronen statt. Das resultierende magnetische Moment der einzelnen Gitterteilchen ist dann gleich Null, und der Festkörper ist diamagnetisch. Das gleiche gilt, wenn bei der Bildung von Ionenkristallen Gitterionen entstehen, die lediglich abgeschlossene Elektronenschalen besitzen. Bei Isolatoren wird also in der Regel Diamagnetismus vorliegen. Paramagnetismus ist nur bei solchen Ionenkristallen zu beobachten, bei denen die Gitterionen auch nicht abgeschlossene Elektronenschalen aufweisen. Dieses trifft z. B. bei den Salzen der seltenen Erden und den Salzen der Eisenreihe zu. Hiermit werden wir uns im folgenden beschäftigen. Es sei allerdings noch erwähnt, daß eine quantenmechanische Störungsrechnung in zweiter Näherung einen positiven Beitrag zur magnetischen Suszeptibilität liefern kann. Dieser sog. *van Vleck*[1]-*Paramagnetismus* hängt nicht von der Temperatur ab. Er kann vor allem bei Molekülkristallen mit dem Langevinschen Diamagnetismus in Konkurrenz treten und ihn sogar überdecken.

Salze der seltenen Erden und der Eisenreihe

Die Ionen der seltenen Erden haben eine nicht abgeschlossene 4f-Schale. Sie wird durch die Elektronen der abgeschlossenen 5s- und 5p-Schale gegen die elektrischen Felder der Nachbarionen des Kristallgitters abgeschirmt. Die Bahnmomente der Elektronen der 4f-Schale werden deshalb durch das Kristallfeld nur sehr wenig beeinflußt, und man kann

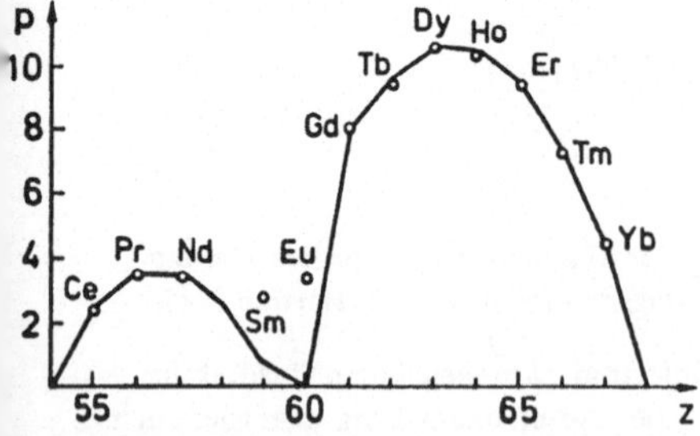

Fig. 5.2
Effektive Magnetonenzahl p der dreiwertigen Ionen der seltenen Erden als Funktion der Anzahl z ihrer Elektronen. Punkte: aus der paramagnetischen Suszeptibilität experimentell ermittelte Werte. Kurve: unter Anwendung der Hundschen Regeln nach Gl. (5.14) berechnete Werte

---

[1]) John Hasbrouck van Vleck, * 1899 Middletown (Conn.), † 1980 Cambridge (Mass.), Nobelpreis 1977

bei der Berechnung der magnetischen Suszeptibilität der Salze der seltenen Erden in sehr guter Näherung von völlig freien Ionen ausgehen.

In Fig. 5.2 wird die nach Gl. (5.14) berechnete effektive Magnetonenzahl der dreiwertigen Ionen der seltenen Erden mit den experimentell aus der paramagnetischen Suszeptibilität bei Zimmertemperatur nach Gl. (5.16) bestimmten Werten verglichen. Bei Zimmertemperatur befinden sich die Ionen der meisten seltenen Erden im Grundzustand. In diesem Fall findet man die Quantenzahlen S, L und J, die in Gl. (5.14) u. a. zur Berechnung des Landéfaktors benötigt werden, mit Hilfe der aus der Atomphysik bekannten *Hundschen*[1]-*Regeln*. Diese lauten:

1. Der Gesamtspin eines Atoms setzt sich aus den Spins der einzelnen Elektronen einer nicht abgeschlossenen Schale so zusammen, daß man unter Berücksichtigung des Pauli-Prinzips den größtmöglichen Wert für die Spin-Quantenzahl S erhält.

2. Das gesamte Bahnmoment setzt sich aus den Bahnmomenten der einzelnen Elektronen der nicht abgeschlossenen Schale so zusammen, daß man bei Beachtung von Regel 1 den größtmöglichen Wert für die Bahndrehimpuls-Quantenzahl L erhält.

3. Die Gesamtdrehimpuls-Quantenzahl J ist gleich L − S, wenn die betreffende Schale weniger als halbvoll ist, und gleich L + S, wenn sie mehr als halbvoll ist. Ist die Schale gerade halbvoll, so ist J = S.

Wie Fig. 5.2 zeigt, hat man außer bei Samarium und Europium eine gute Übereinstimmung zwischen den berechneten und den gemessenen Werten. Bei Sm und Eu ist die Aufspaltung der L-S-Multipletts so gering, daß bereits bei Zimmertemperatur auch höhere Multiplettniveaus über dem Grundzustand besetzt sind.

Bei den Ionen der Eisenreihe liegt die nicht abgeschlossene 3d-Schale ganz außen. Die Elektronen dieser Schale sind starken elektrischen Feldern der Nachbarionen ausgesetzt. Hierdurch kommt es zu einer weitgehenden Entkopplung der mit den Quantenzahlen L und S verknüpften Bahn- und Spinmomente, und J verliert seine Bedeutung als Quantenzahl. Gleichzeitig wird die $(2L + 1)$fache Richtungsentartung der reinen Bahnzustände aufgehoben; es entsteht ein *Kristallfeldmultiplett*. Ist der Grundzustand des Kristallfeld-multipletts ein Zustand mit der magnetischen Quantenzahl $M_L = 0$, ein sog. *Kramers*[2]-*Singulett*, so ist überhaupt keine Spin-Bahn-Wechselwirkung vorhanden, und der Spin kann sich völlig frei nach dem äußeren Magnetfeld orientieren. Man spricht hier von einer *Auslöschung der Bahnmomente*. Die effektive Magnetonenzahl beträgt in diesem Fall

$$p = 2\sqrt{S(S + 1)}. \tag{5.24}$$

Ist hingegen der tiefste Zustand des Kristallfeldmultipletts ein Zustand mit $M_L \neq 0$ (*Kramers-Dublett*), so führt die jetzt noch immer vorhandene Spin-Bahn-Kopplung zu einer gegenüber Gl. (5.24) abgeänderten effektiven Magnetonenzahl.

In Fig. 5.3 wird die nach Gl. (5.24) berechnete effektive Magnetonenzahl mit der gemessenen verglichen.

---

[1]) Friedrich Hund, * 1896 Karlsruhe
[2]) Hendrik Anthony Kramers, * 1894 Rotterdam, † 1952 Leiden

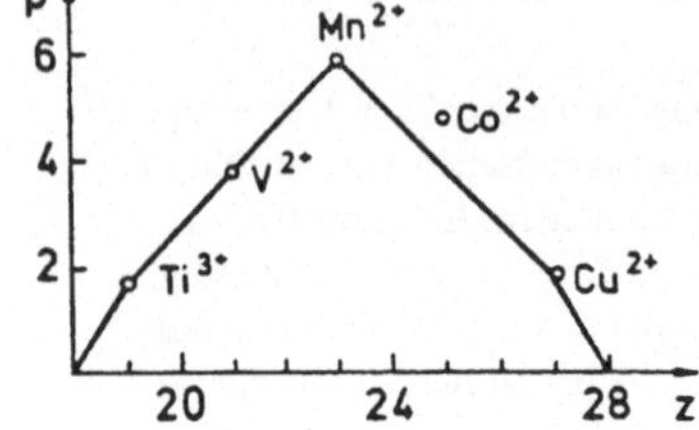

Fig. 5.3
Effektive Magnetonenzahl p verschiedener Ionen der
Eisenreihe als Funktion der Anzahl z ihrer Elektronen.
Punkte: aus der paramagnetischen Suszeptibilität
experimentell ermittelte Werte. Kurve: nach Gl. (5.24)
berechnete Werte

5.2   Para- und Diamagnetismus von Metallen

Zur magnetischen Suszeptibilität von Metallen tragen sowohl die Atomrümpfe als auch
die Leitungselektronen bei. Mit dem Magnetismus der Atomrümpfe haben wir uns bereits
in Abschn. 5.1. befaßt. Im folgenden beschäftigen wir uns mit dem Beitrag der Leitungselektronen zur magnetischen Suszeptibilität. Hierbei gehen wir von völlig freien Elektronen aus. Ihre Energie beträgt in einem feldfreien Raum

$$E = \frac{\hbar^2(k_x^2 + k_y^2 + k_z^2)}{2m} \, ,$$

wenn k_x, k_y und k_z die kartesischen Komponenten ihres Wellenzahlvektors sind. Diese
Energie wird in einem in z-Richtung verlaufenden Magnetfeld der Flußdichte B bei einer
quantenmechanischen Behandlung des Problems (s. Aufgabe 5.2 auf Seite 238) abgeändert zu

$$E = \frac{\hbar^2 k_z^2}{2m} + \left(\nu + \frac{1}{2}\right)\hbar\omega_c \pm \mu_B B. \tag{5.25}$$

Die Quantenzahl ν kann hierbei die Werte 0, 1, 2, 3 . . . annehmen.

Der letzte Term in Gl. (5.25) rührt vom magnetischen Moment der Elektronen her, wobei
je nach der Spinorientierung im Magnetfeld die Energie der Elektronen entweder erhöht
oder erniedrigt wird. Dieser Term erklärt den sog. *Pauli-Paramagnetismus* der Leitungselektronen. Die beiden ersten Terme beziehen sich auf die Bahnbewegung der Elektronen.
Die Energie $\hbar^2 k_z^2/2m$, die zur Bewegung der Elektronen in z-Richtung gehört, wird durch
das Magnetfeld nicht beeinflußt; die Energie $\hbar^2 k_\perp^2/2m$, die zu einer Bewegung senkrecht
zum Magnetfeld gehört, ist hingegen wie bei einem Oszillator gequantelt. Die Kreisfrequenz ω_c des Energiequants $\hbar\omega_c$ ist hierbei die Zyklotronfrequenz

$$\omega_c = \frac{eB}{m}$$

(s. Gl. (3.85)). Die Quantelung bedeutet, daß in einem Magnetfeld die erlaubten Elektronenzustände im $\vec{k}$-Raum auf Kreiszylindern, den sog. *Landau*[1]*-Röhren* liegen, deren

---

[1]) Lew Dawidowitsch Landau, * 1908 Baku, † 1968 Moskau, Nobelpreis 1962

gemeinsame Achse in z-Richtung verläuft. Nur diejenigen Zustände, die sich innerhalb
der Fermi-Kugel (s. Seite 115) befinden, sind hierbei besetzt (vgl. Fig. 5.4). Je stärker
das Magnetfeld ist, um so größer ist der Durchmesser der einzelnen Landau-Röhren.
Durch die „Kondensation" der Elektronen auf die Landau-Röhren wird die Energiever-
teilung der Elektronen innerhalb der Fermi-Kugel gegenüber dem feldfreien Zustand
abgeändert. Die Umbesetzung hängt hierbei vom Durchmesser der Landau-Röhren und
somit vom Magnetfeld ab. Dieses ist die Ursache des sog. *Landau-Diamagnetismus* der
Leitungselektronen (vgl. S. 210).

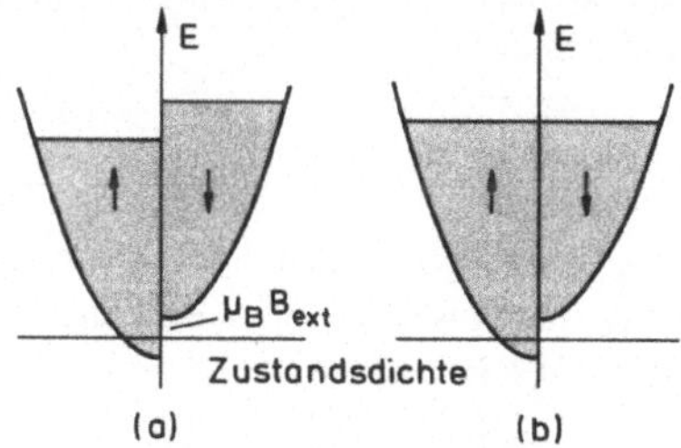

Fig. 5.4 Landau-Röhren innerhalb einer Fermi-
Kugel (s. Text)

Fig. 5.5 Zur Erklärung des Paulischen-Paramagnetismus (s. Text)

Wir wollen uns nun mit dem Paulischen-Paramagnetismus etwas ausführlicher beschäftigen. Das magnetische Moment eines Kristallelektrons kann in Feldrichtung nur die beiden
Werte

$$m_B = +\mu_B \quad \text{und} \quad m_B = -\mu_B$$

haben. Für den paramagnetischen Beitrag der Leitungselektronen zur Magnetisierung
eines Metalls erhält man demnach

$$M_{para} = (n_+ - n_-)\mu_B, \tag{5.26}$$

wenn n_+ die Anzahl der Leitungselektronen je Volumeneinheit mit einer Komponente
des magnetischen Moments in Feldrichtung und n_- die entsprechende Anzahl mit einer
Komponente des magnetischen Moments entgegen der Feldrichtung ist. An Hand von
Fig. 5.5 wollen wir die Größe $(n_+ - n_-)$ berechnen. Es ist hier für die Leitungselektronen
die Fermische Verteilungsfunktion für die Temperatur $T = 0$ aufgetragen, und zwar jeweils
auf der linken Seite der Diagramme für Elektronen mit einem magnetischen Moment in
Feldrichtung und auf der rechten Seite für Elektronen mit einem magnetischen Moment
entgegen der Feldrichtung.

Beim Einschalten eines Magnetfeldes B_{ext} stellt sich primär eine Verteilung wie in Fig. 5.5a
mit einer Energieverschiebung um $-\mu_B B_{ext}$ bzw. $+\mu_B B_{ext}$ ein. Diese Verteilung ist aber
instabil, und es klappen so viele magnetische Momente der Leitungselektronen um, bis die
Fermi-Kante in beiden Verteilungen den gleichen Wert hat. Dieser Zustand ist in Fig. 5.5b
dargestellt. Die Größenverhältnisse werden in Fig. 5.5 nicht richtig wiedergegeben. In
Wirklichkeit ist die magnetische Energie $\mu_B B_{ext}$ sehr viel kleiner als die Fermi-Energie
$E_F(0)$. Bei der sehr hohen Flußdichte von 5 Tesla beträgt $\mu_B B_{ext}$ nur ungefähr $3 \cdot 10^{-4}$ eV,

während $E_F(0)$ bei 5 eV liegt. Für die Anzahl der Leitungselektronen, deren Spinmoment umklappt, erhalten wir deshalb je Volumeneinheit in guter Näherung

$$\Delta n_e = \int_{E_F(0) - \mu_B B_{ext}}^{E_F(0)} \frac{1}{2} \cdot \frac{1}{2\pi^2} \left(\frac{2m_e}{\hbar^2}\right)^{3/2} \sqrt{E}\, dE = \frac{1}{4\pi^2} \left(\frac{2m_e}{\hbar^2}\right)^{3/2} \sqrt{E_F(0)}\, \mu_B B_{ext}. \tag{5.27}$$

Hierbei ist der Ausdruck unter dem Integralzeichen die Zustandsdichte der Leitungselektronen je Volumeneinheit für jede der beiden Spinmengen (s. Gl. (B.21)). Mit Hilfe von Gl. (B.27) ergibt sich hieraus

$$\Delta n_e = n_e \frac{3\mu_B}{4k_B T_F} B_{ext} . \tag{5.28}$$

T_F ist die Fermi-Temperatur der Leitungselektronen.

Da die Größe $(n_+ - n_-)$ aus Gl. (5.26) gleich $2\Delta n_e$ ist, bekommen wir für den paramagnetischen Beitrag zur Magnetisierung

$$M_{para} = n_e \frac{3\mu_B^2}{2k_B T_F} B_{ext} \tag{5.29}$$

und für die paramagnetische Suszeptibilität der Leitungselektronen (s. Gl. (5.15))

$$\chi_{para} = n_e \frac{3\mu_0 \mu_B^2}{2k_B T_F} . \tag{5.30}$$

Für $T > 0$ ist Gl. (5.30) nur ganz geringfügig abzuändern. Der Paramagnetismus der Leitungselektronen ist praktisch unabhängig von der Temperatur.

Für freie Elektronen ist die Suszeptibilität des Landauschen Diamagnetismus dem Betrage nach genau ein Drittel der paramagnetischen Suszeptibilität aus Gl. (5.30) (s. z. B. Haug, A.: Theoretische Festkörperphysik, Bd. 1. Franz Deuticke 1964, S. 324). In diesem Fall erhält man für die magnetische Suszeptibilität des Elektronengases insgesamt

$$\chi_e = \frac{2}{3} \chi_{para} = n_e \frac{\mu_0 \mu_B^2}{k_B T_F} . \tag{5.31}$$

Bei Leitungselektronen verhält sich der paramagnetische zum diamagnetischen Anteil im allgemeinen nicht mehr genau wie $3:1$, und zwar ist die Abweichung von diesem Verhältnis um so größer, je stärker sich die effektive Masse der Leitungselektronen von der wahren Masse eines Elektrons unterscheidet. χ_e liegt in der Größenordnung 10^{-6}.

Die Atomrümpfe der Metalle haben häufig abgeschlossene Schalen; ihr Beitrag zur magnetischen Suszeptibilität des Kristalls ist in diesem Fall diamagnetisch. Der Beitrag der Leitungselektronen ist hingegen paramagnetisch. Da beide Beiträge in der gleichen Größenordnung liegen, können Metalle insgesamt para- oder diamagnetisch erscheinen. Paramagnetisch sind z. B. die Alkalimetalle mit Ausnahme von Cäsium; diamagnetisch sind die Edelmetalle Kupfer, Silber und Gold.

5.3   Ferromagnetismus

Für ferromagnetische Substanzen ist es charakteristisch, daß sie auch ohne äußeres Magnetfeld eine Magnetisierung aufweisen. Diese spontane Magnetisierung muß von einer Wechselwirkung herrühren, die einen starken Richteffekt auf die magnetischen Momente der Gitteratome auslöst. Wie wir später sehen werden, ist die magnetische Dipol-Dipol-Wechselwirkung zwischen benachbarten Gitteratomen viel zu klein, um eine spontane Magnetisierung zu bewirken. Sie kann jedoch von Austauschwechselwirkungen verursacht werden.

Bei den Austauschwechselwirkungen, die zu einer spontanen Magnetisierung führen, unterscheidet man direkte und indirekte Wechselwirkungen. Eine direkte Wechselwirkung wird durch die Überlappung der Elektronenhüllen unmittelbar benachbarter magnetischer Gitteratome hervorgerufen (s. Fig. 5.6). Da nach dem Pauli-Prinzip die Eigenfunktion des gesamten Teilchensystems antisymmetrisch in bezug auf die Vertauschung zweier Elektronen sein muß, ist bei einer antisymmetrischen Ortsfunktion die Spinfunktion symmetrisch. Das Entsprechende gilt im umgekehrten Fall. Nun ist aber die Verteilung der Elektronen bei einer antisymmetrischen Ortsfunktion anders als bei einer symmetrischen, die elektrostatische Wechselwirkungsenergie hängt somit von der Spinorientierung ab. Nach dem sog. *Heisenberg*[1]*-Modell* beträgt die Austauschenergie zweier Gitteratome mit den Spinvektoren $\vec{S}_1$ und $\vec{S}_2$

$$E = -2A\vec{S}_1 \cdot \vec{S}_2, \tag{5.32}$$

wenn A die Austausch- oder Kopplungskonstante ist, die sich aus der Überlappung der Elektronenhüllen der beiden Gitteratome ergibt. Ist A positiv, so gehört zum niedrigsten Energiewert, der ja den Grundzustand kennzeichnet, eine parallele Spinorientierung. Wir erhalten eine ferromagnetische Spinstruktur. Ist A negativ, so liegt eine antiferromagnetische Spinstruktur vor.

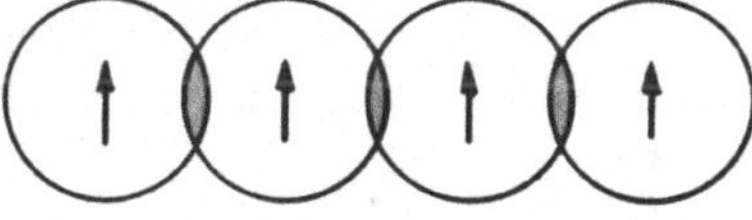

Fig. 5.6
Zur Austauschwechselwirkung sich überlappender Gitteratome (s. Text)

Auch wenn sich die Elektronenhüllen der Gitteratome mit magnetischem Moment nicht überlappen, kann es zu einer Spinwechselwirkung zwischen diesen Atomen kommen. Man spricht in diesem Fall von einer indirekten Austauschwechselwirkung. Zum Beispiel ist bei Isolatoren ein sog. *Superaustausch* möglich. Hierbei wird die Kopplung von zwei magnetischen Ionen durch ein diamagnetisches Ion bewirkt, welches sich zwischen den Ionen mit magnetischem Moment befindet. Beim Manganoxid werden z. B. zwei Mn^{2+}-Ionen mit halbaufgefüllter 3d-Schale durch ein O^{2-}-Ion mit abgeschlossener 2p-Schale verbunden (siehe Fig. 5.7). Je ein 3d-Elektron der beiden Manganionen tritt mit einem

---

[1] Werner Heisenberg, * 1901 Würzburg, † 1976 München, Nobelpreis 1932

p-Elektron eines Elektronenpaares des Sauerstoffions in Wechselwirkung, wodurch indirekt eine Kopplung der magnetischen Momente der Manganionen zustande kommt. Beim Manganoxid bildet sich auf diese Weise eine antiferromagnetische Struktur aus.

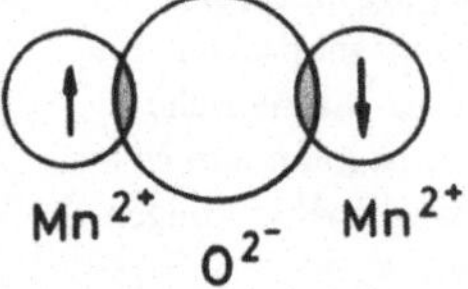

Fig. 5.7
Zum Superaustausch zwischen zwei Mn^{2+}-Ionen über ein O^{2-}-Ion
(s. Text)

Eine andere indirekte Austauschwechselwirkung ist die nach M. A. Rudermann, C. Kittel, T. Kasuya und K. Yosida benannte *RKKY-Wechselwirkung.* Sie spielt beim Ferromagnetismus verschiedener seltener Erden eine entscheidende Rolle. Das magnetische Moment der Atomrümpfe ist hier durch ihre 4f-Elektronen bedingt. Diese weisen allerdings nur eine vernachlässigbare kleine Überlappung mit den 4f-Elektronen der benachbarten Atomrümpfe auf. Die Kopplung der magnetischen Ionen erfolgt vielmehr durch die Leitungselektronen. Das magnetische Moment eines Atomrumpfes richtet die Spins der Leitungselektronen aus, und diese orientieren dann die magnetischen Momente der benachbarten Atomrümpfe. Im Gegensatz zu den beiden anderen hier besprochenen Austauschwechselwirkungen hat die RKKY-Wechselwirkung eine lange Reichweite und zeigt außerdem oszillatorisches Verhalten, d. h., je nach dem gegenseitigen Abstand zweier Atomrümpfe ist die Wechselwirkung ferromagnetisch oder antiferromagnetisch (s. z. B. Nolting, W.: Quantentheorie des Magnetismus, Bd. 1, Teubner 1986, Seite 259). In Fig. 5.8 ist der Wert der Kopplungskonstanten A in Abhängigkeit von $2k_F r$ aufgetragen. Hierbei ist k_F der Radius der Fermi-Kugel der Leitungselektronen und r der Abstand der Atomrümpfe.

Bei den bekanntesten ferromagnetischen Substanzen, den Elementen Eisen, Cobalt und Nickel, ist der Spin der 3d-Elektronen für den Ferromagnetismus verantwortlich. Die

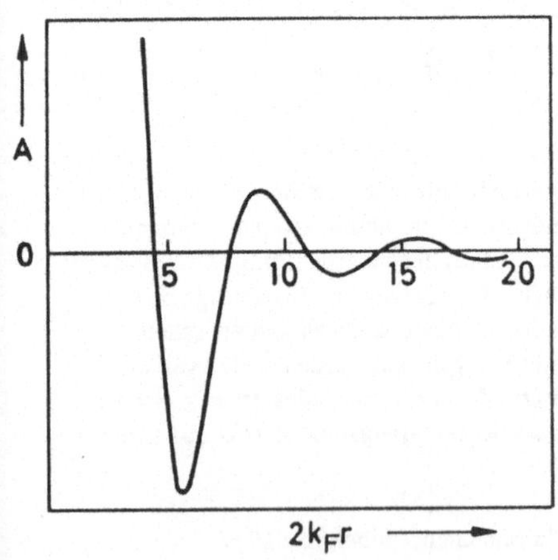

Fig. 5.8
Kopplungskonstante A bei der RKKY-Wechselwirkung. k_F Radius der Fermikugel, r Abstand der Atomrümpfe

3d-Elektronen sind allerdings nicht an die Atomrümpfe gebunden, sondern als mehr oder weniger quasifreie Elektronen anzusehen. Hier lassen sich, wie auf Seite 218 gezeigt wird, die experimentellen Ergebnisse durch eine Kombination von Bändermodell und Austauschwechselwirkung erklären.

Das Heisenberg-Modell wurde ursprünglich zur Behandlung der direkten Austauschwechselwirkung eingeführt; es läßt sich aber genauso gut zur Beschreibung der indirekten Austauschwechselwirkungen benutzen. Die Kopplungskonstante A verlangt dann jedoch eine andere Interpretation. Ihr Wert läßt sich im allgemeinen theoretisch nur schlecht abschätzen. Es ist deshalb zweckmäßig, die Kopplungskonstante als einen Parameter aufzufassen, der den experimentellen Ergebnissen angepaßt wird.

Die spontane Magnetisierung einer ferromagnetischen Substanz ist stark von der Temperatur abhängig. Oberhalb der *ferromagnetischen Curie-Temperatur* T_C verschwindet die spontane Magnetisierung, und der Kristall wird paramagnetisch. Im paramagnetischen Zustand wird die Temperaturabhängigkeit der magnetischen Suszeptibilität für $T \gg T_C$ durch das *Curie-Weiss*[1]*-Gesetz*

$$\chi = \frac{C}{T - \Theta} \tag{5.33}$$

wiedergegeben. Hierbei ist C die *Curie-Konstante* und Θ die *paramagnetische Curie-Temperatur*. Θ ist stets größer als T_C. In Fig. 5.9 ist $1/\chi$ für Nickel im paramagnetischen Bereich in Abhängigkeit von der Temperatur dargestellt. In Tab. 5.1 sind die experimentell ermittelten Werte von T_C, Θ und C sowie die spontane Magnetisierung M_s für $T = 0$ für einige ferromagnetische Substanzen angegeben.

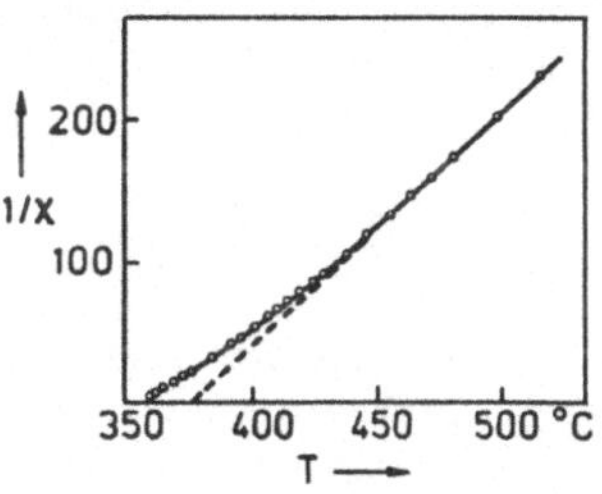

Fig. 5.9
Reziprokwert der magnetischen Suszeptibilität für Nickel im paramagnetischen Bereich als Funktion der Kristalltemperatur (nach Weiss, P.; Forrer, R.: Ann. Phys. (Paris) 5 (1926) 153)

Der Übergang vom ferro- in den paramagnetischen Zustand ist eine Umwandlung 2. Ordnung. Es tritt also bei der Umwandlung keine latente Wärme auf. Hingegen zeigt eine Kurve, die die spezifische Wärme in Abhängigkeit von der Temperatur wiedergibt, bei $T = T_C$ einen endlichen Sprung.

Bei der theoretischen Behandlung der Magnetisierung einer ferromagnetischen Substanz macht man von zwei verschiedenen Näherungsmethoden Gebrauch. Für hohe Temperaturen in der Nähe der Curie-Temperatur benutzt man die sog. *Molekularfeldnäherung*. Bei tiefen Temperaturen geht man von der *Spinwellentheorie* aus.

---

[1]) Pierre Weiss, * 1865 Mülhausen, † 1940 Lyon

Tab. 5.1

	T_C [K]	Θ [K]	C [K]	$M_s(0)$ [10^6 A/m]
Fe	1043	1100	2,22	1,746
Co	1395	1415	2,24	1,446
Ni	629	649	0,588	0,510
Gd	289	302		2,060
Dy	87	157		2,920
EuO	69,4	78	4,68	1,930
EuS	16,5	19	3,06	1,240

Molekularfeldnäherung

Die Molekularfeldnäherung wurde im Jahre 1907 von Weiss ursprünglich zur phänomenologischen Beschreibung des Ferromagnetismus entwickelt, fand aber später durch Berücksichtigung der Austauschwechselwirkung ihre physikalische Begründung. Man verfährt
hier wie bei der Behandlung des Paramagnetismus in Abschn. 5.1. Nur führt man jetzt
zusätzlich zum äußeren Magnetfeld $\vec{B}_{ext}$ ein inneres Feld $\vec{B}_A$ ein, durch welches der Einfluß der Austauschwechselwirkung erfaßt wird. Die Stärke dieses sog. *Molekular- oder
Austauschfeldes* findet man folgendermaßen:

Wenn wir lediglich die Austauschwechselwirkung mit den nächsten Nachbarn eines Gitteratoms berücksichtigen und außerdem annehmen, daß die Kopplungskonstante für sämtliche wechselwirkenden Paare den gleichen Wert A hat, so erhalten wir nach Gl. (5.32)
für die Austauschenergie des i-ten Gitteratoms mit seinen z nächsten Nachbarn

$$E = -2A \sum_{j=1}^{z} \vec{S}_j \cdot \vec{S}_i. \qquad (5.34)$$

Ersetzen wir näherungsweise die Momentanwerte $\vec{S}_j$ der Spinvektoren der Gitteratome
in der Umgebung des i-ten Gitteratoms durch ihren zeitlichen Mittelwert $\langle \vec{S}_j \rangle$, so bekommen wir

$$E = -2zA \langle \vec{S}_j \rangle \cdot \vec{S}_i. \qquad (5.35)$$

Es gilt außerdem

$$\vec{M} = -n_0 g \mu_B \langle \vec{S}_j \rangle, \qquad (5.36)$$

wenn n_0 die Anzahl der Gitteratome je Volumeneinheit, g der Landé-Faktor und μ_B das
Bohrsche Magneton ist. Hiermit wird aus Gl. (5.35)

$$E = - (-g\mu_B \vec{S}_i) \cdot \frac{2zA}{n_0 g^2 \mu_B^2} \vec{M}. \qquad (5.37)$$

Gl. (5.37) läßt sich auffassen als potentielle Energie des magnetischen Dipols $(-g\mu_B\vec{S}_i)$ in dem einem Magnetfeld gleichwertigen Austauschfeld

$$\vec{B}_A = \frac{2zA}{n_0g^2\mu_B^2}\,\vec{M}.$$

(5.38)

Hiernach ist das Austauschfeld der Magnetisierung des Festkörpers direkt proportional. Man schreibt gewöhnlich

$$\vec{B}_A = \mu_0\gamma\vec{M}$$

(5.39)

und bezeichnet die Größe

$$\gamma = \frac{1}{\mu_0}\frac{2zA}{n_0g^2\mu_B^2}$$

(5.40)

als *Molekularfeldkonstante*.

Für das effektive Magnetfeld am Ort eines Gitteratoms gilt jetzt

$$B_{eff} = B_{ext} + B_A = B_{ext} + \mu_0\gamma M,$$

(5.41)

wenn B_{ext} das von außen angelegte Magnetfeld ist.

Zur Berechnung der Magnetisierung M kann man wieder Gl. (5.10) benutzen, man hat also

$$M = n_0g\mu_B JB_J(\alpha).$$

(5.42)

Für die Größe α muß man jetzt allerdings den Wert

$$\alpha = \frac{g\mu_B JB_{eff}}{k_BT} = \frac{g\mu_B J(B_{ext} + \mu_0\gamma M)}{k_BT}$$

(5.43)

einsetzen.

Aus Gl. (5.42) können wir M als Funktion von T und B nicht explizit ermitteln, da M auch im Argument der Brillouin-Funktion B_J vorkommt. Die Aufgabe läßt sich aber lösen, wenn wir zunächst Gl. (5.43) nach M auflösen, was

$$M = \frac{k_BT}{\mu_0\gamma g\mu_B J}\alpha - \frac{B_{ext}}{\mu_0\gamma}$$

(5.44)

ergibt, und dann M als Funktion von α sowohl nach Gl. (5.42) als auch nach Gl. (5.44) auftragen. Der Schnittpunkt der beiden Kurven liefert dann, wie es in Fig. 5.10a dargestellt ist, für eine vorgegebene Temperatur T und ein vorgegebenes äußeres Magnetfeld

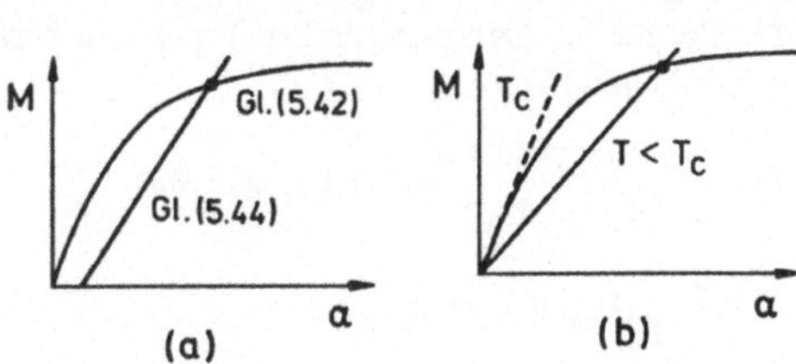

Fig. 5.10
Zur graphischen Bestimmung der Magnetisierung eines Ferromagnetikums nach Gl. (5.42) und Gl. (5.44) für $B_{ext} \neq 0$ (a) und $B_{ext} = 0$ (b)

B_{ext} die Magnetisierung M. Natürlich muß man hierzu noch die Molekularfeldkonstante γ der betreffenden ferromagnetischen Substanz kennen. Außerdem muß man wissen, welcher Wert für g und J zu benutzen ist.

Setzen wir in Gl. (5.44) $B_{ext} = 0$, so können wir Gl. (5.42) und Gl. (5.44) dazu verwenden, die spontane Magnetisierung M_s eines Ferromagnetikums in Abhängigkeit von der Temperatur T zu ermitteln. Wir erhalten einen Kurvenverlauf wie in Fig. 5.10b.

Eine spontane Magnetisierung liegt nur dann vor, wenn sich die beiden Kurven schneiden, d.h., wenn die Steigung der eingezeichneten Geraden kleiner ist als der Anstieg der Tangente an die durch Gl. (5.42) vorgegebene Kurve an der Stelle $\alpha = 0$. Für $\alpha \ll 1$ läßt sich nach Gl. (5.12) die Brillouin-Funktion $B_J(\alpha)$ durch $\dfrac{J+1}{J}\dfrac{\alpha}{3}$ annähern. Hiermit erhalten wir für die Ableitung von M aus Gl. (5.42) nach α an der Stelle $\alpha = 0$

$$n_0 g\mu_B\,\frac{J+1}{3}\,. \tag{5.45}$$

Der Anstieg der Geraden beträgt nach Gl. (5.44)

$$\frac{k_B T}{\mu_0 \gamma g \mu_B J}\,. \tag{5.46}$$

Die Substanz ist also nur dann im ferromagnetischen Zustand, wenn

$$\frac{k_B T}{\mu_0 \gamma g \mu_B J} < n_0 g\mu_B\,\frac{J+1}{3}\,, \tag{5.47}$$

oder wenn für ihre Temperatur gilt

$$T < n_0\,\frac{\mu_0 g^2 J(J+1)\mu_B^2}{3k_B}\,\gamma = T_C\,. \tag{5.48}$$

Hierbei ist T_C nach ihrer Definition die ferromagnetische Curie-Temperatur.

Führen wir in Gl. (5.48) mit Hilfe von Gl. (5.17) die Curie-Konstante C ein, so ergibt sich zwischen der ferromagnetischen Curie-Temperatur T_C und der Molekularfeldkonstanten γ der Zusammenhang

$$T_C = C\gamma\,. \tag{5.49}$$

Ferromagnetische Substanzen mit starker Austauschwechselwirkung haben also eine hohe Curie-Temperatur.

Für $T > T_C$, also für den paramagnetischen Temperaturbereich, folgt für $\alpha \ll 1$ aus Gl. (5.13), (5.41) und (5.17)

$$M = \frac{1}{\mu_0}\,n_0\,\frac{\mu_0 g^2 J(J+1)\mu_B^2}{3k_B T}\,(B_{ext} + \mu_0 \gamma M)$$

$$= \frac{1}{\mu_0}\frac{C}{T}\,(B_{ext} + \mu_0 \gamma M)\,. \tag{5.50}$$

Lösen wir Gl. (5.50) nach M auf und berücksichtigen Gl. (5.49), so erhalten wir

$$M = \frac{1}{\mu_0} \frac{C}{T - T_C} B_{ext} \tag{5.51}$$

und somit nach Gl. (5.15)

$$\chi = \frac{C}{T - T_C} . \tag{5.52}$$

Dieser Ausdruck entspricht dem Curie-Weiss-Gesetz aus Gl. (5.33), wenn man die ferromagnetische Curie-Temperatur T_C gleich der paramagnetischen Curie-Temperatur Θ setzt. In der Molekularfeldnäherung fallen also die beiden Temperaturen zusammen.

Mit Hilfe von Gl. (5.49) läßt sich die Molekularfeldkonstante γ aus den experimentell ermittelten Werten von T_C und C berechnen. Mit den Angaben aus Tab. 5.1 findet man z. B. für Nickel

$$\gamma = 1070.$$

Für die Stärke des Molekularfeldes bei T = 0 K erhält man in diesem Fall gemäß Gl. (5.39)

$$B_A = \mu_0 \gamma M_s(0) = 685 \text{ Tesla.} \tag{5.53}$$

Dieses Feld ist viel stärker als ein erreichbares äußeres Magnetfeld, welches daher bei tiefen Temperaturen kaum einen Einfluß auf die Magnetisierung der ferromagnetischen Substanz hat. Außerdem ist das Molekularfeld sehr viel stärker als das magnetische Dipolfeld der Nachbaratome. Dieses liegt in der Größenordnung von $\mu_0 \mu_B / 4\pi a^3$, wenn a die Gitterkonstante ist. Man erhält einen Wert von etwa 0,04 Tesla. Es sei noch einmal darauf hingewiesen, daß B_A in Wirklichkeit kein Magnetfeld ist und deshalb auch nicht in die Maxwellschen Gleichungen eingeht.

Als nächstes soll untersucht werden, welche Werte für J und g in Gl. (5.42) und (5.44) zu benutzen sind, und zwar zunächst für das nichtmetallische Europiumoxid und anschließend für Nickel.

Europiumoxid hat eine Natriumchloridstruktur (s. Seite 17). Dieses bedeutet, daß zwischen den in einer [110]-Richtung aufeinanderfolgenden Eu^{2+}-Ionen eine direkte Austauschwechselwirkung möglich ist. Hingegen kann zwischen den Eu^{2+}-Ionen in [100]-Richtung nur eine Wechselwirkung durch Superaustausch stattfinden; denn hier befindet sich jeweils zwischen zwei Eu^{2+}-Ionen ein O^{2-}-Ion. Die Kopplungskonstante ist in beiden Fällen positiv, so daß sich im EuO unterhalb der Curie-Temperatur eine ferromagnetische Struktur ausbildet. Im übrigen bestimmen die 7 Elektronen der nicht abgeschlossenen 4f-Schale des Eu^{2+}-Ions das magnetische Verhalten des Kristalls. Nach den Hundschen Regeln von Seite 207 hat das Eu^{2+}-Ion im Grundzustand die Quantenzahlen S = 7/2, L = 0 und J = 7/2. Hieraus folgt für den Landé-Faktor nach Gl. (5.4) g = 2. Mit diesen Werten läßt sich nach dem in Fig. 5.10 skizzierten Verfahren die spontane Magnetisierung von EuO in Abhängigkeit von der Temperatur ermitteln. Der so berechnete Kurvenverlauf ist in Fig. 5.11 dargestellt und wird dort mit experimentell gewonnenen Daten verglichen. Man hat eine recht gute Übereinstimmung. Bei tiefen Temperaturen erhält man allerdings stets Meßwerte, die niedriger liegen als die in der Molekularfeldnäherung berechneten Werte. Wie wir weiter unten sehen werden, hat man hier die Molekularfeldnäherung durch die Spinwellennäherung zu ersetzen.

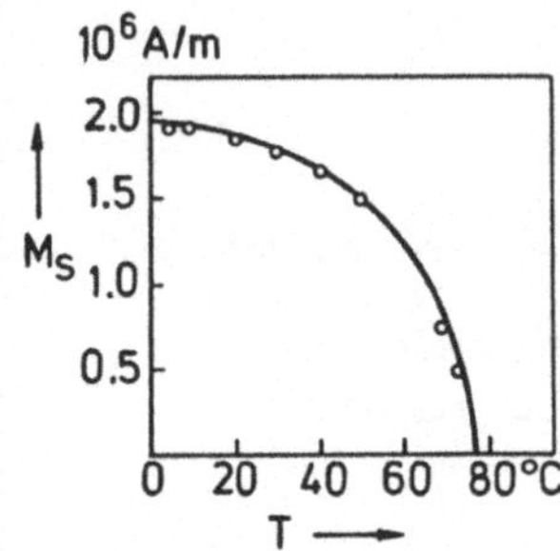

Fig. 5.11 Spontane Magnetisierung von Europiumoxid als Funktion der Kristalltemperatur. Zur Berechnung des Kurvenverlaufs vergl. den Text. Meßwerte nach Matthias, B. T.; Bozorth, R. M.; van Vleck, J. H.: Phys. Rev. Lett. 7 (1961) 160

Fig. 5.12 Spontane Magnetisierung von Nickel als Funktion der Kristalltemperatur (s. Text). Meßwerte nach Weiss, P.; Forrer, R.: Ann. Phys. (Paris) 5 (1926) 153

Wesentlich komplizierter sind die Verhältnisse bei Nickel. Man findet, daß die in Abhängigkeit von T/T_C gemessene Größe $M_s(T)/M_s(0)$ am besten durch einen Kurvenverlauf mit $J = 1/2$ wiedergegeben wird (s. Fig. 5.12). Aus $M_s(0)$ selbst läßt sich dann der Landé-Faktor g berechnen. Für die spontane Magnetisierung bei $T = 0$ K gilt nach Gl. (5.42)

$$M_s(0) = n_0 g J \mu_B. \tag{5.54}$$

Mit dem Wert von $M_s(0)$ aus Tab. 5.1 und mit $J = 1/2$ erhält man $g = 1,2$.

Der Wert 1,2 für g erscheint nach den bisherigen Überlegungen unverständlich. Eine Erklärung dieses Sachverhalts ist jedoch nach J. C. Slater[1]) bei Beachtung der Bandstruktur der Elektronenterme möglich.

In Fig. 5.13 sind für Nickel die berechneten Zustandsdichten der 3d- und 4s-Elektronen in Abhängigkeit von ihrer Energie aufgetragen, und zwar auf der linken Seite für Elektronen, deren magnetisches Moment in Richtung des Austauschfeldes weist, und auf der rechten Seite für Elektronen, deren magnetisches Moment in die entgegengesetzte Richtung zeigt. Ähnlich wie bei freien Elektronen ein äußeres magnetisches Feld eine gegenseitige energetische Verschiebung der Zustände mit entgegengesetzter Spinorientierung bewirkt (s. Seite 209), kommt es hier innerhalb der 3d-Bänder durch das Austauschfeld zu einer gegenseitigen Verrückung der Zustände mit entgegengesetzt gerichtetem Spin. Beim Nickel befinden sich insgesamt 10 Elektronen je Gitteratom in den sich überlappenden 3d- und 4s-Bändern. Hieraus ergibt sich die Lage des Fermi-Niveaus in Fig. 5.13. Aus

---

[1]) John Clarke Slater, * 1900 Oak Park (Ill.), † 1976 Sunibel Island (Fla.)

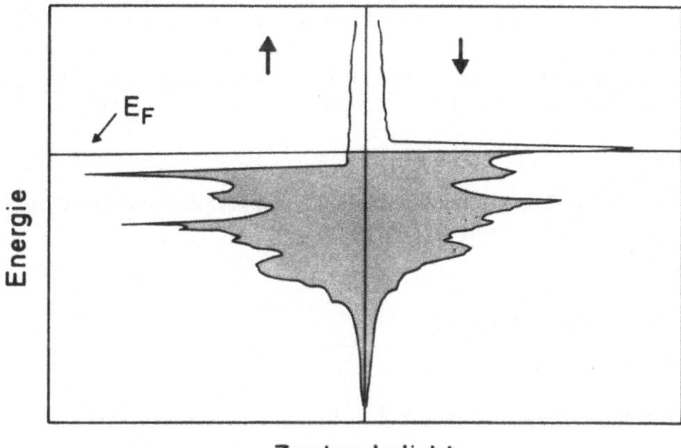

Fig. 5.13 Berechnete Zustandsdichten der 3d- und 4s-Elektronen für Nickel (s. Text) (nach Calla-
way, J.; Wang, C. S.: Phys. Rev. B 7 (1983) 1096)

der Darstellung ist ersichtlich, daß ein Überschuß an Elektronen mit einem magnetischen
Moment in Richtung des Austauschfeldes vorhanden ist. Er beträgt bei T = 0 K im Mittel
etwa 0,6 Elektronen je Gitteratom und bewirkt die spontane Magnetisierung des Nickels.
Hiernach können wir also jedem Gitteratom im Mittel ein effektives magnetisches
Moment von 0,6 μ_B zuordnen. Das entspricht aber gerade dem experimentellen Befund;
denn wie oben dargelegt wurde, ergibt sich aus den Experimenten für gJ bei T = 0 K ein
Wert von 0,6, und die Größe gJ ist nach Gl. (5.54) die effektive Magnetonenzahl des
magnetischen Moments eines Gitteratoms in Magnetisierungsrichtung.
Für Eisen und Kobalt gelten entsprechende Überlegungen.

Spinwellentheorie

In der Molekularfeldnäherung wird ähnlich wie bei der Behandlung des Paramagnetismus
die Anregung des Systems durch Umklappen der magnetischen Momente einzelner Gitteratome beschrieben. Hierdurch wird der Gesamtspin des Systems, der am absoluten Nullpunkt der Temperatur seinen Maximalwert hat, herabgesetzt. Eine Änderung des Gesamt-
spins kann aber auch dadurch bewirkt werden, daß sich die Anregungsenergie gleichmäßig
auf das gesamte Spinsystem verteilt. Bei einer solchen kollektiven Anregung sind die
Bewegungsabläufe benachbarter Spins miteinander gekoppelt. Es kommt zur Ausbildung
von sog. *Spinwellen*, deren mathematische Beschreibung der der Gitterschwingungen
weitgehend entspricht. Mit den Spinwellen werden wir uns im folgenden beschäftigen.
Hierbei werden wir eine halbklassische Betrachtungsweise wählen, d. h. wir ersetzen die
Spinvektoren durch klassische Vektoren der Länge S. Es läßt sich zeigen, daß dieses zu
den gleichen Ergebnissen führt wie eine quantenmechanische Behandlung des Problems.

Wir betrachten zunächst eine lineare Kette gleichartiger Gitteratome, bei denen eine Austauschwechselwirkung nur mit den nächsten Nachbarn berücksichtigt wird. Es gilt dann nach Gl. (5.32) für die Austauschenergie eines durch den Index s gekennzeichneten Gitteratoms mit seinen nächsten Nachbarn

$$E = -2A\vec{S}_s \cdot (\vec{S}_{s-1} + \vec{S}_{s+1}).$$ (5.55)

Das durch den Elektronenspin bedingte magnetische Moment des s-ten Gitteratoms beträgt

$$\vec{m}_s = -g\mu_B\vec{S}_s.$$ (5.56)

Schreiben wir nun rein formal

$$E = -\vec{m}_s \cdot \vec{B}_A,$$ (5.57)

so finden wir für das Austauschfeld $\vec{B}_A$ bei Beachtung von Gl. (5.55) und Gl. (5.56)

$$\vec{B}_A = -\frac{2A}{g\mu_B}(\vec{S}_{s-1} + \vec{S}_{s+1}).$$ (5.58)

Ist auch ein äußeres Magnetfeld $\vec{B}_{ext}$ vorhanden, so beträgt das effektive magnetische Feld

$$\vec{B}_{eff} = \vec{B}_{ext} - \frac{2A}{g\mu_B}(\vec{S}_{s-1} + \vec{S}_{s+1}).$$ (5.59)

Bei einer halbklassischen Betrachtungsweise ist die zeitliche Ableitung des Drehimpulses $\hbar\vec{S}_s$ gleich dem am magnetischen Dipol $\vec{m}_s$ angreifenden Drehmoment $(\vec{m}_s \times \vec{B}_{eff})$. Es gilt also unter Berücksichtigung von Gl. (5.56) und Gl. (5.59)

$$\hbar\frac{d\vec{S}_s}{dt} = -g\mu_B(\vec{S}_s \times \vec{B}_{ext}) + 2A[\vec{S}_s \times (\vec{S}_{s-1} + \vec{S}_{s+1})].$$ (5.60)

Im folgenden verstehen wir unter $\vec{B}$ stets die Flußdichte des äußeren magnetischen Feldes. Wir lassen also den Index ext fort. Bei Benutzung kartesischer Koordinaten erhalten wir aus Gl. (5.60) die Beziehung

$$\hbar\frac{dS_{sx}}{dt} = -g\mu_B(S_{sy}B_z - S_{sz}B_y)$$ (5.61)
$$+ 2A[S_{sy}(S_{(s-1)z} + S_{(s+1)z}) - S_{sz}(S_{(s-1)y} + S_{(s+1)y})]$$

und zwei weitere Gleichungen, die durch zyklische Vertauschung von x, y und z entstehen. Diese Gleichungen sind in den Spinkomponenten nichtlinear. Setzen wir aber voraus, daß die Temperatur so niedrig ist, daß angenähert eine vollständige Magnetisierung z. B. in der z-Richtung vorliegt, so können wir eine Linearisierung erreichen. Es sind dann $|S_{sx}|$ und $|S_{sy}|$ viel kleiner als $|S_{sz}|$, und wir können in den Gleichungen das Produkt $S_{sx}S_{sy}$ gegenüber den anderen Größen vernachlässigen. Außerdem können wir

$$S_{sz} = -S$$ (5.62)

setzen. Durch das negative Vorzeichen der Spinquantenzahl S in Gl. (5.62) wird berücksichtigt, daß die Magnetisierung in Richtung der positiven z-Achse erfolgt. Mit

$$B_x = B_y = 0 \quad \text{und} \quad B_z = B \tag{5.63}$$

wird aus Gl. (5.61) und den beiden anderen Komponentengleichungen

$$\frac{dS_{sx}}{dt} = -\frac{g\mu_B B}{\hbar} S_{sy} - \frac{2AS}{\hbar}(2S_{sy} - S_{(s-1)y} - S_{(s+1)y}) \tag{5.64a}$$

$$\frac{dS_{sy}}{dt} = \frac{g\mu_B B}{\hbar} S_{sx} + \frac{2AS}{\hbar}(2S_{sx} - S_{(s-1)x} - S_{(s+1)x}) \tag{5.64b}$$

$$\frac{dS_{sz}}{dt} = 0. \tag{5.64c}$$

Mit den Lösungsansätzen

$$S_{sx} = S_x e^{i(ksa - \omega t)} \tag{5.65a}$$

und $\quad S_{sy} = S_y e^{i(ksa - \omega t)},$ $\tag{5.65b}$

wobei a der Abstand der Gitteratome in der linearen Kette ist, erhalten wir aus Gl. (5.64a) und (5.64b) das Gleichungssystem

$$i\omega S_x - \beta S_y = 0, \qquad \beta S_x + i\omega S_y = 0. \tag{5.66}$$

Hierbei ist

$$\beta = \frac{g\mu_B B}{\hbar} + \frac{4AS}{\hbar}(1 - \cos ka). \tag{5.67}$$

Das Gleichungssystem (5.66) liefert nur dann für die Amplituden S_x und S_y der Lösungsansätze von Null verschiedene Werte, wenn seine Koeffizienten-Determinante verschwindet, wenn also

$$\omega^2 = \beta^2 \tag{5.68}$$

ist. Hieraus folgt

$$\omega = \frac{g\mu_B B}{\hbar} + \frac{4AS}{\hbar}(1 - \cos ka). \tag{5.69}$$

Mit Gl. (5.68) erhalten wir jetzt aus Gl. (5.66) die Beziehung

$$S_y = iS_x. \tag{5.70}$$

Die Amplituden von S_{sx} und S_{sy} sind also dem Betrage nach gleich groß; aber S_{sy} hat gegenüber S_{sx} eine Phasenverschiebung von $-\pi/2$. Dieses bedeutet, daß die einzelnen Spins eine zirkulare Präzession um die $(-z)$-Achse ausführen, wobei von Gitteratom zu Gitteratom eine Phasenverschiebung von ka auftritt (s. Fig. 5.14). Derartige Wellenvorgänge, bei denen sich die Spinorientierung längs einer Gitterkette periodisch ändert, bezeichnet man als Spinwellen. Nur für k = 0 sind sämtliche Spins parallel zueinander ausgerichtet und präzedieren nach Gl. (5.69) mit der Larmorfrequenz $g\mu_B B/\hbar$ um die $(-z)$-Achse.

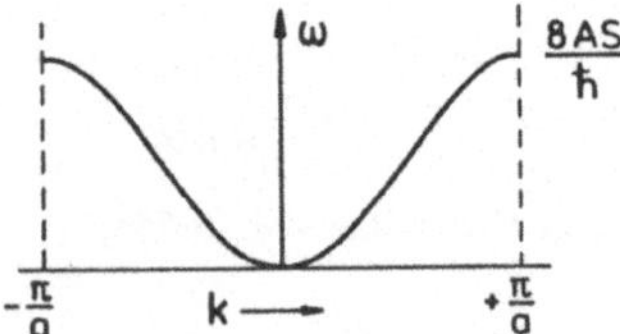

Fig. 5.14 Spinwelle längs einer einzelnen Gitterkette, (a) in perspektivischer Darstellung, (b) von
oben gesehen (nach Morrish, A. H.: The Physical Principles of Magnetism. New York:
J. Wiley & Sons 1965)

Gl. (5.69) ist die Dispersionsrelation für die oben betrachteten Spinwellen. Sie ist in
Fig. 5.15 für B = 0 dargestellt. Hierbei ist die Wellenzahl k mit der gleichen Begründung
wie auf Seite 66 auf die erste Brillouin-Zone beschränkt.

Fig. 5.15
Dispersionskurve für Magnonen in einer linearen Spin-
kette nach Gl. (5.69) für B = 0

Für ka ≪ 1 und B = 0 wird aus Gl. (5.69)

$$\omega = \frac{2ASa^2}{\hbar} k^2.$$

(5.71)

Für niedrige Werte von k ist also die Kreisfrequenz der Spinwellen proportional k^2 im
Gegensatz zu den Verhältnissen bei akustischen Gitterschwingungen, bei denen für
niedrige Wellenzahlen ein linearer Zusammenhang zwischen der Kreisfrequenz und der
Wellenzahl besteht (s. Gl. (2.9)).

Die oben durchgeführten Rechnungen gelten für eine lineare Kette von Gitteratomen.
Für ein kubisches Raumgitter erhält man durch entsprechende Überlegungen die Dispersionsrelation

$$\omega = \frac{2AS}{\hbar} \sum_i (1 - \cos \vec{k} \cdot \vec{r}_i).$$

(5.72)

Hierbei ist die Summation über sämtliche Vektoren $\vec{r}_i$ durchzuführen, die ein zentrales
Gitteratom mit den nächstbenachbarten Gitteratomen verbinden. Beim kubisch primitiven Gitter sind dieses 6, beim raumzentrierten Gitter 8 und beim flächenzentrierten
Gitter 12 Vektoren. In allen drei Fällen erhält man wieder für ka ≪ 1 den Ausdruck
aus Gl. (5.71), wobei a jetzt die Gitterkonstante des kubischen Gitters ist.

Die Energie der Spinwellen ist wie die der Gitterschwingungen gequantelt. Die Quanten
der Spinwellen bezeichnet man als *Magnonen*. Sie lassen sich wie die anderen elementa-
ren Anregungen, die wir bisher behandelt haben, als Quasiteilchen auffassen. Als solche
gehorchen sie der Bose-Statistik.

Durch die Anregung eines Magnons wird der Gesamtspin des Systems um $\hbar$ herabgesetzt, und zwar gilt dieses unabhängig von der Energie $\hbar\omega$ des Magnons. Ist N die Anzahl der Gitteratome im Kristall und n die Anzahl der Magnonen, so beträgt die Spinquantenzahl des gesamten Systems

$$NS - n. \tag{5.73}$$

Eine Bestimmung der Temperaturabhängigkeit der spontanen Magnetisierung kann also dadurch erfolgen, daß man die Anzahl der Magnonen ermittelt, die bei einer vorgegebenen Temperatur angeregt sind. Für die relative Änderung der Magnetisierung bei einer Erhöhung der Festkörpertemperatur über den absoluten Nullpunkt auf die Temperatur T erhalten wir

$$\frac{M_s(0) - M_s(T)}{M_s(0)} = \frac{n}{NS}. \tag{5.74}$$

Magnonen können untereinander, aber auch mit Phononen in Wechselwirkung treten. Auf diese Weise bildet sich bei vorgegebener Kristalltemperatur für die Magnonen eine Gleichgewichtsverteilung aus, die durch die Bosesche Verteilungsfunktion nach Gl. (B.14) beschrieben werden kann.

Ist $Z(\omega)d\omega$ die Anzahl der Magnonenzustände im Frequenzintervall zwischen ω und $\omega + d\omega$, so beträgt die Gesamtzahl der Magnonen

$$n = \int \frac{Z(\omega)}{e^{\hbar\omega/k_BT} - 1} \, d\omega. \tag{5.75}$$

Die Integration ist hierbei über sämtliche Werte von ω zu erstrecken, die den $\vec{k}$-Werten der ersten Brillouin-Zone zuzuordnen sind.

Da wir uns nur für das Verhalten des Ferromagneten bei tiefen Temperaturen interessieren, und bei tiefen Temperaturen lediglich Magnonen mit kleinen $\vec{k}$-Werten angeregt sind, können wir als Dispersionsrelation Gl. (5.71) benutzen. Nach dieser Gleichung hängt die Kreisfrequenz ω der Spinwellen nur vom Betrag und nicht von der Richtung des Wellenzahlvektors $\vec{k}$ ab. Im $\vec{k}$-Raum sind also Flächen konstanter Kreisfrequenz Kugeloberflächen, und einer Kugelschale im $\vec{k}$-Raum mit dem Volumen $4\pi k^2 dk$ entspricht der Frequenzbereich $2\pi(\hbar/2ASa^2)^{3/2} \sqrt{\omega} \, d\omega$. Multiplizieren wir diesen Ausdruck mit der Wellenzahldichte im $\vec{k}$-Raum, die nach Gl. (2.35) $V/8\pi^3$ beträgt, so erhalten wir

$$Z(\omega)d\omega = \frac{V}{4\pi^2} \left(\frac{\hbar}{2ASa^2} \right)^{3/2} \sqrt{\omega} \, d\omega.$$

Verwenden wir diese Beziehung in Gl. (5.75), und verschieben wir außerdem die obere Integrationsgrenze bis ins Unendliche, was den Gesamtwert des Integrals nicht wesentlich beeinflußt, da bei tiefen Temperaturen der Integrand mit zunehmender Kreisfrequenz ω sehr schnell gegen Null geht, so erhalten wir

$$n = \frac{V}{4\pi^2} \left(\frac{\hbar}{2ASa^2} \right)^{3/2} \int\limits_0^\infty \frac{\sqrt{\omega}}{e^{\hbar\omega/k_BT} - 1} \, d\omega = \frac{V}{4\pi^2} \left(\frac{k_BT}{2ASa^2} \right)^{3/2} \int\limits_0^\infty \frac{\sqrt{x}}{e^x - 1} \, dx. \tag{5.76}$$

Das Integral hat den Wert $0{,}0587 \cdot 4\pi^2$. Hiermit wird aus Gl. (5.76)

$$n = 0{,}0587 \, \frac{V}{a^3} \left(\frac{k_B T}{2AS} \right)^{3/2} . \qquad (5.77)$$

Setzen wir diesen Ausdruck in Gl. (5.74) ein, so ergibt sich

$$\frac{M_s(0) - M_s(T)}{M_s(0)} = 0{,}0587 \, \frac{V}{Na^3} \frac{1}{S} \left(\frac{k_B T}{2AS} \right)^{3/2} . \qquad (5.78)$$

Nun ist V/a^3 gerade gleich der Anzahl der Einheitszellen im Kristall und demnach $s = Na^3/V$ gleich der Anzahl der Gitteratome je Einheitszelle. Sie beträgt 1 beim kubisch-primitiven, 2 beim raumzentrierten und 4 beim flächenzentrierten Gitter. Wir erhalten also schließlich

$$\frac{M_s(0) - M_s(T)}{M_s(0)} = \frac{0{,}0587}{sS} \left(\frac{k_B T}{2AS} \right)^{3/2} . \qquad (5.79)$$

Gl. (5.79) ist das sog. *Blochsche $T^{3/2}$-Gesetz*. Es gibt die Temperaturabhängigkeit der spontanen Magnetisierung für tiefe Temperaturen sehr gut wieder.

Domänenstruktur

Aus der Tatsache, daß ein Ferromagnetikum unterhalb der Curie-Temperatur eine spontane Magnetisierung aufweist, folgt nun nicht, daß jede Probe aus ferromagnetischem Material nach außen hin als magnetisch erscheint. Normalerweise besteht nämlich ein Ferromagnetikum aus einer großen Anzahl von Bezirken, die zwar einzeln eine einheitliche Magnetisierung haben, aber so angeordnet sind, daß insgesamt kein resultierendes magnetisches Moment zustande kommt. Solche Bezirke bezeichnet man gewöhnlich als *Domänen*. Die Richtungen, in denen innerhalb einer Domäne eine spontane Magnetisierung erfolgt, sind durch die Kristallstruktur vorgegeben. Der Grund, weshalb eine Domänenstruktur energetisch bevorzugt ist, wird an Hand von Fig. 5.16 verständlich. Sie zeigt einen ferromagnetischen Einkristall im Querschnitt. In Abbildung (a) besteht der Kristall nur aus einer einzigen Domäne. In diesem Fall hat zwar die Austauschenergie den günstigsten Wert, da alle Spinvektoren mehr oder weniger gleich ausgerichtet sind, aber die außerhalb des Kristalls gespeicherte magnetische Feldenergie ist maximal. Wie Abbildung (b)

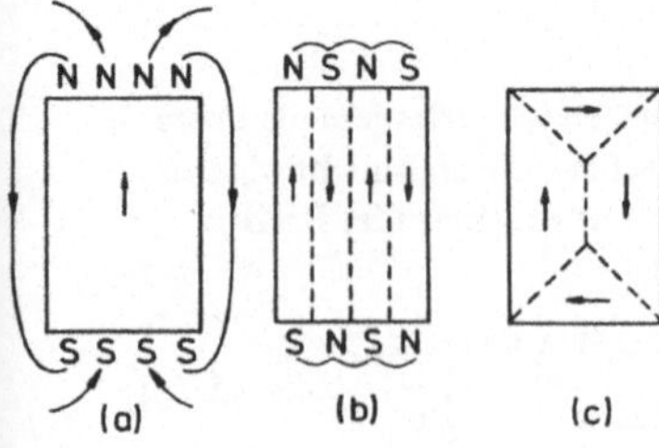

Fig. 5.16
Zur Ursache der Domänenstruktur eines Ferromagneten (s. Text) (nach Kittel, C.: Rev. Mod. Phys. 17 (1949) 541)

zeigt, sinkt die magnetische Feldenergie mit wachsender Domänenzahl. Gleichzeitig muß jedoch zum Aufbau der Wände zwischen den Domänen Arbeit gegen die Austauschkräfte geleistet werden, da zu beiden Seiten der Wände die Spinvektoren antiparallel ausgerichtet sind. Bei einer stabilen Domänenstruktur nimmt die Summe aus Wandenergie und magnetischer Feldenergie gerade einen Minimalwert an.

Bezüglich der Feldenergie ist es besonders günstig, wenn die antiparallel magnetisierten Domänen wie in Abbildung (c) durch sog. *Abschlußdomänen* begrenzt sind und nicht wie in Abbildung (b) bis zur Kristalloberfläche reichen. Die Wand zwischen einer Abschlußdomäne und einer in der Abbildung (c) vertikal verlaufenden Domäne bildet mit der Magnetisierungsrichtung in jeder der beiden Domänen einen Winkel von $45°$. In diesem Fall gehen die Normalkomponenten der Magnetisierung an der Grenzfläche stetig ineinander über. Es treten deshalb keine magnetischen Pole auf, und es existiert kein Magnetfeld außerhalb des Kristalls.

Daß innerhalb einer Domäne genau definierte Vorzugsrichtungen für die Magnetisierung auftreten, liegt im wesentlichen daran, daß die Bahnbewegung der Elektronen eines Gitteratoms durch die elektrostatischen Felder der Nachbaratome beeinflußt wird. Für den Ferromagnetismus ist zwar hauptsächlich der Elektronenspin verantwortlich, und die Spin-Bahn-Kopplung ist bei den Elementen der Eisenreihe nicht sehr groß. Sie ist jedoch ausreichend, um zu bewirken, daß das Kristallgitter über die Bahnbewegung der Elektronen Einfluß auf die Ausrichtung des Elektronenspins nimmt. Um eine Magnetisierung in einer weniger günstigen Kristallrichtung zu erreichen, muß die sog. *Anisotropieenergie* aufgebracht werden.

Beim Eisen, das ein kubisch raumzentriertes Kristallgitter hat, erfolgt die spontane Magnetisierung in den $\langle 100 \rangle$-Richtungen. Sind α_1, α_2 und α_3 die Richtungskosinusse einer willkürlichen Magnetisierungsrichtung mit einer $\langle 100 \rangle$-Richtung, so kann aus Symmetriegründen die Anisotropieenergie nur gerade Potenzen von jedem Richtungskosinus enthalten. Außerdem muß die Energie invariant gegenüber einer Vertauschung der Richtungskosinusse sein. Diese Forderungen werden in niedrigster Ordnung durch die Kombination $(\alpha_1^2 + \alpha_2^2 + \alpha_3^2)$ erfüllt. Eine solche Kombination ist allerdings unbrauchbar, da sie identisch gleich Eins ist. Kombinationen nächst höherer Ordnungen sind $(\alpha_1^2 \alpha_2^2 + \alpha_2^2 \alpha_3^2 + \alpha_3^2 \alpha_1^2)$ und $(\alpha_1^2 \alpha_2^2 \alpha_3^2)$. Mit ihnen erhält man für die Anisotropieenergie je Volumeneinheit den Ausdruck

$$\frac{E_{an}}{V} = K_1 (\alpha_1^2 \alpha_2^2 + \alpha_2^2 \alpha_3^2 + \alpha_3^2 \alpha_1^2) + K_2 (\alpha_1^2 \alpha_2^2 \alpha_3^2). \tag{5.80}$$

Hierbei sind die *Anisotropiekonstanten* K_1 und K_2 von der Kristalltemperatur abhängig. Bei der Curie-Temperatur sind sie gleich Null. Für Eisen ist bei Zimmertemperatur

$$K_1 = 4{,}2 \cdot 10^4 \, J/m^3 \quad \text{und} \quad K_2 = 1{,}5 \cdot 10^4 \, J/m^3. \tag{5.81}$$

Die Magnetisierung ändert sich beim Übergang von einer Domäne zu einer benachbarten nicht sprunghaft, sondern die Richtungsänderung erfolgt innerhalb einer sog. *Blochwand* in vielen kleinen Schritten. Dieses ist, wie wir im folgenden sehen werden, energetisch günstiger.

In Fig. 5.17 sind die Spinorientierungen in einer 180°-Bloch-Wand schematisch dargestellt.
Die Austauschenergie zwischen zwei benachbarten Spins, die miteinander den Winkel φ
bilden, beträgt nach Gl. (5.32) $-2AS^2 \cos \varphi$. Ist $\varphi \ll 1$, so können wir diesen Ausdruck
durch $-2AS^2(1 - \varphi^2/2)$ annähern und erhalten für den Energiezuwachs bei einer Kippung
der Spins aus der Parallelstellung um den Winkel φ

$$\Delta E_1 = AS^2\varphi^2. \tag{5.82}$$

Fig. 5.17
Schematische Darstellung der Spinorientierungen in einer
180°-Bloch-Wand

Bei n Kippungen längs einer Gitterkette jeweils um den Winkel φ bekommen wir dann

$$\Delta E_n = nAS^2\varphi^2. \tag{5.83}$$

Bei einer einzigen sprunghaften Änderung der Spinrichtung um den Winkel $n\varphi$ betrüge
hingegen der Energiezuwachs

$$\Delta E = AS^2(n\varphi)^2 = n^2AS^2\varphi^2. \tag{5.84}$$

Es gilt also

$$\Delta E_n = \frac{1}{n}\,\Delta E. \tag{5.85}$$

Hiernach ist der Energiezuwachs um so kleiner, je größer die Anzahl n der Schritte ist,
d. h. je dicker die Bloch-Wand ist. Nun weisen aber innerhalb einer Bloch-Wand fast
sämtliche Spinvektoren in eine ungünstige Magnetisierungsrichtung. Die Anisotropieenergie der Bloch-Wand ist deshalb um so kleiner, je dünner die Bloch-Wand ist. Demnach wird sich gerade eine solche Wandstärke einstellen, bei der insgesamt der Energiezuwachs einen Minimalwert annimmt. Diese Stärke läßt sich für ein kubisch primitives
Gitter mit der Gitterkonstanten a folgendermaßen abschätzen:
Für die Zunahme der Austauschenergie bei Ausbildung einer 180°-Bloch-Wand erhalten
wir je Flächeneinheit nach Gl. (5.83) mit $n\varphi = \pi$

$$\frac{\Delta E_n}{F} = \frac{\pi^2 AS^2}{na^2}. \tag{5.86}$$

Hierbei ist $1/a^2$ die Anzahl der Gitterketten je Flächeneinheit. Die Anisotropieenergie je
Flächeneinheit ist nach Gl. (5.80) näherungsweise

$$\frac{E_{an}}{F} = \frac{1}{2}\,K_1 na. \tag{5.87}$$

Hierbei ist na die Stärke der Bloch-Wand. Die gesamte Wandenergie je Flächeneinheit
beträgt also

$$\frac{E_{wand}}{F} = \frac{\pi^2 AS^2}{na^2} + \frac{1}{2}\,K_1 na. \tag{5.88}$$

E_{wand}/F hat einen Minimalwert, wenn

$$\frac{\partial(E_{wand}/F)}{\partial n} = -\frac{\pi^2 AS^2}{n^2 a^2} + \frac{1}{2}K_1 a = 0. \tag{5.89}$$

Hieraus folgt für die Stärke der Bloch-Wand

$$na = \sqrt{\frac{2\pi^2 AS^2}{K_1 a}}. \tag{5.90}$$

Die Bloch-Wand ist also um so dicker, je größer der Wert A der Austauschkonstanten und je kleiner die Anisotropiekonstante K_1 ist. Für Eisen liegt na in der Größenordnung von 40 nm. Die Wandstärke ist im allgemeinen klein gegenüber den Lineardimensionen einer Domäne.

Bringt man einen ferromagnetischen Kristall in ein äußeres Magnetfeld, so erfolgt zunächst bei kleinerer Feldstärke eine *Wandverschiebung*, indem Domänen, deren Magnetisierung in bezug auf das äußere Feld günstig orientiert ist, auf Kosten der anderen Domänen wachsen (s. Abbildung b in Fig. 5.18). Anschließend, bei höherer Feldstärke, erfolgt durch Drehung eine Ausrichtung der Magnetisierung nach dem äußeren Felde (s. Abbildung c in Fig. 5.18).

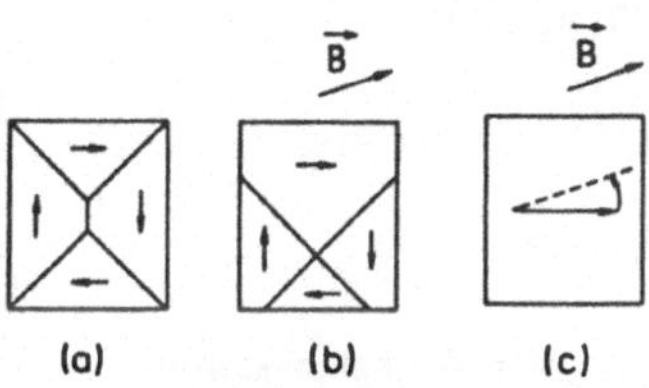

Fig. 5.18 Schematische Darstellung der Magnetisierung eines ferromagnetischen Kristalls unter dem Einfluß eines äußeren Magnetfeldes B (s. Text)

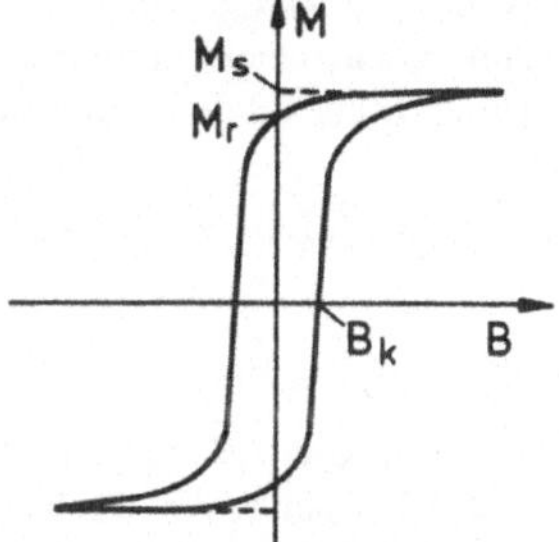

Fig. 5.19 Magnetisierungskurve eines Ferromagneten (s. Text)

Fig. 5.19 zeigt die typische Magnetisierungskurve eines Ferromagneten. Der steile Anstieg der Kurve bei kleinen Feldstärken beruht auf Wandverschiebungen. Der flache Kurventeil ist durch Drehprozesse bedingt. M_r kennzeichnet die *Remanenz* des Ferromagneten. Es ist die Magnetisierung, die zurückbleibt, wenn die Stärke des äußeren Magnetfeldes wieder auf Null gebracht wird. Um die remanente Magnetisierung zu beseitigen, muß die sog. *Koerzitivkraft* B_K aufgebracht werden.

Für Transformatorenkerne verwendet man Materialien mit kleiner Koerzitivkraft, für Permanentmagnete solche mit großer Koerzitivkraft. Man kann die Koerzitivkraft eines ferromagnetischen Materials durch Einbau von Gitterfehlern erhöhen.

5.4   Antiferromagnetismus

Bei antiferromagnetischen Substanzen erfolgt durch die Austauschwechselwirkung eine Antiparallelstellung der magnetischen Momente benachbarter Gitteratome. Das gleiche gilt auch für die sog. ferrimagnetischen Substanzen. Während aber ohne äußeres Magnetfeld bei antiferromagnetischen Strukturen sich die antiparallel eingestellten Momente gerade kompensieren, so daß in diesem Fall keine Magnetisierung beobachtet werden kann, überwiegen bei ferrimagnetischen Strukturen die Momente einer Richtung, so daß insgesamt eine spontane Magnetisierung zustande kommt. Ferrimagnetische Substanzen zeigen also nach außen ein ferromagnetisches Verhalten. Oberhalb einer kritischen Temperatur gehen sowohl antiferromagnetische als auch ferrimagnetische Substanzen in einen paramagnetischen Zustand über. Im folgenden werden wir uns auf eine phänomenologische Beschreibung des Antiferromagnetismus beschränken. Hierzu können wir weitgehend auf die Ergebnisse zurückgreifen, die wir bei der Behandlung des Ferromagnetismus mit Hilfe der Molekularfeldnäherung gewonnen haben. Wir modifizieren jedoch die entsprechenden Rechnungen dahingehend, daß wir jetzt von zwei ineinandergestellten Untergittern aus gleichartigen Gitteratomen ausgehen, wobei ohne äußeres Magnetfeld die magnetischen Momente der Gitteratome des einen Untergitters antiparallel zu denen des anderen Untergitters ausgerichtet sind. Zum Beispiel können die A-Atome des einen Untergitters auf den Eckpunkten der Einheitszellen eines kubisch-raumzentrierten Gitters sitzen und die B-Atome des anderen Untergitters auf den raumzentrierten Gitterpunkten angeordnet sein.

Für das Austauschfeld, welches auf die A-Atome einwirkt, machen wir den Ansatz (vgl. Gl. (5.39))

$$\vec{B}_A^A = -\mu_0 \gamma_{AA} \vec{M}_A - \mu_0 \gamma_{AB} \vec{M}_B. \tag{5.91a}$$

Hierbei sind $\vec{M}_A$ und $\vec{M}_B$ die Magnetisierungen der beiden Untergitter. Wir haben sowohl eine antiferromagnetische AB- als auch AA-Wechselwirkung vorausgesetzt. Die Molekularfeldkonstanten γ_{AA} und γ_{AB} sind in diesem Fall positiv. Außerdem wird im allgemeinen γ_{AB} größer als γ_{AA} sein, da γ_{AB} die Austauschwechselwirkung mit dem nächsten Nachbarn kennzeichnet.

Für das Austauschfeld, welches auf die B-Atome einwirkt, erhalten wir dementsprechend

$$\vec{B}_B^A = -\mu_0 \gamma_{BA} \vec{M}_A - \mu_0 \gamma_{BB} \vec{M}_B. \tag{5.91b}$$

Wenn wir berücksichtigen, daß aus Symmetriegründen $\gamma_{BA} = \gamma_{AB}$ und $\gamma_{BB} = \gamma_{AA}$ ist, wird aus dieser Gleichung

$$\vec{B}_B^A = -\mu_0 \gamma_{AB} \vec{M}_A - \mu_0 \gamma_{AA} \vec{M}_B. \tag{5.92}$$

Ist noch ein äußeres Feld $\vec{B}$ vorhanden, so bekommen wir für das effektive Feld am Ort der A- bzw. B-Atome

$$\vec{B}_A^{eff} = \vec{B} - \mu_0 \gamma_{AA} \vec{M}_A - \mu_0 \gamma_{AB} \vec{M}_B \tag{5.93a}$$

und $$\vec{B}_B^{eff} = \vec{B} - \mu_0 \gamma_{AB} \vec{M}_A - \mu_0 \gamma_{AA} \vec{M}_B. \tag{5.93b}$$

Wir untersuchen zunächst den Fall, daß $\vec{B} = 0$ ist. Dann ist im antiferromagnetischen Zustand

$$\vec{M}_B = -\vec{M}_A, \tag{5.94}$$

und aus Gl. (5.93a und b) werden

$$\vec{B}_A^{eff} = \mu_0(\gamma_{AB} - \gamma_{AA})\vec{M}_A \tag{5.95a}$$

und $\qquad \vec{B}_B^{eff} = \mu_0(\gamma_{AB} - \gamma_{AA})\vec{M}_B. \tag{5.95b}$

Jede dieser Gleichungen entspricht Gl. (5.39), wenn wir γ durch $(\gamma_{AB} - \gamma_{AA})$ ersetzen. Es gelten also für $\vec{M}_A$ und $\vec{M}_B$ die gleichen Gesetzmäßigkeiten wie für die spontane Magnetisierung einer ferromagnetischen Substanz. Insbesondere ergibt sich nach Gl. (5.49) für die kritische Temperatur, bei der der antiferromagnetische Zustand in den paramagnetischen übergeht

$$T_N = C\,\frac{\gamma_{AB} - \gamma_{AA}}{2}. \tag{5.96}$$

Hierbei ist C die Curie-Konstante (s. Gl. (5.17)). Der Faktor 1/2 ist dadurch bedingt, daß jedes Untergitter nur $n_0/2$ Gitteratome je Volumeneinheit enthält. T_N ist die sog. *antiferromagnetische Néel[1]-Temperatur*.

Für $T > T_N$, also im paramagnetischen Temperaturbereich, ist in einem äußeren Magnetfeld

$$\vec{M}_B = \vec{M}_A \tag{5.97}$$

und somit

$$\vec{M} = 2\vec{M}_A. \tag{5.98}$$

Mit diesen Beziehungen folgt aus Gl. (5.93a)

$$\vec{B}_A^{eff} = \vec{B} - \mu_0\,\frac{\gamma_{AB} + \gamma_{AA}}{2}\,\vec{M}. \tag{5.99}$$

Setzen wir diesen Ausdruck in Gl. (5.50) ein, so erhalten wir

$$M = \frac{1}{\mu_0}\frac{C}{T}\left(B - \mu_0\,\frac{\gamma_{AB} + \gamma_{AA}}{2}\,M\right). \tag{5.100}$$

Lösen wir Gl. (5.100) nach M auf, so ergibt sich

$$M = \frac{1}{\mu_0}\frac{C}{T + \Theta}\,B. \tag{5.101}$$

---

[1]) Louis Néel, * 1904 Lyon, Nobelpreis 1970

Hierbei ist

$$\Theta = C\,\frac{\gamma_{AB} + \gamma_{AA}}{2} \tag{5.102}$$

die *paramagnetische Néel-Temperatur.*

Für die magnetische Suszeptibilität einer antiferromagnetischen Substanz im paramagnetischen Temperaturbereich gilt dann

$$\chi = \frac{C}{T + \Theta}. \tag{5.103}$$

In Fig. 5.20 ist zum Vergleich die Temperaturabhängigkeit von χ für eine paramagnetische, ferromagnetische und antiferromagnetische Substanz dargestellt und zwar bei den beiden zuletzt genannten Substanzen für Temperaturen oberhalb der paramagnetischen Curie- bzw. antiferromagnetischen Néel-Temperatur.

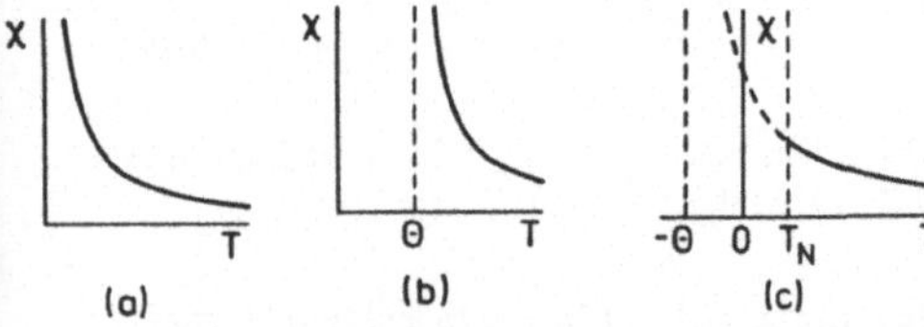

Fig. 5.20 Temperaturabhängigkeit der magnetischen Suszeptibilität einer paramagnetischen Substanz (a), einer ferromagnetischen Substanz oberhalb der paramagnetischen Curie-Temperatur Θ (b) und einer antiferromagnetischen Substanz oberhalb der antiferromagnetischen Néel-Temperatur T_N (c). Die Größe Θ in Fig. (c) ist die paramagnetische Néel-Temperatur

Die Aussagen auf Seite 229 über die magnetischen Eigenschaften eines Antiferromagneten sind für $\vec{B} = 0$ experimentell nicht nachprüfbar, da in diesem Fall die Gesamtmagnetisierung des antiferromagnetischen Kristalls gleich Null ist. Anders ist es hingegen, wenn man den Kristall in ein äußeres Magnetfeld bringt. Für Temperaturen unterhalb der antiferromagnetischen Néel-Temperatur T_N hängt hierbei das magnetische Verhalten des Kristalls von seiner Orientierung gegenüber dem Magnetfeld ab.

Im ersten Beispiel soll das Magnetfeld senkrecht zu einer Richtung stehen, in der eine spontane Magnetisierung der Untergitter erfolgt. In diesem Fall werden die Magnetisierungen $\vec{M}_A$ und $\vec{M}_B$ der Untergitter in Richtung auf das Magnetfeld $\vec{B}$ gedreht (s. Fig. 5.21). Im Gleichgewicht wird das Drehmoment durch das äußere Magnetfeld gerade durch das des Austauschfeldes kompensiert. Es muß dann also gelten

$$(\vec{M}_A \times \vec{B}) = [\vec{M}_A \times (\mu_0 \gamma_{AA}\vec{M}_A + \mu_0 \gamma_{AB}\vec{M}_B)] = \mu_0 \gamma_{AB}(\vec{M}_A \times \vec{M}_B). \tag{5.104}$$

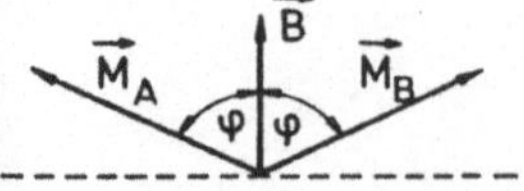

Fig. 5.21
Zur Herleitung der antiferromagnetischen Suszeptibilität (s. Text)

Ist φ der Winkel, den $\vec{M}_A$ und $\vec{M}_B$ in der Gleichgewichtslage mit dem Magnetfeld $\vec{B}$ bildet, so ergibt sich aus Gl. (5.104)

$$M_A B \sin \varphi = \mu_0 \gamma_{AB} M_A M_B \sin 2\varphi \tag{5.105}$$

$$\text{oder} \quad 2M_B \cos \varphi = \frac{1}{\mu_0} \frac{1}{\gamma_{AB}} B. \tag{5.106}$$

Nun ist die linke Seite von Gl. (5.106) gerade gleich dem Betrage der Gesamtmagnetisierung, die sich aus $\vec{M}_A$ und $\vec{M}_B$ zusammensetzt. Wir erhalten also

$$|\vec{M}| = \frac{1}{\mu_0} \frac{1}{\gamma_{AB}} B \tag{5.107}$$

und für die antiferromagnetische Suszeptibilität

$$\chi_\perp = \frac{1}{\gamma_{AB}}. \tag{5.108}$$

$\chi_\perp$ ist hiernach temperaturunabhängig. Ihr Wert geht für $T = T_N$ stetig in den nach Gl. (5.103) zu berechnenden Wert für die paramagnetische Suszeptibilität über.

Verläuft das äußere Magnetfeld in einer kristallographischen Vorzugsrichtung, so wird durch das Magnetfeld die Richtung der Gesamtmagnetisierung des antiferromagnetischen Kristalls nicht geändert. Es wird aber z. B. $\vec{M}_A$ zu- und $\vec{M}_B$ abnehmen, so daß eine Gesamtmagnetisierung in Richtung von $\vec{M}_A$ entsteht. Man kann zeigen, daß in diesem Fall die antiferromagnetische Suszeptibilität $\chi_\parallel$ von 0 bei $T = 0$ K mit steigender Temperatur kontinuierlich auf $1/\gamma_{AB}$ bei $T = T_N$ anwächst. In Fig. 5.22 ist der Verlauf von $\chi_\perp$ und $\chi_\parallel$ sowie der der paramagnetischen Suszeptibilität für MnF_2 dargestellt.

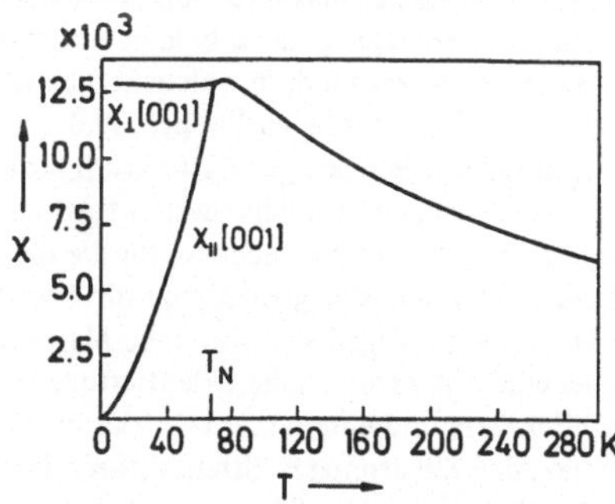

Fig. 5.22
Temperaturabhängigkeit der magnetischen Suszeptibilität von Manganfluorid im antiferromagnetischen und paramagnetischen Temperaturbereich (s. Text) (nach S. Foner in: Rosenberg, H. M.: Low Temperature Solid State Physics. Oxford: Clarandon Press 1965)

In Tab. 5.2 sind für einige antiferromagnetische Substanzen die experimentell ermittelten Werte von T_N und Θ angegeben. Außerdem ist hier das Verhältnis Θ/T_N angeführt. Nach Gl. (5.96) und (5.102) gilt

$$\frac{\Theta}{T_N} = \frac{\gamma_{AB} + \gamma_{AA}}{\gamma_{AB} - \gamma_{AA}}. \tag{5.109}$$

Tab. 5.2

	T_N [K]	Θ [K]	Θ/T_N
MnO	122	610	5,3
MnF$_2$	67	82	1,24
FeO	195	570	2,9
FeCl$_2$	24	48	2
CoO	291	330	1,14

Θ/T_N ist bei allen aufgeführten Substanzen größer als eins. Hieraus folgt, daß neben γ_{AB} auch γ_{AA} stets positiv ist. Unsere Annahme auf Seite 228, daß auch in den einzelnen Untergittern eine antiferromagnetische Wechselwirkung vorliegt, ist damit gerechtfertigt.

Die Behandlung antiferromagnetischer Spinwellen erfolgt in ähnlicher Weise wie die der ferromagnetischen Spinwellen. Man hat in diesem Fall allerdings von zwei Untergittern mit antiparallel ausgerichteten Spins auszugehen. Die Dispersionsrelation, die man erhält, unterscheidet sich wesentlich von der für ferromagnetische Spinwellen. Bei antiferromagnetischen Spinwellen besteht für ka ≪ 1 ein linearer Zusammenhang zwischen der Kreisfrequenz ω der Spinwellen und der Wellenzahl k, während bei ferromagnetischen Spinwellen nach Gl. (5.71) für niedrige Werte von k die Kreisfrequenz ω proportional k^2 ist.

Wie bereits auf Seite 34 erwähnt wurde, läßt sich die magnetische Struktur von Festkörpern experimentell mit Hilfe der elastischen Streuung thermischer Neutronen ermitteln. Bei magnetischen Substanzen treten Neutronen nicht nur mit den Kernen der Gitteratome über die Kernkräfte in Wechselwirkung, sondern es kommt hier außerdem noch zu einer Wechselwirkung des magnetischen Moments der Neutronen mit dem der Gitteratome. Die Wirkungsquerschnitte für diese beiden Reaktionen haben die gleiche Größenordnung. Im paramagnetischen Zustand, in welchem die magnetischen Momente der Gitteratome durch thermische Einwirkung entkoppelt sind und deshalb eine ungeordnete Orientierung aufweisen, ist jedem gleichartigen Gitteratom bezüglich der Neutronenstreuung der gleiche atomare Streufaktor zuzuordnen. Hieraus folgt zum Beispiel, daß bei einem kubisch raumzentrierten Gitter an Netzebenen, für die die Summe ihrer Millerschen Indizes eine ungerade Zahl ist, keine Bragg-Reflexion des Neutronenstrahls beobachtet werden kann (s. Seite 31). Liegt hingegen eine spontane Magnetisierung vor, so hat man in dem gewählten Beispiel eine unterschiedliche Orientierung des magnetischen Moments der Gitteratome auf einem Eckplatz und einem raumzentrierten Gitterplatz der Einheitszelle. Hierdurch wird bewirkt, daß die atomaren Streufaktoren für Atome auf diesen beiden Gitterplätzen voneinander abweichen. Das führt dazu, daß zusätzliche Beugungsreflexe auftreten, deren Intensität mit abfallender Temperatur zunimmt.

5.5   Spingläser

Auf Seite 217 wurde dargelegt, daß beim Europiumoxid zwischen den Eu^{2+}-Ionen Austauschwechselwirkungen mit positiven Kopplungskonstanten bestehen. EuO ist also unterhalb der Curie-Temperatur ferromagnetisch. Ersetzt man nun in einem Europiumoxid-Kristall einen Teil der Europiumionen durch nichtmagnetische Ionen wie z. B. Strontiumionen, so wird das magnetische Verhalten des Mischkristalls außer durch seine Temperatur T vor allem durch die Konzentration x der magnetischen Ionen im Kristall bestimmt. Die hier auftretenden Gesetzmäßigkeiten sind in Fig. 5.23 in einem magnetischen Phasendiagramm dargestellt. Die Größe x ist dabei das Verhältnis der Anzahl der magnetischen Ionen zu der Gesamtzahl der positiv geladenen Ionen. Die ferromagnetische Curie-Temperatur T_C nimmt mit zunehmender Beimischung von unmagnetischen Ionen, also mit kleiner werdendem x-Wert zunächst ab, bis schließlich auch bei sehr tiefen Temperaturen keine spontane Magnetisierung mehr auftritt. Dies ist dadurch bedingt, daß die Bereiche des Kristalls, die aus magnetische Ionen bestehen, jetzt nicht mehr zusammenhängen: Die sog. *Perkolationsschwelle* ist unterschritten.

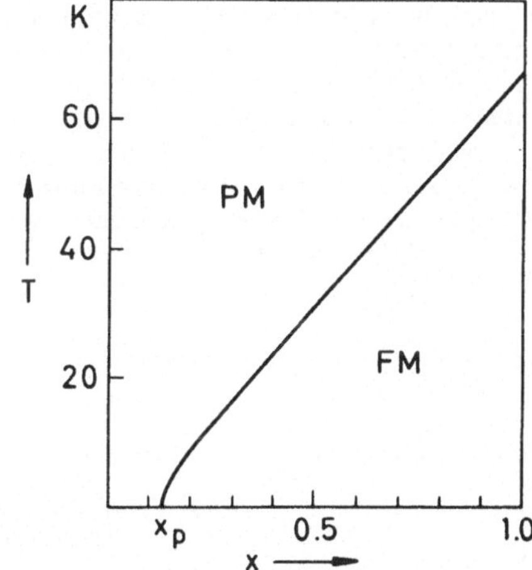

Fig. 5.23
Magnetisches Phasendiagramm von $Eu_x Sr_{1-x}O$.
PM paramagnetischer Zustand, FM ferromagnetischer Zustand. x_p Perkolationsschwelle

Zu dem Begriff „Perkolationsschwelle" kommen wir durch folgende Betrachtung: Fig. 5.24 zeigt ein zweidimensionales quadratisches Gitter, bei dem statistisch verteilt einzelne Gitterplätze mit A-Atomen und alle anderen mit B-Atomen besetzt sind. A-Atome auf benachbarten Gitterplätzen können wir zu Gruppen, sog. *Clustern* zusammenfassen, wobei bei dem hier dargestellten Gitter nur die nächst benachbarten A-Atome berücksichtigt worden sind. Ihre Größe und Anzahl nimmt mit steigender Konzentration der A-Atome zu. Mit der Untersuchung solcher Cluster bei einer vorgegebenen Kristallstruktur befaßt sich die Perkolationstheorie. Es interessiert hier vor allem, wie groß die Besetzungswahrscheinlichkeit x eines Gitterplatzes mit A-Atomen mindestens sein muß, damit sich wenigstens ein Cluster aus A-Atomen ausbilden kann, das von einer Seite des

Fig. 5.24
Zweidimensionales Gittermodell zur Erklärung der Perkolationsschwelle (s. Text)

Kristallgitters bis zur entgegengesetzten Seite reicht. Den durch diese Forderung gekennzeichneten Wert x_p der Besetzungswahrscheinlichkeit oder Konzentration x der A-Atome
bei einem unendlich ausgedehnten Gitter bezeichnet man als Perkolationsschwelle. Bei
einem Kristallgitter endlicher Ausdehnung ist dieser Schwellenwert im allgemeinen nicht
scharf definiert. Trotzdem ermittelt man häufig zunächst den Schwellenwert bei einem
begrenzten Kristallgitter und bestimmt dann die Perkolationsschwelle durch eine geeignete Extrapolation auf ein unbegrenztes Gitter.

Anstatt wie bei der Darstellung in Fig. 5.24 nur solche Atome zu einem Cluster zusam-
menzufassen, die nächst benachbart sind, kann es genausogut sinnvoll sein, auch noch
die zweitnächsten Nachbarn zu einem Cluster hinzuzurechnen. Dadurch wird natürlich
die Perkolationsschwelle herabgesetzt. Während sie z. B. im ersten Fall bei einem kubisch
flächenzentrierten Gitter den Wert 0,198 hat, beträgt sie im zweiten Fall nur 0,136.
Europiumoxid hat eine Natriumchloridstruktur; die Eu^{2+}-Ionen bilden also (s. Seite 17)
ein kubisch flächenzentriertes Gitter. Eine Austauschwechselwirkung zwischen den
Eu^{2+}-Ionen mit positiver Kopplungskonstanten ist bis zu den zweitnächsten Nachbarn
vorhanden. Es ist demnach mit einer Perkolationsschwelle x_p von 0,136 zu rechnen.
Dieser Wert wird, wie Fig. 5.23 zeigt, durch die Experimente sehr gut bestätigt.

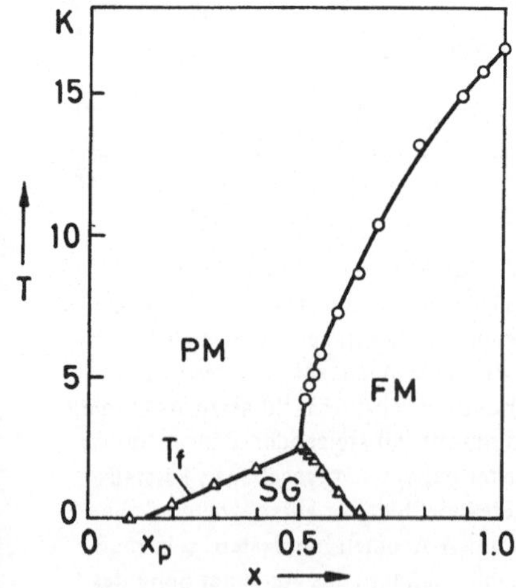

Fig. 5.25
Magnetisches Phasendiagramm von $Eu_x Sr_{1-x} S$.
PM paramagnetischer Zustand, FM ferromagnetischer Zustand, SG Spinglas-Zustand. x_p Perkolationsschwelle, T_f Spinglastemperatur
(nach Maletta, H.: J. Appl. Phys. 53 (1982)
2185)

Ein wesentlich anderes magnetisches Verhalten kann man beobachten, wenn man anstelle eines Europiumoxid- einen Europiumsulfid-Kristall mit Strontiumionen magnetisch verdünnt. Zwar ist auch EuS ferromagnetisch und hat außerdem die gleiche Kristallstruktur wie EuO, aber im Gegensatz zu EuO hat die Austauschwechselwirkung bei EuS nur zwischen den nächst benachbarten Eu^{2+}-Ionen eine positive Kopplungskonstante, während sie zwischen den zweitnächsten Nachbarn eine negative Kopplungskonstante aufweist. Der Betrag der negativen Kopplungskonstanten ist etwa halb so groß wie die positive Kopplungskonstante. Es sei daran erinnert, daß eine positive Kopplungskonstante eine parallele Spinorientierung und eine negative Kopplungskonstante eine antiparallele Spinorientierung energetisch günstig erscheinen läßt. Bei EuS haben wir also zwei miteinander konkurrierende Wechselwirkungen. Dieses führt bei der Legierung $Eu_x Sr_{1-x}S$ auf das in Fig. 5.25 gezeigte magnetische Phasendiagramm. Hier kommt es bei einer Temperaturerniedrigung bereits weit oberhalb der Perkolationsschwelle x_p von 0,136 nicht mehr zur Ausbildung einer ferromagnetischen Phase. Dieses Verhalten läßt sich erklären anhand der in Fig. 5.26 und 5.27 dargestellten zweidimensionalen quadratischen Gitter. Sie entsprechen Ausschnitten aus der (100)-Netzebene eines kubisch flächenzentrierten Gitters. Die magnetischen Eu^{2+}-Ionen sind durch Pfeile und die nicht magnetischen Sr^{2+}-Ionen durch Kreise gekennzeichnet. Die Pfeilrichtung gibt die Spinorientierung der magnetischen Ionen an. Nach dem sog. *Ising-Modell* des Ferromagnetismus, das wir hier der Einfachheit halber benutzen, können die Spins nur parallel oder antiparallel zueinander ausgerichtet sein.

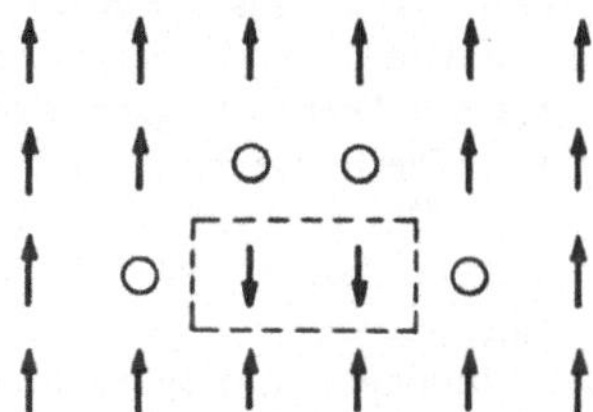

Fig. 5.26
Zweidimensionales Gittermodell zur Erläuterung des Einflusses konkurrierender Austauschwechselwirkungen
(s. Text)

In Fig. 5.26 bildet sich in der Nachbarschaft der nichtmagnetischen Ionen ein Cluster aus zwei magnetischen Ionen, deren Spin antiparallel zu der ferromagnetischen Umgebung orientiert ist. Diese Spinkonfiguration ergibt aufgrund der oben angegebenen Wechselwirkungseigenschaften der Eu^{2+}-Ionen in EuS den niedrigsten Energiewert.

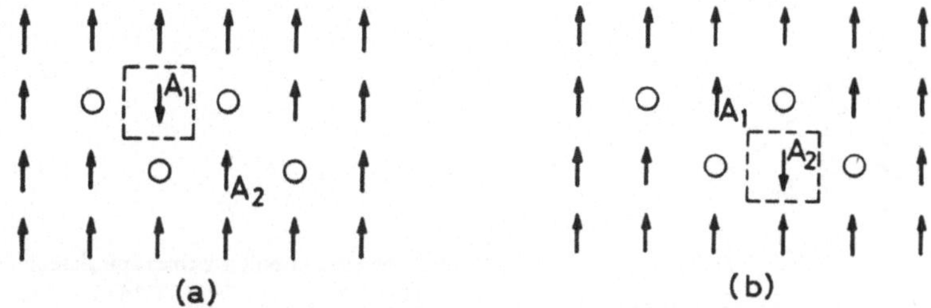

(a)   (b)

Fig. 5.27 Zweidimensionales Gittermodell zur Erläuterung des Frustrationseffekts (s. Text)

Bei einer Anordnung der nichtmagnetischen Ionen wie in Fig. 5.27a und b wird ein Zustand mit der niedrigsten Energie bereits erreicht, wenn nur bei jeweils einem magnetischen Ion der Spin antiparallel zur ferromagnetischen Umgebung ausgerichtet ist. Es ist jedoch sowohl eine Spinkonfiguration wie in Fig. 5.27a als auch eine solche wie in Fig. 5.27b möglich. Der Grundzustand ist demnach entartet. Die Wechselwirkungen der beiden Ionen A_1 und A_2 mit ihrer Umgebung können in diesem Fall nicht gleichzeitig optimal befriedigt werden. Man spricht von einer *Frustration* der Wechselwirkungen. Benutzt man anstelle des Ising-Modells das auf Seite 211 behandelte Heisenberg-Modell, so kommt man zu analogen Ergebnissen. Die Spins einzelner Ionen oder Ionencluster sind gegenüber den Spins der ferromagnetischen Umgebung um Winkel gedreht, deren Größe vom Verhältnis der beiden konkurrierenden Austauschwechselwirkungen abhängt.

Nimmt dementsprechend in der **Legierung** $Eu_xSr_{1-x}S$ die Konzentration $(1-x)$ der nichtmagnetischen Sr^{2+}-Ionen zu, so wächst auch die Anzahl und die Ausdehnung der Cluster an, die die ferromagnetische Ordnung stören. Schließlich entsteht bei hinreichend hoher Konzentration nichtmagnetischer Ionen und bei genügend tiefer Temperatur eine magnetische Struktur, bei der die Spins der magnetischen Ionen in regellos verteilten Orientierungen eingefroren sind. Systeme mit einer derartigen Struktur bezeichnet man als *Spingläser*. Der Spinglas-Zustand hat Ähnlichkeit mit der Momentaufnahme des paramagnetischen Zustands, wie er bei höheren Temperaturen auftritt.

Wie man der Fig. 5.25 entnehmen kann, erfolgt beim $Eu_xSr_{1-x}S$ für eine Konzentration x der Eu^{2+}-Ionen zwischen etwa 0,13 und 0,51 bei einer Abkühlung des Kristalls auf genügend tiefe Temperaturen ein direkter Übergang vom paramagnetischen in den Spinglas-Zustand. Dieser Übergang erfolgt bei der sog. *Spinglastemperatur* T_f, die von x abhängt. Für x-Werte zwischen 0,51 und 0,65 hat man bei Erniedrigung der Temperatur zunächst einen Übergang vom paramagnetischen in den ferromagnetischen Zustand. Die ferromagnetische Ordnung ist hier infolge der bereits mehrfach erwähnten konkurrierenden Austauschwechselwirkungen zwar stark gestört, allerdings wiederum nicht so stark, daß es zur Ausbildung eines Spinglas-Zustandes käme. Der Übergang in einen Spinglas-Zustand erfolgt überraschenderweise erst bei noch tieferen Temperaturen. Während das magnetische Verhalten der Legierung für x-Werte zwischen 0,13 und 0,51 anhand der oben vorgenommenen Überlegungen verständlich wird, ist eine Deutung der eigenartigen Effekte, die bei der Abkühlung von $Eu_xSr_{1-x}S$ bei x-Werten zwischen 0,51 und 0,65 auftreten, noch umstritten.

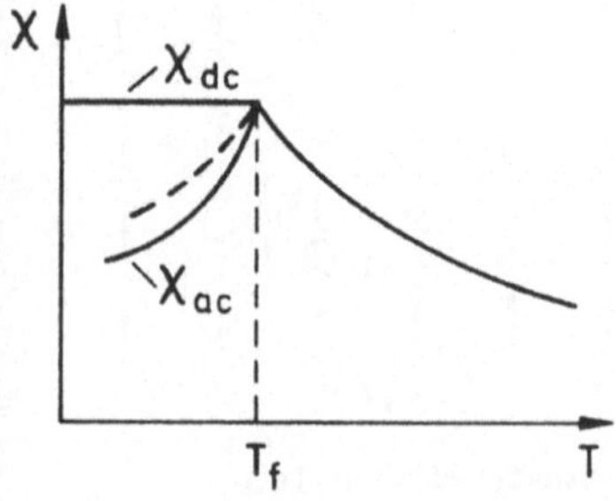

Fig. 5.28
Magnetische Suszeptibilität χ eines Spinglases in Abhängigkeit von der Kristalltemperatur T. χ_{dc} Gleichfeldsuszeptibilität, χ_{ac} Wechselfeldsuszeptibilität, T_f Spinglastemperatur

Die nichtleitende Legierung $Eu_xSr_{1-x}S$ ist nur eine von zahlreichen sehr unterschiedlichen Substanzen, bei denen ein Spinglas-Verhalten beobachtet werden kann. Beispiele
für metallische Spingläser sind z. B. Kupfer mit einer Manganbeimischung und Gold,
welches mit Eisen verunreinigt ist. In diesen Legierungen besteht zwischen den Ionen
mit magnetischem Moment, also den Mangan- bzw. Eisen-Ionen eine RKKY-Wechselwirkung (s. Seite 212). Je nach dem gegenseitigen Abstand der magnetischen Ionen
kommt es zu einer ferromagnetischen oder einer antiferromagnetischen Kopplung der
Spins. Wir haben demnach auch hier wieder konkurrierende Wechselwirkungen, die bei
einer statistischen Verteilung der magnetischen Ionen im Kristall zur Ausbildung von
Spingläsern führen können.

Im folgenden werden einige typische Eigenschaften eines Spinglases beschrieben. Hierzu
ist in Fig. 5.28 schematisch die magnetische Suszeptibilität χ eines Spinglases in Abhängigkeit von der Kristalltemperatur T aufgetragen. Wir haben dabei zwischen der Wechselfeldsuszeptibilität χ_{ac} und der Gleichfeldsuszeptibilität χ_{dc} zu unterscheiden. χ_{ac} weist
bei der Spinglastemperatur T_f ein Maximum auf, während χ_{dc} beim Übergang vom
paramagnetischen in den Spinglas-Zustand bei fast allen Spingläsern einen konstanten
Wert annimmt. Das letzte ist allerdings nur dann der Fall, wenn die Abkühlung des
Spinglases im Magnetfeld erfolgt. Wird hingegen das magnetische Gleichfeld unterhalb
der Temperatur T_f angelegt, so beobachtet man zunächst eine Suszeptibilität des Spinglases zwischen χ_{ac} und χ_{dc} (gestrichelte Kurve in Fig. 5.28). Die Suszeptibilität wächst
aber langsam an und erreicht schließlich nach einer ausreichend langen Zeit den Wert χ_{dc}.
Schaltet man das Magnetfeld unterhalb der Spinglastemperatur ab, so tritt eine remanente
Magnetisierung in Erscheinung, die jedoch mit der Zeit zurückgeht.

Die hier aufgezählten Phänomene werden verständlich, wenn man beachtet, daß es in
einem Spinglas aufgrund des oben erläuterten Frustrationseffektes eine riesige Anzahl
metastabiler Zustände gibt. Unterhalb von T_f weist die freie Energie eines Spinglases,
das sich in einem Magnetfeld befindet, in Abhängigkeit von der Spinkonfiguration viele
verschiedene Täler auf, die durch mehr oder weniger hohe Barrieren voneinander getrennt
sind (s. Fig. 5.29). Bei höheren Temperaturen sind diese Täler stark abgeflacht; außerdem ist ihre Anzahl wesentlich kleiner als bei tiefen Temperaturen. Bringt man den Körper zunächst in ein Magnetfeld und kühlt ihn erst dann unter die Spinglastemperatur ab,
so kann das Spinsystem sogleich zu Anfang in einen Zustand gelangen, in dem die freie
Energie ihr absolutes Minimum hat, und der somit dem Gleichgewichtszustand entspricht

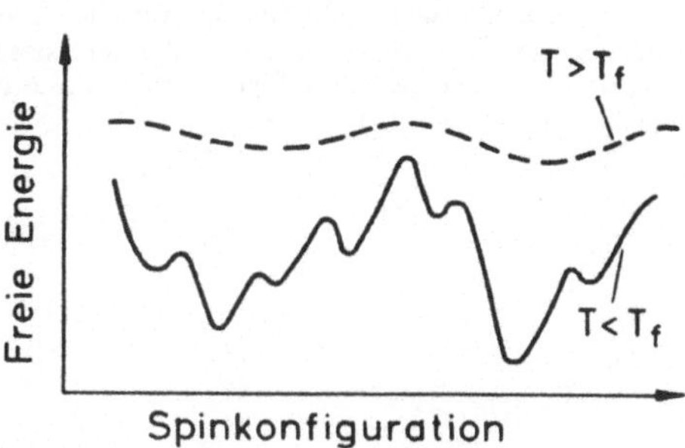

Fig. 5.29
Schematische Darstellung der freien
Energie eines Spinglases in einem
Magnetfeld in Abhängigkeit von der
Spinkonfiguration seiner Gitteratome
für Temperaturen oberhalb und unter-
halb der Spinglastemperatur T_f

(s. Seite 240). Wird hingegen das Magnetfeld unterhalb der Spinglastemperatur angelegt, so bleibt das Spinsystem zunächst in einem lokalen Minimum der freien Energie „hängen" und geht erst anschließend allmählich in einen Zustand mit der absolut kleinsten freien Energie über. Auf diese Weise läßt sich der Verlauf der magnetischen Suszeptibilität in Fig. 5.28 erklären, ähnlich auch die remanente Magnetisierung und ihr zeitlicher Abfall. Im übrigen ist es jedoch trotz vieler Teilerfolge bis heute nicht gelungen, das Verhalten von Spingläsern theoretisch exakt zu erfassen.

Aufgaben zu Kapitel 5

5.1. Zeigen Sie mit Hilfe der Hundschen Regeln, daß der Grundzustand eines dreiwertigen Ytterbium-Ions ein $^2 F_{7/2}$ Zustand ist.

5.2. In Gl. (5.25) auf Seite 208 wird die Energie angegeben, die freie Elektronen in einem in z-Richtung verlaufenden homogenen Magnetfeld der Flußdichte B annehmen können. Läßt man das magnetische Moment der Elektronen unberücksichtigt, so gilt

$$E = \frac{\hbar^2 k_z^2}{2m} + \left(\nu + \frac{1}{2} \right) \hbar \omega_c. \tag{5.110}$$

ω_c ist hierbei die Zyklotronfrequenz eB/m. Die Quantenzahl ν durchläuft die Werte $0, 1, 2, 3 \ldots$

Um Gl. (5.110) zu beweisen, wählt man zweckmäßig für das Vektor-Potential des Magnetfeldes folgende Darstellung:

$$A_x = 0; \qquad A_y = Bx; \qquad A_z = 0.$$

Die Schrödinger-Gleichung für das oben skizzierte Problem lautet dann:

$$\left(-\frac{\hbar^2}{2m} \Delta - i\hbar\omega_c x \frac{\partial}{\partial y} + \frac{1}{2} m\omega_c^2 x^2 \right) \psi = E\psi.$$

In dieser Gleichung beschreibt das erste Glied in der Klammer das Verhalten freier Elektronen in einem feldfreien Raum. Das zweite und dritte Glied erfassen den Einfluß des äußeren Magnetfeldes. Diese beiden Glieder hängen explizit nur von x ab. In einem Lösungsansatz läßt sich deshalb die Abhängigkeit der Eigenfunktion ψ von y und z durch die Gleichung einer ebenen Welle darstellen. Wir setzen dementsprechend

$$\psi = \xi(x) e^{i(k_y y + k_z z)}.$$

Gehen Sie mit diesem Ansatz in die Schrödinger-Gleichung ein, und zeigen Sie, daß man für die Funktion $\xi(x)$ eine Gleichung erhält, die der eines harmonischen Oszillators entspricht, und daß hieraus folgend die Eigenwerte der Schrödinger-Gleichung durch Gl. (5.110) beschrieben werden können.

6 Supraleitung

In einem Metall, das einem elektrischen Feld ausgesetzt ist, findet im normalleitenden
Zustand durch Streuung von Leitungselektronen an Phononen und Gitterfehlern ein
Energieaustausch zwischen den Leitungselektronen und dem Kristallgitter statt. Hierdurch kommt es im Metall zur Ausbildung eines elektrischen Widerstandes, der mit einem
Energieverschleiß beim Ladungstransport verknüpft ist. Für den elektrischen Widerstand
gilt in diesem Fall angenähert die Matthiesensche Regel (s. Gl. (3.115) auf Seite 133).
Sie besagt, daß sich der spezifische Widerstand zusammensetzen läßt aus einem Anteil,
der durch Elektronenstreuung an Phononen bedingt ist und mit sinkender Temperatur
abnimmt, und einem Anteil, der durch Elektronenstreuung an Gitterfehlern hervorgerufen wird und von der Temperatur praktisch unabhängig ist. Dieser zweite Anteil, den
man auch als spezifischen Restwiderstand bezeichnet, tritt im normalleitenden Zustand
bei sehr tiefen Temperaturen allein in Erscheinung. Er ist um so kleiner, je weniger
Gitterfehler im Kristall vorhanden sind.

Bei verschiedenen Substanzen kennt man nun neben dem normalleitenden Zustand einen
sog. *supraleitenden Zustand*. Er stellt sich bei Temperaturen unterhalb einer *kritischen
Temperatur* T_c ein und ist dadurch gekennzeichnet, daß der elektrische Widerstand der
Substanz verschwindet. Dieser Zustand wurde erstmals im Jahre 1911 von H. Kamerlingh
Onnes[1] beobachtet. Er fand damals, daß der Widerstand von reinem Quecksilber mit
sinkender Temperatur nicht immer weiter stetig abnimmt bzw. einen endlichen Rest-
wert erreicht, sondern bei 4,2 K sprunghaft auf einen unmeßbar kleinen Wert abfällt
(s. Fig. 6.1). In der Folgezeit wurde festgestellt, daß die Supraleitung bei einer großen
Anzahl metallischer Elemente, Legierungen und Verbindungen auftritt, wobei für die

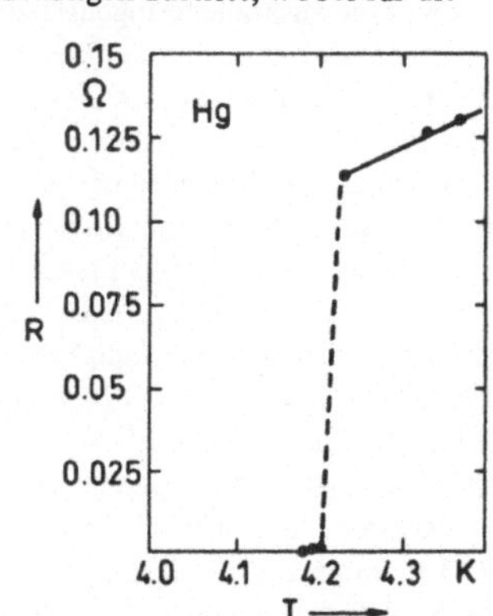

Fig. 6.1
Elektrischer Widerstand R einer Quecksilberprobe in
Abhängigkeit von der Temperatur T (nach Kamerlingh
Onnes, H.: Comm. Leiden 120b (1911))

---

[1] Heike Kamerlingh Onnes, * 1853 Groningen, † 1926 Leiden, Nobelpreis 1913

kritische Temperatur zunächst Werte zwischen einigen hundertstel und etwa 23 K gefunden wurden. In jüngster Zeit konnte dann der Temperaturbereich bis auf etwa 125 K ausgedehnt werden. Bei allen diesen Substanzen konnte auch mit den empfindlichsten Methoden kein meßbarer Widerstand beobachtet werden. Wenn es bei einem Supraleiter überhaupt einen Restwiderstand gibt, so muß er mindestens um den Faktor 10^{16} kleiner sein als der entsprechende Widerstand bei Zimmertemperatur. Somit ist der Widerstandsunterschied zwischen einem Metall im supraleitenden Zustand und im normalleitenden Zustand mindestens ebenso groß wie zwischen guten metallischen Leitern im normalleitenden Zustand und gebräuchlichen Isolatoren. Es sei allerdings bereits an dieser Stelle erwähnt, daß der elektrische Strom in einem Supraleiter nicht beliebig groß werden kann. Überschreitet die Stromdichte einen bestimmten kritischen Wert, der sowohl von dem betreffenden Material als auch von der Temperatur der Probe abhängt, so geht der supraleitende Zustand in den normalleitenden Zustand über.

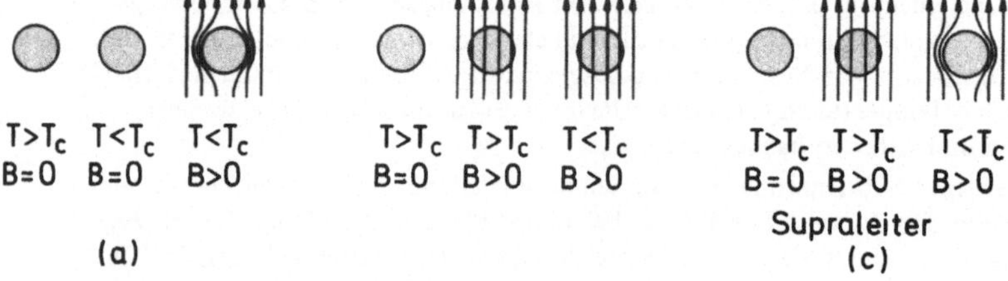

Fig. 6.2 Zum Meissner-Ochsenfeld-Effekt (s. Text)

Genauso bedeutsam wie die elektrischen sind auch die magnetischen Eigenschaften eines Supraleiters. Dabei kann das Verhalten eines Supraleiters im Magnetfeld nicht allein aus seiner praktisch unendlich guten elektrischen Leitfähigkeit hergeleitet werden, sondern ergibt sich als eine zusätzliche Eigenschaft des supraleitenden Zustands. Kühlt man z. B. eine Probe unter ihre kritische Temperatur T_c ab und bringt sie dann in ein Magnetfeld, so werden nach den Gesetzen der Elektrodynamik in der Probe elektrische Dauerströme induziert, deren Magnetfeld das erregende Feld vom Innern des Supraleiters abschirmt (Fig. 6.2a). Bringt man hingegen die Probe bereits vor der Abkühlung in das Magnetfeld, so klingen die Induktionsströme in der Probe sehr schnell ab, und das Magnetfeld durchsetzt ungestört die Probe. Dieses Erscheinungsbild sollte sich bei einer anschließenden Abkühlung der Probe unter die kritische Temperatur nicht ändern, wenn man nur eine unendlich gute elektrische Leitfähigkeit als die wesentliche Eigenschaft eines Supraleiters zu berücksichtigen hätte (s. Fig. 6.2b). Vergleichen wir das Endstadium in Fig. 6.2a mit dem Endstadium in Fig. 6.2b, so ergäbe sich, daß die Eigenschaften der Probe im supraleitenden Zustand vom Prozeßablauf abhängen würden. Dieses bedeutet wiederum, daß der Übergang vom normal- zum supraleitenden Zustand nicht reversibel erfolgen würde. 1933 fanden aber W. Meissner[1] und R. Ochsenfeld durch eine Vermessung des Magnetfeldes in der Umgebung einer Zinn- bzw. Bleiprobe, daß bei Eintritt der Supra-

---

[1] Walther Meissner, * 1882 Berlin, † 1974 München

leitung unabhängig von der Versuchsführung ein Magnetfeld aus dem Innern des Leiters herausgedrängt wird (s. Fig. 6.2c). Diese wichtige, als *Meissner-Ochsenfeld-Effekt* bekannte Entdeckung zeigte, daß der supraleitende Zustand ein echter thermodynamischer Zustand ist.

Bei der Behandlung der Supraleitung werden wir hier nicht der historischen Entwicklung folgen, sondern uns in Abschn. 6.1 unmittelbar mit der BCS-Theorie beschäftigen. Als mikroskopische Theorie liefert sie die Erklärung für die Existenz des supraleitenden Zustands. Wir lernen dabei einige grundlegende Begriffe kennen, die sich bei der Diskussion der phänomenologischen Theorien der Supraleitung in den Abschn. 6.2 und 6.5 als sehr nützlich erweisen. In Abschn. 6.3 befassen wir uns mit den verschiedenen Josephson-Effekten. Sie zeigen eindrucksvoll, wie quantenmechanische Phänomene makroskopische Interferenzeffekte hervorrufen. In Abschn. 6.4 untersuchen wir die thermodynamischen Eigenschaften von Supraleitern. Sie bilden die Grundlage für die in Abschn. 6.5 behandelte Ginzburg-Landau-Theorie. Schießlich gehen wir in Abschn. 6.6 kurz auf die neuen Hochtemperatur-Supraleiter ein.

6.1 Grundzüge der mikroskopischen Theorie der Supraleitung

Mit einer mikroskopischen Theorie müssen sich aus physikalischen Grundprinzipien die Eigenschaften herleiten lassen, die für den supraleitenden Zustand charakteristisch sind. Insbesondere muß es mit dieser Theorie möglich sein, den Mechanismus zu erklären, der in vielen Substanzen bei tiefen Temperaturen verhindert, daß ein Energieaustausch zwischen den Leitungselektronen und dem Kristallgitter stattfindet. Eine solche Anforderung erfüllt die von J. Bardeen[1], L. N. Cooper[2] und J. R. Schrieffer[3] im Jahre 1957 vorgestellte und nach ihnen benannte *BCS-Theorie.*

Die BCS-Theorie setzt als grundlegend voraus, daß sich zwischen zwei Leitungselektronen in einem Festkörper eine anziehende Wechselwirkung ausbilden kann, deren Stärke die stets vorhandene Coulomb-Abstoßung der beiden Elektronen übertrifft. Einen ersten Ansatz zur Beschreibung einer derartigen Wechselwirkung machte H. Fröhlich[4] im Jahre 1950. Er zeigte, daß zwei Leitungselektronen durch Austausch eines virtuellen Phonons eine anziehende Kraft aufeinander ausüben können. Bei einer anderen Darstellung des gleichen Sachverhalts geht man davon aus, daß die Coulomb-Abstoßung zweier Leitungselektronen durch andere Leitungselektronen aber auch durch die positiv geladenen Atomrümpfe abgeschirmt wird. Da die Atomrümpfe wegen ihrer relativ großen Trägheit nicht in der Lage sind, den Bewegungen der Elektronen unmittelbar zu folgen, kann es unter geeigneten Bedingungen zu Ladungsfluktuationen kommen, die so beschaffen sind, daß das erste Elektron von einer positiven Ladung abgeschirmt wird, die größer als der Ladungsbetrag des Elektrons ist. Das zweite Elektron befindet sich dann

---

[1] John Bardeen, * 1908 Madison (Wis.), Nobelpreis 1956 und 1972
[2] Leon N. Cooper, * 1930 New York, Nobelpreis 1972
[3] John Robert Schrieffer, * 1931 Oak Park (Ill.), Nobelpreis 1972
[4] Herbert Fröhlich, * 1905 Horb (Württ.)

im Kraftfeld einer resultierenden positiven Ladung und wird angezogen. Wir werden hier dieser zweiten Betrachtungsweise folgen, zumal sie, wenigstens im Rahmen des dabei benutzten Modells, über die Stärke der Wechselwirkung auch quantitativ Auskunft gibt.

Bei den bis 1986 bekannten Supraleitern scheint die anziehende Wechselwirkung zwischen Leitungselektronen tatsächlich durch den hier skizzierten Mechanismus zustande zu kommen. Experimentell wird dies durch den sog. *Isotopie-Effekt* belegt, mit dem wir uns auf Seite 261 beschäftigen. Über den Mechanismus, der bei den kürzlich entdeckten Hochtemperatur-Supraleitern zu der geforderten gegenseitigen Anziehung von Leitungselektronen führt, herrscht im Augenblick noch Unklarheit. Letzten Endes ist es für die BCS-Theorie aber auch unwesentlich, welche Ursache die anziehende Wechselwirkung hat; entscheidend ist es vielmehr, daß überhaupt eine anziehende Wechselwirkung auftritt.

Eine weitere grundlegende Überlegung zur mikroskopischen Theorie der Supraleitung stammt von L. N. Cooper. Er zeigte, daß eine anziehende Wechselwirkung zwischen zwei Leitungselektronen, auch wenn sie beliebig schwach ist, das Elektronenpaar in einen gebundenen Zustand überführen kann. Bei einem klassischen Zweikörperproblem muß bekanntlich die Stärke der anziehenden Wechselwirkung einen bestimmten minimalen Schwellenwert überschreiten, bevor es zur Ausbildung eines gebundenen Zustands kommt. Daß für zwei Leitungselektronen eine derartige Schwelle nicht zu existieren braucht, liegt, wie wir auf Seite 250 sehen werden, an dem Einfluß der restlichen Leitungselektronen des Festkörpers, die als Fermi-Teilchen dem Pauli-Prinzip unterworfen sind. Die gebundenen Leitungselektronen bezeichnet man allgemein als *Cooper-Paare*. Sie sind charakteristisch für den supraleitenden Zustand eines Festkörpers. Experimentell kann auf die Existenz von Cooper-Paaren, die jeweils die zweifache Elementarladung tragen müssen, aus der Größe des sog. *magnetischen Flußquants* geschlossen werden. Hiermit befassen wir uns auf Seite 276.

Nachdem gezeigt worden war, daß die die Leitungselektronen enthaltende Fermi-Kugel instabil gegenüber der Bildung von Cooper-Paaren ist, traten natürlich die Fragen auf, wie viele Cooper-Paare in einem Supraleiter im thermodynamischen Gleichgewicht vorhanden sind, und um welchen Betrag die Gesamtenergie des Systems durch die Bildung dieser Paare herabgesetzt wird. Solche Fragen lassen sich mit Hilfe der eigentlichen BCS-Theorie beantworten. Sie ergibt, daß eine Energielücke zwischen dem Grundzustand und den angeregten Zuständen eines Supraleiters vorhanden ist, durch deren Existenz viele charakteristische Eigenschaften eines Supraleiters und vor allem auch seine ideale elektrische Leitfähigkeit begründet werden.

Im folgenden werden wir uns ausführlicher mit den hier angeführten Problemen befassen, wobei bei der Behandlung der BCS-Theorie eine elementare Darstellung gewählt wird.

Effektive Elektron-Elektron-Wechselwirkung

Um die effektive Wechselwirkung zwischen zwei Leitungselektronen zu untersuchen, verwenden wir für den Festkörper das stark vereinfachende sog. *Jellium-Modell* (jelly: engl. Bezeichnung für Gelee). Bei diesem Modell wird der Festkörper aufgefaßt als ein

System aus Leitungselektronen und punktförmigen Ionen, wobei die Kristallstruktur vollständig vernachlässigt wird. Der Festkörper wird also als eine Flüssigkeit aus Ladungsträgern angesehen, die über elektrostatische Kräfte miteinander in Wechselwirkung treten. Im Rahmen dieses Modells wollen wir das Matrixelement für die Wechselwirkung zweier Leitungselektronen berechnen und gehen zu diesem Zweck von der Coulomb-Streuung zweier Elektronen im Vakuum aus,

Sind $\vec{k}_1$ und $\vec{k}_2$ die Wellenzahlvektoren zweier einfallender Elektronenwellen und $\vec{k}_1'$ und $\vec{k}_2'$ die der gestreuten Wellen, so gilt für das Matrixelement des Wechselwirkungspotentials im Vakuum

$$V_{k_1 k_2, k_1' k_2'} = \frac{1}{\Omega^2} \int d^3 r_2 \int d^3 r_1 e^{-i\vec{k}_1' \cdot \vec{r}_1} e^{-i\vec{k}_2' \cdot \vec{r}_2} \frac{e^2}{4\pi\epsilon_0 |\vec{r}_1 - \vec{r}_2|} e^{i\vec{k}_1 \cdot \vec{r}_1} e^{i\vec{k}_2 \cdot \vec{r}_2} .$$

$$(6.1)$$

Hierbei ist Ω das Festkörpervolumen. Berücksichtigen wir, daß

$$\vec{k}_1 + \vec{k}_2 = \vec{k}_1' + \vec{k}_2'$$

ist, und führen wir anstelle von $\vec{r}_1$ die Relativkoordinate

$$\vec{r} = \vec{r}_1 - \vec{r}_2$$

ein, so wird aus Gl. (6.1) nach Integration über $\vec{r}_2$

$$V_{k_1 k_1'} = \frac{1}{\Omega} \int d^3 r \frac{e^2}{4\pi\epsilon_0 r} e^{i(\vec{k}_1 - \vec{k}_1') \cdot \vec{r}} .$$

Zur Auswertung dieses Integrals führen wir sphärische Polarkoordinaten ein und legen die Polarachse parallel zu dem Differenzvektor $\vec{k}_1 - \vec{k}_1'$. Wir erhalten dann

$$V_{k_1 k_1'} = \frac{1}{\Omega} \int_0^{2\pi} d\varphi \int_0^\infty \int_0^\pi \frac{e^2}{4\pi\epsilon_0} r\, e^{i|\vec{k}_1 - \vec{k}_1'| r \cos\vartheta} \sin\vartheta\, d\vartheta\, dr$$

$$= \frac{1}{\Omega} \frac{e^2}{2\epsilon_0} \int_0^\infty \int_{-1}^{+1} r\, e^{i|\vec{k}_1 - \vec{k}_1'| r \cos\vartheta}\, d(\cos\vartheta)\, dr$$

$$= \frac{1}{\Omega} \frac{e^2}{2\epsilon_0} \frac{1}{i|\vec{k}_1 - \vec{k}_1'|} \int_0^\infty (e^{i|\vec{k}_1 - \vec{k}_1'| r} - e^{-i|\vec{k}_1 - \vec{k}_1'| r})\, dr .$$

Um die Konvergenz des Integrals über r zu erzwingen, multiplizieren wir den Integranden mit dem Konvergenzfaktor $e^{-\mu r}$, wobei $\mu > 0$ ist, und lassen nach erfolgter Integration $\mu \to 0$ gehen. Wir bekommen auf diese Weise

$$V_{k_1 k_1'} = \frac{1}{\Omega} \frac{e^2}{2\epsilon_0} \frac{1}{i|\vec{k}_1 - \vec{k}_1'|} \lim_{\mu \to 0} \int_0^\infty e^{-\mu r}(e^{i|\vec{k}_1 - \vec{k}_1'| r} - e^{-i|\vec{k}_1 - \vec{k}_1'| r})\, dr$$

$$= \frac{1}{\Omega} \frac{e^2}{\epsilon_0} \lim_{\mu \to 0} \frac{1}{\mu^2 + |\vec{k}_1 - \vec{k}_1'|^2} = \frac{1}{\Omega} \frac{e^2}{\epsilon_0 |\vec{k}_1 - \vec{k}_1'|^2} .$$

$$(6.2)$$

Setzen wir schließlich noch zur Abkürzung

$$\vec{k}_1 - \vec{k}'_1 = \vec{q},$$ (6.3)

so erhalten wir

$$V_{k_1 k'_1} = \frac{1}{\Omega} \frac{e^2}{\epsilon_0 q^2}.$$ (6.4)

Befinden sich die beiden Elektronen nicht im Vakuum, sondern liegen sie als Leitungselektronen in einem Metall vor, so wird die Coulomb-Wechselwirkung zwischen den beiden Elektronen sowohl durch andere Leitungselektronen als auch durch positiv geladene Atomrümpfe abgeschirmt. Den Abschirmeffekt können wir dadurch erfassen, daß wir in Gl. (6.4) eine dielektrische Funktion $\epsilon(\vec{q}, \omega)$ einführen, die von dem Wellenzahlvektor $\vec{q}$ aus Gl. (6.3) und der Frequenz

$$\omega = \frac{|E_{k'_1} - E_{k_1}|}{\hbar}$$ (6.5)

abhängt. Hierbei ist E_{k_1} die kinetische Energie des einfallenden Elektrons mit der Wellenzahl k_1 und $E_{k'_1}$ die des gestreuten Elektrons mit der Wellenzahl k'_1. Das effektive Matrixelement der Wechselwirkung beträgt dann

$$V^{eff}_{k_1 k'_1} = \frac{1}{\Omega} \frac{e^2}{\epsilon_0 \epsilon(\vec{q}, \omega) q^2}.$$ (6.6)

Um $\epsilon(\vec{q}, \omega)$ zu ermitteln, gehen wir davon aus, daß durch eine von außen in das Jellium hineingebrachte elektrische Ladung mit der räumlich periodischen Dichteverteilung $\rho_{ext}(\vec{r})$ in dem anfangs neutralen Jellium durch Verrückung der Atomrümpfe und der Leitungselektronen eine Ladung mit der Dichte $\rho_{ind}(\vec{r})$ induziert wird. $\rho_{ext}(\vec{r})$ und $\rho_{ind}(\vec{r})$ sind mit der elektrischen Flußdichte $\vec{D}$ und der elektrischen Feldstärke $\vec{E}$ durch die Beziehungen

$$\text{div } \vec{D} = \rho_{ext}(\vec{r})$$ (6.7a)

und $$\epsilon_0 \text{ div } \vec{E} = \rho_{ext}(\vec{r}) + \rho_{ind}(\vec{r})$$ (6.7b)

verknüpft. Bei einer Fourier-Entwicklung von $\vec{D}$, $\vec{E}$, ρ_{ext} und ρ_{ind} erhalten wir dementsprechend

$$\text{div } \sum_{\vec{q}} \vec{D}_q e^{i\vec{q} \cdot \vec{r}} = \sum_{\vec{q}} \rho_{ext,q} e^{i\vec{q} \cdot \vec{r}}$$

bzw. $$\epsilon_0 \text{ div } \sum_{\vec{q}} \vec{E}_q e^{i\vec{q} \cdot \vec{r}} = \sum_{\vec{q}} (\rho_{ext,q} + \rho_{ind,q}) e^{i\vec{q} \cdot \vec{r}}.$$

Diese Gleichungen sind für Summanden, die zu demselben $\vec{q}$-Wert gehören, auch einzeln erfüllt. Wenn wir nun zwei zusammengehörige Gleichungen durcheinander dividieren und festsetzen, daß

$$\vec{D}_q = \epsilon_0 \epsilon(\vec{q}, \omega) \vec{E}_q$$ (6.8)

ist, so finden wir

$$\epsilon(\vec{q}, \omega) = \frac{\rho_{ext,q}}{\rho_{ext,q} + \rho_{ind,q}}. \qquad (6.9)$$

Hiernach können wir $\epsilon(\vec{q}, \omega)$ angeben, wenn es uns gelingt, die Fourier-Transformierte $\rho_{ind,q}$ bei vorgegebenem Wert von $\rho_{ext,q}$ zu bestimmen.

Die Ladungsdichte $\rho_{ind}(\vec{r})$ zerlegen wir zweckmäßig in zwei Anteile, in eine ionische Komponente $\rho_i(\vec{r})$, die von der Verrückung der Atomrümpfe herrührt, und eine elektronische Komponente $\rho_e(\vec{r})$, die die Verschiebung der Leitungselektronen betrifft. Wir setzen also

$$\rho_{ind}(\vec{r}) = \rho_i(\vec{r}) + \rho_e(\vec{r}). \qquad (6.10)$$

Als erstes ermitteln wir $\rho_i(\vec{r})$. Hierbei schlagen wir einen Weg ein, wie er von P. G. De Gennes (s. Literaturverzeichnis zu Kapitel 6) vorgezeichnet wurde.

Für ein z-wertiges Ion mit der Masse M, auf das ein elektrisches Feld $\vec{E}$ einwirkt, lautet die Bewegungsleichung

$$M \frac{d\vec{v}_i}{dt} = ze\,\vec{E} \qquad (6.11)$$

Wir wollen annehmen, daß wir die totale Ableitung $d\vec{v}_i/dt$ durch die partielle Ableitung $\partial\vec{v}_i/\partial t$ ersetzen dürfen. Dieses ist erlaubt, wenn bei einer zeitlich periodischen Störung mit der Kreisfrequenz ω die Bedingung

$$\omega \gg qv_i \qquad (6.12)$$

erfüllt ist, oder anders ausgedrückt, wenn die Verrückung des Ions während einer Störperiode klein gegenüber der Wellenlänge des Störfeldes ist. Führen wir außerdem in Gl. (6.11) anstelle der Ionengeschwindigkeit $\vec{v}_i$ die Ionenstromdichte

$$\vec{j}_i = n_i z e \vec{v}_i$$

ein, wobei n_i die Anzahl der Ionen je Volumeneinheit ist, so bekommen wir

$$\frac{\partial\vec{j}_i}{\partial t} = \frac{n_i(ze)^2}{M}\,\vec{E}. \qquad (6.13)$$

Mit Hilfe der Kontinuitätsgleichung

$$\mathrm{div}\,\vec{j}_i = -\frac{\partial\rho_i}{\partial t}$$

können wir $\vec{j}_i$ aus Gl. (6.13) eliminieren. Wir erhalten

$$-\frac{\partial^2\rho_i}{\partial t^2} = \frac{n_i(ze)^2}{M}\,\mathrm{div}\,\vec{E}. \qquad (6.14)$$

Bei einer zeitlich periodischen Störung mit der Kreisfrequenz ω ist $\partial^2 \rho_i/\partial t^2 = -\omega^2 \rho_i$. Für div $\vec{E}$ benutzen wir die Beziehung aus Gl. (6.7b). Es ergibt sich dann aus Gl. (6.14)

$$\rho_i(\vec{r}) = \frac{\omega_i^2}{\omega^2} \left[\rho_{ext}(\vec{r}) + \rho_{ind}(\vec{r}) \right] \tag{6.15}$$

$$\text{mit} \qquad \omega_i = \sqrt{\frac{n_i(ze)^2}{\epsilon_0 M}}. \tag{6.16}$$

ω_i ist die sog. *Ionen-Plasmafrequenz*. Sie ist um den Faktor $\sqrt{m/M}$ kleiner als die Plasmafrequenz der Leitungselektronen, wenn m deren Masse ist (s. Gl. (4.81)). ω_i liegt in der Größenordnung 10^{13} s^{-1}.

Als nächstes befassen wir uns mit der Berechnung von $\rho_e(\vec{r})$. Hier können wir bei einer zeitlich periodischen Störung mit der Kreisfrequenz ω die Frequenzabhängigkeit von $\rho_e(r)$ vernachlässigen, d. h., die Störung als statisch ansehen, wenn

$$\omega \ll qv_F \tag{6.17}$$

ist. v_F ist hierbei die Geschwindigkeit der Elektronen der Fermi-Fläche. Da v_F viel größer als die typische Ionengeschwindigkeit v_i ist, folgt aus einem Vergleich von Gl. (6.12) und Gl. (6.17), daß in einem weiten Frequenzbereich und für ein großes Gebiet des $\vec{q}$-Raums gleichzeitig $\rho_i(\vec{r})$ von $\vec{q}$ und $\rho_e(\vec{r})$ von ω unabhängig ist. Im übrigen benutzen wir für die Berechnung von $\rho_e(\vec{r})$ die sog. *Thomas-Fermi-Näherung*. Sie gilt unter der Voraussetzung, daß wir für die Gesamtenergie eines Leitungselektrons bei Vorliegen einer ortsabhängigen Störung mit dem Potential $V(\vec{r})$ den klassischen Ansatz

$$E(\vec{k}) = \frac{\hbar^2 k^2}{2m} - eV(\vec{r}) \tag{6.18}$$

machen dürfen. Die Energie unterscheidet sich in diesem Fall von dem Wert für ein freies Elektron um die potentielle Energie am Ort $\vec{r}$ des Elektrons. Ein solcher Ansatz ist natürlich nur dann gerechtfertigt, wenn sich $V(\vec{r})$ über eine Distanz, die der Ausdehnung des Wellenpakets eines Leitungselektrons entspricht, nur sehr wenig ändert. Die Ausdehnung eines derartigen Wellenpakets beträgt mindestens $1/k_F$, wenn k_F der Radius der Fermi-Kugel freier Elektronen ist. Für die Wellenzahl q der Störung muß demnach gelten

$$q \ll k_F. \tag{6.19}$$

Setzen wir in der Fermi-Funktion (s. Gl. (B. 25))

$$f_0 = \frac{1}{e^{(E-E_F)/k_B T} + 1}$$

für E den Ausdruck aus Gl. (6.18) ein, so erhalten wir

$$f_0 = \cfrac{1}{e^{\left[\frac{\hbar^2 k^2}{2m} - eV(\vec{r}) - E_F\right]/k_B T} + 1}$$

oder

$$f_0 = \cfrac{1}{e^{\left[\frac{\hbar^2 k^2}{2m} - (E_F + eV(\vec{r}))\right]/k_B T} + 1}. \tag{6.20}$$

Die Darstellung in Gl. (6.20) entspricht der Fermi-Funktion für freie Elektronen ohne Störfeld, wenn wir anstelle der Fermi-Energie E_F die Größe $E_F + eV(\vec{r})$ verwenden. Dieses bedeutet aber wiederum nach Gl. (B.27), daß die ortsabhängige Elektronenzahldichte $n_e(\vec{r})$ proportional der Größe $[E_F + eV(\vec{r})]^{3/2}$ ist. Bezeichnen wir mit n_e^0 die Elektronenzahldichte ohne Störfeld, so gilt

$$\frac{n_e(\vec{r}) - n_e^0}{n_e^0} = \frac{[E_F + eV(\vec{r})]^{3/2} - E_F^{3/2}}{E_F^{3/2}}. \tag{6.21}$$

Für kleine Werte von $eV(\vec{r})$ können wir in Gl. (6.21) eine Taylor-Entwicklung vornehmen und erhalten

$$\frac{n_e(\vec{r}) - n_e^0}{n_e^0} = \frac{E_F^{3/2} + \frac{3}{2} E_F^{1/2} eV(\vec{r}) - E_F^{3/2}}{E_F^{3/2}} = \frac{3}{2} \frac{eV(\vec{r})}{E_F}. \tag{6.22}$$

Die Größe $-e[n_e(\vec{r}) - n_e^0]$ ist die elektronische Komponente $\rho_e(\vec{r})$ der durch die Störung induzierten elektrischen Ladungsdichte. Aus Gl. (6.22) folgt somit

$$\rho_e(\vec{r}) = -\frac{3}{2} n_e^0 \frac{e^2 V(\vec{r})}{E_F}. \tag{6.23}$$

Das elektrische Potential $V(\vec{r})$ ist über die Poisson-Gleichung

$$\Delta V(\vec{r}) = -\frac{1}{\epsilon_0} [\rho_{ext}(\vec{r}) + \rho_{ind}(\vec{r})]$$

mit den Ladungsdichten $\rho_{ext}(\vec{r})$ und $\rho_{ind}(\vec{r})$ verknüpft. Als Gleichung zwischen Fourier-Transformierten erhalten wir hieraus

$$q^2 V_q = \frac{1}{\epsilon_0} (\rho_{ext,q} + \rho_{ind,q}). \tag{6.24}$$

Gehen wir auch in Gl. (6.23) zu den Fourier-Transformierten über, so bekommen wir unter Verwendung von Gl. (6.24)

$$\rho_{e,q} = -\frac{k_{TF}^2}{q^2} (\rho_{ext,q} + \rho_{ind,q}), \tag{6.25}$$

wobei $\quad k_{TF}^2 = \dfrac{3}{2} \dfrac{n_e^0 e^2}{\epsilon_0 E_F}$ $\hfill (6.26)$

ist. k_{TF} ist die sog. *Thomas-Fermi-Wellenzahl.* Ihre physikalische Bedeutung wird in Aufgabe 6.1 untersucht.

Für die Fourier-Transformierten von $\rho_i(\vec{r})$ folgt aus Gl. (6.15)

$$\rho_{i,q} = \frac{\omega_i^2}{\omega^2}\,(\rho_{ext,q} + \rho_{ind,q}). \hfill (6.27)$$

Schließlich erhalten wir für die Fourier-Transformierte $\rho_{ind,q}$ aus Gl. (6.10), (6.27) und (6.25)

$$\rho_{ind,q} = \left(\frac{\omega_i^2}{\omega^2} - \frac{k_{TF}^2}{q^2}\right)(\rho_{ext,q} + \rho_{ind,q}). \hfill (6.28)$$

Für die dielektrische Funktion $\epsilon(q, \omega)$ ergibt sich dann nach Gl. (6.9)

$$\epsilon(\vec{q}, \omega) = 1 - \frac{\rho_{ind,q}}{\rho_{ext,q} + \rho_{ind,q}} = 1 - \frac{\omega_i^2}{\omega^2} + \frac{k_{TF}^2}{q^2}. \hfill (6.29)$$

In Gl. (6.29) führen wir nun die Eigenfrequenzen der kollektiven Schwingungen des Elektronen-Ionen-Kontinuums ein. In einem Jellium können sich natürlich nur longitudinale und bei niedrigen Frequenzen auch nur akustische Schwingungen ausbilden. Wir finden die Eigenfrequenzen, indem wir in Gl. (6.28) $\rho_{ext,q} = 0$ setzen. Zu jeder Wellenzahl q gehört eine andere Eigenfrequenz $\omega(q)$. Es ist

$$\omega^2(q) = \frac{q^2}{q^2 + k_{TF}^2}\,\omega_i^2 \hfill (6.30)$$

Für kleine Wellenzahlen q geht Gl. (6.30) über in

$$\omega(q) = \frac{\omega_i}{k_{TF}}\,q$$

Es besteht dann also ein linearer Zusammenhang zwischen ω und q, und $v_s = \omega/q$ ist die Schallgeschwindigkeit im Jellium. Mit Hilfe von Gl. (6.16) und Gl. (6.26) finden wir

$$v_s = \sqrt{\frac{2}{3}\,z\,\frac{E_F}{M}} = \sqrt{\frac{1}{3}\,\frac{m}{M}\,z}\,v_F. \hfill (6.31)$$

Diese als *Bohm-Staver-Relation* bekannte Beziehung liefert trotz der stark vereinfachenden Annahmen, die dem Jellium-Modell zugrunde liegen, für viele Metalle Schallgeschwindigkeiten, die recht gut mit experimentell beobachteten Werten übereinstimmen. Mit Hilfe von Gl. (6.30) eliminieren wir die Ionen-Plasmafrequenz ω_i aus Gl. (6.29) und erhalten

$$\frac{1}{\epsilon(\vec{q}, \omega)} = \frac{q^2}{q^2 + k_{TF}^2}\left(1 + \frac{\omega^2(q)}{\omega^2 - \omega^2(q)}\right). \hfill (6.32)$$

Für das effektive Matrixelement der Wechselwirkung zweier Leitungselektronen gilt
dann nach Gl. (6.6)

$$V^{eff}_{k_1 k'_1} = \frac{1}{\Omega} \frac{e^2}{\epsilon_0 (q^2 + k^2_{TF})} \left(1 + \frac{\omega^2(q)}{\omega^2 - \omega^2(q)} \right) . \tag{6.33}$$

In dieser Gleichung rührt der Ausdruck vor der Klammer von der abstoßenden Coulomb-
Wechselwirkung zwischen den beiden Leitungselektronen her, wobei allerdings die durch
andere Leitungselektronen verursachte Abschirmung bereits berücksichtigt ist. Das Kor-
rekturglied in der Klammer, das außer von der durch Gl. (6.3) definierten Wellenzahl q
auch noch von der durch Gl. (6.5) festgelegten Frequenz ω abhängt, erfaßt die ab-
schirmende Wirkung der positiven Ionen. Die Frequenzabhängigkeit dieses Gliedes ist
dadurch bedingt, daß die Abschirmung durch die Ionen wegen ihrer relativ großen Masse
retardiert erfolgt. Wenn ω kleiner als die Frequenz $\omega(q)$ der Eigenschwingungen des
Jelliums ist, ist $V^{eff}_{k_1 k'_1}$ negativ. In diesem Fall wird die durch Elektronen abgeschirmte
Coulomb-Abstoßung der beiden Leitungselektronen durch eine von den Ionen verursachte Abschirmung überkompensiert, und es kommt dadurch zu einer anziehenden
Wechselwirkung zwischen den beiden Leitungselektronen. Bei Verwendung von Gl. (6.5)
tritt sie auf, wenn

$$|E_{k'_1} - E_{k_1}| < \hbar\omega(q) \tag{6.34}$$

ist.

Der Maximalwert von $\omega(q)$ liegt in der Größenordnung der Debyeschen Grenzfrequenz
ω_D (s. Seite 77). Sie hat bei den verschiedenen Metallen einen Wert zwischen $5 \cdot 10^{12}$ und
$5 \cdot 10^{13}$ s^{-1}, was einer Phononenenergie $\hbar\omega$ von 0,003 bis 0,03 eV entspricht. Die Fermi-
Energie E_F der Leitungselektronen ist demgegenüber etwa um einen Faktor 10^2 bis 10^3
größer. Dieses bedeutet, daß eine anziehende Wechselwirkung zwischen zwei Leitungselektronen nur dann auftritt, wenn bei der Streuung der beiden Elektronen aneinander eine
Energie übertragen wird, die im Vergleich zur Fermi-Energie sehr klein ist. Das hat wiederum
zur Folge, daß für Leitungselektronen im Innern der Fermi-Kugel der Mechanismus, der eine
Anziehung der Elektronen hervorruft, nicht wirksam werden kann; denn für diese Elektronen stehen unbesetzte Zustände, in die sie bei gleichzeitiger Erfüllung der Bedingung
in Gl. (6.34) hineingestreut werden könnten, nicht zur Verfügung. Streuprozesse, bei der
Gl. (6.34) befriedigt wird, sind dementsprechend nur zwischen solchen Elektronenzu-
ständen möglich, die sich im $\vec{k}$-Raum innerhalb einer dünnen Schale zu beiden Seiten der
Fermi-Fläche befinden, welche im Energiemaß eine Dicke von ungefähr $2\hbar\omega_D$ hat.

Cooper-Paare

Wir diskutieren nun, wie es auf Grund der oben besprochenen Elektron-Elektron Wechselwirkung zur Ausbildung gebundener Elektronenpaare kommt. Hierbei gehen wir von
folgendem Modell aus:
Zu der bei T = 0 K voll aufgefüllten Fermi-Kugel mit dem Radius k_F werden zwei
Elektronen hinzugefügt, die auf Grund des Pauli-Prinzips gezwungen sind, Zustände ein-

zunehmen, deren Wellenzahlen k_1 und k_2 größer als k_F sind. Zwischen diesen beiden Elektronen werden nur solche Wechselwirkungen betrachtet, die eine Anziehung bewirken. Von einem gebundenen Zustand des Elektronenpaares wird man nun reden, wenn die Energie des Elektronenpaares kleiner als $2E_F$ ist. $2E_F$ wäre die Minimalenergie, die das Elektronenpaar bei fehlender Wechselwirkung unter Beachtung des Pauli-Prinzips annehmen könnte.

Ohne Wechselwirkung hätte die Wellenfunktion des Elektronenpaares die Form

$$\psi(\vec{r}_1, \vec{r}_2) = \frac{1}{\Omega}\, e^{i\vec{k}_1 \cdot \vec{r}_1} e^{i\vec{k}_2 \cdot \vec{r}_2}. \tag{6.35}$$

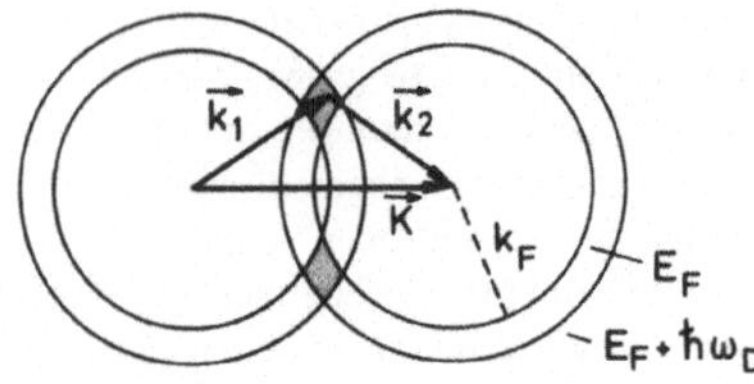

Fig. 6.3
Zur Abschätzung der Stärke der anziehenden Wechselwirkung zweier Leitungselektronen in Abhängigkeit vom Gesamtwellenzahlvektor $\vec{K}$ (s. Text)

Infolge der Wechselwirkung werden die Elektronen ständig in Zustände mit anderen Wellenzahlvektoren gestreut. Hierbei bleibt der Gesamtwellenzahlvektor $\vec{K} = \vec{k}_1 + \vec{k}_2$ erhalten. Die Wechselwirkung wird um so stärker sein, je größer die Anzahl der Übergangsmöglichkeiten ist. Die Skizze in Fig. 6.3 erlaubt eine Abschätzung, wie viele Übergänge bei einem vorgegebenen $\vec{K}$-Wert jeweils möglich sind. Nach Gl. (6.34) können anziehende Kräfte zwischen den beiden Elektronen nur dann auftreten, wenn sie sich im $\vec{k}$-Raum innerhalb einer dünnen an die Oberfläche der Fermi-Kugel angrenzenden Schale befinden, die in Energieeinheiten eine Dicke von ungefähr $\hbar\omega_D$ hat. Wie die Skizze zeigt, kommen bei vorgegebenem $\vec{K}$-Wert für die Übergänge nur $\vec{k}$-Werte in Frage, die innerhalb der schattierten Bereiche liegen. Ihre Anzahl erreicht für $\vec{K} = 0$ ein scharfes Maximum, da in diesem Fall $\vec{k}_1$ und $\vec{k}_2$ sämtliche Werte innerhalb der dünnen Schale annehmen können. Hiernach ist also die anziehende Wechselwirkung zwischen den beiden Elektronen dann besonders groß, wenn $\vec{K} = 0$ ist, d. h., wenn die Elektronen einen gleich großen aber entgegengesetzt gerichteten Wellenzahlvektor aufweisen. Die Wechselwirkungen in allen übrigen Konfigurationen sind dagegen vernachlässigbar klein. Wir werden uns deshalb auf den Fall $\vec{K} = 0$ beschränken. Es läßt sich außerdem zeigen, daß die Anziehung für ein Elektronenpaar mit antiparallelem Spin größer ist als für ein solches mit parallelem Spin. Im folgenden wird die Spin-Orientierung nicht eigens gekennzeichnet, sondern wir setzen stets voraus, daß der Wellenzahlvektor $+\vec{k}$ mit einem „Spin aufwärts" und der Wellenzahlvektor $-\vec{k}$ mit einem „Spin abwärts" verknüpft ist.

Für ein Elektronenpaar mit dem Gesamtwellenzahlvektor $\vec{K} = 0$ stellt sich bei einer Wechselwirkung zwischen den Elektronen die Wellenfunktion als eine Überlagerung von Funktionen dar, wie sie Gl. (6.35) wiedergibt. Es ist also

$$\psi(\vec{r}_1, \vec{r}_2) = \frac{1}{\Omega} \sum_{k > k_F} A(\vec{k}) e^{i\vec{k} \cdot (\vec{r}_1 - \vec{r}_2)}. \tag{6.36}$$

Hierbei ist $|A(\vec{k})|^2$ ein Maß für die Wahrscheinlichkeit, das Elektronenpaar in einem Zustand mit den Wellenzahlvektoren $\vec{k}$ und $-\vec{k}$ vorzufinden. Für $k < k_F$ ist wegen des Pauli-Verbots $A(\vec{k}) = 0$.

Die Schrödinger-Gleichung für das Elektronenpaar lautet:

$$-\frac{\hbar^2}{2m}(\Delta_1 + \Delta_2)\psi(\vec{r}_1,\vec{r}_2) + V(\vec{r}_1 - \vec{r}_2)\psi(\vec{r}_1,\vec{r}_2) = E\psi(\vec{r}_1,\vec{r}_2),$$

wenn $V(\vec{r}_1 - \vec{r}_2)$ der Wechselwirkungsoperator ist. Setzen wir in dieser Gleichung für $\psi(\vec{r}_1,\vec{r}_2)$ den Ausdruck aus Gl. (6.36) ein, multiplizieren die Gleichung mit $e^{-i\vec{k}'\cdot(\vec{r}_1-\vec{r}_2)}$ und integrieren über das Festkörpervolumen Ω, so erhalten wir mit $\vec{r} = \vec{r}_1 - \vec{r}_2$

$$\frac{\hbar^2 k'^2}{m} A(\vec{k}') + \sum_{k > k_F} A(\vec{k}) \frac{1}{\Omega} \int V(\vec{r}) e^{i(\vec{k}-\vec{k}')\cdot\vec{r}} d^3r = EA(k'). \tag{3.37}$$

$(\hbar^2 k'^2)/m$ ist die kinetische Energie eines Elektronenpaares mit den Wellenzahlvektoren $\vec{k}'$ und $-\vec{k}'$. Wir nennen diese Größe $\xi_{k'}$. $1/\Omega \int V(\vec{r}) e^{i(\vec{k}-\vec{k}')\cdot\vec{r}} d^3r$ ist das Matrixelement des Wechselwirkungspotentials für die Streuung eines Elektronenpaares mit den Wellen-zahlvektoren $\vec{k}$ und $-\vec{k}$ in einen Zustand mit den Wellenzahlvektoren $\vec{k}'$ und $-\vec{k}'$. Es ist also die Größe $V_{kk'}^{eff}$ aus Gl. (6.33), die wir unter Verwendung des Jellium-Modells be-rechnet haben. Mit diesen Bezeichnungen wird aus Gl. (6.37)

$$(E - \xi_{k'})A(\vec{k}') = \sum_{k > k_F} A(\vec{k})V_{kk'}^{eff}. \tag{6.38}$$

Zur Ermittlung der Energie E des Elektronenpaares aus Gl. (6.38) führte L. N. Cooper nun die nützliche Näherung ein, daß innerhalb des Bereichs einer anziehenden Wechsel-wirkung, also für Werte von ξ_k und $\xi_{k'}$ größer als $2E_F$ und kleiner als $2E_F + 2\hbar\omega_D$, alle Matrixelemente $V_{kk'}^{eff}$ den konstanten Wert $-V$ haben sollen, während sie außerhalb dieses Bereichs verschwinden. Wir erhalten dann anstelle von Gl. (6.38)

$$A(\vec{k}') = V\frac{\displaystyle\sum_{k > k_F} A(\vec{k})}{\xi_{k'} - E}. \tag{6.39}$$

Indem wir in Gl. (6.39) über $\vec{k}'$ summieren und anschließend $\Sigma A(\vec{k})$ eliminieren, be-kommen wir schließlich

$$\frac{1}{V} = \sum_{k' > k_F} \frac{1}{\xi_{k'} - E}. \tag{6.40}$$

Wir ersetzen nun die Summe in Gl. (6.40) durch ein Integral, wobei wir gleichzeitig die Integrationsvariable k' in ξ überführen. Als Zustandsdichte benutzen wir einen Wert $Z(E_F)$, der dem für Elektronen bei der Fermi-Energie entspricht (s. Gl. (B.21)). Es ist dann

$$\frac{1}{V} = \frac{1}{2} Z(E_F) \int\limits_{2E_F}^{2E_F + 2\hbar\omega_D} \frac{d\xi}{\xi - E} = \frac{1}{2} Z(E_F) \ln \frac{2E_F - E + 2\hbar\omega_D}{2E_F - E}.$$

Hieraus folgt

$$E = 2E_F - \frac{2\hbar\omega_D e^{-2/[Z(E_F)V]}}{1 - e^{-2/[Z(E_F)V]}} \, . \tag{6.41}$$

Danach ist die Gesamtenergie des Elektronenpaares kleiner als $2E_F$. Die beiden Elektronen befinden sich also in einem gebundenen Zustand und bilden nach der Definition auf Seite 242 ein Cooper-Paar.

Es hat sich gezeigt, daß gewöhnlich $Z(E_F)V \ll 1$ ist. In diesem Fall gilt:

$$E = 2E_F - 2\hbar\omega_D e^{-2/[Z(E_F)V]} \, . \tag{6.42}$$

Die Größe

$$\Delta E = 2\hbar\omega_D e^{-2/[Z(E_F)V]} \tag{6.43}$$

läßt sich als Bindungsenergie des Cooper-Paares auffassen und der Ausdruck in Gl. (6.36) als ihre Wellenfunktion. Es sei an dieser Stelle erwähnt, daß es nach Gl. (6.36) nicht möglich ist, den einzelnen Elektronen eines Cooper-Paares bestimmte Wellenzahlvektoren zuzuordnen. Die Wellenfunktion in Gl. (6.36) enthält vielmehr sämtliche Wellenzahlvektoren aus einem Energiebereich zwischen E_F und $E_F + \hbar\omega_D$. Die Verteilung auf die einzelnen Paarzustände wird durch den Gewichtsfaktor $A(\vec{k})$ angegeben. Er hat nach Gl. (6.39) seinen größten Wert, wenn die kinetische Energien ξ_k des Elektronenpaares den Minimalwert $2E_F$ hat, und nimmt mit ansteigendem Wert von ξ_k ab. Der Abfall erfolgt, wie man bei Beachtung von Gl. (6.42) findet, um so schneller, je kleiner die Größe ΔE aus Gl. (6.43) ist.

Die Ergebnisse, die wir für das hier betrachtete zusätzliche Elektronenpaar erhielten, gelten natürlich auch für zwei Elektronen, die aus Zuständen dicht unterhalb der Oberfläche der Fermi-Kugel in Zustände unmittelbar darüber gestreut werden. Obwohl in diesem Fall die beiden Elektronen kinetische Energie aufnehmen, überwiegt der Gewinn an potentieller Energie, so daß wiederum eine Überführung des Elektronenpaares in einen gebundenen Zustand erfolgt.

Grundzustand und angeregte Zustände eines Supraleiters bei T = 0 K

Im folgenden beschäftigen wir uns zunächst mit der Berechnung der Besetzungswahrscheinlichkeit von Zweiteilchenzuständen mit den Wellenzahlvektor $\vec{k}$ und $-\vec{k}$ für $T = 0$ K, wenn die oben behandelten Wechselwirkungen der Leitungselektronen berücksichtigt werden. Die so gewonnenen Ergebnisse lassen sich dann dazu benutzen, die Energielücke zwischen dem Grundzustand und den angeregten Zuständen eines Supraleiters zu ermitteln sowie die Energiedifferenz zwischen dem normalleitenden und supraleitenden Zustand zu bestimmen.

Ist u_k^2 die Wahrscheinlichkeit, daß der Zustand $(\vec{k}, -\vec{k})$ von einem Elektronenpaar besetzt ist, und $v_k^2 = 1 - u_k^2$ die Wahrscheinlichkeit, daß dieser Zustand nicht besetzt ist, so erhält man für die innere Energie des supraleitenden Zustands eines Festkörpers

$$U_s(0) = 2\sum_k u_k^2 \epsilon_k + \sum_{kk'} V_{kk'}^{eff} u_k v_{k'} u_{k'} v_k.$$ (6.44)

Hierbei ist $V_{kk'}^{eff}$ das Matrixelement des Wechselwirkungspotentials für die Streuung eines Elektronenpaares mit den Wellenzahlvektoren $\vec{k}$ und $-\vec{k}$ in einen Zustand mit den Wellenzahlvektoren $\vec{k}'$ und $-\vec{k}'$ (s. Gl. (6.33)) und ϵ_k die kinetische Energie eines Leitungselektrons mit der Wellenzahl k bzw. $-$k gemessen von der Fermi-Energie E_F aus. Das erste Glied in Gl. (6.44) entspricht der kinetischen Gesamtenergie der Elektronen im supraleitenden Zustand, wobei der Faktor 2 dadurch bedingt ist, daß jeder durch den Wellenzahlvektor $\vec{k}$ gekennzeichnete Quantenzustand wegen des Elektronenspins zweifach entartet ist. Das zweite Glied ist die Wechselwirkungsenergie des Elektronensystems auf Grund der Streuung von Elektronenpaaren aus den verschiedenen Zweiteilchenzuständen $(\vec{k}, -\vec{k})$ in die Zustände $(\vec{k}', -\vec{k}')$. Damit derartige Übergänge erfolgen können, muß anfangs jeweils ein bestimmter Zustand $(\vec{k}, -\vec{k})$ besetzt und ein zweiter Zustand $(\vec{k}', -\vec{k}')$ unbesetzt sein. Hierfür beträgt die Wahrscheinlichkeitsamplitude $u_k v_{k'}$. Andererseits hat die Wahrscheinlichkeitsamplitude für den betreffenden Endzustand den Wert $u_{k'} v_k$. Einfachheitshalber haben wir dabei u_k und v_k als reell angenommen.

Ähnlich wie bei der Behandlung der Cooper-Paare setzen wir nun fest:

$$V_{kk'}^{eff} = -V \quad \text{für} \quad |\epsilon_k| \leqslant \hbar\omega_D$$
$$V_{kk'}^{eff} = 0 \quad \text{für} \quad |\epsilon_k| > \hbar\omega_D$$ (6.45)

Gehen wir hiermit in Gl. (6.44) ein, und ersetzen wir außerdem v_k durch $\sqrt{1 - u_k^2}$, so bekommen wir

$$U_s(0) = 2\sum_k u_k^2 \epsilon_k - V \sum_{kk'} \sqrt{u_k^2(1 - u_{k'}^2)} \sqrt{u_{k'}^2(1 - u_k^2)}.$$ (6.46)

Einen Ausdruck für die Besetzungswahrscheinlichkeit u_k^2 am absoluten Nullpunkt der Temperatur können wir aus Gl. (6.46) gewinnen, indem wir berücksichtigen, daß für T = 0 K die innere Energie im thermodynamischen Gleichgewicht in Abhängigkeit von u_k^2 einen Minimalwert annimmt. Es muß also gelten

$$\frac{\partial U_s(0)}{\partial(u_k^2)} = 2\epsilon_k - 2V \frac{1 - 2u_k^2}{2\sqrt{u_k^2(1 - u_k^2)}} \sum_{k'} \sqrt{u_{k'}^2(1 - u_{k'}^2)} = 0.$$ (6.47)

Der Faktor 2 vor dem zweiten Glied hinter dem Gleichheitszeichen kommt dadurch zustande, daß sowohl $\vec{k}$ als auch $\vec{k}'$ jeden vorgegebenen $\vec{k}$-Wert durchlaufen.

Mit $\quad \Delta(0) = V \sum_{k'} \sqrt{u_{k'}^2(1 - u_{k'}^2)}$ (6.48)

folgt aus Gl. (6.47)

$$u_k^2 = \frac{1}{2}\left(1 - \frac{\epsilon_k}{\sqrt{\epsilon_k^2 + \Delta^2(0)}}\right).$$ (6.49)

Hierbei bleibt allerdings das Vorzeichen vor dem zweiten Glied in der Klammer zunächst unbestimmt. Da aber für $\epsilon_k \to \infty$ die Besetzungswahrscheinlichkeit $u_k^2 \to 0$ gehen muß, kommt nur das negative Vorzeichen in Frage.

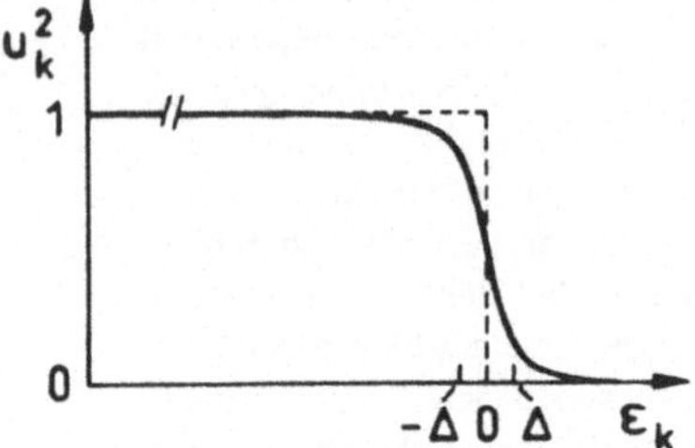

Fig. 6.4
Besetzungswahrscheinlichkeit u_k^2 von Zweiteilchenzuständen mit den Wellenzahlvektoren $\vec{k}$ und $-\vec{k}$ für T = 0 K in Abhängigkeit von der kinetischen Energie ϵ_k der Einzelelektronen bei Berücksichtigung einer anziehenden Wechselwirkung (durchgezogene Kurve) und ohne Berücksichtigung der Wechselwirkung (gestrichelte Kurve). ϵ_k wird von der Fermi-Energie E_F aus gemessen. 2Δ ist die Energielücke bei T = 0 K

In Fig. 6.4 ist die Besetzungswahrscheinlichkeit u_k^2 in Abhängigkeit von ϵ_k aufgetragen. Der Kurvenverlauf hat große Ähnlichkeit mit dem Verlauf der Fermi-Funktion für $T > 0$ (s. Fig. B.2). Im BCS-Grundzustand sind also auch am absoluten Nullpunkt der Temperatur Einelektronenzustände besetzt, deren kinetische Energie größer als die Fermi-Energie ist. Demnach ist die gesamte kinetische Energie der Leitungselektronen im supraleitenden Zustand größer als im normalleitenden Zustand; denn bei letzterem ist ja die Maximalenergie der Leitungselektronen durch die Fermi-Energie festgelegt. Jedoch tritt im supraleitenden Zustand infolge der anziehenden Wechselwirkung der Leitungselektronen ein negativer Beitrag zur Gesamtenergie $U_s(0)$ auf, durch den bewirkt wird, daß $U_s(0)$ insgesamt kleiner als die Energie $U_n(0)$ des normalleitenden Zustands ist. Die Energiedifferenz $U_n(0) - U_s(0)$ werden wir weiter unten berechnen. Zunächst untersuchen wir die physikalische Bedeutung der Größe $\Delta(0)$. Zu diesem Zweck befassen wir uns mit der Anregung eines Supraleiters aus seinem oben diskutierten Grundzustand.

Eine Anregung eines Supraleiters äußert sich darin, daß ein Cooper-Paar aufgebrochen wird. Hierbei wird ein Elektron des betreffenden Paares mit dem Wellenzahlvektor $\vec{k}$ in einen anderen Zustand mit dem Wellenzahlvektor $\vec{k}'$ überführt, und es bleibt ein ungepaartes Elektron mit dem Wellenzahlvektor $-\vec{k}$ zurück. Dadurch werden sowohl der vorher besetzte Paarzustand $(\vec{k}, -\vec{k})$ als auch der bisher unbesetzte Paarzustand $(\vec{k}', -\vec{k}')$ zerstört. Dem System wird auf diese Weise eine riesige Anzahl von Übergangsmöglichkeiten entzogen, was eine Abnahme der Wechselwirkungsenergie und somit eine Erhöhung der Gesamtenergie des Systems bedeutet. Wir berechnen als erstes die Anregungsenergie des Systems für den Fall, daß nur der Paarzustand $(\vec{k}_1, -\vec{k}_1)$ mit einem einzigen Elektron besetzt ist. Die Anregungsenergie ergibt sich als Differenz der Energie $U_{sk_1}(0)$ des angeregten Zustands und der Energie $U_s(0)$ des Grundzustands. Bei Berücksichtigung von Gl. (6.46) finden wir

$$U_{sk_1}(0) - U_s(0) = \epsilon_{k_1} - 2u_{k_1}^2 \epsilon_{k_1} + 2V \sum_{k'} \sqrt{u_{k'}^2(1 - u_{k'}^2)} \sqrt{u_{k_1}^2(1 - u_{k_1}^2)}.$$

$$(6.50)$$

In der Form des ersten Gliedes auf der rechten Seite von Gl. (6.50) kommt zum Ausdruck, daß der Zustand mit dem Wellenzahlvektor $\vec{k}_1$ hier tatsächlich besetzt ist, und nicht nur eine Aussage über die Besetzungswahrscheinlichkeit gemacht werden kann. Das dritte Glied entspricht der Wechselwirkungsenergie, die durch die verschiedenen möglichen Übergänge aus dem Zustand $(\vec{k}_1, -\vec{k}_1)$ heraus und in diesen Zustand hinein bedingt ist. Mit Gl. (6.48) wird aus Gl. (6.50)

$$U_{sk_1}(0) - U_s(0) = (1 - 2u_{k_1}^2)\epsilon_{k_1} + 2\Delta(0)\sqrt{u_{k_1}^2(1 - u_{k_1}^2)}. \tag{6.51}$$

Aus Gl. (6.49) folgt

$$1 - 2u_{k_1}^2 = \frac{\epsilon_{k_1}}{\sqrt{\epsilon_{k_1}^2 + \Delta^2(0)}} \tag{6.52}$$

und

$$\sqrt{u_{k_1}^2(1 - u_{k_1}^2)} = \frac{1}{2} \frac{\Delta(0)}{\sqrt{\epsilon_{k_1}^2 + \Delta^2(0)}}. \tag{6.53}$$

Hiermit erhalten wir schließlich für die Anregungsenergie

$$U_{sk_1}(0) - U_s(0) = \sqrt{\epsilon_{k_1}^2 + \Delta^2(0)}. \tag{6.54}$$

Diesen Anregungen lassen sich Quasiteilchen zuordnen, die ganz allgemein bei dem Wellenzahlvektor $\vec{k}$ die Energie

$$E_k = \sqrt{\epsilon_k^2 + \Delta^2(0)} \tag{6.55}$$

und den Impuls $\hbar\vec{k}$ besitzen. Es sind Fermi-Teilchen, die häufig nach N. N. Bogoliubov[1] als *Bogolonen* bezeichnet werden.

Sind hingegen zwei Paarzustände nur mit einem einzigen Elektron besetzt, wie es nach Aufbrechen eines Cooper-Paares stets der Fall ist, und kennzeichnen wir diese beiden Zustände durch $(\vec{k}_1, -\vec{k}_1)$ und $(\vec{k}_2, -\vec{k}_2)$, so beträgt die Anregungsenergie

$$U_{sk_1k_2}(0) - U_s(0) = \epsilon_{k_1} + \epsilon_{k_2} - 2u_{k_1}^2\epsilon_{k_1} - 2u_{k_2}^2\epsilon_{k_2}$$
$$+ 2V \sum_{k'} \sqrt{u_{k'}^2(1 - u_{k'}^2)} \sqrt{u_{k_1}^2(1 - u_{k_1}^2)} + 2V \sum_{k'} \sqrt{u_{k'}^2(1 - u_{k'}^2)} \sqrt{u_{k_2}(1 - u_{k_2}^2)}$$
$$- 2V \sqrt{u_{k_1}^2(1 - u_{k_1}^2)} \sqrt{u_{k_2}^2(1 - u_{k_2}^2)}. \tag{6.56}$$

In diesem Ausdruck ist das letzte Glied gegenüber den anderen Gliedern vernachlässigbar klein. Wir bekommen dann mit Hilfe von Umformungen, die denen zu Gl. (6.50) entsprechen

$$U_{sk_1k_2}(0) - U_s(0) = \sqrt{\epsilon_{k_1}^2 + \Delta^2(0)} + \sqrt{\epsilon_{k_2}^2 + \Delta^2(0)}. \tag{6.57}$$

Die Anregungsenergie ist am kleinsten, wenn $k_1 = k_2 = k_F$ ist, da in diesem Fall bei unserer Wahl der Energieskala $\epsilon_{k_1} = \epsilon_{k_2} = 0$ ist. Die Anregungsenergie beträgt jetzt

$$U_{sk_Fk_F}(0) - U_s(0) = 2\Delta(0). \tag{6.58}$$

---

[1] Nikolaj Nikolajewitsch Bogoljubov, *1909 Nischnij Nowgorod

Es besteht demnach im supraleitenden Zustand eine Energielücke vom Betrage $2\Delta(0)$ zwischen dem Grundzustand und den angeregten Zuständen. $2\Delta(0)$ ist die Energie, die mindestens aufgebracht werden muß, um ein Cooper-Paar aufzubrechen. Wir haben hier einen wesentlichen Unterschied zu den Verhältnissen im normalleitenden Zustand. Während im normalleitenden Zustand eine Anregung des Elektronengases um beliebig kleine Beträge möglich ist, muß im supraleitenden Zustand zur Anregung des Elektronensystems stets zunächst ein Cooper-Paar aufgebrochen werden.

Zur Berechnung von $\Delta(0)$ benutzen wir Gl. (6.48) und Gl. (6.49). Wir erhalten

$$\Delta(0) = \frac{V}{2} \sum_{k'} \frac{\Delta(0)}{\sqrt{\epsilon_{k'}^2 + \Delta^2(0)}}$$

$$\text{oder} \qquad 1 = \frac{V}{2} \sum_{k'} \frac{1}{\sqrt{\epsilon_{k'}^2 + \Delta^2(0)}} \, . \tag{6.59}$$

Wir ersetzen nun die Summation über die verschiedenen $\vec{k}$-Werte durch eine Integration über die Energiewerte ϵ zwischen den Grenzen $-\hbar\omega_D$ und $+\hbar\omega_D$; denn nur in diesem Energiebereich ist nach unserer Festsetzung in Gl. (6.45) V von Null verschieden. Ist $Z(E_F)d\epsilon$ die Zahl der Zustände der Einzelelektronen bei $\epsilon = 0$ im Energieintervall zwischen ϵ und $\epsilon + d\epsilon$, so wird aus Gl. (6.59)

$$1 = \frac{V}{4} \int_{-\hbar\omega_D}^{+\hbar\omega_D} \frac{Z(E_F)d\epsilon}{\sqrt{\epsilon^2 + \Delta^2(0)}} \, .$$

Legt man für die Zustandsdichte einen symmetrischen Verlauf zu beiden Seiten der Fermi-Kante zugrunde, so bekommen wir

$$\frac{2}{Z(E_F)V} = \int_0^{\hbar\omega_D/\Delta(0)} \frac{d(\epsilon/\Delta(0))}{\sqrt{1 + (\epsilon/\Delta(0))^2}} = \operatorname{arsinh}\left(\frac{\hbar\omega_D}{\Delta(0)}\right)$$

$$\text{oder} \qquad \Delta(0) = \frac{\hbar\omega_D}{\sinh\left(2/Z(E_F)V\right)} \, . \tag{6.60}$$

Setzen wir wieder wie auf Seite 252 eine schwache Wechselwirkung der Elektronen voraus, nehmen wir also an, daß $Z(E_F)V \ll 1$ ist, so wird aus Gl. (6.60)

$$\Delta(0) = 2\hbar\omega_D e^{-2/[Z(E_F)V]} \, . \tag{6.61}$$

Hiernach ist die Energielücke $2\Delta(0)$ sehr viel kleiner als die maximale Phononenenergie $\hbar\omega_D$ im Festkörper. Außerdem ergibt sich durch Vergleich von Gl. (6.61) und Gl. (6.43), daß für $Z(E_F)V \ll 1$ die Größe $\Delta(0)$ gerade gleich der Bindungsenergie ΔE eines Cooper-Paares ist. Mit der experimentellen Bestimmung des Betrages der Energielücke, die im übrigen, wie wir weiter unten sehen werden, von der Temperatur des Supraleiters abhängt, befassen wir uns auf Seite 265.

Auf Seite 250 wurde dargelegt, daß wir Gl. (6.36) als Wellenfunktion eines Cooper-Paares auffassen können. Diese Gleichung beschreibt ein Wellenpaket, dessen Energieunschärfe um so größer ist, je größer die Bindungsenergie ΔE oder, anders ausgedrückt, der Wert von $\Delta(0)$ ist. Bei dem dort vorgenommenen Gedankenexperiment haben wir uns allerdings auf k-Werte beschränkt, die größer als k_F sind. Diese Einschränkung tritt natürlich nicht bei den Überlegungen auf, die zum Ergebnis in Gl. (6.49) auf Seite 253 führten. Der Fig. 6.4, die dieses Ergebnis graphisch wiedergibt, können wir entnehmen, daß die Energieunschärfe der Einzelelektronen eines Cooper-Paares etwa $2\Delta(0)$ beträgt. Für die zugehörige Impulsunschärfe Δp gilt dann die Beziehung:

$$2\Delta(0) \approx \frac{d}{dp}\left(\frac{p^2}{2m}\right)_{p_F} \Delta p = \frac{p_F}{m}\,\Delta p$$

oder $\quad \Delta p \approx \dfrac{2\Delta(0)m}{p_F}$.

Nach der Heisenbergschen Unschärferelation erhalten wir hieraus für die Ortsunschärfe Δr, die wir als mittleren Durchmesser eines Cooper-Paares ansehen dürfen,

$$\Delta r = \frac{\hbar}{\Delta p} \approx \frac{\hbar p_F}{2\Delta(0)m} = \frac{1}{k_F}\,\frac{E_F}{\Delta(0)}.$$

Wie wir später sehen werden, liegt $E_F/\Delta(0)$ im Bereich zwischen 10^3 und 10^4; k_F hat einen Wert in der Größenordnung von 10^8 cm^{-1}. Wir erhalten also für Δr Werte zwischen 10^{-5} und 10^{-4} cm. Dieses bedeutet, daß im „Volumen" eines Cooper-Paares von etwa 10^{-12} cm^3 sich mindestens 10^{10} Elektronen befinden, von denen wiederum, wie man zeigen kann, mehr als 10^6 mit anderen Elektronen Cooper-Paare bilden. Die Cooper-Paare überlappen sich also sehr stark, und man darf sie deshalb nicht als voneinander unabhängige Teilchen betrachten. Im übrigen können sich die Cooper-Paare eines Systems alle im gleichen Quantenzustand befinden. Derartiges ist möglich, weil die Cooper-Paare den Spin Null haben, und sich deshalb bei ihnen das Pauli-Verbot nicht auswirkt. In dieser Hinsicht verhalten sie sich ähnlich wie Bosonen. Im Gegensatz zu Teilchen, für welche die Bose-Statistik gilt, gibt es jedoch für Cooper-Paare keine angeregten Zustände; sie existieren nur im Grundzustand.

Als letztes berechnen wir schließlich noch die Differenz $U_n(0) - U_s(0)$ der inneren Energien des normal- und supraleitenden Zustands für $T = 0$ K. Es ist

$$U_n(0) = 2 \sum_{k<k_F} \epsilon_k.$$

Für $U_s(0)$ erhalten wir aus Gl. (6.46) bei Berücksichtigung von Gl. (6.49) und Gl. (6.48)

$$U_s(0) = \sum_k \left(\epsilon_k - \frac{\epsilon_k^2}{\sqrt{\epsilon_k^2 + \Delta^2(0)}}\right) - \frac{1}{2}\sum_k \frac{\Delta^2(0)}{\sqrt{\epsilon_k^2 + \Delta^2(0)}}.$$

Hiernach ist

$$U_n(0) - U_s(0) = - \sum_{k<k_F} \left[(-\epsilon_k) - \frac{\epsilon_k^2}{\sqrt{\epsilon_k^2 + \Delta^2(0)}} \right]$$

$$- \sum_{k>k_F} \left[\epsilon_k - \frac{\epsilon_k^2}{\sqrt{\epsilon_k^2 + \Delta^2(0)}} \right] + \sum_{k>k_F} \frac{\Delta^2(0)}{\sqrt{\epsilon_k^2 + \Delta^2(0)}}$$

$$= \sum_{k>k_F} \frac{2\epsilon_k^2 + \Delta^2(0)}{\sqrt{\epsilon_k^2 + \Delta^2(0)}} - \sum_{k>k_F} 2\epsilon_k$$

Benutzen wir wiederum die Kontinuumsnäherung, so bekommen wir

$$U_n(0) - U_s(0) = \frac{Z(E_F)}{2} \int_0^{\hbar\omega_D} \frac{2\epsilon^2 + \Delta^2(0)}{\sqrt{\epsilon^2 + \Delta^2(0)}} \, d\epsilon - Z(E_F) \int_0^{\hbar\omega_D} \epsilon d\epsilon$$

$$= \frac{Z(E_F)}{2} [\epsilon\sqrt{\epsilon^2 + \Delta^2(0)}]_0^{\hbar\omega_D} - \frac{Z(E_F)}{2} [\epsilon^2]_0^{\hbar\omega_D}$$

$$= \frac{Z(E_F)}{2} (\hbar\omega_D)^2 (\sqrt{1 + \Delta^2(0)/(\hbar\omega_D)^2} - 1). \tag{6.62}$$

Ist $Z(E_F)V \ll 1$, so ist nach Gl. (6.61) $\Delta(0) \ll \hbar\omega_D$, und aus Gl. (6.62) wird

$$U_n(0) - U_s(0) = \frac{1}{4} Z(E_F)\Delta^2(0). \tag{6.63}$$

Die Größe $U_n - U_s$ bezeichnet man häufig als *Kondensationsenergie* des betreffenden Supraleiters; denn sie gibt die Energie an, die bei der „Kondensation" der Leitungselektronen zu Cooper-Paaren frei wird.

Supraleitende Zustände für T > 0 K

Bei Temperaturen oberhalb des absoluten Nullpunkts sind in einem Supraleiter im thermodynamischen Gleichgewicht stets Cooper-Paare aufgebrochen, und zwar um so mehr, je höher seine Temperatur ist. Dieses hat zur Folge, daß die Energie, die erforderlich ist, um über die Gleichgewichtskonfiguration hinaus noch ein weiteres Cooper-Paar aufzubrechen und somit den Supraleiter anzuregen, von der Temperatur abhängt. Hierbei ist zu erwarten, daß mit steigender Temperatur die Energielücke zwischen dem Grundzustand und den angeregten Zuständen kleiner wird; denn je mehr Cooper-Paare schon aufgebrochen sind, um so weniger Übergangsmöglichkeiten werden beim Aufbrechen eines weiteren Paares dem System entzogen. Die Temperaturabhängigkeit der Energielücke werden wir im folgenden genauer untersuchen.

Für T > 0 K sind im Gleichgewicht im Wechselwirkungsbereich der Elektronen an der Oberfläche der Fermi-Kugel Cooper-Paare und die auf Seite 255 eingeführten Quasiteilchen nebeneinander vorhanden. Da die Quasiteilchen der Fermi-Statistik gehorchen, gilt für die Wahrscheinlichkeit $f_0(E_k)$, daß ein Zustand mit dem Wellenzahlvektor $\vec{k}$ und der Energie

$$E_k = \sqrt{\epsilon_k^2 + \Delta^2(T)} \qquad (6.64)$$

mit einem Quasiteilchen besetzt ist (s. Gl. (B.25)):

$$f_0(E_k) = \frac{1}{e^{E_k/k_B T} + 1} . \qquad (6.65)$$

Dementsprechend beträgt die Wahrscheinlichkeit, daß weder der Zustand mit dem Wellenzahlvektor $\vec{k}$ noch der Zustand mit dem Wellenzahlvektor $-\vec{k}$ mit einem Quasiteilchen besetzt ist,

$$1 - 2f_0(E_k) = \tanh \frac{E_k}{2k_B T} . \qquad (6.66)$$

Berücksichtigen wir nun, daß bei der Anregung eines Quasiteilchens der Energie E_k ein Elektron in einen Zustand mit der kinetischen Energie ϵ_k überführt wird, so erhalten wir für die innere Energie des supraleitenden Grundzustands für $T > 0$ K

$$U_s(T) = 2 \sum_k \{f_0(E_k) + [1 - 2f_0(E_k)]u_k^2\} \epsilon_k$$

$$- V \sum_{kk'} \sqrt{u_k^2(1 - u_{k'}^2)} \sqrt{u_{k'}^2(1 - u_k^2)} \, [1 - 2f_0(E_k)][1 - 2f_0(E_{k'})].$$

Wie in Gl. (6.46) entspricht auch hier das erste Glied der kinetischen Gesamtenergie der Elektronen, wobei der zweite Term in der geschweiften Klammer die Wahrscheinlichkeit angibt, daß der Paarzustand $(\vec{k}, -\vec{k})$ tatsächlich mit einem korrelierten Elektronenpaar besetzt ist und nicht etwa nur mit einem einzelnen Quasiteilchen mit dem Wellenzahlvektor $\vec{k}$ bzw. $-\vec{k}$. Das zweite Glied ist durch die Wechselwirkung der Elektronen bedingt.

u_k^2 können wir ermitteln, indem wir das Minimum der freien Energie $F = U_s - TS$ in Abhängigkeit von u_k^2 aufsuchen. Die Entropie S des Systems hängt allerdings nur von der Verteilung der Quasiteilchen auf die verschiedenen Zustände ab und somit nur von $f_0(E_k)$; denn die Cooper-Paare befinden sich im Zustand höchster Ordnung und liefern deshalb keinen Beitrag zur Entropie. Wir haben also letztlich wieder wie auf Seite 253 lediglich $U_s(T)$ partiell nach u_k^2 zu differenzieren. Wir bekommen

$$\frac{\partial U_s(T)}{\partial(u_k^2)} = 2[1 - 2f_0(E_k)]\epsilon_k$$

$$- V \frac{1 - 2u_k^2}{\sqrt{u_k^2(1 - u_k^2)}} [1 - 2f_0(E_k)] \sum_{k'} \sqrt{u_{k'}^2(1 - u_{k'}^2)} \, [1 - 2f_0(E_{k'})] = 0$$

$$\text{oder} \quad 2\epsilon_k = V \frac{1 - 2u_k^2}{\sqrt{u_k^2(1 - u_k^2)}} \sum_{k'} \sqrt{u_{k'}^2(1 - u_{k'}^2)} \, [1 - 2f_0(E_{k'})]. \qquad (6.67)$$

Setzen wir

$$\Delta(T) = V \sum_{k'} \sqrt{u_{k'}^2 (1 - u_{k'}^2} \; [1 - 2f_0(E_{k'})], \tag{6.68}$$

so erhalten wir aus Gl. (6.67)

$$u_k^2 = \frac{1}{2}\left(1 - \frac{\epsilon_k}{\sqrt{\epsilon_k^2 + \Delta^2(T)}}\right). \tag{6.69}$$

Mit dieser Festsetzung für $\Delta(T)$ erweist sich $2\Delta(T)$ als die Energie, die mindestens aufgebracht werden muß, um über die thermodynamische Gleichgewichtskonfiguration hinaus noch ein weiteres Cooper-Paar aufzubrechen (Der Beweis ist wie auf Seite 255 zu führen). $2\Delta(T)$ ist also gerade die Energielücke zwischen dem Grundzustand und den angeregten Zuständen.

Aus den Gln. (6.68) und (6.69) ergibt sich

$$\Delta(T) = \frac{V}{2} \sum_{k'} \frac{\Delta(T)}{\sqrt{\epsilon_{k'}^2 + \Delta^2(T)}} \; [1 - 2f_0(E_{k'})]$$

und hieraus bei Berücksichtigung von Gl. (6.66) und Gl. (6.64)

$$1 = \frac{V}{2} \sum_{k'} \frac{1}{\sqrt{\epsilon_{k'}^2 + \Delta^2(T)}} \; \tanh \frac{\sqrt{\epsilon_{k'}^2 + \Delta^2(T)}}{2k_B T}. \tag{6.70}$$

Gehen wir wie auf Seite 256 von der Summation zur Integration über, so erhalten wir

$$\frac{2}{Z(E_F)V} = \int_0^{\hbar\omega_D} \frac{d\epsilon}{\sqrt{\epsilon^2 + \Delta^2(T)}} \tanh \frac{\sqrt{\epsilon^2 + \Delta^2(T)}}{2k_B T}. \tag{6.71}$$

Diese Gleichung benutzen wir zunächst dazu, die kritische Temperatur T_c zu berechnen, also die Temperatur, bei der der supraleitende in den normalleitenden Zustand übergeht. Bei der kritischen Temperatur sind sämtliche Cooper-Paare aufgebrochen, d. h. $\Delta(T_c) = 0$. Verwenden wir diese Aussage in Gl. (6.71) und führen wir gleichzeitig die neue Integrationsvariable $x = \epsilon/2k_B T_c$ ein, so bekommen wir

$$\frac{2}{Z(E_F)V} = \int_0^{\hbar\omega_D/2k_B T_c} \frac{\tanh x}{x} \, dx. \tag{6.72}$$

Für $k_B T_c \ll \hbar\omega_D$ ergibt sich aus Gl. (6.72)

$$k_B T_c = 1{,}13 \; \hbar\omega_D e^{-2/[Z(E_F)V]}. \tag{6.73}$$

Mit Gl. (6.61) erhalten wir hieraus eine Beziehung zwischen der Größe der Energielücke bei 0 K und der kritischen Temperatur. Sie lautet

$$2\Delta(0) = 3{,}5 \; k_B T_c. \tag{6.74}$$

Aus Gl. (6.71) folgt weiter, daß bei einer schwachen Wechselwirkung der Elektronen die Größe $\Delta(T)/\Delta(0)$ eine universelle Funktion von T/T_c ist (s. Aufgabe 6.2). Sie läßt sich allerdings nur numerisch ermitteln. In Fig. 6.5 ist diese Funktion dargestellt. Oberhalb des absoluten Nullpunkts der Temperatur fällt sie zunächst sehr langsam ab. Wenn

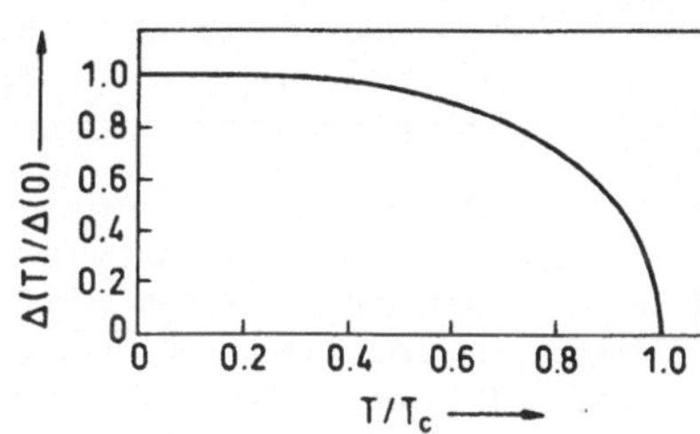

Fig. 6.5
Temperaturabhängigkeit des Energielücken-Parameters $\Delta(T)$ bezogen auf seinen Wert bei $T = 0$ K nach der BCS-Theorie

jedoch bei genügend hoher Temperatur ausreichend viele Cooper-Paare aufgebrochen sind, wird der Abfall der Funktion beschleunigt. Schließlich erreicht sie bei T_c mit vertikaler Tangente den Wert null. In der Nähe von T_c gilt:

$$\frac{\Delta(T)}{\Delta(0)} \approx 1{,}74 \sqrt{1 - \frac{T}{T_c}}. \tag{6.75}$$

Isotopieeffekt

Nach Gl. (6.73) ist die kritische Temperatur T_c proportional der Debyeschen-Grenzfrequenz ω_D, und diese ist wiederum für die verschiedenen Isotope eines Elements nach Gl. (2.45) und (2.10) umgekehrt proportional der Wurzel aus der Atommasse M. Hätte nun die Größe $Z(E_F)V$ aus Gl. (6.73) für sämtliche Isotope eines Elements den gleichen Wert, so wäre $T_c \sim 1/\sqrt{M}$. Diese Beziehung besteht tatsächlich für verschiedene Elemente wie z. B. Quecksilber und Blei. Für die Isotope anderer Elemente gilt hingegen die allgemeinere Beziehung

$$T_c \sim M^{-\alpha}, \tag{6.75}$$

wobei der sog. *Isotopenexponent* α mehr oder weniger stark von 1/2 abweicht und sogar wie z. B. beim Ruthenium den Wert Null annehmen kann. Diese Abweichungen werden verständlich, wenn man beachtet, daß zwar die Zustandsdichte $Z(E_F)$ der Leitungselektronen für alle Isotope eines Elements gleich groß ist, aber das Matrixelement $V_{kk'}^{eff}$ nach Gl. (6.33) außer von der rein elektronischen Größe k_{TF} über die akustischen Eigenfrequenzen $\omega(\vec{q})$ auch von M abhängt. Eine detailliertere Theorie kann die verschiedenen Werte der Größe α auch quantitativ richtig wiedergeben. Der durch Gl. (6.75) beschriebene Isotopieeffekt zeigt somit, daß Gitterschwingungen für die anziehende Wechselwirkung zwischen Leitungselektronen von wesentlicher Bedeutung sind. In Tab. 6.1 ist für verschiedene Supraleiter der Isotopenexponent angegeben.

Tab. 6.1

Substanz	α		Substanz	α
Zn	0,45		Os	0,15
Mo	0,33		Hg	0,50
Ru	0,00		Tl	0,50
Sn	0,47		Pb	0,49

Bei keramischen Hochtemperatur-Supraleitern, mit denen wir uns in Abschn. 6.6 beschäftigen, wird die elektronische Struktur weitgehend durch sich überlappende Cu-3d-0-2p-Bänder bestimmt. Hier konnte kein Einfluß der Isotopenmasse des Sauerstoffs auf die kritische Temperatur beobachtet werden. Wollte man dieses Ergebnis im Rahmen der BCS-Theorie erklären und gleichzeitig die Elektron-Elektron Wechselwirkung mit dem Austausch virtueller Phononen begründen, so käme man auf völlig unvernünftige Werte für die entsprechenden Kopplungskonstanten. Man hat also hier nach anderen Wechselwirkungsmechanismen zu suchen.

Halbleitermodell des Supraleiters

Jeder Anregung eines Leitungselektrons im normalleitenden Zustand mit der Energie ϵ entspricht im supraleitenden Zustand umkehrbar eindeutig die Anregung eines Quasiteilchens mit der Energie $E = \sqrt{\epsilon^2 + \Delta^2(T)}$. Demnach gilt, wenn $Z_n(\epsilon)$ die Zustandsdichte im normalleitenden und $Z_s(E)$ die Zustandsdichte im supraleitenden Zustand ist

$$Z_s(E)dE = Z_n(\epsilon)d\epsilon$$

oder $$Z_s(E) = Z_n(\epsilon)\frac{d\epsilon}{dE} = Z_n(\epsilon)\frac{d}{dE}\sqrt{E^2 - \Delta^2(T)}$$

und somit

$$Z_s(E) = Z_n(\epsilon)\ \frac{E}{\sqrt{E^2 - \Delta^2(T)}}. \tag{6.76}$$

Hiernach ist $Z_s(E)$ nur für $E \geqslant \Delta(T)$ definiert; für $E < \Delta(T)$ ist $Z_s(E) = 0$. In Fig. 6.6 ist $Z_s(E)$ graphisch dargestellt. Da wir uns für den Verlauf von $Z_s(E)$ nur in der Umgebung der Fermi-Energie interessieren, wurde für $Z_n(\epsilon)$ der konstante Wert $Z_n(E_F)$ gewählt. Für Werte von E, die viel größer als $\Delta(T)$ sind, ist $Z_s(E)$ praktisch gleich $Z_n(\epsilon)$.

In Fig. 6.7 wird die Energie E der Quasiteilchen mit der Anregungsenergie der Elektronen im normalleitenden Zustand verglichen. Hierbei werden unbesetzte Elektronenzustände, deren Energie $\epsilon < 0$ ist, als Löcher mit der Energie $|\epsilon|$ aufgefaßt (s. Seite 123). Beim sog. *Halbleitermodell* eines Supraleiters wird nun den Quasiteilchen, für die $\epsilon < 0$ ist, ein Lochcharakter zugeordnet, obwohl in Wirklichkeit, wie eine genauere Analyse zeigt, Quasiteilchen im Wechselwirkungsbereich in der Umgebung der Fermi-Energie

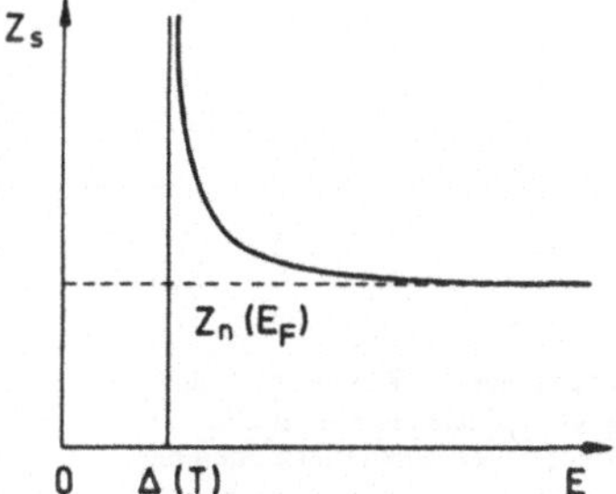

Fig. 6.6 Zustandsdichte Z_s der Quasiteilchen eines Supraleiters in Abhängigkeit von ihrer Anregungsenergie E. $Z_n(E_F)$ Zustandsdichte der normalleitenden Elektronen bei der Fermi-Energie E_F

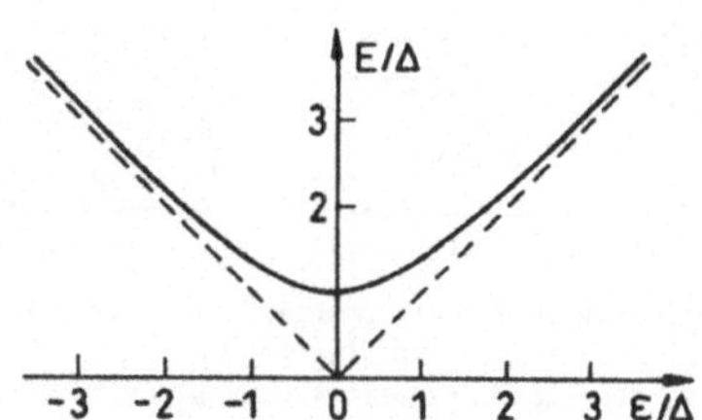

Fig. 6.7 Anregungsenergie E der Quasiteilchen bezogen auf den Energielücken-Parameter Δ in Abhängigkeit von ihrer kinetischen Energie ϵ (durchgezogene Kurve). Die gestrichelte Kurve gibt zum Vergleich die Anregungsenergie der normalleitenden Elektronen wieder

eine komplizierte Mischform aus Elektron- und Lochzuständen sind. Anstatt aber Lochzustände als Anregungszustände mit positiver Anregungsenergie anzusehen, kann man sie genausogut als Elektronenzustände mit negativer Anregungsenergie betrachten. Aus Fig. 6.7 erhalten wir dann eine Darstellung wie in Fig. 6.8. Am absoluten Nullpunkt der Temperatur sind jetzt sämtliche Zustände im unteren Kurvenast mit Quasiteilchen besetzt, während für T > 0 K besetzte Zustände auch im oberen Kurvenast vorliegen, und dementsprechend im unteren Kurvenast unbesetzte Zustände auftreten. Eine andere Darstellung dieses Sachverhalts wird in Fig. 6.9a und b gegeben. Hier sind wie in Fig. 6.6 die Zustandsdichten in Abhängigkeit von der Energie E aufgetragen. Aber entsprechend der gerade vorgenommenen Betrachtungsweise sind jetzt auch negative Werte von E zugelassen. Besetzte Zustände sind durch eine Schattierung gekennzeichnet.

Das Halbleitermodell ist besonders zur Beschreibung der Giaeverschen Tunnelexperimente geeignet. Hiermit werden wir uns auf Seite 265 beschäftigen. Zunächst werden wir dieses Modell aber dazu benutzen, die *kritische elektrische Stromdichte* eines Supraleiters abzuschätzen.

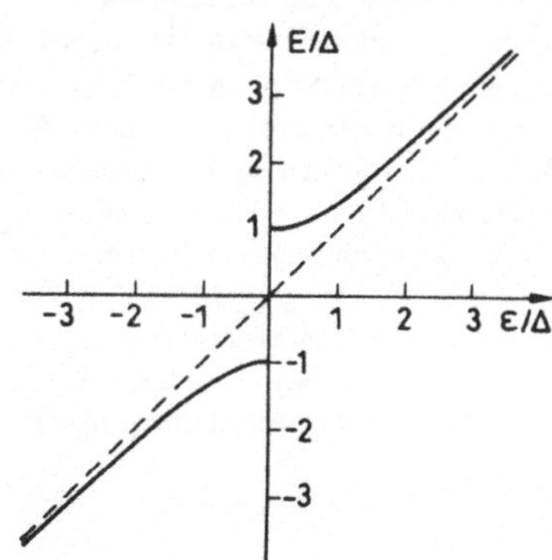

Fig. 6.8
Zum Halbleitermodell eines Supraleiters (s. Text)

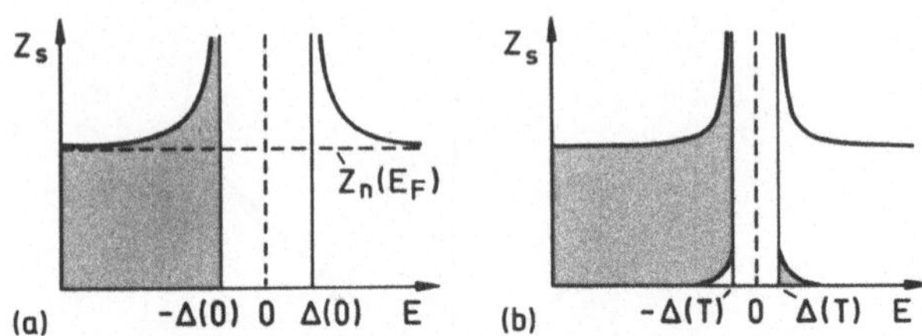

Fig. 6.9 Zustandsdichte Z_s der Quasiteilchen eines Supraleiters in der Nähe der Energielücke nach dem Halbleitermodell für (a) T = 0 K und (b) T > 0 K. Besetzte Zustände sind durch Schattierung gekennzeichnet. $Z_n(E_F)$ Zustandsdichte der normalleitenden Elektronen bei der Fermi-Energie

Auf Seite 128 haben wir gesehehn, daß wir die Stromführung in einem Normalleiter bei einer elektrischen Stromdichte $\vec{j}$ durch eine Verrückung der Fermi-Kugel im $\vec{k}$-Raum um die Strecke

$$\delta\vec{k} = \frac{m}{\hbar n_e e}\, \vec{j} \tag{6.77}$$

gegenüber ihrer Lage im stromlosen Zustand beschreiben können. Hierbei ist m die Masse der Leitungselektronen und n_e die Elektronenzahldichte. Die durch ein elektrisches Feld ausgelöste Verrückung wird dadurch begrenzt, daß mit größer werdender Verrückung in immer stärkerem Maße Elektronen von der Vorderseite der Fermi-Kugel auf ihre Rückseite gestreut werden. Die hier ablaufenden Streuprozesse sind Einelektron-Prozesse. Im supraleitenden Zustand zerstören sie die Korrelation der Elektronen zu Cooper-Paaren. Sie treten allerdings erst auf, wenn die Cooper-Paare durch Beschleunigung im elektrischen Feld so viel Energie gewonnen haben, daß die Energielücke $2\Delta(T)$ des Supraleiters zwischen seinem Grundzustand und den angeregten Zuständen überwunden werden kann. Oberhalb einer bestimmten kritischen Stromdichte j_c bricht also der supraleitende Zustand zusammen. Ist hingegen j kleiner als j_c, so sind die Cooper-Paare Träger eines verlustlosen elektrischen Stroms. Hierbei können die ungepaarten Elektronen, die für T > 0 neben den Cooper-Paaren stets vorhanden sind, natürlich Energie in beliebig kleinen Beträgen aufnehmen und abgeben. Das elektrische Leitvermögen wird, wenigstens für Gleichstrom, durch diese Elektronen nicht beeinflußt. Sie werden durch die supraleitenden Elektronen „kurzgeschlossen".

Wollen wir die kritische Stromdichte j_c für T = 0 mit Hilfe des Halbleitermodells berechnen, so haben wir uns vorzustellen, daß die Fermi-Kugel, die im $\vec{k}$-Raum die besetzten Zustände der Quasiteilchen umfaßt, bei einer durch Stromfluß bedingten Verrückung die Energielücke mitführt. Nach Abschalten des elektrischen Feldes kann die Kugel durch Streuprozesse nur dann in die stromlose Ausgangslage zurückbewegt werden, wenn die Translationsenergie $N\hbar^2(\delta k)^2/2m$ der N Quasiteilchen größer ist als die auf Seite 258 berechnete Kondensationsenergie des Supraleiters; denn dann kann die zum Aufbrechen der Cooper-Paare benötigte Energie durch die Translationsenergie gedeckt werden. Es muß also bei Berücksichtigung von Gl. (6.63) gelten

$$N\frac{\hbar^2(\delta k)^2}{2m} > \frac{1}{4}\, Z(E_F)\Delta^2(0)$$

oder bei Beachtung von Gl. (B.21) und Gl. (B.27)

$$\delta k > \sqrt{\frac{3}{2}} \frac{\Delta(0)}{\hbar v_F} .$$

Für die kritische Stromdichte folgt hieraus mit Gl. (6.77)

$$j_c = \sqrt{\frac{3}{2}} \frac{e n_e \Delta(0)}{\hbar k_F} . \tag{6.78}$$

Mit $\Delta(0) = 10^{-4}$ eV, $n_e = 3{,}2 \cdot 10^{22}$ cm^{-3} und $k_F = 10^8$ cm^{-1} ergibt sich aus Gl. (6.78)

$$j_c \approx 10^7 \text{ A/cm}^2$$

Giaeversche Tunnelexperimente

Bei den Tunnelexperimenten, wie sie erstmals im Jahre 1960 von I. Giaever[1]) durchgeführt wurden, wird an ein Schichtpaket aus einem Metall im supraleitenden Zustand,
einem Isolator und einem Metall im normalleitenden oder ebenfalls supraleitenden Zustand eine Spannung gelegt und der elektrische Strom durch das Paket in Abhängigkeit
von der Spannung gemessen. Ist nämlich der Isolator hinreichend dünn — man verwendet ihn in Stärken von etwa 30 Å — so können Leitungselektronen auf Grund des
quantenmechanischen Tunneleffekts von dem einen Leiter zu dem anderen gelangen.
Die Durchlässigkeit der isolierenden Barriere hängt außer von ihrer Breite auch noch
von ihrer Höhe ab, wobei sich die Höhe im Energiemaß aus dem Abstand der unteren
Kante des unbesetzten Leitungsbandes des Isolators von dem betreffenden Energieniveau der Elektronen in den Leitern ergibt (s. Fig. 6.10).

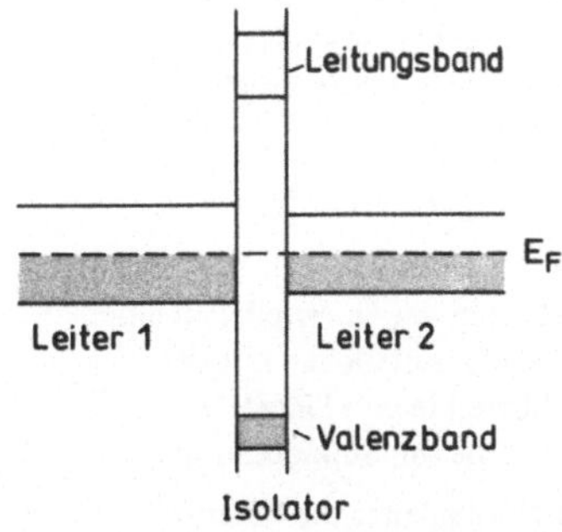

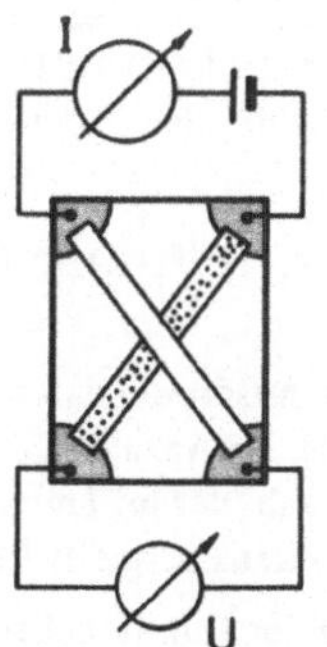

Fig. 6.10 Zum Tunnelstrom durch ein Schichtpaket (s. Text). Besetzte Zustände sind
durch Schattierung gekennzeichnet

Fig. 6.11 Aufbau eines Tunnelkontakts (s. Text)
und Anordnung zur Messung des Tun-
nelstroms

---

[1]) Ivar Giaever, * 1929 Bergen, Nobelpreis 1973

Die Herstellung eines Tunnelkontakts erfolgt gewöhnlich auf die Weise, daß auf eine isolierende Trägersubstanz, die an vier Ecken mit metallischen Elektroden versehen ist, zunächst diagonal in einem schmalen Streifen die eine der metallischen Komponenten des Schichtpakets aufgedampft wird (s. Fig. 6.11). Anschließend wird dieser Streifen entweder mit einer dünnen Oxidschicht versehen, oder es wird ein Isolator aufgedampft. Die zum Schluß wiederum in einem schmalen Streifen aufgedampfte zweite metallische Komponente kreuzt den ersten Streifen. Das eigentliche Schichtpaket in der Mitte der Anordnung hat dann nur eine kleine räumliche Ausdehnung. Anhand des auf Seite 262 behandelten Halbleitermodells lassen sich die Giaeverschen Tunnelexperimente auf anschauliche Weise interpretieren. Zu diesem Zweck sind in Fig. 6.12 bis 6.15 für Schichtpakete mit zwei unterschiedlichen Leiterkombinationen und für T = 0 K und T > 0 K nach links und nach rechts jeweils die Zustandsdichte der Quasiteilchen bzw. der Leitungselektronen in der Nähe der Fermi-Energie aufgetragen. Für die Zustandsdichten Z_n im normalleitenden Zustand können wir wieder konstante Werte zugrunde legen. Für die Zustandsdichte Z_s im supraleitenden Zustand haben wir den Ausdruck aus Gl. (6.76) zu benutzen. Wie in Fig. 6.9 sind besetzte Zustände durch eine Schattierung gekennzeichnet. Liegt zwischen den Leitern 2 und 1 eine elektrische Spannung U, so ist das Fermi-Niveau im Leiter 2 gegenüber dem Fermi-Niveau in Leiter 1 um den Energiebetrag eU abgesenkt. Setzen wir nun voraus, daß sich während des Tunnelprozesses die Energie der tunnelnden Teilchen nicht ändert, so erfolgen in unserer Darstellung die Übergänge in horizontaler Richtung, und der gesamte Tunnelstrom ergibt sich durch eine Aufsummierung der Übergänge in den einzelnen parallel verlaufenden Energiekanälen. Eine Energieänderung beim Tunnelprozeß kann z. B. durch Absorption oder Anregung von Phononen im Isolator erfolgen. Die Wahrscheinlichkeit dafür, daß sich etwas Derartiges ereignet, ist allerdings sehr gering, und man kann deshalb im allgemeinen die durch Phononen unterstützten Tunnelprozesse vernachlässigen.

Wir untersuchen zunächst den Fall, daß Leiter 1 im supraleitenden und Leiter 2 im normalleitenden Zustand vorliegt. Ist D(E) die Durchlässigkeit der isolierenden Barriere und f_0 die Fermi-Funktion, so gilt für den Tunnelstrom vom Leiter 1 zum Leiter 2

$$I_{1 \to 2} = \text{const} \int\limits_{-\infty}^{+\infty} D(E) Z_{s1}(E) f_0(E) Z_{n2}(E + eU)[1 - f_0(E + eU)] dE.$$

In dieser Gleichung kommt zum Ausdruck, daß der Tunnelstrom der Quasiteilchen einer Energie E proportional ist einmal der Anzahl $Z_{s1}(E) f_0(E)$ der Quasiteilchen mit der Energie E und außerdem der Anzahl der im Leiter 2 erreichbaren leeren Plätze $Z_{n2}(E + eU)[1 - f_0(E + eU)]$ zu der Energie E + eU. E ist hierbei im Supraleiter die Anregungsenergie $\sqrt{\epsilon^2 + \Delta^2(T)}$ der Quasiteilchen und im Normalleiter die kinetische Energie ϵ der Leitungselektronen. Da die Energie E vom Fermi-Niveau aus gemessen wird, ist über E von $-\infty$ bis $+\infty$ zu integrieren.

Entsprechend gilt für den Tunnelstrom vom Leiter 2 zum Leiter 1

$$I_{2 \to 1} = \text{const} \int\limits_{-\infty}^{+\infty} D(E + eU) Z_{n2}(E + eU) f_0(E + eU) Z_{s1}(E)[1 - f_0(E)] dE.$$

Für Energien E in der Nähe des Fermi-Niveaus kann man D(E) als konstant ansehen. Für den resultierenden Tunnelstrom erhalten wir in diesem Fall

$$I = I_{1 \to 2} - I_{2 \to 1}$$

$$= \text{const} \int_{-\infty}^{+\infty} D Z_{s1}(E) Z_{n2}(E + eU)[f_0(E) - f_0(E + eU)] dE. \tag{6.79}$$

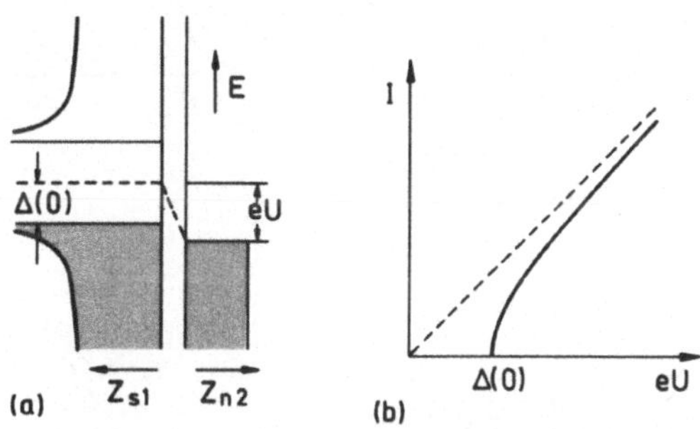

Fig. 6.12 (a) Energieschema eines Tunnelkontakts aus einem Supraleiter und einem Normalleiter in der Nähe der Fermi-Energie bei einer angelegten Spannung U für T = 0 K. Z_{s1} Zustandsdichte der Quasiteilchen im Supraleiter, Z_{n2} Zustandsdichte der Leitungselektronen im Normalleiter. Besetzte Zustände sind durch Schattierung gekennzeichnet. (b) Strom-Spannungs-Kennlinie des Tunnelkontakts

Für T = 0 K sind die Verhältnisse in Fig. 6.12 dargestellt. Ihr können wir entnehmen, daß der Tunnelstrom erst einsetzt, wenn eU größer als Δ(0) wird; denn vorher stehen in Leiter 2 keine leeren Plätze zur Verfügung. Aus Gl. (6.79) ergibt sich bei Berücksichtigung von Gl. (6.76)

$$I = \text{const } D Z_{n1}(E_F) Z_{n2}(E_F) \int_{-eU}^{-\Delta(0)} \frac{(-E)}{\sqrt{E^2 - \Delta^2(0)}} \, dE$$

$$= \text{const } D Z_{n1}(E_F) Z_{n2}(E_F) \int_{0}^{e^2 U^2 - \Delta^2(0)} \frac{1}{2} \frac{dx}{\sqrt{x}} \sim \sqrt{e^2 U^2 - \Delta^2(0)}.$$

Der Tunnelstrom steigt für eU > Δ(0) wegen der hohen Dichte der besetzten Zustände bei E = −Δ(0) im Leiter 1 zunächst steil an, ist dann aber schließlich für eU ≫ Δ(0) genauso wie ein Ohmscher Widerstand der angelegten Spannung proportional. Die hier gefundenen Gesetzmäßigkeiten gelten genauso, wenn die Spannung am Tunnelkontakt umgepolt ist.

Für T > 0 K fließt ein Tunnelstrom auch dann, wenn eU kleiner als Δ(T) ist; denn jetzt sind auch oberhalb der Energielücke Zustände mit Quasiteilchen besetzt (s. Fig. 6.13). Gl. (6.79) läßt sich in diesem Fall nur numerisch auswerten. Um hier aus der Strom-Spannungskennlinie die Größe Δ(T) zu ermitteln, kann man das Ergebnis benutzen, daß der Anstieg der Kennlinie bei eU = Δ(T) genauso groß ist wie für eU ≫ Δ(T).

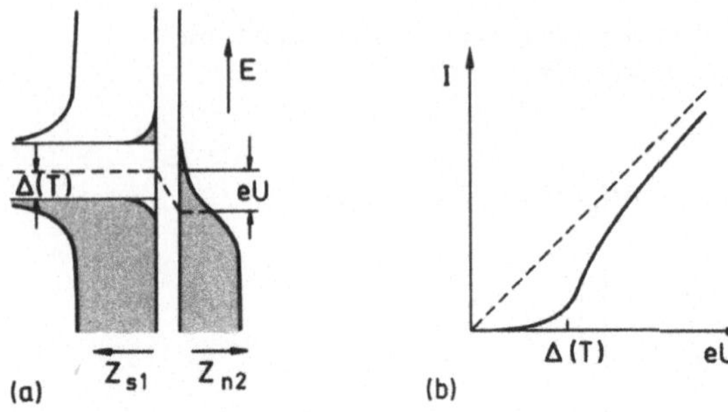

Fig. 6.13 Wie Fig. 6.12, aber für T > 0 K

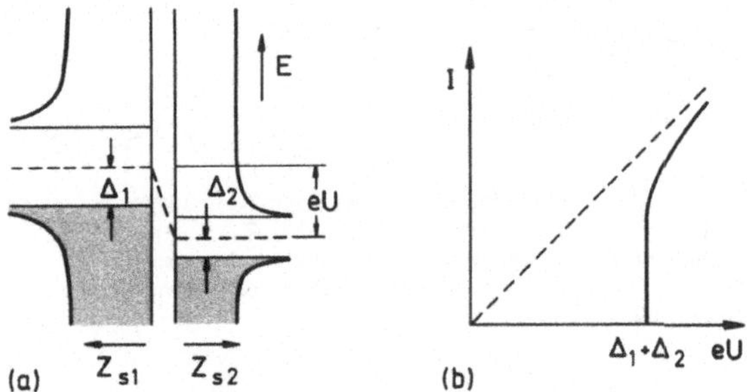

Fig. 6.14 (a) Energieschema eines Tunnelkontakts aus zwei Supraleitern bei einer angelegten
Spannung U für T = 0 K. Z_{s1} und Z_{s2} Zustandsdichten der Quasiteilchen in den beiden
Supraleitern. (b) Strom-Spannungs-Kennlinie des Tunnelkontakts

Sind wie bei der Darstellung in Fig. 6.14 sowohl Leiter 1 als auch Leiter 2 Supraleiter,
so fließt bei T = 0 K ein Tunnelstrom erst dann, wenn man eU größer als $\Delta_1(0) + \Delta_2(0)$
gewählt hat. Er weist dann jedoch einen sehr steilen Anstieg auf, weil jetzt einer großen
Anzahl besetzter Zustände in Leiter 1 sehr viele unbesetzte Zustände in Leiter 2 gegenüberstehen. Für T > 0 K (s. Fig. 6.15) ist ein Tunnelstrom auch für $eU < \Delta_1(T) + \Delta_2(T)$
vorhanden. Er hat für $eU = |\Delta_1(T) - \Delta_2(T)|$ ein Maximum, da in diesem Fall einer
großen Anzahl besetzter Zustände in Leiter 1 relativ viele unbesetzte Zustände in Leiter
2 gegenüberstehen. Aus den durch Aufnahme der Kennlinie ermittelten Werten von
$\Delta_1(T) + \Delta_2(T)$ und $|\Delta_1(T) - \Delta_2(T)|$ lassen sich die Energielückenwerte für beide Supraleiter bestimmen.

In Tab. 6.2 sind für verschiedene Elemente die durch Tunnelexperimente ermittelten
und auf 0 K extrapolierten Werte der Energielücke $2\Delta(0)$ sowie die zugehörigen kritischen Temperaturen T_c angegeben. Bilden wir den Quotienten $2\Delta(0)/k_B T_c$, so finden
wir, daß außer für Quecksilber und Blei die Beziehung Gl. (6.74) relativ gut erfüllt ist.
Wir können außerdem die experimentell ermittelten Werte von $2\Delta(0)$ dazu verwenden,
mit Hilfe von Gl. (6.60) die Größe $Z(E_F)V/2$ für die verschiedenen Elemente zu berechnen. Für diese Größe ergibt sich z. B. für Aluminium 0,165 und für Blei 0,386, wenn wir

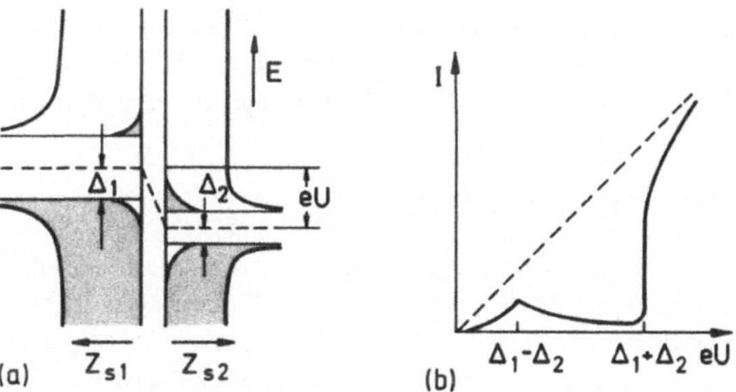

Fig. 6.15 Wie Fig. 6.14, aber für T > 0 K

Tab. 6.2

Element	T_c [K]	$2\Delta(0)$ [10^{-4} eV]	Element	T_c[K]	$2\Delta(0)$ [10^{-4} eV]
Al	1,18	3,4	Sn	3,75	11,5
V	5,38	16,0	La	6,00	19,2
Zn	0,88	2,4	Ta	4,48	14,0
Ga	1,09	3,3	Hg	4,15	16,5
Nb	9,50	30,5	Tl	2,39	7,4
In	3,40	10,5	Pb	7,19	27,3

für die Debye-Temperatur $\Theta_D = \hbar\omega_D/k_B$ die im Anhang C angegebenen Werte benutzen. Bestimmen wir mit den auf diese Weise berechneten Werten von $Z(E_F)V/2$ anhand von Gl. (6.61) die Größe $2\Delta(0)$, so zeigt sich, daß für Aluminium Gl. (6.61) ein sehr guter Näherungsausdruck für Gl. (6.60) ist. Aber auch für Blei, bei dem von den in Tab. 6.2 aufgeführten Elementen die Größe $Z(E_F)V/2$ den größten Wert hat, gibt die Näherungsformel Gl. (6.61) gegenüber der Beziehung Gl. (6.60) nur eine Abweichung für $2\Delta(0)$ von etwa 0,5%.

6.2   Elektrodynamik des supraleitenden Zustands

Bei einem Leiter im normalleitenden Zustand besteht zwischen der elektrischen Feldstärke $\vec{E}$ und der Stromdichte $\vec{j}$ die Beziehung

$$\vec{j} = \sigma\vec{E}, \tag{6.80}$$

wenn σ das elektrische Leitvermögen des betreffenden Leiters ist. Da ein Supraleiter ein unendlich großes Leitvermögens hat, ist für diesen Gl. (6.80) als Materialgleichung unbrauchbar. An ihre Stelle treten hier die sog. *Londonschen Gleichungen*, die von den Brüdern F. und H. London[1][2] bereits 1935 bald nach der Entdeckung des nach Meissner

---

[1] Fritz London, * 1900 Breslau, † 1954 Durham (NC)
[2] Heinz London, * 1907 Breslau, † 1970

und Ochsenfeld benannten Effekts (s. Seite 240) aufgestellt wurden. Zusammen mit den
Maxwellschen Gleichungen läßt sich mit den Londonschen Gleichungen das elektromagnetische Verhalten eines Supraleiters weitgehend beschreiben.

Londonsche Gleichungen

In einem Supraleiter werden die Cooper-Paare unter dem Einfluß eines elektrischen
Feldes $\vec{E}$ gleichförmig beschleunigt; denn die Elektronen solcher Paare werden weder an
Phononen noch an Fehlordnungen im Kristall gestreut, wenigstens solange ihre im elek-
trischen Feld erlangte Zusatzgeschwindigkeit einen kritischen Wert nicht überschreitet.
Für den supraleitenden Zustand gilt also

$$m_s \frac{d\vec{v}_s}{dt} = e_s \vec{E}, \tag{6.81}$$

wenn e_s, m_s und $\vec{v}_s$ die Ladung, die Masse und die Geschwindigkeit der supraleitenden
Ladungsträger, d. h. der Cooper-Paare sind.

Die Stromdichte $\vec{j}_s$ im Supraleiter ist durch die Beziehung

$$\vec{j}_s = n_s e_s \vec{v}_s \tag{6.82}$$

mit der Geschwindigkeit $\vec{v}_s$ und der Anzahl n_s der Cooper-Paare je Volumeneinheit verknüpft. Die Größe n_s bezeichnen wir im folgenden als Cooper-Paardichte. Aus Gl. (6.81)
und (6.82) folgt

$$\frac{d\vec{j}_s}{dt} = \frac{1}{\mu_0 \lambda^2} \vec{E} \tag{6.83}$$

$$\text{mit} \quad \lambda^2 = \frac{m_s}{\mu_0 n_s e_s^2}. \tag{6.84}$$

Gl. (6.83), die den Zusammenhang zwischen der Stromdichte in einem Supraleiter und
einem äußeren elektrischen Feld wiedergibt, ist als erste Londonsche Gleichung bekannt.
Mit ihr läßt sich allerdings das Verhalten eines Supraleiters in einem äußeren Magnetfeld
nicht erfassen. Hierzu benötigen wir eine zweite fundamentale Gleichung, zu deren Herleitung wir hier die BCS-Theorie heranziehen. Indem wir diesen Weg beschreiten, erhalten wir gleichzeitig im Rahmen der mikroskopischen Theorie der Supraleitung eine
Erklärung für den Meissner-Ochsenfeld-Effekt.

Die Wellenfunktion Ψ des Gesamtsystems der Cooper-Paare ist in guter Näherung gleich
dem Produkt der Wellenfunktionen der einzelnen Paare, wobei deren Ortsanteil,
wenigstens solange kein Stromfluß vorhanden ist, einem Ausdruck wie in Gl. (6.36)
entspricht. Bei Stromfluß ist der Ausdruck in Gl. (6.36) für jedes Cooper-Paar lediglich
um den Faktor $e^{i\vec{K} \cdot \vec{R}_\nu}$ zu ergänzen, wenn $\hbar\vec{K}$ der durch den Stromfluß bedingte zusätzliche Impuls eines einzelnen Cooper-Paares und $\vec{R}_\nu = (\vec{r}_1 + \vec{r}_2)/2$ die Schwerpunktskoor-
dinate des ν-ten Cooper-Paares ist. Aus dieser Darstellung von Ψ folgt unmittelbar, daß
die Phase φ der Wellenfunktion um so schärfer definiert ist, je größer die Zahl der

Cooper-Paare ist. Da diese Zahl riesig groß ist, besitzt die Welle, die durch die Funktion Ψ beschrieben wird, eine *Phasenkohärenz* über sehr große Distanzen, d. h., wenn wir die Phase der Welle an irgendeinem Punkt im Supraleiter kennen, so läßt sie sich für jeden anderen Punkt berechnen. Wir können also für die Wellenfunktion Ψ des Gesamtsystems der Cooper-Paare den Ansatz machen

$$\Psi(\vec{r}) = \sqrt{n_s}\, e^{i\varphi(\vec{r})}, \tag{6.85}$$

wobei $\varphi(\vec{r})$ eine reelle Funktion ist. $n_s = \Psi\Psi^*$ ist dann die Cooper-Paardichte in dem betreffenden System. Die folgenden Überlegungen setzen voraus, daß die Cooper-Paardichte vom Ort unabhängig ist. Dieses ist eine wesentliche Grundannahme der Londonschen Theorie. In der Theorie von Ginzburg und Landau, die wir in Abschn. 6.5 behandeln, wird diese Einschränkung fallengelassen.

Wenn sich der Supraleiter in einem Magnetfeld $\vec{B}$ mit dem Vektorpotential $\vec{A}$ befindet, beträgt nach den Gesetzen der Quantenmechanik die elektrische Stromdichte

$$\vec{j}_s(\vec{r}) = \frac{e_s \hbar}{2m_s i}\left[\Psi^*(\vec{r})\,\mathrm{grad}\,\Psi(\vec{r}) - \Psi(\vec{r})\,\mathrm{grad}\,\Psi^*(\vec{r})\right]$$

$$- \frac{e_s^2}{m_s}\,\vec{A}(\vec{r})\Psi^*(\vec{r})\Psi(\vec{r}). \tag{6.86}$$

Setzen wir den Ausdruck für $\Psi(\vec{r})$ aus Gl. (6.85) in Gl. (6.86) ein, so ergibt sich

$$\vec{j}_s(\vec{r}) = \frac{n_s e_s^2}{m_s}\left[\frac{\hbar}{e_s}\,\mathrm{grad}\,\varphi(\vec{r}) - \vec{A}(\vec{r})\right]. \tag{6.87}$$

Bilden wir auf beiden Seiten der Gleichung die Rotation und führen die Größe λ^2 aus Gl. (6.84) ein, so erhalten wir

$$\mathrm{rot}\,\vec{j}_s = -\frac{1}{\mu_0\lambda^2}\,\vec{B}. \tag{6.88}$$

Diese Gleichung, die die Stromdichte in einem Supraleiter mit einem äußeren Magnetfeld verknüpft, bezeichnet man als zweite Londonsche Gleichung. Mit ihr läßt sich, wie wir jetzt sehen werden, der Meissner-Ochsenfeld-Effekt beschreiben.

Wenn wir auf der linken Seite von Gl. (6.88) für j_s die Maxwellsche Gleichung

$$\vec{j}_s = \frac{1}{\mu_0}\,\mathrm{rot}\,\vec{B} \tag{6.89}$$

verwenden, so bekommen wir

$$\mathrm{rot}\,\mathrm{rot}\,\vec{B} = -\frac{1}{\lambda^2}\,\vec{B}$$

oder $$\Delta\vec{B} - \frac{1}{\lambda^2}\,\vec{B} = 0. \tag{6.90}$$

Für einen Supraleiter mit ebener Oberfläche senkrecht zur x-Richtung und einem Magnetfeld parallel zu dieser Oberfläche wird aus Gl. (6.90)

$$\frac{d^2 \vec{B}(x)}{dx^2} - \frac{1}{\lambda^2}\, \vec{B}(x) = 0.$$

Diese Differentialgleichung hat die Lösung

$$\vec{B}(x) = \vec{B}_a e^{-x/\lambda}, \qquad\qquad (6.91)$$

wenn $\vec{B}_a$ die magnetische Kraftflußdichte an der Oberfläche ist. Hiernach fällt das Magnetfeld zum Innern des Supraleiters hin exponentiell ab, wobei die Größe λ ein Maß dafür ist, wie tief das Magnetfeld in den Supraleiter eindringt. Man bezeichnet λ als *Londonsche Eindringtiefe*. Setzt man in Gl. (6.84) für die dort auftretenden Größen die entsprechenden Werte ein, so erhält man allerdings Eindringtiefen, die nicht mit den experimentell ermittelten Werten übereinstimmen. Letztere liegen bei T = 0 K in der Größenordnung von 50 nm. Die Abweichungen sind dadurch zu erklären, daß die Londonschen Gleichungen die wirklichen Verhältnisse zu stark vereinfacht wiedergeben.

Ähnliche Ergebnisse wie bei einem Supraleiter mit ebenen Oberflächen erhält man auch bei anders geformten oder bei mehrfach zusammenhängenden Körpern. Zusammenfassend stellen wir fest, daß sich in einem Supraleiter ein magnetisches Feld nur in einer dünnen Oberflächenschicht ausbildet, während das Innere des Supraleiters feldfrei ist. Dieses gilt jedoch nur unter der Voraussetzung, daß die Dimensionen des Körpers groß gegenüber der Eindringtiefe λ sind. Die Ortsabhängigkeit des Magnetfeldes in dünnen Schichten werden wir auf Seite 274 untersuchen.

Nach Gl. (6.84) ist λ^2 umgekehrt proportional zur Cooper-Paardichte n_s. Da diese mit steigender Temperatur abnimmt, wächst die Eindringtiefe mit steigender Temperatur an. Für das Verhältnis der Eindringtiefe $\lambda(T)$ bei der Temperatur T zu der Eindringtiefe $\lambda(0)$ bei 0 K findet man experimentell in guter Näherung

$$\frac{\lambda(T)}{\lambda(0)} = \frac{1}{\sqrt{1 - (T/T_c)^4}}. \qquad\qquad (6.92)$$

In Fig. 6.16 ist dieser Zusammenhang graphisch dargestellt. Bei Annäherung an die kritische Temperatur T_c nimmt die Eindringtiefe sehr stark zu.

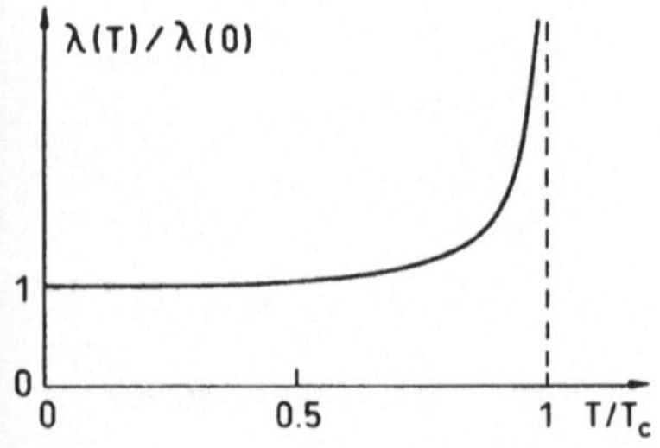

Fig. 6.16
Temperaturabhängigkeit der Londonschen Eindringtiefe λ bezogen auf ihren Wert bei T = 0 K nach Gl. (6.92)

Die eigentliche Ursache für den feldfreien Raum im Innern eines Supraleiters sind die Abschirmströme, die sich in der Oberflächenschicht eines Supraleiters ausbilden, wenn man ihn in ein Magnetfeld bringt. Für ihre Stromdichte erhalten wir aus Gl. (6.91) durch Anwendung von Gl. (6.89)

$$\vec{j}_s(x) = \frac{1}{\mu_0} \, \mathrm{rot} \, (\vec{B}_a e^{-x/\lambda}). \tag{6.93}$$

Weist das magnetische Feld $\vec{B}$ in z-Richtung, so hat die Stromdichte $\vec{j}_s$ nur eine Komponente in y-Richtung. Sie beträgt

$$j_s(x) = \frac{1}{\mu_0 \lambda} \, B_a e^{-x/\lambda}. \tag{6.94}$$

Auf Seite 264 wurde gezeigt, daß der supraleitende Zustand in den normalleitenden Zustand übergeht, wenn die Stromdichte im Leiter einen kritischen Wert überschreitet. Die Existenz einer kritischen Stromdichte j_c bedingt nach Gl. (6.94) aber auch die Existenz einer *kritischen magnetischen Kraftflußdichte* B_c. Wird das äußere Feld B_a so groß gewählt, daß die Stromdichte an der Oberfläche des Leiters den kritischen Wert erreicht, so bricht der supraleitende Zustand zusammen. In Fig. 6.17 ist die kritische magnetische Kraftflußdichte B_c für verschiedene Elemente in Abhängigkeit von der Temperatur aufgetragen.

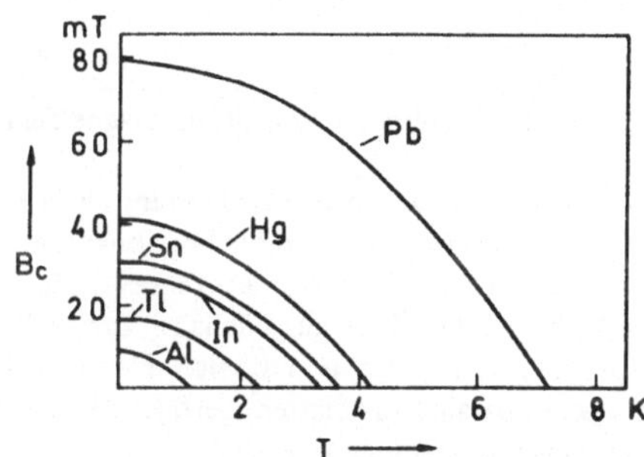

Fig. 6.17
Temperaturabhängigkeit der kritischen magnetischen Kraftflußdichte B_c für verschiedene Elemente

Auf Seite 264 wurde erwähnt, daß für Gleichstrom das elektrische Leitvermögen eines Supraleiters durch die in ihm stets vorhandenen ungepaarten, d. h. „normalleitenden" Elektronen nicht beeinflußt wird. In diesem Fall läßt sich nämlich der Supraleiter schaltungstechnisch auffassen als eine Parallelschaltung zweier Leiter, wobei der eine Leiter einen normalen elektrischen Widerstand hat und der andere Leiter, in dem der Strom supraleitender Ladungsträger fließt, den Widerstandswert null hat. Im Gleichstrombetrieb wird der erste Leiter durch den zweiten kurzgeschlossen. Anders ist es hingegen bei zeitlich veränderlichen Strömen. Hier ändert sich laufend die Geschwindigkeit der supraleitenden Ladungsträger, und um dieses zu bewirken, wird ein elektrisches Feld benötigt. Auf Grund der Massenträgheit der Cooper-Paare eilt allerdings der Strom dem elektrischen Feld nach, was sich schaltungstechnisch wie eine Induktivität auswirkt. Das gleiche gilt natürlich auch für die normalleitenden Elektronen. Insgesamt erhalten

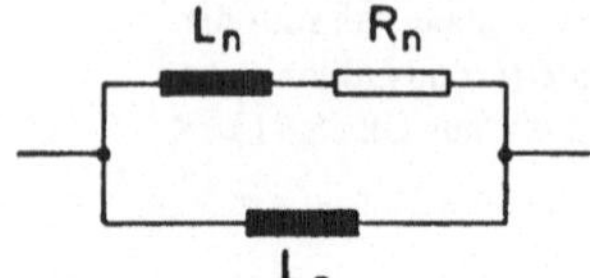

Fig. 6.18
Ersatzschaltbild eines Supraleiters für Wechselstrom
(s. Text)

wir also für einen Supraleiter ein Ersatzschaltbild wie in Fig. 6.18. Nun liegt aber in der
Schaltung der Betrag von L_s und L_n in der Einheit Henry größenordnungsmäßig etwa
bei dem 10^{12}ten Teil von R_n gemessen in der Einheit Ohm. Bei einer Wechselstrom-
frequenz von 1 kHz fließt also etwa nur der 10^8te Teil des Gesamtstroms durch den
Widerstand R_n. Auch in diesem Fall ist demnach der Energieverschleiß beim Stromtransport verschwindend klein. Ist jedoch die Wechselfrequenz des angelegten Feldes
so hoch, daß die Photonenenergie der elektromagnetischen Strahlung ausreicht, die
Cooper-Paare aufzubrechen, so verhält sich der Supraleiter gegenüber der einfallenden
Strahlung genauso wie ein Normalleiter. Die Schwellenfrequenz ω_s berechnet sich aus
der Beziehung $\hbar\omega_s = 2\Delta(T)$, wenn $2\Delta(T)$ die Energielücke des betreffenden Supraleiters
ist. ω_s liegt im Mikrowellenbereich in der Größenordnung von 10^{11} s^{-1}. Bei dieser
Frequenz setzt eine starke Absorption der einfallenden elektromagnetischen Strahlung
ein, was übrigens dazu benutzt werden kann, den Betrag der Energielücke experimentell
zu ermitteln.

Dünne supraleitende Schicht im Magnetfeld

Für den Fall, daß die räumliche Ausdehnung eines Supraleiters senkrecht zu einem
Magnetfeld nicht groß gegenüber der Londonschen Eindringtiefe λ ist, ist Gl. (6.91)
als Lösung von Gl. (6.90) ungeeignet. Dieses wollen wir untersuchen am Beispiel einer in
y- und z-Richtung unendlich ausgedehnten supraleitenden Platte, deren Dicke d in der
Größenordnung von λ liegt, und die sich in einem äußeren Magnetfeld der Stärke B_a befindet, welches parallel zur Plattenoberfläche gerichtet ist. Die Plattenmitte liege bei
x = 0. Mit den Randbedingungen

$$B\left(-\frac{d}{2}\right) = B\left(+\frac{d}{2}\right) = B_a$$

liefert Gl. (6.90) für B(x) die Lösung

$$B(x) = B_a \frac{\cosh x/\lambda}{\cosh d/2\lambda}. \tag{6.95}$$

Hiernach fällt bei einer dünnen Platte das magnetische Feld in ihrem Innern nicht auf
null ab. Die Feldvariation in der Platte ist um so kleiner, je kleiner d im Vergleich zu λ
ist. In Fig. 6.19 ist der nach Gl. (6.95) berechnete Verlauf von B(x) für d/λ = 3 dargestellt.

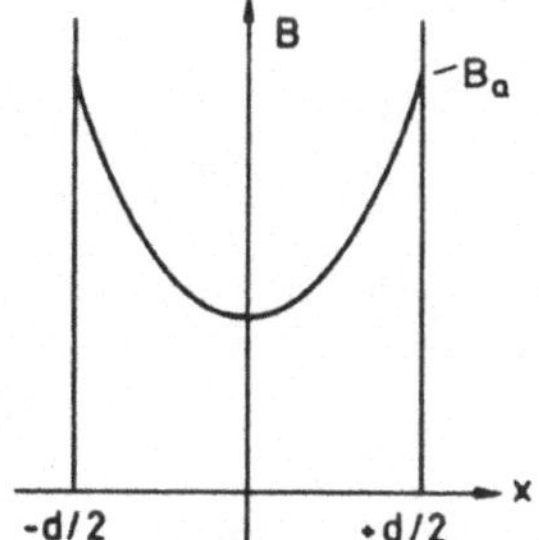

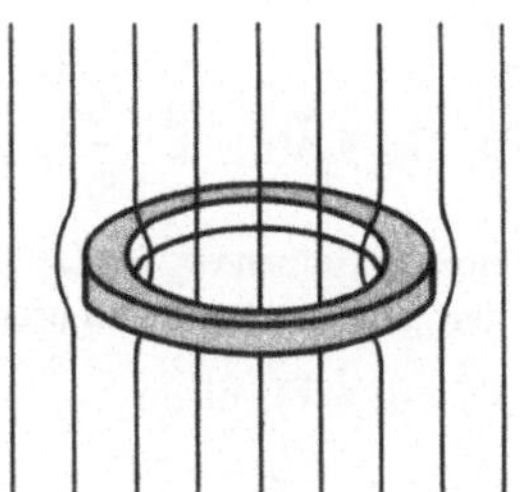

Fig. 6.19 Verlauf der magnetischen Kraftflußdichte B im Innern einer dünnen
supraleitenden Platte für $d/\lambda = 3$ nach
Gl. (6.95). B_a Kraftflußdichte des
äußeren Magnetfeldes

Fig. 6.20 Verlauf der magnetischen Kraftlinien
in der Umgebung eines supraleitenden
Rings, der in ein homogenes Magnetfeld gebracht wird

Für die Stromdichte der elektrischen Abschirmströme erhalten wir aus Gl. (6.95) durch
Anwendung von Gl. (6.89)

$$j_s(x) = \frac{1}{\mu_0 \lambda} B_a \frac{\sinh x/\lambda}{\cosh d/2\lambda}. \tag{6.96}$$

Für die Plattenoberfläche bei $x = d/2$ folgt hieraus

$$j_s\left(\frac{d}{2}\right) = \frac{1}{\mu_0 \lambda} B_a \tanh \frac{d}{2\lambda}. \tag{6.97}$$

Gl. (6.97) zeigt, daß bei vorgegebener magnetischer Kraftflußdichte B_a die Stromdichte
an der Oberfläche der Platte um so kleiner ist, je kleiner das Verhältnis d/λ ist. Dieses
bedeutet wiederum, daß die Kraftflußdichte B_a bei einer dünnen Platte unter Umständen wesentlich größer als für eine dicke Platte werden darf, bevor die Stromdichte an
der Plattenoberfläche ihren kritischen Wert erreicht, und der supraleitende in den normalleitenden Zustand übergeht. Für eine dünne Platte ist also die kritische magnetische
Kraftflußdichte B_c größer als für eine dicke Platte.

Flußquantisierung

Bringt man einen supraleitenden Ring als Beispiel für einen mehrfach zusammenhängenden Körper in ein Magnetfeld, so durchsetzt das magnetische Feld zwar die Ringöffnung,
der Ring selbst bleibt aber bis auf eine dünne Schicht an seiner Oberfläche feldfrei
(s. Fig. 6.20). Es soll nun gezeigt werden, daß der magnetische Krafluß durch die Ringöffnung quantisiert ist.

Führen wir in Gl. (6.87) die durch Gl. (6.84) definierte Größe λ^2 ein, so erhalten wir

$$\mu_0 \lambda^2 \vec{j}_s(\vec{r}) + \vec{A}(\vec{r}) = \frac{\hbar}{e_s} \operatorname{grad} \varphi(\vec{r}).$$

Bilden wir jetzt das Linienintegral längs einer geschlossenen Bahn um die Ringöffnung, so bekommen wir

$$\mu_0\lambda^2 \oint \vec{j}_s(\vec{r}) \cdot d\vec{s} + \oint \vec{A}(\vec{r}) \cdot d\vec{s} = \frac{\hbar}{e_s} \oint \text{grad } \varphi(\vec{r}) \cdot d\vec{s}. \tag{6.98}$$

Nach dem Stokesschen Satz können wir das Linienintegral $\oint \vec{A}(\vec{r}) \cdot d\vec{s}$ in ein Flächenintegral über die von der geschlossenen Bahn umrandeten Fläche A umwandeln. Es ist

$$\oint \vec{A}(\vec{r}) \cdot d\vec{s} = \int_A \text{rot } \vec{A}(\vec{r}) \cdot d\vec{f}$$

$$= \int_A \vec{B}(\vec{r}) \cdot d\vec{f} = \Phi_A, \tag{6.99}$$

wenn mit Φ_A der magnetische Kraftfluß durch die Fläche A bezeichnet wird.

Bei der Bildung von $\oint \text{grad } \varphi(\vec{r}) \cdot d\vec{s}$ ist zu beachten, daß die Wellenfunktion $\Psi(\vec{r})$ eine eindeutige Funktion von $\vec{r}$ sein muß. Dieses erfordert bei Beachtung von Gl. (6.85)

$$\oint \text{grad } \varphi(\vec{r}) \cdot d\vec{s} = \varphi_2(\vec{r}_0) - \varphi_1(\vec{r}_0) = 2\pi n, \tag{6.100}$$

wobei n eine ganze Zahl ist. Denn dann gilt:

$$e^{i\varphi_2(\vec{r}_0)} = e^{i\varphi_1(\vec{r}_0)}.$$

Setzen wir die Ergebnisse aus Gl. (6.99) und Gl. (6.100) in Gl. (6.98) ein, so erhalten wir schließlich

$$\mu_0\lambda^2 \oint \vec{j}_s(\vec{r}) \cdot d\vec{s} + \Phi_A = n \frac{\hbar}{e_s}. \tag{6.101}$$

Die Größe auf der linken Seite von Gl. (6.101) bezeichnet man als *Fluxoid*.

Ist der Integrationsweg in Gl. (6.101) genügend weit — verglichen mit der Eindringtiefe λ — von der Ringöffnung entfernt, so ist die Stromdichte j_s längs des Weges gleich null. In diesem Fall folgt aus Gl. (6.101)

$$\Phi_A = n \frac{\hbar}{e_s}. \tag{6.102}$$

Der magnetische Kraftfluß durch die Fläche A ist dann gleich einem ganzzahligen Vielfachen des sog. *magnetischen Flußquants*

$$\Phi_0 = \left| \frac{\hbar}{e_s} \right| = 2{,}0678 \cdot 10^{-15} \text{ Tesla m}^2. \tag{6.103}$$

Hierbei ist für e_s die elektrische Ladung eines Cooper-Paares eingesetzt worden, die ja gleich der doppelten Elementarladung ist.

Der Kraftfluß Φ_A durch die Ringöffnung setzt sich zusammen aus einem Beitrag Φ_{ext} der äußeren Quellen und einem Beitrag Φ_s, der von den Abschirmströmen an der Ringoberfläche herrührt. Φ_{ext} kann beliebig gewählt werden, folglich muß sich Φ_s so einstellen, daß Φ_A der Quantisierungsbedingung von Gl. (6.102) genügt.

Der in Gl. (6.103) angegebene Wert für ein Flußquant ist auch experimentell gefunden worden. Hierdurch ist die Existenz von Cooper-Paaren in einem Supraleiter eindrucksvoll bestätigt worden.

6.3   Josephson-Effekte

Auf Seite 265 haben wir uns mit Tunnelexperimenten beschäftigt, bei denen Einzelelektronen aus einem Supraleiter durch eine Isolierschicht hindurch entweder in einen Normalleiter oder ebenfalls in einen Supraleiter gelangen. Im Jahre 1962 zeigte B. D. Josephson[1] in einer theoretischen Arbeit, daß bei Tunnelexperimenten mit zwei Supraleitern auch mit einem Durchgang von Cooper-Paaren zu rechnen sei. Er sagte in diesem Zusammenhang verschiedene interessante Effekte voraus, die sämtlich in der Folgezeit experimentell nachgewiesen werden konnten.

Josephson-Gleichungen

Betrachten wir zwei Supraleiter die völlig voneinander getrennt sind, so gilt für die zeitliche Änderung der Wellenfunktionen Ψ_1 und Ψ_2 ihrer Cooper-Paare

$$-\frac{\hbar}{i}\frac{\partial \Psi_1}{\partial t} = E_1 \Psi_1 \quad \text{und} \quad -\frac{\hbar}{i}\frac{\partial \Psi_2}{\partial t} = E_2 \Psi_2,$$

wenn E_1 und E_2 die die Phase der Wellenfunktionen der Cooper-Paare bestimmenden Energien sind. Bringen wir nun die beiden Supraleiter über eine dünne Isolierschicht miteinander in Kontakt, so wird durch den Austausch von Cooper-Paaren eine schwache Kopplung der beiden supraleitenden Systeme bewirkt, und wir erhalten an Stelle der obigen Gleichungen

$$-\frac{\hbar}{i}\frac{\partial \Psi_1}{\partial t} = E_1 \Psi_1 + K\Psi_2 \tag{6.104a}$$

$$\text{und} \quad -\frac{\hbar}{i}\frac{\partial \Psi_2}{\partial t} = E_2 \Psi_2 + K\Psi_1. \tag{6.104b}$$

Hierbei ist der Wert des Kopplungsparameters K charakteristisch für den vorliegenden *Josephson-Kontakt,* worunter man das Schichtpaket aus den beiden Supraleitern und der Isolierschicht versteht. Wie in Gl. (6.85) dürfen wir wieder schreiben

$$\Psi_1 = \sqrt{n_{s1}}\, e^{i\varphi_1} \quad \text{und} \quad \Psi_2 = \sqrt{n_{s2}}\, e^{i\varphi_2},$$

wenn n_{s1} und n_{s2} die Cooper-Paardichten in den beiden Supraleitern und φ_1 und φ_2 die Phasen der Wellenfunktionen zu beiden Seiten der Isolierschicht sind. Setzen wir

---

[1] Brian David Josephson, * 1940 Cardiff (Wales), Nobelpreis 1973

diese Ausdrücke in Gl. (6.104a) und (6.104b) ein und trennen in Real- und Imaginärteil, so bekommen wir nach einfachen Umformungen

$$dn_{s1}/dt = \frac{2K}{\hbar}\,\sqrt{n_{s1}n_{s2}}\,\sin\,(\varphi_2 - \varphi_1) \tag{6.105a}$$

$$dn_{s2}/dt = -\frac{2K}{\hbar}\,\sqrt{n_{s1}n_{s2}}\,\sin\,(\varphi_2 - \varphi_1) \tag{6.105b}$$

$$d\varphi_1/dt = -\frac{K}{\hbar}\,\sqrt{n_{s2}/n_{s1}}\,\cos\,(\varphi_2 - \varphi_1) - E_1/\hbar \tag{6.105c}$$

$$d\varphi_2/dt = -\frac{K}{\hbar}\,\sqrt{n_{s1}/n_{s2}}\,\cos\,(\varphi_2 - \varphi_1) - E_2/\hbar \tag{6.105d}$$

Aus Gl. (6.105a) und (6.105b) folgt, daß $dn_{s1}/dt = -dn_{s2}/dt$ ist. Eine zeitliche Änderung von n_{s1} und n_{s2} auf Grund des Tunnelns von Cooper-Paaren bedeutet natürlich
eine elektrische Aufladung der Supraleiter. Dieses wird verhindert, wenn man den
Josephson-Kontakt mit einer Stromquelle verbindet. Durch Gl. (6.105a) bzw. durch
Gl. (6.105b) wird dann der Teilchenstrom der Cooper-Paare durch den Josephson-Kontakt bestimmt. Für zwei gleiche Supraleiter ($n_{s1} = n_{s2} = n_s$) mit dem gleichen Volumen
Ω ergibt sich aus Gl. (6.105a) für den elektrischen Strom

$$I_s = I_{s\,max}\,\sin\,(\varphi_2 - \varphi_1), \tag{6.106}$$

wobei $$I_{s\,max} = \frac{2K}{\hbar}\,e_s\Omega n_s \tag{6.107}$$

ist. Gl. (6.106) zeigt, daß der Strom supraleitender Ladungsträger durch einen Josephson-Kontakt in entscheidendem Maße von der Phasendifferenz ($\varphi_2 - \varphi_1$) der Wellenfunktionen der Cooper-Paare zu beiden Seiten der Barriere abhängt.
Für die zeitliche Änderung der Phasendifferenz ($\varphi_2 - \varphi_1$) folgt aus Gl. (6.105c) und
(6.105d)

$$\frac{d}{dt}\,(\varphi_2 - \varphi_1) = \frac{1}{\hbar}\,(E_1 - E_2). \tag{6.108}$$

Für $E_1 = E_2$ hat die Phasendifferenz einen zeitlich konstanten Wert φ_0, und durch den
Josephson-Kontakt fließt ein Gleichstrom. Liegt hingegen am Josephson-Kontakt eine
elektrische Spannung U_s, so verschieben sich die Energiewerte in den beiden Supraleitern gegeneinander um e_sU_s, und wir erhalten

$$\frac{d}{dt}\,(\varphi_2 - \varphi_1) = \frac{e_sU_s}{\hbar}. \tag{6.109}$$

Gl. (6.106) und (6.109) bezeichnet man häufig als *Joesphson-Gleichungen.*

Ist U_s eine Gleichspannung, so ergibt sich aus Gl. (6.109)

$$\varphi_2 - \varphi_1 = \frac{e_s U_s}{\hbar} t + \varphi_0 . \tag{6.110}$$

Die Phasendifferenz wächst also in diesem Fall linear mit der Zeit an. Setzen wir den Ausdruck aus Gl. (6.110) in Gl. (6.106) ein, so erhalten wir

$$I_s = I_{s\,max} \sin\left(\frac{e_s U_s}{\hbar} t + \varphi_0\right) . \tag{6.111}$$

Dieses entspricht einem Wechselstrom im Josephson-Kontakt mit der Frequenz

$$\nu = \frac{e_s U_s}{h} . \tag{6.112}$$

Die Ausbildung des Wechselstroms wird verständlich, wenn wir berücksichtigen, daß bei Vorliegen einer Gleichspannung U_s am Josephson-Kontakt beim Übergang eines Cooper-Paares aus dem BCS-Grundzustand auf der einen Seite der Isolierschicht in den BCS-Grundzustand auf der anderen Seite der Energieerhaltungssatz nur dann erfüllt ist, wenn gleichzeitig ein Photon mit der Energie $\hbar\nu = e_s U_s$ emittiert wird. Die Frequenz der entsprechenden elektromagnetischen Strahlung ist gerade gleich der Frequenz in Gl. (6.112). Diese Frequenz ist relativ hoch; bei einer Spannung U_s von 1mV beträgt sie $4,85 \cdot 10^{11}$ Hz. Die Wellenlänge dieser Strahlung liegt im Vakuum bei 600 μm, das entspricht der Wellenlänge einer sehr langwelligen Ultrarotstrahlung. Auf den *Josephson-Wechselstrom* kommen wir auf Seite 285 zurück.

Wir sind nun in der Lage, die Strom-Spannungs-Kennlinie eines Josephson-Kontaktes aus zwei gleichen Supraleitern zu interpretieren. Fig. 6.21a zeigt die Schaltung zur Aufnahme einer solchen Kennlinie und Fig. 6.21b ihren typischen Verlauf.

Das Besondere an dieser Kennlinie im Vergleich zu der Kennlinie in Fig. 6.15 ist, daß bei der Spannung $U_s = 0$ am Josephson-Kontakt ein Strom supraleitender Ladungsträger durch den Kontakt fließt. Die Richtung dieses sog. *Josephson-Gleichstroms* ist durch die Polung der äußeren Spannung U_0 vorgegeben; seine Stärke ist bis zu dem

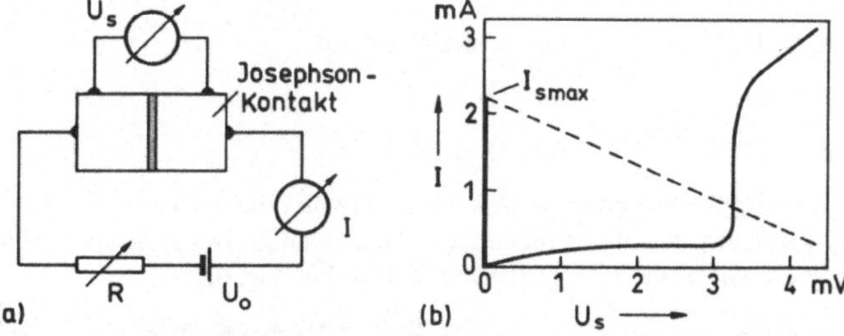

Fig. 6.21 (a) Schaltung zur Aufnahme der Strom-Spannungs-Kennlinie eines Josephson-Kontakts; (b) typischer Verlauf einer solchen Kennlinie für einen symmetrisch aufgebauten Josephson-Kontakt. Es ist nur der Josephson-Gleichstrom und der Tunnelstrom der Einzelelektronen eingezeichnet und nicht der Josephson-Wechselstrom

Maximalwert $I_{s\,max}$ (s. Gl. (6.107)) durch den Vorwiderstand R bestimmt. Die zeitlich konstante Phasendifferenz φ_0 der Wellenfunktionen der Cooper-Paare zu beiden Seiten der Isolierschicht, die ja nach Gl. (6.106) die Stärke des Suprastroms festlegt, nimmt dabei automatisch den passenden Wert an.

Wird der Vorwiderstand R kleiner als $U_0/I_{s\,max}$, so tritt am Josephson-Kontakt eine elektrische Spannung auf, es wird $U_s \neq 0$. Das bedeutet aber nach Gl. (6.111), daß jetzt im Josephson-Kontakt ein Wechselstrom fließt. Gleichzeitig springt der Gleichstrom durch den Josephson-Kontakt auf einen Wert, der mit Hilfe der in Fig. 6.21b eingezeichneten Widerstandsgeraden gefunden werden kann. Es ist dieses der normale Tunnelstrom von Einzelelektronen, wie er auf Seite 268 behandelt wurde.

Besondere Effekte treten auf, wenn man einen Josephson-Kontakt in ein Magnetfeld bringt. Hiermit wollen wir uns im folgenden beschäftigen.

Josephson-Kontakt im Magnetfeld

Bei einem Josephson-Kontakt, der sich in einem Magnetfeld befindet, gehen wir zur Berechnung der Phasendifferenz $(\varphi_2 - \varphi_1)$ in Gl. (6.106) von Gl. (6.87) aus. Danach benötigen wir zur Bestimmung der Ortsabhängigkeit der Phase φ den Verlauf des Vektorpotentials $\vec{A}$ des Magnetfelds und die Dichteverteilung $\vec{j}_s$ der Abschirmströme im Kontakt.

Wir wählen die Lage des Koordinatensystems im Josephson-Kontakt so, daß der Ursprung in den Mittelpunkt der Isolierschicht des Kontaktes fällt und die x-Achse senkrecht zur Isolierschicht verläuft. Die Ausdehnung des Josephson-Kontaktes in y-Richtung betrage a, in der z-Richtung b. Die Dicke der Isolierschicht sei d. Das von außen angelegte Magnetfeld weise in die z-Richtung und habe in der Isolierschicht den Betrag B. Sowohl a und b als auch die Dicke der supraleitenden Komponenten des Schichtpakets werden als groß gegenüber der Eindringtiefe λ angenommen. Die Tunnelströme sollen im Vergleich zu den Abschirmströmen vernachlässigbar klein sein.

In den an die Isolierschicht angrenzenden Supraleitern fällt das Magnetfeld ins Innere hin nach Gl. (6.91) exponentiell ab. Wir erhalten für das Magnetfeld in z-Richtung (s. auch Fig. 6.22a)

$$B_z = B \qquad \text{für} \quad -d/2 \leqslant x \leqslant +d/2 \tag{6.113a}$$

$$B_z = Be^{-(x - d/2)/\lambda} \qquad \text{für} \quad x > d/2 \tag{6.113b}$$

$$B_z = Be^{(x + d/2)/\lambda} \qquad \text{für} \quad x < -d/2 \tag{6.113c}$$

Für das zugehörige Vektorpotential $\vec{A}$ können wir eine solche Eichung wählen, daß es nur eine y-Komponente hat, die im übrigen von x abhängt. Es gilt dann: $B_z = dA_y(x)/dx$, und es folgt aus Gl. (6.113a), 6.113b) und (6.113c) (s. Fig. 6.22b)

$$A_y = Bx \qquad \text{für} \quad -d/2 \leqslant x \leqslant +d/2 \tag{6.114a}$$

$$A_y = B(d/2 + \lambda - \lambda e^{-(x - d/2)/\lambda}) \qquad \text{für} \quad x > d/2 \tag{6.114b}$$

$$A_y = -B(d/2 + \lambda - \lambda e^{(x + d/2)/\lambda}) \qquad \text{für} \quad x < -d/2. \tag{6.114c}$$

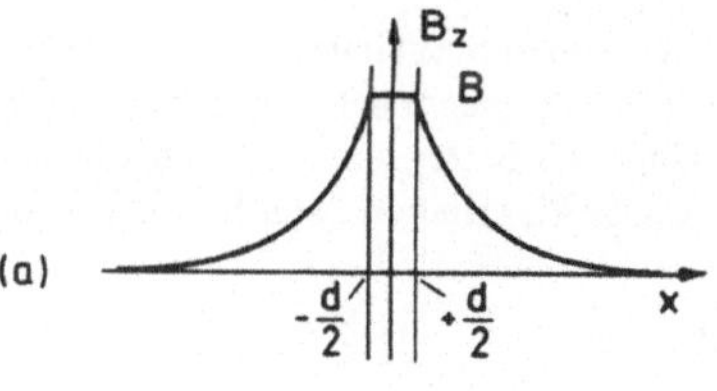

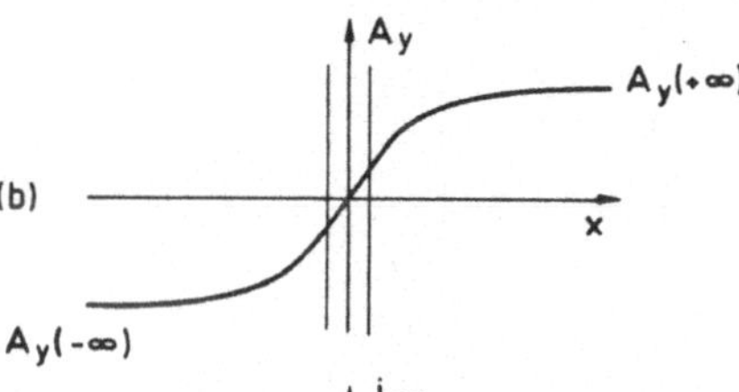

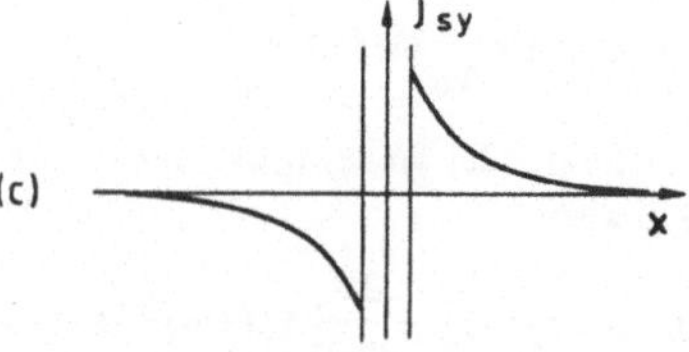

Fig. 6.22
Verlauf (a) der magnetischen Kraftflußdichte B_z, (b) des Vektorpotentials A_y und (c) der Dichte j_{sy} der Abschirmströme zu beiden Seiten der Isolierschicht eines Josephson-Kontakts

Für das feldfreie Innere der beiden Supraleiter ergibt sich aus Gl. (6.114b) und (6.114c) für das Vektorpotential

$$A_y(+\infty) = B(d/2 + \lambda) \tag{6.115a}$$

$$A_y(-\infty) = -B(d/2 + \lambda) \tag{6.115b}$$

Die Abschirmströme fließen in y-Richtung. Ihre Stromdichte erhalten wir aus den Gl. (6.113) durch Anwendung von Gl. (6.89). Es ist (s. Fig. 6.22c)

$$j_{sy} = 0 \qquad \text{für} \quad -d/2 \leqslant x \leqslant +d/2 \tag{6.116a}$$

$$j_{sy} = \frac{1}{\mu_0 \lambda} \, B e^{-(x - d/2)/\lambda} \quad \text{für} \quad x > d/2 \tag{6.116b}$$

$$j_{sy} = -\frac{1}{\mu_0 \lambda} \, B e^{(x + d/2)/\lambda} \quad \text{für} \quad x < -d/2. \tag{6.116c}$$

Wir greifen nun auf Gl. (6.87) zurück. Da in unserem Beispiel sowohl $\vec{A}$ als auch $\vec{j}_s$ nur eine y-Komponente besitzen, muß hier $\partial\varphi/\partial x = \partial\varphi/\partial z = 0$ sein. Das heißt aber wiederum, daß die Phase φ der Wellenfunktion der Cooper-Paare einzig eine Funktion von y sein kann. Aus Gl. (6.87) wird dann also, wenn wir noch mit Hilfe von Gl. (6.84) die Größe λ^2 und nach Gl. (6.103) das Flußquant Φ_0 einführen

$$\frac{d\varphi(y)}{dy} = \frac{2\pi\mu_0\lambda^2}{\Phi_0} j_{sy}(x) + \frac{2\pi}{\Phi_0} A_y(x). \tag{6.117}$$

Da φ in jedem der beiden Supraleiter von x unabhängig ist, kann die Berechnung von $\varphi(y)$ aus Gl. (6.117) bei jedem beliebigen Wert von x innerhalb der Supraleiter erfolgen. Es ist zweckmäßig, den Betrag von x so groß zu wählen, daß der zugehörige Wert von $j_{sy}(x)$ verschwindet. Wir erhalten dann für die beiden Supraleiter die Differentialgleichungen

$$\frac{d\varphi_1(y)}{dy} = \frac{2\pi}{\Phi_0} A_y(-\infty)$$

und
$$\frac{d\varphi_2(y)}{dy} = \frac{2\pi}{\Phi_0} A_y(+\infty).$$

Sie haben die Lösungen

$$\varphi_1(y) = \varphi_1(0) + \frac{2\pi}{\Phi_0} A_y(-\infty)y$$

und
$$\varphi_2(y) = \varphi_2(0) + \frac{2\pi}{\Phi_0} A_y(+\infty)y.$$

Für die Phasendifferenz der Wellenfunktionen der Cooper-Paare zu beiden Seiten der Isolierschicht gilt also

$$\varphi_2(y) - \varphi_1(y) = \varphi_0 + \frac{2\pi}{\Phi_0}[A_y(+\infty) - A_y(-\infty)]y. \qquad (6.118)$$

wobei φ_0 die Phasendifferenz für $y = 0$ ist.

Der Ausdruck in Gl. (6.118) läßt sich in eine gegenüber der Eichung von $\vec{A}$ invariante Form bringen, wenn wir beachten, daß für den in Fig. 6.23 dargestellten Integrationsweg

$$[A_y(+\infty) - A_y(-\infty)]y = \oint \vec{A} \cdot d\vec{s}.$$

Mit einer Umformung wie in Gl. (6.99) erhalten wir schließlich die Beziehung

$$\varphi_2(y) - \varphi_1(y) = \varphi_0 + \frac{2\pi\Phi(y)}{\Phi_0}, \qquad (6.119)$$

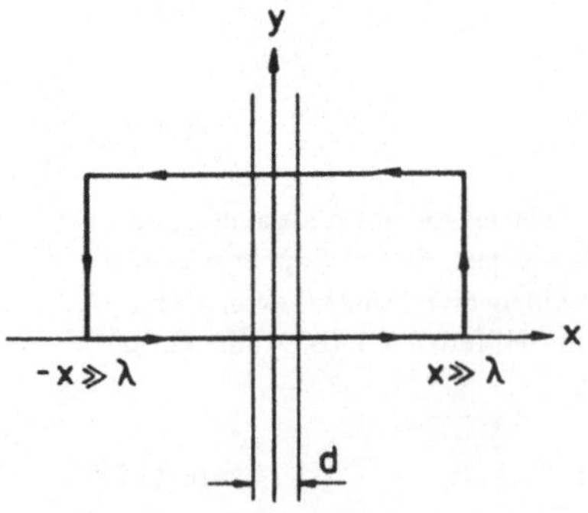

Fig. 6.23
Zur Umformung von Gl. (6.118) (s. Text)

wobei $\Phi(y)$ den magnetischen Kraftfluß durch die von dem Integrationsweg eingeschlossene Fläche angibt. Bei einem Zuwachs von $\Phi(y)$ um Φ_0 ändert sich also die Phasendifferenz um 2π. Hieraus folgt nach Gl. (6.106), daß jetzt der Josephson-Gleichstrom eine periodische Funktion von y ist und innerhalb des Josephson-Kontaktes eine verschiedene Richtung haben kann. Dieses führt natürlich zu einer Abschwächung des Gesamtstroms durch den Kontakt. Für den Gesamtstrom erhalten wir nach Gl. (6.106)

$$I_s = \frac{I_{s\,max}}{ab} \int\limits_{y=-\frac{a}{2}}^{+\frac{a}{2}} \int\limits_{z=-\frac{b}{2}}^{+\frac{b}{2}} \sin\left[\varphi_2(y) - \varphi_1(y)\right] dy\,dz. \tag{6.120}$$

Setzen wir für die Phasenverschiebung den Ausdruck aus Gl. (6.118) ein, so bekommen wir nach ausgeführter Integration

$$I_s = I_{s\,max}\,\sin\varphi_0\,\frac{\sin\left[\pi\{A_y(+\infty) - A_y(-\infty)\}a/\Phi_0\right]}{\pi\{A_y(+\infty) - A_y(-\infty)\}a/\Phi_0}$$

$$= I_{s\,max}\,\sin\varphi_0\,\frac{\sin(\pi\Phi_A/\Phi_0)}{\pi\Phi_A/\Phi_0}. \tag{6.121}$$

Φ_A ist hierbei der gesamte Kraftfluß durch den Josephson-Kontakt. Immer dann, wenn Φ_A ein ganzzahliges Vielfaches des Flußquants Φ_0 ist, verschwindet der Gesamtstrom I_s durch den Josephson-Kontakt. Die vom Magnetfeld unabhängige Phasendifferenz φ_0 nimmt auch hier wieder einen den äußeren Versuchsbedingungen angepaßten Wert an. Aber da $|\sin\varphi_0|$ nicht größer als eins werden kann, erhalten wir für den maximalen Strom supraleitender Ladungsträger aus Gl. (6.121)

$$I_s = I_{s\,max}\left|\frac{\sin(\pi\Phi_A/\Phi_0)}{\pi\Phi_A/\Phi_0}\right|. \tag{6.122}$$

In Fig. 6.24 ist die Abhängigkeit des Josephson-Gleichstroms I_s von Φ_A/Φ_0 nach Gl. (6.122) aufgetragen. Die Darstellung hat große Ähnlichkeit mit der Intensitätsverteilung des Lichts bei der Beugung an einem Spalt.

Wie wir Gl. (6.122) entnehmen können, bewirken bereits relativ schwache Magnetfelder eine starke Abschwächung des Josephson-Gleichstroms. Dieses ist wohl auch der Grund

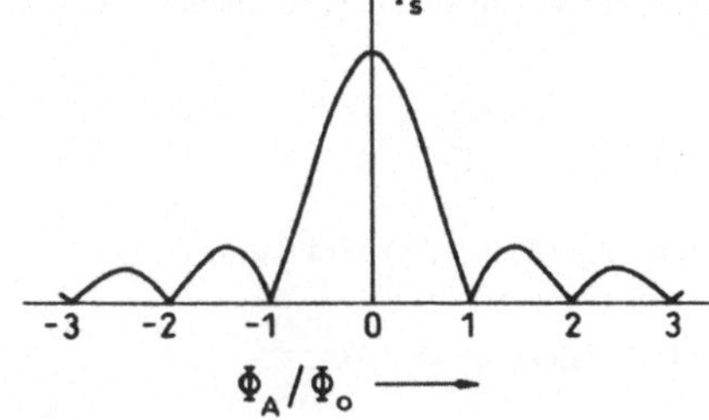

Fig. 6.24
Josephson-Gleichstrom I_s (jeweiliger Maximalwert) in Abhängigkeit vom magnetischen Kraftfluß Φ_A durch den Josephson-Kontakt. Φ_0 magnetisches Flußquant

dafür, daß dieser Suprastrom erst nach der theoretischen Voraussage durch Josephson experimentell beobachtet wurde.

Analogien zu optischen Interferenzerscheinungen lassen sich auch bei einer Anordnung feststellen, die zwei Josephson-Kontakte enthält. In Fig. 6.25 ist ein solcher Doppelkontakt schematisch dargestellt. Von zwei Supraleitern, die über die beiden Kontakte A und B miteinander gekoppelt sind, wird eine Fläche F umschlossen. Ohne Magnetfeld ist bei identischen Kontakten der Gesamtstrom I_s durch die beiden Kontakte doppelt so groß wie der Strom durch einen Einzelkontakt. Befindet sich hingegen die Anordnung in einem Magnetfeld, so hat man am Kontakt A im allgemeinen eine andere Phasendifferenz zwischen den Wellenfunktionen der Cooper-Paare zu beiden Seiten des Kontakts als am Kontakt B. Das bedeutet aber nach Gl. (6.106), daß durch die beiden Kontakte unterschiedliche Ströme fließen.

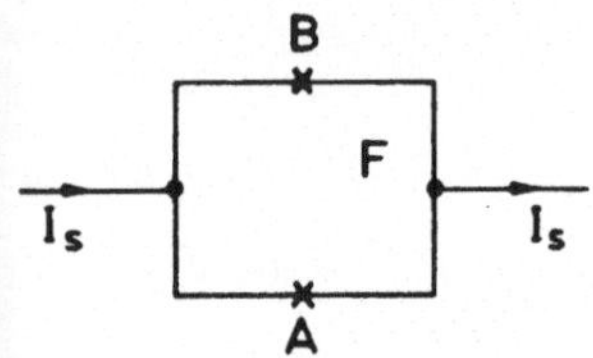

Fig. 6.25
Schaltanordnung eines Josephson-Doppelkontakts. A und B kennzeichnen die beiden einzelnen Josephson-Kontakte

Wir wollen für das Folgende annehmen, daß die wirksamen Flächen der beiden Kontakte verschwindend klein gegenüber der Fläche F sind. Dieses ist z. B. der Fall, wenn die Kopplung der beiden Supraleiter nicht über eine Isolierschicht, sondern über einen Punktkontakt erfolgt. Einen solchen Kontakt erhält man, wenn man den einen Supraleiter mit einer feinen Spitze gegen den anderen Supraleiter drückt. Der kleine Querschnitt der Übergangszone bewirkt dann eine schwache Kopplung der beiden supraleitenden Systeme.

Die Phasendifferenz der Wellenfunktionen zu beiden Seiten des Punktkontakts A betrage φ_0. Dann finden wir für die Phasendifferenz am Punktkontakt B auf Grund ähnlicher Überlegungen, wie wir sie beim Einzelkontakt durchführten, den Wert $\varphi_0 + 2\pi\Phi_F/\Phi_0$. Hierbei ist Φ_F der magnetische Kraftfluß durch die Fläche F. Für den Gesamtstrom durch den Doppelkontakt erhalten wir jetzt

$$I_s = I_{s\,max}[\sin\varphi_0 + \sin(\varphi_0 + 2\pi\Phi_F/\Phi_0)]. \tag{6.123}$$

Gl. (6.123) läßt sich in eine übersichtlichere Form bringen, wenn wir die Transformation

$$\varphi_0 = \varphi_0^+ - \frac{\pi\Phi_F}{\Phi_0}$$

vornehmen. Aus Gl. (6.123) wird dann

$$I_s = 2I_{s\,max}\sin\varphi_0^+\cos\frac{\pi\Phi_F}{\Phi_0}. \tag{6.124}$$

Hiernach treten Strommaxima auf, wenn Φ_F ein ganzzahliges Vielfaches des Flußquants ist, wenn also

$$\Phi_F = n\Phi_0. \qquad (6.125)$$

Der Strom verschwindet, wenn

$$\Phi_F = (2n + 1)\frac{\Phi_0}{2}. \qquad (6.126)$$

φ_0^+ paßt sich wiederum den äußeren Versuchsbedingungen an.

Fig. 6.26 gibt die Abhängigkeit des Gesamtstroms I_s durch den Doppelkontakt von Φ_F/Φ_0 graphisch wieder und zwar für den Fall, daß $|\sin\varphi_0^+| = 1$ ist. Das Bild entspricht der Intensitätsverteilung des Lichts bei der Beugung am Doppelspalt.

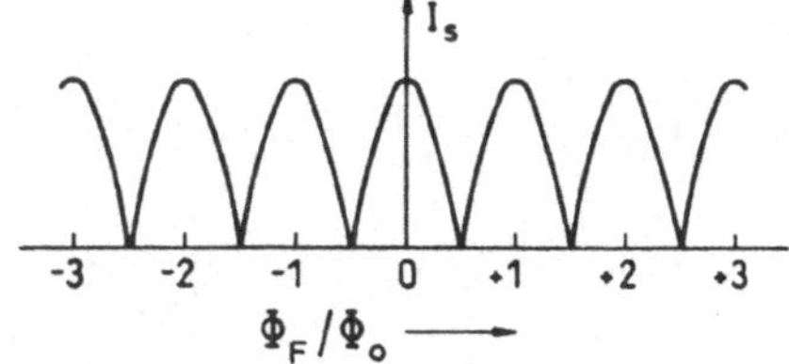

Fig. 6.26
Gesamtstrom I_s durch einen Josephson-Doppelkontakt (jeweiliger Maximalstrom) in Abhängigkeit vom magnetischen Kraftfluß Φ_F durch die in Fig. 6.25 gekennzeichnete Fläche F. Φ_0 magnetisches Flußquant

Die besondere Bedeutung des Doppelkontakts liegt darin, daß die Fläche F viel größer gemacht werden kann als die Kontaktfläche eines einzelnen Josephson-Kontakts; denn damit wird die Empfindlichkeit der Anordnung gegenüber einer Magnetfeldänderung wesentlich heraufgesetzt. Bei einer Fläche F von 1 cm^2 genügt bereits eine Änderung der magnetischen Kraftflußdichte um $2 \cdot 10^{-11}$ Tesla, um eine Periode der Kurve in Fig. 6.26 zu durchlaufen. Solche Josephson-Doppelkontakte lassen sich also als hochempfindliche Magnetometer benutzen. Sie fallen unter eine Gruppe von Meßgeräten, die man allgemein mit *SQUID* als Abkürzung für „*S*uperconducting *QU*antum *I*nterference *D*evice" bezeichnet.

Josephson-Kontakt im Feld einer elektromagnetischen Mikrowellenstrahlung

Auf Seite 279 haben wir gesehen, daß eine elektrische Gleichspannung U_{s0} an einem Josephson-Kontakt einen hochfrequenten Wechselstrom durch den Kontakt hervorruft. Seine Kreisfrequenz beträgt $e_s U_{s0}/\hbar$. Um diesen Wechselstrom direkt nachzuweisen, muß man eine relativ kleine Hochfrequenzleistung aus einem sehr kleinen Kontakt in eine andere Leitung auskoppeln. Dieses ist zwar bereits 1965 verschiedenen amerikanischen und russischen Wissenschaftlern gelungen, jedoch ist es wesentlich einfacher, eine indirekte Methode zum Nachweis des Josephson-Wechselstroms anzuwenden. Hierbei wird ein Josephson-Kontakt, an dem die Gleichspannung U_{s0} liegt, gleichzeitig einer Mikrowellenstrahlung ausgesetzt. Die Gesamtspannung am Josephson-Kontakt beträgt dann

$$U_s(t) = U_{s0} + U_{s1} \cos \omega t,$$

wenn U_{s1} die Amplitude der durch die Einstrahlung der Mikrowelle erzeugten Wechselspannung am Kontakt ist und ω die Kreisfrequenz der Mikrowelle angibt. Nach Gl. (6.109) erhalten wir in diesem Fall für die Phasendifferenz der Wellenfunktionen der Cooper-Paare in den Supraleitern zu beiden Seiten des Kontakts

$$\varphi_2 - \varphi_1 = \frac{e_s U_{s0}}{\hbar} t + \frac{e_s U_{s1}}{\hbar\omega} \sin \omega t + \varphi_0$$

und nach Gl. (6.106) für den Strom durch den Kontakt

$$I_s = I_{s\,max} \sin\left[\left(\frac{e_s U_{s0}}{\hbar} t + \varphi_0 \right) + \frac{e_s U_{s1}}{\hbar\omega} \sin \omega t \right]. \tag{6.127}$$

Durch Anwendung der Additionstheoreme für trigonometrische Funktionen wird aus Gl. (6.127)

$$I_s = I_{s\,max} \left[\sin\left(\frac{e_s U_{s0}}{\hbar} t + \varphi_0 \right) \cos\left(\frac{e_s U_{s1}}{\hbar\omega} \sin \omega t \right) \right.$$
$$\left. + \cos\left(\frac{e_s U_{s0}}{\hbar} t + \varphi_0 \right) \sin\left(\frac{e_s U_{s1}}{\hbar\omega} \sin \omega t \right) \right]$$

und hieraus bei Benutzung der Beziehungen

$$\cos(z \sin x) = \sum_{n=-\infty}^{+\infty} J_n(z) \cos nx$$

und

$$\sin(z \sin x) = \sum_{n=-\infty}^{+\infty} J_n(z) \sin nx,$$

wobei die Koeffizienten $J_n(z)$ Bessel-Funktionen n-ter Ordnung sind,

$$I_s = I_{s\,max} \sum_{n=-\infty}^{+\infty} J_n\left(\frac{e_s U_{s1}}{\hbar\omega} \right) \left[\sin\left(\frac{e_s U_{s0}}{\hbar} t + \varphi_0 \right) \cos n\omega t \right.$$
$$\left. + \cos\left(\frac{e_s U_{s0}}{\hbar} t + \varphi_0 \right) \sin n\omega t \right]$$

oder

$$I_s = I_{s\,max} \sum_{n=-\infty}^{+\infty} J_n\left(\frac{e_s U_{s1}}{\hbar\omega} \right) \sin\left[\left(\frac{e_s U_{s0}}{\hbar} + n\omega \right) t + \varphi_0 \right]. \tag{6.128}$$

Dieses Ergebnis entspricht den Gesetzmäßigkeiten bei der Frequenzmodulation einer Welle, wenn wir $e_s U_{s0}/\hbar$ als Trägerfrequenz, ω als Modulationsfrequenz, $e_s U_{s1}/\hbar$ als Frequenzhub und schließlich $e_s U_{s1}/\hbar\omega$ als Modulationsindex auffassen.
Gl. (6.128) können wir entnehmen, daß für den Fall, daß

$$U_{s0} = \frac{\hbar\omega}{e_s} |n| \tag{6.129}$$

ist, im Josephson-Kontakt neben Wechselströmen mit der Kreisfrequenz ω und mit den entsprechenden Oberschwingungsfrequenzen auch noch ein Gleichstrom

$$I_{s0} = I_{s\,max}\,(-1)^n\,J_n\left(\frac{e_s U_{s1}}{\hbar\omega}\right)\sin\varphi_0 \tag{6.130}$$

fließt. Er nimmt je nach der Größe von $\sin\varphi_0$ Werte zwischen 0 und $I_{s\,max}\,J_n(e_s U_{s1}/\hbar\omega)$ an.

Bisher haben wir nicht berücksichtigt, daß durch einen Josephson-Kontakt, an dem eine elektrische Spannung liegt, neben einem Tunnelstrom aus Cooper-Paaren auch ein Tunnelstrom aus Quasiteilchen fließt. In dem Ersatzschaltbild für einen Josephson-Kontakt können wir dieses durch einen spannungsabhängigen Widerstand $R_s(U)$ erfassen, der parallel zu dem „idealen" Josephson-Kontakt J liegt. Außerdem besitzt ein Josephson-Kontakt eine Eigenkapazität C. Insgesamt erhalten wir also für den Josephson-Kontakt eine Darstellung wie in Fig. 6.27.

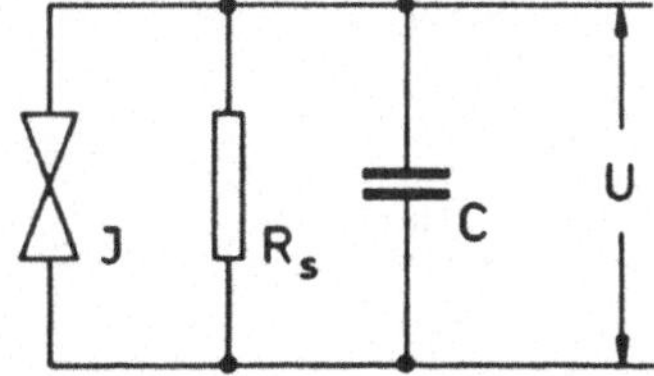

Fig. 6.27
Ersatzschaltbild eines Josephson-Kontakts (s. Text)

Ist die Kapazität C genügend groß, so werden die im idealen Josephson-Kontakt erzeugten Oberschwingungen kurzgeschlossen, und die anliegende Wechselspannung ist tatsächlich sinusförmig. Bei einem Josephson-Kontakt, der symmetrisch aufgebaut ist, können wir für Gleichspannungen, die kleiner als $2\Delta(T)/e$ sind, den Widerstand $R_s(U)$ in guter Näherung als konstant ansehen. Wir bekommen dann, falls Gl. (6.129) erfüllt ist, für den gesamten Gleichstrom durch den Josephson-Kontakt

$$I = \frac{U_{s0}}{R_s} + I_{s\,max}(-1)^n J_n\left(\frac{e_s U_{s1}}{\hbar\omega}\right)\sin\varphi_0. \tag{6.131}$$

In Fig. 6.28 ist der Strom I in Abhängigkeit von U_{s0} für spezielle Werte von ω, U_{s1} und R_s dargestellt.

Anstatt U_{s0} zu variieren, ist es vom Experimentellen her einfacher, den Gleichstrom I zu regeln. Man kann dazu eine Schaltanordnung verwenden, wie sie schematisch in Fig. 6.29a dargestellt ist. Bei vorgegebenem Strom I tritt am Josephson-Kontakt eine Spannung U_{s0} mit einer solchen Quantenzahl n auf, daß mit diesem Wert von n Gl. (6.131) befriedigt werden kann. Vergrößert man dann die äußere Spannung U_0, so behält die Spannung U_{s0} so lange ihren Wert bei, wie

$$I = \frac{U_0 - U_{s0}}{R} < \frac{U_{s0}}{R_s} + I_{s\,max}\,J_n\left(\frac{e_s U_{s1}}{\hbar\omega}\right)$$

ist. Ist diese Bedingung nicht mehr erfüllt, so springt U_{s0} auf einen neuen mit Gl. (6.131) verträglichen Wert. Die Strom-Spannungs-Kennlinie zeigt dementsprechend eine mehr

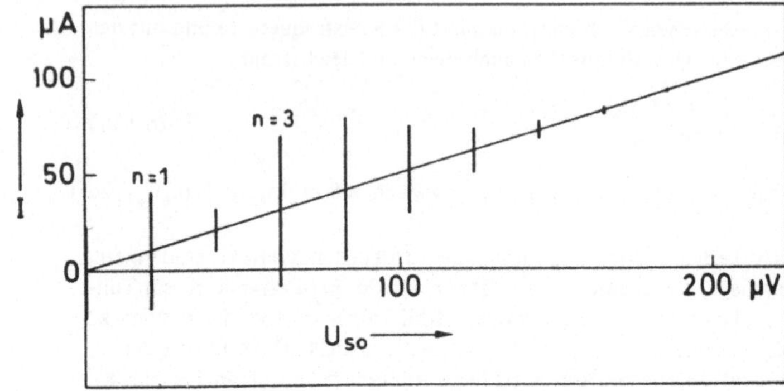

Fig. 6.28 Gleichstrom I durch einen Josephson-Kontakt bei einer Mikrowelleneinstrahlung nach
Gl. (6.131) für $U_{s1} = 100\ \mu V$, $\omega/2\pi = 10$ GHz, $I_{s\,max} = 100\ \mu A$ und $R_s = 2\ \Omega$

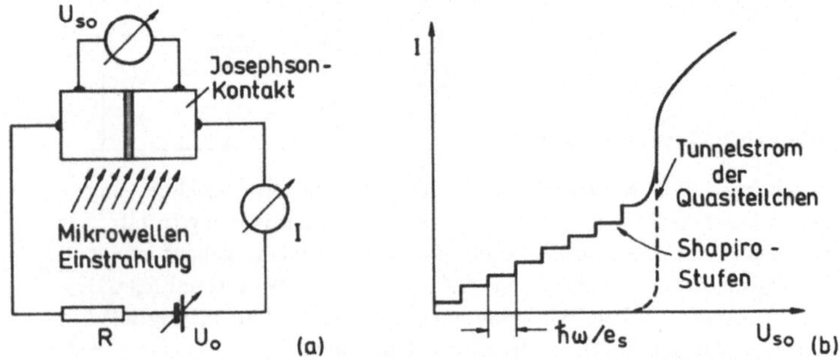

Fig. 6.29 (a) Schaltung zur Aufnahme der Strom-Spannungs-Kennlinie eines Josephson-Kontakts bei
Mikrowelleneinstrahlung; (b) typischer Verlauf einer solchen Kennlinie

oder weniger große Anzahl von Stufen, wobei die Stufenbreite jeweils $\hbar\omega/e_s$ beträgt
(s. Fig. 3.29b). Diese Stufen wurden erstmals 1963 von S. Shapiro beobachtet und nach
ihm benannt. Von N. Langenberg, W. H. Parker und B. N. Taylor wurde 1967 eine
Kennlinie mit *Shapiro-Stufen* zu einer Präzisionsmessung der Größe $e_s/\hbar$ benutzt.

Man kann nun noch einen Schritt weiter gehen, und in der Schaltanordnung in Fig. 3.29a
den äußeren Stromkreis mit der Spannungsquelle U_0 fortlassen. Auch dann kann bei
der Einstrahlung einer Mikrowelle am Josephson-Kontakt eine Gleichspannung mit dem
Wert $n\hbar\omega/e_s$ auftreten. Diese als *inverser Josephson-Effekt* bekannte Erscheinung ist für
solche Werte von n möglich, bei denen der Gesamtstrom I durch den Josephson-Kontakt
verschwinden kann, für die also nach den Gln. (6.131) und (6.129) gilt:

$$I_{s\,max} J_n \left(\frac{e_s U_{s1}}{\hbar\omega} \right) > n\, \frac{\hbar\omega}{e_s}\, \frac{1}{R_s} . \tag{6.132}$$

In diesem Fall kann der Tunnelstrom der Quasiteilchen durch einen **entgegengesetzt ge**-richteten Tunnelstrom der Cooper-Paare gerade kompensiert werden. Für die Strom-Spannungs-Kennlinie in Fig. 6.28 trifft dieses für n = 1 und n = 3 zu.

Der inverse Josephson-Effekt kann u. a. dazu benutzt werden, Präzisions-Spannungs-normale zu bauen. Hierbei werden gewöhnlich mehrere Josephson-Kontakte hinterein-ander geschaltet.

6.4   Thermodynamik des supraleitenden Zustands

Alle wichtigen thermodynamischen Eigenschaften eines Systems lassen sich berechnen, wenn man seine freie Enthalpie als Funktion der Zustandsgrößen kennt. Für ein rein mechanisches System beträgt die freie Enthalpie nach Gl. (A.12)

$$G = U + pV - TS, \tag{6.133}$$

wenn U die innere Energie, S die Entropie, V das Volumen und T die Temperatur des Systems sind, und p den äußeren Druck angibt. Befindet sich das System in einem äuße-ren Magnetfeld, so kommt in Gl. (6.133) auf der rechten Seite noch ein weiteres Glied hinzu Dieses Zusatzglied finden wir, wenn wir die Arbeit dW_{magn}, die zur Magnetisie-rung des Systems benötigt wird, mit einer am System geleisteten mechanischen Arbeit

$$dW_{mech} = -pdV \tag{6.134}$$

vergleichen.

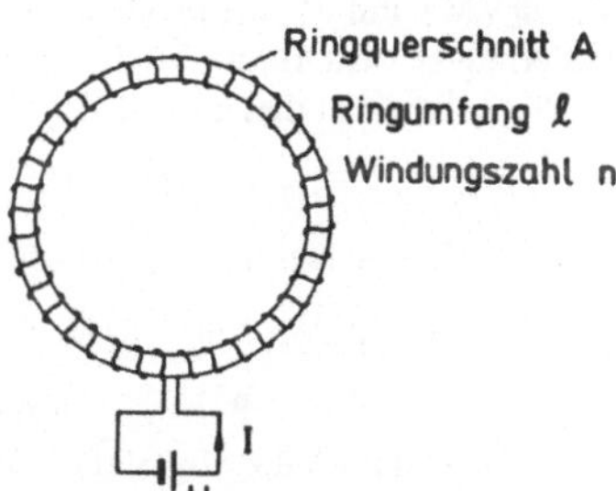

Fig. 6.30
Zur Herleitung der Magnetisierungsarbeit (s. Text)

Um dW_{magn} zu ermitteln, betrachten wir einen Ring aus einem magnetisierbaren Mate-rial, der sich in einer Spule mit n Windungen befindet (s. Fig. 6.30). Der Ring habe den Umfang ℓ und den Querschnitt A. Der Ohmsche Widerstand der Spule betrage R, und die äußere Spannung an der Spule sei U. Bei einer Änderung der Spannung U gilt momentan

$$U - \frac{d\Phi}{dt} = IR,$$

wenn $d\Phi/dt$ die zeitliche Änderung des magnetischen Kraftflusses durch die Spule be-deutet, und I der elektrische Strom durch die Spule ist. Die während der Zeitspanne dt am System geleistete Arbeit beträgt dann

$$UIdt = Id\Phi + I^2 Rdt. \qquad (6.135)$$

Der zweite Term auf der rechten Seite von Gl. (6.135) ist die während der Zeit dt in der Spule umgesetzte Joulesche Wärme; der erste Term gibt die Änderung der magnetischen Energie der Anordnung an.

Wenn $\vec{H}$ die durch den Strom I erzeugte magnetische Feldstärke und $\vec{B}$ die Kraftflußdichte im magnetisierbaren Ringmaterial sind, so ist

$$I = \frac{\ell H}{n} \quad \text{und} \quad \Phi = nAB.$$

Hiermit wird aus dem ersten Term auf der rechten Seite von Gl. (6.135)

$$Id\Phi = \ell A\vec{H}\cdot d\vec{B} = V\vec{H}\cdot d\vec{B}$$
$$= \mu_0 V\vec{H}\cdot d\vec{H} + \mu_0\vec{H}\cdot d(V\vec{M}),$$

wenn V das Volumen des magnetisierbaren Körpers und $\vec{M}$ seine Magnetisierung sind. Die Größe $\mu_0 V\vec{H}\cdot d\vec{H}$ ist die Änderung der magnetischen Feldenergie. Sie tritt auch auf, wenn kein magnetisierbares Material vorhanden ist. Die Größe

$$dW_{magn} = \mu_0 H\cdot d(V\vec{M}) \qquad (6.136)$$

gibt hingegen die Magnetisierungsarbeit an.

Vergleichen wir Gl. (6.136) mit Gl. (6.134), so sehen wir, daß sich die Größen $\mu_0\vec{H}$ und $-p$ sowie $d(V\vec{M})$ und dV entsprechen. Hieraus folgt, daß bei Berücksichtigung der Magnetisierung zu dem Term pV in Gl. (6.133) noch der Tem $-\mu_0 H\cdot (VM)$ hinzukommt. Wir erhalten in diesem Fall also für die freie Enthalpie

$$G = U + pV - \mu_0\vec{H}\cdot (V\vec{M}) - TS, \qquad (6,137)$$

und für die Änderung dieser Größe bei einem reversibel ablaufenden Prozeß

$$dG = dU + pdV + Vdp - \mu_0\vec{H}\cdot d(V\vec{M}) - \mu_0(V\vec{M})\cdot d\vec{H} - TdS - SdT$$
$$= dU - TdS - W_{mech} - W_{magn} - SdT + Vdp - \mu_0(V\vec{M})\cdot d\vec{H}$$
$$= -SdT + Vdp - \mu_0(V\vec{M})\cdot d\vec{H}. \qquad (6.138)$$

Freie Enthalpie des supraleitenden Zustands

Aus den Beobachtungen von Meissner und Ochsenfeld (s. Seite 240) folgt, daß bei Eintritt der Supraleitung die magnetische Flußdichte im Innern eines Leiters verschwindet. Dieses läßt sich formal dadurch beschreiben, daß man einen Supraleiter als einen idealen diamagnetischen Körper betrachtet. Wir wissen zwar, daß die eigentliche Ursache für den feldfreien Raum im Innern eines Supraleiters makroskopische Abschirmströme in der Oberflächenschicht des Supraleiters sind; aber für die Verhältnisse im Außenraum ist es belanglos, ob die Feldveränderungen durch Oberflächenströme oder durch atomare Ströme hervorgerufen werden. Betrachten wir den Supraleiter als Diamagnet, so ist im

Innern des Supraleiters nur die magnetische Flußdichte $\vec{B}$ gleich null, nicht hingegen die magnetisch Feldstärke $\vec{H}$. Es gilt dann also

$$\vec{B} = \mu_0(\vec{H} + \vec{M}) = 0$$

oder $\vec{M} = -\vec{H}.$ $\qquad$ (6.139)

Mit dieser Beziehung erhalten wir aus Gl. (6.138) für den supraleitenden Zustand

$$dG_s = -SdT + Vdp + \mu_0 VHdH. \qquad (6.140)$$

Bei konstant gehaltener Temperatur und konstant gehaltenem Druck wird aus Gl. (6.140)

$$dG_s = \mu_0 VHdH. \qquad (6.141)$$

Ist der Entmagnetisierungsfaktor des supraleitenden Körpers gleich null, so können wir in Gl. (6.141) anstelle der Feldstärke $\vec{H}$ die Kraftflußdichte $\vec{B}_a = \mu_0 \vec{H}$ des äußeren magnetischen Feldes benutzen, und wir bekommen

$$dG_s = \frac{1}{\mu_0} VB_a dB_a. \qquad (6.142)$$

Für die freie Enthalpie $G_s(T, B_a)$ eines Supraleiters mit dem Volumen V in einem äußeren Magnetfeld gilt dann

$$G_s(T, B_a) = G_s(T, 0) + \frac{1}{\mu_0} V \int_0^{B_a} B_a' dB_a'$$

$$= G_s(T, 0) + \frac{1}{2\mu_0} VB_a^2, \qquad (6.143)$$

wenn $G_s(T, 0)$ die freie Energie des Supraleiters ohne äußeres Magnetfeld ist. Die freie Enthalpie eines Supraleiters wird also beim Einbringen in ein Magnetfeld erhöht.

Wird B_a größer als die kritische magnetische Kraftflußdichte B_c, so wird der supraleitende Zustand instabil. Es muß jetzt $G_s(T, B_a)$ größer als die freie Enthalpie $G_n(T, B_a)$ des normalleitenden Zustands sein; denn bei vorgegebenen Werten von p, T und B_a nimmt die freie Enthalpie stets ein Minimum an. Bei der kritischen Kraftflußdichte selbst sind der supraleitende und der normalleitende Zustand miteinander im Gleichgewicht. Dieses bedeutet, daß die freien Enthalpien der beiden Phasen bei der Kraftflußdichte B_c gleich groß sind. Es ist also

$$G_s(T, B_c) = G_n(T, B_c). \qquad (6.144)$$

Da aber die magnetische Suszeptibilität eines Leiters im Normalzustand im allgemeinen verschwindend klein ist, gilt praktisch

$$G_n(T, B_c) = G_n(T, 0)$$

und somit

$$G_s(T, B_c) = G_n(T, 0). \qquad (6.145)$$

Setzen wir in Gl. (6.143) für B_a den kritischen Wert B_c ein, so erhalten wir zusammen mit Gl. (6.145) die von C. J. Gorter[1]) und H. B. G. Casimir[2]) im Jahre 1934 aufgestellte Beziehung

$$G_n(T, 0) - G_s(T, 0) = \frac{1}{2\mu_0}\, VB_c^2.$$ (6.146)

Die freie Enthalpie des normalleitenden Zustandes ist hiernach, wenn kein äußeres Magnetfeld vorhanden ist, um den Betrag $VB_c^2/(2\mu_0)$ größer als die des supraleitenden Zustandes.

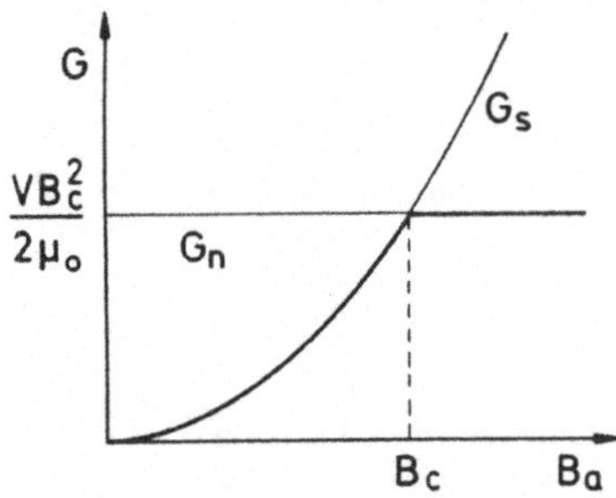

Fig. 6.31
Freie Enthalpien G_s und G_n eines Körpers im supraleitenden bzw. normalleitenden Zustand in Abhängigkeit von der magnetischen Kraftflußdichte B_a eines äußeren Feldes. Die stark ausgezogene Kurve kennzeichnet den stabilen Zustand

In Fig. 6.31 sind die oben diskutierten Ergebnisse noch einmal graphisch dargestellt. Für eine Temperatur, bei der ohne Magnetfeld der Körper supraleitend ist, gibt die stark ausgezogene Kurve den jeweils stabilen Zustand im Magnetfeld wieder.

Die Größe $G_n(T, 0) - G_s(T, 0)$ ist ein Maß für die Stabilität des supraleitenden Zustandes bei einer Temperatur $T < T_c$. Man kann diese Größe angeben, wenn man die Stärke des kritischen Kraftflußdichte B_c für eine vorgegebene Temperatur kennt (s. Fig. 6.17). Es ist angenähert

$$B_c(T) = B_c(0)[1 - (T/T_c)^2].$$ (6.147)

Schließlich können wir noch den Ausdruck in Gl. (6.146) zu den entsprechenden Ergebnissen der BCS-Theorie in Beziehung setzen. Aus Gl. (6.137) folgt für $T = 0$ und $H = 0$ und unter der Voraussetzung, daß das Volumen V sich beim Übergang vom supraleitenden in den normalleitenden Zustand nicht ändert,

$$G_n(0) - G_s(0) = U_n(0) - U_s(0)$$

und somit bei Berücksichtigung von Gl. (6.146) und Gl. (6.63)

$$\frac{1}{2\mu_0}\, VB_c^2(0) = \frac{1}{4}\, Z(E_F)\Delta^2(0),$$ (6.148)

---

[1]) Cornelius Jacobus Gorter, *1907 Utrecht, † 1980 Oegstgeest
[2]) Hendrik B. G. Casimir, *1909 Den Haag

wenn $Z(E_F)$ die Zustandsdichte der normalleitenden Elektronen bei der Fermi-Energie und $\Delta(0)$ der Wert der halben Energielücke am absoluten Nullpunkt der Temperatur ist. Benutzen wir für $\Delta(0)$ in Gl. (6.148) die Beziehung aus Gl. (6.74), so erhalten wir auch noch einen Zusammenhang zwischen der kritischen Kraftflußdichte B_c bei 0 K und der kritischen Temperatur T_c, nämlich

$$B_c(0) = 1{,}24 \sqrt{\frac{\mu_0 Z(E_F)}{V}} \, k_B T_c. \tag{6.149}$$

Entropie und spezifische Wärme

Für die Entropie S gilt nach Gl. (6.138)

$$S = -\left(\frac{\partial G}{\partial T}\right)_{p,\,B_a}. \tag{6.150}$$

Hiermit folgt aus Gl. (6.146) für den Unterschied zwischen der Entropie des normalleitenden und des supraleitenden Zustandes

$$S_n(T, 0) - S_s(T, 0) = -\frac{1}{\mu_0} V B_c(T)\frac{\partial B_c(T)}{\partial T}. \tag{6.151}$$

Gl. (6.147) zeigt, daß $\partial B_c/\partial T$ für $0 < T < T_c$ von null verschieden und negativ ist. $S_n - S_s$ ist also für $0 < T < T_c$ größer als null. Dieses ist verständlich, da der supraleitende Zustand wegen der Korrelation von Einzelelektronen zu Cooper-Paaren einen höheren Ordnungsgrad als der normalleitende Zustand aufweist. Bei einem isothermen Übergang vom supraleitenden in den normalleitenden Zustand, was durch Anlegen eines überkritischen Magnetfeldes erreicht werden kann, muß die Wärmemenge $(S_n - S_s) \cdot T$ zugeführt werden. Umgekehrt erfolgt bei einem adiabatisch geführten Übergang eine Abkühlung der Probe. Man hat für $T < T_c$ einen Phasenübergang 1. Ordnung.

Für die spezifische Wärme eines Körpers der Masse M besteht bei konstant gehaltenem Druck und konstant gehaltenem Magnetfeld die Beziehung

$$c = \frac{1}{M} T \left(\frac{\partial S}{\partial T}\right)_{p,\,B_a}. \tag{6.152}$$

Hieraus erhalten wir mit Gl. (6.151) für die Differenz der spezifischen Wärmen des supraleitenden und des normalleitenden Zustands

$$c_s(T, 0) - c_n(T, 0) = \frac{T}{\mu_0 \rho}\left[\left(\frac{\partial B_c(T)}{\partial T}\right)^2 + B_c(T)\frac{\partial^2 B_c(T)}{\partial T^2}\right], \tag{6.153}$$

wenn ρ die Dichte des Körpers angibt. Ist $T = T_c$, so folgt aus Gl. (6.153) wegen $B_c(T_c) = 0$

$$c_s(T_c, 0) - c_n(T_c, 0) = \frac{T}{\mu_0 \rho}\left(\frac{\partial B_c(T)}{\partial T}\right)^2_{T=T_c}. \tag{6.154}$$

Diese sog. *Rutgers-Formel* verknüpft die kalorimetrisch zu messende Größe $c_s - c_n$ mit dem Differentialquotienten $\partial B_c(T)/\partial T$ bei der kritischen Temperatur T_c. Für verschiedene Supraleiter wurde die Rutgers-Formel experimentell sehr gut bestätigt.

Für $T = T_c$ ist nach Gl. (6.151) $S_n - S_s = 0$. Für einen Phasenübergang bei $T = T_c$ wird demnach keine Umwandlungswärme benötigt. Die spezifische Wärme weist hingegen beim Übergang vom supraleitenden in den normalleitenden Zustand für $T = T_c$ einen Sprung auf. Wir haben es hier mit einem Phasenübergang 2. Ordnung zu tun.

In Fig. 6.32 sind $S_n - S_s$ und $c_s - c_n$ in Abhängigkeit von der Temperatur nach Gl. (6.151) bzw. Gl. (6.153) aufgetragen. Hierbei wurde für den Temperaturverlauf von B_c die Näherungsformel aus Gl. (6.147) verwendet.

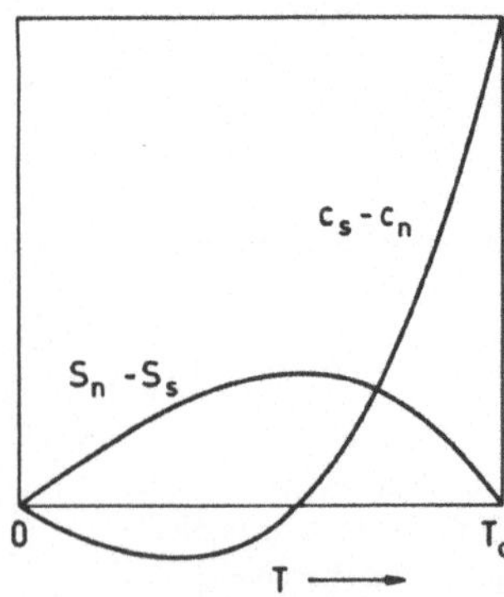

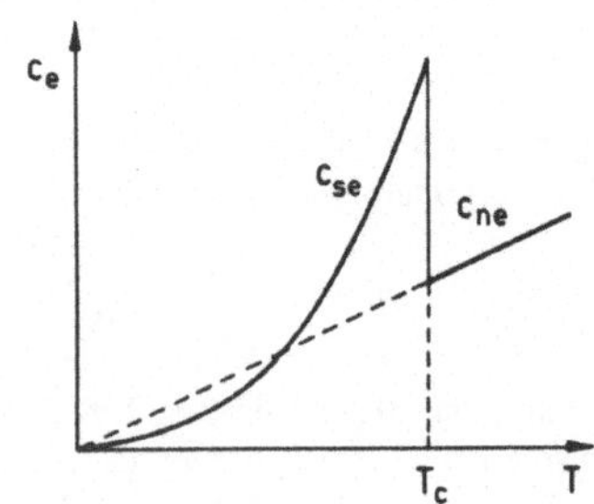

Fig. 6.32 Temperaturabhängigkeit der Entropiedifferenz $S_n - S_s$ nach Gl. (6.151) und der Differenz $c_s - c_n$ der spezifischen Wärmen nach Gl. (6.153)

Fig. 6.33 Temperaturabhängigkeit des elektronischen Beitrags zur spezifischen Wärme eines Festkörpers im supraleitenden (c_{se}) und im normalleitenden (c_{ne}) Zustand

Zur spezifischen Wärme eines Festkörpers liefern sowohl die Leitungselektronen als auch die Gitterschwingungen einen Beitrag (s. Seite 95). Der Beitrag der Gitterschwingungen ist im supraleitenden und im normalleitenden Zustand gleich groß, so daß die Größe $c_s - c_n$ die Differenz der elektronischen Beiträge in den beiden Zuständen wiedergibt. In Fig. 6.33 ist der elektronische Beitrag zur spezifischen Wärme eines Festkörpers im supraleitenden und normalleitenden Zustand in Abhängigkeit von der Temperatur aufgetragen. Für genügend niedrige Temperaturen ist der elektronische Beitrag zur spezifischen Wärme im supraleitenden Zustand kleiner als im normalleitenden Zustand. Bezeichnen wir mit c_{se} den elektronischen Beitrag im supraleitenden Zustand, so gilt für $T \ll T_c$

$$c_{se} \sim e^{-\Delta(0)/k_B T}. \tag{6.155}$$

Hierbei kennzeichnet $\Delta(0)$ die halbe Energielücke des betreffenden Supraleiters bei $T = 0$ K. Die Gesetzmäßigkeit in Gl. (6.155) wird verständlich, wenn man beachtet, daß eine Wärmeaufnahme im supraleitenden Zustand mit der Anregung von Quasiteilchen verknüpft ist. Mit steigender Temperatur wird, wie wir auf Seite 261 gesehen haben, die Energielücke kleiner und fällt dicht unterhalb der kritischen Temperatur T_c sehr schnell ab. Hierdurch ist der steile Anstieg von c_{se} bedingt, der beobachtet werden kann, wenn sich die Temperatur der kritischen Temperatur nähert.

6.5   Phänomenologische Theorie von Ginzburg und Landau

Auf Seite 271 benutzten wir für die Wellenfunktion der Cooper-Paare den Ausdruck

$$\Psi(\vec{r}) = \sqrt{n_s}\; e^{i\varphi(\vec{r})}.$$

Hierbei wurde angenommen, daß eine vorliegende Ortsabhängigkeit von Ψ durch eine räumliche Variation der Phase φ der Wellenfunktion hervorgerufen wird. Die Cooper-Paardichte n_s wurde hingegen als ortsunabhängig betrachtet. Diese Einschränkung, die grundlegend für die Londonsche Theorie der Supraleitung ist, wurde von V. L. Ginzburg[1]) und L. D. Landau in ihrer im Jahre 1950 aufgestellten phänomenologischen Theorie aufgehoben; sie ließen also auch eine Ortsabhängigkeit von n_s zu. Von L. P. Gorkov[2]) wurde im Jahre 1959 die *Ginzburg-Landau-Theorie* auf die BCS-Theorie zurückgeführt. Gorkov zeigte außerdem, daß sie bei geeigneter Formulierung im gesamten Temperaturbereich angewendet werden darf und ihre Gültigkeit nicht, wie ursprünglich vermutet wurde, nur auf Temperaturen in der Nähe der kritischen Temperatur T_c beschränkt ist. Die Ginzburg-Landau-Theorie ist vor allem bei der Behandlung von Grenzflächenproblemen von Bedeutung. Sie ist unentbehrlich bei der Untersuchung der *Zwischenzustände* und *gemischten Zustände* von Supraleitern, mit denen wir uns auf Seite 305 bzw. 309 beschäftigen werden. Für die entsprechenden Überlegungen gehen wir von einem Ausdruck für die freie Enthalpie des supraleitenden Zustands aus, in welchem diesmal auch der Einfluß einer räumlichen Variation der Cooper-Paardichte erfaßt wird.

Ginzburg-Landau-Gleichungen

Im vorhergehenden haben wir gesehen, daß ein supraleitender Körper bei der kritischen Temperatur T_c durch einen Phasenübergang zweiter Ordnung in den normalleitenden Zustand überführt werden kann. Während bei einem Phasenübergang erster Ordnung sich der Zustand eines Körpers am Umwandlungspunkt sprunghaft ändert, erfolgt die Zustandsänderung bei einem Phasenübergang zweiter Ordnung kontinuierlich. Dieser Übergang läßt sich bei einem Supraleiter durch einen Ordnungsparameter beschreiben. Als solcher wurde von Ginzburg und Landau die lokale Teilchenzahldichte der supraleitenden Ladungsträger eingeführt, nach unserem heutigen Verständnis also die Cooper-

---

[1]) Vitalij Lasarewitsch Ginzburg, * 1916 Moskau
[2]) Lev Petrovich Gorkov, * 1929 Moskau

Paardichte $n_s = |\Psi|^2$. Diese hat im normalleitenden Zustand den Wert null und nimmt unterhalb der kritischen Temperatur T_c kontinuierlich zu, um schließlich am absoluten Nullpunkt der Temperatur ihren Maximalwert zu erreichen. Dementsprechend läßt sich in der supraleitenden Phase bei einem vorgegebenen äußeren Druck p und einer vorgegebenen Temperatur T die freie Enthalpie in der Umgebung von T_c in eine Reihe nach dem Ordnungsparameter $|\Psi|^2$ entwickeln, wobei man die Reihe mit dem Glied $|\Psi|^4$ abbricht.

Ist g_s die freie Enthalpie des supraleitenden Zustands je Volumeneinheit und g_n die entsprechende Größe des normalleitenden Zustands, so erhalten wir

$$g_s = g_n + \alpha|\Psi|^2 + \frac{1}{2}\beta|\Psi|^4. \tag{6.156}$$

Im thermodynamischen Gleichgewicht muß g_s bei vorgegebenen Werten von p und T in Abhängigkeit von $|\Psi|^2$ einen Minimalwert annehmen. Dieses bedeutet

$$\alpha + \beta|\Psi|^2 = 0$$

$$\text{oder} \quad |\Psi|^2 = |\Psi_\infty|^2 = -\frac{\alpha}{\beta}. \tag{6.157}$$

Durch die Bezeichnung Ψ_∞ soll ausgedrückt werden, daß Gl. (6.156) erst genügend tief im Innern eines Supraleiters gültig ist, also dort, wo keine Oberflächeneinflüsse mehr vorhanden sind. Ist diese Voraussetzung nicht erfüllt, oder ist ein äußeres Magnetfeld vorhanden, so ist nach Ginzburg und Landau Gl. (6.156) durch Hinzunahme weiterer Glieder zu ergänzen. Bevor wir uns hiermit beschäftigen, wollen wir zunächst die Koeffizienten α und β mit anderen Größen in Beziehung setzen.

Wenn kein äußeres Magnetfeld vorhanden ist, so gilt nach Gl. (6.146)

$$g_s - g_n = \alpha|\Psi_\infty|^2 + \frac{1}{2}\beta|\Psi_\infty|^4 = -\frac{1}{2\mu_0}B_c^2. \tag{6.158}$$

Hierbei ist B_c die kritische magnetische Kraftflußdichte. Aus Gl. (6.157) und (6.158) ergibt sich

$$\alpha = -\frac{1}{\mu_0}\frac{B_c^2}{|\Psi_\infty|^2} \tag{6.159a}$$

$$\text{und} \quad \beta = \frac{1}{\mu_0}\frac{B_c^2}{|\Psi_\infty|^4}. \tag{6.159b}$$

Befindet sich der Supraleiter in einem äußeren Magnetfeld mit der Kraftflußdichte $\vec{B}_a$, so hat unter der Voraussetzung, daß der Entmagnetisierungsfaktor der Probe gleich null ist und wir den Supraleiter wiederum als Diamagnet auffassen, die magnetische Feldstärke innerhalb und außerhalb der Probe den Wert $\vec{H} = \vec{B}_a/\mu_0$. Zu der freien Enthalpiedichte, wie sie Gl. (6.156) wiedergibt, tritt dann nach Gl. (6.138) der Term

$$\Delta_1 g_s = -\int_0^{B_a} \vec{M} \cdot d\vec{B}_a' \tag{6.160}$$

hinzu. Hierbei ist $\vec{M}$ die Magnetisierung des Supraleiters. Für sie gilt

$$\vec{M} = \frac{1}{\mu_0}\,\vec{B} - \vec{H} = \frac{1}{\mu_0}\,(\vec{B} - \vec{B}_a).$$

Setzen wir diesen Ausdruck in Gl. (6.160) ein, so bekommen wir

$$\Delta_1 g_s = \frac{1}{\mu_0}\int_0^{B_a} (\vec{B}_a' - \vec{B})\cdot d\vec{B}_a' = \frac{1}{2\mu_0}\,(\vec{B}_a - \vec{B})^2.$$

Die Ortsabhängigkeit von $|\Psi|^2$ berücksichtigten Ginzburg und Landau bei der freien Enthalpiedichte durch den Beitrag

$$\Delta_2 g_s = \frac{1}{2m_s}\left|\left(\frac{\hbar}{i}\nabla - e_s\vec{A}\right)\Psi\right|^2.$$

Dieser Term entspricht der kinetischen Energiedichte eines quantenmechanischen Zustands mit der Wellenfunktion Ψ. Insgesamt erhalten wir also durch Hinzunahme von $\Delta_1 g_s$ und $\Delta_2 g_s$ für die freie Enthalpiedichte die Beziehung

$$g_s = g_n + \alpha|\Psi|^2 + \frac{1}{2}\beta|\Psi|^4 + \frac{1}{2\mu_0}\,(\vec{B}_a - \vec{B})^2$$

$$+ \frac{1}{2m_s}\left|\left(\frac{\hbar}{i}\nabla - e_s\vec{A}\right)\Psi\right|^2. \tag{6.161}$$

Das letzte Glied in Gl. (6.161) hat zur Folge, daß die Wellenfunktion Ψ und damit auch die Cooper-Paardichte $n_s = |\Psi|^2$ sich nicht sprunghaft ändern können. So wird z. B. die Cooper-Paardichte, wenn sie an der Begrenzungsfläche eines Supraleiters den Wert null hat, im Innern des Supraleiters stetig auf den Wert $|\Psi_\infty|^2$ ansteigen. Hierdurch wird wiederum bewirkt, daß die magnetische Kraftflußdichte zum Innern eines Supraleiters hin nicht die strenge exponentielle Abnahme zeigt, wie es die Londonsche Theorie wegen der dort vorausgesetzten Ortsunabhängigkeit von n_s fordert. Geeignete Gleichungen zur genauen Ermittlung des Verlaufs der Cooper-Paardichte n_s und des Magnetfeldes B im Innern eines Supraleiters können wir uns verschaffen, indem wir durch räumliche Integration der freien Enthalpiedichte g_s aus Gl. (6.161) zunächst die gesamte freie Enthalpie G_s des Systems ermitteln, und dann durch Variation von Ψ^* bzw. $\vec{A}$ die Bedingungen aufsuchen, die erfüllt sein müssen, damit G_s einen Minimalwert annimmt. Die freie Enthalpie des Systems beträgt

$$G_s = G_n + \int\left(\alpha|\Psi|^2 + \frac{1}{2}\beta|\Psi|^4\right)dV + \frac{1}{2\mu_0}\int(\vec{B}_a - \vec{B})^2\,dV$$

$$+ \frac{1}{2m_s}\int\left|\left(\frac{\hbar}{i}\nabla - e_s\vec{A}\right)\Psi\right|^2\,dV. \tag{6.162}$$

Hierbei ist die Integration nur über das Volumen des Supraleiters zu erstrecken.

Durch Variation von G_s nach Ψ^* erhalten wir aus Gl. (6.162)

$$\delta G_s = \int \delta\Psi^*(\alpha\Psi + \beta|\Psi|^2\Psi)dV$$

$$+ \frac{1}{2m_s} \int \left[\left(\frac{\hbar}{i}\nabla - e_s\vec{A}\right)\Psi \cdot \left(-\frac{\hbar}{i}\nabla - e_s\vec{A}\right)\delta\Psi^* \right] dV. \qquad (6.163)$$

Wenn wir hier beim zweiten Term eine partielle Integration durchführen, so bekommen wir unter anderem ein Oberflächenintegral. Dieses verschwindet, wenn

$$\vec{n} \cdot \left(\frac{\hbar}{i}\nabla - e_s\vec{A}\right)\Psi = 0 \qquad (6.164)$$

ist. $\vec{n}$ ist,dabei ein Einheitsvektor senkrecht zur Oberfläche des Supraleiters. Gl. (6.164) besagt, daß kein Teilchenstrom supraleitender Ladungsträger durch die Oberfläche fließen soll. Aus Gl. (6.163) folgt dann

$$\delta G_s = \int \delta\Psi^* \left[\alpha\Psi + \beta|\Psi|^2\Psi + \frac{1}{2m_s}\left(\frac{\hbar}{i}\nabla - e_s\vec{A}\right)^2\Psi \right] dV. \qquad (6.165a)$$

Variation von G_s nach $\vec{A}$ ergibt

$$\delta G_s = \frac{1}{\mu_0} \int [(\vec{B} - \vec{B}_a)\,\text{rot}\,\delta\vec{A}]dV$$

$$- \int \delta\vec{A} \cdot \left[\frac{e_s\hbar}{2m_s i}(\Psi^*\,\text{grad}\,\Psi - \Psi\,\text{grad}\,\Psi^*) - \frac{e_s^2}{m_s}\vec{A}\Psi\Psi^* \right] dV$$

und nach partieller Integration des ersten Terms

$$\delta G_s = \int \delta\vec{A} \cdot \left[\frac{1}{\mu_0}\,\text{rot}\,\vec{B} - \frac{e_s\hbar}{2m_s i}(\Psi^*\,\text{grad}\,\Psi - \Psi\,\text{grad}\,\Psi^*) \right.$$

$$\left. + \frac{e_s^2}{m_s}\vec{A}\Psi\Psi^* \right] dV. \qquad (6.165b)$$

Die Ausdrücke in Gl. (6.165a) und (6.165b) verschwinden für beliebige Variationen $\delta\Psi^*$ und $\delta\vec{A}$, wenn

$$\frac{1}{2m_s}\left(\frac{\hbar}{i}\nabla - e_s\vec{A}\right)^2\Psi + \alpha\Psi + \beta|\Psi|^2\Psi = 0 \qquad (6.166a)$$

und $$\frac{1}{\mu_0}\,\text{rot}\,\vec{B} = \frac{e_s\hbar}{2m_s i}(\Psi^*\,\text{grad}\,\Psi - \Psi\,\text{grad}\,\Psi^*) - \frac{e_s^2}{m_s}\vec{A}\Psi\Psi^*. \qquad (6.166b)$$

Die Beziehungen in Gl. (6.166a) und (6.166b) sind als *Ginzburg-Landau-Gleichungen* bekannt. Gl. (6.166a) entspricht der Schrödinger-Gleichung für Teilchen der Masse m_s und der elektrischen Ladung e_s mit dem Energieeigenwert $-\alpha$. Das nichtlineare Glied $\beta|\Psi|^2\Psi$ wirkt dabei wie ein abstoßendes Potential der Wellenfunktion Ψ auf sich selbst. Gl. (6.166b) hat wegen $1/\mu_0\,\text{rot}\,\vec{B} = \vec{j}$ genau die Form des aus der Quantenmechanik bekannten Ausdrucks für die elektrische Stromdichte. Die Ginzburg-Landau-Gleichungen können zur Bestimmung der Funktionen $\Psi(\vec{r})$ und $\vec{A}(\vec{r})$ in einem Supraleiter dienen. Zu den beiden Differentialgleichungen tritt noch die Randbedingung aus Gl. (6.164) hinzu.

Wir suchen nun nach einer charakteristischen Länge, die die räumliche Variation der Wellenfunktion Ψ und somit auch die der Cooper-Paardichte n_s kennzeichnet. Wir wollen dabei voraussetzen, daß ein eindimensionales Problem vorliegt. Wir nehmen also an, daß Ψ zum Beispiel nur von der räumlichen Koordinate x abhängt. Außerdem soll kein Magnetfeld vorhanden sein; das Vektorpotential $\vec{A}$ ist also gleich null. In diesem Fall hat die Wellenfunktion in Gl. (6.166a) nur reelle Koeffizienten, und wir können sie deshalb selbst als reell ansehen. Aus Gl. (6.166a) wird dann

$$-\frac{\hbar^2}{2m_s}\frac{d^2\Psi(x)}{dx^2} + \alpha\Psi(x) + \beta\Psi^3(x) = 0.$$

Wenn wir in diese Gleichung die normierte Wellenfunktion

$$f(x) = \frac{\Psi(x)}{\Psi_\infty} \tag{6.167}$$

einführen und für Ψ_∞ den Wert aus Gl. (6.157) benutzen, so erhalten wir

$$\xi^2 \frac{d^2f(x)}{dx^2} + f(x) - f^3(x) = 0. \tag{6.168}$$

Hierbei ist

$$\xi = \frac{\hbar}{\sqrt{2m_s|\alpha|}}. \tag{6.169}$$

Mit den Randbedingungen

$$\lim_{x\to\infty} f(x) = 1, \qquad \lim_{x\to\infty} \frac{df(x)}{dx} = 0 \quad \text{und} \quad f(0) = 0$$

hat Gl. (6.168) die Lösung

$$f(x) = \tanh\frac{x}{\xi\sqrt{2}}. \tag{6.170}$$

Hiernach erfolgt der Anstieg der Wellenfunktion Ψ vom Randwert null auf ihren maximalen Wert Ψ_∞ über eine Distanz, die in der Größenordnung von ξ, der sog. *Ginzburg-Landau-Kohärenzlänge* liegt. Diese Kohärenzlänge ist stets größer als der mittlere Durchmesser eines Cooper-Paares, wie wir ihn auf Seite 257 berechnet haben; denn eine räumliche Variation der Cooper-Paardichte kann nur auf Distanzen erfolgen, die größer als die Ausdehnung eines Cooper-Paares sind.

Verwenden wir für α in Gl. (6.169) die Beziehung aus Gl. (6.159a), und beachten wir, daß nach Gl. (6.147) $B_c^2 \sim [1 - (T/T_c)^2]^2$ und nach den Gln. (6.84) und (6.92) $|\Psi_\infty|^2 = n_s \sim 1 - (T/T_c)^4$ ist, so erhalten wir für die Temperaturabhängigkeit der

Ginzburg-Landau-Kohärenzlänge

$$\xi(T) = \xi(0) \sqrt{\frac{1 + (T/T_c)^2}{1 - (T/T_c)^2}} \, . \tag{6.171}$$

Ähnlich wie die Londonsche Eindringtiefe λ nimmt auch die Kohärenzlänge ξ bei einer Annäherung der Probentemperatur an ihren kritischen Wert T_c einen immer größeren Wert an.

Phasengrenzenergie

Auf Seite 274 haben wir gesehen, daß bei einer hinreichend dünnen Platte im supraleitenden Zustand die magnetische Kraftflußdichte in ihrem Innern nicht auf null abfällt. Dieses bedeutet, daß die dünne Platte eine schwächere Magnetisierung aufweist als ein ausgedehnter Körper, und daß somit die freie Enthalpie bei einer supraleitenden dünnen Platte bei einer Erhöhung des äußeren magnetischen Feldes langsamer ansteigt als bei einem ausgedehnten Körper. Danach könnte man vermuten, daß bei einem ausgedehnten supraleitenden Körper ein Übergang in den normalleitenden Zustand bei Annäherung der magnetischen Kraftflußdichte an den kritischen Wert B_c zunächst dadurch verhindert wird, daß der Supraleiter in eine Anzahl Bereiche zerfällt, die in Form parallel zum Magnetfeld ausgerichteter dünner Fasern oder Platten abwechselnd supraleitend und normalleitend sind. Ob nun ein derartiges Verhalten beobachtet werden kann, hängt davon ab, ob beim Aufbau einer Grenzschicht zwischen einer supraleitenden und einer normalleitenden Phase die freie Enthalpie des Systems tatsächlich abnimmt. Dieses werden wir jetzt untersuchen.

In Fig. 6.34 ist der Verlauf der Cooper-Paardichte n_s und der Kraftflußdichte B im Grenzgebiet zwischen einer normalleitenden und supraleitenden Phase schematisch für

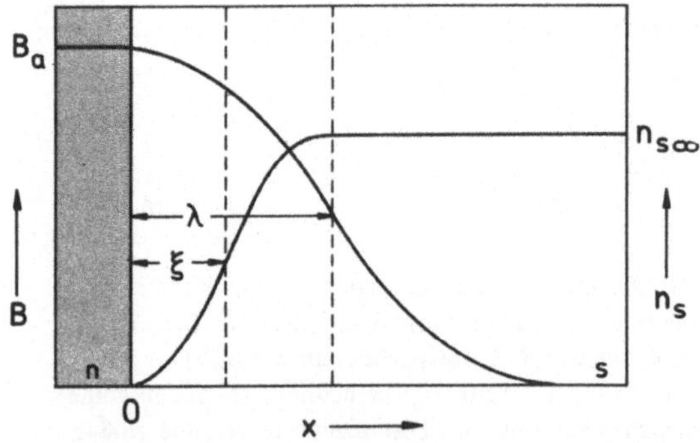

Fig. 6.34 Verlauf der Cooper-Paardichte n_s und der Kraftflußdichte B im Grenzgebiet zwischen einer normalleitenden (n) und supraleitenden Phase (s). B_a Kraftflußdichte im Normalleiter, $n_{s\infty}$ Sättigungswert der Cooper-Paardichte im Innern des Supraleiters, λ London-Eindringtiefe, ξ Ginzburg-Landau-Kohärenzlänge

den Fall dargestellt, daß das System einem äußeren Magnetfeld der Stärke B_a ausgesetzt
ist. In der supraleitenden Phase steigt die Cooper-Paardichte stetig vom Wert null an der
Grenzfläche zur normalleitenden Phase bei $x = 0$ auf den temperaturabhängigen Sättigungswert $n_{s\infty}$ im Innern des Supraleiters an. Dieses geschieht über eine Distanz, die
in der Größenordnung der Ginzburg-Landau-Kohärenzlänge ξ liegt. Das Magnetfeld, das
an der Grenzfläche den Wert B_a hat, fällt im Supraleiter auf den Wert null ab. Die
charakteristische Länge ist hier die Londonsche Eindringtiefe λ.

Um ein einfaches Kriterium dafür zu finden, ob beim Aufbau einer Grenzfläche zwischen einer supraleitenden und einer normalleitenden Phase die freie Enthalpie zu-
oder abnimmt, nehmen wir zunächst näherungsweise an, daß $n_s(x)$ für $0 \leqslant x < \xi$ gleich
null ist und bei $x = \xi$ auf den Sättigungswert $n_{s\infty}$ springt, und daß $B(x)$ für $0 \leqslant x < \lambda$
den Wert B_a hat und bei $x = \lambda$ schlagartig verschwindet. Dann nimmt in der Grenzschicht, deren Fläche F betragen soll, die freie Enthalpie nach Gl. (6.146) einmal um
den Betrag

$$\Delta G_{n_s} = F\xi \frac{1}{2\mu_0} B_c^2$$

zu verglichen mit einem Zustand, bei dem die Cooper-Paardichte bis zur Grenzfläche
bei $x = 0$ den konstanten Wert $n_{s\infty}$ hat, aber außerdem nach Gl. (6.143) um den Betrag

$$\Delta G_B = F\lambda \frac{1}{2\mu_0} B_a^2$$

ab verglichen mit einem Zustand, bei dem die Kraftflußdichte bereits bei $x = 0$ auf den
Wert null absinkt. Insgesamt erhalten wir also für die Änderung der freien Enthalpie
beim Aufbau einer Grenzfläche

$$\Delta G = F\frac{1}{2\mu_0} (\xi B_c^2 - \lambda B_a^2). \tag{6.172}$$

Ist $\xi > \lambda$, so wird bei der Bildung einer Grenzschicht zwischen einer normalleitenden
und einer supraleitenden Phase in der hier vorgenommenen Näherung die freie Enthalpie
erhöht. Die Bildung von Grenzflächen ist also energetisch ungünstig. Wir haben es mit
einem sog. *Supraleiter erster Art* zu tun. Ist hingegen $\xi < \lambda$, so wird für den Fall, daß

$$B_a^2 > \frac{\xi}{\lambda} B_c^2 \tag{6.173}$$

ist, die freie Enthalpie bei der Bildung von Grenzflächen erniedrigt. Es kann sich der für
einen *Supraleiter zweiter Art* charakteristische *gemischte Zustand* ausbilden, in welchem
supraleitende Bereiche neben normalleitenden Bereichen auftreten.

Wir werden nun die Verhältnisse an der Phasengrenzfläche etwas genauer untersuchen.
Zu diesem Zweck führen wir die sog. *Phasengrenzenergie* σ_{ns} ein. Ist $g(x, B_c)$ die freie
Enthalpie je Volumeneinheit an der Stelle x des für $x < 0$ normalleitenden und für
$x \geqslant 0$ supraleitenden Körpers bei einem äußeren Magnetfeld B_c und $g_0(B_c)$ die entsprechende Größe für den idealisierten Fall, daß im supraleitenden Bereich des Körpers

sowohl λ als auch ξ gleich null sind, daß also für $x = 0$ das Magnetfeld und die Cooper-Paardichte einen unstetigen Verlauf aufweisen, so ist die Phasengrenzenergie definiert durch die Beziehung

$$\sigma_{ns} = \int_{-\infty}^{+\infty} [g(x, B_c) - g_0(B_c)]dx. \tag{6.174}$$

Für die Enthalpiedichte $g(x, B_c)$ benutzen wir den Ausdruck aus Gl. (6.161) und erhalten, wenn wir beachten, daß bei der kritischen Kraftflußdichte B_c die Enthalpiedichte g_0 gleich g_n ist

$$\sigma_{ns} = \int_{-\infty}^{+\infty} \left[\alpha |\Psi|^2 + \frac{1}{2} \beta |\Psi|^4 + \frac{1}{2\mu_0} (\vec{B}_c - \vec{B})^2 \right.$$
$$\left. + \frac{1}{2m_s} \left| \left(\frac{\hbar}{i} \nabla - e_s \vec{A} \right) \Psi \right|^2 \right] dx. \tag{6.175}$$

Um diese Beziehung zu vereinfachen, multiplizieren wir den Ausdruck in Gl. (6.166a) von links mit Ψ^* und integrieren über x. Wir bekommen

$$\int_{-\infty}^{+\infty} \left[\alpha |\Psi|^2 + \beta |\Psi|^4 + \frac{1}{2m_s} \left| \left(\frac{\hbar}{i} \nabla - e_s \vec{A} \right) \Psi \right|^2 \right] dx = 0.$$

Verwenden wir dieses Resultat in Gl. (6.175), so erhalten wir

$$\sigma_{ns} = \int_{-\infty}^{+\infty} \left[-\frac{1}{2} \beta |\Psi|^4 + \frac{1}{2\mu_0} (\vec{B}_c - \vec{B})^2 \right] dx. \tag{6.176}$$

Durch die Beziehung

$$\sigma_{ns} = \frac{1}{2\mu_0} B_c^2 \delta \tag{6.177}$$

wird der sog. *Phasengrenzenergie-Parameter* δ definiert. Er hat die Dimension einer Länge. Für ihn gilt

$$\delta = \int_{-\infty}^{+\infty} \left[\left(1 - \frac{B}{B_c} \right)^2 - \mu_0 \beta \frac{|\Psi|^4}{B_c^2} \right] dx.$$

Mit Gl. (6.159b) wird hieraus

$$\delta = \int_{-\infty}^{+\infty} \left[\left(1 - \frac{B}{B_c} \right)^2 - \frac{|\Psi|^4}{|\Psi_\infty|^4} \right] dx. \tag{6.178}$$

Um Gl. (6.178) weiter auszuwerten, müssen wir zunächst mit Hilfe der Ginzburg-Landau-Gleichungen die Abhängigkeit der Größen B und Ψ von der Ortskoordinate x ermitteln. Dieses ist im allgemeinen Fall nur numerisch möglich. Lediglich in speziellen Grenzfällen kann eine geschlossene Lösung angegeben werden.

Für $\lambda \gg \xi$ ist angenähert $\Psi(x) = \sqrt{n_{s\infty}}\, e^{i\varphi(x)}$, und die Ginzburg-Landau-Gleichung (6.166b) geht in die London-Gleichung (6.88) über. Es ist dann (s. Gl. (6.91))

$$B = B_c e^{-x/\lambda} \quad \text{und} \quad |\Psi|^2 = |\Psi_\infty|^2 \quad \text{für} \quad x \geqslant 0$$

$$B = B_c \qquad \text{und} \quad |\Psi|^2 = 0 \qquad \text{für} \quad x < 0$$

Für den Phasengrenzenergie-Parameter erhalten wir jetzt

$$\delta = \int\limits_0^\infty [(1 - e^{-x/\lambda})^2 - 1]\,dx = -\frac{3}{2}\lambda. \qquad (6.179)$$

Die Größe δ ist also hier kleiner als null. Dieses bedeutet, daß die freie Enthalpie bei der Ausbildung einer Grenzfläche zwischen supraleitender und normalleitender Phase abnimmt. Es liegt also ein Supraleiter zweiter Art vor.
Für den Grenzfall $\lambda \ll \xi$ gilt (s. Gl. (6.167) und Gl. (6.170))

$$B = 0 \quad \text{und} \quad \Psi = \Psi_\infty \tanh \frac{x}{\xi\sqrt{2}} \quad \text{für} \quad x \geqslant 0$$

$$B = B_c \quad \text{und} \quad \Psi = 0 \qquad \text{für} \quad x < 0$$

Aus Gl. (6.178) wird dann

$$\delta = \int\limits_0^\infty \left(1 - \tanh^4 \frac{x}{\xi\sqrt{2}}\right) dx = \frac{4\sqrt{2}}{3}\,\xi \qquad (6.180)$$

Diesmal ist die Größe δ größer als null. Wir haben es also mit einem Supraleiter erster Art zu tun.
Es läßt sich zeigen, daß der Phasengrenzenergie-Parameter gerade dann null wird, wenn die Größe λ/ξ den Wert $1/\sqrt{2}$ annimmt. Man bezeichnet

$$\kappa = \lambda/\xi \qquad (6.181)$$

als *Ginzburg-Landau-Parameter*. Das gegenüber der etwas groben Abschätzung auf Seite 301 genauere Unterscheidungskriterium lautet dann

$$\kappa < 1/\sqrt{2} \quad \text{für Supraleiter erster Art}$$
$$\kappa > 1/\sqrt{2} \quad \text{für Supraleiter zweiter Art} \qquad (6.182)$$

Für die Temperaturabhängigkeit von κ findet man bei Berücksichtigung von Gl. (6.92) und Gl. (6.171)

$$\kappa \sim \frac{1}{1 + (T/T_c)^2} \qquad (6.183)$$

Der Ginzburg-Landau-Paramer ändert sich also im gesamten Temperaturbereich zwischen 0 K und T_c nicht sehr stark. Wesentlich stärker hängt hingegen, wie hier nicht hergeleitet werden soll, die Größe κ von der freien Weglänge Λ der normalleitenden Elektronen im Supraleiter ab. Je kleiner Λ ist, um so größer ist κ. Eine Verkleinerung der freien Weglänge kann man z. B. dadurch erreichen, daß man einem reinen Metall ein

Legierungselement beimischt. Reine Metalle sind fast immer Supraleiter erster Art.
Aber oft genügt schon eine geringe Beimengung eines Legierungselements, um ein Metall
von einem Supraleiter erster Art in einen Supraleiter zweiter Art zu überführen. Beim
Blei wird dieses bereits durch eine Zugabe von zwei Gewichtsprozent Indium erreicht.
Die kritische Temperatur T_c wird bei diesem Legierungsgrad kaum geändert, auch bleibt
der Sprung in der spezifischen Wärme bei der Temperatur T_c praktisch der gleiche, und
doch zeigt die Legierung in einem Magnetfeld ein völlig anderes Verhalten.

Supraleiter erster Art

In Fig. 6.35 ist die Magnetisierungskurve eines Supraleiters erster Art dargestellt. Betrachten wir wieder wie auf Seite 290 den Supraleiter als einen idealen diamagnetischen
Körper, so steigt der Betrag seiner Magnetisierung $\vec{M}$ nach Gl. (6.139) zunächst proportional zur Kraftflußdichte B_a des äußeren Magnetfeldes an. Beim Überschreiten der
kritischen Kraftflußdichte B_c bricht die Magnetisierung schlagartig zusammen. Diese
einfache Gesetzmäßigkeit gilt allerdings nur dann, wenn der Entmagnetisierungsfaktor
des betreffenden Körpers gleich null ist, wenn also z. B. der Körper als langer dünner
Zylinder vorliegt, der parallel zum äußeren Magnetfeld ausgerichtet ist (s. Fig. 6.36a).
In diesem Fall hat die magnetische Feldstärke $\vec{H}_i$ im Innern des Supraleiters den
gleichen Wert wie die Feldstärke $\vec{H}_a$ des von außen angelegten Magnetfeldes. Ist hinge-
gegen der Entmagnetisierungsfaktor des supraleitenden Körpers wie z. B. bei einer Kugel
von null verschieden, so ist $\vec{H}_i$ größer als die Feldstärke $\vec{H}_a$ des ungestörten äußeren
Magnetfeldes. Für eine Kugel hat der Entmagnetisierungsfaktor den Wert 1/3. Es gilt
hier also

$$\vec{H}_i = \vec{H}_a - \frac{1}{3}\,\vec{M}. \tag{6.184}$$

Da die Magnetisierung $\vec{M}$ der Probe nach Gl. (6.139) gleich $-\vec{H}_i$ ist, wird aus Gl. (6.184)

$$\vec{H}_i = \vec{H}_a + \frac{1}{3}\,\vec{H}_i$$

oder $$\vec{H}_i = \frac{3}{2}\,\vec{H}_a. \tag{6.185}$$

Wegen der Stetigkeit der Tangentialkomponente von $\vec{H}$ an der Oberfläche der Kugel ist
$\vec{H}_i$ gleich der Feldstärke $\vec{H}_{\text{äqu}}$ des äußeren magnetischen Feldes am Äquator der Kugel
(s. Fig. 6.36b).

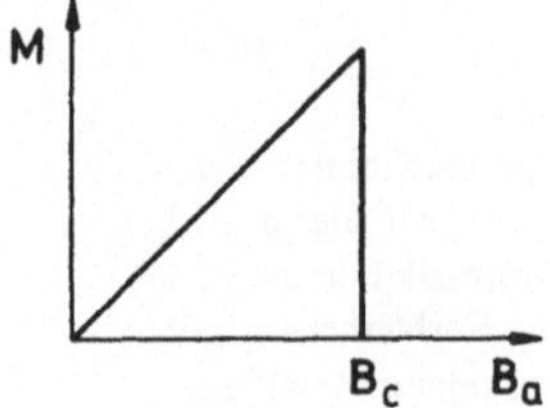

Fig. 6.35
Magnetisierungskurve eines Supraleiters erster Art bei
einem Entmagnetisierungsfaktor null. M Magnetisierung
des Körpers, B_a Kraftflußdichte des äußeren Magnetfeldes, B_c kritische magnetische Kraftflußdichte

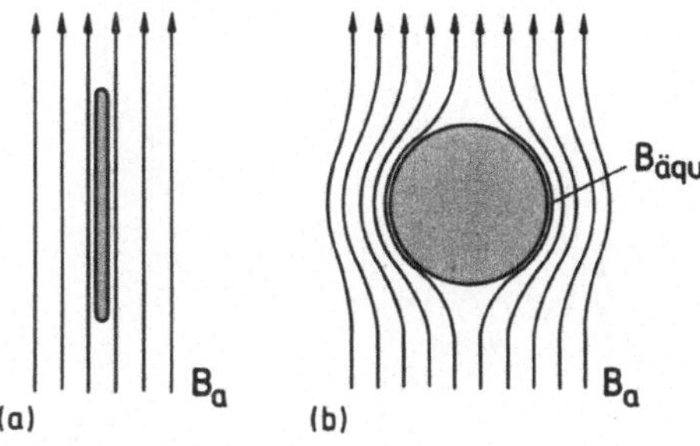

Fig. 6.36
Verlauf der magnetischen Feldlinien
in der Umgebung eines Supraleiters
erster Art bei (a) einem Entmagnetisierungsfaktor null und (b) einem
Entmagnetisierungsfaktor 1/3

Hieraus folgt, daß $\vec{H}_{\text{äqu}}$ bereits den kritischen Wert $\vec{H}_c = \vec{B}_c/\mu_0$ erreicht hat, wenn $\vec{H}_a$ erst 2/3 $\vec{H}_c$ beträgt. Bei einem weiteren Anstieg von $\vec{H}_a$ sollte also der supraleitende Zustand zusammenbrechen. Das ist aber wiederum auch nicht möglich, weil dann $\vec{H}_{\text{äqu}}$ gleich $\vec{H}_a$ sein würde, und die Probe sich in einem unterkritischen Magnetfeld im normalleitenden Zustand befinden würde. In Wirklichkeit spaltet der Probekörper in supraleitende und normalleitende Bereiche auf, wobei mit anwachsendem Feld die normalleitenden Bereiche zunehmen. In diesem sog. *Zwischenzustand,* der nicht mit dem gemischten Zustand der Supraleiter zweiter Art verwechselt werden darf, verlaufen die Phasengrenzen parallel zum Magnetfeld (s. Fig. 6.37), und in den normalleitenden Bereichen hat die Kraftflußdichte gerade den Wert $\vec{B}_c$. Im übrigen hängt die Struktur des Zwischenzustandes stark von der Phasengrenzenergie ab. In Fig. 6.38 ist die über die gesamte Probe gemittelte Magnetisierung in Abhängigkeit von B_a aufgetragen. Überschreitet B_a den kritischen Wert B_c, so wird die Magnetisierung null.

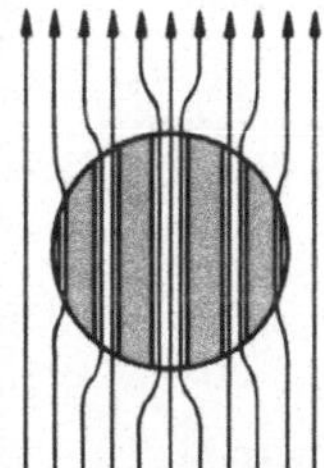

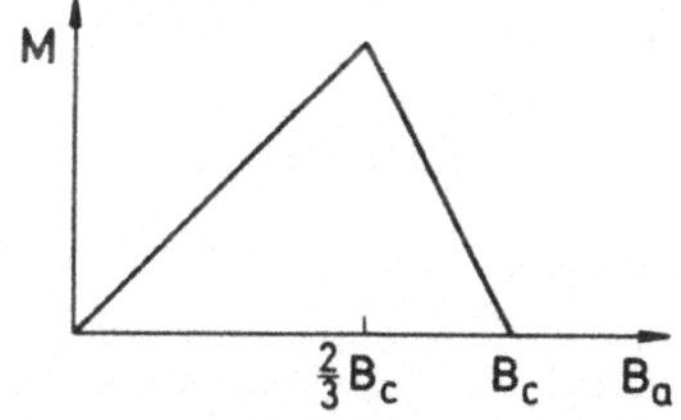

Fig. 6.37 Verlauf der magnetischen Feldlinien
bei einem kugelförmigen Supraleiter
erster Art im Zwischenzustand. Die
supraleitenden Bereiche der Kugel
sind durch Schattierung gekennzeichnet

Fig. 6.38 Magnetisierungskurve eines Supraleiters
erster Art bei einem Entmagnetisierungsfaktor 1/3

Für einen Supraleiter, der in Form einer dünnen Scheibe senkrecht zum Magnetfeld orientiert ist, ist der Entmagnetisierungsfaktor gleich eins. Dementsprechend kann der Zwischenzustand schon bei beliebig kleinem äußeren Magnetfeld beobachten werden. In Fig. 6.39 ist der Feldlinienverlauf für einen solchen Körper schematisch dargestellt.

Die Anzahl der normalleitenden Bereiche, in denen das äußere Magnetfeld die Scheibe durchsetzt, hängt von verschiedenen Parametern ab. Um die entsprechenden Zusammen-

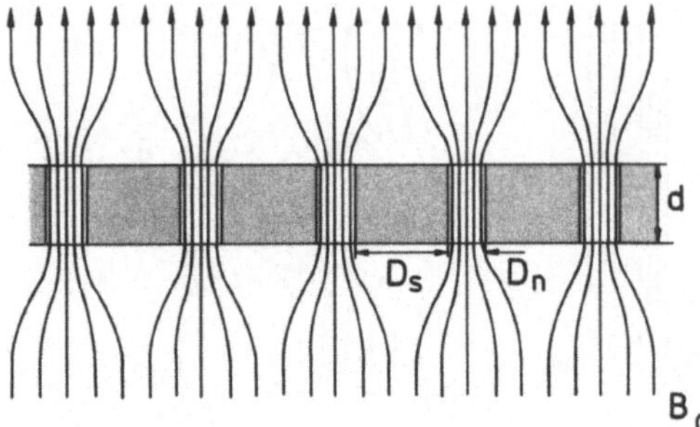

Fig. 6.39 Verlauf der magnetischen Feldlinien bei einem Supraleiter erster Art, der in Form einer Scheibe der Dicke d senkrecht zum äußeren Magnetfeld B_a orientiert ist. Die supraleitenden Bereiche der Scheibe sind durch Schattierung gekennzeichnet

hänge zu ermitteln, gehen wir zweckmäßig von zwei Termen aus, in denen sich die Zahl N der normalleitenden Bereiche, die bei der Ausbildung eines Zwischenzustands entstehen, in entgegengesetzt gerichteter Weise auf die freie Enthalpie des Systems auswirkt. Da bei einem Supraleiter erster Art die Phasengrenzenergie einen positiven Wert hat, nimmt einerseits die freie Enthalpie des Systems bei einer Erhöhung von N zu; denn die Größe der Grenzfläche zwischen normal- und supraleitenden Bereichen wird in diesem Fall heraufgesetzt. Andererseits wird die Verzerrung des äußeren Magnetfeldes unterhalb und oberhalb der Scheibe bei einer Vergrößerung der Zahl N verringert; dieses bedeutet eine Abnahme der freien Enthalpie. Einfachheitshalber nehmen wir an, daß innerhalb der Scheibe abwechselnd supraleitende und normalleitende Schichten der Dicke D_s bzw. D_n aufeinander folgen. Es liegt dann ein eindimensionales Problem vor, bei dem eine räumliche Periode $D = D_s + D_n$ auftritt.

Ist A die Scheibenfläche und d die Dicke der Scheibe, und verwenden wir für die Phasengrenzenergie den Ausdruck aus Gl. (6.177), so gilt für den Term, der durch die Vergrößerung der Phasengrenzfläche bedingt ist,

$$\Delta G_1 = 2\,\frac{d\delta}{D}\,A\,\frac{1}{2\mu_0}\,B_c^2. \tag{6.186}$$

Hierbei ist berücksichtigt worden, daß im Zwischenzustand in den normalleitenden Bereichen die magnetische Kraftflußdichte den Wert B_c hat.

Den Einfluß der Verzerrung des Magnetfeldes außerhalb der Scheibe können wir folgendermaßen abschätzen: Hätte das Magnetfeld an der Oberfläche der Scheibe einen homogenen Verlauf, wie es z. B. der Fall wäre, wenn sich die gesamte Scheibe im normalleitenden Zustand befände, so betrüge die Energiedichte an der Oberfläche $(1/2\mu_0)B_a^2$. Wenn nun aber, wie es für den Zwischenzustand zutrifft, das Magnetfeld mit der Kraftflußdichte B_c nur den Bruchteil D_n/D der Scheibenoberfläche durchsetzt, so hat die Energiedichte dort den mittleren Wert $(D_n/D)(1/2\mu_0)B_c^2$. Der Zuwachs der Energiedichte an der Scheibenoberfläche bei der Ausbildung eines Zwischenzustands beträgt also

$$\frac{1}{2\mu_0}\left(\frac{D_n}{D}\,B_c^2 - B_a^2\right)$$

oder, wenn wir beachten, daß

$$B_c D_n = B_a D$$

ist,

$$\frac{1}{2\mu_0} B_c^2 \frac{B_a}{B_c} \left(1 - \frac{B_a}{B_c}\right). \tag{6.187}$$

Die Verzerrung der Feldverteilung oberhalb und unterhalb der Scheibenoberfläche erstreckt sich bis in einen Bereich, dessen Abstand von der Oberfläche in der Größenordnung der kleineren der Längen D_n und D_s liegt, also in etwa bis

$$\frac{D_n D_s}{D_n + D_s} = \frac{B_a}{B_c} \left(1 - \frac{B_a}{B_c}\right) D. \tag{6.188}$$

Aus Gl. (6.187) und (6.188) folgt dann für den Term in der Enthalpieänderung, der durch die Verzerrung des Magnetfeldes bedingt ist,

$$\Delta G_2 = 2 \left(\frac{B_a}{B_c}\right)^2 \left(1 - \frac{B_a}{B_c}\right)^2 DA \frac{1}{2\mu_0} B_c^2. \tag{6.189}$$

Für die gesamte Enthalpieänderung erhalten wir jetzt aus Gl. (6.186) und (6.189)

$$\Delta G = \left[\frac{d\delta}{D} + \left(\frac{B_a}{B_c}\right)^2 \left(1 - \frac{B_a}{B_c}\right)^2 D\right] A \frac{B_c^2}{\mu_0}.$$

Aufsuchen des Minimums von ΔG in Abhängigkeit von D liefert die Beziehung

$$D = \frac{\sqrt{d\delta}}{(B_a/B_c)(1 - B_a/B_c)}. \tag{6.190}$$

Hiernach ist die Distanz, in welcher die normalleitenden Bereiche aufeinander folgen, um so größer, je höher der Wert des Phasengrenzenergie-Parameters δ ist und je dicker die Scheibe ist. Außerdem hängt D vom Verhältnis B_a/B_c ab. D wird besonders groß, wenn sich B_a dem Wert null oder dem Wert B_c nähert.

Im allgemeinen wird man im Zwischenzustand allerdings nicht die hier besprochene einfache Schichtstruktur beobachten, sondern es treten meist wesentlich kompliziertere Strukturen auf. Diese lassen sich experimentell auf verschiedene Weise untersuchen. Streut man z. B. auf eine Scheibe in einer Anordnung wie in Fig. 6.39 ein feines Pulver einer supraleitenden Substanz, deren kritische Temperatur nach Möglichkeit höher liegen soll als die des Scheibenmaterials, so wird im Zwischenzustand der Scheibe das Pulver wegen seines diamagnetischen Charakters aus den Bereichen hoher Kraftflußdichte herausgedrängt und sammelt sich in den supraleitendnen Bereichen an der Scheibenoberfläche. Zur Untersuchung des Zwischenzustands läßt sich aber auch der Faraday-Effekt ausnutzen, und zwar in diesem Fall zur Sichtbarmachung der normalleitenden Bereiche der Scheibe. Man bringt zu diesem Zweck auf den Supraleiter eine dünne Schicht aus einer magneto-optischen Substanz auf. Diese hat die Eigenschaft, in Gegenwart eines Magnetfeldes die Polarisationsebene von durchgehendem Licht zu drehen.

Läßt man also in einer Anordnung wie in Fig. 6.39 von oben linear polarisiertes Licht auf die Scheibe fallen, so kann man beobachten, daß das an der Oberfläche des Supraleiters in den normalleitenden Bereichen reflektierte Licht auf dem Hin- und Rückweg durch die magneto-optische Schicht eine Drehung der Polarisationsebene erfährt.

Für die technische Anwendung der Supraleitung ist es besonders wichtig zu wissen, mit welcher maximalen Stärke elektrische Transportströme durch einen vorliegenden Supraleiter fließen können. Bei der Berechnung der kritischen Stromstärke haben wir zu beachten, daß die elektrische Stromdichte in keinem Bereich des Supraleiters ihren kritischen Wert überschreiten darf. Dabei ist es natürlich gleichgültig, ob die Stromdichten Abschirmströmen zuzuordnen sind, die bei der Verdrängung eines von außen angelegten Magnetfeldes aus dem Supraleiter auftreten, oder ob sie zu Transportströmen gehören.

Besonders einfach sind die Verhältnisse bei einem Supraleiter erster Art, dessen Ausdehnung groß gegenüber der Dicke der Abschirmschicht an seiner Oberfläche ist. Hier sind die Transportströme auf eine dünne Oberflächenschicht beschränkt, da im Innern eines solchen Supraleiters kein Magnetfeld vorhanden ist. Bei einem Draht mit kreisförmigem Querschnitt, der von einem Strom I durchflossen wird, beträgt die magnetische Kraftflußdichte an der Oberfläche des Drahtes

$$B = \mu_0 \frac{I}{2\pi r_0}, \tag{6.191}$$

wenn r_0 der Radius des Drahtes ist. Da der Wert für B, wie er sich aus Gl. (6.191) berechnet, im supraleitenden Zustand nicht größer als der kritische Wert B_c sein darf, folgt für den kritischen Strom

$$I_c = \frac{2\pi}{\mu_0} r_0 B_c. \tag{6.192}$$

I_c steigt also nur linear mit dem Drahtradius an. Für Zinn liegt der kritische Wert B_c bei 0 K bei etwa 30 mT. Bei einem Drahtradius von 1 mm entspricht dieses einer Strombelastbarkeit von 150 Ampere. Dieses ist kein besonders hoher Wert. Im übrigen weist die kritische Stromstärke die gleiche Temperaturabhängigkeit auf wie die kritische magnetische Kraftflußdichte (s. Gl. (6.147) und Fig. 6.17).

Wird die kritische Stromstärke überschritten, so kann der supraleitende Zustand nicht sprunghaft zusammenbrechen. Der Transportstrom würde sich sonst gleichmäßig über den gesamten Querschnitt des Leiters verteilen, und die Stromdichte wäre überall im Leiter kleiner als die kritische Stromdichte. Der Supraleiter geht statt dessen in einen Zwischenzustand über. Hierbei ist es aber z. B. bei einem drahtförmigen Leiter nicht möglich, daß sich ein zusammenhängender supraleitender Kern ausbildet, der von einem normalleitenden Mantel umgeben ist. Dann würde nämlich der gesamte Strom im supraleitenden Kern fließen, und das Magnetfeld an der Oberfläche des Kerns wäre jetzt noch größer als das ursprüngliche Feld an der Oberfläche des Leiters. Die supraleitende Phase darf vielmehr in Richtung der Drahtachse nicht zusammenhängen, sondern muß aus senkrecht zur Drahtachse orientierten getrennten Lamellen bestehen. In diesem Fall

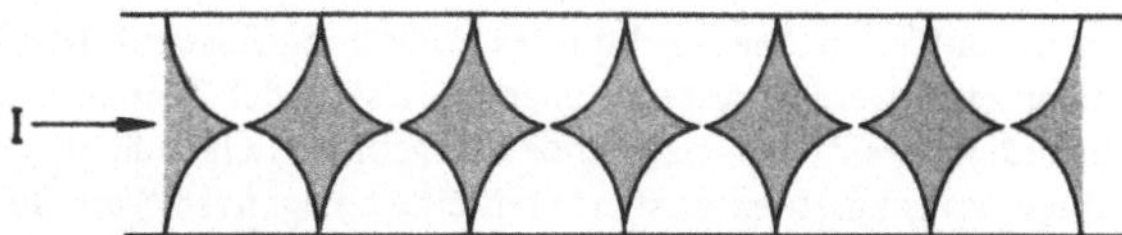

Fig. 6.40 Struktur des Zwischenzustands bei einem stromdurchflossenen Supraleiter erster Art, der
in Form eines Drahtes mit kreisförmigem Querschnitt vorliegt. Die supraleitenden Bereiche
des Drahtes sind durch Schattierung gekennzeichnet

fließt auch in den normalleitenden Bereichen ein Strom, was allerdings mit einem von
null verschiedenen elektrischen Widerstand des gesamten Leiters verknüpft ist. Wir
erwarten, daß die Struktur des Zwischenzustands gerade so beschaffen ist, daß an den
Oberflächen der supraleitenden Bereiche die magnetische Kraftflußdichte den kritischen
Wert B_c hat. Dieses ist z. B. bei der in Fig. 6.40 dargestellten Struktur möglich, bei der
die Dicke der supraleitenden Lamellen zur Drahtachse hin zunimmt. Da eine von außen
angelegte elektrische Spannung nur über den normalleitenden Bereichen abfällt, wird in
diesem Fall die Stromdichte in den normalleitenden Bereichen zur Drahtachse hin
größer. Beträgt die Stromdichte $B_c/(\mu_0 r)$, wenn r der Abstand von der Drahtachse ist,
so erreicht die magnetische Kraftflußdichte wegen

$$B(r) = \frac{\mu_0}{2\pi r} \int_0^r \frac{B_c}{\mu_0 r'} \, 2\pi r' dr' = B_c$$

an der Oberfläche der supraleitenden Lamellen gerade den kritischen Wert.

Fig. 6.41
Ohmscher Widerstand R eines drahtförmigen
Supraleiters erster Art bezogen auf den Wider-
stand R_n des normalleitenden Zustands in
Abhängigkeit vom Transportstrom I bezogen
auf die kritische Stromdichte I_c

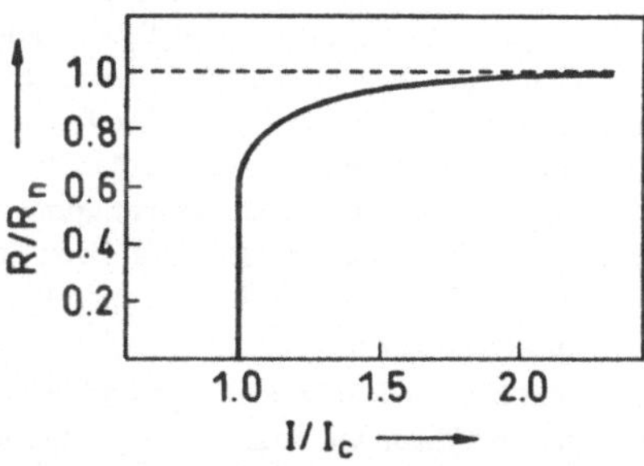

Mit steigender Stromstärke schrumpfen die supraleitenden Bereiche immer stärker zusammen, und gleichzeitig nimmt der Ohmsche Widerstand R des gesamten Leiters zu.
In Fig. 6.41 ist das Verhältnis von R zum Widerstand R_n des Leiters im normalleitenden
Zustand in Abhängigkeit vom Transportstrom I bezogen auf die kritische Stromstärke
I_c aufgetragen.

Supraleiter zweiter Art

Nach Gl. (6.173) bildet sich bei einem Supraleiter zweiter Art bei einem ausreichend
hohen äußeren Magnetfeld ein gemischter Zustand aus, in dem ähnlich wie bei dem auf
Seite 305 besprochenen Zwischenzustand supraleitende und normalleitende Bereiche

nebeneinander auftreten. Die Struktur des gemischten Zustands ist allerdings, wie wir im folgenden sehen werden, wesentlich anders als die des Zwischenzustands. Außerdem ist die Ausbildung des Zwischenzustands rein geometrisch bedingt, während sich das Auftreten des gemischten Zustands mit einem negativen Wert der Phasengrenzenergie begründen läßt.

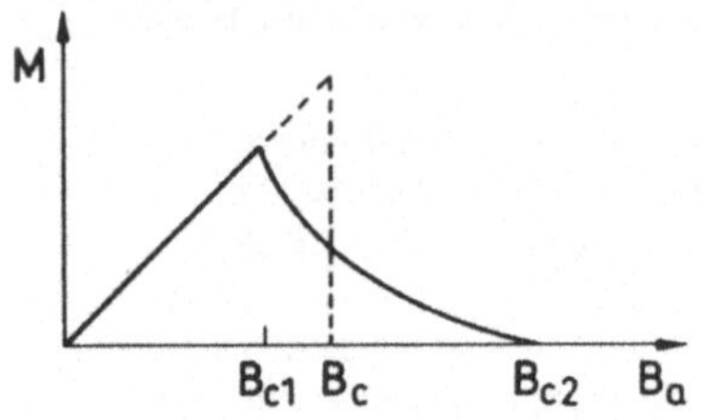

Fig. 6.42
Magnetisierungskurve eines Supraleiters zweiter Art beim Entmagnetisierungsfaktor null. M Magnetisierung des Körpers, B_a Kraftflußdichte des äußeren Magnetfeldes, B_{c1} und B_{c2} unterer bzw. oberer kritischer Wert der Kraftflußdichte, B_c thermodynamisch definierte kritische Kraftflußdichte. Es gilt: $B_c^2/2 = \int\limits_0^{B_{c2}} M\, dB_a$

Der Übergang in den gemischten Zustand erfolgt bei einem Supraleiter zweiter Art, sobald der sog. *untere kritische Wert* B_{c1} der Kraftflußdichte des äußeren magnetischen Feldes überschritten wird. Unterhalb von B_{c1} hat die Magnetisierungskurve hier den gleichen Verlauf wie bei einem Supraleiter erster Art, d. h., der Betrag der Magnetisierung $\vec{M}$ ist der Kraftflußdichte proportional (s. Fig. 6.42). Oberhalb von B_{c1} nimmt hingegen die über die gesamte Probe gemittelte Magnetisierung mit ansteigender Kraftflußdichte wieder ab; denn im gemischten Zustand nimmt der Volumenanteil der normalleitenden Bereiche mit ansteigender Kraftflußdichte zu. Bei dem *oberen kritischen Wert* B_{c2} ist die supraleitende Phase schließlich vollständig verschwunden, und die Magnetisierung ist gleich null. B_{c1} ist immer kleiner als die thermodynamisch durch Gl. (6.146) definierte kritische Kraftflußdichte B_c. Die Kraftflußdichte B_{c2}, bei der der supraleitende Gesamtzustand in den normalleitenden Zustand übergeht, kann hingegen wesentlich größer als B_c sein. Den Zustand eines Supraleiters zweiter Art unterhalb B_{c1} bezeichnet man häufig als *Meissner-Phase* und den Zustand zwischen B_{c1} und B_{c2} als *Shubnikov-Phase*. Ebenso wie B_c hängen auch B_{c1} und B_{c2} von der Temperatur des betreffenden Supraleiters ab.

Die hier beschriebenen Zusammenhänge sind in Fig. 6.43 schematisch dargestellt. Dem Phasendiagramm können wir entnehmen, in welchem Zustand sich eine Probe bei vorgegebener Temperatur und bei vorgegebenem Magnetfeld befindet.

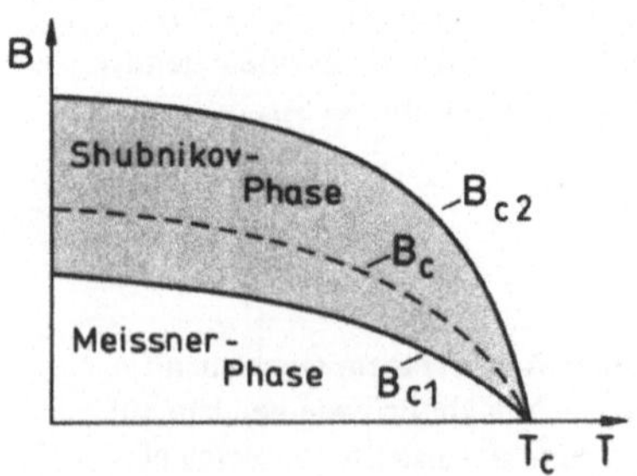

Fig. 6.43
Phasendiagramm eines Supraleiters zweiter Art

Die Struktur der Shubnikov-Phase wurde erstmals 1957 von A. A. Abrikosov genauer untersucht. Er konnte zeigen, daß in der Shubnikov-Phase die normalleitenden Bereiche in Form von parallel zum äußeren Magnetfeld ausgerichteten zylindrischen Fasern in streng periodischer Anordnung in den supraleitenden Bereichen eingebettet sind. Hierbei ist zu erwarten, daß der Radius der Fasern so klein wie möglich ist; denn je kleiner deren Radius ist, desto größer ist das Verhältnis der Oberfläche der normalleitenden Bereiche zu ihrem Volumen. Dieses wirkt sich wiederum bei einem negativen Wert der Phasengrenzenergie günstig auf die freie Enthalpie der supraleitenden Probe aus. Die untere Grenze für den Radius einer normalleitenden Faser ist dadurch vorgegeben, daß der magnetische Kraftfluß durch eine solche Faser wenigstens gleich dem magnetischen Flußquant Φ_0 sein muß.

Die magnetischen *Flußschläuche*, in denen das äußere Magnetfeld die Probe durchsetzt, sind stets mit elektrischen Ringströmen verknüpft. Dieses hat zur Folge, daß sich die Flußschläuche ähnlich wie parallele stromdurchflossene Spulen gegenseitig abstoßen. Sie sind dementsprechend z. B. in einer supraleitenden Scheibe nicht statistisch verteilt angeordnet, sondern bilden ein zweidimensionales hexagonales Gitter (s. Fig. 6.44).

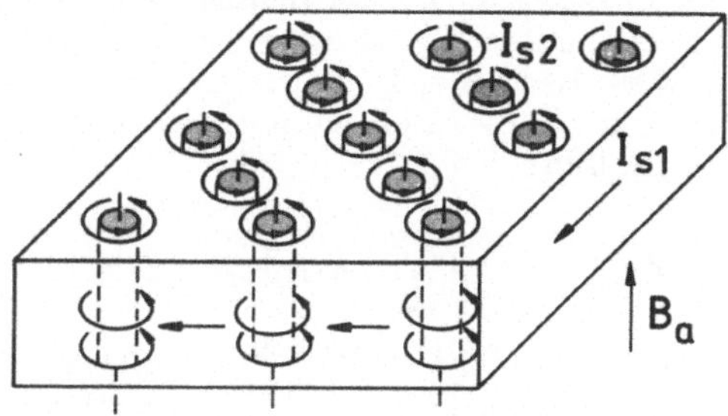

Fig. 6.44
Anordnung der Flußschläuche bei einem Supraleiter zweiter Art, der in Form einer Scheibe senkrecht zum äußeren Magnetfeld B_a orientiert ist und sich in der Shubnikov-Phase befindet. Die Ringströme I_{s2} der Flußschläuche haben einen Drehsinn, der die entgegen gesetzte Richtung hat wie die der Abschirmströme I_{s1} an der Berandung der Scheibe

Der Verlauf der Cooper-Paardichte und die Feldverteilung am Ort eines Flußschlauchs zeigt Fig. 6.45. Die Cooper-Paardichte n_s ist im Kern des Flußschlauchs null und erreicht ungefähr im Abstand der Kohärenzlänge ξ vom Kern den Sättigungswert $n_{s\infty}$. Die magnetische Kraftflußdichte B hat hingegen im Kern eines Flußschlauchs ihren größten Wert und nimmt nach außen hin ab. Dabei ist die Stärke des Abfalls durch die Londonsche Eindringtiefe λ bestimmt. Mit anwachsendem Außenfeld wird der Abstand der Flußschläuche immer kleiner; gleichzeitig nimmt die mittlere Cooper-Paardichte ab. Nähert sich die magnetische Kraftflußdichte dem oberen kritischen Wert B_{c2}, so geht die Cooper-Paardichte gegen null.

Fig. 6.45
Verlauf der Cooper-Paardichte n_s und der Kraftflußdichte B am Ort eines Flußschlauches

Ähnlich wie die Struktur eines Zwischenzustands läßt sich auch die magnetische Struktur der Shubnikov-Phase durch eine geeignete Dekoration sichtbar machen. Da hier allerdings wesentlich feinere Strukturen aufzulösen sind, kann man nicht wie bei der Untersuchung von Zwischenzustandsstrukturen zur Dekoration ein magnetisierbares Pulver benutzen, sondern muß z. B. auf Kolloide zurückgreifen. Verwendet man Eisenkolloid, so lagert sich dieses an der Oberfläche einer supraleitenden Scheibe wegen seines ferromagnetischen Charakters gerade dort ab, wo Flußschläuche aus der Oberfläche austreten. Zur Beobachtung der Oberflächenkonfigurationen muß man in diesem Fall ein Elektronenmikroskop benutzen. Bei der Durchführung eines derartigen Experiments konnte man beobachten, daß der Kraftfluß in einem Flußschlauch tatsächlich gleich einem einzigen magnetischen Flußquant ist. Dieses Ergebnis erhielt man, indem man den Gesamtfluß durch die Scheibe durch die Anzahl der Flußschläuche dividierte.

Auf Seite 303 haben wir gesehen, daß es vom Wert des Ginzburg-Landau-Parameters κ abhängt, ob ein Supraleiter erster oder zweiter Art vorliegt. Genauso wird auch der Betrag von B_{c1} und B_{c2} durch den Wert von κ bestimmt.

Um B_{c1} zu ermitteln, wird man zweckmäßig die freie Enthalpie des betreffenden Supraleiters in der Shubnikov-Phase bei Vorhandensein eines einzigen Flußschlauchs mit seiner freien Enthalpie in der Meissner-Phase vergleichen. B_{c1} findet man dann, indem man beachtet, daß für $B_a = B_{c1}$ die freie Enthalpie in beiden Fällen den gleichen Wert haben muß. In geschlossener Form erhält man eine Lösung für B_{c1} allerdings nur, wenn $\kappa \gg 1$ ist. Sie lautet

$$B_{c1} = \frac{1}{2\kappa}\,(\ln \kappa + 0{,}08)\,B_c. \qquad (6.193)$$

Zur Berechnung von B_{c2} können wir die Erscheinung ausnutzen, daß direkt unterhalb von B_{c2} die Flußschläuche so dicht aufeinanderfolgen, daß zwischen ihnen die Cooper-Paardichte $n_s = |\Psi|^2$ ihren Sättigungswert $n_{s\infty} = |\Psi_\infty|^2$ bei weitem nicht erreicht. Es gilt hier also: $|\Psi|^2 \ll |\Psi_\infty|^2$. Daraus folgt wiederum bei Beachtung der Ausdrücke für α und β aus Gl. (6.159a) und (6.159b), daß wir in der Ginzburg-Landau-Gleichung (6.166a) das nichtlineare Glied $\beta|\Psi|^2\,\Psi$ gegenüber dem Glied $\alpha\Psi$ vernachlässigen können. Wir dürfen demnach in diesem Fall die sog. *linearisierte Ginzburg-Landau-Gleichung*

$$\frac{1}{2m_s}\left(\frac{\hbar}{i}\,\nabla - e_s\vec{A}\right)^2 \Psi + \alpha\Psi = 0 \qquad (6.194)$$

für eine weitere Behandlung des Problems benutzen. Gl. (6.194) hat die Form der Schrödinger-Gleichung für ein freies Teilchen der Masse m_s und der elektrischen Ladung e_s, das sich in einem Magnetfeld der Kraftflußdichte $\vec{B} = \mathrm{rot}\,\vec{A}$ bewegt. Verläuft das Magnetfeld parallel zur z-Achse, so betragen nach Gl. (5.25) die Eigenwerte der Gl. (6.194)

$$-\alpha = \frac{\hbar^2 k_z^2}{2m_s} + \left(\nu + \frac{1}{2}\right)\frac{\hbar e_s}{m_s}\,B,$$

wenn k_z die z-Komponente des Wellenzahlvektors des Teilchens ist. Die Quantenzahl
ν kann die Werte $0, 1, 2, 3, \ldots$ annehmen. Die Kraftflußdichte B hat für festes α ihren
größtmöglichen Wert, wenn k_z und ν gleich null sind. Dieses entspricht aber gerade dem
oberen kritischen Wert B_{c2}; denn in unmittelbarer Nähe von B_{c2} ist B überall in der
Probe angenähert gleich der Kraftflußdichte des äußeren magnetischen Feldes. Wir
erhalten also

$$B_{c2} = \frac{2(-\alpha)m_s}{\hbar e_s}.$$

Hieraus folgt bei Berücksichtigung von Gl. (6.159a), (6.84) und (6.169)

$$B_{c2} = \sqrt{2}\,\kappa\,B_c. \tag{6.195}$$

In Tab. 6.3 sind für verschiedene supraleitende Legierungen die kritische Temperatur T_c
und der obere kritische Wert B_{c2} der Kraftflußdichte angegeben. Für technische Anwendungen sind insbesonders die Legierungen Nb_3Sn und $NbTi$ interessant.

Tab. 6.3

	NbTi	Nb_3Sn	Nb_3Ge	$PbMo_6S$	$Nb_3Al_{0.7}Ge_{0.3}$
T_c [K]	10	18	23,2	14	21,7
B_{c2} [Tesla] bei 4,2 K	11	26	36	54	41

Auch bei einem Supraleiter zweiter Art kann ein Zwischenzustand existieren. Er tritt
dann auf, wenn bei von null verschiedenem Entmagnetisierungsfaktor an der Oberfläche
der Probe der untere kritische Wert B_{c1} der magnetischen Kraftflußdichte überschritten
wird. Es kommen jetzt gleichzeitig makroskopische Bereiche in Meissner- und Shubnikov-
Phase vor. Mit steigender Kraftflußdichte werden die Bereiche, die in einer Meissner-
Phase vorliegen, immer kleiner. Ist schließlich das ungestörte äußere Feld B_a größer als
B_{c1}, so ist nur noch die Shubnikov-Phase vorhanden.
Bei genügend kleinen Transportströmen befindet sich ein Supraleiter zweiter Art in der
Meissner-Phase. In diesem Fall gelten für die kritischen Ströme die gleichen Gesetzmäßigkeiten wie für Supraleiter erster Art. Sind hingegen die Transportströme so groß, daß das
Magnetfeld an der Oberfläche des Leiters den kritischen Wert B_{c1} überschreitet, so geht
der Supraleiter in die Shubnikov-Phase über. Hierbei dringen Flußschläuche in den
Supraleiter ein, wodurch ermöglicht wird, daß der Transportstrom jetzt auch im Inneren
des Leiters fließen kann und nicht, wie in der Meissner-Phase, auf eine dünne Schicht
an der Leiteroberfläche beschränkt bleibt. Bei einem drahtförmigen Supraleiter mit
kreisförmigem Querschnitt treten die Flußschläuche in Form in sich geschlossener kon-
zentrischer Ringe um die Drahtachse auf. Wesentlich ist nun, daß zwischen dem Transportstrom und den Flußschläuchen auf Grund der Lorentz-Kraft eine Wechselwirkung
zustande kommt. Sie bewirkt, daß sich die Flußschläuche auf die Drahtachse zusammen-
ziehen und schließlich verschwinden. Gleichzeitig rücken von außen wieder neue Flußschläuche nach.

Die Wechselwirkung zwischen dem Transportstrom und den Flußschläuchen wollen wir nun genauer untersuchen, indem wir den Fall betrachten, daß ein drahtförmiges stromdurchflossenes Leiterstück diesmal durch ein von außen angelegtes senkrecht zum Leiterstück orientiertes Magnetfeld in die Shubnikov-Phase gebracht wird. Die Flußschläuche durchsetzen also das Leiterstück senkrecht zum Transportstrom (s. Fig. 6.46). Eine derartige Konfiguration kann zum Beispiel bei einem Elektromagneten mit supraleitender Wicklung vorliegen. Das Magnetfeld, das in der Magnetspule erzeugt wird, steht senkrecht auf den Spulenwindungen.

Hat das Leiterstück die Länge L, wird es vom elektrischen Strom I durchflossen, und beträgt die mittlere magnetische Kraftflußdichte im Supraleiter B, so hat die auf die Gesamtheit der Flußschläuche im Leiterstück einwirkende Lorentz-Kraft den Wert

$$F = BIL. \tag{6.196}$$

Die Kraft steht hierbei senkrecht auf der Richtung des elektrischen Stroms und der Flußschläuche. Ist n die Anzahl der Flußschläuche je Flächeneinheit senkrecht zum Magnetfeld, und beachten wir, daß der Kraftfluß in einem Flußschlauch gerade gleich dem magnetischen Flußquant Φ_0 ist, so bekommen wir

$$B = n\Phi_0.$$

Weiter gilt, wenn A der Querschnitt des Leiterstücks und j die mittlere Stromdichte des Transportstroms ist

$$I = jA.$$

Berücksichtigen wir schließlich, daß die Gesamtlänge der Flußschläuche im Leiterstück nAL ist, so erhalten wir aus Gl. (6.196) für die Lorentz-Kraft, die auf einen Flußschlauch je Längeneinheit ausgeübt wird

$$F_L = j\Phi_0. \tag{6.197}$$

Eine Wanderung von Flußschläuchen ist immer mit einem Energieverschleiß verknüpft. Dieses hat verschiedene Ursachen. Wenn z. B. ein Flußschlauch über einen Ort im Supraleiter hinwegwandert, so tritt an dieser Stelle ein zeitlich veränderliches Magnetfeld auf.

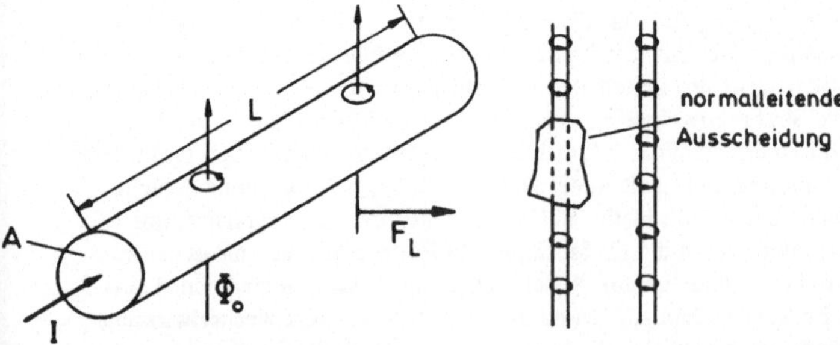

Fig. 6.46 Zur Wechselwirkung zwischen Transportstrom und Flußschläuche (s. Text)

Fig. 6.47 Zur Haftwirkung normalleitender Ausscheidungen auf die Flußschläuche der Shubnikov-Phase (s. Text)

Ein zeitlich veränderliches Magnetfeld erzeugt aber ein elektrisches Feld, das auch die normalleitenden Elektronen beschleunigt. Die Energie, welche die auf diese Weise erzeugten Wirbelströme verbrauchen, kann nur dem Transportstrom entnommen werden, zu dessen Aufrechterhaltung jetzt eine elektrische Spannung benötigt wird. Damit erhält der Leiter aber einen endlichen elektrischen Widerstand. Eine Energiedissipation wird außerdem durch Relaxationsprozesse verursacht; denn zur Einstellung der Gleichgewichtskonzentration der Cooper-Paare in einem Flußschlauch wird eine endliche Zeit benötigt. Bei der Wanderung eines Flußschlauchs eilt demnach sein Magnetfeld der zugehörigen Gleichgewichtsverteilung der Cooper-Paare voraus. Dadurch werden die Cooper-Paare an der Vorderfront des Flußschlauchs bei einem Magnetfeld aufgebrochen, das stärker ist als das Magnetfeld, bei dem die Cooper-Paare an der Rückseite des Flußschlauchs gebildet werden. Hierdurch kommt eine von null verschiedene Energiebilanz zustande.

Nach den hier dargelegten Gesetzmäßigkeiten, sollte ein Supraleiter zweiter Art bereits einen elektrischen Widerstand aufweisen, sobald er sich nach Überschreiten von B_{c1} in der Shubnikov-Phase befindet. In Wirklichkeit gilt dieses jedoch nur für einen *idealen* Supraleiter zweiter Art. Er ist dadurch gekennzeichnet, daß in ihm die Flußschläuche frei verschiebbar sind. Normalerweise sind nämlich die Flußschäuche durch sog. *Haftzentren* mehr oder weniger stark an ihre Positionen gebunden. Ist diese Bindung besonders stark, so spricht man von *harten Supraleitern*. Sie sind die für technische Anwendungen interessanten Supraleiter.

Als Haftzentren für die Flußschläuche können alle diejenigen Störungen im Gitteraufbau wirksam werden, deren Ausdehnung größer als die Kohärenzlänge des betreffenden Materials ist. Hierzu gehören normalleitende Ausscheidungen in Legierungen, Bereiche mit einer kleineren Cooper-Paardichte oder z. B. Versetzungen. Die Haftwirkung normalleitender Ausscheidungen wird an Hand von Fig. 6.47 verständlich. Da jeder Flußschlauch in einem Supraleiter mit Ringströmen verknüpft ist, können wir ihm einen bestimmten Energieinhalt je Längeneinheit zuordnen. In einer normalleitenden Ausscheidung, die von einem Flußschlauch durchsetzt wird, fehlen diese Ringströme. Ein Flußschlauch hat in einer solchen Konfiguration deshalb einen kleineren Energieeinhalt als in einer störungsfreien Nachbarposition, und es ist somit eine bestimmte Kraft erforderlich, um den Flußschlauch von seinem bevorzugten Platz zu verrücken. Dabei dürfen wir allerdings die einzelnen Flußschläuche nicht isoliert betrachten, sondern wir müssen berücksichtigen, daß durch die Wechselwirkung zwischen den Flußschläuchen das gesamte Flußschlauch-Gitter eine gewisse Starrheit erhält, die auch dann vorliegt, wenn verschiedene Flußschläuche nicht durch Haftzentren fixiert sind. Bezeichnen wir mit F_H die mittlere Haftkraft eines Flußschlauchs je Längeneinheit, so wird nur dann ein widerstandsfreier Strom im Supraleiter fließen, wenn F_H größer ist als die Lorentz-Kraft F_L aus Gl. (6.197), d. h., wenn

$$F_H > j\Phi_0 \qquad\qquad (6.198)$$

ist. Ist Gl. (6.198) nicht erfüllt, so besitzt der Supraleiter einen elektrischen Widerstand. Dieses Verhalten eines Supraleiters zweiter Art ist grundsätzlich verschieden von dem eines Supraleiters erster Art. Bei einem Supraleiter erster Art tritt ein elektrischer Widerstand auf, sobald die magnetische Feldstärke an der Oberfläche des Leiters den kritischen Wert B_c überschritten hat. Er kommt dadurch zustande, daß der Transportstrom jetzt normalleitende Bereiche durchfließt. Beim Supraleiter zweiter Art wird hingegen der elektrische Widerstand durch die Wanderung von Flußschläuchen hervorgerufen. Der Leiter befindet sich aber auch dann weiterhin im gemischten Zustand und wird von supraleitenden Ladungsträgern durchflossen.

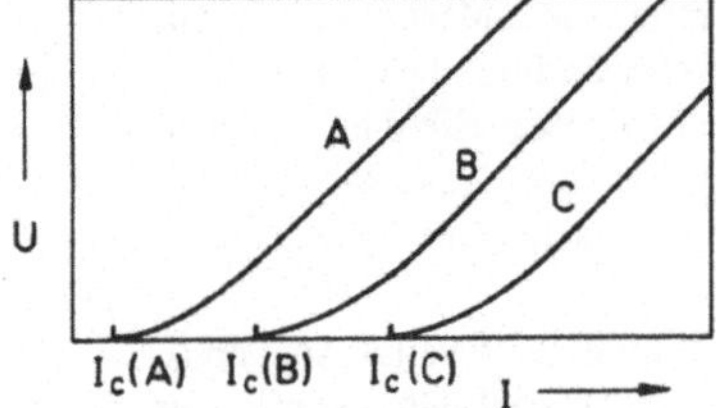

Fig. 6.48
Strom-Spannungs-Kennlinie von harten Supraleitern mit einem unterschiedlich hohen Grad der inneren Unordnung. Probe A weist die wenigsten und Probe C die meisten Störungen auf. I_c kritische Stromstärke

Wie bei einem Supraleiter erster Art bezeichnet man auch bei einem Supraleiter zweiter Art den Transportstrom, der nicht überschritten werden darf, wenn man einen widerstandsfreien Strom beibehalten will, als kritischen Strom I_c. In Fig. 6.48 sind die Strom-Spannungs-Kennlinien dreier einheitlich zusammengesetzter Proben eines Supraleiters zweiter Art dargestellt. Alle drei Proben sind einem gleich starken äußeren Magnetfeld ausgesetzt und befinden sich in der Shubnikov-Phase. Sie unterscheiden sich lediglich durch den Grad der inneren Unordnung. Die Probe C weist die meisten Störungen auf. Dementsprechend ist hier der kritische Strom I_c am größten. Der lineare Teil der Kennlinien hat in allen drei Fällen die gleiche Steigung. Der differentielle Widerstand dU/dI, den man allgemein als *„flow resistance"* bezeichnet, hängt demnach nicht von der Anzahl der Haftzentren ab.

Fig. 6.49 zeigt die Magnetisierungskurve eines harten Supraleiters. Sie unterscheidet sich wesentlich von der entsprechenden Kurve eines idealen Supraleiters zweiter Art, die mit eingezeichnet ist. Bis zu der Feldstärke B_{c1} kann allerdings kein Unterschied beobachtet werden; denn die Proben befinden sich noch in der Meissner-Phase. Nach Überschreiten von B_{c1} dringen Flußschläuche von der Oberfläche her in die Proben ein, verteilen sich bei einem harten Supraleiter aber nicht wie bei einem idealen Supraleiter

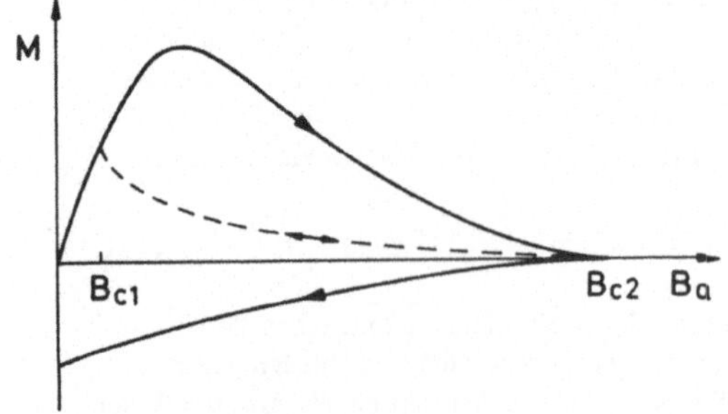

Fig. 6.49
Magnetisierungskurve eines harten (durchgezogen) und eines idealen (gestrichelt) Supraleiters zweiter Art

gleichmäßig über das Probenvolumen, sondern sind anfangs nur dicht unter der Oberfläche vorhanden. Die Magnetisierungskurve des harten Supraleiters steigt daher zunächst weiter an. Bei dem oberen kritischen Wert B_{c2} erfolgt in beiden Proben ein Übergang in den normalleitenden Zustand, und das Magnetfeld durchsetzt die Proben gleichmäßig. Nimmt jetzt die Stärke des Außenfeldes ab, so gehen die Proben wieder in die Shubnikov-Phase über. Die Flußschläuche sind in dem harten Supraleiter aber mehr oder weniger fest an die Haftzentren gebunden und können mit schwächer werdendem Außenfeld nur allmählich aus der Probe austreten. Der harte Supraleiter zeigt sich jetzt als Paramagnet. Selbst bei verschwindendem Außenfeld ist noch ein magnetischer Fluß vorhanden. Kehrt man die Feldrichtung um, so wird eine Hysterese-Kurve durchlaufen.

6.6   Hochtemperatur-Supraleiter

Im Jahre 1986 machten J. G. Bednorz[1] und K. A. Müller[2] die aufsehenerregende Entdeckung, daß bei dem von ihnen hergestellten metallischen Oxid $(LaBa)_2 CuO_4$ die kritische Temperatur für den Übergang vom supraleitenden in den normalleitenden Zustand bei etwa 30 K liegt. Bis dahin betrug die höchste erreichbare kritische Temperatur 23,2 K. Sie wurde bei der metallischen Verbindung $Nb_3 Ge$ beobachtet. Aufbauend auf den Untersuchungen von Bednorz und Müller begann in der Folgezeit eine intensive Suche nach Supraleitern mit noch höherer kritischer Temperatur. Schon im Frühjahr 1987 teilten C. W. Chu und Mitarbeiter die Entdeckung des keramischen Oxids $YBa_2 Cu_3 O_7$ mit, das eine kritische Temperatur von 93 K hat, und wieder ein Jahr später wurde bei dem System Bi-Sr-Ca-Cu-O eine kritische Temperatur von 110 K und bei dem System Tl-Ba-Ca-Cu-O sogar eine solche von 125 K gemessen. Allen diesen neuen Supraleitern ist gemeinsam, daß sie als wesentlichen Bestandteil ihres kristallinen Aufbaus Kupferoxid-Schichten enthalten. Bisher sind die weitaus meisten Untersuchungen an $YBa_2 Cu_3 O_7$ durchgeführt worden, und nur mit diesem Oxid werden wir uns hier etwas ausführlicher beschäftigen. Da die kritische Temperatur dieser Keramik oberhalb der Siedetemperatur des flüssigen Stickstoffs von 77 K liegt, reicht für eine Überführung in den supraleitenden Zustand eine Kühlung mit flüssigem Stickstoff aus. Man ist also nicht wie bei den bis heute in der Technik verwendeten Supraleitern auf die wesentlich aufwendigere und kostspieligere Kühlung mit flüssigem Helium angewiesen.

Die Kristallstruktur des $YBa_2 Cu_3 O_7$ läßt sich von der Perowskit-Struktur ableiten, die wir bereits auf Seite 192 bei der Untersuchung der ferroelektrischen Eigenschaften des Bariumtitanats kennengelernt haben. Hierbei gehen wir aber zweckmäßig nicht von der Einheitszelle des $BaTiO_3$ in Fig. 4.15 aus, sondern wählen für sie besser eine Darstellung wie in Fig. 6.50. Dort befindet sich in der Mitte der würfelförmigen Einheitszelle ein Bariumatom, und die Titanatome sitzen an den Würfelecken. Dann müssen die Sauerstoffatome jeweils im Mittelpunkt der einzelnen Würfelkanten angeordnet sein. Jedes

---

[1]) Johannes Georg Bednorz, * 1950 Neuenkirchen, Nobelpreis 1987
[2]) Karl Alexander Müller, * 1927 Basel, Nobelpreis 1987

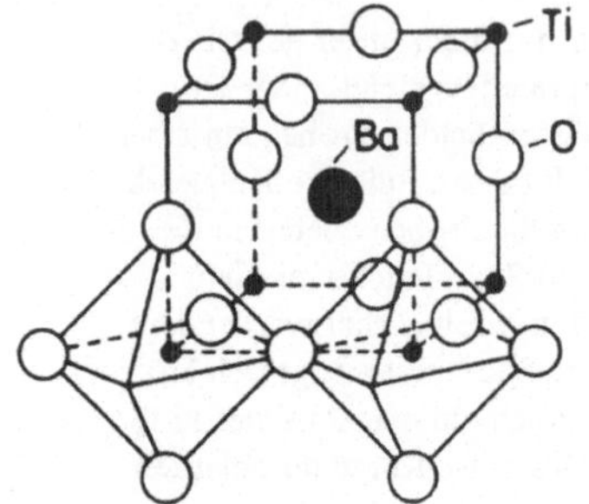

Fig. 6.50 Einheitszelle eines Bariumtitanat-
kristalls mit eingezeichneten
Sauerstoffoktaedern

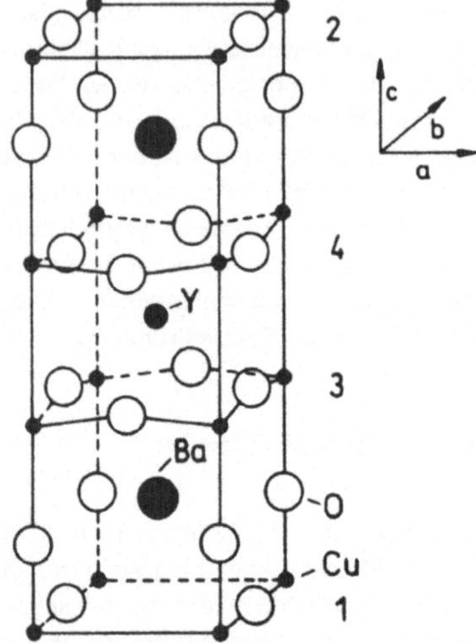

Fig. 6.51
Einheitszelle eines $YBa_2Cu_3O_7$-Kristalls

Titanatom sitzt im Mittelpunkt eines Oktaeders, an dessen Ecken sich Sauerstoffatome
befinden. Die einzelnen Oktaeder sind über ihre Ecken miteinander vernetzt. Die Einheitszelle der Substanz $YBa_2Cu_3O_7$ erhalten wir nun, indem wir drei der in Fig. 6.50
dargestellten Würfel aufeinanderpacken, dabei die Titanatome durch Kupferatome
ersetzen und in dem mittleren Würfel den Platz des Bariumatoms mit einem Yttriumatom belegen (s. Fig. 6.51). Außerdem werden die Sauerstoffatome in der (a, b)-Ebene,
die das Yttriumatom enthält, entfernt, wodurch die dreidimensionale Vernetzung der
CuO_6-Oktaeder zerstört wird und lediglich eine zweidimensionale Vernetzung in der
(a, b)-Ebene aufrechterhalten wird. Schließlich bleiben in der untersten und obersten
Ebene der neuen Einheitszelle nur die Hälfte der Sauerstoffplätze besetzt, und zwar nur
diejenigen, die in einer Gitterkette in Richtung der b-Achse liegen. Auf diese Weise
ergibt sich gerade die oben angegebene Summenformel für das supraleitende Oxid. Der
Kristall hat ein orthorhombisches Gitter mit einem (b/a)-Verhältnis von 1,017.

Enzieht man einer $YBa_2Cu_3O_7$-Probe durch Erhitzen im Vakuum Sauerstoff, geht man
also zu der Verbindung $YBa_2Cu_3O_{7-\delta}$ über, so wird die kritische Temperatur T_c der
Probe abgesenkt. In Fig. 6.52a ist dieser Zusammenhang graphisch dargestellt. Bis zu
einem Sauerstoffdefizit von $\delta = 0,2$ behält die kritische Temperatur T_c ihren Wert von
93 K praktisch unverändert bei. Bei einer weiteren Vergrößerung von δ nimmt T_c zunächst jedoch stark ab, um bei δ-Werten zwischen etwa 0,3 und 0,5 ein Plateau zu
bilden. Anschließend erfolgt wieder ein steiler Abfall von T_c, und etwa bei $\delta = 0,8$
bricht der supraleitende Zustand zusammen. Die Sauerstoffatome werden den Gitterketten in den Ebenen 1 und 2 der Einheitszelle in Fig. 6.51 entnommen, da diese Atome
relativ locker gebunden sind.

In Fig. 6 52b ist dargestellt, wie die Gitterkonstanten des Oxids von seinem Sauerstoff-
gehalt abhängen. Mit zunehmendem Wert des Sauerstoffdefizits δ geht die orthorhom-

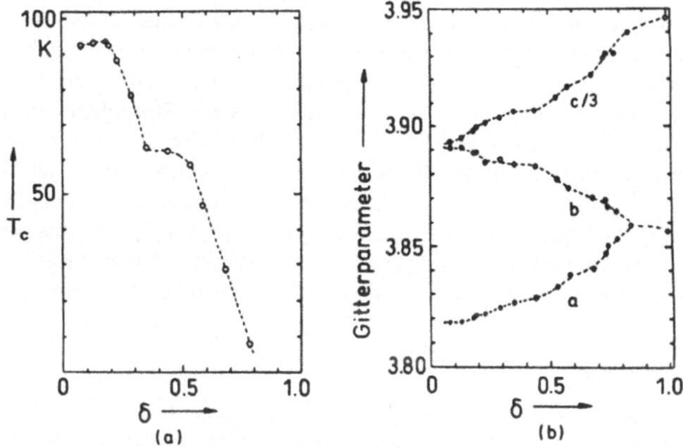

Fig. 6.52 Abhängigkeit (a) der kritischen Temperatur T_c und (b) der Gitterkonstanten a, b und c/3 des Oxids $YBa_2Cu_3O_{7-\delta}$ vom Sauerstoffdefizit δ (nach Nakazawa, Y.; Ishikawa, M.: Physica C 158 (1989) 384)

bische Phase kontinuierlich in eine tetragonale Phase über. Es handelt sich dabei um einen Ordnung Unordnungs-Übergang, d. h., die Anordnung der Sauerstoffatome der Ebenen 1 und 2 in Gitterketten in Richtung der b-Achse wird bei höheren Werten von δ in immer stärkerem Maße gestört, bis sich schließlich bei $\delta = 0{,}8$ die restlichen jetzt noch vorhandenen Sauerstoffatome statistisch über sämtliche verfügbaren Plätze der oben genannten Ebenen verteilen. Die vollständige Zerstörung der Ordnung bei $\delta \approx 0{,}8$ fällt mit dem Verschwinden der supraleitenden Eigenschaften des Oxids zusammen. Bei diesem Typ eines Hochtemperatur-Supraleiters scheint deshalb die Existenz von Cu-O Ketten von wesentlicher Bedeutung für das Auftreten der Supraleitfähigkeit zu sein. Überzeugende theoretische Begründungen für diesen Sachverhalt gibt es zur Zeit noch nicht, wie sich auch noch keine endgültigen Aussagen über den Mechanismus machen lassen, der bei den neuartigen Oxiden zur Supraleitung führt. Im übrigen scheinen sich bei diesen Oxiden die supraleitenden Ladungsträger hauptsächlich in den in Fig 6.51 durch die Ziffern 3 und 4 gekennzeichneten Ebenen zu bewegen, wodurch bei Einkristallen die beobachtbare starke Anisotropie der kritischen elektrischen Stromdichte und der kritischen magnetischen Kraftflußdichte erklärt werden kann. Beim $YBa_2Cu_3O_7$ handelt es sich um einen Supraleiter zweiter Art mit dem Ginzburg-Landau-Parameter $\kappa \approx 82$. Die Londonsche Eindringtiefe $\lambda(0)$ beträgt etwa 1400 Å, und das thermodynamische kritische Feld B_c hat einen Wert von etwa 1 Tesla. Es sei noch erwähnt, daß man in der Verbindung $YBa_2Cu_3O_7$ das Yttriumatom durch ein Atom der seltenen Erden mit Ausnahme von Cer, Praseodym und Terbium ersetzen kann, ohne daß sich die supraleitenden Eigenschaften des Oxids dadurch wesentlich ändern.

Der technischen Verwendung des Supraleiters $YBa_2Cu_3O_7$, z. B. zum Bau leistungsfähiger Magnete steht vor allem im Wege, daß die bis heute erreichbaren kritischen Stromdichten in diesem Supraleiter nur relativ klein sind. Das ist durch den granularen Aufbau der massiven Proben bedingt, die durch Sintern eines Gemisches aus $BaCO_3$,

Y_2O_3 und CuO und anschließendem Erhitzen in einem Sauerstoffstrom hergestellt
werden Solche Proben setzen sich nämlich aus einzelnen supraleitenden Körnern
zusammen die über normalleitende Brücken miteinander verbunden sind. Man hat
deshalb streng zu unterscheiden zwischen der kritischen Stromdichte in einem einzelnen
Korn der sog. *Intrastromdichte*, und der kritischen Stromdichte im gesamten Granulat,
der sog *Interstromdichte*. Für die kritische Intrastromdichte lassen sich Werte von etwa
10^6 A/cm^2 erreichen während die kritische Interstromdichte etwa um drei Größenordnungen niedriger ist. Durch Aufdampfen von $YBa_2Cu_3O_7$ auf eine geeignete Unterlage ist es allerdings bereits gelungen, dünne einkristalline Filme aus dem supraleitenden
Oxid zu erzeugen, bei denen hohe kritische Stromdichten erzielt wurden.

Aufgaben zu Kapitel 6

6.1. In einem Elektronen-Ionen-Kontinuum, in dem die Ionen einen starren Ladungshintergrund bilden, beträgt die statische vom Wellenzahlvektor $\vec{q}$ abhängige dielektrische
Funktion nach Gl. (6.29)

$$\epsilon(\vec{q}) = 1 + \frac{k_{TF}^2}{q^2},\qquad(6.199)$$

wobei k_{TF} die Thomas-Fermi-Wellenzahl ist. Bringen wir in dieses Medium von außen
eine elektrische Ladung mit der Ladungsdichte $\rho_{ext}(\vec{r})$, so wird in ihm durch Verrückung
der Elektronen eine Ladung mit der Dichte $\rho_{ind}(\vec{r})$ induziert. Wir können nun einmal
durch die Festsetzung $\vec{D} = -\,\text{grad}\,V_0(\vec{r})$ ein elektrisches Potential definieren, welches
der Gleichung $\Delta V_0(\vec{r}) = -\rho_{ext}(\vec{r})$ genügt, und zum andern durch die Festsetzung $\vec{E} =
-\,\text{grad}\,V(\vec{r})$ ein Potential einführen, welches die Gleichung $\Delta V(\vec{r}) = -\,(1/\epsilon_0)[\rho_{ext}(\vec{r}) +
\rho_{ind}(\vec{r})]$ erfüllt. Für das Verhältnis der Fourier-Transformierten dieser Potentiale er-
halten wir dann

$$\frac{V_{0,q}}{V_q} = \epsilon_0\,\frac{\rho_{ext,q}}{\rho_{ext,q} + \rho_{ind,q}}.$$

Nach Gl. (6.9) folgt hieraus

$$\frac{V_{0,q}}{V_q} = \epsilon_0\,\epsilon(\vec{q}).\qquad(6.200)$$

Für eine Punktladung Q, die von außen in das Elektronen-Ionen-Kontinuum an den
Ort $\vec{r} = 0$ gebracht wird, gilt

$$\Delta V_0(\vec{r}) = -Q\delta(\vec{r})$$

Zeigen Sie, daß in diesem Fall die Fourier-Transformierte von $V_0(\vec{r})$ die Form

$$V_{0,q} = \frac{Q}{q^2}\qquad(6.201)$$

hat.

Aus Gl. (6.200), (6.201) und (6.199) ergibt sich für die Fourier-Transformierte von
$V(\vec{r})$

$$V_q = \frac{Q}{\epsilon_0(q^2 + k_{TF}^2)}.$$

Für das Potential gilt dann

$$V(\vec{r}) = \frac{1}{(2\pi)^3} \int \frac{Q}{\epsilon_0(q^2 + k_{TF}^2)} \, e^{i\vec{q}\cdot\vec{r}} d^3q. \tag{6.202}$$

Führen Sie in Gl. (6.202) die Integration in sphärischen Polarkoordinaten durch, und zeigen Sie, daß

$$V(\vec{r}) = \frac{Q}{4\pi\epsilon_0 r} \, e^{-k_{TF}r}. \tag{6.203}$$

Das Potential in Gl. (6.203) bezeichnet man als *abgeschirmtes Coulomb-Potential*. Die Größe $1/k_{TF}$ ist ein Maß für den Abfall des Potentials; es ist die sog. *Thomas-Fermi-Abschirmlänge*.

6.2. Auf Seite 256 haben wir gesehen, daß bei einer schwachen Kopplung der supraleitenden Elektronen, d. h., wenn $Z(E_F)V \ll 1$ ist, der Energielückenparameter $\Delta(0)$ durch die Beziehung

$$\Delta(0) = 2\hbar\omega_D e^{-2/[Z(E)V]}$$

mit der Debyeschen Grenzfrequenz ω_D verknüpft ist. Hieraus ergibt sich gleichzeitig

$$\frac{\hbar\omega_D}{\Delta(0)} \gg 1$$

Zeigen Sie, daß bei Berücksichtigung dieser beiden Beziehungen und bei Verwendung von Gl. (6.66) und (6.74) sich Gl. (6.71) von Seite 260 in den Ausdruck

$$\ln\frac{\Delta(T)}{\Delta(0)} = -2 \int\limits_0^\infty \frac{dx}{\sqrt{x^2 + 1}} \, \frac{1}{e^{1,75\sqrt{x^2+1}\,[T_c\Delta(T)/T\Delta(0)]} + 1}$$

überführen läßt. Hierdurch wird bewiesen, daß im Rahmen der BCS-Theorie bei einer schwachen Wechselwirkung zwischen den Elektronen die Größe $\Delta(T)/\Delta(0)$ eine universelle Funktion von T/T_c ist.

7 Legierungen

Bisher befaßten wir uns bei der Untersuchung der physikalischen Eigenschaften der Festkörper fast ausschließlich mit Einstoffsystemen. Legierungen traten nur bei der Behandlung der Spingläser und der Supraleiter zweiter Art besonders in Erscheinung. Sehr große Bedeutung haben Legierungen bekanntlich in der Werkstoffkunde. Hier kommt es allerdings nicht nur auf die Zusammensetzung der Legierungen an, sondern ihre technologischen Eigenschaften, wie z. B. die mechanische Festigkeit, werden auch weitgehend durch ihr Gefüge bestimmt.

Sind die einzelnen Komponenten einer Legierung statistisch auf die Gitterplätze im Kristall verteilt, so ist die Translationssymmetrie des Gitters gestört. Man wird deshalb vielleicht erwarten, daß alle Folgerungen aus der Bändertheorie, die ja auf der Translationssymmetrie beruht, für ungeordnete Legierungen nur bedingt gültig sind. Es hat sich aber gezeigt und läßt sich auch theoretisch begründen (s. z. B. Ehrenreich, H. und Schwartz, L. M. im Literaturverzeichnis zu Kapitel 7), daß in Wirklichkeit die Folgen der Symmetrieverletzung im allgemeinen nur relativ gering sind. Einen bemerkenswerten Unterschied zwischen ungeordneten Legierungen und reinen Metallen können wir jedoch im Temperaturverhalten ihres elektrischen Widerstands beobachten. Wie wir auf Seite 133 gesehen haben, kann bei einem reinen Metall der elektrische Widerstand bei einer Abkühlung der Probe von Raumtemperatur auf die Temperatur des flüssigen Heliums auf den 10^3 bis 10^4 ten Teil abnehmen. Bei einer ungeordneten Legierung erfolgt hingegen im gleichen Temperaturintervall u. U. nur ein Widerstandsabfall auf die Hälfte des Wertes bei Raumtemperatur. Das liegt daran, daß wir eine ungeordnete Legierung als einen stark mit Fremdatomen verunreinigten Leiter ansehen können, und dementsprechend der temperaturunabhängige Restwiderstand der Legierung so groß ist, daß er nicht nur bei tiefen Temperaturen sondern auch bei höheren Temperaturen den entscheidenden Beitrag zum Gesamtwiderstand leistet.

In Abschn. 7.1 beschäftigen wir uns mit der Thermodynamik der Legierungen. Wir beschränken uns hierbei auf binäre Systeme; denn bei diesen einfachen Systemen können wir bereits die wesentlichen Gesetzmäßigkeiten bei der Legierungsbildung studieren. In Abschn. 7.2 diskutieren wir zunächst Diffusionsprozesse in Legierungen. Sie spielen sowohl bei Erstarrungsvorgängen als auch bei Ausscheidungsvorgängen, mit denen wir uns anschließend befassen, eine wichtige Rolle. Daneben kennt man noch die martensitischen Umwandlungen. Diese laufen nach völlig anderen Mechanismen als die diffusionsgesteuerten Phasenreaktionen ab. Auch damit beschäftigen wir uns in Abschn. 7.2.

Nachdem wir in Abschn. 7.1 Legierungszustände im thermodynamischen Gleichgewicht untersucht haben, befassen wir uns in Abschn. 7.3 mit metastabilen Legierungen. Man erhält sie u. U. durch sehr schnelles Abkühlen einer Schmelze. Wir haben dabei zwischen kristallinen und amorphen metastabilen Legierungen zu unterscheiden. Ganz allgemein kennt man bei den amorphen Substanzen drei verschiedene Strukturen: die statistische dichte Kugelpackung der metallischen Gläser, das kontinuierliche statistische Netzwerk der kovalenten Gläser und das statistische Knäuel der Polymerengläser (s. z. B. Elliot, S. R. im Literaturverzeichnis zu Kapitel 7). Wir beschäftigen uns hier nur mit der Struktur metallischer Gläser. Außerdem lernen wir in Abschn. 7.3 zwei Methoden kennen, die für experimentelle Strukturuntersuchungen an amorphen Substanzen besonders geeignet sind.

7.1   Thermodynamik binärer Legierungen

Der Zustand eines Zweistoffsystems mit den beiden Komponenten A und B ist durch den Druck p, die Temperatur T und den *Stoffmengengehalt* x_B der Komponente B bestimmt. Hierbei ist

$$x_B = \frac{n_B}{n} , \qquad (7.1)$$

wenn n_B die Stoffmenge der Komponente B und n die gesamte Stoffmenge sind. Die Angabe der Stoffmenge erfolgt gewöhnlich in Mol. Anstatt x_B können wir natürlich genausogut den Stoffmengengehalt x_A der Komponente A verwenden. Er ist definiert durch die Beziehung

$$x_A = \frac{n_A}{n} , \qquad (7.2)$$

wenn n_A die Stoffmenge der Komponente A bedeutet. Da $n = n_A + n_B$ ist, gilt: $x_A + x_B = 1$ oder

$$x_A = 1 - x_B . \qquad (7.3)$$

Man kann den Zustand eines Systems einem sog. *Zustandsdiagramm* entnehmen. Dieses ist bei Legierungen gewöhnlich für den Normaldruck von 1 bar dargestellt, enthält bei Zweistoffsystemen also nur noch T und x_B als Variable. Wie später gezeigt wird, ersieht man aus dem Diagramm, ob im thermodynamischen Gleichgewicht bei vorgegebenen Werten von T und x_B lediglich eine Phase existiert oder gleichzeitig mehrere Phasen vorliegen, außerdem wie groß gegebenfalls der prozentuale Anteil der einzelnen Phasen ist, und wie sie zusammengesetzt sind.

Obwohl die Zustandsdiagramme der einzelnen Legierungen meistens experimentell ermittelt werden, ist es für ein besseres Verständnis der verschiedenen Diagramme sehr nützlich, sich mit den grundlegenden Gesetzmäßigkeiten zu befassen, die den Aufbau eines Zustandsdiagramms bestimmen.

Wir können das Zustandsdiagramm einer Legierung konstruieren, wenn wir für die verschiedenen Temperaturen den Verlauf der molaren freien Enthalpie g der festen und flüssigen Phasen in Abhängigkeit von x_B kennen. Wie dieses zu geschehen hat, zeigen Fig. 7.1 bis 7.4.

In Fig. 7.1 hat bei einer vorgegebenen Temperatur die freie Enthalpie einer flüssigen
Phase (Buchstabe L) für sämtliche Werte von x_B einen niedrigeren Wert als die freie
Enthalpie einer festen Phase (Buchstabe S). Da ein System bei vorgegebenem Druck
und vorgegebener Temperatur im Gleichgewicht ist, wenn seine freie Enthalpie einen
Minimalwert hat (s. Anhang A), ist bei der betreffenden Temperatur für jeden Wert von
x_B der flüssige Zustand der stabile Zustand.

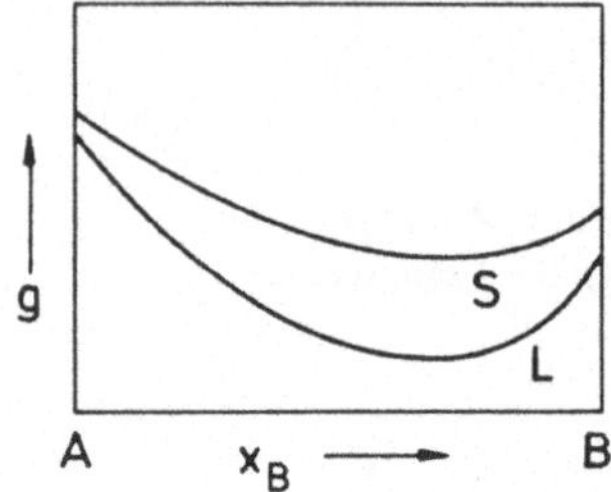

Fig. 7.1 Molare freie Enthalpie g der flüssigen
(L) und der festen Phase (S) eines
binären Systems in Abhängigkeit vom
Stoffmengengehalt x_B der B-Komponente. Bei der hier vorgegebenen
Temperatur ist im gesamten Konzentrationsbereich der flüssige Zustand
stabil

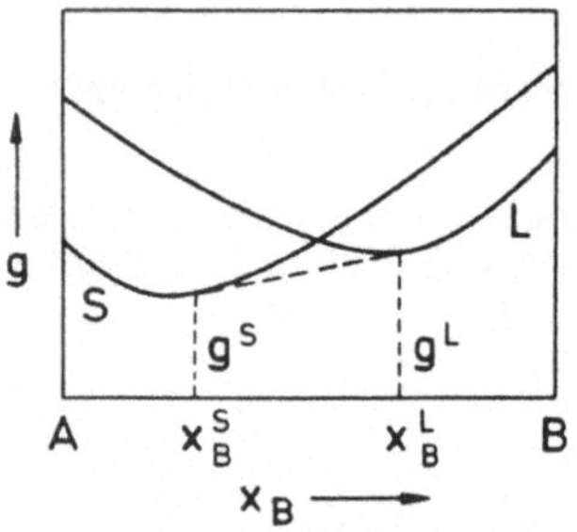

Fig. 7.2 Molare freie Enthalpie g der flüssigen
(L) und der festen Phase (S) eines
binären Systems in Abhängigkeit vom
Stoffmengengehalt x_B der B-Komponente. Im Bereich der Doppeltangente
zwischen x_B^S und x_B^L treten im thermodynamischen Gleichgewicht eine feste
und eine flüssige Phase nebeneinander
auf

Anders ist es hingegen, wenn die durch L und S gekennzeichneten Kurven sich
schneiden. Ein solcher Fall ist in Fig. 7.2 dargestellt. Hier ist es nicht etwa so, daß für
alle x_B-Werte links vom Schnittpunkt der beiden Kurven die feste Phase die stabile
Phase und für alle x_B-Werte rechts vom Schnittpunkt dieses die flüssige Phase ist. Vielmehr treten zwischen den eingezeichneten Werten x_B^S und x_B^L, die wir durch Konstruktion der sog. *Doppeltangente* an die beiden Kurven erhalten, die feste und die flüssige
Phase nebeneinander auf. Hierbei hat der Stoffmengengehalt der B-Komponente in der
festen Phase gerade den dort eingezeichneten Wert x_B^S, wobei diese Größe ganz allgemein definiert ist durch die Beziehung

$$x_B^S = \frac{n_B^S}{n^S},\tag{7.4}$$

wenn n_B^S die Stoffmenge der B-Komponente in der festen Phase und n^S die gesamte
Stoffmenge der festen Phase sind. Genauso ist der Stoffmengengehalt der B-Kompo-
nente in der flüssigen Phase des Gemisches gerade gleich dem in Fig. 7.2 eingezeichneten
Wert x_B^L, wobei wiederum ganz allgemein diese Größe durch die Beziehung

$$x_B^L = \frac{n_B^L}{n^L}\tag{7.5}$$

definiert ist. n_B^L ist die Stoffmenge der B-Komponente in der flüssigen Phase und n^L die gesamte Stoffmenge der flüssigen Phase.

Die hier beschriebenen Gesetzmäßigkeiten ergeben sich folgendermaßen: Ist g^S die molare freie Enthalpie der festen Phase für einen zunächst beliebigen Stoffmengengehalt x_B^S und g^L die molare freie Enthalpie der flüssigen Phase für einen beliebigen Stoffmengengehalt x_B^L, so beträgt die freie Enthalpie des heterogenen Gemisches der beiden Phasen mit den Stoffmengen n^S und n^L

$$ng = n^S g^S + n^L g^L.$$

Führen wir in diese Gleichung den Stoffmengengehalt

$$x^S = \frac{n^S}{n} \tag{7.6}$$

der festen Phase und den Stoffmengengehalt

$$x^L = \frac{n^L}{n} \tag{7.7}$$

der flüssigen Phase ein, so erhalten wir

$$g = x^S g^S + x^L g^L = (1 - x^L) g^S + x^L g^L = g^S + (g^L - g^S) x^L. \tag{7.8}$$

Aus der Stoffmengenbeziehung

$$n_B = n_B^S + n_B^L$$

für die B-Komponente folgt der Ausdruck

$$\frac{n_B}{n} = \frac{n_B^S}{n^S}\frac{n^S}{n} + \frac{n_B^L}{n^L}\frac{n^L}{n}$$

oder bei Beachtung von Gl. (7.1) und der Gln. (7.4) bis (7.7)

$$x_B = x_B^S x^S + x_B^L x^L = (1 - x^L) x_B^S + x^L x_B^L = x_B^S + (x_B^L - x_B^S) x^L. \tag{7.9}$$

x_B liegt hiernach zwischen x_B^S und x_B^L.

Lösen wir Gl. (7.9) nach x^L auf und setzen den so gewonnenen Ausdruck für x^L in Gl. (7.8) ein, so bekommen wir schließlich

$$g = g^S + \frac{g^L - g^S}{x_B^L - x_B^S}(x_B - x_B^S). \tag{7.10}$$

Diese Beziehung besagt zunächst nur, daß bei einem vorgegebenen Stoffmengengehalt x_B die molare freie Enthalpie eines heterogenen Gemisches aus einer festen und einer flüssigen Phase auf der Verbindungsgeraden zwischen zwei Punkten der S- und L-Kurve liegt. Die Zustände im thermodynamischen Gleichgewicht finden wir nun, indem wir die am tiefsten verlaufende Verbindungsgerade aufsuchen, da zu ihr die niedrigsten g-Werte gehören. In Fig. 7.2 ist dieses für x_B-Werte zwischen den dort eingezeichneten Größen x_B^S und x_B^L gerade die Doppeltangente an die S- und L-Kurve. Für $x_B \leqslant x_B^S$ und für

$x_B \geqslant x_B^L$ ist hingegen keine heterogene Kombination zu finden, die einen niedrigeren g-Wert besitzt als die feste bzw. die flüssige Phase selbst. In diesen Konzentrationsbereichen liegt also ein einphasiger Gleichgewichtszustand vor.

Haben die beiden Komponenten einer Legierung eine unterschiedliche Kristallstruktur, so gibt es im g-x_B-Diagramm nicht nur eine einzige S-Kurve wie in Fig. 7.1 oder Fig. 7.2, sondern es treten zwei S-Kurven wie in Fig. 7.3 auf. Sie sind in dem Beispiel durch S_α und S_β gekennzeichnet. Die gleichen Überlegungen wie im vorhergehenden Beispiel führen in diesem Fall zwischen x_B^α und x_B^β auf einen Zweiphasenbereich, in dem die festen Phasen α und β nebeneinaner auftreten.

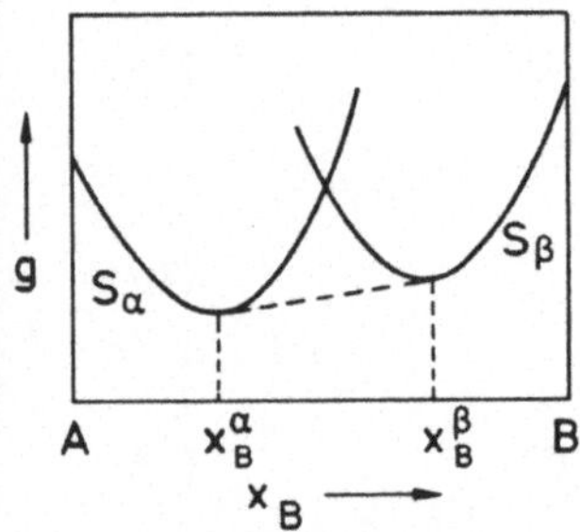

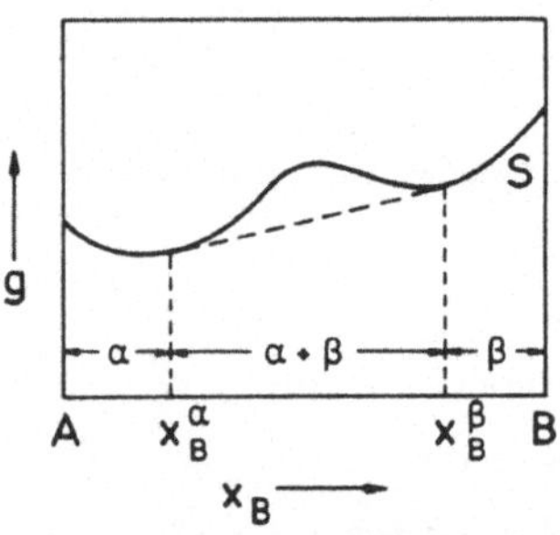

Fig. 7.3 Molare freie Enthalpie g der beiden festen Phasen α und β eines binären Systems in Abhängigkeit vom Stoffmengengehalt x_B der B-Komponente. Im Bereich der Doppeltangente zwischen x_B^α und x_B^β treten im thermodynamischen Gleichgewicht die beiden festen Phasen α und β nebeneinander auf

Fig. 7.4 Molare freie Enthalpie g der festen Phase (S) eines binären Systems in Abhängigkeit vom Stoffmengengehalt x_B der B-Komponente. Im Bereich der Doppeltangente zwischen x_B^α und x_B^β treten im thermodynamischen Gleichgewicht die beiden festen Phasen α und β nebeneinander auf

Schließlich kann die molare freie Enthalpie einer festen Phase als Funktion von x_B in einem bestimmten Temperaturbereich auch einen Verlauf wie in Fig. 7.4 haben. Die eingezeichnete Doppeltangente liefert hier ebenfalls die Begrenzung eines Zweiphasenbereichs mit den festen Phasen α und β.

Im folgenden werden wir feststellen, daß der Verlauf der freien Enthalpie einer Phase bei einem binären System mit den Komponenten A und B in entscheidendem Maße von der Energie beeinflußt wird, die aufgewendet werden muß, um ein Atom des Elementgitters A mit einem Atom des Elementgitters B zu vertauschen. Sind E_{AA}, E_{BB} und E_{AB} die Dissoziationsenergien eines nächst benachbarten AA-, BB- und AB- Paares und z die Koordinationszahl der für beide Elementgitter als einheitlich angenommenen Kristallstruktur, so muß die Energie zE_{AA} aufgebracht werden, um ein A-Atom aus dem Elementgitter A, und die Energie zE_{BB}, um ein B-Atom aus dem Elementgitter B zu entfernen. Bringt man anschließend das A-Atom in die Leerstelle des Elementgitters B und das B-Atom in die Leerstelle des Elementgitters A, so wird insgesamt die Energie $2zE_{AB}$ frei. Die Energie E_s, die bei der Bildung eines einzelnen AB-Paares umgesetzt wird, beträgt dann

$$E_s = \frac{1}{2}(E_{AA} + E_{BB} - 2E_{AB}). \tag{7.11}$$

Ist der Energieparameter $E_s > 0$, so muß Energie zur Bildung eines AB-Paares aufgewandt werden, und die Löslichkeit des einen Elements in dem anderen ist u. U. beschränkt. Ist $E_s = 0$, so wird man eine vollständige Mischbarkeit der beiden Komponenten erwarten. Ist schließlich $E_s < 0$, so wird bei einer Mischung der beiden Komponenten Energie frei. Handelt es sich hierbei um Metalle, so können sich sog. *intermetallische Verbindungen* ausbilden. Haben die beiden Elementgitter A und B unterschiedliche Koordinationszahlen, so ist der Ausdruck in Gl. (7.11) entsprechend abzuändern.

Für die molare freie Enthalpie der festen oder flüssigen Phase einer Legierung gilt:

$$g = U_{Kf} + U_{Th} + pV - T(S_{Kf} + S_{Th}). \tag{7.12}$$

Hierbei ist U_{Kf} die Konfigurationsenergie der Legierung, U_{Th} die Schwingungsenergie des Gitters, S_{Kf} die Konfigurationsentropie des Zweistoffsystems und S_{Th} die thermische Entropie der Legierung. Alle diese Größen und auch das Volumen der Legierung sollen sich auf 1 mol beziehen.

Im folgenden werden wir uns nur mit sog. *Substitutionslegierungen* beschäftigen. Sie kommen auf die Weise zustande, daß A-Atome mit B-Atomen vertauscht werden. Daneben kennt man die sog. *interstitiellen Legierungen*. Bei ihnen sitzen die gelösten Atome auf Zwischengitterplätzen des Wirtsgitters (s. auch Seite 52). Für interstitielle Legierungen erhält man etwas andere Beziehungen als für Substitutionslegierungen. Im übrigen wollen wir für die Substitutionslegierungen zunächst das Modell der *regulären Lösungen* benutzen. Hierbei nimmt man u. a. an, daß die A- und B-Atome statistisch auf die verschiedenen verfügbaren Gitterplätze verteilt sind. In diesem Fall gilt für die molare Konfigurationsenergie

$$U_{Kf} = \frac{1}{2}(1 - x_B)Lz(1 - x_B)(-E_{AA}) + \frac{1}{2}x_B Lz x_B(-E_{BB})$$

$$+ (1 - x_B)Lz x_B(-E_{AB}), \tag{7.13}$$

wenn L die Avogadrosche Zahl ist.

In dem ersten Term auf der rechten Seite der Gleichung ist $(1 - x_B)L$ die Anzahl der A-Atome in einem Mol der Legierung und $z(1 - x_B)$ die mittlere Anzahl der einem A-Atom nächst benachbarten A-Atome. $(1/2)(1 - x_B)Lz(1 - x_B)$ ist also die Anzahl der AA-Paare in einem Mol der Legierung; der Faktor 1/2 bewirkt hierbei, daß jedes Paar nur einmal gezählt wird. Entsprechendes ist auch für den zweiten und dritten Term gültig.

Führen wir den Energieparameter E_s aus Gl. (7.11) in Gl. (7.13) ein, so bekommen wir

$$U_{Kf} = Lz(1 - x_B)x_B E_s - \frac{1}{2}Lz[(1 - x_B)E_{AA} + x_B E_{BB}]. \tag{7.14}$$

Zur Ermittlung der Konfigurationsentropie S_{Kf} können wir den gleichen Weg wählen wie zur Berechnung der Leerstellenkonzentration in einem Festkörper auf Seite 46. Wir erhalten demnach

$$S_{Kf} = k_B \ln \frac{L!}{[(1 - x_B)L]! \, [x_B L]!}$$

oder bei Benutzung der Stirling-Formel

$$S_{Kf} = -k_B L[(1 - x_B) \ln (1 - x_B) + x_B \ln x_B]$$
$$= -R[(1 - x_B) \ln (1 - x_B) + x_B \ln x_B], \tag{7.15}$$

wobei R die Gaskonstante ist.

Bei einer regulären Lösung setzt man außerdem voraus, daß die thermische Energie, die thermische Entropie sowie das Volumen des Systems sich additiv aus den entsprechenden Größen der Komponenten A und B zusammensetzen und diese Größen durch eine Mischung nicht beeinflußt werden. Es besteht dann für U_{Th}, S_{Th} und V die gleiche Abhängigkeit von x_B wie für den zweiten Term in Gl. (7.14). Fassen wir diesen Term mit den Gliedern U_{Th}, pV und $-TS_{Th}$ aus Gl. (7.12) zusammen, so erhalten wir insgesamt für die molare freie Enthalpie

$$g = Lz(1 - x_B)x_B E_s + [f_1(T)(1 - x_B) + f_2(T)x_B]$$
$$+ RT[(1 - x_B) \ln (1 - x_B) + x_B \ln x_B]. \tag{7.16}$$

Hierbei sind bei einer vorgegebenen Legierung die Funktionen f_1 und f_2 bei konstant gehaltenem Druck nur von der Temperatur T abhängig.

Ideale Lösungen

Ausgehend von Gl. (7.16) werden wir zunächst das Zustandsdiagramm einer *idealen Lösung* ermitteln. Als solche bezeichnet man eine reguläre Lösung, bei welcher der Energieparameter E_s gleich null ist. In diesem Fall verschwindet der erste Term in Gl. (7.16). Der zweite Term ist ganz allgemein eine lineare Funktion von x_B, und der dritte Term zeigt einen Funktionsverlauf wie in Fig. 7.5. Durch Überlagerung dieser beiden Terme bekommen wir für die freie Enthalpie in Abhängigkeit von x_B sowohl für den

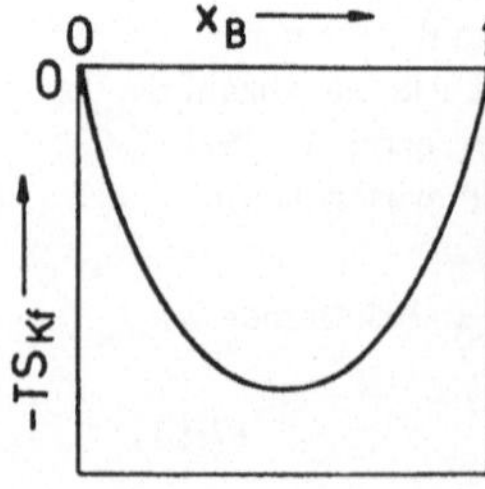

Fig. 7.5
Verlauf der Funktion $-TS_{Kf}$ in Abhängigkeit vom Stoffmengengehalt x_B. S_{Kf} ist die Konfigurationsentropie einer regulären Lösung

festen als auch für den flüssigen Zustand nach oben geöffnete „Parabeln", deren gegenseitige Lage sich bei einer Temperaturänderung verschiebt. In Fig. 7.6 sind derartige Enthalpiekurven für verschiedene Temperaturen aufgezeichnet. Hieraus erhalten wir unter Beachtung der Überlegungen zu Fig. 7.1 und Fig. 7.2 das in Fig. 7.6 ebenfalls dargestellte Zustandsdiagramm.

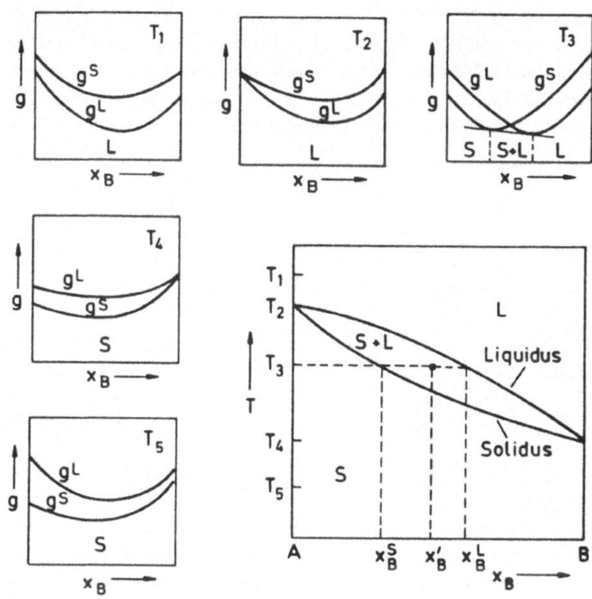

Fig. 7.6 Zur Herleitung des Zustandsdiagramms einer idealen Lösung und des Hebelgesetzes (s. Text)

Für $E_s = 0$ sind also die Komponenten A und B sowohl im festen wie im flüssigen Zustand beliebig mischbar. Zwischen dem Einphasenraum S des festen Zustands und dem Einphasenraum L des flüssigen Zustands liegt der Zweiphasenraum (S + L), in welchem die feste und die flüssige Phase nebeneinander vorkommen. Den Stoffmengengehalt x^S der festen Phase und den Stoffmengengehalt x^L der flüssigen Phase im Zweiphasenraum bei vorgegebener Temperatur T und vorgegebenem Stoffmengengehalt x'_B finden wir folgendermaßen:

Wegen $x^S + x^L = 1$ ist

$$x'_B = x'_B x^S + x'_B x^L.$$

Zusammen mit der Ausdruck

$$x'_B = x^S_B x^S + x^L_B x^L$$

aus Gl. (7.9) ergibt sich hieraus die als *Hebelgesetz* bekannte Beziehung

$$(x_B' - x_B^S)x^S = (x_B^L - x_B')x^L$$

oder $\qquad \dfrac{x^S}{x^L} = \dfrac{x_B^L - x_B'}{x_B' - x_B^S}$.$\hspace{3cm}$(7.17)

Für das System Cu-Ni sind die Ergebnisse noch einmal in Fig. 7.7 erläutert. Bei einer Temperatur von 1200 °C und einem Stoffmengengehalt von 0,3 des Nickels im Zweistoffsystem ist das Verhältnis x^S/x^L gleich dem Streckenverhältnis AB/BC, also ungefähr gleich 0,8. Der Stoffmengengehalt des Nickels in der flüssigen Phase beträgt in diesem Fall 0,22 und in der festen Phase 0,4.

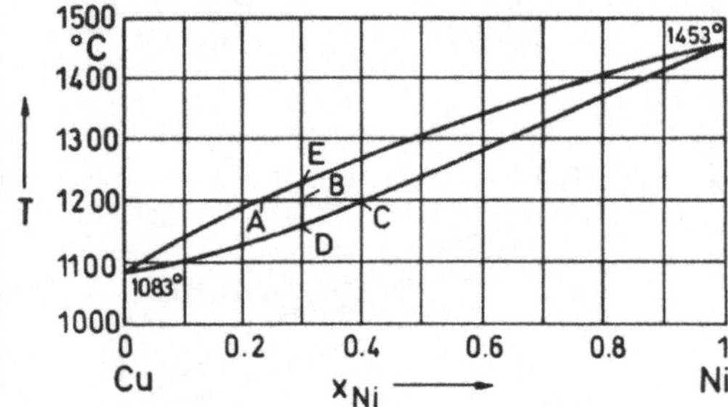

Fig. 7.7
Zustandsdiagramm des binären Systems Cu-Ni (nach M. Hansen, s. Literaturverzeichnis zu Kapitel 7)

Im Gegensatz zu den Gesetzmäßigkeiten bei einem Einstoffsystem existiert bei einem Zweistoffsystem für die Umwandlung der festen in die flüssige Phase im allgemeinen kein einheitlicher Schmelzpunkt, sondern es wird, wie Fig. 7.7 zeigt, bei dem vorgegebenen Stoffmengengehalt $x_{Ni} = 0,3$ der Temperaturbereich zwischen D und E durchlaufen. Man bezeichnet diesen Bereich als *Schmelzbereich*. Der Stoffmengengehalt x^S der festen Phase nimmt dabei von eins bis null ab.

Eutektische und peritektische Zustandsdiagramme

Bei Systemen, für die der Energieparameter $E_s > 0$ ist, wird das Zustandsdiagramm durch den ersten Term auf der rechten Seite von Gl. (7.16) entscheidend beeinflußt. Den Funktionsverlauf dieses Terms zeigt Fig. 7.8. Es ist eine nach unten geöffnete Parabel.

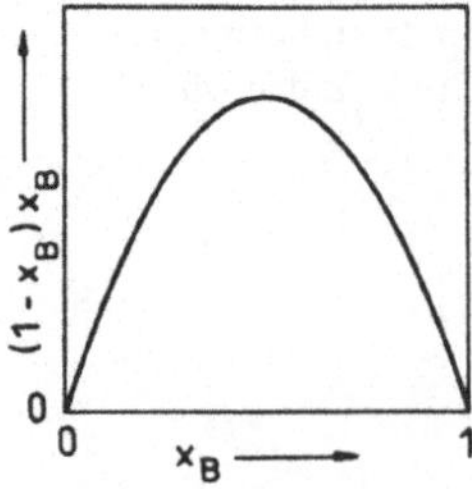

Fig. 7.8
Verlauf der Funktion $(1 - x_B)x_B$

Bei hohen Temperaturen erhalten wir dennoch insgesamt für $g(x_B)$ eine nach oben geöffnete „Parabel", da dann der erste Term in Gl. (7.16) durch den dritten Term weitgehend unterdrückt wird. Bei niedrigeren Temperaturen ergibt sich hingegen für $g(x_B)$ ein Funktionsverlauf wie in Fig. 7.4 mit einem Zweiphasenbereich zwischen x_B^α und x_B^β. Hier überwiegt im mittleren Konzentrationsbereich der Einfluß des ersten Terms, und nur für Werte von x_B in der Nähe von null und eins wird wegen des steilen Abfalls der Funktionswerte des dritten Terms in diesen Konzentrationsbereichen der erste Term in Gl. (7.16) durch den dritten Term überkompensiert.

Für relativ kleine positive Werte von E_s tritt im Zustandsdiagramm neben dem uns von den idealen Lösungen her bekannten Schmelzbereich als weiterer Zweiphasenbereich eine *Mischungslücke* im Gebiet des festen Zustands auf. Dieses zeigen die Fign. 9 und 10. Hierbei werden im Diagramm der Fig. 7.9 sowohl bei der reinen A-Komponente als auch bei der reinen B-Komponente durch einen Zusatz der anderen Komponente die Temperaturen des Schmelzbereichs herabgesetzt. Das führt dazu, daß sich im g-x_B-Diagramm die L- und S-Kurve bei einer bestimmten Temperatur für einen bestimmten Stoffmengengehalt x_B berühren anstatt zu schneiden. Man beobachtet dann bei dem betreffenden Wert x_B einen scharfen Schmelzpunkt.

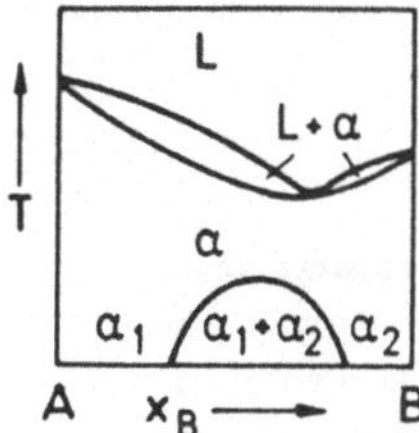

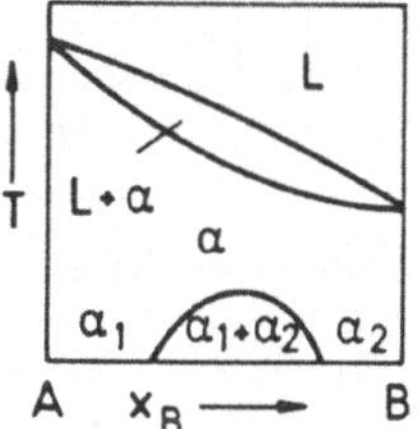

Fig. 7.9 Zustandsdiagramm einer regulären Lösung für einen relativ kleinen positiven Wert des Energieparameters E_s, wenn die Schmelztemperaturen der reinen Komponenten nicht sehr unterschiedlich sind (s. Text)

Fig. 7.10 Zustandsdiagramm einer regulären Lösung für einen relativ kleinen positiven Wert des Energieparameters E_s, wenn die Schmelztemperaturen der reinen Komponenten sich stark unterscheiden

Für größere Werte von E_s erhalten wir entweder ein *eutektisches* oder ein *peritektisches* Zustandsdiagramm. Hiermit werden wir uns jetzt befassen.

In Fig. 7.11 ist die Konstruktion eines eutektischen Zustandsdiagramms aus einer Folge von freien Enthalpiekurven $g^L(x_B)$ und $g^S(x_B)$ dargestellt. Bei der sog. *eutektischen Temperatur* T_E fallen die Doppeltangenten der Zweiphasengebiete $(\alpha + L)$ und $(L + \beta)$ zusammen. Hier existiert der zu einer waagerechten Linie entartete Dreiphasenraum $(L + \alpha + \beta)$.

Dem Zustandsdiagramm in Fig. 7.11 können wir entnehmen, wie sich bei einem eutektischen System der Zustand der Legierung ändert, wenn wir für einen vorgegebenen Stoffmengengehalt x_B' von hohen zu niedrigen Temperaturen übergehen. Bis zur Temperatur T_3 ist die Legierung flüssig. Unterhalb von T_3 wird die Schmelze instabil und es läuft die *Zweiphasenreaktion* $L \to \alpha$ ab. Der prozentuale Anteil von α-Phase und

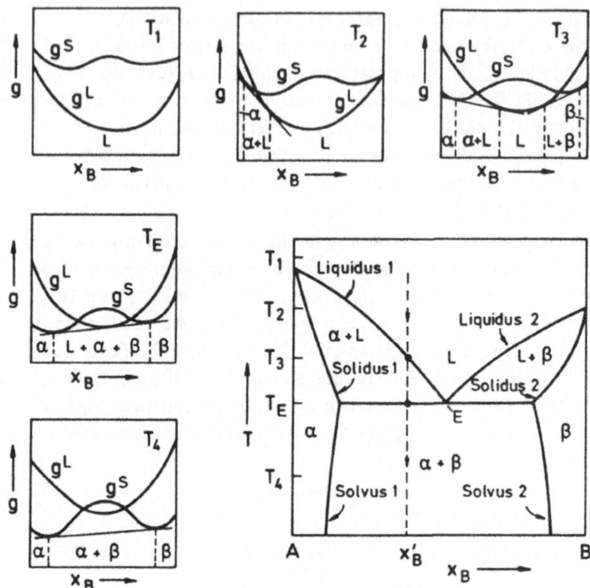

Fig. 7.11   Zur Herleitung eines eutektischen Zustandsdiagramms (s. Text). E Eutektischer Punkt

Schmelzphase zwischen T_3 und T_E berechnet sich nach dem Hebelgesetz. Den Stoffmengengehalt der B-Komponente in der α-Phase und in der L-Phase können wir der *Soliduskurve* 1 und der *Liquiduskurve* 1 entnehmen. Beim Erreichen der eutektischen Temperatur T_E zerfällt die Restschmelze in eine α- und β-Phase; es läuft die *Dreiphasenreaktion* $L \to \alpha + \beta$ ab, die man als *eutektische Reaktion* bezeichnet. Erst nachdem die Schmelzphase vollständig zerfallen ist, kann die Temperatur weiter absinken. Unterhalb von T_E wird das Stoffmengenverhältnis von α- und β-Phase wiederum durch das Hebelgesetz und der Stoffmengengehalt x_B^α und x_B^β durch den Verlauf der *Solvuskurve* 1 bzw. der Solvuskurve 2 bestimmt.

Ein peritektisches Zustandsdiagramm erhalten wir, wenn für $E_s > 0$ die Schmelztemperaturen der reinen Komponenten des binären Systems sehr unterschiedlich sind. In Fig. 7.12 ist die Konstruktion eines solchen Zustandsdiagramms dargestellt. Bei der sog. *peritektischen Temperatur* T_P fallen diesmal die Doppeltangenten der Zweiphasengebiete $(\alpha + \beta)$ und $(\beta + L)$ zusammen. Hier liegt der Dreiphasenraum $(L + \alpha + \beta)$.

Anhand des Zustandsdiagramms in Fig. 7.12 können wir verfolgen, wie sich bei einem peritektischen System der Zustand ändert, wenn wir für einen vorgegebenen Stoffmengengehalt x_B' von hohen zu niedrigen Temperaturen übergehen. Bis zur Temperatur T_2 ist die Legierung flüssig. Unterhalb von T_2 läuft die Zweiphasenreaktion $L \to \alpha$ ab, und es treten eine feste und flüssige Phase nebeneinander auf. Beim Erreichen der peritektischen Temperatur T_P setzt die Dreiphasenreaktion $L + \alpha \to \beta$ ein. Diese ist hier eine

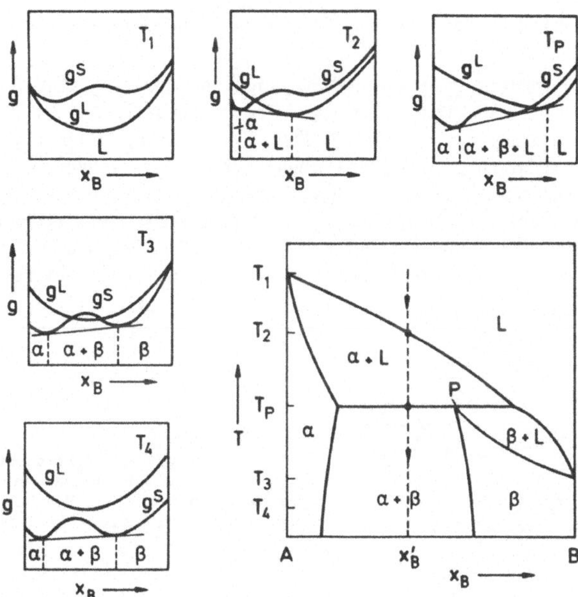

Fig. 7.12 Zur Herleitung eines peritektischen Zustandsdiagramms (s. Text). P Peritektischer Punkt

sog. *peritektische Reaktion*. Erst wenn die gesamte Schmelze verbraucht ist, kann die Temperatur weiter absinken. Unterhalb von T_P sind im Gleichgewicht zwei feste Phasen nebeneinander vorhanden.

In Fig. 7.13 und Fig. 7.14 sind die Unterschiede im Gefügebild bei einem eutektischen und einem peritektischen System dargestellt. Bei einem eutektischen System entsteht zunächst bei der Zweiphasenreaktion $L \rightarrow \alpha$ ein Gefüge wie in Fig. 7.13a. Anschließend bei der eutektischen Reaktion $L \rightarrow \alpha + \beta$ bildet sich aus der Restschmelze eine feinkörnige Mischung der α- und β-Phase, das sog. *eutektische Gefüge* (s. Fig. 13b). Bei einem peritektischen System wird bei der peritektischen Reaktion $L + \alpha \rightarrow \beta$ zunächst die α-Phase mit einer Schicht der β-Phase überzogen (s. Fig. 7.14a). Die β-Phase wächst anschließend auf Kosten der α-Phase und der Schmelzphase weiter an, bis schließlich

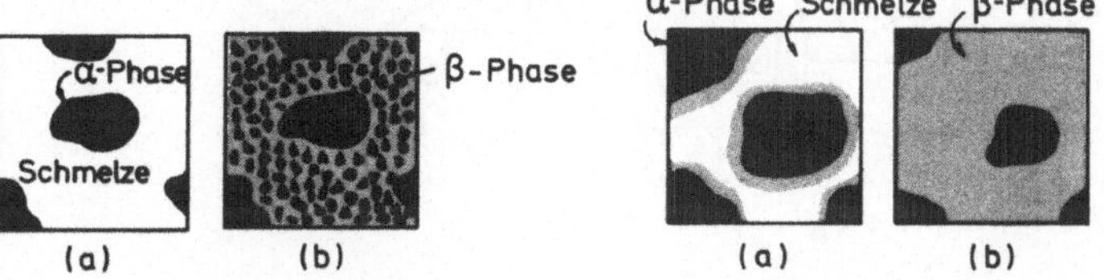

Fig. 7.13 Zur Entstehung eines eutektischen Gefüges (s. Text)

Fig. 7.14 Zur Entstehung eines peritektischen Gefüges (s. Text)

die gesamte Schmelze verbraucht ist. Es entsteht ein sog. *peritektisches Gefüge* (s.
Fig. 14b).

Bei der Konstruktion der Zustandsdiagramme in Fig. 7.11 und Fig. 7.12 wird nur eine
einzige Enthalpiekurve g^S für den festen Zustand benutzt. Besitzen die beiden Stoffe,
die miteinander legieren, unterschiedliche Kristallstrukturen, so hat jede der beiden
Randphasen α und β eine eigene Enthalpiekurve, und wir erhalten z. B. das in Fig. 7.3
gezeigte Bild. Natürlich können diese Kurven in einem bestimmten Temperaturbereich
auch noch mit der Enthalpiekurve g^L der flüssigen Phase in Konkurrenz treten. Dieses
ist für eine feste Temperatur in Fig. 7.15 dargestellt. Aber auch hier ergibt sich für
$E_s > 0$ entweder ein eutektisches oder ein peritektisches Zustandsdiagramm.

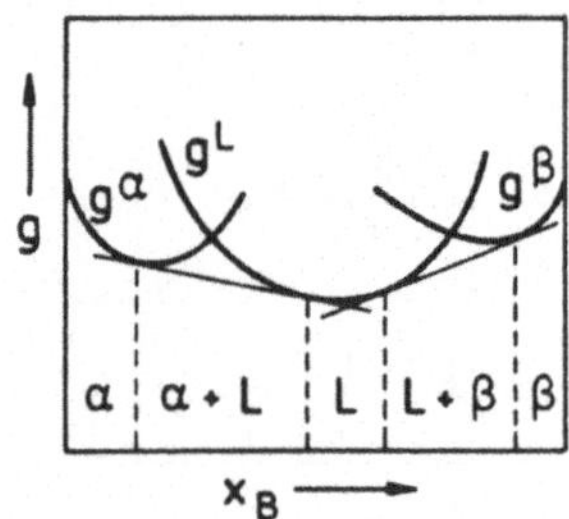

Fig. 7.15
Enthalpiekurven g^α und g^β der beiden festen Phasen α und
β und Enthalpiekurve g^L der flüssigen Phase für eine vorgegebene Temperatur. In den Bereichen der eingezeichneten
Doppeltangenten treten zwei Phasen nebeneinander auf

Intermetallische Verbindungen

Ist der Energieparameter $E_s < 0$, so können die beiden Komponenten A und B intermetallische Verbindungen eingehen. Deren Zusammensetzung ist entweder genau gleich
$A_n B_m$, wobei n und m kleine ganze Zahlen sind, oder nähert sich nur mehr oder weniger
stark einer solchen stöchiometrischen Konfiguration. Da der erste Term in Gl. (7.16)
diesmal eine nach oben geöffnete Parabel liefert, entspricht der Verlauf der Enthalpiekurve der einzelnen Phasen hier in jedem Fall ebenfalls dem einer nach oben geöffneten
„Parabel".

Haben die beiden Komponenten A und B die gleiche Kristallstruktur, so können mindestens drei verschiedene Enthalpiekurven miteinander in Konkurrenz treten, nämlich

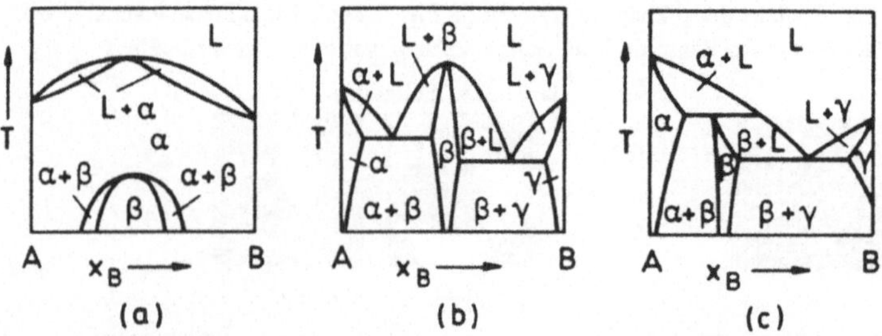

Fig. 7.16 Zustandsdiagramme für negative Werte des Energieparameters E_s (s. Text)

die Enthalpiekurve g^L der flüssigen Phase, die Kurve g^α der festen Lösung der beiden
Komponenten A und B und die Kurve g^β einer festen intermetallischen Verbindung. Ist
in diesem Fall der Betrag von E_s relativ klein, so erhalten wir ein Zustandsdiagramm wie
in Fig. 7.16a. Die stärkere Bindung ungleichartiger Nachbaratome bewirkt, daß bei
einem Zusatz der B-Komponente zur reinen A-Komponente oder der A-Komponente
zur reinen B-Komponente die Temperaturen im Schmelzbereich heraufgesetzt werden.
Höhere Werte von E_s führen auf ein Zustandsdiagramm wie in Fig. 7.16b oder c, wobei
bei einer unterschiedlichen Kristallstruktur der beiden Komponenten A und B vier
Enthalpiekurven miteinander in Konkurrenz treten können (s. Fig. 7.17). Das Zustandsdiagramm setzt sich in beiden Fällen aus zwei Diagrammen mit den Randphasen α und
β bzw. β und γ zusammen, die einzeln entweder wie in Fig. 7.11 oder wie in Fig. 7.12
aussehen. Während man die intermetallische Phase β in Fig. 7.17b unmittelbar aus der
Schmelze gewinnen kann, erhält man sie in Fig. 7.17c bei einer Abkühlung über die
peritektische Reaktion $L + \alpha \to \beta$.

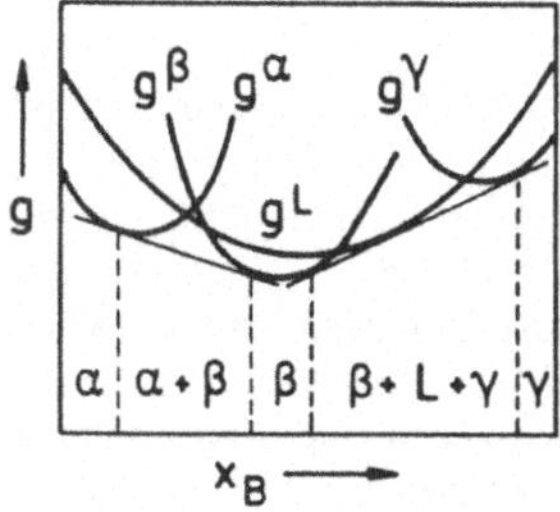

Fig. 7.17
Enthalpiekurven g^α, g^γ, g^β und g^L der beiden festen Randphasen α und γ sowie der intermetallischen Verbindung β
und der flüssigen Phase L für eine vorgegebene Temperatur.
In den Bereichen der eingezeichneten Doppeltangenten
treten zwei bzw. drei Phasen nebeneinander auf

In den in Fig. 7.17 gezeigten Beispielen hat die intermetallische Phase β einen endlichen
Homogenitätsbereich. Der intermetallische Phasenraum kann im Phasendiagramm aber
auch zu einem Strich entartet. Mischkristalle liegen dann nur bei ganz bestimmten
Mischungsverhältnissen der A- und B-Komponenten vor. Außerdem können bei einem
binären System mit negativem Energieparameter E_s auch mehrere intermetallische Verbindungen auftreten. Fig. 7.18 und Fig. 7.19 zeigen Zustandsdiagramme derartiger
Legierungen.

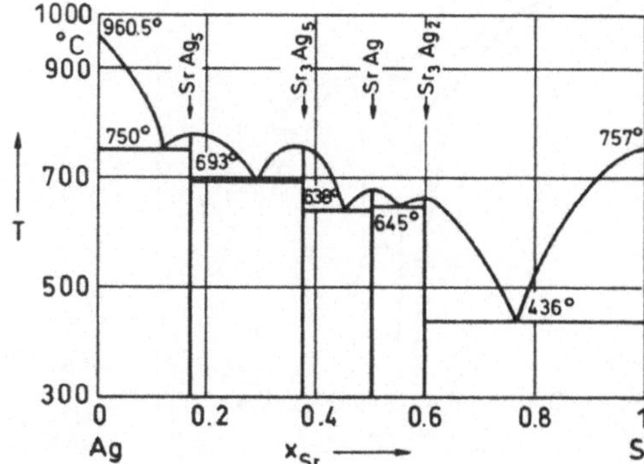

Fig. 7.18
Zustandsdiagramm des Systems Ag-Sr
mit den intermetallischen Verbindungen SrAg$_5$, Sr$_3$Ag$_5$, SrAg und
Sr$_3$Ag$_2$ (nach M. Hansen, s. Literaturverzeichnis zu Kapitel 6)

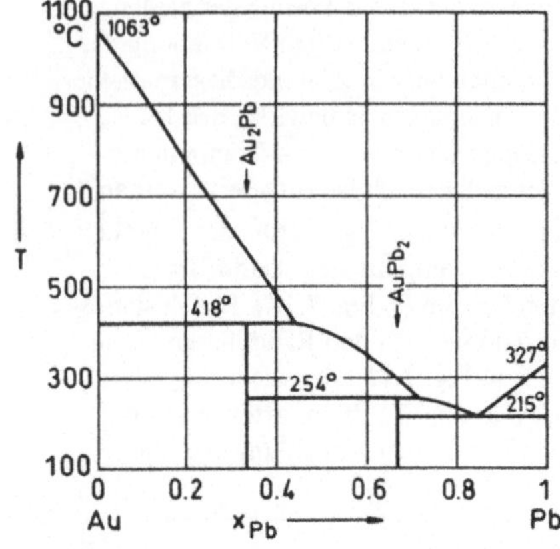

Fig. 7.19
Zustandsdiagramm des Systems Au-Pb mit
den intermetallischen Verbindungen Au_2Pb
und $AuPb_2$ (nach M. Hansen, s. Literaturverzeichnis zu Kapitel 6)

In Fig. 7.20 ist das Zustandsdiagramm der Legierung Kupfer-Zink wiedergegeben. Neben der festen α- und η-Randphase tritt eine intermetallische β-, γ-, δ- und ϵ-Phase auf. Das Zustandsdiagramm besitzt fünf *peritektische Punkte,* das sind die oberen Spitzen der Einphasenräume β, γ, δ, ϵ und η, und einen *eutektischen Punkt,* das ist die untere Spitze des Einphasenraums δ. Die bei einer Abkühlung der δ-Phase auf 560 °C einsetzende Dreiphasenreaktion $\delta \to \gamma + \epsilon$, bei der also eine feste Phase zerfällt, wird häufig im Gegensatz zu einer Dreiphasenreaktion, bei der eine Schmelze zerfällt, als eutektoide Reaktion bezeichnet.

Die α-Phase hat eine kubisch flächenzentrierte Struktur wie reines Kupfer. Die β-Phase mit einem Zink-Stoffmengengehalt um 50% ist kubisch raumzentriert. Bei einem Zink-Stoffmengengehalt um 70% existiert die γ-Phase mit einer komplizierten kubischen Struktur mit 52 Atomen je Einheitszelle. Bei einem Zink-Stoffmengengehalt von rund 80% tritt schließlich in der ϵ-Phase die hexagonal dichteste Kugelpackung auf, allerdings

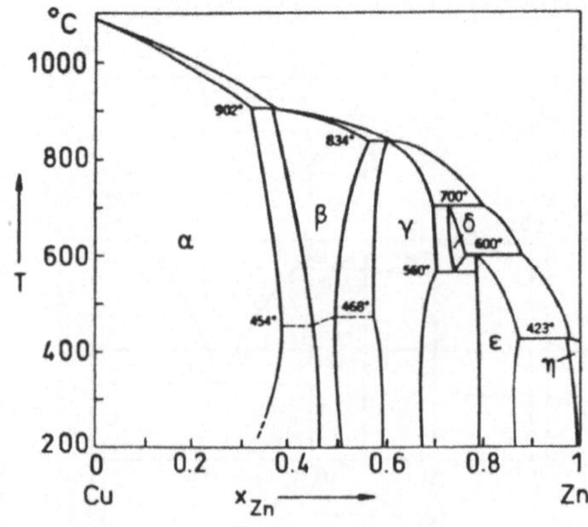

Fig. 7.20
Zustandsdiagramm des Systems Cu-Zn
(nach M. Hansen, s. Literaturverzeichnis
zu Kapitel 6)

mit einem c/a-Verhältnis von 1,56 gegenüber dem Wert c/a = 1,86 in der η-Phase und bei
reinem Zink. Welche Gitterstruktur sich im einzelnen bei einem bestimmten Mischungsverhältnis ausbildet, hängt nach Beobachtungen von W. Hume-Rothery vom Verhältnis
Q der Zahl der Valenzelektronen zur Zahl der Atome ab. Beträgt das Verhältnis 3:2, wie
z. B. bei der Legierung CuZn, so liegt eine kubisch raumzentrierte Struktur vor. Hat
das Verhältnis den Wert 21:13, wie z. B. bei der Legierung Cu_5Zn_8, so hat man eine
komplexe kubische Struktur. Beträgt schließlich das Verhältnis 7:4, wie z. B. bei der
Legierung $CuZn_3$, so findet man eine hexagonal dichteste Kugelpackung. Hierbei
bezieht sich die Kennzeichnung der Legierung durch eine chemische Formel lediglich
auf das Mischungsverhältnis. Damit auch Legierungen, die Übergangsmetalle wie Fe,
Co und Ni enthalten, in dieses Schema passen, hat man den Übergangsmetallen die
Valenzelektronenzahl null zuzuordnen. Die Legierung FeAl hat z. B. eine kubisch raumzentrierte Struktur entsprechend einem Q-Wert von 3:2. Eine Interpretation dieser sog.
Hume-Rothery-Regeln ist, wie im folgenden gezeigt wird, im Rahmen der Bändertheorie
möglich.

Nimmt die Zahl der Valenzelektronen in einer binären Legierung bei einer Änderung des
Mischungsverhältnisses ihrer Komponenten zu, so erreicht die Fermi-Fläche der Legierung schließlich die Begrenzung der ersten Brillouin-Zone einer vorgegebenen Kristallstruktur. Bei einem weiteren Anstieg der Zahl der Valenzelektronen werden diese dann
entweder Zustände oberhalb der Energielücke des angrenzenden Energiebandes oder
höhere energetische Zustände des gleichen Energiebandes besetzen. Der hiermit ver-
bundene Energieanstieg kann dadurch abgeschwächt werden, daß vor der Berührung der
Fermi-Fläche mit der Zonenbegrenzung ein Übergang in eine solche Kristallstruktur
erfolgt, bei der diese Berührung hinausgezögert wird.

Bei einem kubisch flächenzentrierten Gitter beträgt z. B. bei völlig freien Elektronen der
Radius der Fermi-Kugel nach Gl. (3.62)

$$k_F = \left(Q\,\frac{12\pi^2}{a^3} \right)^{1/3},$$

wenn a die Gitterkonstante ist. Da nach den Überlegungen auf Seite 22 der kürzeste
Abstand einer Begrenzungsfläche der ersten Brillouin-Zone eines kubisch flächenzentrierten Gitters vom Mittelpunkt der Brillouin-Zone $\pi\sqrt{3}/a$ ist, erhalten wir zur Berechnung desjenigen Wertes von Q, der zu einer Berührung der Fermi-Kugel mit der Begrenzung der ersten Brillouin-Zone führt, die Beziehung

$$\left(Q\,\frac{12\pi^2}{a^3} \right)^{1/3} = \frac{\pi\sqrt{3}}{a}.$$

Dieses ergibt

$$Q = \frac{\sqrt{3}}{4}\,\pi \approx 1{,}36.$$

Für ein kubisch raumzentriertes Gitter liegt der entsprechende Q-Wert bei 1,48, für die
Struktur der γ-Phase bei 1,54 und für eine hexagonal dichteste Kugelpackung mit einem

idealen c/a-Verhältnis (s. Seite 17) bei 1,69. In der hier angegebenen Reihenfolge werden z. B. bei einer Kupfer-Zink-Legierung mit steigendem Zink-Gehalt die verschiedenen Kristallstrukturen auch tatsächlich durchlaufen.

Thermische Analyse

Das wichtigste experimentelle Verfahren zur Aufstellung eines Zustandsdiagramms ist die sog. *thermische Analyse*. Bei ihr werden für verschiedene Werte des Stoffmengengehalts x_B eines binären Systems Abkühlungskurven aufgenommen. Aus Anomalien im Kurvenverlauf kann dann auf den Ablauf bestimmter Phasenreaktionen geschlossen werden.

Liegen keine Phasenumwandlungen vor, so entpricht der Verlauf der Abkühlungskurve der Legierung von einer Anfangstemperatur auf die Bezugstemperatur eines Wärmebades dem einer Exponentialfunktion. Anders ist es hingegen, wenn Phasenreaktionen stattfinden. Hier hat man zu unterscheiden zwischen Phasenumwandlungen bei festen Temperaturen und solchen, die in Temperaturintervallen ablaufen. Erstere treten bei jeder Phasenumwandlung in Einstoffsystemen auf, wenn also $x_B = 0$ oder 1 ist, außerdem bei Zweistoffsystemen bei einem Übergang von einem Einphasenraum in einen anderen Einphasenraum wie z. B. in Fig. 7.18 für $x_{Sr} = 0,6$ und $T = 665\,°C$ und schließlich bei eutektischen und peritektischen Reaktionen. In der Abkühlungskurve beobachtet man in diesem Fall bei der Umwandlungstemperatur T_U einen waagrechten Kurvenverlauf (s. Fig. 7.21a), weil hier die Temperatur erst dann weiter sinkt, wenn die gesamte Umwandlungswärme abgeführt worden ist. Die Länge des Halteintervalls ist dabei ein Maß für den Betrag der Umwandlungswärme.

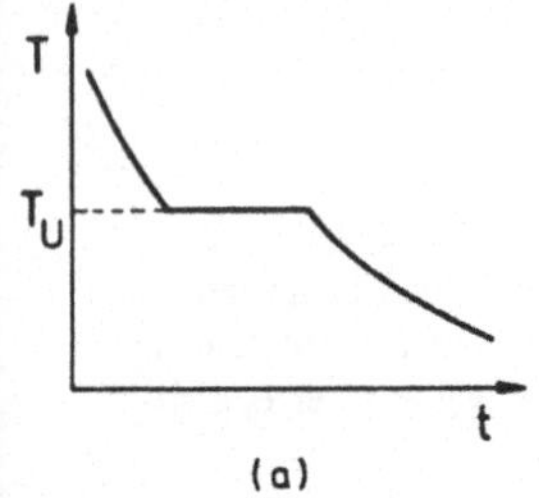
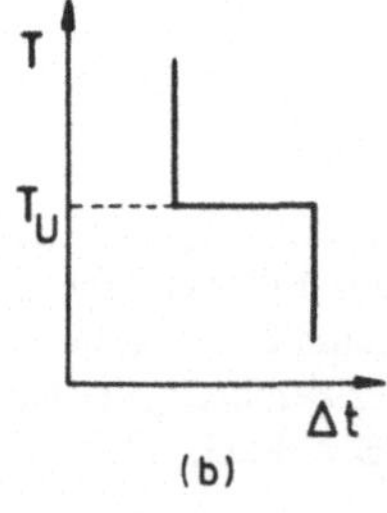

Fig. 7.21
Abkühlungskurve einer Legierung mit einer Phasenumwandlung bei der festen Temperatur T_U (a) und zugehörige schematische Abkühlungskurve (b) (s. Text)

Erfolgt wie beim Durchlaufen eines Zweiphasenraums die Phasenumwandlung in einem Temperaturintervall ΔT_U, so zeigt in diesem Intervall die Abkühlungskurve einen flacheren Verlauf (s. Fig. 7.22a). Man spricht dann von einer *verzögerten Abkühlung*.

Zur Auswertung der Meßergebnisse verschafft man sich zunächst aus der gemessenen Kurve eine *schematische Abkühlungskurve*. Hierzu bringt man von der gemessenen Abkühlungskurve eine Kurve, wie sie sich ohne Phasenumwandlung ergeben würde, in Abzug, indem man die Zeitdifferenz Δt der beiden Kurven in Abhängigkeit von der Temperatur ermittelt. Aus Fig. 7.21a und Fig. 7.22a erhält man auf diese Weise die

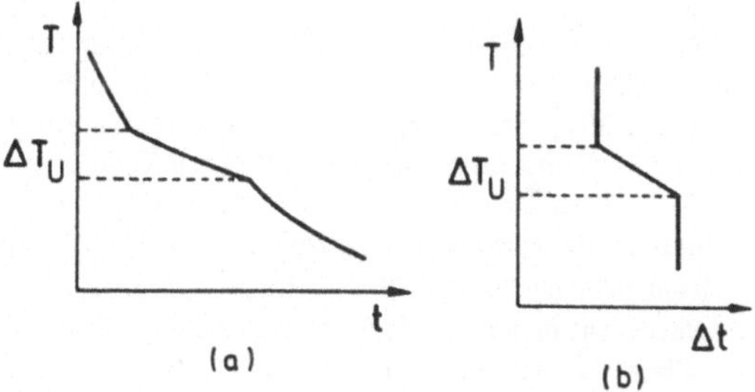

Fig. 7.22
Abkühlungskurve einer Legierung mit einer Phasenumwandlung in dem Temperaturintervall
ΔT_U (a) und zugehörige schematische Abkühlungskurve (b)
(s. Text)

Kurvenzüge in Fig. 7.21b bzw. Fig. 7.22b. Liegen derartige schematische Abkühlungskurven für genügend viele Werte von x_B vor, so läßt sich hieraus ein Zustandsdiagramm
konstruieren. Dieses wird in Fig. 7.23 gezeigt.

Es ist zu beachten, daß bei der Aufnahme einer Abkühlungskurve die Abkühlungsge-
schwindigkeit genügend klein ist, damit auch tatsächlich thermodynamische Gleichge-
wichtszustände durchlaufen werden. Nur so ist eine exakte Ermittlung des Zustandsdiagramms möglich.

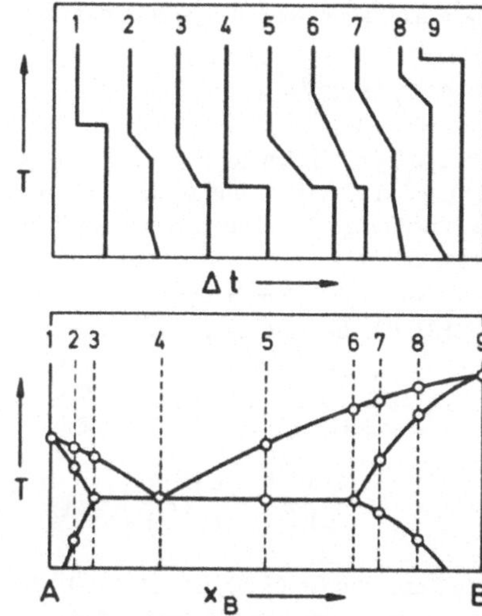

Fig. 7.23
Konstruktion eines Zustandsdiagramms aus
einer Anzahl schematischer Abkühlungskurven

Überstrukturen

Bisher haben wir bei unseren Überlegungen eine völlig ungeordnete Verteilung der
A-Atome und B-Atome über die L verfügbaren Gitterplätze vorausgesetzt. Bei verschiedenen Legierungen beobachtet man aber eine Struktur, bei der ganz bestimmte Gitterplätze in der Mehrzahl von A-Atomen und die anderen überwiegend von B-Atomen besetzt sind. Eine solche geordnete Struktur oder *Überstruktur* weist z. B. die β-Phase einer

Kupfer-Zink-Legierung bei genügend tiefen Temperaturen auf. Die Cu-Atome sitzen hierbei an den Ecken der Einheitszellen eines kubisch raumzentrierten Gitters und die Zn-Atome in der Mitte der Zellen. Mit steigender Temperatur wird die Ordnung immer stärker zerstört, um schließlich bei einer kritischen Temperatur T_{kr} von 454–468 °C (s. Fig. 7.20) völlig zu verschwinden. Die Abhängigkeit einer solchen *Fernordnung* von der Kristalltemperatur wird nun am Beispiel der oben erwähnten β-Phase der Kupfer-Zink-Legierung genauer untersucht.

Die Gitterplätze, auf denen bei einer völlig geordneten Legierung die A-Atome sitzen, sollen als a-Plätze bezeichnet werden; die anderen heißen dementsprechend b-Plätze. Für eine unvollständig geordnete Legierung können wir jetzt „richtige" und „falsche" Atome definieren. Unter die „richtigen" Atome fallen die A-Atome auf a-Plätzen und die B-Atome auf b-Plätzen. Zu den „falschen" Atomen gehören die A-Atome auf b-Plätzen und die B-Atome auf a-Plätzen. Die Anzahl der „richtigen" Atome je Mol betrage R und die der „falschen" Atome W. Durch die Beziehung

$$R = \frac{1}{2} L(1 + P) \tag{7.18}$$

führen wir den Parameter P der Fernordnung ein. Da $R + W = L$ ist, folgt aus Gl. (7.18)

$$W = \frac{1}{2} L(1 - P). \tag{7.19}$$

Ist $P = +1$, so ist $R = L$, und es liegt eine völlig geordnete Legierung vor. Das gleiche gilt aber auch, wenn $P = -1$ ist, und somit $W = L$ ist. Ist $P = 0$, so ist $R = L/2$, und es besteht keine Fernordnung mehr. Durch Werte von P zwischen 0 und 1 werden sämtliche Ordnungsgrade erfaßt.

Für die molare freie Enthalpie der Legierung machen wir wieder den gleichen Ansatz wie in Gl. (7.12). Für die Konfigurationsenergie erhalten wir jetzt den Ausdruck

$$U_{Kf} = \frac{L}{2} \frac{R}{L} z \frac{W}{L} (-E_{AA}) + \frac{L}{2} \frac{R}{L} z \frac{W}{L} (-E_{BB})$$

$$+ \left(\frac{L}{2} \frac{R}{L} z \frac{R}{L} + \frac{L}{2} \frac{W}{L} z \frac{W}{L} \right) (-E_{AB}). \tag{7.20}$$

Im ersten Term von Gl. (7.20) ist $(L/2)(R/L)$ die Anzahl der A-Atome auf a-Plätzen und $z(W/L)$ die mittlere Anzahl der A-Atome, die ein auf einem a-Platz sitzendes A-Atom umgeben. Die Anzahl der AA-Paare in der Legierung ist also $(L/2)(R/L)z(W/L)$. Entsprechendes gilt für den zweiten und dritten Term.

Führen wir in Gl. (7.20) mit Hilfe von Gl. (7.11) den Energieparameter E_s ein, der natürlich hier einen negativen Wert hat, und verwenden wir außerdem Gl. (7.18) und Gl. (7.19), so bekommen wir

$$U_{Kf} = -\frac{z}{4} (1 + P^2) L(-E_s) - \frac{z}{4} L(E_{AA} + E_{BB}). \tag{7.21}$$

Die Konfigurationsentropie beträgt jetzt

$$S_{Kf} = k_B \ln \left(\frac{(L/2)!}{(R/2)!(W/2)!} \right)^2$$

$$\approx k_B (L \ln L - R \ln R - W \ln W)$$

$$= -\frac{1}{2} k_B L[(1 + P) \ln (1 + P) + (1 - P) \ln (1 - P)] + k_B L \ln 2. \qquad (7.22)$$

Den Betrag des Ordnungsparameters P für das thermodynamische Gleichgewicht finden wir, indem wir das Minimum der molaren freien Enthalpie des binären Systems in Abhängigkeit von P aufsuchen. Wir wollen annehmen, daß die thermische Energie, die thermische Entropie sowie das Volumen der Legierung von P unabhängig sind. Für das Gleichgewicht gilt dann

$$\frac{\partial g}{\partial P} = \frac{\partial}{\partial P} (U_{Kf} - TS_{Kf})$$

$$= -\frac{z}{2} LP(-E_s) + \frac{k_B}{2} TL[\ln (1 + P) - \ln (1 - P)] = 0$$

$$\text{oder} \quad \ln \frac{1 + P}{1 - P} = \frac{z(-E_s)P}{k_B T}. \qquad (7.23)$$

Es ist

$$\ln \frac{1 + P}{1 - P} = 2 \, \text{artanh} \, P.$$

Hiermit ergibt sich aus Gl. (7.23)

$$P = \tanh \frac{z(-E_s)P}{2k_B T}. \qquad (7.24)$$

Aus dieser Gleichung können wir P graphisch ermitteln. Wir führen zu diesem Zweck die Variable

$$x = \frac{z(-E_s)P}{2k_B T}$$

ein und erhalten die Gleichungen

$$P = \tanh x \qquad (7.25)$$

$$\text{und} \quad P = \frac{2k_B T}{z(-E_s)} x. \qquad (7.26)$$

Tragen wir für eine vorgegebene Temperatur T den Ordnungsparameter P als Funktion von x sowohl nach Gl. (7.25) als auch nach Gl. (7.26) auf, so bekommen wir zwei Kurven, deren Schnittpunkt den Ordnungsparameter P liefert (s. Fig. 7.24). Ist der An-

stieg der durch Gl. (7.26) bestimmten Geraden größer als der Anstieg von tanh x für
x = 0, so ist P = 0. Da d(tanh x)/dx = 1 für x = 0 ist, erhalten wir für die kritische Temperatur T_{kr}, oberhalb der die Fernordnung verschwindet, den Ausdruck

$$T_{kr} = \frac{z(-E_s)}{2k_B}.$$

(7.27)

In Fig. 7.25 ist der Ordnungsparameter P in Abhängigkeit von T/T_{kr} aufgetragen. In der
Nähe der kritischen Temperatur T_{kr} nimmt die Fernordnung sehr schnell ab.

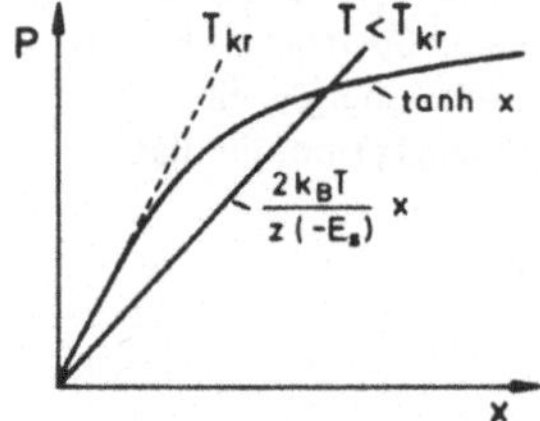

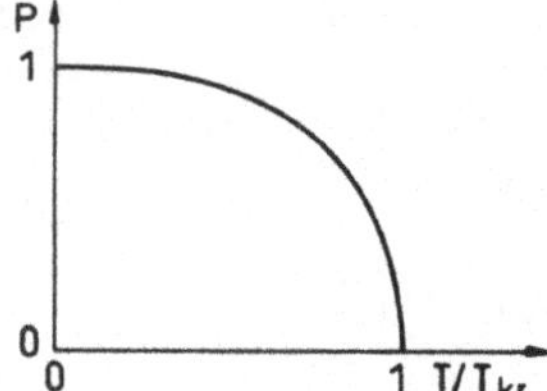

Fig. 7.24 Graphische Ermittlung des Ordnungsparameters P einer Legierung vom Typ
CuZn bei vorgegebener Kristalltemperatur (s. Text)

Fig. 7.25 Ordnungsparameter P der Legierung
CuZn in Abhängigkeit von T/T_{kr}.
T_{kr} ist die kritische Temperatur, bei
der die Fernordnung verschwindet

Bei der Legierung CuZn ist der Phasenübergang vom geordneten in den ungeordneten
Zustand von zweiter Ordnung, d. h., bei dem Übergang wird keine Umwandlungswärme
benötigt, aber die spezifische Wärme weist bei der kritischen Temperatur T_{kr} einen
Sprung auf. Bei der Legierung $AuCu_3$ liegt hingegen bei der kritischen Temperatur ein
Phasenübergang erster Ordnung vor. Bei dieser Legierung sitzen die Au-Atome an den
Ecken der Einheitszellen eines kubisch flächenzentrierten Gitters und die Cu-Atome im
Mittelpunkt der Flächen der Einheitszellen. In Fig. 7.26 ist für $AuCu_3$ der Parameter P
der Fernordnung in Abhängigkeit von T/T_{kr} dargestellt. In diesem Fall geht P nicht wie
bei der Legierung CuZn kontinuierlich gegen null, sondern ändert bei T_{kr} unstetig den
Wert.

Der Ordnungsgrad einer Legierung läßt sich experimentell mit Hilfe der Beugung von
Röntgenstrahlen an dem betreffenden Kristallgitter untersuchen. Eine völlig ungeordnete Struktur liefert die gleichen Beugungsreflexe wie ein Kristallgitter, das nur Gitteratome einer Sorte enthält. Den atomaren Streufaktor gewinnen wir in diesem Fall durch
Mittelung über die Streufaktoren der beteiligten Atome. So hat z. B. eine völlig unge-

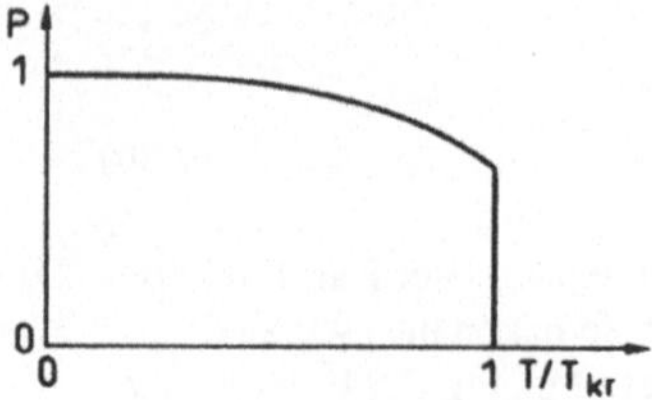

Fig. 7.26
Ordnungsparameter P der Legierung $AuCu_3$ in Abhängigkeit von T/T_{kr}

ordnete CuZn-Legierung einen atomaren Streufaktor $f = 1/2\,(f_{Cu} + f_{Zn})$. Da die CuZn-Legierung ein kubisch raumzentriertes Gitter hat, erhalten wir für den Strukturfaktor der ungeordneten Legierung nach den Ausführungen auf Seite 31

$$F_{hk\ell} = f(1 + e^{\pi ni(h+k+\ell)}), \tag{7.28}$$

wenn h, k und ℓ die Millerschen Indizes der Kristallflächen sind, an der die Braggsche Reflexion erfolgt, und n die Ordnung des gebeugten Röntgentstrahls angibt. Aus Gl. (7.28) folgt, daß für n = 1 der Strukturfaktor gleich null ist, falls $h + k + \ell$ eine ungerade Zahl ist.

Bei einer geordneten Struktur haben wir hingegen bei der Bildung des Strukturfaktors den unterschiedlichen atomaren Streufaktor der Gitteratome zu berücksichtigen. Für eine geordnete CuZn-Legierung erhalten wir

$$F_{hk\ell} = f_{Cu} + f_{Zn}\,e^{\pi ni(h+k+\ell)}). \tag{7.29}$$

Hier hat der Strukturfaktor für alle Werte von $h + k + \ell$ einen endlichen Betrag. Es treten also, verglichen mit der ungeordneten Legierung, zusätzliche Röntgenreflexe, die sog. *Überstrukturlinien* auf.

Auch der Restwiderstand (s. Seite 133) einer Legierung wird von ihrem Ordnungsgrad beeinflußt. Bei einer ungeordneten Legierung mit den beiden Komponenten A und B gilt die *Nordheim-Regel*, wonach der Restwiderstand proportional zu $x_B(1 - x_B)$ ist. Dies zeigt Fig. 7.27a für eine Kupfer-Gold-Legierung. Hier wurde ein ungeordneter Zustand durch rasches Abkühlen der Probe „eingefroren". Erfolgt hingegen die Abkühlung genügend langsam, so daß sich in bestimmten Konzentrationsbereichen der Kupfer-Gold-Legierung eine geordnete Struktur ausbilden kann, so hat der Restwiderstand in Abhängigkeit vom Stoffmengengehalt des Goldes einen Verlauf wie in Fig. 7.27b. Hier fällt im Bereich der geordneten Phasen Cu_3Au und $CuAu$ der Restwiderstand stark ab.

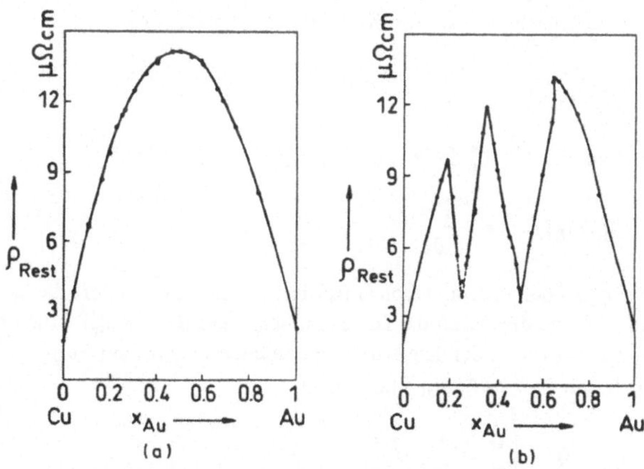

Fig. 7.27 Spezifischer Restwiderstand ρ_{Rest} von Kupfer-Gold-Legierungen in Abhängigkeit vom Stoffmengengehalt der Au-Komponente (a) bei ungeordneter Anordnung der Atome auf den Gitterplätzen und (b) bei Vorliegen der geordneten Phasen Cu_3Au und $CuAu$ (nach Johansson und Linde)

7.2   Kinetik der Phasenreaktionen

Phasenreaktionen in Legierungen sind meistens mit Diffusionsprozessen verknüpft. Im festen Zustand ist dabei vor allem eine Diffusion über Leerstellen von Bedeutung. Diese sind bei höheren Temperaturen stets in ausreichender Anzahl vorhanden (s. Seite 45). Hinzu kommt die Diffusion über makroskopische Gitterfehler wie Versetzungen und Korngrenzen. Fremdatome, deren Radius wesentlich kleiner als der der Wirtsgitteratome ist, diffundieren auch über Zwischengitterplätze (s. Seite 52).

Ganz allgemein sind die Diffusionsströme so gerichtet, daß es zu einem Ausgleich der chemischen Potentiale der einzelnen Komponenten in der Legierung kommt. Dieses braucht natürlich keineswegs auch auf einen Konzentrationsausgleich zu führen. Das letztere ereignet sich aber immer dann, wenn entweder die eine Komponente eines binären Systems in sehr starker Verdünnung vorliegt oder wenn die betreffende Legierung als eine ideale Lösung betrachtet werden darf. Anderenfalls ist auch eine Entmischung der Komponenten möglich.

Ist die Konzentration c_B der B-Komponente in einer binären Legierung so klein, daß die Wechselwirkung der B-Atome untereinander vernachlässigt werden kann, so darf der Diffusionskoeffizient D_B^0 der B-Komponente als konstant angesehen werden. D_B^0 verknüpft nach der als erstes *Ficksches Gesetz* bekannten Beziehung

$$\vec{j}_B(\vec{r}, t) = -D_B^0 \, \text{grad} \, c_B(\vec{r}, t) \tag{7.30}$$

die vom Ort $\vec{r}$ und von der Zeit t abhängige Konzentration c_B der B-Atome, d. h. die Anzahl der B-Atome je Volumeneinheit, mit der Diffusionsstromdichte $\vec{j}_B$, d. h. der Anzahl der B-Atome, die sich je Zeiteinheit durch einen Einheitsquerschnitt in Richtung des Konzentrationsgefälles bewegen. Mit der Kontinuitätsgleichung

$$\text{div} \, \vec{j}_B(\vec{r}, t) = -\frac{\partial c_B(\vec{r}, t)}{\partial t}$$

ergibt sich aus Gl. (7.30) das zweite Ficksche Gesetz in der Form

$$D_B^0 \Delta c_B(\vec{r}, t) = \frac{\partial c_B(\vec{r}, t)}{\partial t}. \tag{7.31}$$

Für eine vorgegebene Anfangskonzentration der B-Atome liefert die Lösung dieser Differentialgleichung die durch die Diffusion hervorgerufene Abänderung des Konzentrationsprofils der B-Atome in der Legierung in Abhängigkeit von der Zeit.

So hat z. B. mit den Anfangsbedingungen

$$c_B(r, 0) = \begin{cases} 0 & \text{für} \quad r \neq 0 \\ \infty & \text{für} \quad r = 0 \end{cases}$$

und

$$\int_0^\infty c_B(r, 0) 4\pi r^2 \, dr = N_B,$$

wobei N_B die Gesamtzahl der B-Atome ist, Gl. (7.31) die Lösung

$$c_B(r, t) = \frac{N_B}{(4\pi D_B^0 t)^{3/2}}\, e^{-r^2/(4 D_B^0 t)}.$$

Hieraus ergibt sich für die Wahrscheinlichkeit, ein bestimmtes B-Atom nach der Zeit t zwischen r und r + dr vorzufinden,

$$P(r)dr = \frac{4\pi r^2}{(4\pi D_B^0 t)^{3/2}}\, e^{-r^2/(4 D_B^0 t)}\, dr$$

und für das mittlere Quadrat des Abstands eines B-Atoms vom Ort r = 0 nach der Zeit t

$$\overline{r^2} = \int\limits_0^\infty r^2 P(r)dr$$

$$= \frac{4\pi}{(4\pi D_B^0 t)^{3/2}} \int\limits_0^\infty r^4 e^{-r^2/(4 D_B^0 t)}\, dr = 6 D_B^0 t. \tag{7.32}$$

Erfolgt nun die Diffusion der B-Atome in einzelnen Sprüngen mit der Sprungweite λ, so ist nach dem „random walk"-Modell der statistischen Mechanik nach n Sprüngen

$$\overline{r^2} = n\lambda^2$$

oder, wenn wir mit Hilfe der Beziehung $n = \Gamma_B t$ die *Sprungrate* Γ_B eines B-Atoms einführen,

$$\overline{r^2} = \Gamma_B t\, \lambda^2.$$

Vergleichen wir diese Beziehung mit dem Ergebnis in Gl. (7.32), so erhalten wir

$$D_B^0 = \frac{1}{6}\,\Gamma_B \lambda^2. \tag{7.33}$$

Da bei einem Festkörper die Diffusion über Leerstellen meist die ausschlaggebende Rolle spielt, wollen wir diesen Diffusionsmechanismus anhand von Gl. (7.33) für ein kubisch flächenzentriertes Gitter noch etwas weiter verfolgen. Die Sprungweite λ ist gleich dem Abstand eines Gitteratoms zu seinen nächsten Nachbarn, also hier gleich $a/\sqrt{2}$, wenn a die Gitterkonstante ist. Die Sprungrate Γ_B ist proportional der Sprungfrequenz ν_B eines B-Atoms in eine nächstbenachbarte Leerstelle und außerdem der Wahrscheinlichkeit P_L, daß nächstbenachbart auch eine Leerstelle zur Verfügung steht.
Für ν_B gilt

$$\nu_B = \nu_0 e^{-\gamma_B^A/k_B T}.$$

wenn ν_0 die Schwingungsfrequenz eines B-Atoms um seine Ruhelage ist und γ_B^A die freie Aktivierungsenthalpie für die Wanderung eines B-Atoms angibt. Für ν_0 können wir die Debyesche Grenzfrequenz wählen (s. Seite 77). γ_B^A ist gleich $(\epsilon_V^A - T\sigma_V^A)$, wenn ϵ_V^A die Aktivierungsenergie (s. Seite 47) und σ_V^A die Aktivierungsentropie für die Wanderung von Leerstellen ausgelöst durch Sprünge von B-Atomen sind. Wir erhalten hiernach

$$\nu_B = \nu_0 e^{\sigma_V^A/k_B} e^{-\epsilon_V^A/k_B T} .$$

Für P_L gilt

$$P_L = z e^{\sigma_{Th}/k_B} e^{-\epsilon_V/k_B T} .$$

Hierbei ist z die Koordinationszahl, die bei einem kubisch flächenzentrierten Gitter 12 beträgt. Der Exponentialausdruck gibt nach Gl. (1.88) die Leerstellenkonzentration an, wenn ϵ_V die Energie ist, die zur Erzeugung einer Leerstelle aufgebracht werden muß, und σ_{Th} die Erhöhung der thermischen Entropie je erzeugter Leerstelle bedeutet.

Schließlich kommt noch ein sog. Korrelationsfaktor f_K hinzu. Durch ihn wird berücksichtigt, daß nach dem Sprung eines B-Atoms in eine Leerstelle dieses B-Atom in die alte Position zurückspringt, falls die Leerestelle nicht inzwischen weitergewandert ist. f_K ist natürlich immer kleiner als eins.

Fassen wir alle Glieder zusammen, so wird aus Gl. (7.33)

$$D_B^0 = f_K a^2 \nu_0 e^{\sigma_V^A/k_B} e^{\sigma_{Th}/k_B} e^{-(\epsilon_V^A + \epsilon_V)/k_B T}$$

$$= D_B^0 {}^* e^{-(\epsilon_V^A + \epsilon_V)/k_B T} . \tag{7.34}$$

Der Diffusionskoeffezient D_B^0 nimmt hiernach exponentiell mit der Temperatur zu.
In Tab. 7.1 sind für Silber als Wirtsmaterial die Größen $D_B^0{}^*$ und $(\epsilon_V^A + \epsilon_V)$ für verschiedene beigemengte Fremdatome angegeben.

Tab. 7.1

	Cu	Zn	Sn	Au	Pb
$D_B^0{}^*$ [cm²/s]	1,20	0,54	0,25	0,26	0,22
$\epsilon_V^A + \epsilon_V$ [eV]	2,00	1,81	1,70	1,98	1,65

Ist die Voraussetzung, daß die eine Komponente der Legierung nur in sehr kleiner Konzentration vorliegt, nicht erfüllt, so wird die Beschreibung des Diffusionsprozesses wesentlich komplizierter. Der Diffusionskoeffizient, der den Mischungs- oder gegebenenfalls auch einen Entmischungsvorgang charakterisiert, hängt jetzt außerdem vom jeweiligen Stoffmengengehalt der beiden Komponenten in den verschiedenen Bereichen der Legierungsprobe ab. Dieses wurde erstmals von L. Darken im Jahre 1948 genauer analysiert.

Darken-Gleichungen

Bringt man einen Stab aus A-Atomen an seiner Stirnseite mit einem Stab aus B-Atomen in Kontakt, so kommt es, falls die A- und B-Atome eine unterschiedlich große Diffusionsgeschwindigkeit aufweisen, zu einer Wanderung der Kontaktebene längs der gemeinsamen Stabachse. Diese als *Kirkendall-Effekt* bekannte Erscheinung ist schematisch in Fig. 7.28 für den Fall dargestellt, daß $\vec{j}_B$ größer als $\vec{j}_A$ ist. Der genaue Betrag von $\vec{j}_B$ und $\vec{j}_A$ hängt hierbei von der Wahl des Bezugssystems ab. Wenn wir das Bezugssystem in die Kontaktebene legen, gilt z. B. für die Diffusionsstromdichte der B-Komponente durch die Kontaktebene bei $\zeta = 0$ das Ficksche Gesetz in der Form

$$j_B|_{\zeta=0} = -D_B \left.\frac{\partial c_B}{\partial \zeta}\right|_{\zeta=0}.$$

(7.35)

In dieser Gleichung ist D_B der sog. *intrinsische Diffusionskoeffizient* der B-Komponente .

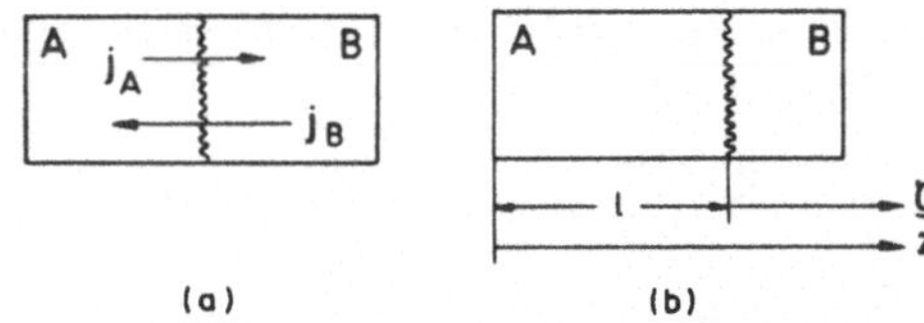

Fig. 7.28 Zum Kirkendall-Effekt. (a) Ausgangslage bei der Kontaktierung eines Stabes aus
A-Atomen mit einem Stab aus B-Atomen. Die Diffusionsstromdichte j_B der B-Atome
ist größer als die Diffusionsstromdichte j_A der A-Atome. (b) Diffusionsbedingte Ver-
lagerung der Kontaktebene längs der gemeinsamen Stabachse.

Wird hingegen das Bezugssystem in die linke Begrenzungsebene der Probe gelegt (s. Fig. 7.28b), so tritt in der Kontaktebene bei $z = \ell$ zu dem eigentlichen Diffusionsstrom noch ein Transportstrom hinzu, und wir erhalten insgesamt

$$j_B|_{z=\ell} = -D_B \left.\frac{\partial c_B}{\partial z}\right|_{z=\ell} + vc_B\Big|_{z=\ell},$$

(7.36)

wenn v die Wanderungsgeschwindigkeit der Kontaktebene ist. Entsprechende Gleichungen gelten auch für die A-Komponente.

Bezeichnen wir mit $c = c_A + c_B$ die Gesamtkonzentration der A- und B-Atome in der Legierung, so besagt die Kontinuitätsgleichung

$$\frac{\partial c}{\partial t} = \frac{\partial c_A}{\partial t} + \frac{\partial c_B}{\partial t} = -\left(\frac{\partial j_A}{\partial z} + \frac{\partial j_B}{\partial z}\right).$$

Hieraus folgt mit Gl. (7.36)

$$\frac{\partial c}{\partial t} = \frac{\partial}{\partial z}\left(D_A \frac{\partial c_A}{\partial z} + D_B\frac{\partial c_B}{\partial z} - cv\right).$$

(7.37)

Diese Gleichung gilt nicht nur für $z = \ell$, sondern überall in der Probe, wenn wir jetzt unter v die Wanderungsgeschwindigkeit einzelner Netzebenen verstehen. Dabei ist natür-lich v um so kleiner, je weiter die betreffende Netzebene von der Kontaktebene entfernt ist. Ist das Molvolumen der Legierung von ihrer Zusammensetzung unabhängig, so ist $\partial c/\partial t = 0$, und der Ausdruck in der Klammer in Gl. (7.37) ist eine Konstante. Da in genügend großem Abstand von der Kontaktebene sowohl v als auch $\partial c_A/\partial z$ und $\partial c_B/\partial z$ gleich null sind, ist auch die Konstante gleich null. Wir erhalten somit aus Gl. (7.37) für die Wanderungsgeschwindigkeit die Beziehung

$$v = \frac{1}{c}\left(D_A\frac{\partial c_A}{\partial z} + D_B\frac{\partial c_B}{\partial z}\right)$$

oder, da wegen $c_A + c_B = $ const der Differentialquotient $\partial c_A/\partial z = -\partial c_B/\partial z$ ist,

$$v = \frac{1}{c}(D_B - D_A)\frac{\partial c_B}{\partial z}. \tag{7.38}$$

Setzen wir diesen Ausdruck für v in Gl. (7.36) ein und benutzen für c_B die Kontinuitätsgleichung, so ergibt sich

$$\frac{\partial c_B}{\partial t} = -\frac{\partial j_B}{\partial z} = \frac{\partial}{\partial z}\left[D_B\frac{\partial c_B}{\partial z} - \frac{c_B}{c}(D_B - D_A)\frac{\partial c_B}{\partial z}\right]$$

$$= \frac{\partial}{\partial z}\left[\left(\frac{c_B}{c}D_A + \frac{c_A}{c}D_B\right)\frac{\partial c_B}{\partial z}\right].$$

Führen wir nun noch mit Hilfe der Beziehungen $x_A = c_A/c$ und $x_B = c_B/c$ den Stoffmengengehalt der A- und B-Komponente ein, so bekommen wir schließlich

$$\frac{\partial c_B}{\partial t} = \frac{\partial}{\partial z}\left[(x_B D_A + x_A D_B)\frac{\partial c_B}{\partial z}\right].$$

Diese Gleichung entspricht dem zweiten Fickschen Gesetz mit dem im allgemeinen ortsabhängigen sog. *Interdiffusionskoeffizienten*

$$D = x_B D_A + x_A D_B. \tag{7.39}$$

Führen wir auch in Gl. (7.38) den Stoffmengengehalt x_B ein, so lautet diese Gleichung

$$v = (D_B - D_A)\frac{\partial x_B}{\partial z}. \tag{7.40}$$

Gl. (7.39) und Gl. (7.40) bezeichnet man als *Darkensche Gleichungen*. Gl. (7.39) verknüpft die intrinsischen Diffusionskoeffizienten D_A und D_B in dem oben beschriebenen durch die Koordinate ζ gekennzeichneten sog. *intrinsischen Bezugssystem* mit dem Interdiffusionskoeffizienten D. Dieser bezieht sich gemäß der Darstellungen

$$j_A = -D\frac{\partial c_A}{\partial z} \quad \text{und} \quad j_B = -D\frac{\partial c_B}{\partial z} \tag{7.41}$$

sowohl auf die Diffusion der A-Komponente als auch auf die der B-Komponente in einem mit der linken Begrenzungsfläche der Probe fest verbundenen Koordinatensystem. Die Wanderungsgeschwindigkeit v des intrinsischen Bezugssystem ist nach Gl. (7.40) immer dann von null verschieden, wenn D_A ungleich D_B ist. Im Prinzip lassen sich die

Darkenschen Gleichungen dazu benutzen, aus den experimentell ermittelten Werten von D und v die Größen D_A und D_B zu bestimmen.

Als nächstes wollen wir den Zusammenhang zwischen den intrinsischen Diffusionskoeffizienten D_A und D_B und den Diffusionskoeffizienten D_A^0 und D_B^0 untersuchen. Die Größen D_A^0 und D_B^0, die die Diffusionsprozesse in Legierungen mit sehr schwacher Konzentration der A-Atome in der B-Komponente bzw. der B-Atome in der A-Komponente beschreiben, bezeichnet man gewöhnlich als *Komponenten-Diffusionskoeffizienten*.

Es läßt sich zeigen (s. z. B. Haasen, P.: Physikalische Metallkunde, Springer 1984, S. 154), daß in einem isothermen System, in dem die Leerstellenkonzentration nicht vom Orte abhängt, die Diffusionsstromdichte j_B in einem intrinsischen Bezugssystem über die Beziehung

$$j_B = -M_B \frac{\partial \mu_B}{\partial \zeta} \tag{7.42}$$

mit dem chemischen Potential μ_B der B-Komponente in der Legierung verknüpft ist. Das gilt allerdings nur unter der Voraussetzung, daß die Abhängigkeit der Größe j_B von $\partial \mu_A / \partial \zeta$ klein gegenüber ihrer Abhängigkeit von $\partial \mu_B / \partial \zeta$ ist. Das Entsprechende gilt auch für j_A Vergleichen wir Gl. (7.42) mit Gl. (7.35), so ergibt sich

$$D_B \frac{\partial c_B}{\partial \zeta} = M_B \frac{\partial \mu_B}{\partial \zeta}. \tag{7.43}$$

Nun ist $\mu_B = \dfrac{\partial (ng)}{\partial n_B}$, $\tag{7.44}$

wenn g die molare freie Enthalpie des Systems, n die gesamte Stoffmenge und n_B die Stoffmenge der B-Komponente ist. Betrachten wir g als Funktion des Stoffmengengehalts x_B, so folgt aus Gl. (7.44)

$$\mu_B = g + n \frac{\partial g}{\partial x_B} \frac{\partial x_B}{\partial n_B} = g + n \frac{\partial g}{\partial x_B} \left(\frac{1}{n} - \frac{x_B}{n} \right)$$

$$= g + \frac{\partial g}{\partial x_B} - x_B \frac{\partial g}{\partial x_B}. \tag{7.45}$$

Benutzen wir für g Gl. (7.16), so erhalten wir für das chemische Potential der B-Komponente in einer regulären Lösung

$$\mu_B = LzE_s(1 - x_B)^2 + RT \ln x_B + f_2(T)$$

und hieraus

$$\frac{\partial \mu_B}{\partial \zeta} = RT \frac{1}{c_B} \frac{\partial c_B}{\partial \zeta} - 2LzE_s(1 - x_B)x_B \frac{1}{c_B} \frac{\partial c_B}{\partial \zeta}$$

$$= RT \frac{1}{c_B} \left(1 - \frac{2LzE_s(1 - x_B)x_B}{RT} \right) \frac{\partial c_B}{\partial \zeta}.$$

Mit Gl. (7.43) finden wir dann

$$D_B = M_B RT \frac{1}{c_B} \left(1 - \frac{2LzE_s(1-x_B)x_B}{RT} \right). \qquad (7.46)$$

Für $E_s = 0$, d. h. für eine ideale Lösung, folgt aus Gl. (7.46) für den intrinsischen Diffusionskoeffizienten der B-Komponente

$$D_B^{id} = M_B RT \frac{1}{c_B}. \qquad (7.47)$$

Nun ist aber D_B^{id} gleich dem Komponenten-Diffusionskoeffizienten D_B^0. Hiermit können wir Gl. (7.46) in die Darstellung

$$D_B = D_B^0 \left(1 - \frac{2LzE_s x_A x_B}{RT} \right) \qquad (7.48)$$

überführen. Dabei haben wir noch $(1 - x_B)$ durch den Stoffmengengehalt x_A der A-Komponente ersetzt und außerdem vorausgesetzt, daß M_B in Gl. (7.46) denselben Wert wie in Gl. (7.47) hat.

Entsprechend gilt auch

$$D_A = D_A^0 \left(1 - \frac{2LzE_s x_A x_B}{RT} \right). \qquad (7.49)$$

Setzen wir Gl. (7.48) und Gl. (7.49) in Gl. (7.39) ein, so bekommen wir als Endergebnis

$$D = (x_B D_A^0 + x_A D_B^0) \left(1 - \frac{2LzE_s x_A x_B}{RT} \right) \qquad (7.50)$$

Den Ausdruck in der zweiten Klammer in Gl. (7.50) bezeichnet man als *thermodynamischen Faktor*. Er hängt u. a. vom Vorzeichen und vom Betrag des Energieparameters E_s ab, wobei der Einfluß dieser Größe um so stärker ins Gewicht fällt, je niedriger die Temperatur der Probe ist. Dieses bedeutet nun aber nicht etwa, daß bei einem negativen Wert von E_s der Interdiffusionskoeffizient D mit steigender Temperatur abnimmt. Genau das Gegenteil ist der Fall; denn die Komponenten-Diffusionskoeffizienten D_A^0 und D_B^0 nehmen, wie wir auf Seite 346 gesehen haben, mit steigender Temperatur exponentiell zu.

Bei einem positiven Wert des Energieparameters E_s kann der thermodynamische Faktor und damit auch der Interdiffusionskoeffizient D negativ werdern. Auf die damit verbundenen Entmischungsvorgänge kommen wir auf Seite 357 zurück. Zunächst befassen wir uns aber mit Erstarrungsvorgängen.

Erstarrungsvorgänge

Kristalline Legierungen gewinnt man gewöhnlich durch Erstarrung einer Schmelze; denn im flüssigen Zustand lassen sich die Komponenten, aus denen die Legierung aufgebaut werden soll, am einfachsten mischen. Im allgemeinen erfolgt bei einer Legierung die

Erstarrung nicht wie bei einer reinen Substanz bei einer festen Temperatur, sondern spielt sich, wie wir auf Seite 330 gesehen haben, innerhalb eines mehr oder weniger ausgedehnten Temperaturbereichs ab. Dieses hat zur Folge, daß sich im Erstarrungsbereich die Zusammensetzung der festen Phase und der Schmelze bei der Abkühlung ständig ändert. Nur dann, wenn die Abkühlung sehr langsam erfolgt, kann es hierbei sowohl in der festen als auch in der flüssigen Phase durch Diffusion zu einem Konzentrationsausgleich und somit zur Bildung homogener Phasen kommen. In diesem Fall hat jede Phase für eine bestimmte Temperatur innerhalb des Erstarrungsbereichs gerade die Zusammensetzung, die sich aus dem Zustandsdiagramm ergibt. Im allgemeinen wird man jedoch in der festen Phase während des Erstarrungsvorgangs keinen Konzentrationsausgleich erreichen; denn hier laufen die Diffusionsprozesse gewöhnlich wesentlich langsamer ab als die Abkühlungsprozesse. Bevor wir nun untersuchen, wie sich der Ablauf des Erstarrungsvorgangs auf das Gefüge einer Legierung auswirkt, wollen wir zunächst einige grundlegenden Gesetzmäßigkeiten bei der Kristallisation von Schmelzen erörtern.

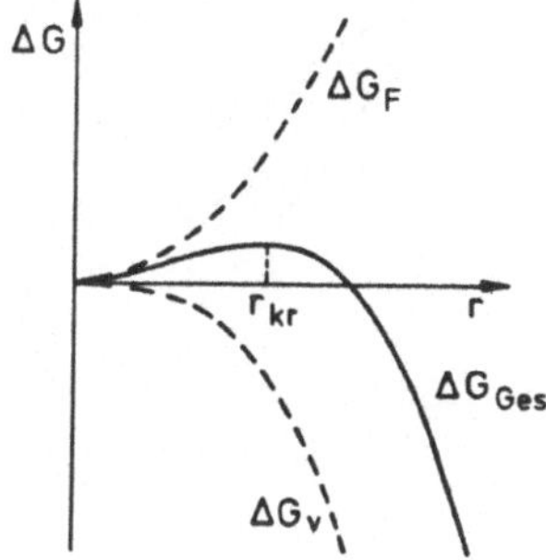

Fig. 7.29
Bildungsenthalpie ΔG_{Ges} eines kugelförmigen Kristallkeims bei vorgegebener Unterkühlung in Abhängigkeit vom Keimradius r. ΔG_F freie Enthalpie der Phasengrenzfläche, ΔG_V Enthalpiegewinn beim Erstarren der unterkühlten Schmelze, r_{kr} Kritische Keimradius

Die Kristallisation einer Schmelze beginnt damit, daß in ihr feste Keime entstehen. Hierbei ist zu beachten, daß bei der Ausbildung der Keime Energie für den Aufbau von Phasengrenzflächen benötigt wird. Das hat zur Folge, daß bei einer Abkühlung der Schmelze eine Kristallisation nicht bereits unmittelbar beim Erreichen der Liquiduskurve in Fig. 7.6 einsetzt, sondern stets eine gewisse Unterkühlung der Schmelze erforderlich ist. Dann kann nämlich die Grenzflächenenergie durch die beim Erstarren freiwerdende Enthalpie aufgebracht werden. In Fig. 7.29 ist für einen kugelförmigen Keim in Abhängigkeit vom Keimradius r die zum Aufbau der Phasengrenzfläche benötigte freie Enthalpie ΔG_F, der bei vorgegebener Unterkühlung infolge der Phasenumwandlung auftretende Enthalpiegewinn ΔG_V und die aus diesen beiden Größen resultierende Enthalpieänderung ΔG_{Ges} aufgetragen. ΔG_F ist proportional zu der Größe der Keimoberfläche, wächst also mit r^2 an; ΔG_V ist hingegen proportional zum Keimvolumen, fällt demnach mit r^3 ab. Ist der Keimradius größer als r_{kr}, so ist $d(\Delta G_{Ges})/dr < 0$. Hat sich deshalb auf Grund von thermischen Schwankungen in der Schmelze ein Keim gebildet, dessen Radius größer als r_{kr} ist, so kann dieser Keim unter Enthalpiegewinn weiter anwachsen. Ist der Keimradius kleiner als r_{kr}, so ist der Keim instabil und löst sich wieder auf. Der kritische Radius r_{kr} ist um so kleiner, je höher die Unterkühlung ist; denn bei höherer Unterkühlung fällt ΔG_V mit wachsendem r steiler ab. An Tiegelwänden kann ΔG_F unter Umständen stark herabgesetzt sein, so daß dort bereits bei einer wesentlich schwächeren Unterkühlung Keimbildung auftritt.

Erfolgt das Anwachsen der sich aus den Keimen ausbildenden Kristallite relativ schnell, so kann es zwar in der Restschmelze unter Umständen noch zu einem Konzentrationsausgleich kommen, aber nicht mehr in der festen Phase. Dieses führt dazu, daß die Zusammensetzung der Kristallite von ihrer Mitte zu ihrer Oberfläche hin sich stetig ändert. Man bezeichnet diese Erscheinung in der Metallkunde als *Kornseigerung*. In Fig. 7.30 wird das Zustandekommen der Kornseigerung anhand des Zustandsdiagramms für ein binäres System, bei der eine vollständige Mischbarkeit der beiden Komponenten in der festen Phase möglich ist, näher erläutert.

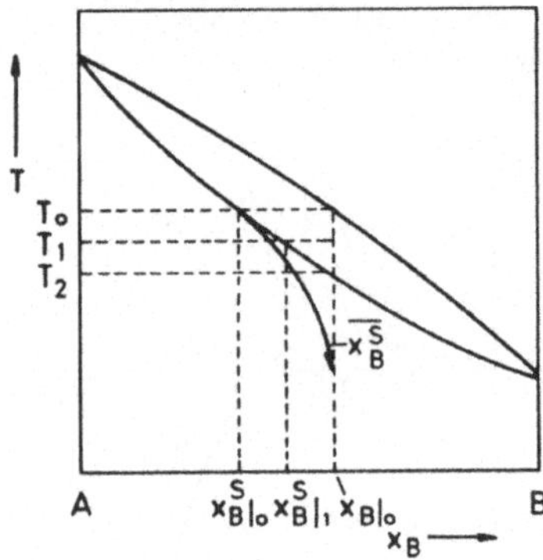

Fig. 7.30
Zum Zustandekommen der Kornseigerung (s. Text)

Bei dem Stoffmengengehalt $x_{B|0}$ der B-Komponente in der Legierung beginnt die Kristallisation bei der Temperatur T_0. Der Stoffmengengehalt der B-Komponente in der festen Phase beträgt hier $x_{B|0}^S$. Bei der Temperatur T_1 wird eine feste Phase mit dem Stoffmengengehalt $x_{B|1}^S$ ausgeschieden. Sie umschließt den bereits gebildeten Kristallkern. Da im festen Zustand kein Konzentrationsausgleich erfolgen soll, ist der mittlere Stoffmengengehalt $\overline{x_B^S}$ jetzt kleiner als $x_{B|1}^S$. Dieses wirkt sich insgesamt so aus, als wäre der Zustandspunkt des Systems im Zustandsdiagramm weiter nach rechts gewandert. Das bedeutet nach dem Hebelgesetz wiederum, daß der Stoffmengengehalt x_L der flüssigen Phase größer ist, als er es bei dem ursprünglichen Stoffmengengehalt $x_{B|0}$ des Systems wäre. Bei einer schnellen Temperaturerniedrigung wird also die Schmelze langsamer aufgezehrt, als wenn das System stets Gleichgewichtszustände durchläuft. Während bei einem auch in der festen Phase stattfindenden Konzentrationsausgleich die Legierung bei der Temperatur T_2 bereits vollständig auskristallisiert wäre, wird ohne einen solchen Konzentrationsausgleich der Erstarrungsbereich unter Umständen stark vergrößert, und der mittlere Stoffmengengehalt $\overline{x_B^S}$ der festen Phase erreicht nur asymptotisch den Wert $x_{B|0}$. Das Gefüge, welches auf diese Weise entsteht, setzt sich aus einzelnen Körnern zusammen, in denen der Stoffmengengehalt der B-Komponente in dem zuerst erstarrten inneren Bereich am kleinsten ist und zum Rand der Körner hin zu-

nimmt. Die Kornseigerung läßt sich in diesem Fall dadurch beseitigen, daß man die
Probe dicht unterhalb der Temperatur T_2 genügend lange tempert.

In einer Schmelze läßt sich ein Konzentrationsausgleich bedeutend wirksamer durch
Konvektion als durch Diffusion erreichen. Einen Konvektionsprozeß kann man zum
Beispiel dadurch auslösen, daß man die Schmelze umrührt. Wie weit es durch Diffusion
allein bereits zu einem Konzentrationsausgleich kommen kann, hängt davon ab, mit
welcher Geschwindigkeit v_s die Erstarrungsfront vorrückt, und wie groß der Interdiffusionskoeffizient D in der Schmelze ist. Kleine Werte für v_s und große Werte für D
wirken sich hier günstig auf einen Konzentrationsausgleich aus.

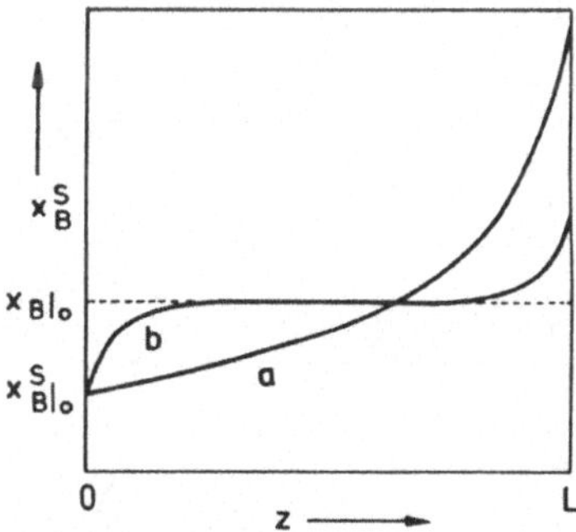

Fig. 7.31
Stoffmengengehalt x_B^S der B-Komponente eines
binären Systems in der festen Phase für eine eindimensional von z = 0 bis z = L fortschreitende
Erstarrung bei (a) vollständigem und (b) einge-
schränktem Konzentrationsausgleich in der Schmelze

Das Konzentrationsprofil in der erstarrten Legierung wird wesentlich davon beeinflußt,
wie stark beim Erstarrungsvorgang der Konzentrationsausgleich in der Schmelze ist.
In Fig. 7.31 ist der Stoffmengengehalt der B-Komponente in der erstarrten Legierung
bei einem Zustandsdiagramm wie in Fig. 7.30 für eine eindimensional nach rechts fortschreitende Erstarrung wiedergegeben, und zwar durch Kurve (a) bei einem vollständigen Konzentrationsausgleich in der Schmelze und durch Kurve (b) bei einem einge-
schränkten Konzentrationsausgleich, wie er meistens vorliegt, wenn der Ausgleich nur
durch Diffusion erfolgt. In beiden Fällen ergibt sich im linken zuerst erstarrten Bereich
eine Verarmung und im rechten Bereich eine Anreicherung der Probe an B-Atomen. Aber
während im Fall (a) die Zusammensetzung der erstarrten Legierung sich längs der Probe
kontinuierlich ändert, beobachtet man im Fall (b) zwischen einem Übergangsgebiet am
linken und rechten Ende der Probe eine mehr oder weniger ausgedehnte Zone, in
welcher die Zusammensetzung der erstarrten Legierung der der Ausgangsschmelze entspricht. Der Kurvenverlauf im Fall (a) läßt sich in groben Zügen mit Hilfe der Überlegungen zur Kornseigerung erklären. Zum besseren Verständnis des Kurvenverlaufs im
Fall (b) wollen wir den Erstarrungsvorgang, bei dem der Konzentrationsausgleich in
der Schmelze lediglich durch Diffusion erfolgt, etwas detaillierter verfolgen.

In Fig. 7.32 sind verschiedene Stadien einer eindimensionalen Erstarrung für den Fall
dargestellt, daß sich die Erstarrungsfront wiederum von links nach rechts bewegt und ein
Zustandsdiagramm wie in Fig. 7.30 vorliegt. Bei einem Stoffmengengehalt $x_{B|o}$ der
B-Komponente in der Ausgangsschmelze wird zunächst wieder eine feste Phase mit dem
Stoffmengengehalt $x_{B|o}^S$ ausgeschieden. Die Schmelze wird dadurch an B-Atomen ange-

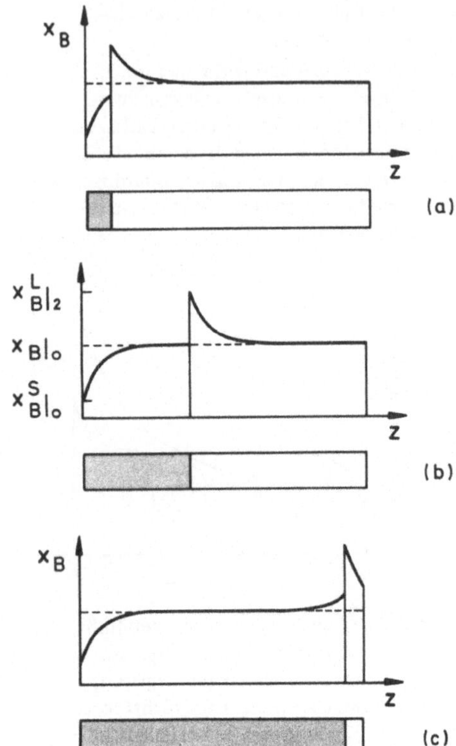

Fig. 7.32
Stoffmengengehalt der B-Komponente
in der festen Phase und in der Schmelzphase einer idealen Lösung in drei
verschiedenen Stadien eines in z-
Richtung fortschreitenden Erstar-
rungsprozesses. Der Konzentrationsausgleich in der Schmelze soll nur
durch Diffusion erfolgen. Der bereits
erstarrte Bereich der Probe ist durch
Schattierung gekennzeichnet.

reichert. Da aber diesmal auch in der Schmelze kein vollständiger Konzentrationsausgleich erfolgen soll, bleibt die Anreicherung auf eine schmale Diffusionsschicht vor der
Erstarrungsfront beschränkt (s. Fig. 7.32a). Während die Erstarrungsfront nach rechts
wandert, steigt die Höhe der Konzentrationsspitze vor dieser Front zunächst weiter an,
und auch der Stoffmengengehalt der B-Komponente in der festen Phase nimmt zu.
Schließlich wird aber ein stationärer Zustand erreicht, der dadurch gekennzeichnet ist,
daß nun eine feste Phase auskristallisiert, deren Zusammensetzung gleich der der Ausgangsschmelze ist (s. Fig. 7.32b). Dementsprechend ist die Höhe der Konzentrations-
spitze im stationären Zustand gleich demjenigen Wert $x_{B|2}^{L}$ auf der Liquiduskurve, der
zu dem Wert $x_{B}^{S} = x_{B|0}$ auf der Soliduskurve gehört. Sobald aber die mit B-Atomen an-
gereicherte Schmelzzone die rechte Berandung der Anordnung erreicht, kann die Über-
schußkonzentration nicht mehr zum Innern der Schmelze hin vollständig abgebaut
werden. Infolgedessen nimmt die Höhe der Konzentrationsspitze wieder zu und somit
auch der Stoffmengengehalt der B-Komponente in der festen Phase (s. Fig. 7.32c). Die
vollständig erstarrte Legierung zeigt dann gerade ein Konzentrationsprofil, das durch
den Verlauf der Kurve (b) in Fig. 7.31 wiedergegeben wird.

Schließlich wollen wir noch untersuchen, wie die Temperaturverteilung in der Schmelze
den Erstarrungsvorgang beeinflußt. Die Ausbildung der oben erwähnten Konzentrationsspitze vor der Erstarrungsfront führt dazu, daß die Temperatur T_L, bei der die Schmelze
erstarren würde, mit zunehmendem Abstand z von der Phasengrenzfläche ansteigt. Die
Temperaturwerte $T_L(z)$ lassen sich der Liquiduskurve des zugehörigen Phasendiagramms
entnehmen. Sie sind in Fig. 7.33b für ein Phasendiagramm wie in Fig. 7.30 und eine
Konzentrationsspitze wie in Fig. 7.33a aufgetragen. In Fig. 7.33b ist gleichzeitig der
wahre Temperaturverlauf $T(z)$ in der Schmelze vor der Erstarrungsfront eingezeichnet.
Wenn nun wie in Fig. 7.33b die Gerade $T(z)$ die Kurve $T_L(z)$ bei $z = z_L$ schneidet, so
tritt in der Probe vor der Erstarrungsfront zwischen $z = 0$ und $z = z_L$ eine sog. *konstitutionelle Unterkühlung* auf. Ist hingegen

$$\frac{dT_L(z)}{dz}\bigg|_{z=0} < \frac{dT(z)}{dz}$$

so liegt vor der Erstarrungsfront keine Unterkühlung vor.

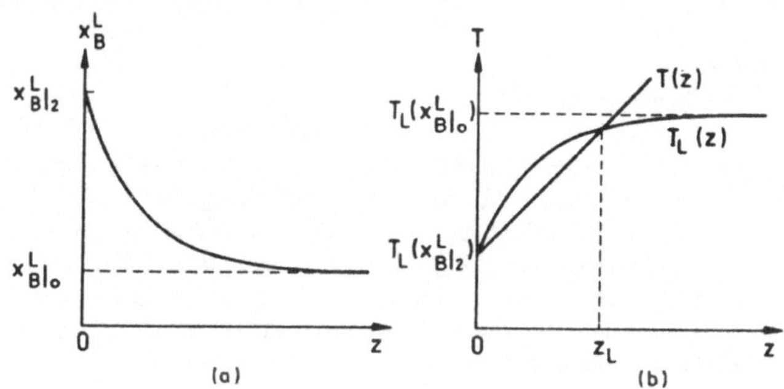

Fig. 7.33 Zur konstitutionellen Unterkühlung einer Schmelze während der stationären Phase des
Erstarrungsvorgangs (s. Text).

Die konstitutionelle Unterkühlung kann in starkem Maße die Gestalt der Erstarrungsfront verändern. So ersieht man z. B. aus Fig. 7.34a, daß die durch den Erstarrungsvorgang ausgelöste Diffusion von B-Atomen an einer kleinen Ausbeulung in einer im übrigen ebenen Erstarrungsfront zu einer verstärkten Anreicherung der B-Atome in den Ge-
bieten P und R führt. Dadurch wird hier die Unterkühlung herabgesetzt oder ganz unter-

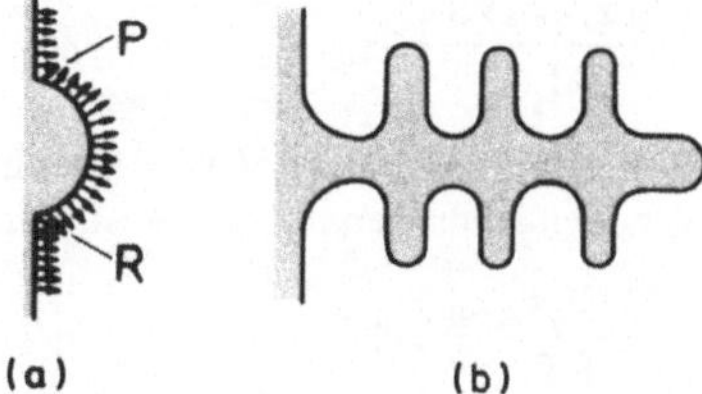

Fig. 7.34
Zur Dendritenbildung bei der Erstarrung einer
Schmelze (s. Text)

drückt, und an den Ausbeulungen erfolgt eine Kristallisation bevorzugt in Vorwärts-
richtung. Die Ausbeulungen können auf diese Weise in Stiftform weit in die Schmelze
vordringen und sich sogar seitlich verästeln. Es bilden sich sog. *Dendriten* aus
(s. Fig. 7.34b).

Die oben diskutierte eindimensionale Erstarrung einer Schmelze kann dazu benutzt
werden, Kristallproben zu reinigen. Hierbei ist es besonders wirkungsvoll, wenn man
nicht die gesamte Probe vorher in den flüssigen Zustand überführt, sondern die Auf-
schmelzung nur in einer schmalen Zone vornimmt, und die Schmelzzone die Probe
entlang wandern läßt. An der vorderen Grenzfläche einer solchen Zone wird Material
aufgeschmolzen, das sich anschließend mit den Bestandteilen der Zone vermischt. An
der hinteren Grenzfläche erfolgt dann die Ausscheidung von festem Material, welches je
nach der Lage des Schmelzpunkts der Verunreinigung in bezug auf den Schmelzpunkt
des Wirtsmaterials entweder eine Verarmung oder eine Anreicherung an Fremdatomen
aufweist. Ein solcher Prozeß kann beliebig oft wiederholt werden, wobei die Reinigung
des Materials ständig verbessert wird. Dieses unter dem Namen *Zonenreinigung* bekannte
Verfahren ist zum Beispiel für die Herstellung sehr reiner Halbleiter unentbehrlich.

Ausscheidungsvorgänge

Auf Seite 331 haben wir gesehen, daß bei positivem Energieparameter E_s und für eine
genügend niedrige Temperatur die molare freie Enthalpie g einer binären Legierung als
Funktion des Stoffmengengehalts x_B einen Verlauf wie in Fig. 7.4 hat. Dieses führt im
Zustandsdiagramm zu einer Mischungslücke wie in Fig. 7.9, und 7.10, in der zwei Phasen
nebeneinander auftreten. In Fig. 7.35 ist eine solche Mischungslücke noch einmal dargestellt; dort ist aber gleichzeitig ein weiterer Kurvenzug eingezeichnet. Mit dieser zweiten
als *Spinodale* bezeichneten Kurve hat es folgende Bewandtnis:

Für eine reguläre Lösung erhalten wir aus Gl. (7.16) für die zweite Ableitung der
molaren freien Enthalpie g nach dem Stoffmengengehalt x_B

$$\frac{\partial^2 g}{\partial x_B^2} = -2LzE_s + \frac{RT}{x_A x_B}. \tag{7.51}$$

Aus Fig. 7.4 können wir entnehmen, daß diese Ableitung außerhalb des Zweiphasenbereichs, aber auch noch innerhalb des Zweiphasenbereichs bis zum linken bzw. zum
rechten Wendepunkt der freien Enthalpiekurve größer als null ist. Das bedeutet also,
daß hier

$$\frac{2LzE_s x_A x_B}{RT} < 1$$

ist, und daß somit nach Gl. (7.50) der Interdiffusionskoeffizient D positiv ist. Zwischen
den beiden Wendepunkten in Fig. 7.4 ist hingegen $\partial^2 g / \partial x_B^2$ kleiner als null und deshalb

$$\frac{2LzE_s x_A x_B}{RT} > 1.$$

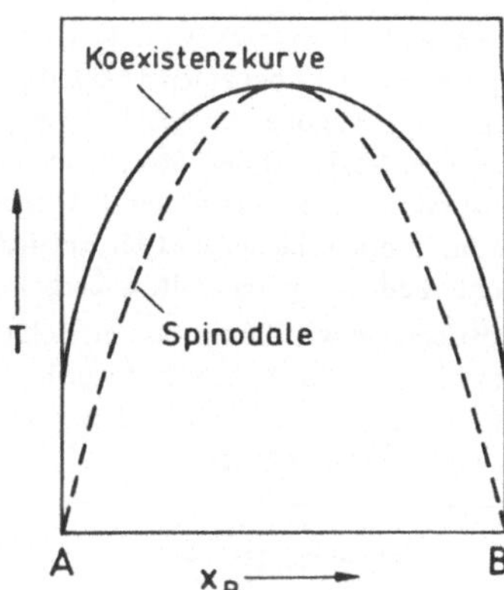

Fig. 7.35
Mischungslücke im Zustandsdiagramm eines binären
Systems mit eingezeichneter Spinodalen

Das führt nach Gl. (7.50) auf einen negativen Wert des Interdiffusionskoeffizienten D.
Auf der Spinodalen in Fig. 7.35 ist $\partial^2 g/\partial x_B^2$ gerade gleich null, so daß hier der Übergang
von einem positiven zu einem negativen Diffusionskoeffizienten erfolgt. Danach werden
also für Zustände innerhalb des von der Spinodalen begrenzten Bereichs Entmischungsvorgänge auf die Weise ablaufen, daß eine „Bergaufdiffusion", d. h. eine Diffusion entgegen dem Konzentrationsgefälle auftritt. Kleine Konzentrationsschwankungen, die stets
überall in der Probe vorhanden sind, werden durch diese sog. *spinodale Entmischung*
immer weiter verstärkt, bis schließlich zwei Phasen unterschiedlicher Zusammensetzung
vorliegen. Für Zustände zwischen der Spinodalen und der Koexistenskurve, die das
Zweiphasengebiet von dem Einphasengebiet trennt, erfolgt die Entmischung hingegen
durch einen anderen Mechanismus. Hat sich z. B. durch thermische Schwankungen an
einer einzelnen Stelle ein Keim gebildet, dessen Zusammensetzung bereits in etwa derjenigen entspricht, die durch die Koexistenzkurve vorgegeben ist, so tritt in der nächsten
Umgebung des Keims eine Verarmung der Komponente auf, die im Keim angereichert
wurde, z. B. der B-Komponente. In dieses Verarmungsgebiet diffundieren dann aus der
weiteren Umgebung B-Atome, die diesmal wegen eines positiven Wertes des Interdiffusionskoeffizienten einem Konzentrationsgefälle folgen können. Sie bewirken ein
weiteres Anwachsen des Keims.

Martensitische Umwandlungen

Begünstigt bei der Temperaturänderung in einem kristallinen Festkörper die freie
Enthalpie des Systems die Ausbildung einer abgeänderten Kristallstruktur, so kann die
Überführung in den neuen Zustand durch eine sog. *martensitische Umwandlung* erfolgen. Hierbei werden im Gegensatz zu den bisher besprochenen diffusionsgesteuerten
Umwandlungen die einzelnen Kristallatome nur um Distanzen gegeneinander verrückt,
die kleiner als ihre gegenseitigen Abstände sind. Hat die Umwandlung erst einmal be-
gonnen, so breitet sie sich angenähert mit Schallgeschwindigkeit im Kristall aus. Eine
martensitische Umwandlung bei einem reinen Element kann z. B. beim Kobalt beobach-

tet werden. Kobalt, welches bei hohen Temperaturen ein kubisch flächenzentriertes Kristallgitter hat, geht bei einer Abkühlung unter etwa 420 °C in einen Kristall mit der Struktur einer hexagonal dichtesten Kugelpackung über. Der Name der Umwandlung rührt vom sog. Martensit her. Das ist eine metastabile Eisen-Kohlenstoff-Legierung mit tetragonal raumzentriertem Gitter. Sie entsteht bei der Abkühlung von Austenit, welches ein kubisch flächenzentriertes Gitter hat. Der Übergang ist hier von besonderer technischer Bedeutung, da er die außergewöhnlich hohe Festigkeit der Stähle bedingt.

Martensitische Umwandlungen lassen sich durch unvollständige Versetzungen beschreiben, die, wie auf Seite 61 erwähnt wurde, auf sog. Stapelfehler führen können. Mit der Ausbildung von Stapelfehlern, und zwar im kubisch flächenzentrierten Gitter, werden wir uns zunächst beschäftigen.

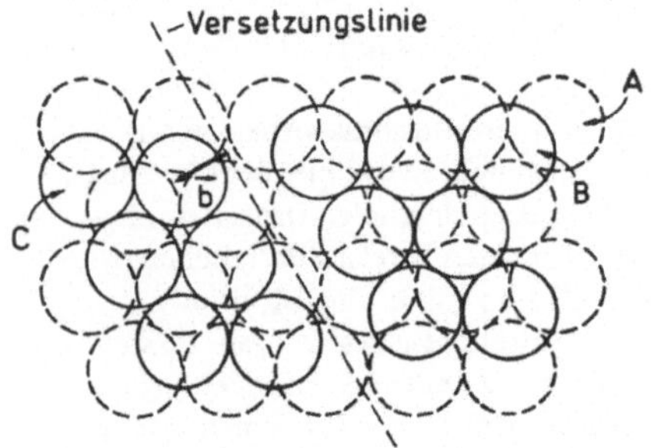

Fig. 7.36
Burgers-Vektor $\vec{b}$ und Versetzungslinie einer Shockley-Partialversetzung

In Fig. 7.36 sollen die unterbrochenen Kreise Atome in der (111)-Ebene eines kubisch flächenzentrierten Gitters darstellen. Mit den Bezeichnungen in Fig. 1.9 auf Seite 17 sei diese Netzebene eine A-Schicht. Auf die A-Schicht ist eine zweite Schicht in B-Position gepackt. Bei einem kubisch flächenzentrierten Gitter folgt dann auf die B-Schicht eine C-Schicht, während bei einer hexagonal dichtesten Kugelpackung auf die B-Schicht wiederum eine A-Schicht folgen würde. Auf der linken Seite der eingezeichneten Versetzungslinie sind nun in der zweiten Schicht durch eine unvollständige Versetzung Atome aus der B-Position in die C-Position überführt worden. Hierbei werden natürlich die darüberliegenden Schichten mitgenommen. Der entsprechende die Versetzung kennzeichnende Burgers-Vektor $\vec{b}$ ist in der Skizze eingezeichnet. Durch eine solche Versetzung wird auf der linken Seite der Verletzungslinie die Schichtfolge ABCABC... in die Schichtfolge ACABCA... abgeändert; im Bereich ACA tritt ein Stapelfehler auf.

Die Richtung und die Länge des Burgers-Vektor $\vec{b}$ läßt sich anhand von Fig. 7.37 ermitteln. In Abbildung (a) ist in der Einheitszelle eines kubisch flächenzentrierten Gitters eine (111)-Netzebene eingezeichnet, wobei die Lage nur derjenigen sechs Gitteratome durch Punkte gekennzeichnet ist, die innerhalb der betreffenden Netzebene liegen. In Abbildung (b) sind dann noch einmal diese sechs Atome als aneinanderstoßende Kugeln dargestellt. Durch einfache geometrische Überlegungen findet man, daß $\vec{b}$ in die Richtung der Gittergeraden [121] zeigt. Ist a die Gitterkonstante des Kristalls, so hat $\vec{b}$ die Länge $a/\sqrt{6}$. Die hier beschriebene unvollständige Versetzung bezeichnet man gewöhn-

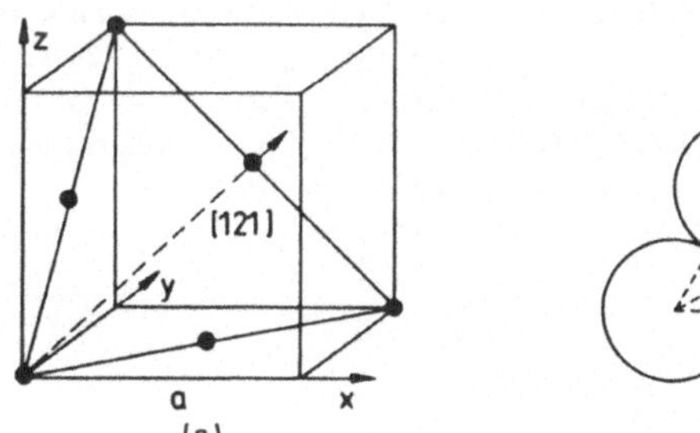
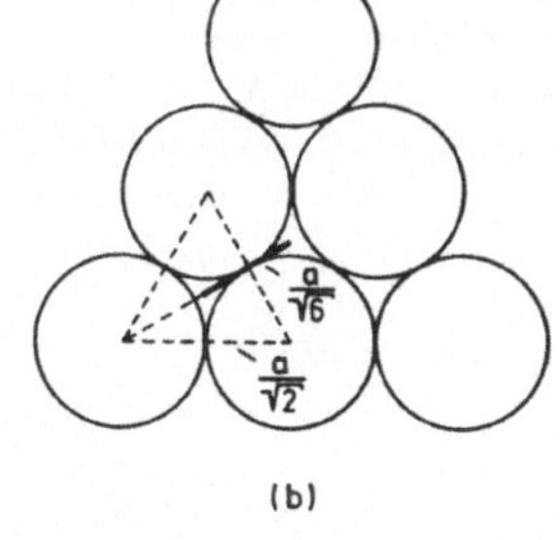

Fig. 7.37 Zur Bestimmung der Richtung und der Länge des Burgers-Vektors einer Shockley-Partialversetzung (s. Text)

lich als *Shockley[1]-Partialversetzung*. In Fig. 7.36 steht der Burgers-Vektor senkrecht auf der Versetzungslinie. Es handelt sich also nach den Ausführungen auf Seite 54 um eine Stufenversetzung. Grundsätzlich kann jedoch die Versetzungslinie einer Shockley-Versetzung beliebig zum Burgers-Vektor orientiert sein. Eine Shockley-Versetzung kann demnach auch als Schraubversetzung oder als Mischform aus Schrauben- und Stufenversetzung in Erscheinung treten.

Tritt in jeder von vielen aufeinanderfolgenden (111)-Netzebenen eine Shockley-Partialversetzung auf, so kommt es zur sog. *Zwillingsbildung*. Die Reihenfolge ABCABCA... der (111)-Netzebenen wird in die Reihenfolge ABCACBA... überführt (s. Fig. 7.38). Die verschobene Kristallhälfte ist das Spiegelbild des unverschobenen Teils. Die Kristallstruktur wird bei einer Zwillingsbildung natürlich nicht verändert.

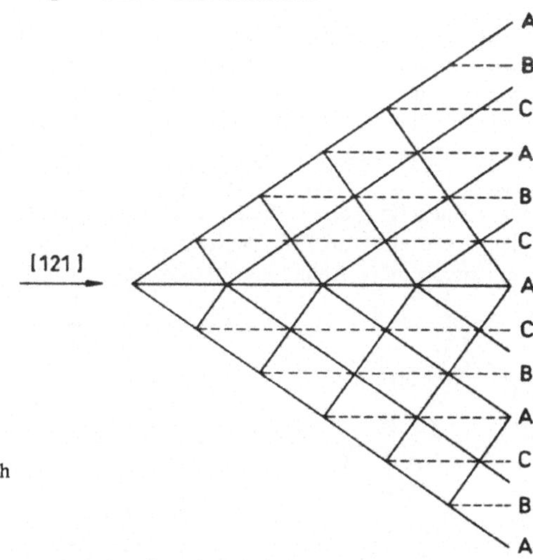

Fig. 7.38
Schichtfolge des (111)Netzebenen nach einer Zwillingsbildung

---

[1]) William Bradford Shockley, * 1910 London, † 1989, Nobelpreis 1956

Ganz anders ist es hingegen, wenn sich eine Shockley-Partialversetzung nur in jeder zweiten aufeinanderfolgenden (111)-Netzebene ausbildet. In diesem Fall wird die Reihenfolge ABCABCA... der Netzebenen in die Reihenfolge ABCACAC... überführt (s. Fig. 7.39). Die verschobene Kristallhälfte hat die Struktur einer hexagonal dichtesten Kugelpackung; es liegt eine martensitische Umwandlung vor.

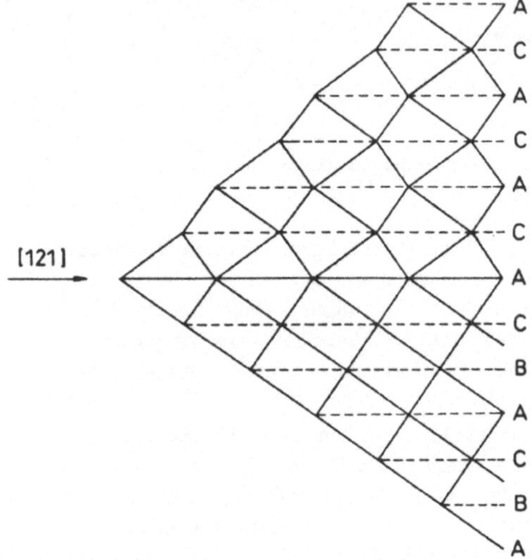

Fig. 7.39
Schichtfolge der Netzebenen nach einer martensitischen Umwandlung

Sowohl Zwillingsbildungen als auch martensitische Umwandlungen werden durch Scherkräfte ausgelöst. Es stellt sich allerdings die Frage, wodurch bewirkt wird, daß es zu dieser streng koordinierten Versetzungskonfiguration in benachbarten Netzebenen kommt. Dieses soll im folgenden anhand von Fig. 7.40 erläutert werden. Eine Shockley-Versetzung mit dem Burgers-Vektor $\vec{b}_1$, die auf eine im Kristallgitter verankerte Schraubenversetzung mit dem Burgers-Vektor $\vec{b}_2$ trifft, wird, wie in Abbildung (a) dargestellt ist, in zwei Arme aufgespalten. Diese rotieren mit entgegengesetzt gerichtetem Drehsinn um die Schraubenversetzung. Hierbei bewegt sich, dem Charakter einer Schraubenversetzung entsprechend (s. Abbildung (b)), der linke Arm der Shockley-Versetzung wie

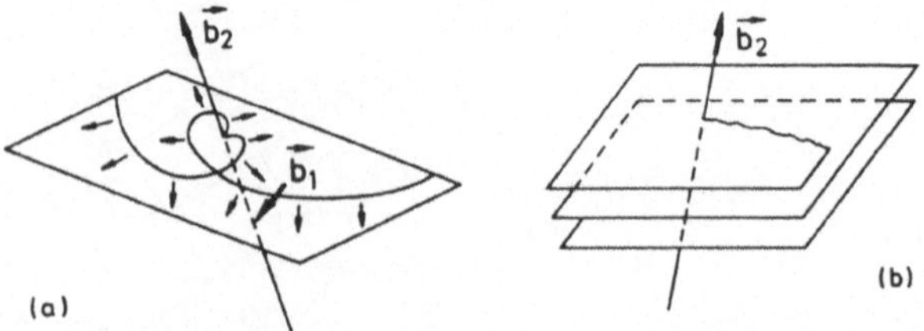

Fig. 7.40 Zum Mechanismus der Zwillingsbildung und der martensitischen Umwandlung (s. Text)

auf einer Wendeltreppe nach oben und der rechte Arm nach unten. Hat nun der Burgers-Vektor der Schraubenversetzung eine Komponente senkrecht zur (111)-Ebene mit einer Länge, die gerade gleich dem Abstand zweier (111)-Ebenen ist, so sind die Voraussetzungen für eine Zwillingsbildung erfüllt. Hat hingegen die betreffende Komponente des Burgers-Vektors die doppelte Länge, so wird bei der Wanderung der Shockley-Versetzung um die Schraubenversetzung nur in jeder zweiten aufeinanderfolgenden (111)-Netzebene eine Shockley-Versetzung auftreten, und es kommt somit zu einer martensitischen Umwandlung.

Bei einer martensitischen Umwandlung beobachtet man im allgemeinen keine makroskopische Verformung des Kristalls. Diese wird dadurch verhindert, daß eine durch die Strukturveränderung bedingte Deformation des Kristalls durch Zwillingsbildung weitgehend kompensiert wird (s. Fig. 7.41).

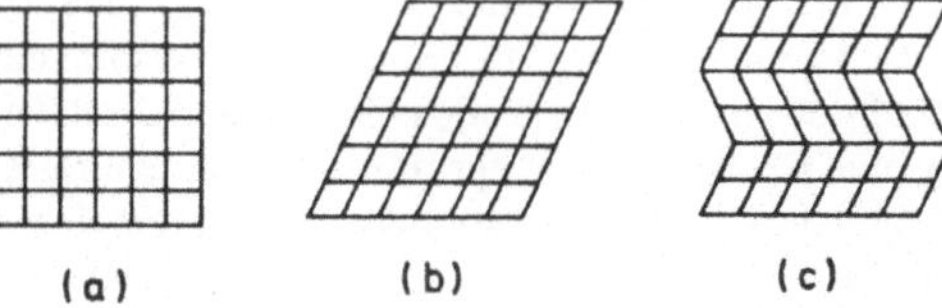

Fig. 7.41
Verformung eines Kristallbereichs durch martensitische Umwandlung (a→b) und Kompensation dieser Deformation durch Zwillingsbildung (b→c)

Der hier beschriebene Effekt tritt sehr eindrucksvoll bei verschiedenen sog. *Gedächtnislegierungen* in Erscheinung. Derartige Legierungen lassen sich nach einer durch Temperaturerniedrigung hervorgerufenen martensitischen Umwandlung sehr leicht plastisch verformen, da in diesem Fall lediglich die bei der Umwandlung erzeugten Zwillingsstrukturen aufgelöst zu werden brauchen. Erwärmt man anschließend den Kristall auf Temperaturen, die oberhalb der martensitischen Umwandlungstemperatur liegen, so nimmt der Kristall mit der Reproduktion seiner alten Struktur wieder seine ursprüngliche Gestalt an. Typische Vertreter solcher Festkörper mit Formgedächtnis sind die unter dem Namen Nitonol bekannte NiTi-Legierung sowie CuZnAl und CuAlNi.

7.3   Metastabile Legierungen

Werden flüssige Legierungen, deren Zustandsdiagramme für den festen Zustand Zweiphasengebiete aufweisen, sehr schnell abgekühlt, so kann es zur Ausbildung metastabiler fester Phasen kommen. Hierbei treten u. U. zwei verschiedene Prozesse miteinander in Konkurrenz. Einmal können sich aus der Schmelze stark übersättigte Mischkristalle ausscheiden, zum anderen kann die Schmelze in einen Glaszustand überführt werden. Dabei versteht man unter einem Glas ganz allgemein eine amorphe Substanz, die durch Einfrieren ihrer unterkühlten Schmelze unter Beibehaltung der Flüssigkeitsstruktur entsteht. Man spricht allerdings erst dann von einem Glas, wenn die unterkühlte Schmelze eine Viskosität von etwa 10^{11} sPa erreicht hat. Durch diese Festsetzung wird die sog. *Glasübergangstemperatur* definiert, die natürlich für die verschiedenen Substanzen einen unterschiedlichen Wert hat. Metallische Schmelzen haben an ihrem Erstarrungspunkt nur eine Viskosität von etwa 10^{-3} sPa, während diese beim Erstarrungspunkt von Silikatschmelzen bereits rund 10^6 sPa beträgt. Dies bedeutet, daß metallische Schmelzen zur Glasbildung relativ stark unterkühlt werden müssen. Eine starke Unterkühlung wirkt sich jedoch, wie wir auf Seite 351 gesehen haben, günstig auf die Kristallbildung aus, so daß bei metallischen Schmelzen u. U. bereits vor Erreichen der Glasübergangstemperatur übersättigte Mischkristalle ausgeschieden werden. Nur dann, wenn die Abkühlung der Schmelze so schnell erfolgt, daß für eine Bildung von Kristallkeimen und ihr Wachstum nicht genügend Zeit vorhanden ist, kann es zu einer Glasbildung kommen. Die *kritische Abkühlrate*, die zur Glasbildung mindestens erreicht werden muß, ist für metallische Legierungen meist größer als 10^6 K/s, während sie für die Herstellung von Silikatgläsern nur etwa 1 K/min beträgt. Schmelzen von reinen Metallen können sogar in der Regel selbst bei Abkühlraten von 10^{12} K/s nicht in den Glaszustand überführt werden. Aus alldem folgt, daß es für die Herstellung metallischer Gläser wichtig ist, eine Probenzusammensetzung zu wählen, die in etwa einer eutektischen Zusammensetzung entspricht, d. h. einer Zusammensetzung, die im Zustandsdiagramm durch einen eutektischen Punkt (s. Fig. 7.11) gekennzeichnet ist; denn in diesem Fall ist der Unterschied zwischen Erstarrungs- und Glasübergangstemperatur am kleinsten. Dabei ist es natürlich besonders günstig, wenn die zugehörige eutektische Temperatur einen niedrigen Wert hat (s. Fig. 7.42).

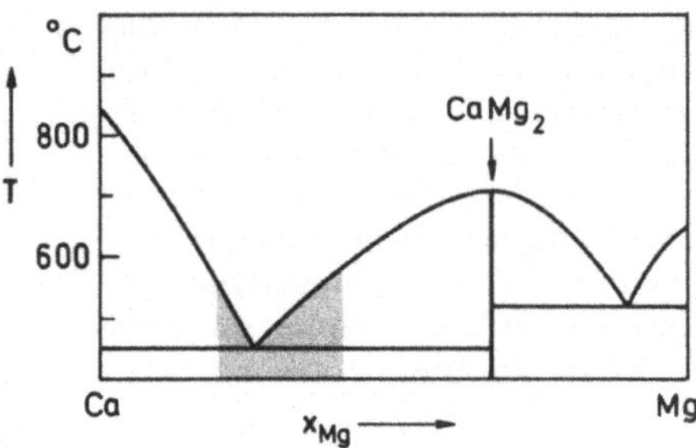

Fig. 7.42
Zustandsdiagramm des Systems Ca-Mg.
Der Konzentrationsbereich, in welchem
Glasbildung auftritt, ist durch Schattierung
gekennzeichnet

Zur Erzielung schneller Abkühlraten gibt es verschiedene Verfahren, von denen einige im folgenden kurz erläutert werden.

Beim Kühlrad-Verfahren wird ein feiner Strahl der in einem Quarzrohr durch Hochfrequenzeinstrahlung aufgeschmolzenen Legierung in einer Schutzgasatomsphäre mit Überdruck gegen eine schnell rotierende gekühlte Kupferscheibe gerichtet (s. Fig. 7.43). Beim Auftreffen auf die Scheibe wird die Schmelze abgeschreckt, wobei Abkühlraten bis zu 10^8 K/s auftreten können. Auf diese Weise lassen sich bis zu 30 cm breite Bänder aus amorphem Material herstellen. Hierbei erreicht man eine Bandstärke bis zu etwa 30 μm.

Wesentlich größere Abkühlraten, nämlich bis zu rund 10^{14} K/s. erzielt man durch Abschrecken aus der Dampfphase. In diesem Fall wird die Legierung im Vakuum aus einem Tiegel mit Widerstandsheizung oder mit Hilfe einer Elektronenkanone verdampft, und das verdampfte Material auf einer tiefgekühlten Unterlage zur Kondensation ge-

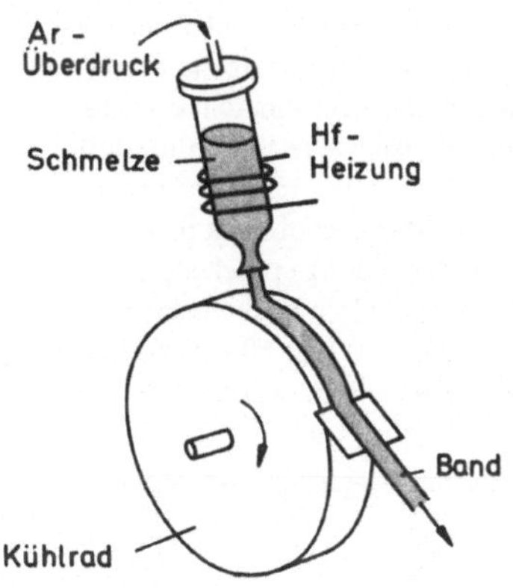

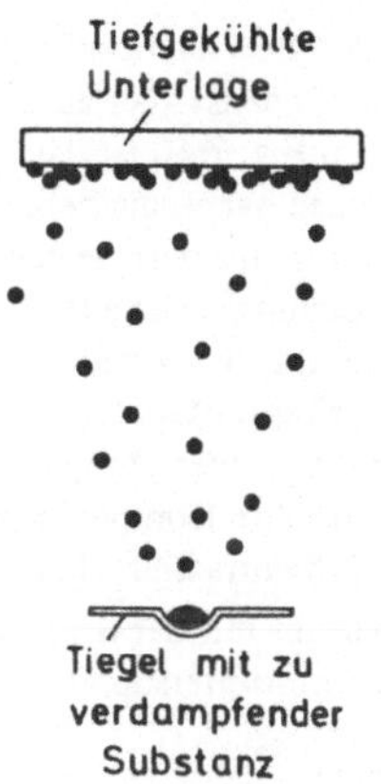

Fig. 7.43 Prinzip des Kühlrad-Verfahrens zur
Herstellung amorpher Metallbänder
(s. Text)

Fig. 7.44 Herstellung amorpher Schichten durch
Abschrecken aus der Dampfphase
(s. Text)

bracht (s. Fig. 7.44). Man erhält nach dieser Methode amorphe Schichten in einer
Stärke bis zu etw 0,1 μm.

Schließlich kann die Amorphisierung einer Probe auch im festen Zustand erfolgen,
z. B. durch *Ionenstrahlmischen.* Dabei stellt man zunächst im Hochvakuum durch
sukzessives Aufdampfen der Legierungskomponenten auf eine geeignete Unterlage ein
Schichtpaket in einer Stärke von etwa 0,1 μm her (s. Fig. 7.45). Dieses Schichtpaket
wird anschließend mit schweren Edelgasionen einer Energie von mehreren hundert
keV beschossen. Die einfallenden Edelgasionen lösen im Schichtpaket Stoßkaskaden
aus (s. Seite 51), wodurch eine erste Durchmischung der Legierungskomponenten bewirkt wird. Wesentlich effektiver für den Durchmischungsvorgang scheint jedoch die in
den einzelnen Kaskadenbereichen kurzzeitig erfolgende sehr hohe Aufheizung der
Probe zu sein. Die Aufheizungszonen mit Lineardimensionen von einigen hundert
Angström sind in dem in den übrigen Bereichen kalten Probenmaterial eingebettet
und geben ihre Energie in einer Zeitspanne von etwa 10^{-11} s an das umgebende Probenmaterial ab. Sie werden also extrem schnell abgeschreckt.

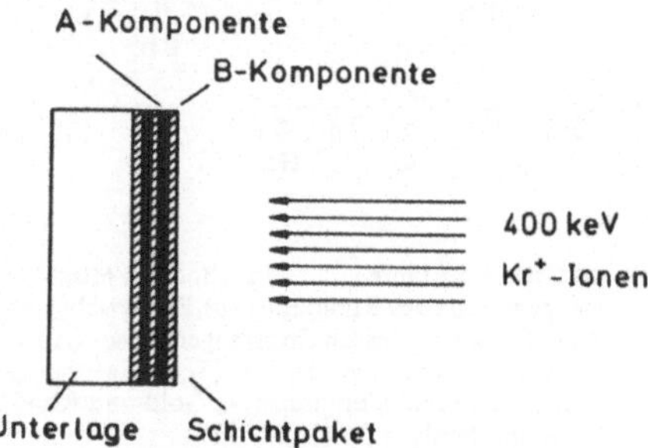

Fig. 7.45
Schematische Darstellung des Ionenstrahl-
mischens (s. Text)

Durch Ionenstrahlmischen lassen sich amorphe Legierungen verschiedener metallischer Systeme herstellen. Diese Methode ist aber auch sehr geeignet zur Erzeugung metastabiler kristalliner Legierungen. In Fig. 7.46 ist das Zustandsdiagramm des binären Systems Au-Rh wiedergegeben. Hiernach haben die beiden Metalle im festen Zustand im thermodynamischen Gleichgewicht nur eine geringe gegenseitige Löslichkeit und weisen sogar im flüssigen Zustand eine Mischungslücke auf. Durch Ionenstrahlmischen kann man hingegen im gesamten Konzentrationsbereich eine Mischkristallbildung erreichen. In Fig. 7.47a ist die experimentell ermittelte Gitterkonstante der kubisch flächenzentrierten Mischkristalle angegeben. Bei einer Temperaturerhöhung auf 400 bis 500 °C zerfallen die Mischkristalle wieder in ihre Komponenten Gold und Rhodium, was man der Widerstandskurve in Fig. 7.47b entnehmen kann.

Als nächstes beschäftigen wir uns mit der Struktur metallischer Gläser und mit experimentellen Methoden zur Strukturuntersuchung.

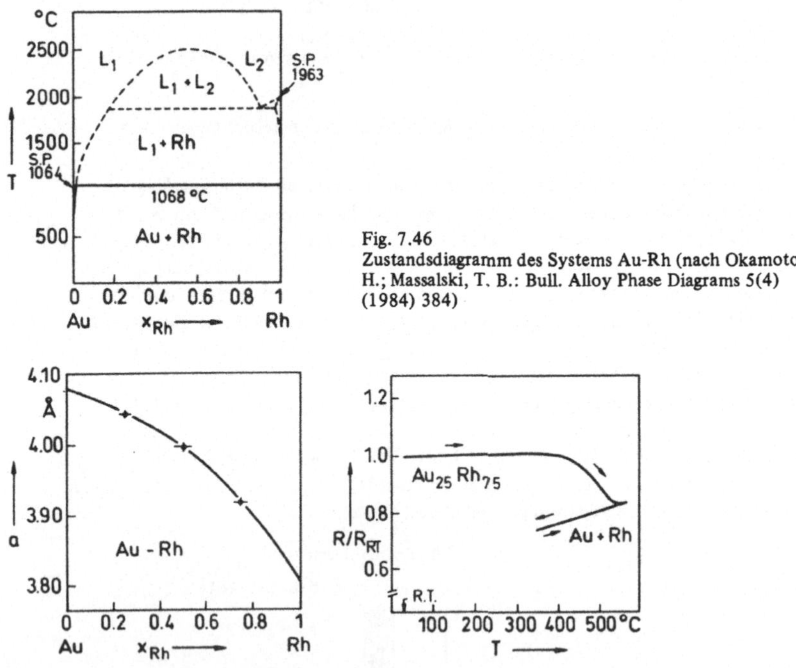

Fig. 7.46
Zustandsdiagramm des Systems Au-Rh (nach Okamoto, H.; Massalski, T. B.: Bull. Alloy Phase Diagrams 5(4) (1984) 384)

Fig. 7.47 (a) Gitterkonstante von Gold-Rhodium-Mischkristallen in Abhängigkeit vom Stoffmengengehalt des Rhodiums. (b) Elektrischer Widerstand der metastabilen Legierung $Au_{25}Rh_{75}$ und des Zweiphasengemisches (Au + Rh) in Abhängigkeit von der Temperatur. Zwischen 400 und 500 °C (Temperaturanstieg 2–3 °C/min) zerfällt die metastabile Legierung in ihre Komponenten Gold und Rhodium (nach Peiner E.; Kopitzki, K.: Nucl. Instr. and Meth. B 34 (1988) 173)

Struktur metallischer Gläser

Metallische Bindungen sind ungerichtet, deshalb kristallisieren sehr viele reine Metalle aber auch viele metallische Legierungen in einer dichtesten Kugelpackung. Sie bilden also entweder ein kubisch flächenzentriertes oder ein hexagonal dichtest gepacktes Gitter. Wie auf Seite 17 gezeigt wurde, unterscheiden sich diese beiden Strukturen nur durch ihre Schichtfolge. Für metallische Gläser erwarten wir ebenfalls eine dichtest gepackte Struktur, die außerdem möglichst einfach strukturiert sein soll. Für gleichartige Atome liefert eine Konfiguration aus regelmäßigen Tetraedern zwar lokal die dichteste Atomanordnung, aber die Konfiguration ist nicht raumfüllend. Das wird aus Fig. 7.48 ersichtlich, in der fünf regelmäßige Tetraeder aneinandergereiht sind. Zwischen den oberen beiden Tetraedern bleibt ein kleiner Keil mit einem Öffnungswinkel von 7,5 ° übrig. In Wirklichkeit wird sich also in einatomigen metallischen Gläsern eine Konfiguration aus mehr oder weniger stark verzerrten Tetraedern aufbauen, wodurch natürlich die Ausbildung einer langreichweitigen Ordnung verhindert wird. Bei dieser sog. *statistischen dichten Kugelpackung* beträgt bei gleichartigen Metallatomen die Packungsdichte 0,637. Hierbei ist diese Größe definiert als das Verhältnis des Volumens dicht gepackter Kugeln zum Gesamtvolumen der Anordnung. Erfolgt hingegen, wie bei der Kristallisation einer Schmelze, die Abkühlung relativ langsam, so kann sich eine global dichteste Packung, z. B. eine kubisch flächenzentrierte Struktur, ausbilden. Die Packungsdichte ist in diesem Fall größer; sie beträgt $\pi/(3\sqrt{2}) = 0{,}740$. Es sei noch erwähnt, daß die statistische dichte Kugelpackung der metallischen Gläser einem echten metastabilen Zustand entspricht; denn es ist nicht möglich, durch kleine Verrückungen der Atome den amorphen Zustand in einen kristallinen Zustand zu überführen. Der kristalline Zustand ist zwar thermodynamisch stabiler als der amorphe Zustand, aber er ist durch eine relativ hohe Energiebarriere von jenem getrennt. Erst bei höheren Temperaturen kann über den Mechanismus der Keimbildung eine Kristallisation der amorphen Proben eingeleitet werden.

Zur Strukturuntersuchung amorpher Substanzen führt man zweckmäßig sog. *radiale Verteilungsfunktionen* ein. Bei einem einatomigen System kommen wir dabei mit einer einzigen Funktion J(r) aus. Sie ist definiert durch die Beziehung

$$J(r) = 4\pi r^2 \rho(r), \tag{7.52}$$

wenn $\rho(r)$ die Konzentration der Atome im Abstand r von einem beliebig gewählten Bezugsatom ist. J(r)dr gibt dann die durchschnittliche Anzahl von Atomen an, deren Zentren in einem Abstand zwischen r und r + dr vom Zentrum des Bezugsatoms liegen.

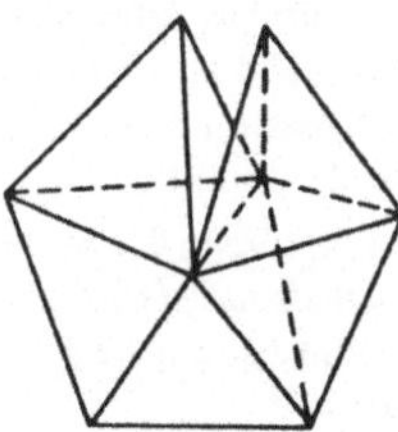

Fig. 7.48
Atomkonfiguration aus fünf regelmäßigen Tetraedern (s. Text)

Fig. 7.49a zeigt den typischen Verlauf der radialen Verteilungsfunktion J(r) für ein einatomiges amorphes System. Das erste Maximum von J(r) erfaßt die nächst benachbarten Atome. Zum zweiten Maximum, das nun schon wesentlich breiter ist, tragen alle die Atome bei, die in der zweiten Schale um das Bezugsatom liegen. Mit weiter anwachsendem Abstand r vom Bezugsatom nähert sich der Verlauf von J(r) immer mehr dem einer Parabel. Diese läßt sich durch die Funktion $4\pi r^2 \rho_0$ beschreiben, wenn ρ_0 die mittlere Atomkonzentration ist. Die Position des ersten Maximums liefert den Abstand nächst benachbarter Atome in der amorphen Substanz.

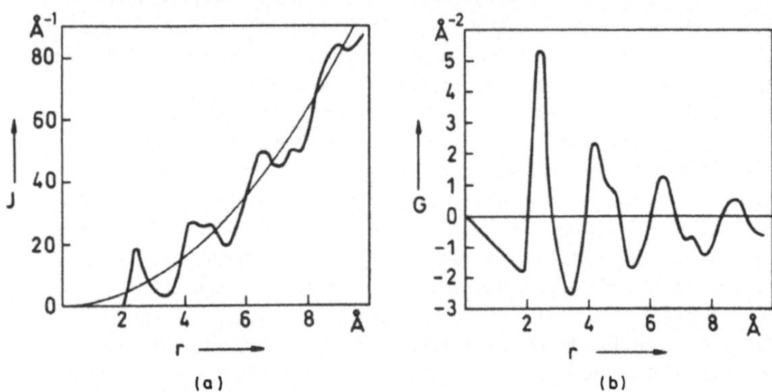

Fig. 7.49 Typischer Verlauf (a) der radialen Verteilungsfunktion J(r) und (b) der reduzierten radialen Verteilungsfunktion G(r) einer einatomigen amorphen Substanz

Neben der Funktion J(r) ist die *reduzierte radiale Verteilungsfunktion*

$$G(r) = 4\pi r[\rho(r) - \rho_0] \tag{7.53}$$

von besonderer Bedeutung, da diese Funktion, wie wir weiter unten sehen werden, direkt mit experimentell ermittelbaren Größen verknüpft ist. Die durch G(r) beschriebene Kurve oszilliert um den Wert null und gibt als Differenzkurve der Atomzahldichten, die außerdem noch mit dem Abstand r vom Bezugsatom gewichtet ist, strukturelle Besonderheiten oft besser erkennbar wieder als die der Funktion J(r) entsprechende Kurve. In Fig. 7.49b ist die reduzierte radiale Verteilungsfunktion G(r), die aus der Funktion J(r) aus Fig. 7.49a gewonnen wurde, dargestellt. Um umgekehrt aus G(r) die Funktion J(r) zu ermitteln, können wir darauf zurückgreifen, daß $\rho(r)$ in der Umgebung von r = 0 den Wert null hat. Hier ist demnach $G(r) = -4\pi r\rho_0$, und somit $dG(r)/dr = -4\pi\rho_0$. Dieses kann zur Bestimmung von ρ_0 benutzt werden und damit auch zur Ermittlung von J(r) aus der Funktion G(r).

Zur Beschreibung der Struktur binärer Systeme mit den Komponenten A und B werden drei *partielle radiale Verteilungsfunktionen* benötigt, nämlich die Funktionen $J_{AA}(r)$, $J_{AB}(r)$ und $J_{BB}(r)$. Sie geben die Korrelationen der AA-, AB- und BB-Atompaare wieder.

Beugungsdiagramme amorpher Substanzen

Zur Untersuchung der Beugung von Röntgenstrahlen an amorphen Strukturen greifen wir auf Gl. (1.25) von Seite 28 zurück. In dem Ausdruck F für die Streuamplitude haben wir allerdings diesmal wegen der fehlenden räumlichen Periodizität einer amorphen Substanz über das gesamte Festkörpervolumen V zu integrieren. Wir erhalten demnach

$$F = \int_V n(\vec{r}) e^{\frac{2\pi i}{\lambda} \vec{r} \cdot (\vec{s} - \vec{s}_0)} dV, \tag{7.54}$$

wenn $n(\vec{r})$ die Elektronenzahldichte im Festkörper und λ die Wellenlänge der benutzten Röntgenstrahlung sind. Die Einheitsvektoren $\vec{s}_0$ und $\vec{s}$ geben die Richtung des einfallenden und die des zum Beobachtungsort hin gestreuten Röntgenstrahls an. Führen wir auch hier wie auf Seite 29 die atomaren Streufaktoren f_m der durch den Index m gekennzeichneten Atome ein und setzen außerdem

$$\frac{2\pi}{\lambda}(\vec{s} - \vec{s}_0) = \vec{k} - \vec{k}_0 = \vec{K}, \tag{7.55}$$

so wird aus Gl. (7.54)

$$F = \Sigma \, f_m \, e^{i\vec{r}_m \cdot \vec{K}}. \tag{7.56}$$

Die Summierung ist dabei über sämtliche Atome des Festkörpers zu erstrecken.

Die Intensität der gestreuten Röntgenstrahlen bezogen auf die Streuung an einem einzelnen Elektron beträgt jetzt

$$I = F^*F = \Sigma_m \, \Sigma_n \, f_m f_n \, e^{i\vec{r}_{mn} \cdot \vec{K}}, \tag{7.57}$$

wenn $\qquad \vec{r}_{mn} = \vec{r}_m - \vec{r}_n \tag{7.58}$

ist.

Ein amorpher Festkörper ist gewöhnlich isotrop. Infolgedessen nimmt der Vektor $\vec{r}_{mn}$ jede Richtung mit gleicher Wahrscheinlichkeit an. Bezeichnen wir den Winkel zwischen den beiden Vektoren $\vec{r}_{mn}$ und $\vec{K}$ mit ϕ, so ergibt die Mittelung des Exponentialterms in Gl. (7.57) über sämtliche Richtungen

$$\langle e^{i\vec{r}_{mn} \cdot \vec{K}} \rangle = \frac{1}{4\pi} 2\pi \int_{\phi=0}^{\pi} e^{i r_{mn} K \cos \phi} \sin \phi \, d\phi$$

$$= \frac{1}{2} \int_{-1}^{+1} e^{i r_{mn} K \cos \phi} d(\cos \phi) = \frac{\sin K r_{mn}}{K r_{mn}}.$$

Setzen wir dieses Ergebnis in Gl. (7.57) ein, so bekommen wir folgende von P. Debye aufgestellte Beziehung für die Streuintensität von Röntgenstrahlen an einer Anordnung aus statistisch verteilten Atomen:

$$I = \sum_m \sum_n f_m f_n \frac{\sin Kr_{mn}}{Kr_{mn}}. \tag{7.59}$$

Bei einatomigen amorphen Substanzen ist $f_m = f_n = f$. Aus Gl. (7.59) wird dann

$$I = \sum_m f^2 + \sum_m \sum_{n \neq m} f^2 \frac{\sin Kr_{mn}}{Kr_{mn}}. \tag{7.60}$$

Wir ersetzen nun die Summierung über n durch ein Integral über das Probenvolumen, indem wir die auf Seite 365 eingeführte Atomkonzentration $\rho(r)$ verwenden. Gl. (7.60) lautet dann

$$I = \sum_m f^2 + \sum_m f^2 \int_0^R 4\pi r^2 \rho(r) \frac{\sin Kr}{Kr} \, dr,$$

wenn R der Radius der Probe ist.

Schließlich können wir diese Gleichung noch mit Hilfe der mittleren Atomkonzentration ρ_0 umformen zu

$$I = \sum_m f^2 + \sum_m f^2 \int_0^R 4\pi r^2 [\rho(r) - \rho_0] \frac{\sin Kr}{Kr} \, dr$$

$$+ \sum_m f^2 \int_0^R 4\pi r^2 \rho_0 \frac{\sin Kr}{Kr} \, dr. \tag{7.61}$$

Es läßt sich zeigen, daß der dritte Term in Gl. (7.61) nur für sehr kleine Streuwinkel einen Beitrag zur Streuintensität liefert. Dieser Beitrag wird vom Primärstrahl praktisch unterdrückt und wird deshalb im folgenden von uns nicht berücksichtigt. Ist N die Anzahl der Atome in der Probe, so erhalten wir als Endresultat

$$I = Nf^2 \left[1 + \int_0^\infty 4\pi r^2 [\rho(r) - \rho_0] \frac{\sin Kr}{Kr} \, dr \right]. \tag{7.62}$$

Hierbei wurde im Integral die obere Integrationsgrenze bis ins Unendliche verschoben, da die Größe $[\rho(r) - \rho_0]$ bereits in einer Distanz von wenigen Atomabständen vom Bezugsatom den Wert null annimmt.

Fig. 7.50a zeigt den Verlauf der Streuintensität $I(K)$ für die radiale Verteilungsfunktion $J(r)$ aus Fig. 49a. Miteingezeichnet ist die der Funktion Nf^2 entsprechende Kurve. Für kleine Werte von K oszilliert $I(K)$ um den Kurvenverlauf von Nf^2 und nähert sich bei anwachsenden K-Werten in immer stärkerem Maße Nf^2. Bezeichnen wir den Streuwinkel der Röntgenstrahlen mit 2ϑ, so ist bei monochromatischer Strahlung $K \sim \sin \vartheta$. In einer Meßanordnung nach Debye-Scherrer erhält man demnach anstelle der scharfen Ringe, die bei der Beugung an kristallinem Material in großer Zahl auftreten (s. Fig. 1.54), bei der Beugung an amorphen Substanzen einige wenige breite und unscharfe Ringe.

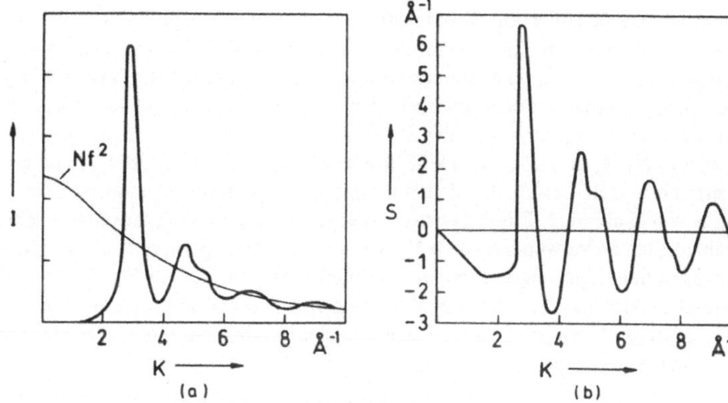

Fig. 7.50 Verlauf (a) der Streuintensität I(K) und (b) der reduzierten Streuintensität S(K) bei einer radialen Verteilungsfunktion J(r) wie in Fig. 7.49a

Führen wir in Gl. (7.62) die reduzierte radiale Verteilungsfunktion G(r) nach Gl. (7.53) ein, so bekommen wir

$$I(K) = Nf^2 \left[1 + \frac{1}{K} \int_0^\infty G(r) \sin (Kr) dr \right]$$

oder

$$K \left(\frac{I(K)}{Nf^2} - 1 \right) = \int_0^\infty G(r) \sin (Kr) dr. \tag{7.63}$$

Die Funktion

$$S(K) = K \left(\frac{I(K)}{Nf^2} - 1 \right) \tag{7.64}$$

bezeichnet man als *reduzierte Streuintensität*. Es gilt also

$$S(K) = \int_0^\infty G(r) \sin (Kr) dr. \tag{7.65}$$

Aus Gl. (7.65) erhalten wir durch eine Fourier-Transformation

$$G(r) = \frac{2}{\pi} \int_0^\infty S(K) \sin (Kr) dK. \tag{7.66}$$

Mit Hilfe von Gl. (7.66) wird es uns ermöglicht, aus der Funktion S(K), die das Beugungsexperiment liefert, die radiale Verteilungsfunktion G(r) zu ermitteln, welche die Struktur des amorphen Zustands beschreibt. In Fig. 7.50b ist die Funktion S(K), die zu der Funktion I(K) aus Fig. 7.50a gehört, dargestellt.

Genausogut wie die Beugung von Röntgenstrahlen können wir auch die Beugung von Elektronen oder Neutronen zur Strukturuntersuchung amorpher Substanzen ausnutzen. Bei Untersuchungen an binären Systemen sind wir sogar meistens auf die Benutzung unterschiedlicher Strahlenarten angewiesen; denn, wie auf Seite 366 erwähnt wurde, benötigen wir hier zur Beschreibung der Struktur die drei partiellen radialen Verteilungsfunktionen $J_{AA}(r)$, $J_{AB}(r)$ und $J_{BB}(r)$. Sie können nur mit Hilfe von drei Beugungsexperimenten ermittelt werden, bei denen der atomare Streufaktor f in unterschiedlicher Weise von K abhängt. Dieses bedeutet aber wiederum, daß wir, anstatt verschiedene Strahlenarten zu verwenden, auch Neutronenbeugungsexperimente an verschiedenen Isotopen der Legierungskomponenten durchführen können. In Fig. 7.51 sind für das metallische Glas $Cu_{57}Zr_{43}$ die nach der letztgenannten Methode gemessenen reduzierten Streuintensitäten und die hieraus berechneten reduzierten radialen Verteilungsfunktionen wiedergegeben.

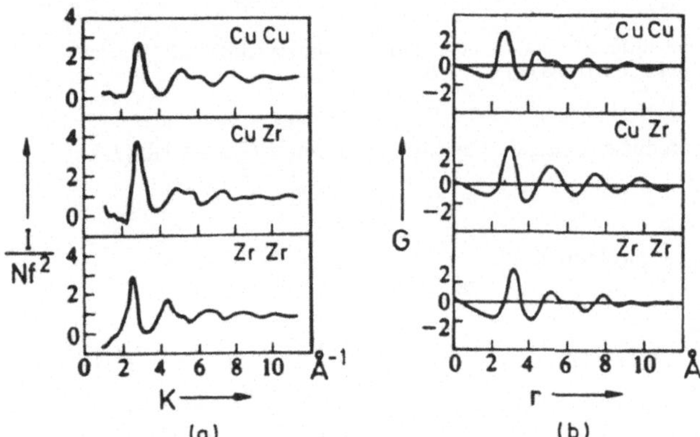

Fig. 7.51 (a) Aus Neutronenbeugungsexperimenten gewonnene reduzierte Streuintensitäten und (b) die daraus berechneten reduzierten radialen Verteilungsfunktionen für das metallische Glas $Cu_{57}Zr_{43}$ (nach Mizoguchi, T. et al.: Proc. 3rd Int. Conf. on Rapidly Quenched Metals, Vol. II (1978) 384)

Feinstrukturanalyse von Röntgenabsorptionskanten

Bei einer anderen Methode zur Untersuchung amorpher Legierungen wird die Feinstruktur an den Kanten des Röntgenabsorptionsspektrums der betreffenden Substanz zur Analyse der Atomkonfiguration herangezogen. Eine solche Feinstruktur kommt folgendermaßen zustande:

Am Atom A in Fig. 7.52 soll durch Absorption eines Röntgenquants einer monochromatischen Strahlung ein Photoelektron freigesetzt werden. Die auf diese Weise erzeugte Elektronenwelle hat die Wellenzahl

$$k = \sqrt{\frac{2m}{\hbar^2}(E - E_0)},$$

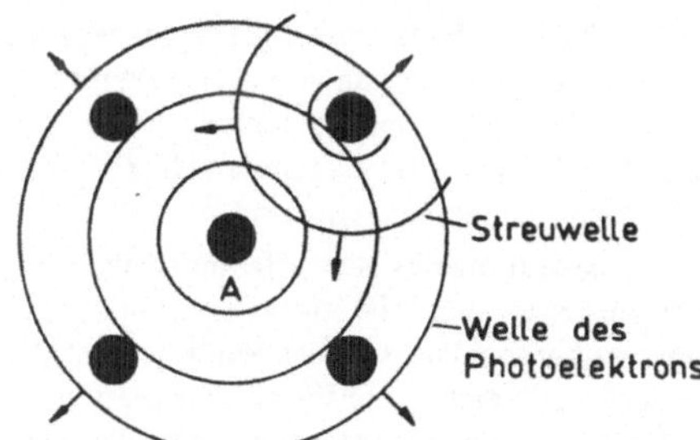

Fig. 7.52
Zur Entstehung der Feinstruktur der
Röntgenabsorptionskanten (s. Text)

wenn E die Energie des einfallenden Röntgenquants und E_0 die Bindungsenergie des
Elektrons in einer der inneren Atomschalen ist. Diese Welle löst an den Nachbaratomen
Streuwellen aus, die mit ihr interferieren. Je nach dem Betrag der Wellenzahl k der
Elektronenwellen und dem gegenseitigen Abstand der Atome kommt es hierbei zu einer
konstruktiven oder einer destruktiven Interferenz. Konstruktive Interferenz vergrößert
den Absorptionskoeffizienten der betreffenden Substanz gegenüber der einfallenden
Röntgenstrahlung, destruktive Interferenz verkleinert ihn. Im Absorptionsspektrum
können wir deshalb oberhalb der Absorptionskanten eine ausgedehnte Feinstruktur in
Form von Oszillationen beobachten (s. Fig. 7.53a). Man bezeichnet sie allgemein als
EXAFS als Abkürzung für *E*xtended *X*-Ray *A*bsorption *F*ine *S*tructure.

Für die Messungen benutzt man besonders gerne die Synchrotronstrahlung von Elek-
tronenspeicherringen. Diese hat gegenüber der Bremsstrahlung konventioneller Röntgen-
röhren eine etwa um den Faktor 10^4 höhere Intensität. Es wird gewöhnlich in Trans-
mission beobachtet, wobei man zur Auswertung der Messungen von der Funktion

$$\chi(k) = \frac{\mu(k) - \mu_0(k)}{\mu_0(k)}$$

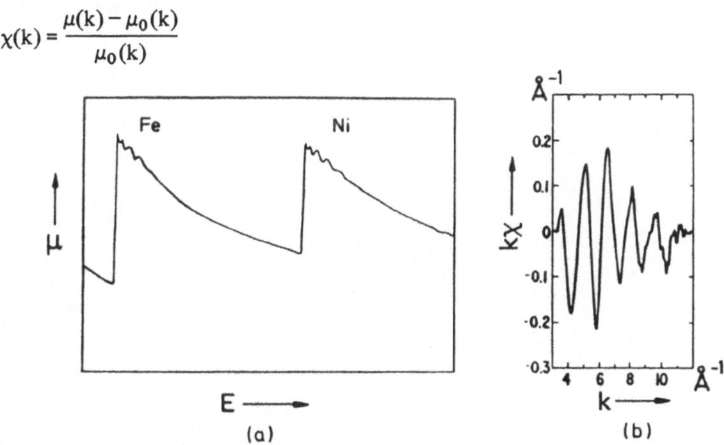

Fig. 7.53 (a) EXAFS der K-Kanten von Eisen und Nickel in dem metallischen Glas $Fe_{40}Ni_{40}B_{20}$.
(b) Die Funktion $k\chi(k)$ (s. Text) (nach Wong, J. et al.: Proc. 3rd Int. Conf. on Rapidly
Quenched Metals, Vol. II (1978) 345

ausgeht (s. Fig. 7.53b). Hierbei gibt $\mu(k)$ den experimentell ermittelten Verlauf des Röntgenabsorptionskoeffizienten in Abhängigkeit von der Wellenzahl k der Elektronenwellen an und $\mu_0(k)$ den entsprechenden Koeffizienten für isolierte Atome. Die Größe $\chi(k)$ wird in Beziehung gesetzt zu anderen Größen, die u. a. typisch für die geometrische Struktur der betreffenden Substanz sind.

Die besondere Bedeutung des Meßverfahrens liegt darin, daß man mit ihm auch bei vielkomponentigen Legierungen die lokale Umgebung einer bestimmten Atomart untersuchen kann. Außerdem läßt sich das Verfahren bei stark verdünnten Legierungen anwenden, indem man nämlich die EXAFS-Oszillationen der Fluoreszenzstrahlung, die durch die Primärstrahlung angeregt wird, ausnutzt. Die transmittierte Primärstrahlung wird hierbei durch ein geeignetes Filter eliminiert, und es wird nur die charakteristische Fluoreszenzstrahlung derjenigen Atome registriert, deren Umgebung untersucht werden soll.

Aufgaben zu Kapitel 7

7.1. Welchen typischen Verlauf haben für das Zustandsdiagramm in Fig. 7.9 die Enthalpiekurven g^α und g^L für eine Temperatur kurz unterhalb des Schmelzpunkts der Komponente B, und welchen Verlauf haben sie für das Zustandsdiagramm in Fig. 16a kurz oberhalb des Schmelzpunkts der Komponente A?

7.2. Im Zustandsdiagramm des binären Systems Au-Pb in Fig. 7.19 treten als Einphasenräume die beiden Elementphasen Au und Pb, die Schmelze L und die beiden intermetallischen Verbindungen Au_2Pb und $AuPb_2$ auf.

a) Welche stabilen Phasen kommen in den einzelnen Zwei- und Dreiphasenräumen vor?

b) Welche Phasenreaktionen laufen ab, wenn bei dem Stoffmengengehalt $x_{Pb} = 0{,}4$ die Legierung von 600 °C auf 100 °C abgekühlt wird, und wie sieht in diesem Fall die schematische Abkühlungskurve in etwa aus?

Anhang

A   Thermodynamische Gleichgewichtsbedingungen

Der erste Hauptsatz der Thermodynamik sagt aus, daß die innere Energie U eines Systems durch die Zufuhr der Wärmemenge dQ und durch die am System geleistete Arbeit dW um den Betrag

$$dU = dQ + dW \tag{A.1}$$

erhöht wird. Der Satz stellt lediglich eine Energiebilanz dar. Er gibt keine Auskunft darüber, in welcher Richtung ein Prozeß ablaufen kann. Eine derartige Information erhält man durch den zweiten Hauptsatz. Hiernach verläuft ein irreversibler Prozeß stets so, daß der Entropiezuwachs dS des Systems beim Prozeßablauf größer ist als die von außen zugeführte reduzierte Wärmemenge dQ/T. Es gilt demnach

$$dS > \frac{dQ}{T} \, . \tag{A.2}$$

Bei einem abgeschlossenen nach außen isolierten System ist dQ = 0. Aus Gl. (A.2) folgt in diesem Fall

$$dS > 0 \, . \tag{A.3}$$

Bei einem abgeschlossenen System verläuft also jeder irreversible Prozeß so, daß die Entropie des Systems zunimmt. Das System ist im Gleichgewicht, wenn seine Entropie einen Maximalwert erreicht hat.

Anders ist es hingegen, wenn die Temperatur T und das Volumen V oder die Temperatur T und der Druck p konstant gehalten werden. Hier finden wir die Gleichgewichtsbedingungen folgendermaßen: Wir verknüpfen zunächst Gl. (A.1) mit Gl. (A.2) und erhalten für den Prozeßablauf die Beziehung

$$TdS > dU - dW \, . \tag{A.4}$$

Bei einem mechanischen System beträgt die am System geleistete Arbeit

$$dW = -pdV \, . \tag{A.5}$$

Es gilt hier also

$$TdS > dU + pdV \quad \text{oder} \quad d(TS) - SdT > dU + pdV \tag{A.6}$$

und somit

$$d(U - TS) < -SdT - pdV \, . \tag{A.7}$$

Die Größe

$$F = U - TS \tag{A.8}$$

bezeichnet man als *freie Energie*. Aus Gl. (A.7) folgt, daß bei konstant gehaltener Temperatur und bei konstantem Volumen jeder irreversible Prozeß so abläuft, daß die freie Energie des Systems abnimmt, daß also

$$dF < 0 \tag{A.9}$$

ist. Das System ist in diesem Fall im Gleichgewicht, wenn die freie Energie einen Minimalwert erreicht hat.

Wird bei einem mechanischen System während des Prozeßablaufs die Temperatur und der Druck konstant gehalten, so können wir zur Aufstellung der Gleichgewichtsbedingung wieder von Gl. (A.6) ausgehen, nehmen aber diesmal die Umformung

$$d(TS) - SdT > dU + d(pV) - Vdp$$

vor. Hieraus ergibt sich

$$d(U + pV - TS) < -SdT + Vdp. \tag{A.10}$$

Die Größe

$$G = U + pV - TS \tag{A.11}$$

bezeichnet man als *Gibbssches thermodynamisches Potential* oder als *freie Enthalpie*. Aus Gl. (A.10) folgt, daß bei konstanten Werten von T und p jeder irreversible Prozeß so abläuft, daß G abnimmt, daß also

$$dG < 0 \tag{A.12}$$

ist. Hierbei hat das System den Gleichgewichtszustand erreicht, wenn die freie Enthalpie einen Minimalwert angenommen hat.

B   Verteilungsfunktionen in der Boltzmann-, Bose- und Fermi-Statistik

Mit Hilfe der Statistik lassen sich aus den Eigenschaften der einzelnen Teilchen eines Systems makroskopische Eigenschaften des Gesamtsystems ermitteln. So kann man z. B. aus den magnetischen Momenten der Atome eines Körpers, die den verschiedenen Quantenzuständen der Atome zuzuordnen sind, die Magnetisierung des Körpers berechnen. Hierzu muß man allerdings wissen, wie sich die Atome des Körpers auf die verschiedenen Quantenzustände verteilen. Entsprechendes gilt auch für andere physikalische Eigenschaften. Ist $F(E_s)$ die Eigenschaft eines einzelnen Teilchens als Funktion der Teilchenenergie E_s und N_s die Anzahl der Teilchen mit der Energie E_s, so erhält man für die entsprechende makroskopische Eigenschaft F des Gesamtsystems

$$\mathsf{F} = \sum_s N_s F(E_s). \tag{B.1}$$

Diese Beziehung läßt sich z. B. zur Berechnung der Gesamtenergie eines Systems benutzen. Gelegentlich interessiert man sich aber auch für den Mittelwert einer Eigenschaft der ein-

zelnen Atome eines Systems. Ist N die Gesamtzahl der Teilchen des Systems, so beträgt
der Mittelwert $\bar{F}$ der Eigenschaft $F(E_s)$

$$\bar{F} = \frac{1}{N} \sum_s N_s F(E_s). \tag{B.2}$$

Wir beschäftigen uns im folgenden mit der Ermittlung der Verteilungsfunktion N_s. Hierzu führen wir die Begriffe Mikro- und Makrozustand eines Systems ein. Der Mikrozustand entspricht der detailliertesten Beschreibung des Systems, die grundsätzlich möglich ist. Der Makrozustand kennzeichnet den Zustand des Systems, wie er experimentell ermittelt werden kann. Die Anzahl der Realisierungsmöglichkeiten eines Makrozustandes durch die verschiedenen Mikrozustände ist gleich der thermodynamischen Wahrscheinlichkeit W. Für sie gilt die Boltzmann-Beziehung

$$S = k_B \ln W, \tag{B.3}$$

wenn S die Entropie des Systems und k_B die Boltzmann-Konstante ist. Durch die Festsetzung, wann man zwei Mikrozustände als verschieden ansieht, unterscheiden sich die Statistiken von Boltzmann und Bose bzw. Fermi.

Bei der klassischen oder Boltzmann-Statistik lassen sich die einzelnen Teilchen eines Systems durchnumerieren. Gehen wir von 10 Teilchen aus, die sich in 6 verschiedenen Quantenzuständen befinden können, wobei Teilchen im zweiten und dritten Zustand sowie im vierten, fünften und sechsten Zustand jeweils die gleiche Energie besitzen, so stellt sich ein Mikrozustand z. B. folgendermaßen dar

$$\underbrace{\| 5 \|}_{E_1} \underbrace{1,8 |}_{E_2} - \underbrace{\| 2,4 | 6,9,10 | 3,7 \|}_{E_3} .$$

Hiernach befindet sich das fünfte Teilchen im ersten Quantenzustand mit einer Energie E_1, das erste und achte im zweiten Quantenzustand mit einer Energie E_2 usw. Den zugehörigen Makrozustand kennzeichnen wir durch die Angabe, wieviel Teilchen eine Energie E_1, E_2 und E_3 haben, also in unserem Beispiel durch $N_1 = 1$, $N_2 = 2$ und $N_3 = 7$. Allgemein können wir in der Boltzmann-Statistik die Zahl der Realisierungsmöglichkeiten eines Makrozustandes durch Mikrozustände ermitteln, indem wir beachten, daß es $N!/\prod_s N_s!$ verschiedene Möglichkeiten gibt, um N Teilchen auf Gruppen aufzuteilen, die jeweils durch die Teilchenenergie E_s gekennzeichnet sind und N_s Teilchen enthalten. Ist g_s die Anzahl der Quantenzustände einer Gruppe mit der Energie E_s, so können wir die N_s Teilchen der Gruppe noch auf $g_s^{N_s}$ verschiedene Weisen den Quantenzuständen der Gruppe zuordnen. Insgesamt erhalten wir also für die thermodynamische Wahrscheinlichkeit

$$W = N! \prod_s \frac{g_s^{N_s}}{N_s!} . \tag{B.4}$$

Bei den Quantenstatistiken von Bose bzw. Fermi geht man davon aus, daß sich gleichartige Teilchen nicht unterscheiden lassen. Hierbei können Teilchen, die der Bose-Statistik gehorchen (Teilchen mit ganzzahligem Spin), jeden Quantenzustand beliebig stark bevölkern. Für Fermi-Teilchen (Teilchen mit halbzahligem Spin) gilt hingegen das Pauli-Prinzip, demzufolge jeder Quantenzustand entweder nur einfach besetzt oder leer ist. Bei einer Teilchenanordnung wie im obigen Beispiel stellt sich der Mikrozustand nach der Bose-Statistik folgendermaßen dar

$$\underbrace{\| x \| xx |}_{E_1 \quad E_2} - \underbrace{\| xx | xxx | xx \|}_{E_3} \, ,$$

d. h. im ersten Quantenzustand befindet sich ein Teilchen, im zweiten Quantenzustand befinden sich zwei Teilchen usw. Der Makrozustand ist wie bei der Boltzmann-Statistik durch $N_1 = 1, N_2 = 2$ und $N_3 = 7$ gekennzeichnet. Die thermodynamische Wahrscheinlichkeit W ist in beiden Fällen allerdings unterschiedlich groß; denn z. B. eine Vertauschung des achten und zweiten Teilchens gibt nach der Boltzmann-Statistik einen neuen Mikrozustand, wohingegen ein Austausch eines Teilchens des zweiten Quantenzustandes gegen ein Teilchen des vierten Quantenzustandes nach der Bose-Statistik keinen neuen Mikrozustand liefert. Mikrozustände, die nach der Bose-Statistik einem vorgegebenen Makrozustand zuzuordnen sind, unterscheiden sich also nur dadurch voneinander, daß die N_s Teilchen der durch ihre Energie E_s gekennzeichneten Gruppen auf unterschiedliche Weise auf die g_s Quantenzustände mit der Energie E_s verteilt sind. Für eine einzelne Teilchengruppe kann diese Verteilung durch eine lineare Anordnung von $(N_s + g_s - 1)$ Elementen beschrieben werden, wenn man z. B. wie in dem obigen Schema die Striche, die die einzelnen Quantenzustände voneinander trennen, ebenfalls als Elemente der Anordnung auffaßt. Berücksichtigen wir dann noch, daß die Permutation von jeweils N_s bzw. $(g_s - 1)$ Elementen keinen neuen Mikrozustand ergibt, so erhalten wir für die Verteilungsmöglichkeiten der N_s Teilchen auf die g_s Quantenzustände

$$\frac{(N_s + g_s - 1)!}{N_s!(g_s - 1)!}$$

und für die Anzahl der Realisierungsmöglichkeiten eines Makrozustandes des gesamten Systems durch Mikrozustände

$$W = \prod_s \frac{(N_s + g_s - 1)!}{N_s!(g_s - 1)!} \, . \tag{B.5}$$

Um die thermodynamische Wahrscheinlichkeit für Teilchen zu bestimmen, die der Fermi-Statistik gehorchen, nehmen wir zunächst einmal an, die Teilchen wären unterscheidbar. Dann gibt es, da jeder Quantenzustand höchstens mit einem Teilchen besetzt sein darf, für N_s Teilchen mit der Energie E_s

$$g_s(g_s - 1)(g_s - 2) \ldots (g_s - N_s + 1) = \frac{g_s!}{(g_s - N_s)!} \, .$$

Möglichkeiten, die N_s Teilchen auf g_s Quantenzustände zu verteilen; denn für das erste Teilchen alleine gibt es z. B. g_s verschiedene Möglichkeiten, einen Quantenzustand mit der Energie E_s zu besetzen, für das zweite Teilchen dann nur noch $(g_s - 1)$ Möglichkeiten usw. Berücksichtigt man nun, daß die Teilchen in Wirklichkeit nicht unterscheidbar sind, so erhalten wir anstelle des obigen Ausdrucks

$$\frac{g_s!}{N_s!(g_s - N_s)!} \; ;$$

denn $N_s!$ ist die Anzahl der möglichen Vertauschungen. Für jede Gruppe von Teilchen mit der Energie E_s gelten nun die gleichen Überlegungen. Insgesamt bekommen wir also für die Zahl der Realisierungsmöglichkeiten eines Makrozustandes durch Mikrozustände bei Fermi-Teilchen

$$W = \prod_s \frac{g_s!}{N_s!(g_s - N_s)!} \, . \tag{B.6}$$

Auf Seite 374 haben wir gesehen, daß die freie Energie F eines Systems, dessen Temperatur T und dessen Volumen konstant gehalten wird, im thermodynamischen Gleichgewicht einen Minimalwert annimmt. Mit Gl. (B.3) erhalten wir für die freie Energie

$$F = \sum_s N_s E_s - k_B T \ln W. \tag{B.7}$$

Die Verteilungsfunktion N_s gewinnen wir jetzt, indem wir den Minimalwert von F unter Beachtung der Nebenbedingung

$$\sum_s N_s = N \tag{B.8}$$

aufsuchen. Für die Boltzmann-Statistik bekommen wir

$$N_s = \frac{g_s}{e^{(E_s - \mu)/k_B T}} \, , \tag{B.9}$$

für die Bose-Statistik

$$N_s = \frac{g_s}{e^{(E_s - \mu)/k_B T} - 1} \tag{B.10}$$

und für die Fermi-Statistik

$$N_s = \frac{g_s}{e^{(E_s - \mu)/k_B T} + 1} \, . \tag{B.11}$$

Die Größe μ ist ein Lagrange-Multiplikator, der durch die Nebenbedingung in Gl. (B.8) bedingt ist und der auch mit Hilfe dieser Nebenbedingung berechnet werden kann. μ ist das sog. *chemische Potential* der Teilchen. Sein Wert hängt von der Temperatur des Systems ab. Wenn wir im Nenner von Gl. (B.10) oder Gl. (B.11) die 1 gegenüber dem Glied $e^{(E_s - \mu)/k_B T}$ vernachlässigen können, gehen sowohl die Bose-Verteilungsfunktion (Gl. (B.10)) als auch die Fermi-Verteilungsfunktion (Gl. (B.11)) in die Boltzmann-Verteilungsfunktion (Gl. (B.9)) über. Dieses trifft zu, wenn $e^{-\mu/k_B T} \gg 1$ oder $e^{\mu/k_B T} \ll 1$ ist. Das chemische Potential μ muß in diesem Fall einen negativen Wert haben.

Es wird nun auf die verschiedenen Verteilungsfunktionen etwas näher eingegangen, allerdings nur soweit wie dieses für das Verständnis der in diesem Buch vorkommenden statistischen Untersuchungen erforderlich ist.

Boltzmannsche Verteilungsfunktion

In der Boltzmann-Statistik können wir die Größe $e^{\mu/k_B T}$ aus Gl. (B.9) explizit berechnen, indem wir Gl. (B.9) in Gl. (B.8) einsetzen. Wir erhalten

$$e^{\mu/k_B T} = \frac{N}{\sum\limits_s g_s e^{-E_s/k_B T}} \qquad (B.12)$$

und

$$N_s = N \frac{g_s e^{-E_s/k_B T}}{\sum\limits_s g_s e^{-E_s/k_B T}} \, . \qquad (B.13)$$

Die Größe $\sigma = \sum\limits_s g_s e^{-E_s/k_B T}$ bezeichnet man gewöhnlich als Zustandssumme.

Bosesche Verteilungsfunktion

In der Festkörperphysik ist die Bose-Statistik vor allem für Systeme solcher Teilchen und Quasiteilchen von Bedeutung, für die der Erhaltungssatz Gl. (B. 8) nicht gültig ist, bei denen also wie bei der Hohlraumstrahlung ständig eine Emission und Absorption von Teilchen stattfindet. In diesem Fall fällt der Lagrange-Multiplikator μ fort, und wir erhalten eine gegenüber Gl. (B.10) vereinfachte Verteilungsfunktion

$$N_s = \frac{g_s}{e^{E_s/k_B T} - 1} \, . \qquad (B.14)$$

Fermische Verteilungsfunktion

In der Fermi-Statistik bezeichnet man das chemische Potential μ gewöhnlich als *Fermi-Energie* und kennzeichnet diese Größe durch E_F. Mit dieser Bezeichnung lautet Gl. (B.11)

$$N_s = \frac{g_s}{e^{(E_s - E_F)/k_B T} + 1} \, . \qquad (B.15)$$

Beim Übergang von diskreten zu quasikontinuierlichen Energiewerten tritt in Gl. (B.15) an die Stelle des Gewichtsfaktors g_s, der die Anzahl der Quantenzustände zur Energie E_s angibt, die Zustandsdichte $Z(E)$. Hierbei ist $Z(E)\,dE$ die Anzahl der Energieniveaus im Energieintervall zwischen E und E + dE. Für freie Elektronen, die sich in einem Quader mit den Kantenlängen L_1, L_2 und L_3 befinden, können wir die Zustandsdichte folgendermaßen berechnen:

Wir denken uns wie bei der Beweisführung auf Seite 68 das Volumen $V = L_1 L_2 L_3$ periodisch bis ins Unendliche fortgesetzt. In diesem Fall haben die Lösungen der Schrödinger-Gleichung für die Elektronen die Form von ebenen Wellen. Sie lauten also

$$\psi_k(\vec{r}) = Ae^{i\vec{k}\cdot\vec{r}}, \tag{B.16}$$

wobei für die kartesischen Komponenten des Wellenzahlvektors $\vec{k}$ gilt

$$k_x = n_x \frac{2\pi}{L_1}, \quad k_y = n_y \frac{2\pi}{L_2}, \quad k_z = n_z \frac{2\pi}{L_3}. \tag{B.17}$$

n_x, n_y und n_z sind hierbei positive oder negative ganze Zahlen. Wir können uns leicht davon überzeugen, daß Gl. (B.16) die periodischen Randbedingungen

$$\psi_k(x + L_1, y + L_2, z + L_3) = \psi_k(x, y, z)$$

erfüllt.

Nach Gl. (B.17) bilden die $\vec{k}$-Werte im $\vec{k}$-Raum ein Punktgitter mit den Gitterkonstanten $2\pi/L_1$, $2\pi/L_2$ und $2\pi/L_3$. Jedem $\vec{k}$-Wert kann hiernach das Volumen

$$V_{\vec{k}} = \frac{8\pi^3}{L_1 L_2 L_3} = \frac{8\pi^3}{V} \tag{B.18}$$

zugeordnet werden. Die Wellenzahldichte im $\vec{k}$-Raum beträgt demnach

$$\rho_{\vec{k}} = \frac{V}{8\pi^3}. \tag{B.19}$$

Zwischen der Energie freier Elektronen und ihrer Wellenzahl k besteht der Zusammenhang

$$E = \frac{\hbar^2 k^2}{2m}, \tag{B.20}$$

wenn m die Masse der Elektronen ist. Hiernach sind bei freien Elektronen im dreidimensionalen $\vec{k}$-Raum Flächen konstanter Energie Kugeloberflächen, und einer Kugelschale im $\vec{k}$-Raum mit dem Volumen $4\pi k^2 dk$ entspricht der Energiebereich $2\pi(2m/\hbar^2)^{3/2}\sqrt{E}dE$. Wenn wir diesen Ausdruck mit der Wellenzahldichte $\rho_{\vec{k}}$ multiplizieren, erhalten wir die Anzahl der durch den Wellenzahlvektor $\vec{k}$ gekennzeichneten Quantenzustände im Energieintervall zwischen E und E + dE. Berücksichtigen wir jetzt noch, daß jeder dieser Quantenzustände wegen des Elektronenspins zweifach entartet ist, so bekommen wir für die Zustandsdichte der Elektronen

$$Z(E) = 2 \frac{V}{8\pi^3} 2\pi \left(\frac{2m}{\hbar^2}\right)^{3/2} \sqrt{E} = \frac{V}{2\pi^2} \left(\frac{2m}{\hbar^2}\right)^{3/2} \sqrt{E}. \tag{B.21}$$

Die Zustandsdichte nimmt in diesem Fall also mit der Quadratwurzel aus der Teilchenenergie zu.

Bei einem zweidimensionalen System freier Elektronen, die sich in einem Rechteck mit den Seitenlängen L_1 und L_2 befinden, folgt aus den obigen Überlegungen für die Wellenzahldichte

$$\rho_{\vec{k}} = \frac{L_1 L_2}{4\pi^2} \, . \tag{B.22}$$

Kurven konstanter Energie im $\vec{k}$-Raum sind hier Kreise. Einem Kreisring mit der Fläche $2\pi k \, dk$ entspricht der Energiebereich $(2\pi m/\hbar^2) dE$. Für die Zustandsdichte erhalten wir also bei Berücksichtigung des Elektronenspins

$$Z(E) = 2 \, \frac{L_1 L_2}{4\pi^2} \, \frac{2\pi m}{\hbar^2} = 2 \, \frac{m}{2\pi\hbar^2} \, L_1 L_2 . \tag{B.23}$$

Hiernach ist die Zustandsdichte bei einem zweidimensionalen System freier Elektronen von der Teilchenenergie unabhängig.

Wir beschäftigen uns nun wieder mit dem dreidimensionalen Elektronengas und stellen zunächst die zugehörige Verteilungsfunktion auf. Zu diesem Zweck gehen wir in Gl. (B.15) von diskreten Energiewerten E_s zu kontinuierlichen Energiewerten über und ersetzen den Gewichtsfaktor g_s durch die Zustandsdichte $Z(E)$ aus Gl. (B.21). Wir bekommen dann

$$N(E)dE = \frac{V}{2\pi^2} \left(\frac{2m}{\hbar^2} \right)^{3/2} \sqrt{E} \, f_0(E) dE . \tag{B.24}$$

Hierbei ist

$$f_0(E) = \frac{1}{e^{(E - E_F)/k_B T} + 1} \tag{B.25}$$

die sog. *Fermi-Funktion*. Sie gibt an, mit welcher Wahrscheinlichkeit ein Zustand mit der Energie E mit einem Teilchen besetzt ist. Mit dieser Funktion befassen wir uns im folgenden etwas ausführlicher.

Für T = 0 folgt aus Gl. (B.25)

$$f_0(E) = 1 \quad \text{für } E \leqslant E_F(0), \qquad f_0(E) = 0 \quad \text{für } E > E_F(0). \tag{B.26}$$

$E_F(0)$ ist hierbei die Fermi-Energie am absoluten Nullpunkt der Temperatur. Sie ist die Maximalenergie, die ein Fermi-Teilchen im thermodynamischen Gleichgewicht bei T = 0 annehmen kann. Für diese Größe benutzt man auch die Bezeichnung *Fermi-Niveau*. In Fig. B.1 ist sowohl die Fermi-Funktion $f_0(E)$ als auch die Verteilungsfunktion N(E) für T = 0 dargestellt.

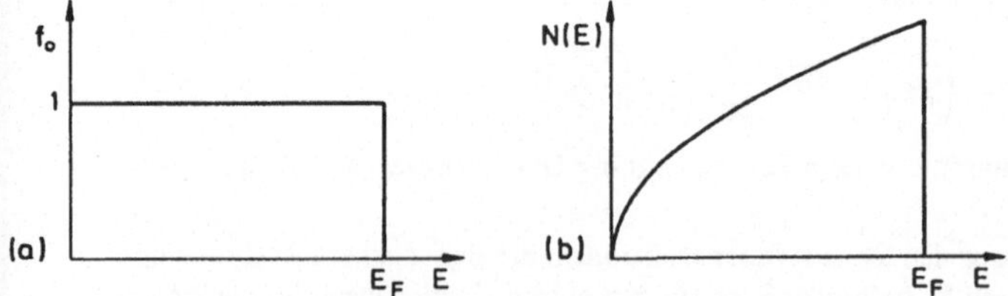

Fig. B.1 Fermi-Funktion (a) und Verteilungsfunktion für freie Elektronen (b) für T = 0

Den Wert von $E_F(0)$ für freie Elektronen können wir ermitteln, indem wir den Ausdruck in Gl. (B.24) über die Energie von 0 bis ∞ integrieren. Das Integral entspricht der Gesamtzahl N der Elektronen. Bei Berücksichtigung von Gl. (B.26) ergibt sich

$$N = \int_0^\infty N(E)\,dE = \frac{V}{2\pi^2}\left(\frac{2m}{\hbar^2}\right)^{3/2}\int_0^{E_F(0)}\sqrt{E}\,dE = \frac{V}{3\pi^2}\left(\frac{2m}{\hbar^2}\right)^{3/2}E_F(0)^{3/2}\,.$$

Hieraus folgt

$$E_F(0) = \frac{\hbar^2}{2m}\left(3\pi^2\,\frac{N}{V}\right)^{2/3}\,. \tag{B.27}$$

Das Fermi-Niveau $E_F(0)$ liegt hiernach um so höher, je größer die Elektronenzahldichte N/V ist. Die Masse m des Elektrons erscheint in Gl. (B.27) im Nenner.

Gelegentlich interessiert auch die mittlere Energie freier Elektronen am absoluten Nullpunkt. Sie beträgt nach Gl. (B.2) bei Berücksichtigung von Gl. (B.26) und Gl. (B.21)

$$\bar{E} = \frac{1}{N}\int_0^\infty N(E)\,E\,dE = \frac{1}{N}\int_0^{E_F(0)} Z(E)\,E\,dE$$

$$= \frac{1}{N}\int_0^{E_F(0)}\frac{V}{2\pi^2}\left(\frac{2m}{\hbar^2}\right)^{3/2}E^{3/2}\,dE = \frac{3}{5}\,E_F(0). \tag{B.28}$$

Für $T > 0$ wird die Fermi-Funktion hier nur für zwei besonders wichtige Grenzfälle behandelt.

1. *Boltzmannscher Grenzfall.* Auf Seite 377 haben wir gesehen, daß die Fermische Verteilungsfunktion für $e^{\mu/k_BT} \ll 1$ in die Boltzmannsche Verteilungsfunktion übergeht. Wir wollen diese Bedingung durch ein geeigneteres Kriterium ersetzen. Zu diesem Zweck berechnen wir zunächst für freie Elektronen die Größe e^{μ/k_BT} nach der Boltzmann-Statistik. Aus Gl. (B.12) wird, wenn wir kontinuierliche Energiewerte benutzen,

$$e^{\mu/k_BT} = \frac{N}{\displaystyle\int_0^\infty Z(E)\,e^{-E/k_BT}\,dE}\,.$$

Mit Gl. (B.21) erhalten wir hieraus

$$e^{\mu/k_BT} = 1\Bigg/\left\{\frac{1}{2\pi^2}\frac{V}{N}\left(\frac{2m}{\hbar^2}\right)^{3/2}\int_0^\infty\sqrt{E}\,e^{-E/k_BT}\,dE\right\} = 4\,\frac{N}{V}\left(\frac{\pi\hbar^2}{2mk_BT}\right)^{3/2}$$

oder, wenn wir mit Hilfe von Gl. (B.27) die Fermi-Energie $E_F(0)$ einführen,

$$e^{\mu/k_BT} = \left(\frac{E_F(0)}{k_BT}\right)^{3/2}\frac{4}{3\sqrt{\pi}} \approx \left(\frac{E_F(0)}{k_BT}\right)^{3/2}\,.$$

Hiernach dürfen wir also zur statistischen Behandlung eines Problems an Stelle der Fermischen Verteilungsfunktion die einfachere Boltzmannsche Verteilungsfunktion verwenden, wenn

$$\left(\frac{E_F(0)}{k_BT}\right)^{3/2} \ll 1$$

ist, oder etwas schärfer gefaßt, wenn

$$\frac{E_F(0)}{k_BT} \ll 1 \tag{B.29}$$

ist.

2. *Fermischer Grenzfall.* Der sog. Fermische Grenzfall liegt vor, wenn

$$\frac{E_F(0)}{k_BT} \gg 1 \tag{B.30}$$

ist. Unter dieser Voraussetzung hat die Fermi-Funktion einen ähnlichen Verlauf wie für T = 0. Nur in dem relativ schmalen Energiebereich $|E - E_F| \leqslant k_BT$ treten Abweichungen auf. In Fig. B.2 ist die Fermi-Funktion sowie die dazugehörige Verteilungsfunktion für

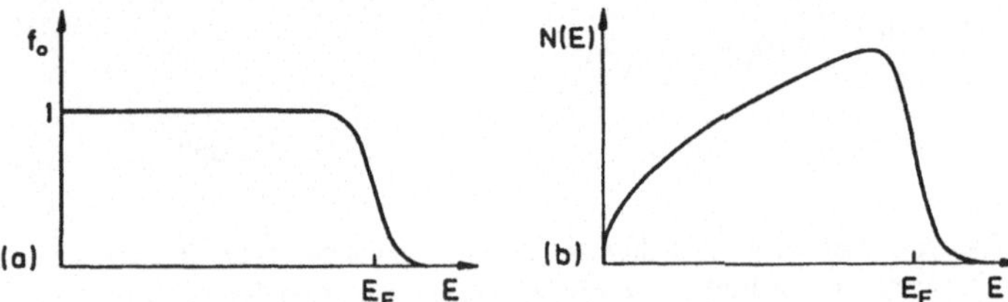

Fig. B.2 Fermi-Funktion (a) und Verteilungsfunktion für freie Elektronen (b) für T > 0

den Fermischen Grenzfall aufgetragen. Es läßt sich zeigen, daß für den Fermischen Grenzfall die in die Fermi-Funktion eingehende Fermi-Energie E_F sich nicht wesentlich von der Fermi-Energie $E_F(0)$ für den absoluten Nullpunkt unterscheidet. Dieses ist ein besonders nützliches Ergebnis.

Führt man durch die Beziehung

$$E_F(0) = k_BT_F \tag{B.31}$$

die sog. *Fermi-Temperatur* ein, so lassen sich die Bedingungen in Gl. (B.29) und Gl. (B.30) folgendermaßen formulieren:

Wenn $T \gg T_F$ ist, so liegt der Boltzmannsche Grenzfall vor, ist hingegen $T \ll T_F$, so hat man den Fermischen Grenzfall.

Literaturverzeichnis

Allgemeine Einführungen

A s h c r o f t , N. W.; M e r m i n , N. D.: Solid State Physics. Holt, Rinehardt & Winston 1976

H a u g , A.: Theoretische Festkörperphysik. Bd. I: 1964, Bd. II: 1970. Franz Deuticke

H e l l w e g e , K. H.: Einführung in die Festkörperphysik. 3. Aufl. Springer 1988

I b a c h H.; L ü t h , H.: Festkörperphysik. 2. Aufl. Springer 1988

K i t t e l , C.: Einführung in die Festkörperphysik (Übersetzung) 7. Aufl. Oldenbourg 1988

K i t t e l , C.: Quantentheorie der Festkörper (Übersetzung). Oldenbourg 1970

L u d w i g , W.: Festkörperphysik. 2. Aufl. Vlg. f. Wissensch. Aula, 1978

M a d e l u n g , O.: Festkörpertheorie I, II, III. Springer 1972/73

W e i s s m a n t e l , C.; H a m a n n , C.: Grundlagen der Festkörperphysik. Springer 1979

Z i m a n , J. M.: Prinzipien der Festkörpertheorie (Übersetzung). Deutsch 1975

Weiterführende Literatur

Zu Kapitel 1

A z á r o f f , L. V.: Elements of X-Ray Crystallography. McGraw-Hill 1968

B a c o n , C. F.: Neutron Diffraction. Oxford University Press 1974

B a r r e t t , C. S.; M a s s a l s k i , T. B.: Structure of Metals. McGraw-Hill 1966

B u e r g e r , M. J.; Kristallographie. Walter de Gruyter 1977

B u r z l a f f , H.; Z i m m e r m a n n , H.: Symmetrielehre. Thieme 1977

D a m a s k , A. C.; D i e n e s , G. J.: Point Defects in Metals. Gordon and Breach 1963

F l y n n , P.: Point Defects and Diffusion. Clarendon Press 1972

F r i e d e l , J.: Dislocations. Pergamon Press 1967

K l e b e r , W.: Einführung in die Kristallographie. VEB Technik 1985

L e h m a n n , Chr.: Interaction of Radiation with Solids. North Holland 1977

L e i b f r i e d , G.; B r e u e r , N.: Point Defects in Metals I. Springer Tracts in Modern Physics 81. Springer 1977

M a r s h a l l , W.; L o v e s e y , S. W.: Theory of Thermal Neutron Scattering. Clarendon Press 1971

P a u l i n g , L.: Die Natur der chemischen Bindung. Verlag Chemie 1976

P e n d r y , J. B.: Low Energy Electron Diffraction. Academic Press 1974

P r e u s s , E.; K r a h l - U r b a n , B.; B u t z , R.: Laue-Atlas. Wiley 1973

S c h u l m a n , J. H.; C o m p t o n , W. D.: Color Centers in Solids. Pergamon 1962

S e e g e r , A.; S c h u m a c h e r , D.; S c h i l l i n g , W.; D i e h l , J. (Hrsg.): Vacancies and Interstitials in Metals. North Holland 1970

S t r e i t w o l f , H.: Gruppentheorie in der Festkörperphysik. Akademische Verlags-
gesellschaft 1967

T h o m p s o n , M. W.: Defects and Radiation Damage in Metals. Cambridge University
Press 1969

T o s i , M. P.: Cohesion of Ionic Solids in the Born Model. Solid State Physics **16** (1964) 1

V a i n s h t e i n , B. K.: Modern Crystallography I. Springer Series in Solid-State Sciences,
Vol. 15. Springer 1981

W e e r t m a n , J.; W e e r t m a n n , J. R.: Elementary Dislocation Theory. Macmillan
1964

Zu Kapitel 2

B i l z , H.; K r e s s , W.: Phonon Dispersion Relations in Insulators. Springer Series in
Solid-State Sciences, Vol. 10. Springer 1979

B ö t t g e r , H.: Principles of the Theory of Lattice Dynamics. Physik-Verlag 1983

J o s h i , S. K.; R a j a g o p a l , A. K.: Lattice Dynamics of Metals. Solid State Physics
22 (1968) 160

L e i b f r i e d , G.; L u d w i g , W.: Theory of Anharmonic Effects in Crystals. Solid
State Physics **12** (1961) 276

M a r a d u d i n , A. A.; M o n t r o l l , E. W.; W e i s s , G. H.: Theory of Lattice
Dynamics in the Harmonic Approximation. Solid State Physics, Suppl. 3 (1971)

M i t r a , S. S.: Vibrational Spectra of Solids. Solid State Physics **13** (1962) 1

P a r r o t t , J. E.; S t u c k e s , A. D.: Thermal Conductivity of Solids. Academic Press
1975

R e i s s l a n d , J. A.: Physics of Phonons. Wiley 1973

Y a t e s , B.: Thermal Expansion. Plenum Press 1972

Zu Kapitel 3

B l a t t , F. J.: Physics of Electronic Conduction in Solids. McGraw-Hill 1968

B r a u e r , W.; S t r e i t w o l f , H. W.: Theoretische Grundlagen der Halbleiterphysik.
Akademie-Verlag 1976

B u s c h , G.: Experimentelle Methoden zur Bestimmung effektiver Massen in Metallen
und Halbleitern. Halbleiterprobleme, Bd. 6. Vieweg 1961

C a l l a w a y , J.: Energy Band Theory. Academic Press 1964

C r a c k n e l l , A. P.; W o n g , K. C.: Fermi Surface. Oxford University Press 1973

F l e t c h e r , G. C.: Electron Band Theory of Solids. North Holland 1971

G r o s s e , P.: Freie Elektronen in Festkörpern. Springer 1979

H a r r i s o n , W. A.; W e g g , M. B. (Hrsg.): The Fermi Surface. Wiley 1960

H e e g e r , A. J.: Localized Moments and Nonmoments in Metals. The Kondo-Effect.
Solid State Physics **23** (1969) 284

H e r r m a n n , R.; P r e p p e r n a u , U.: Elektronen im Kristall. Springer 1979

J o n e s , H.: The Theory of Brillouin-Zones and Electronic States in Crystals. North-
Holland 1962

L i f s c h i t z , I. M.; A s b e l , M. J.; K a g a n o w , M. I.: Elektronentheorie der
Metalle. Akademie-Verlag 1975

M a d e l u n g , O.: Grundlagen der Halbleiterphysik. Heidelberger Taschenbuch, Bd. 71.
Springer 1970

N a g , B. R.: Electron Transport in Compound Semiconductors. Springer Series in Solid-
State Sciences, Vol. 11. Springer 1980

P i p p a r d , A. B.: Dynamics of Conduction Electrons. Gordon and Breach 1965

S e e g e r , K.: Semiconductor Physics. Springer Series in Solid-State Sciences, Vol. 40 Springer 1989

S o m m e r f e l d , A.; B e t h e , H.: Elektronentheorie der Metalle. Heidelberger Taschenbuch, Bd. 19. Springer 1967

W i l s o n , A. H.: The Theory of Metals. Cambridge University Press 1965

Zu Kapitel 4

C h o , K. (Hrsg.): Excitons. Topics in Current Physics, Vol. 14. Springer 1979

D a n i e l s , J.; F e s t e n b e r g , C. V.; R a e t h e r , H.; Z e p p e n f e l d , K.: Optical Constants of Solids by Electron Spectroscopy. Springer Tracts in Modern Physics 54, 78. Springer 1970

F a l u z z o , E.; M e r z , W. J.: Ferroelectricity. North-Holland 1967

G i v e n s , M. P.: Optical Properties of Metals. Solid State Physics 6 (1958) 313

G r e e n a w a y , D. L.; H a r b e k e , G.: Optical Properties and Band Structure of Semiconductors. Pergamon Press 1968

H o d g o n , N.: Optical Absorption and Dispersion in Solids. Chapman and Hall 1970

K ä n z i g , W.: Ferroelectrics and Antiferroelectrics. Solid State Physics 4 (1957) 1

N u d e l m a n n , S.; M i t r a , S. S. (Hrsg.): Optical Properties of Solids. Plenum Press 1969

M i l l s , D. L.; B u r s t e i n , E.: Polaritons. Rep. Progr. Phys. 37 (1974) 817

M i t r a , S. S.; N u d e l m a n n , S. (Hrsg.): Far Infrared Properties of Solids. Plenum Press 1970 .

R a e t h e r , H.: Excitation of Plasmons and Interband Transitions by Electrons. Springer Tracts in Modern Physics 88. Springer 1980

R e y n o l d s , D. C.; C o l l i n s , T. C.: Excitons. Their Properties and Uses. Academic Press 1981

S m o l e n s k i j , G. A.; K r a j n i k , N. N.: Ferroelektrika und Antiferroelektrika. Teubner Leipzig 1972

S t e r n , F.: Elementary Theory of the Optical Properties of Solids. Solid State Physics 15 (1963) 300

Zu Kapitel 5

C u l l i t y , B. C.: Introduction to Magnetic Materials. Addison-Wesley 1972

E l l i o t t , R. S. (Hrsg.): Magnetic Properties of Rare Earth Metals. Plenum Press 1972

v a n H e m m e n , J. L.; M o r g e n s t e r n , I. (Hrsg.): Heidelberg Colloquium on Spin Glasses. Lecture Notes in Physics 192. Springer 1983

v a n H e m m e n , J. L.; M o r g e n s t e r n , I. (Hrsg.): Heidelberg Colloquium on Glassy Dynamics. Lecture Notes in Physics 275. Springer 1987

M a t t i s , D. C.: The Theory of Magnetism I. Springer Series in Solid-State Sciences, Vol. 17. Springer 1981

M a t t i s , D. C.: Theorie of Magnetism II. Springer Series in Solid-State Sciences, Vol. 55, Springer 1985

N o l t i n g , W.: Quantentheorie des Magnetismus I, II. Teubner Stuttgart 1986

R a d o , G. T.; S u h l , H. (Hrsg.): Magnetism Bd I−V. Academic Press 1963−1973

S t a u f f e r , D.: Introduction to Percolation Theory. Taylor and Francis 1985

W a g n e r , D.: Einführung in die Theorie des Magnetismus. Vieweg 1966

W h i t e , R. M.: Quantum Theory of Magnetism. McGraw-Hill 1970

Z e i g e r , H. J.; P r a t t , G. W.: Magnetic Interaction in Solids. Oxford University Press 1973

Zu Kapitel 6

B u c k e l , W.: Supraleitung, Grundlagen und Anwendungen. 3. Aufl. Physik Verlag 1984

D e G e n n e s , P. G.: Superconductivity of Metals and Alloys. Benjamin 1966

H i n k e n , J.: Supraleiter-Elektronik. Springer 1988

J a m e s , D. St. ; T h o m a s , E. J. ; S a r m a , G.: Type II Superconductivity. Pergamon 1969

K a m i m u r a , H. ; O s h i y a m a , A. (Hrsg.): Mechanisms of High-Temperature Superconductivity. Springer Series in Material Science, Vol. 11. Springer 1989

K i t a z w a , K. ; I s h i g u r o , T. (Hrsg.): Advances in Superconductivity. Springer 1989

K u p e r , Ch. G.: An Introduction to the Theory of Superconductivity. Clarendon 1968

L y n t o n , E. A.: Superconductivity. 3. Aufl. Methuen 1969

R i c k a y z e n , G.: Theory of Superconductivity. Wiley 1965

R o s e - I n n e s , A. C. ; R h o d e r i c k , E. H.: Introduction to Superconductivity. 2. Aufl. Pergamon 1978

S t o l z , H.: Supraleitung. Vieweg 1979

S o l y m a r , L.: Superconductive Tunneling and Applications. Chapman and Hall 1972

T i n k h a m , M.: Introduction to Superconductivity. McGraw-Hill 1975

U l l m a i e r , H.: Irreversible Properties of Type II Superconductors. Springer 1975

Zu Kapitel 7

B e c k , H. ; G ü n t h e r o d t , H.-J. (Hrsg.): Glassy Metals II. Topics in Applied Physics, Vol. 53. Springer 1983

C h a l m e r s , B.: Principles of Solidification. Wiley 1964

C r a n k , J.: The Mathematics of Diffusion. Clarendon 1967

E h r e n r e i c h , H. ; S c h w a r t z , L. M.: The Electronic Structure of Alloys. Solid State Physics 31 (1976) 149

E l l i o t t , S. R.: Physics of Amorphous Materials. Longman 1983

G ü n t h e r o d t , H.-J. ; B e c k , H. (Hrsg.): Glassy Metals I. Topics in Applied Physics, Vol. 46. Springer 1981

H a a s e n , P.: Physikalische Metallkunde. 2. Aufl. Springer 1984

H a n s e n , A. ; A n d e r k o , K.: Constitution of Binary Alloys. 2. Aufl. McGraw-Hill 1958. E l l i o t , R.: First Suppl 1965. S h u n k , F. A.: Secd. Suppl. 1969

H a n s e n , J. ; B e i n e r , F.: Heterogene Gleichgewichte. Walter de Gruyter 1974

P o r t e r , D. A. ; E a s t e r l i n g , K. E.: Phase Transformations in Metals and Alloys. Van Nostrand Reinhold 1981

S c h m a l z r i e d , H.: Festkörperthermodynamik. Verlag Chemie 1974

S h e w m o n , P. G.: Diffusion in Solids. McGraw-Hill 1963

S w a l i n , R. A.: Thermodynamics of Solids. 2. Aufl. Wiley 1972

T e o , B. K. ; J o y , D. C.: EXAFS Spectroscopy. Plenum Press 1981

W a s e d a , Y.: The Structure of Non-Crystalline Materials. MacGraw-Hill 1980

Z i m a n , J. M.: Models of Disorder. Cambridge University Press 1979

Sachverzeichnis

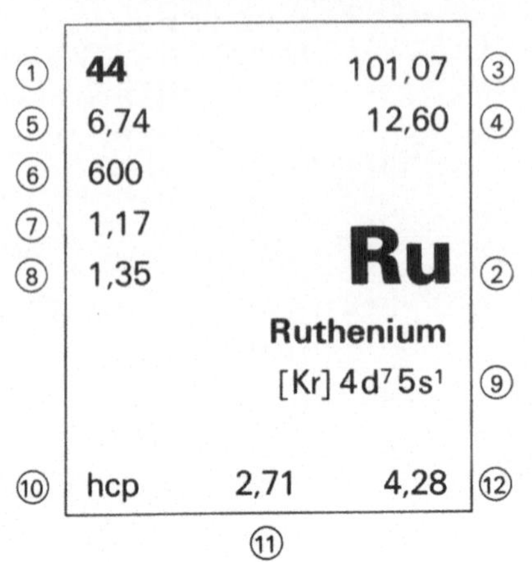

① Ordnungszahl

② Symbol und Name

③ relative Atommasse des natürlichen Isotopengemisches bzw. des wichtigsten Nuklids

④ Dichte bei 273 K
und Atmosphärendruck in g/cm³

⑤ Bindungsenergie der Atome im Kristallgitter in eV/Atom

⑥ Debye-Temperatur in K

⑦ Wärmeleitfähigkeit bei 300 K in W/cm K

⑧ elektrische Leitfähigkeit
bei 295 K in $10^5 \, (\Omega\,\mathrm{cm})^{-1}$

⑨ Elektronenkonfiguration der freien Atome im Grundzustand

⑩ Kristallstruktur
fcc	kubisch flächenzentriert
bcc	kubisch raumzentriert
hcp	hexagonal dichteste Kugelpackung
Diam.	Diamantstruktur
hex.	hexagonal
kub.	kubisch
mon.	monoklin
rhomb.	rhombisch
rh.	rhomboedrisch
tetr.	tetragonal

⑪ Gitterkonstante a bei 273 K in Å

⑫ Gitterkonstante c bei 273 K in Å

Periodensystem (Gruppe Ia / IIa)

	Ia		IIa			
1	1,01					
	H					
	Hydrogen Wasserstoff 1s¹					
hcp						
3 1,63 344 0,85 1,07	6,94 0,53 **Li** Lithium [He] 2s¹	**4** 3,32 1440 2,00 3,08	9,01 1,87 **Be** Beryllium [He] 2s²			
bcc		hcp 2,27 3,59				
11 1,11 158 1,41 2,11	22,99 0,97 **Na** Natrium [Ne] 3s¹	**12** 1,51 400 1,56 2,33	24,31 1,74 **Mg** Magnesium [Ne] 3s²			
bcc		hcp 3,21 5,21				
19 0,93 91 1,02 1,39	39,10 0,86 **K** Kalium [Ar] 4s¹	**20** 1,84 230 2,78	40,08 1,55 **Ca** Calcium [Ar] 4s²	**21** 3,90 360 0,16 0,21		S [A
bcc		fcc 5,58		hcp 3,		
37 0,85 56 0,58 0,80	85,47 1,53 **Rb** Rubidium [Kr] 5s¹	**38** 1,72 147 0,47	87,62 2,60 **Sr** Strontium [Kr] 5s²	**39** 4,37 280 0,17 0,17		[
bcc		fcc 6,08		hcp 3,		
55 0,80 38 0,36 0,50	132,91 1,87 **Cs** Caesium [Xe] 6s¹	**56** 1,90 110 0,26	137,33 3,50 **Ba** Barium [Xe] 6s²	**57** 4,47 142 0,14 0,13		[X
bcc		bcc 5,02		hex.		

Lanthanoide:

Actinoide:

87	223,02 **Fr** Francium [Rn] 7s¹	**88** 1,66 **Ra** Radium [Rn] 7s²	226,03 5,00	**89** 4,25 fcc 5,	[R

...ng C Periodensystem der Elemente mit Daten über verschiedene atomare un...

Gruppen: IVb | Vb | VIb | VIIb | VIIIb | Ib | II...

Z	Symbol	Name	Atomgewicht	Weitere Werte	Konfiguration	Kristallstruktur / Gitter
22	Ti	Titan	47,90	4,52 4,85 420 0,22 0,23	$[Ar]3d^2 4s^2$	hcp 2,95 4,68
23	V	Vanadium	50,94	5,96 5,31 380 0,31 0,50	$[Ar]3d^3 4s^2$	bcc 3,03
24	Cr	Chrom	52,00	6,93 4,10 630 0,94 0,78	$[Ar]3d^5 4s^1$	bcc 2,88
25	Mn	Mangan	54,94	7,20 2,92 410 0,08 0,072	$[Ar]3d^5 4s^2$	kub.
26	Fe	Eisen	55,85	7,86 4,28 470 0,80 1,02	$[Ar]3d^6 4s^2$	bcc 2,87
27	Co	Cobalt	58,93	8,90 4,39 445 1,00 1,72	$[Ar]3d^7 4s^2$	hcp 2,51 4,07
28	Ni	Nickel	58,70	8,90 4,44 450 0,91 1,43	$[Ar]3d^8 4s^2$	fcc 3,52
29	Cu	Kupfer	63,55	8,92 3,49 343 4,01 5,88	$[Ar]3d^{10} 4s^1$	fcc 3,61
30	—	—	—	1,35 327 1,16 1,96	$[Ar]$ …	hcp 2,…
40	Zr	Zirconium	91,22	6,50 6,25 291 0,23 0,24	$[Kr]4d^2 5s^2$	hcp 3,23 5,15
41	Nb	Niob	92,91	8,55 7,57 275 0,54 0,69	$[Kr]4d^4 5s^1$	bcc 3,30
42	Mo	Molybdaen	95,94	10,21 6,82 450 1,38 1,89	$[Kr]4d^5 5s^1$	bcc 3,15
43	Tc	Technetium	96,91	11,50 6,85 0,51	$[Kr]4d^6 5s^1$	hcp 2,74 4,40
44	Ru	Ruthenium	101,07	12,60 6,74 600 1,17 1,35	$[Kr]4d^7 5s^1$	hcp 2,71 4,28
45	Rh	Rhodium	102,91	12,40 5,75 480 1,50 2,08	$[Kr]4d^8 5s^1$	fcc 3,80
46	Pd	Palladium	106,40	11,40 3,89 274 0,72 0,95	$[Kr]4d^{10}$	fcc 3,89
47	Ag	Silber	107,87	10,50 2,95 225 4,29 6,21	$[Kr]4d^{10} 5s^1$	fcc 4,09
48	—	—	—	1,16 209 0,97 1,38	$[Kr]$ …	hcp 2,…
72	Hf	Hafnium	178,49	13,36 6,44 252 0,23 0,33	$[Xe]4f^{14} 5d^2 6s^2$	hcp 3,19 5,05
73	Ta	Tantal	180,95	16,60 8,10 240 0,58 0,76	$[Xe]4f^{14} 5d^3 6s^2$	bcc 3,30
74	W	Wolfram	183,85	19,30 8,90 400 1,74 1,89	$[Xe]4f^{14} 5d^4 6s^2$	bcc 3,16
75	Re	Rhenium	186,21	20,53 8,03 430 0,48 0,54	$[Xe]4f^{14} 5d^5 6s^2$	hcp 2,76 4,46
76	Os	Osmium	190,20	22,48 8,17 500 0,88 1,10	$[Xe]4f^{14} 5d^6 6s^2$	hcp 2,74 4,32
77	Ir	Iridium	192,22	22,42 6,94 420 1,47 1,96	$[Xe]4f^{14} 5d^7 6s^2$	fcc 3,84
78	Pt	Platin	195,09	21,45 5,84 240 0,72 0,96	$[Xe]4f^{14} 5d^9 6s^1$	fcc 3,92
79	Au	Gold	196,97	19,29 3,81 165 3,17 4,55	$[Xe]4f^{14} 5d^{10} 6s^1$	fcc 4,08
80	Qu…	—	—	0,67 72 0,10	$[Xe]4f^1$…	rhomb.
58	Ce	Cer	140,12	6,70 4,32 0,11 0,12	$[Xe]4f^1 5d^1 6s^2$	fcc 5,16
59	Pr	Praseodym	140,91	6,70 3,70 0,12 0,15	$[Xe]4f^3 6s^2$	hex.
60	Nd	Neodym	144,24	6,90 3,40 0,16 0,17	$[Xe]4f^4 6s^2$	hex.
61	Pm	Promethium	144,91		$[Xe]4f^5 6s^2$	hex.
62	Sm	Samarium	150,40	7,50 2,14 0,13 0,10	$[Xe]4f^6 6s^2$	rh.
63	Eu	Europium	151,96	5,24 1,86 0,11	$[Xe]4f^7 6s^2$	bcc 4,58
64	Gd	Gadolinium	157,25	7,96 4,14 200 0,11 0,07	$[Xe]4f^7 5d^1 6s^2$	hcp 3,63 5,78
65	Tb	Terbium	158,93	8,25 4,05 0,11 0,09	$[Xe]4f^9 6s^2$	hcp 3,60 5,70
66	Dy…	—	—	3,04 210 0,11 0,11	$[Xe]$ …	hcp 3,…
104	Ku / RF	Kurchatovium / Rutherfordium			$[Rn]5f^{14} 6d^2 7s^2$	
105	Ha / Ns	Hahnium / Nielsbohrium			$[Rn]5f^{14} 6d^3 7s^2$	
106	106					
107	107					
109	109					
90	Th	Thorium	232,04	11,72 6,20 163 0,54 0,66	$[Rn]6d^2 7s^2$	fcc 5,08
91	Pa	Protactinium	231,04	15,37	$[Rn]6d^3 7s^2$	tetr. 3,92 3,24
92	U	Uran	238,03	18,97 5,55 207 0,28 0,39	$[Rn]6d^4 7s^2$	rhomb.
93	Np	Neptunium	237,05	20,45 0,06 0,09	$[Rn]5f^4 6d^1 7s^2$	
94	Pu	Plutonium	244,06	19,74 3,60 0,07 0,07	$[Rn]5f^6 7s^2$	
95	Am	Americium	243,06	13,67 2,73	$[Rn]5f^7 7s^2$	
96	Cm	Curium	247,07	13,51 3,86	$[Rn]5f^7 6d^1 7s^2$	
97	Bk	Berkelium	247,07		$[Rn]5f^9 7s^2$	
98	Cal…	—	—		$[Rn]$ …	

Festkörpereigenschaften

	IIIa	IVa	Va	VIa	VIIa	VIIIa
						2 4,00 **He** **Helium** $1s^2$ hcp
	5 10,81 5,77 2,34 0,27 **B** **Bor** $[He]2s^22p^1$ rh.	**6** 12,01 7,37 2,22 2230 1,29 **C** **Carbon** **Kohlenst.** $[He]2s^22p^2$ Diam. 3,57	**7** 14,01 4,92 **N** **Nitrogen** **Stickstoff** $[He]2s^22p^3$ kub.	**8** 16,00 2,60 **O** **Oxygen** **Sauerstoff** $[He]2s^22p^4$ kub.	**9** 19,00 0,84 **F** **Fluor** $[He]2s^22p^5$	**10** 20,18 0,02 75 **Ne** **Neon** $[He]2s^22p^6$ fcc
	13 26,98 3,39 2,70 428 2,37 3,65 **Al** **Aluminium** $[Ne]3s^23p^1$ fcc 4,05	**14** 28,09 4,63 2,42 645 1,48 **Si** **Silicium** $[Ne]3s^23p^2$ Diam. 5,43	**15** 30,97 3,43 1,82 **P** **Phosphor** $[Ne]3s^23p^3$ kub.	**16** 32,06 2,85 1,96 **S** **Sulfur** **Schwefel** $[Ne]3s^23p^4$ rhomb.	**17** 35,45 1,40 **Cl** **Chlor** $[Ne]3s^23p^5$ tetr.	**18** 39,95 0,08 92 **Ar** **Argon** $[Ne]3s^23p^6$ fcc
38 14 n ink 4s² 95	**31** 69,72 2,81 5,91 320 0,41 0,67 **Ga** **Gallium** $[Ar]3d^{10}4s^24p^1$ rhomb.	**32** 72,59 3,85 5,35 374 0,60 **Ge** **Germanium** $[Ar]3d^{10}4s^24p^2$ Diam. 5,66	**33** 74,92 2,96 5,72 282 0,50 **As** **Arsen** $[Ar]3d^{10}4s^24p^3$ rh.	**34** 78,96 2,25 4,82 90 0,02 **Se** **Selen** $[Ar]3d^{10}4s^24p^4$ hex.	**35** 79,90 1,22 3,12 **Br** **Brom** $[Ar]3d^{10}4s^24p^5$ rhomb.	**36** 83,80 0,12 72 **Kr** **Krypton** $[Ar]3d^{10}4s^24p^6$ fcc
41 65 d ım s² 62	**49** 114,82 2,52 7,36 108 0,82 1,14 **In** **Indium** $[Kr]4d^{10}5s^25p^1$ tetr. 3,25 4,95	**50** 118,69 3,14 5,75 200 0,67 0,91 **Sn** **Zinn** $[Kr]4d^{10}5s^25p^2$ Diam. 6,49	**51** 121,75 2,75 6,69 211 0,24 0,24 **Sb** **Antimon** $[Kr]4d^{10}5s^25p^3$ rh.	**52** 127,60 2,23 6,25 153 0,02 **Te** **Tellur** $[Kr]4d^{10}5s^25p^4$ hex.	**53** 126,90 1,11 4,93 **I** **Iod** $[Kr]4d^{10}5s^25p^5$ rhomb.	**54** 131,30 0,16 64 **Xe** **Xenon** $[Kr]4d^{10}5s^25p^6$ fcc
59 55 g er s²	**81** 204,37 1,88 11,85 79 0,46 0,61 **Tl** **Thallium** $[Xe]4f^{14}5d^{10}+$ $6s^26p^1$ hcp 3,46 5,52	**82** 207,20 2,03 11,34 105 0,35 0,48 **Pb** **Blei** $[Xe]4f^{14}5d^{10}+$ $6s^26p^2$ fcc 4,95	**83** 208,98 2,18 9,80 119 0,08 0,07 **Bi** **Bismut** $[Xe]4f^{14}5d^{10}+$ $6s^26p^3$ rh.	**84** 208,98 1,50 0,22 **Po** **Polonium** $[Xe]4f^{14}5d^{10}+$ $6s^26p^4$ mon.	**85** 209,99 **At** **Astat** $[Xe]4f^{14}5d^{10}+$ $6s^26p^5$	**86** 222,02 0,20 **Rn** **Radon** $[Xe]4f^{14}5d^{10}+$ $6s^26p^6$

60 45 y m s² 55	**67** 164,93 3,14 8,76 0,16 0,13 **Ho** **Holmium** $[Xe]4f^{11}6s^2$ hcp 3,58 5,62	**68** 167,26 3,29 9,05 0,14 0,12 **Er** **Erbium** $[Xe]4f^{12}6s^2$ hcp 3,56 5,59	**69** 168,93 2,42 9,29 0,17 0,16 **Tm** **Thulium** $[Xe]4f^{13}6s^2$ hcp 3,54 5,56	**70** 173,04 1,60 7,00 120 0,35 0,38 **Yb** **Ytterbium** $[Xe]4f^{14}6s^2$ fcc 5,48	**71** 174,97 4,43 9,82 210 0,16 0,19 **Lu** **Lutetium** $[Xe]4f^{14}5d^16s^2$ hcp 3,50 5,55

98 f n s²	**99** 254,09 Es **Einsteinium** $[Rn]5f^{11}7s^2$	**100** 257,10 Fm **Fermium** $[Rn]5f^{12}7s^2$	**101** Md **Mendelevium** $[Rn]5f^{13}7s^2$	**102** No **Nobelium** $[Rn]5f^{14}7s^2$	**103** Lr **Lawrencium** $[Rn]5f^{14}6d^17s^2$

Teubner Studienbücher Fortsetzung

Physik/Chemie Fortsetzung

Rohe: **Elektronik für Physiker.** 3. Aufl. DM 29,80

Rohe/Kamke: **Digitalelektronik.** DM 28,80

Schatz/Weidinger: **Nukleare Festkörperphysik.** DM 34,—

Schmidt: **Meßelektronik in der Kernphysik.** DM 28,80

Theis: **Grundzüge der Quantentheorie.** DM 34,—

Vögtle: **Supramolekulare Chemie.** DM 42,—

Vögtle: **Reizvolle Moleküle der Organischen Chemie.** DM 39,80

Walcher: **Praktikum der Physik.** 6. Aufl. DM 38,—

Wegener: **Physik für Hochschulanfänger.** 2. Aufl. DM 46,—

Wiesemann: **Einführung in die Gaselektronik.** DM 34,—

Preisänderungen vorbehalten

 **B. G. Teubner Stuttgart**